TEMES CLAU 12

QUÍMICA 1

PER A L'ENGINYERIA

Concepción Herranz Agustín

UPC Edicions UPC
UNIVERSITAT POLITÈCNICA DE CATALUNYA

Diseño de la cubierta: Ernest Castelltort
Diseño de la colección: Tono Cristòfol
Maquetación: Mercè Aicart

Primera edición: febrero de 2009
Reimpresión: agosto de 2009

©   Concepción Herranz Agustín, 2009

©   Edicions UPC, 2009
        Edicions de la Universitat Politècnica de Catalunya, SL
        Jordi Girona Salgado 1-3, 08034 Barcelona
        Tel.: 934 137 540   Fax: 934 137 541
        Edicions Virtuals: www.edicionsupc.es
        E-mail: edicions-upc@upc.edu

Producción: LIGHTNING SOURCE

Depósito legal: B-1827-2009
ISBN: 978-84-9880-333-4

Índice

4 Energía de las reacciones químicas. Termodinámica química y equilibrio químico

5 Ácidos y bases. Equilibrio iónico ácido-base

6 Reacciones de precipitación. Equilibrios de solubilidad

7 Reacciones de transferencia de electrones. Electroquímica

8 Cinética química

Introducción

Las razones primordiales que me han llevado a embarcarme en este proyecto, titulado *Química para la ingeniería 1*, son los dos pilares de mi vida profesional, la docencia y la química.

Con este libro no sólo pretendo transmitir mi amor a una ciencia práctica como la Química, sino también ilusionar al lector en el aprendizaje de la misma.

Puede parecer poco tangible, incluso inmaterial, pero la química hace posible que nuestra vida cotidiana sea mejor y más cómoda.

Este libro pretende ser una herramienta de trabajo para poder desarrollar una mejora en la calidad, en la transmisión de conocimientos y en el rendimiento académico de la enseñanza de la química en las universidades politécnicas.

Está dirigido a los alumnos de los primeros cursos de las ingenierías y puede ser utilizado para la adquisición de conocimientos químicos básicos y para completar la actividad docente que se desarrolle en clase.

El nivel de contenidos y de conceptos químicos es el requerido en la enseñanza universitaria, aunque es cierto que manteniendo el rigor docente muchas partes de los distintos capítulos del libro pueden ser útiles en cursos más elementales preuniversitarios.

El estudiante que se matricula en ingeniería industrial, en muchas ocasiones, quizá demasiadas, no posee los conocimientos mínimos necesarios para poder superar la asignatura de química, que es obligatoria y troncal en los primeros cursos de la carrera. Esto se debe a que en el curso de orientación universitaria la química es una asignatura optativa, por lo que muchos de sus estudiantes no se matriculan, con el inconveniente posterior que ello conlleva.

En este libro se ha tenido en cuenta el problema de la preparación aleatoria y diversa de los alumnos, de forma que la finalidad docente del contenido de sus enseñanzas se basa en impartir inicialmente unos conceptos introductorios básicos, que una vez estudiados y trabajados mediante ejercicios, comprendidos y asimilados después, se complican posteriormente hasta alcanzar el nivel exigido en la asignatura de química universitaria.

Es por ello que en las distintas secciones del libro, como son los ejemplos prácticos expuestos en la parte teórica, los problemas resueltos y los problemas propuestos están marcados con un símbolo para indicar su grado de dificultad, símbolos que corresponden a nivel introductorio y sencillo (□) y nivel avanzado (■) y con mayor dificultad.

Cada uno de los capítulos consta de tres partes:

- Una parte teórica que se ha sintetizado al máximo para aplicarla a la resolución de cuestiones teóricas y problemas prácticos, todos ellos resueltos como ejemplos dentro del texto.
- Una parte de problemas resueltos, formada por una cierta cantidad (no pequeña) de ejercicios que permiten comprender mejor la parte teórica antes expuesta. Se han resuelto con gran detalle y paso a paso para que el estudiante los entienda con facilidad y para que posteriormente pueda aplicar su comprensión a otros problemas de menor o mayor dificultad.
- Una parte de problemas propuestos sin resolver, que permitirá al estudiante averiguar el nivel de conocimiento que ha alcanzado en el estudio de cada uno de los capítulos.
- Una parte de problemas propuestos sin resolver, que permitirá al estudiante averiguar el nivel de conocimientos que ha alcanzado en el estudio de cada uno de los capítulos.

Son ocho los temas o capítulos que integran este libro de *Química para la ingeniería*. Todos ellos se inician con un apartado introductorio en el que se exponen los objetivos que se pretenden conseguir con su estudio y después se expone el contenido temático correspondiente.

El tema 1 trata de "la formulación y nomenclatura en química inorgánica y orgánica", que a pesar de ser estudiada en la enseñanza secundaria y de ser un conocimiento necesario e imprescindible para el alumno universitario, la experiencia indica que en muchas ocasiones falla o escasea. Luego teniendo en cuenta esa realidad, se introduce como primer capítulo del presente libro.

El tema 2 trata de "la transformación química y la estequiometría", cuyo estudio consiste en aprender a usar los instrumentos de cálculo matemático necesarios para conseguir entender al máximo la reacción química.

El tema 3 trata del "estado gaseoso" y de las propiedades que los gases poseen tanto si actúan como gases ideales o como gases reales, y de la relación entre la presión, el volumen y la temperatura, que afecta a sus características.

El tema 4 trata de "la termodinámica química y del equilibrio", que en las ingenierías se estudia a partir de la física, pero la visión química de la energía y del equilibrio del sistema de reacción es fundamental, porque los principios termodinámicos son reiteradamente aplicables a los factores que rigen la espontaneidad de las reacciones.

Los temas 5, 6 y 7 tratan sobre los equilibrios de las reacciones químicas en disolución, que son: equilibrios de ácidos y de bases, de solubilidad y precipitación, y de transferencia de electrones. En este último tema se estudia además la electroquímica, cuyas innumerables aplicaciones son muy útiles en las carreras de ingeniería.

El tema 8 trata de "la cinética química", que estudia la velocidad de las reacciones y la interpretación de los resultados relacionados con sus mecanismos. Conocer más a fondo la cinética de una reacción permite a los químicos y a los ingenieros conseguir el óptimo rendimiento en el mínimo tiempo.

En resumen, la transmisión de conocimientos científicos y la creación de métodos prácticos para facilitar dicha transmisión es una de las labores básicas de cualquier sociedad moderna y, por lo tanto, de cualquier profesor que pretenda conseguir una mayor eficacia en sus enseñanzas.

Es mi deseo que el lector se entusiasme con el contenido de este libro y que el libro le ofrezca la ayuda necesaria para superar las asignaturas de Química.

Mi motivación para realizar este proyecto ha sido que se convierta en un texto de utilidad para todos los estudiantes de Química, y con esa posibilidad espero que se haga realidad.

Concepción Herranz Agustín

Formulación y nomenclatura química inorgánica y orgánica

1

1.1 Introducción y objetivos

La química se basa en la identificación, la síntesis, la separación y el comportamiento de las sustancias puras que se extraen de las diferentes clases de materiales y estudia los cambios que ocurren cuando los átomos y las moléculas actúan entre sí y se transforman de una forma a otra.

Para la química fue necesario crear un sistema de comunicación y un lenguaje que permitiera comprender y transmitir a otros los conocimientos científicos y las ideas básicas necesarias para el entendimiento y la comprensión de los conceptos químicos.

Por ello, los elementos químicos conocidos hasta ahora (105), que son unidades estructurales o sustancias simples, se representan por una abrevia tura o *símbolo*, y a los compuestos formados por dichos elementos se les da una *formulación* o anotación química.

Por otra parte, es necesario que cada elemento o unidad química tenga un nombre y que cada compuesto químico, formado por elementos, también tenga un nombre para poder distinguirlos para entenderse y para comunicarse oralmente y por escrito. La denominación normalizada o sistemática de los elementos y de los compuestos es una herramienta imprescindible que recibe el nombre de *nomenclatura*.

Para unificar la formulación y la nomenclatura de las distintas sustancias químicas se creó la comisión IUPAC (siglas en inglés de Unión Internacional de Química Pura y Aplicada), que publicó unas reglas que se siguen de manera universal y que permiten describir la estructura, la composición y la denominación de los compuestos.

Este tema se divide en dos partes: la formulación y la nomenclatura de los compuestos constituyentes de la *química inorgánica*, y la de los compuestos derivados del carbono, que constituyen la *química orgánica*. Naturalmente, se seguirán y se estudiarán las normas dictadas por la comisión de la IUPAC.

1.2 Nombres y símbolos de elementos. Tabla

Los elementos son sustancias puras que no se separan físicamente en otros componentes más sencillos y que poseen propiedades constantes.

Cada elemento tiene un nombre y para abreviar se utilizan *símbolos*, que son la primera o las dos primeras letras del nombre del elemento. Los símbolos representan los átomos de los elementos.

Nombres y símbolos de elementos

Actinio	Ac	Europio	Eu	Paladio	Pd
Aluminio	Al	Fermio	Fm	Plata	Ag
Americio	Am	Flúor	F	Platino	Pt
Antimonio	Sb	Fósforo	P	Plomo	Pb
Argón	Ar	Francio	Fr	Plutonio	Pu
Arsénico	As	Gadolinio	Gd	Polonio	Po
Ástato	At	Galio	Ga	Potasio	K
Azufre	S	Germanio	Ge	Praseodimio	Pr
Bario	Ba	Hafnio	Hf	Prometio	Pm
Berilio	Be	Helio	He	Protactinio	Pa
Berkelio	Be	Hidrógeno	H	Radio	Ra
Bismuto	Bi	Hierro	Fe	Radón	Rn
Boro	B	Holmio	Ho	Renio	Re
Bromo	Br	Indio	In	Rodio	Rh
Cadmio	Cd	Iterbio	Yb	Rubidio	Rb
Calcio	Ca	Itrio	Y	Rutenio	Ru
Californio	Cf	Lantano	La	Rutherfodio	Rt
Carbono	C	Lawrencio	Lw	Samario	Sm
Cerio	Ce	Litio	Li	Selenio	Se
Cesio	Cs	Lutecio	Lu	Silicio	Si
Cinc	Zn	Magnesio	Mg	Sodio	Na
Circonio	Zr	Manganeso	Mn	Talio	Tl
Cloro	Cl	Mendelevio	Md	Tantalio	Ta
Cobalto	Co	Mercurio	Hg	Tecnecio	Tc
Cobre	Cu	Molibdeno	Mo	Telurio	Te
Criptón	Kr	Neodimio	Nd	Terbio	Tb
Cromo	Cr	Neón	Ne	Titanio	Ti
Curio	Cm	Neptunio	Np	Torio	Th
Disprosio	Dy	Niobio	Nb	Tulio	Tm
Dubnio	Db	Níquel	Ni	Uranio	U
Einstenio	Es	Nitrógeno	N	Vanadio	V
Erbio	Er	Nobelio	No	Wolframio	W
Escandio	Sc	Oro	Au	Xenón	Xe
Estaño	Sn	Osmio	Os	Yodo	I
Estroncio	Sr	Oxígeno	O		

1.2.1 Fórmulas

La fórmula es la notación abreviada de un compuesto químico y está formada por los símbolos de los elementos que lo constituyen.

Fórmula empírica: Es la relación más simple en la que intervienen los átomos para formar la unidad estructural.

Fórmula molecular: Es la relación real en la que intervienen los átomos que constituyen la molécula.

Fórmula estructural: Es la disposición de los enlaces entre los átomos que forman la molécula.

Las fórmulas del benceno son:

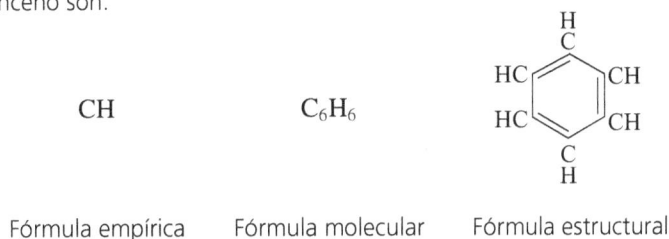

$$CH \qquad\qquad C_6H_6$$

$$
\begin{array}{c}
\underset{\displaystyle H}{\overset{\displaystyle H}{C}}\\
HC \diagup \diagdown CH\\
HC \diagdown \diagup CH\\
\underset{\displaystyle H}{C}
\end{array}
$$

Fórmula empírica   Fórmula molecular   Fórmula estructural

1.2.2 Valencia y número de oxidación

Valencia de un elemento es la capacidad que tiene para combinarse con otros elementos. Es decir, es el número de átomos de hidrógeno que pueden unirse al elemento o ser sustituidos por un átomo de dicho elemento.

Número de oxidación de un elemento (o estado de oxidación) es la carga que tiene un átomo cuando los electrones de los enlaces que forma con los otros átomos del compuesto pertenecen al átomo más electronegativo, que es el que tiene mayor tendencia a atraer los electrones.

Reglas para la determinación del número de oxidación

- En estado elemental, los átomos tienen número de oxidación cero.

- El hidrógeno tiene número de oxidación $+I$ o bien I (excepto con algunos metales).

- El oxígeno tiene casi siempre número de oxidación $-II$.

- En un compuesto neutro, la suma de los números de oxidación de los elementos que lo componen es siempre cero.

- Si la especie química es un ión, la suma de los números de oxidación de los elementos que la forman debe coincidir con la carga y con su valor.

En la molécula de bromo (Br_2), el número de oxidación del Br es 0.

En el agua (H_2O), el número de oxidación del H es I y el del O es $-II$.

En el tetracloruro de carbono (CCl_4), el número de oxidación del C es IV y el del Cl es $-I$.

En el ión nitrato (NO_3^-), el número de oxidación del O es $-II$ y el del N es V.

Los *números de oxidación* de un elemento *son iguales que sus valencias* con signo positivo o negativo.

Valencias o números de oxidación de los elementos por grupos

Li Na K Rb Cs Fr	} I	Cr Mo W	II, III, VI IV, V, VI IV, V, VI	B Al Ga In	} III	
		Mn Tc Re	II, IV, VII IV, VI, VII IV, VI, VII	Tl	I, III	
Be Mg Ca Sr Ba Ra	} II	Fe Ru Os	II, III II, III, IV II, III, IV	C Si Ge Sn Pb	} IV II, IV II, IV	
Sc Y La* Ac*	} III	Co Rh Ir Ni Pd Pt	II, III I, III II, III, IV II II II, IV	N P As Sb Bi O	} III, IV −II	
Ti Zr Hf	III, IV IV IV	Cu Ag Au	II I I, III	S Se Te F	} −II, IV, VI −I	
V Nb Ta	III, IV, V V V	Zn Cd Hg	II II I, II	Cl Br I	} −I, I, III, V, VII	

* En los lantánidos y actínidos, los números de oxidación más corrientes son **III**, **II** y **IV** (para el **U**, también **VI**).

1.3 Compuestos binarios

Los compuestos binarios están formados por dos elementos, aunque puede haber más de un átomo para cada elemento. Para formular un compuesto binario, se debe indicar *el orden de colocación* de los dos símbolos de los elementos que lo forman.

Reglas para el orden de colocación en la formulación

▪ Para no metales, el primer componente siempre es el que figura antes en la lista siguiente:

Ru, Xe, Kr, B, Si, C, Sb, As, P, N, H, Te, Se, S, At, I, Br, Cl, O, F

▪ Para compuestos que contienen metales, el metal se coloca en primer lugar.

Reglas para nombrar (nomenclatura)

- Se nombra primero con la terminación *-uro* el componente último de la fórmula, excepto en el caso del oxígeno, que tiene la terminación *-ido*.

- Se indica la proporción estequiométrica con los prefijos mono, di, tri, etc.

- La proporción estequiométrica puede indicarse también por el sistema de Stock, que consiste en señalar el número de oxidación mediante cifras romanas. Cuando los compuestos contienen elementos que solo actúan con un número de oxidación, no hace falta indicarlos.

XeF_2:	Difluoruro de xenón	H_2S:	Sulfuro de hidrógeno
$FeBr_2$:	Bromuro de hierro(II)	CaO:	Óxido de calcio
Bi_2O_5:	Pentaóxido de bismuto o óxido de bismuto(V)	CsI:	Yoduro de cesio
MnO_2:	Dióxido de manganeso o óxido de manganeso(II)	$NaCl$:	Cloruro de sodio
Cl_2O_7:	Heptaóxido de dicloro o óxido de cloro(VII)	CS_2:	Sulfuro de carbono

1.3.1 Compuestos binarios con hidrógeno

1.º El hidrógeno forma compuestos binarios con elementos electronegativos.

Se nombran con el nombre del elemento acabado en *-uro* y luego la palabra hidrógeno. En disolución acuosa, estos compuestos son ácidos y reciben el nombre de *hidrácidos*. Se nombran con la palabra ácido seguida del nombre del elemento acabado en *-hídrico*.

HF:	Fluoruro de hidrógeno	HF (acuoso):	Ácido fluorhídrico
H_2S:	Sulfuro de hidrógeno	H_2S (acuoso):	Ácido sulfhídrico
HCl:	Cloruro de hidrógeno	HCl (acuoso):	Ácido clorhídrico
H_2Se:	Seleniuro de hidrógeno	H_2Se (acuoso):	Ácido selenhídrico

2.º El hidrógeno forma compuestos binarios con metales, con propiedades más electropositivas que las suyas y se les llama hidruros.

NaH:	Hidruro de sodio	BaH_2:	Hidruro de bario
AlH_3:	Hidruro de aluminio	PbH_4:	Hidruro de plomo

3.º El hidrógeno forma compuestos binarios con no metales, pero estos compuestos no son ácidos en disoluciones acuosas. Se nombran a partir de la raíz del nombre del elemento seguido del sufijo *-ano*.

BH_3:	Borano	GeH_4:	Germano
PbH_4:	Plumbano	SiH_4:	Silano

Existen combinaciones binarias del hidrógeno con no metales que tienen nombres propios.

NH_3:	Amoníaco	PH_3:	Fosfina	AsH_3:	Arsenina
BiH_3:	Bismutina	SbH_3:	Estibina	N_2H_4:	Hidracina

1.3.2 Compuestos binarios con oxígeno. Óxidos y peróxidos

El oxígeno se combina con todos los elementos de la tabla periódica, excepto con los gases nobles He, Ne y Ar.

Formulación: El oxígeno se coloca en segundo lugar en la fórmula del compuesto, después del elemento con el que se combina. PbO_2, P_2O_5, NO, etc.

Nomenclatura: Se nombran con la palabra *óxido* seguida del nombre del elemento con el que se combina, indicando entre paréntesis el número de oxidación de dicho elemento. PbO_2 (óxido de plomo(IV)).

También se puede nombrar la proporción del oxígeno y del otro elemento con el que forma el compuesto. PbO_2 (dióxido de plomo), NO (monóxido de nitrógeno).

Los peróxidos son moléculas que contienen el grupo $-O-O-$

Se nombran colocando primero la palabra peróxido y luego el nombre del metal.

H_2O_2:	Peróxido de hidrógeno o agua oxigenada	Na_2O_2:	Peróxido de sodio
ZnO_2:	Peróxido de cinc	CaO_2:	Peróxido de calcio

1.4 Ácidos

El concepto clásico de ácido es el que define los compuestos que ceden protones (H^+) en la disolución adecuada.

Hidrácidos

Ya se han citado en los compuestos binarios con hidrógeno.

$HBr(ac)$:	Ácido bromhídrico	$H_2S(ac)$:	Ácido sulfhídrico
$HCN(ac)$:	Ácido cianhídrico	$HCl(ac)$:	Ácido clorhídrico

Oxoácidos

Estos ácidos están formados por oxígeno, hidrógeno y otro elemento, que generalmente es un no metal, pero con menos frecuencia pueden contener, además de oxígeno e hidrógeno, un metal de transición como Cr, Mn, etc.

Para que sean ácidos oxoácidos, es imprescindible que al menos uno de los hidrógenos esté unido a un átomo de oxígeno.

La nomenclatura tradicional se basa en poner primero el nombre *ácido* y después el nombre de la *raíz del elemento* que forma el ácido con sufijos que dependen del número de oxidación de dicho elemento.

Cuando hay dos estados de oxidación, se utiliza la terminación *-oso* para la oxidación menor y la terminación *-ico* para el estado de oxidación mayor.

Si el elemento actúa con más de dos estados de oxidación, se usan los prefijos *hipo-* y *per-* (*hipo-* para la terminación *-oso* y *per-* para la terminación *-ico*). A veces se utilizan los prefijos *orto-* y *meta-* para distinguir entre sí los ácidos que difieren en el contenido de agua. El prefijo *di-* se usa para nombrar los ácidos formados por unión de dos moléculas de un ortoácido con la pérdida de una molécula de agua.

Nombres de oxoácidos

B	H_3BO_3	Ácido bórico (ortobórico)		$H_2S_2O_4$	Ácido ditionoso
	$(HBO_2)_n$	Ácido metabórico		$H_2S_2O_3$	Ácido tiosulfúrico
C	H_2CO_3	Ácido carbónico		$H_2S_xO_6$	Ácido politiónico
	HOCN	Ácido ciánico	Se	H_2SeO_4	Ácido selénico
	HONC	Ácido fulmínico		H_2SeO_3	Ácido selenioso
Si	H_4SiO_4	Ácido ortosilícico	Te	H_6TeO_6	Ácido ortotelúrico
	$(H_2SiO_3)_n$	Ácido metasilícico	Cr	H_2CrO_4	Ácido crómico
N	HNO_3	Ácido nítrico		$H_2Cr_2O_7$	Ácido dicrómico
	HNO_2	Ácido nitroso	Cl	$HClO_4$	Ácido perclórico
	HNO_4	Ácido peroxonítrico		$HClO_3$	Ácido clórico
	H_2NO_2	Ácido nitroxílico		$HClO_2$	Ácido cloroso
P	H_3PO_4	Ácido fosfórico (ortofosfórico)		$HClO$	Ácido hipocloroso
	$(HPO_3)_n$	Ácido metafosfórico	Br	$HBrO_4$	Ácido perbrómico
	$H_4P_2O_7$	Ácido difosfórico (pirofosfórico)		$HBrO_3$	Ácido brómico
	$H_4P_2O_8$	Ácido peroxodifosfórico		$HBrO_2$	Ácido bromoso
	H_2PHO_3	Ácido fosforoso (fosfónico)		$HBrO$	Ácido hipobromoso
	$H_2PH_2O_2$	Ácido hipofosforoso (fosfínico)	I	H_5IO_6	Ácido ortoperyódico
As	H_3AsO_4	Ácido arsénico		HIO_4	Ácido peryódico
	H_3AsO_3	Ácido arsenioso		HIO_3	Ácido yódico
Sb	$HSb(OH)_6$	Ácido hexahidroxoantimónico		HIO	Ácido hipoyodoso
S	H_2SO_5	Ácido peroxomonosulfúrico	Mn	$HMnO_4$	Ácido permangánico
	H_2SO_4	Ácido sulfúrico		H_2MnO_4	Ácido mangánico
	H_2SO_3	Ácido sulfuroso	Tc	$HTcO_4$	Ácido pertecnécico
	$H_2S_2O_8$	Ácido peroxodisulfúrico		H_2TcO_4	Ácido tecnécico
	$H_2S_2O_7$	Ácido disulfúrico	Re	$HReO_4$	Ácido perrénico
	$H_2S_2O_6$	Ácido ditiónico		H_2ReO_4	Ácido rénico
	$H_2S_2O_5$	Ácido disulfuroso			

Prefijos:

- **hipo-:** Se usa para indicar un número de oxidación inferior.
- **per-:** Se usa para indicar un número de oxidación superior.
- **orto- y para-:** Se usan para distinguir la diferencia entre ácidos que varían en el contenido de H_2O.
- **di-:** Se usa para designar los ácidos formados por la unión de dos moléculas del ortoácido y que pierden una molécula de H_2O.

Peroxoácidos: Contienen un grupo peroxo (–O–O–) en vez de un grupo oxo (–O–).

Tioácidos: Contienen grupo azufre (S) en sustitución del oxígeno.

Nomenclatura sistemática para ácidos

Para conseguir una máxima sistematización de la nomenclatura de los ácidos, la IUPAC ha ideado un sistema **tan válido como el usado anteriormente.**

En él desaparecen las terminaciones -*oso* y -*ico* y los prefijos *orto-, meta-* y *di-*.

Nomenclatura ácida: Comienza con la palabra *ácido,* luego se indica el número de átomos de oxígeno que contiene y acaba con -*ico* referente al átomo central del ácido, suponiendo que todos los hidrógenos son ácidos. $HClO_3$ (ácido trioxoclórico), H_2SO_4 (ácido tetraoxosulfúrico).

Nomenclatura de hidrógeno: El ácido se nombra como si fuera una sal. Es un método totalmente sistemático: se indica el estado de oxidación del átomo central y el número de oxígenos del ácido, con lo que el número de hidrógenos queda fijado sistemáticamente. $HClO_3$ (trioxoclorato de hidrógeno), H_2SO_4 (tetraoxosulfato de dihidrógeno).

Algunos nombres de oxoácidos según la nomenclatura sistemática

	Nomenclatura ácida	*Nomenclatura de hidrógeno*
H_3BO_3	Ácido trioxobórico	Trioxoborato de trihidrógeno
H_2CO_3	Ácido trioxocarbónico	Trioxocarbonato de dihidrógeno
H_4SiO_4	Ácido tetraoxosilícico	Tetraoxosilicato de tetrahidrógeno
HNO_3	Ácido trioxonítrico	Trioxonitrato(-1) de hidrógeno
HNO_2	Ácido dioxonítrico	Dioxonitrato($1-$) de hidrógeno
H_3PO_4	Ácido tetraoxofosfórico	Tetraoxofosfato($3-$) de trihidrógeno
H_3AsO_4	Ácido tetraoxoarsénico	Tetraoxoarseniato de trihidrógeno
H_2SO_4	Ácido tetraoxosulfúrico	Tetraoxosulfato de dihidrógeno
H_2SO_3	Ácido trioxosulfúrico	Trioxosulfato de dihidrógeno
$H_2S_2O_3$	Ácido trioxotiosulfúrico	Trioxotiosulfato de dihidrógeno
H_2CrO_4	Ácido tetraoxocrómico	
$HClO_4$	Ácido tetraoxoclórico	Tetraoxoclorato de hidrógeno
$HClO_3$	Ácido trioxoclórico	Trioxoclorato de hidrógeno
$HClO_2$	Ácido dioxoclórico	Dioxoclorato de hidrógeno
$HClO$	Ácido monoxoclórico	Monoxoclorato de hidrógeno
HIO_4	Ácido tetraoxoyódico	Tetraoxoyodato de hidrógeno
HIO_3	Ácido trioxoyódico	Trioxoyodato de hidrógeno
H_5IO_6	Ácido hexaoxoyódico($5-$)	Hexaoxoyodato($5-$) de pentahidrógeno
$HMnO_4$	Ácido tetraoxomangánico($1-$)	
H_2MnO_4	Ácido tetraoxomangánico($2-$)	

La nomenclatura de hidrógeno no se aplica a los elementos de transición.

1.5 Cationes y aniones

Los **iones positivos** o cationes son átomos o agrupaciones de átomos que han perdido electrones. La carga positiva que poseen es igual al número de electrones perdidos. H^+, K^+, Ba^{2+}, NO_2^+, NH_4^+.

Catión monoatómico: Se nombra colocando primero la palabra *ión* o *catión* y luego el nombre del elemento indicando el número de oxidación.

Na^+ Ión sodio o catión sodio Cu^{2+} Ión cobre(**II**) o catión cobre(2+)
Fe^{3+} Ión hierro(**III**) o catión hierro(3+) H^+ Ión hidrógeno

Catión con más de un átomo igual: Se añade a la palabra *ión* o *catión* el nombre del elemento con prefijo numeral adecuado y el número de la carga.

Bi_5^{2+} Ión pentabismuto(2+) O_2^+ Catión dioxígeno(1+)
Hg_2^{2+} Ión dimercurio(2+) o catión dimercurio(**I**) N_2^+ Catión dinitrógeno(1+)

Catión poliatómico: Está formado por oxígenos y otro elemento. Se nombran con la palabra *ión* o *catión* y luego el nombre del elemento acabado en *-ilo*.

NO^+ Catión nitrosilo PO_2^{2+} Catión fosforilo
UO_2^{2+} Ión uranilo(**VI**) o uranilo(2+) UO_2^+ Ión uranilo(**V**) o uranilo(1+)
SO^{2+} Catión tionilo CO^{2+} Catión carbonilo

Catión poliatómico formado por la adición de protones a moléculas neutras: Se nombra añadiendo la terminación *-onio*, a un prefijo que indica el nombre de la molécula de la que derivan.

H_3O^+ Oxonio H_2F^+ Fluoronio H_2S^+ Sulfonio
NH_4^+ Amonio PH_4^+ Fosfonio AsH_4^+ Arsonio

Los **iones negativos** o *aniones* son átomos o agrupaciones de átomos que han ganado electrones. Cl^-, NO_3^-, SO_4^{2-}, OH^-, HPO_4^{2-}, etc.

Anión monoatómico: Se nombra colocando primero el nombre del elemento y acabando con el sufijo *-uro*. A veces puede acortarse el nombre.

H^- Hidruro Cl^- Cloruro Se^{2-} Seleniuro P^{3-} Fosfuro
F^- Fluoruro S^{2-} Sulfuro N^{3-} Nitruro C^{4-} Carburo

Anión con más de un átomo igual: Cuando el átomo que gana electrones (anión) es el oxígeno, se nombran con la terminación *-ido*. Cuando el anión está formado por átomos iguales que no son oxígeno, se nombran añadiendo el prefijo numeral del elemento y el número de carga.

O_2^{2-} Peróxido O_3^- Ozónido o trióxido(1−) S_2^{2-} Disulfuro(2−)
O_2^- Hiperóxido o dióxido(1−) N_3^- nitruro(1−) o aziduro O^{2-} Óxido

Los *aniones poliatómicos* de átomos distintos es mejor considerarlos como derivados de ácidos tal como se estudia en el Apartado 1.4.

1.6 Hidróxidos

Los hidróxidos son compuestos cuya molécula contiene el ión OH^-. Para formularlos y nombrarlos, se pueden considerar compuestos binarios formados por $X(OH)_n$ en que la parte electropositiva o catión pertenece a X y la parte electronegativa o anión pertenece a OH^-. Sus disoluciones acuosas son básicas y reciben por ello el nombre de bases.

Se nombran usando la palabra *hidróxido de*, seguida del *nombre del catión* indicando, si fuera preciso, el numeral del catión.

$Fe(OH)_2$	Hidróxido de hierro(II)	$Ca(OH)_2$	Hidróxido de calcio
$Ni(OH)_2$	Hidróxido de níquel(II)	KOH	Hidróxido de potasio

1.7 Sales

Las sales son compuestos que se forman al reaccionar un ácido con una base. Están constituidos por cationes, que se escriben en primer lugar, y aniones, que se escriben después. Por ejemplo, el Na_2S está formado por $2Na^+$ y S^{2-}.

Existen sales derivadas de *ácidos hidrácidos,* que se nombran con el elemento acabado en *-uro* y después se añade el nombre del catión que forma parte de la sal.

KCl	Cloruro de potasio	$NaCN$	Cianuro de sodio	CaI_2	Yoduro de calcio
Ag_2S	Sulfuro de plata	Al_2S_3	Sulfuro de aluminio	$LiBr$	Bromuro de litio

Existen sales derivadas de *ácidos oxácidos*, que se nombran colocando primero el elemento acabado en *-ito* y en *-ato* según el ácido acabe en -oso o en -ico respectivamente, luego la preposición *de* y el nombre del metal que forma parte de la sal, con el numeral del catión si fuera preciso.

$Al(NO_3)_3$	Nitrato de aluminio	$Co(NO_2)_2$	Nitrito de cobalto(II)
$Na_2S_2O_3$	Tiosulfato de sodio	$Fe(BrO_3)_3$	Bromato de hierro(III)
Ca_3PO_4	Fosfato de calcio	$NaClO$	Hipoclorito de sodio
$KClO_4$	Perclorato de potasio	$CsMnO_4$	Permanganato de cesio

Se pueden dividir las sales en los tipos siguientes:

$$\text{Tipos} \begin{cases} \text{Sales ácidas} \\ \text{Sales dobles} \\ \text{Sales básicas (hidroxosales y oxiosales)} \\ \text{Sales hidratadas} \end{cases}$$

Sales ácidas: Son sales que contienen hidrógenos sin sustituir. Se nombran colocando primero el término *hidrógeno* con un prefijo numeral, que indicará los hidrógenos no sustituidos, y luego el nombre de la sal.

$NaHCO_3$	Hidrógenocarbonato de sodio	$Ca(H_2PO_4)_2$	Dihidrógenofosfato de calcio
$Fe(HSO_4)_2$	Hidrógenosulfato de hierro(II)	Li_2HPO_3	Hidrógenofosfito de litio

Sales dobles: Son sales que poseen dos o más clases de cationes (pueden ser dobles, triples, etc). Se nombran colocando los cationes por orden alfabético del símbolo, y a continuación los aniones ordenados también alfabéticamente.

$LiNH_4PO_3$	Fosfito de amonio y litio	
$KNaLiPO_4$	Fosfato de litio, potasio y sodio	
$KFeS_2$	Sulfuro de hierro(III) y potasio	

BaBrCl	Bromuro cloruro de bario	
$AgK(NO_3)_2$	Nitrato de plata y potasio	
$CsCaF_3$	Fluoruro de calcio y cesio	

Sales básicas (hidroxosales y oxosales): Son sales que poseen iones óxido (O^{2-}) o bien iones hidróxido (OH^-). Se nombran y se formulan igual que las sales dobles. Se coloca en primer lugar la palabra *óxido* o *hidróxido*, según sea lo uno o lo otro, junto con el nombre de la sal correspondiente.

$PbO(CO_3)$	Oxicarbonato de plomo(IV)
$Cu_2Br(OH)_3$	Trihidroxibromuro de dicobre
$Al_2(OH)_4SO_4$	Tetrahidroxisulfato de aluminio

FeOCl	Oxicloruro de hierro(III)
CaCl(OH)	Hidroxicloruro de calcio
CdI(OH)	Hidroxiyoduro de cadmio

Sales hidratadas: Son sales que en estado sólido contienen moléculas de agua de cristalización. Se formulan colocando las moléculas de agua en último lugar y separadas por un punto de la fórmula de la sal. Se nombran añadiendo la palabra agua al nombre de la sal, mediante un guión, indicándose entre paréntesis, las proporciones de la sal y el agua.

$CuSO_4 \cdot 5\,H_2O$	Sulfato de cobre(II)-agua (1/5)
$8K_2S \cdot 46\,H_2O$	Sulfuro de potasio-agua (8/46)
$AlBr_3 \cdot 15\,H_2O$	Bromuro de aluminio-agua (1/15)
$Zn(BrO_3)_2 \cdot 6\,H_2O$	Bromato de cinc-agua (1/6)

1.8 Compuestos de coordinación o complejos

Los complejos son sustancias formadas por grupos de átomos unidos a un **átomo central** en mayor cantidad que el número de oxidación que le corresponde. El átomo central es casi siempre un catión de un elemento de transición que puede ser eléctrostáticamente neutro o puede ser iónico, de manera que los enlaces que lo unen a otros átomos pueden ser coordinados y reciben el nombre de *ligandos*. El número de coordinación del complejo es el número total de átomos de coordinación de los ligandos.

Compuesto de coordinación	Átomo central	Ligandos	Átomos de coordinación	Número de coordinación
$[Cu(H_2O)_4]^{2+}$	Cu	H_2O	O	4
$[Ag(NH_3)_2]^+$	Ag	NH_3	N	2
$[CoI_4]^{2-}$	Co	I^-	I	4
$[PdCl_2(NH_3)_2]$	Pd	Cl^- y NH_3	Cl y N	4

Para formular estos compuestos se escribe dentro de un corchete primero el símbolo del átomo central o núcleo seguido de los ligandos iónicos y después los ligandos neutros ordenados alfabéticamente por los símbolos de sus fórmulas. $[Au(OH)_4]^-$, $[Fe(CN)_6]^{4-}$, $[ICl_4]^-$, $[Fe(SCN)_6]^{3-}$.

Respecto a la nomenclatura de estos compuestos, se nombran en primer lugar alfabéticamente los nombres de los ligandos, tanto si son neutros como si son aniónicos, y se sigue con el nombre del átomo central.

Si los **ligandos son aniónicos** el nombre del átomo central se forma mediante la raíz del mismo y la terminación -ato, y si los **ligandos son neutros** o **catiónicos** no reciben terminación especial. Las proporciones de los sustituyentes se expresan mediante el número de oxidación del metal central, que se debe indicar con números romanos o con cargas.

Reglas para nombrar a los ligandos del compuesto de coordinación

Ligandos:
- *Neutros y catiónicos:* Se nombran igual que la molécula, excepto el agua *(aqua)* y el amoníaco *(ammina)*. Cuando los ligandos son CO y NO se les llama *carbonilo y nitrosilo* respectivamente.
- *Aniónicos:* Tanto los inorgánicos como los orgánicos terminan en –uro, -ito, -ato, como los aniones correspondientes. Por ejemplo, aniones hidruro (H^-), aniones nitrito (NO_2^-), aniones nitrato (NO_3^-), etc.

Los ligandos aniónicos poseen algunas excepciones a la regla anterior.

	Ligando		*Ligando*		*Ligando*		*Ligando*
F^-	fluoro	N_3^-	azido	O^{2-}	oxo	CH_3O^-	metoxo
Cl^-	cloro	NH^{2-}	imido	O_2^{2-}	peroxo	OCN^-	cianato
Br^-	bromo	NH_2^-	amido	OH^-	hidroxo	SCN^-	tiocianato
I^-	yodo	CN^-	ciano	HS^-	sulfanuro	NH_2OH	hidroxilamido

Ejemplos de nomenclatura de algunos iones y compuestos de coordinación:

$Na_3[AlF_6]$	Hexafluoroaluminato(**III**) de sodio o hexafuoroaluminato(3−) de sodio
$[Au(OH)_4]^-$	Ión tetrahidroxoaurato(**III**) o ión tetrahidroxoaurato(1−)
$Ag[Pt(CN)_4]$	Tetracianoplatinato(**III**) de plata o tetracianoplatinato(1−) de plata
$[Fe(SCN)_6]^{3-}$	Ión hexatiocianoferrato(**III**) o ión hexatiocianoferrato(3−)
$Na[AlH_4]$	Tetrahidruroaluminato(**III**) de litio o tetrahidruroaluminato(1−) de litio
$K_4[Fe(CN)_6]$	Hexacianoferrato(**II**) de potasio o hexacianoferrato(4−) de potasio
$K_3[Co(NO_2)_6]$	Hexanitrocobaltato(**III**) de potasio o hexanitrocobaltato(3−) de potasio
$[Cr(CN)_4(NH_3)]^-$	Ión amminatetracianocromato(**III**) o ión amminatetracianocromato(1−)
$[Fe(H_2O)_6]^{2+}$	Ión hexaaquohierro(**II**) o ión hexaaquohierro(2+)

1.9 Hidrocarburos saturados o alcanos

Los hidrocarburos saturados contienen carbono e hidrógeno y tienen en su molécula enlaces simples entre carbonos y entre carbono e hidrógeno. Estos enlaces son σ.

En los alcanos, el carbono es tetravalente (hibridación sp^3) (ver tema 4: Enlace covalente) y los enlaces están dirigidos hacia los vértices de un tetraedro regular con ángulos de enlace tetraédricos de 109,5°.

1.9.1 Alcanos de cadena lineal y ramificados

Los cuatro primeros *alcanos lineales* de esta serie reciben nombres propios y característicos, mientras que los restantes se nombran mediante el prefijo griego que indica el número de carbonos que posee el compuesto y acabado en *-ano*. Su fórmula general es C_nH_{2n+2}.

Nombre	Fórmula molecular	Fórmula en cadena	Fórmula de Lewis	Fórmula en líneas
Metano	CH_4	CH_4		
Etano	C_2H_6	$CH_3 - CH_3$		
Propano	C_3H_8	$CH_3 - CH_2 - CH_3$		
Butano	C_4H_{10}	$CH_3 - (CH_2)_2 - CH_3$		
Pentano	C_5H_{12}	$CH_3 - (CH_2)_3 - CH_3$		

Los nombres de hidrocarburos con más carbonos son: hexano (6C), heptano (7C), octano (8C), nonano (9C), decano (10C), dodecano (12C), eicosano (20C), heneicosano (21C), docosano (22C), triacontano (30C), hentriacontano (31), etc.

Un *alcano ramificado* de fórmula molecular $C_{13}H_{28}$ puede ser el siguiente:

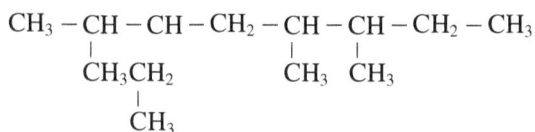

$$CH_3 - CH - CH - CH_2 - CH - CH - CH_2 - CH_3$$

with branches: under second carbon CH_3CH_2 then CH_3, under fifth and sixth carbons CH_3 and CH_3.

| Fórmula estructural | Fórmula en líneas |

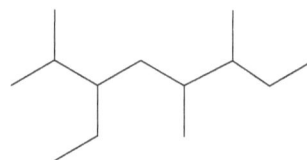

Para los *alcanos ramificados* es necesario nombrar en primer lugar las cadenas laterales del hidrocarburo (alquilos), con el prefijo de los alcanos lineales, y se termina el radical en *-ilo*.

Nombres de grupos alquilo sencillos

$-CH_3$ metilo $-CH_2 - CH_2 - CH_2 - CH_3$ butilo

$-CH_2 - CH_3$ etilo $-CH_2 - CH_2 - CH_2 - CH_2 - CH_3$ pentilo

$-CH_2 - CH_2 - CH_3$ propilo $-CH_2 - CH_2 - CH_2 - CH_2 - CH_2 - CH_3$ hexilo

Nombres de grupos alquilo ramificados

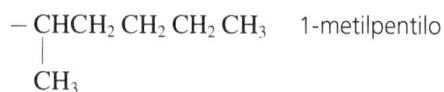

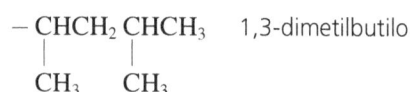

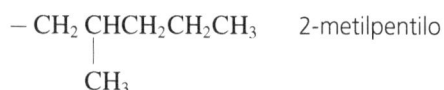

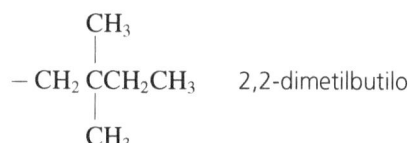

$-CHCH_2\,CH_2\,CH_2\,CH_3$ 1-metilpentilo $-CHCH_2\,CHCH_3$ 1,3-dimetilbutilo
con CH_3 CH_3 CH_3

$-CH_2\,CHCH_2CH_2CH_3$ 2-metilpentilo $-CH_2\,CCH_2CH_3$ 2,2-dimetilbutilo
con CH_3 con CH_3 arriba y CH_3 abajo

Nombres propios de grupos alquilo ramificados

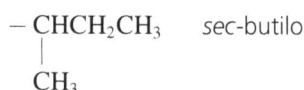

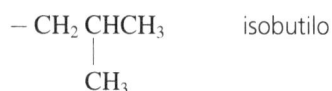

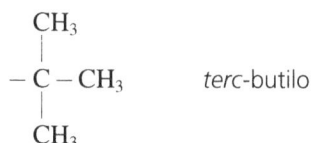

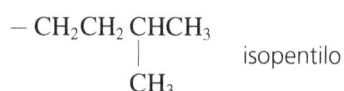

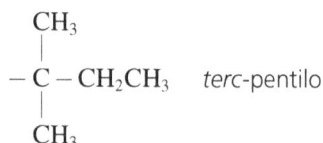

$-CHCH_3$ isopropilo $-CHCH_2CH_3$ *sec*-butilo
con CH_3 con CH_3

$-CH_2\,CHCH_3$ isobutilo $-C-CH_3$ *terc*-butilo
con CH_3 con CH_3 arriba y CH_3 abajo

$-CH_2CH_2\,CHCH_3$ isopentilo $-C-CH_2CH_3$ *terc*-pentilo
con CH_3 con CH_3 arriba y CH_3 abajo

Criterios para la determinación del nombre de un alcano acíclico con sustituyentes alquilo o ramificado

1. Se elige la cadena principal del alcano, que es la que tiene mayor número de carbonos.

   - Si hay dos cadenas de igual longitud, se escoge la que tiene mayor número de cadenas laterales.
   - Si las dos cadenas coinciden también en el número de cadenas laterales, se escoge aquella en la que los números de los carbonos con cadenas laterales sean menores.

2. Se numeran los carbonos de la cadena principal de manera que los carbonos con sustituyentes tengan los números menores.

3. Se nombran los grupos laterales o sustituyentes alquilo en primer lugar y luego la cadena principal. Los sustituyentes se ordenan:

   - Alfabéticamente cuando son grupos sencillos; no se tienen en cuenta los prefijos di-, tri-, etc.
   - Por la primera letra del grupo (no por el número) cuando son más complejos; si poseen prefijos en cursiva como *sec-* y *terc-*, no se tienen en cuenta.

☐ **Ejemplos prácticos de nomenclatura:**

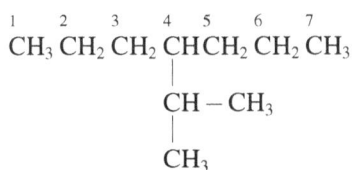

$$\overset{1}{CH_3}\ \overset{2}{CH_2}\ \overset{3}{CH_2}\ \overset{4}{CH}\overset{5}{CH_2}\ \overset{6}{CH_2}\ \overset{7}{CH_3}$$
$$|$$
$$CH - CH_3$$
$$|$$
$$CH_3$$

4-isopropilheptano

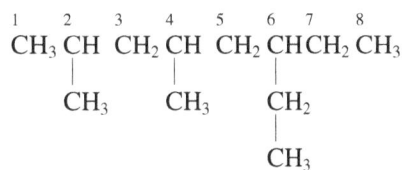

$$\overset{1}{CH_3}\ \overset{2}{CH}\ \overset{3}{CH_2}\ \overset{4}{CH}\ \overset{5}{CH_2}\ \overset{6}{CH}\overset{7}{CH_2}\ \overset{8}{CH_3}$$
$$|\qquad\quad |\qquad\quad |$$
$$CH_3\qquad CH_3\qquad CH_2$$
$$|$$
$$CH_3$$

6-etil-2,4-dimetiloctano
(*etil* antes que *metil*)

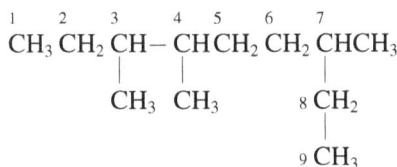

$$\overset{1}{CH_3}\ \overset{2}{CH_2}\ \overset{3}{CH}-\overset{4}{CH}\overset{5}{CH_2}\ \overset{6}{CH_2}\ \overset{7}{CH}CH_3$$
$$|\qquad |\qquad\qquad\quad |$$
$$CH_3\ \ CH_3\qquad\quad _8CH_2$$
$$|$$
$$_9CH_3$$

7-etil-3,4-dimetilnonano

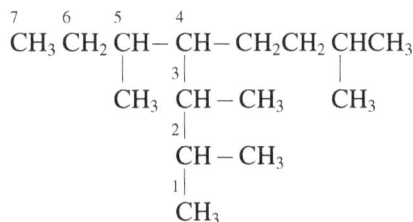

$$\overset{7}{CH_3}\ \overset{6}{CH_2}\ \overset{5}{CH}-\overset{4}{CH}-CH_2CH_2\ CHCH_3$$
$$|\qquad\qquad |$$
$$CH_3\ \ \overset{3}{CH}-CH_3\qquad CH_3$$
$$\ \ \ \ \ _2|$$
$$CH-CH_3$$
$$_1|$$
$$CH_3$$

4-isobutil-2,3,5-trimetilheptano
NO ES: (4-(1,2-dimetilpropil)-2,5-dimetilheptano)

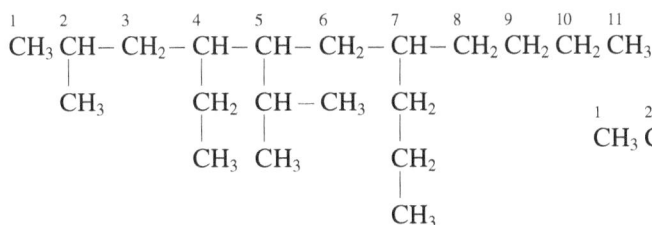

$$\overset{1}{CH_3}\ \overset{2}{CH}-\overset{3}{CH_2}-\overset{4}{CH}-\overset{5}{CH}-\overset{6}{CH_2}-\overset{7}{CH}-\overset{8}{CH_2}\ \overset{9}{CH_2}\ \overset{10}{CH_2}\ \overset{11}{CH_3}$$
$$|\qquad\qquad\quad |\quad\ \ |\qquad\quad |$$
$$CH_3\qquad\ CH_2\ CH-CH_3\ \ CH_2$$
$$|\quad\ \ |\qquad\quad |$$
$$CH_3\ CH_3\qquad\ CH_2$$
$$|$$
$$CH_3$$

4-etil-5-isopropil-3-metil-7-propilundecano
(orden alfabético de los alquilos)

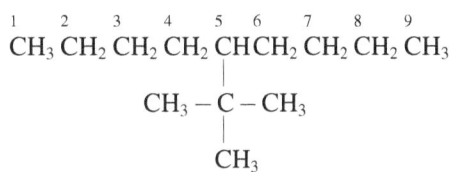

$$\overset{1}{CH_3}\ \overset{2}{CH_2}\ \overset{3}{CH_2}\ \overset{4}{CH_2}\ \overset{5}{CH}CH_2\ \overset{7}{CH_2}\ \overset{8}{CH_2}\ \overset{9}{CH_3}$$
$$|$$
$$CH_3 - C - CH_3$$
$$|$$
$$CH_3$$

5-*terc*-butilnonano

1.9.2 Alcanos cíclicos o cicloalcanos. Isomería cis-trans

Los hidrocarburos saturados cíclicos se nombran colocando en primer lugar la palabra *ciclo-* y después el nombre del alcano correspondiente de cadena acíclica. Su fórmula molecular es C_nH_{2n} ($2H$ menos que los alcanos equivalentes).

Nombre	F. molecular	F. cíclica	Representación
Ciclopropano	C_3H_6		
Ciclobutano	C_4H_8		
Ciclopentano	C_5H_{10}		
Ciclohexano	C_6H_{12}		

Los radicales cíclicos se nombran como los cicloalcanos pero terminando su nombre en *−ilo* como los demás radicales.

 ciclobutilo   ciclopentilo   ciclohexilo

En la mayoría de los casos, es mejor considerar el cicloalcano como núcleo central que tiene radicales, que se nombran en primer lugar, y luego se acaba con el nombre del cicloalcano correspondiente. Si fuera necesario, el lugar que ocupan los radicales se señala con números.

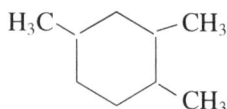

1,2,4-trimetilciclohexano
(los menores números)

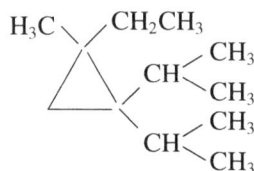

1-etil-2,2-diisopropil-
-1-metilciclopropano
(orden alfabético)

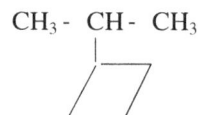

2-ciclobutilpropano =
= isopropilciclobutano

Isomería cis-trans la poseen algunos ciclos cuando poseen dos o más radicales unidos al ciclo y en carbonos distintos.

La molécula cíclica no es la misma para el 1,2-dimetilbutano según se encuentren los 2 metilos al mismo o distinto lado del plano que contiene el ciclo. Son dos isómeros: uno es *cis-* (igual lado) y el otro es *trans-* (distinto lado).

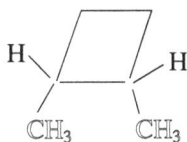   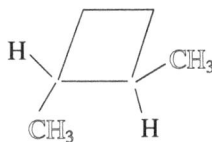

cis-1,2-dimetilciclobutano   *trans*-1,2-dimetilciclobutano

A veces, los radicales unidos a los ciclos se representan con línea continua fuerte y línea discontinua, para indicar de esta manera si los radicales están en el mismo lado o en lados distintos, con lo que se nombran también como *cis-* y *trans-*.

Para el 1,3-dimetilciclobutano:

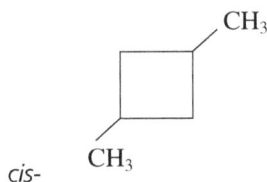   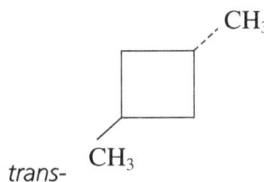

cis-   *trans-*

(El radical metilo puede simplificarse como Me, el etilo como Et, etc.)

1.10 Hidrocarburos insaturados, alquenos y alquinos

Los hidrocarburos insaturados son los que poseen dobles o triples enlaces entre carbonos en la molécula.

1.10.1 Alquenos. Isomería cis-trans o Z-E. Alquenos cíclicos

Los alquenos son hidrocarburos lineales o ramificados que contienen un *doble enlace entre carbonos*.

Estos carbonos están situados en el plano y su hibridación es sp^2 con un ángulo de enlace de aproximadamente $120°$. De los dos enlaces covalentes que unen los dos carbonos uno es σ y el otro es π. Su fórmula molecular es C_nH_{2n}. (Ver tema 4: Enlace covalente)

Se nombran como los alcanos, pero cambiando la terminación *-ano* por *-eno*.

La posición del doble enlace se indica numerando los enlaces de la molécula, procurando que los números sean los más bajos posibles. Si hay dos dobles enlaces en la molécula se usa el término *-dieno,* si hay tres *-trieno*, etc.

   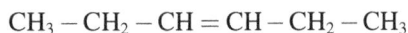

$$CH_2 = CH - CH_2 - CH_2 - CH_2 - CH_3$$ $$CH_3 - CH_2 - CH = CH - CH_2 - CH_3$$

1-hexeno o   3-hexeno o

hex-1-eno   hex-3-eno

$$CH_3 - CH = CH - CH_2 - CH_2 - CH_3$$
2-hexeno o hex-2-eno

$$CH_2 = CH - CH = CH_2$$
1,3-butadieno

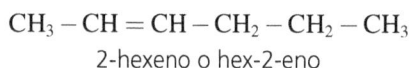

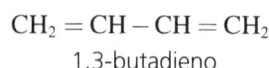

Cuando en la molécula orgánica hay ramificaciones, la cadena principal es la que contiene el doble enlace, aunque exista otra más larga. Si hay más dobles enlaces en la molécula, la cadena principal es la que contiene mayor número de dobles enlaces.

Se nombran primero las ramificaciones o radicales acabados en —*il* y después la cadena principal del doble enlace acabada en —*eno*. El doble enlace debe poseer el número más bajo.

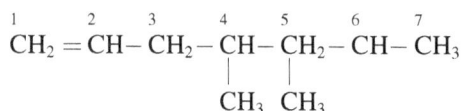

$$\overset{1}{CH_2} = \overset{2}{CH} - \overset{3}{CH_2} - \overset{4}{CH} - \overset{5}{CH_2} - \overset{6}{CH} - \overset{7}{CH_3}$$
$$\qquad\qquad\quad | \qquad\quad |$$
$$\qquad\qquad CH_3 \ \ CH_3$$

4,6-dimetil-1-hepteno

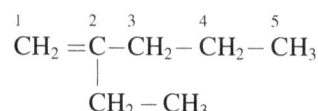

$$\overset{1}{CH_2} = \overset{2}{C} - \overset{3}{CH_2} - \overset{4}{CH_2} - \overset{5}{CH_3}$$
$$\qquad\quad |$$
$$\qquad CH_2 - CH_3$$

2-etil-1-penteno

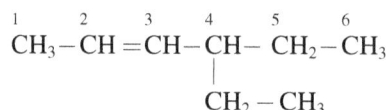

$$\overset{1}{CH_3} - \overset{2}{CH} = \overset{3}{CH} - \overset{4}{CH} - \overset{5}{CH_2} - \overset{6}{CH_3}$$
$$\qquad\qquad\qquad\quad |$$
$$\qquad\qquad\quad CH_2 - CH_3$$

4-etil-2-hexeno

Isomería *cis-trans* o *Z-E*

Cuando un carbono de un doble enlace tiene los dos radicales distintos y el otro carbono del doble enlace también tiene los dos radicales distintos, el doble enlace posee isomería *cis-trans* o $Z - E$ (isomería geométrica).

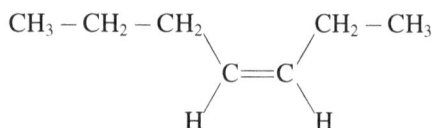

$$CH_3 - CH_2 - CH_2 \diagdown \qquad\qquad \diagup CH_2 - CH_3$$
$$\qquad\qquad\qquad\quad C = C$$
$$\qquad\qquad\quad\diagup \qquad\qquad \diagdown$$
$$\qquad\qquad H \qquad\qquad\qquad\quad H$$

cis-3-hepteno

$$CH_3 - CH_2 - CH_2 \diagdown \qquad\qquad \diagup H$$
$$\qquad\qquad\qquad\quad C = C$$
$$\qquad\qquad\quad\diagup \qquad\qquad \diagdown$$
$$\qquad\qquad H \qquad\qquad\qquad CH_2 - CH_3$$

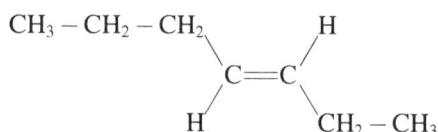

trans-3-hepteno

Isómero *cis*: Radicales iguales al *mismo* lado.

Isómero *trans*: Radicales iguales a *distinto* lado.

Cuando todos los radicales o sustituyentes unidos a los dos carbonos del doble enlace son distintos, se debe utilizar la *nomenclatura Z-E* que es más general. (Del aleman Z (*zusammem*: "juntos") y E (*entgegen*: "opuestos")).

El sistema de nomenclatura *Z-E* se basa en establecer prioridades entre la izquierda y la derecha del doble enlace. Si los grupos preferentes de los dos carbonos están juntos, el isómero es *Z*, y si están opuestos, el isómero es *E*.

Las prioridades de los radicales están en función del número atómico: mayor número atómico implica mayor preferencia.

Si los átomos de los radicales unidos al carbono del doble enlace son iguales, se comparan con los átomos siguientes del radical, y así sucesivamente.

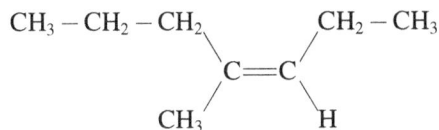

(Z)-4-metil-3-hepteno   (E)-4-metil-3-hepteno

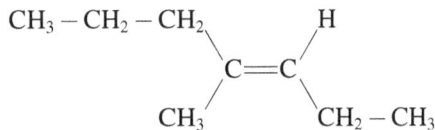

C de la izquierda del doble enlace grupo prioritario: ⇨ *propilo* en vez de *metilo*

C de la derecha del doble enlace grupo prioritario: ⇨ *etilo* en vez de *hidrógeno*

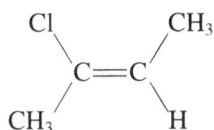

(Z)-2-cloro-2-buteno   (E)-2-cloro-2-buteno

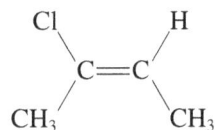

C de la izquierda del doble enlace grupo prioritario: ⇨ *cloro* en vez de *metilo*

C de la derecha del doble enlace grupo prioritario: ⇨ *metilo* en vez de *hidrógeno*

Alquenos cíclicos

Cuando el doble enlace está integrado dentro de un anillo o ciclo, se añade el prefijo *ciclo* al nombre del alqueno.

El doble enlace tiene preferencia al numerar los carbonos; luego debe tener el número más bajo posible.

1,4-ciclohexadieno   3,3-dimetilciclopenteno   1,4-dimetilcicloocteno   3-clorociclohexeno

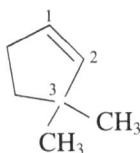

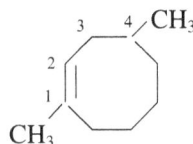

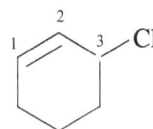

Solo en los casos de ciclos que posean muchos carbonos puede ser posible que el doble enlace cíclico tenga isómero *Z* o isómero *E*.

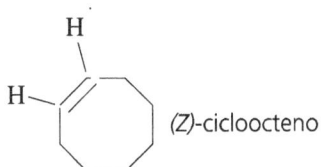

(Z)-cicloocteno   (E)-cicloocteno

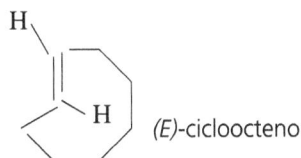

1.10.2 Alquinos

Los alquinos son hidrocarburos lineales o ramificados que contienen un *triple enlace entre carbonos.*

Estos carbonos están en línea recta y su hibridación es sp con un ángulo de enlace de $180°$. De los tres enlaces covalentes que unen los dos carbonos, uno es σ y dos son π. Su fórmula molecular es C_nH_{2n-2}. (Ver tema 4: Enlace covalente)

Se *nombran* como los alcanos pero cambiando la terminación *-ano* por *-ino*.

La posición del triple enlace se indica numerando los enlaces de la molécula, procurando que los números sean los más bajos posibles. Si hay dos o más triples enlaces en la molécula, se usan los prefijos *-di, -tri, -tetra,* etc.

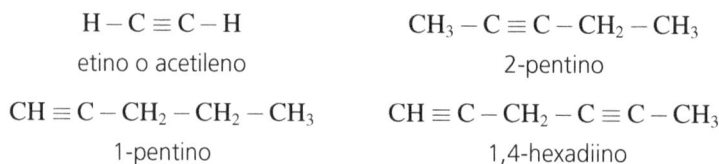

$$H - C \equiv C - H$$
etino o acetileno

$$CH_3 - C \equiv C - CH_2 - CH_3$$
2-pentino

$$CH \equiv C - CH_2 - CH_2 - CH_3$$
1-pentino

$$CH \equiv C - CH_2 - C \equiv C - CH_3$$
1,4-hexadiino

1.10.3 Hidrocarburos con dobles y triples enlaces

Para nombrarlos, se deben señalar tanto el número de dobles enlaces como el de triples enlaces. La cadena principal es la que posee mayor número de insaturaciones y se procura que los números de las insaturaciones sean los más bajos posibles tanto si se deben a dobles enlaces como a triples.

Se da preferencia a los *dobles enlaces* frente a los triples cuando el número de insaturaciones coinciden si se empieza a numerar por la derecha de la cadena o por la izquierda.

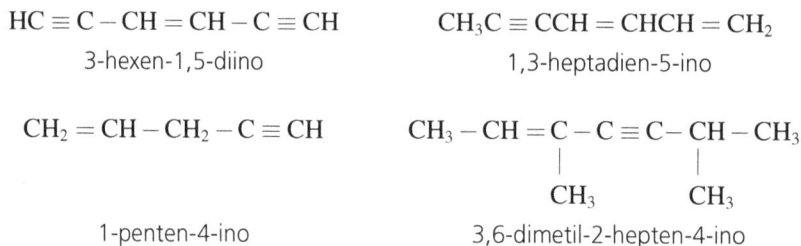

$$HC \equiv C - CH = CH - C \equiv CH$$
3-hexen-1,5-diino

$$CH_3C \equiv CCH = CHCH = CH_2$$
1,3-heptadien-5-ino

$$CH_2 = CH - CH_2 - C \equiv CH$$
1-penten-4-ino

$$CH_3 - CH = C - C \equiv C - CH - CH_3$$
$$\qquad\qquad | \qquad\qquad\quad |$$
$$\qquad\quad CH_3 \qquad\qquad CH_3$$
3,6-dimetil-2-hepten-4-ino

Ramificaciones con dobles y triples enlaces (Radicales alquenil y alquinil)

Ya se ha visto que la cadena principal de un hidrocarburo es la más larga en número de carbonos o, si esto no es suficiente, la cadena principal es la que posee más insaturaciones o la que tiene más dobles enlaces. Puede ocurrir que sea la cadena lateral la que posea los dobles o los triples enlaces. Luego es necesario conocer el nombre de algunos radicales con dobles y triples enlaces.

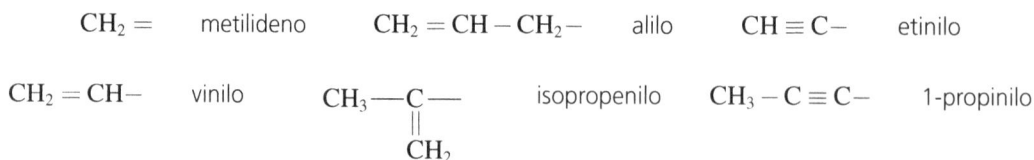

$$CH_2 = \qquad \text{metilideno} \qquad CH_2 = CH - CH_2 - \qquad \text{alilo} \qquad CH \equiv C - \qquad \text{etinilo}$$

$$CH_2 = CH - \qquad \text{vinilo} \qquad CH_3 - C - \qquad \text{isopropenilo} \qquad CH_3 - C \equiv C - \qquad \text{1-propinilo}$$
$$\qquad\qquad\qquad\qquad\qquad\qquad \| \qquad$$
$$\qquad\qquad\qquad\qquad\qquad CH_2$$

■ Ejemplo:

$$\overset{6}{CH}=\overset{7}{CH_2}$$

$$\overset{1}{CH}\equiv\overset{2}{C}-\overset{3}{CH}=\overset{4}{C}-\overset{5}{CH}-CH_3$$

$$CH_2-C\equiv CH$$

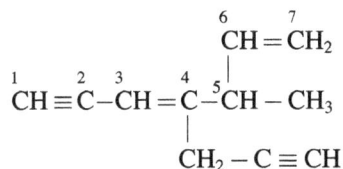

5-metil-4-(2-propinil)-3,6-heptadien-1-ino

1.11 Hidrocarburos aromáticos

El benceno es un hidrocarburo aromático monocíclico de gran estabilidad, debido a sus dobles enlaces alternados, que poseen resonancia.

El nombre general de los hidrocarburos aromáticos con un ciclo o más es el de *areno* y los radicales derivados de ellos son *arilos*.

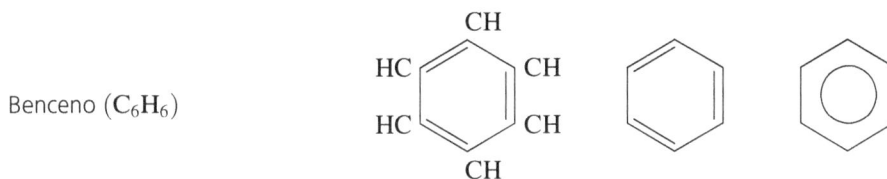

Benceno (C_6H_6)

Los sustituyentes del benceno se nombran como se nombran los radicales y se termina con la palabra *benceno*.

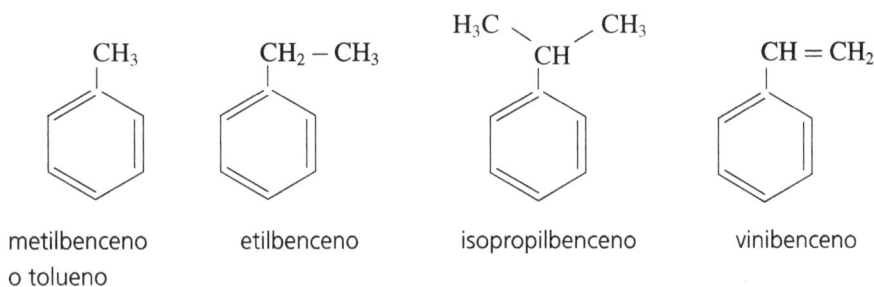

metilbenceno
o tolueno

etilbenceno

isopropilbenceno

vinibenceno

Si hay dos sustituyentes, se nombran numerando los C o usando los prefijos o- *(orto)*, m- *(meta)* o p- *(para)*.

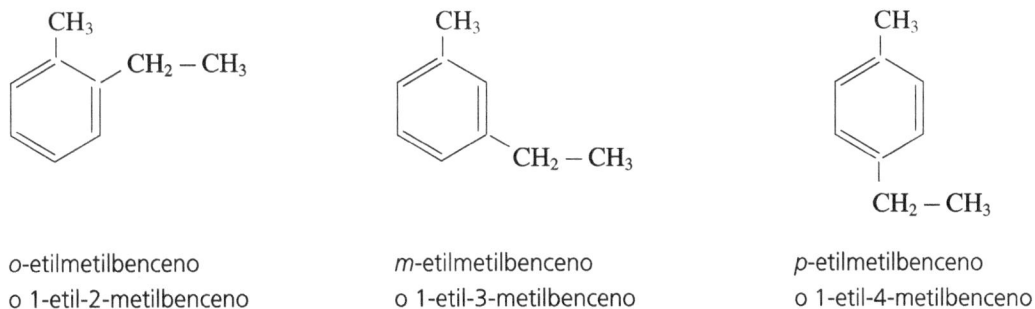

o-etilmetilbenceno
o 1-etil-2-metilbenceno

m-etilmetilbenceno
o 1-etil-3-metilbenceno

p-etilmetilbenceno
o 1-etil-4-metilbenceno

Si hay más de dos sustituyentes o radicales en el anillo bencénico, se numeran procurando que los números sean los menores posibles por orden alfabético y siguiendo las agujas del reloj.

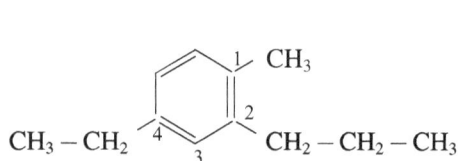

4-etil-1-metil-2-propilbenceno

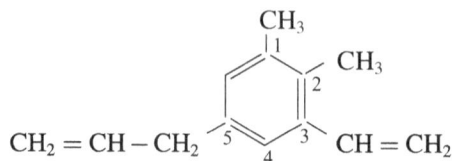

5-alil-1,2-dimetil-3-vinilbenceno

Nombres comunes de algunos arenos

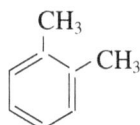

tolueno

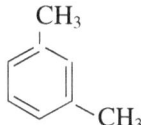

o-xileno

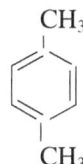

m-xileno

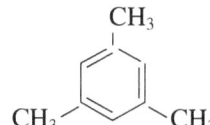

p-xileno

CH₃

mesitileno

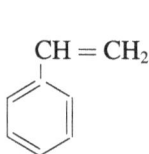

estireno

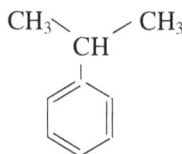

cumeno

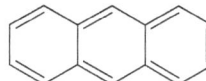

naftaleno

antraceno

fenantreno

1.12 Derivados halogenados

Son hidrocarburos que poseen en su molécula átomos de halógeno (F, Cl, Br y I), que al ser monovalentes sustituyen hidrógenos.

Se nombran citando primero el nombre del halógeno y después la molécula del hidrocarburo, colocando los halógenos por orden alfabético si hay más de uno. También es posible nombrarlos como si fueran "haluros de alquilo".

Los dobles y triples enlaces son predominantes para hallar la cadena principal y deben tener la numeración menor.

$$CH_3 - CH_2 - CH_2Cl$$

1-cloropropano o
cloruro de propilo

$$CH_2Br - CH_2Br$$

1,2-dibromoetano o
dibromuro de etileno

$$CH_2Cl - CBr_2 - CH_2 - CH_2I$$

2,2-dibromo-1-cloro-
-4-yodobutano

$$CH_2 = CH - CHI - CH_2I$$

3,4-diyodo-1-buteno

1-cloro-2-fluorobenceno	o-diclorobenceno	hexafluorobenceno	p-dibromobenceno

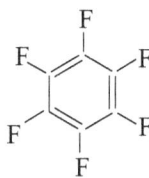

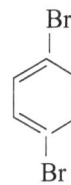

Nombres comunes de algunos halógenos:

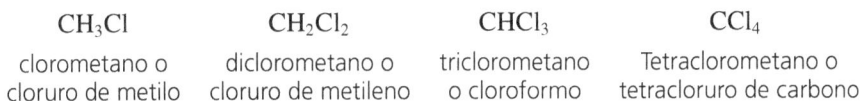

$$CHF_3 \qquad CHBr_3 \qquad CHI_3$$
fluoroformo   bromoformo   yodoformo

$$CH_3Cl \qquad CH_2Cl_2 \qquad CHCl_3 \qquad CCl_4$$

clorometano o cloruro de metilo	diclorometano o cloruro de metileno	triclorometano o cloroformo	Tetraclorometano o tetracloruro de carbono

1.13 Alcoholes, fenoles y éteres

En los alcoholes, en los fenoles y en los éteres, el oxígeno que forma parte de estas moléculas está unido al carbono por enlace simple σ.

Todos ellos tienen relación con la molécula de agua.

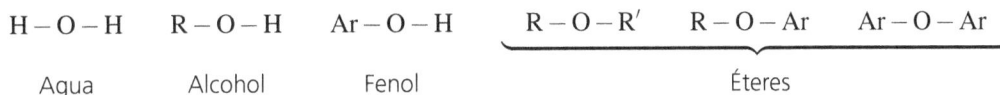

$$H-O-H \qquad R-O-H \qquad Ar-O-H \qquad \underbrace{R-O-R' \qquad R-O-Ar \qquad Ar-O-Ar}$$

Agua   Alcohol   Fenol   Éteres

R es un radical alquilo, alquenilo o alquinilo. Ar es un radical fenilo.

Alcoholes

En los alcoholes se sustituye un H del hidrocarburo por un OH y el alcohol se nombra añadiendo al nombre del hidrocarburo la terminación -ol. También puede nombrarse primero la palabra alcohol y luego el radical alquílico.

Cuando el grupo OH no es la función principal en el hidrocarburo sino que actúa como sustituyente en la molécula, se usa en la nomenclatura del compuesto el prefijo hidroxi-. (Apéndice 1)

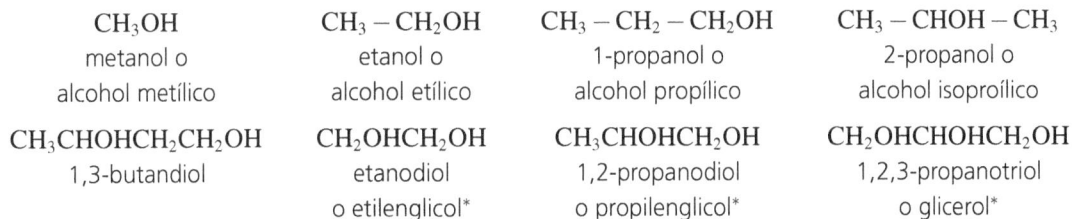

CH_3OH	CH_3-CH_2OH	$CH_3-CH_2-CH_2OH$	$CH_3-CHOH-CH_3$
metanol o alcohol metílico	etanol o alcohol etílico	1-propanol o alcohol propílico	2-propanol o alcohol isoproílico
$CH_3CHOHCH_2CH_2OH$	CH_2OHCH_2OH	$CH_3CHOHCH_2OH$	$CH_2OHCHOHCH_2OH$
1,3-butandiol	etanodiol o etilenglicol*	1,2-propanodiol o propilenglicol*	1,2,3-propanotriol o glicerol*

(* Nombres vulgares aceptados por la IUPAC)

La función alcohol es la prioritaria frente a las insaturaciones y es la que debe tener la numeración menor de la cadena del hidrocarburo.

$$CH_3 - CH = CH - CHOH - CH_3$$

3-penten-2-ol

$$CH \equiv C - CH = CH - CH_2OH$$

2-penten-4-in-1-ol

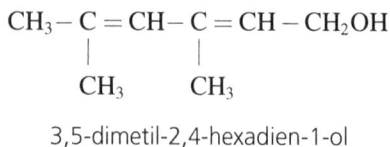

3,5-dimetil-2,4-hexadien-1-ol

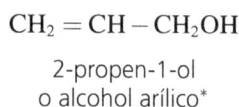

$$CH_2 = CH - CH_2OH$$

2-propen-1-ol
o alcohol arílico*

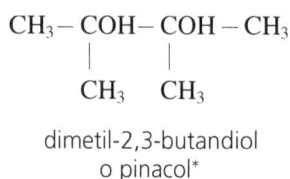

dimetil-2,3-butandiol
o pinacol*

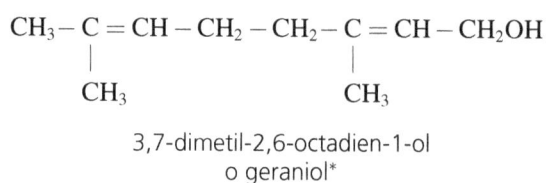

3,7-dimetil-2,6-octadien-1-ol
o geraniol*

(* Nombres vulgares aceptados por IUPAC)

Fenoles

Son alcoholes aromáticos derivados del benceno, de fórmula $Ar - O - H$, siendo Ar el radical fenilo. Se nombran como los alcoholes colocando en primer lugar el nombre del hidrocarburo aromático y terminando en -ol.

Igual que en la nomenclatura de los hidrocarburos aromáticos, si es preciso se colocan números para indicar las posiciones del grupo $-OH$.

Si en el anillo aromático hay algún sustituyente o radical más importante que la función alcohol, se usa el prefijo hidroxi- para nombrarlo. (Apéndice 1)

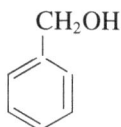

fenol*

alcohol bencílico

pirocatecol*

resorcinol*

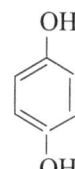

hidroquinona*

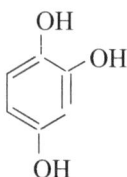

1,2,4-bencentriol

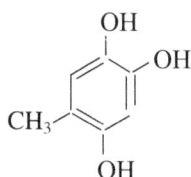

5-metil-1,2,4-bencentriol

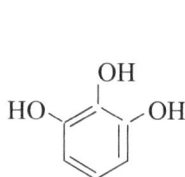

pirogalol*

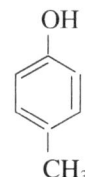

cresol*

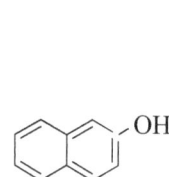

2-naftol

(* Nombres vulgares aceptados por la IUPAC)
(Pirocatecol, resorcinol e hidroquinona son o-, m-, p-dihidroxibenceno)

Éteres

Su fórmula es $R - O - R'$ pudiendo ser los radicales R y R' también aromáticos.

Se pueden nombrar de dos maneras ambas correctas:

1. Nombrando primero los dos radicales R y R' por orden alfabético y después la palabra *éter*.
2. Nombrando primero la parte de la molécula $-O-R'$ menos compleja como *alcoxi-* (*metoxi-, etoxi-, etc.*) y después añadiendo el radical más complejo R igual que si fuera un hidrocarburo. (Apéndice 1)

$$CH_3 - CH_2 - O - CH_3$$

etil metil éter
metoxietano

$$CH_3 - CH_2 - O - CH = CH_2$$

etil vinil éter
etoxietileno

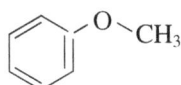

fenil metil éter
metoxibenceno o anisol*

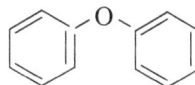

difenil éter
éter difenílico o fenoxibenceno

(* Nombres vulgares aceptados por la IUPAC)

1.14 Aldehídos y cetonas

Los aldehídos y las cetonas son compuestos orgánicos que poseen en su molécula un grupo *carbonilo,* que es un doble enlace que une el carbono con el oxígeno. La hibridación de ambos es sp^2 (planar), siendo un enlace σ y el otro enlace π, (ver tema 4: Enlace covalente)

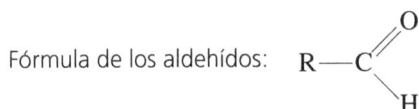

Fórmula de los aldehídos:

Fórmula de las cetonas:

Aldehídos

Se nombran poniendo como raíz el nombre del hidrocarburo que lo forma y añadiendo el sufijo *-al.* (Observar por la fórmula que la función aldehído siempre es terminal en la cadena molecular).

La cadena se empieza a numerar por el extremo donde está el grupo *carbonilo,* que tiene preferencia sobre: dobles y triples enlaces, grupos alquilo y arilo, halógenos, funciones OH (alcohol) y OR (éter). (Apéndice 1)

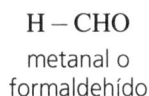

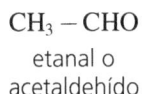

$$H - CHO$$

metanal o
formaldehído

$$CH_3 - CHO$$

etanal o
acetaldehído

$$CHO - CH_2 - CHO$$

propanodial

$$CH_2 = CH - CH_2 - CHO$$

3-butenal

$$CH_2 = C - CH_2 - CHO$$
$$|$$
$$CH_3$$

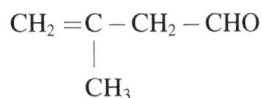

3-metil-3-butenal

Cetonas

Se pueden nombrar de dos maneras ambas correctas:

1. Nombrando el hidrocarburo del que deriva y añadiendo el sufijo –ona. La función cetona se indica numerándola con el número menor posible.
2. Nombrando en primer lugar, por orden alfabético, los radicales **R** y **R′** que están unidos a la función —**CO**— y acabando con la palabra *cetona*.

Observar por la fórmula que la función cetona nunca es terminal sino que se encuentra en medio de la cadena molecular. (Apéndice 1)

$$CH_3 - CO - CH_3$$
propanona
dimetil cetona
acetona*

$$CH_3 - CH_2 - CH_2 - CO - CH_3$$
2-pentanona
metil propil cetona

$$CH_3 - CH_2 - CO - CH_2 - CH_3$$
3-pentanona
dietil cetona

$$CH_2 = CH - CO - CH_3$$
3-buten-2-ona
metil vinil cetona

$$CH_2 = CH - CH_2 - CO - CH_3$$
4-penten-2-ona
alil metil cetona

4-metil-3-penten-2-ona

2-fenil-2-metil-2-hepten-4-ona

Igual que en los aldehídos, el grupo *carbonilo* de las cetonas tiene preferencia sobre: dobles y triples enlaces, grupos alquilo y arilo, halógenos, funciones **OH** (alcohol) y funciones **OR** (éter).

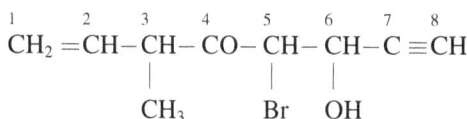

3-metil-5-bromo-6-hidroxi-1-octen-7-in-4-ona

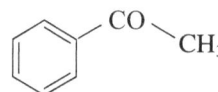

acetofenona* (fenil metil cetona)

Hay grupos funcionales que tienen preferencia sobre las cetonas como los aldehídos. En esos casos, el grupo cetona se nombra con el prefijo -oxo.

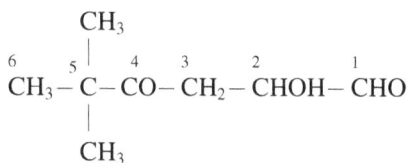

5,5-dimetil-2-hidroxi-4-oxohexanal

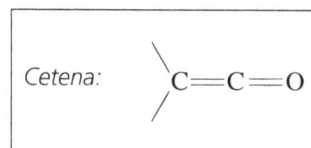

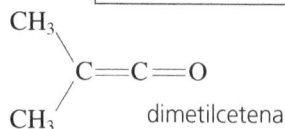

dimetilcetena

(* Nombres vulgares aceptados por la IUPAC)

1.15 Ácidos carboxílicos, anhídridos, ésteres y haluros de ácidos

Sus fórmulas generales son:

Ácido carboxílico	Anhídrido	Éster	Haluro de ácido
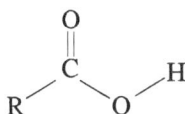	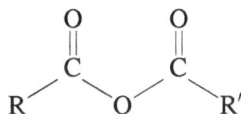	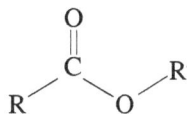	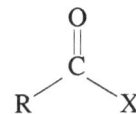
$R - COOH$	$R - CO - O - OC - R'$	$R - COO - R'$	$R - CO - X$ $(X = F, Cl, Br, I)$

Ácidos carboxílicos

Se nombran iniciando con la palabra *ácido* añadiendo el nombre del hidrocarburo correspondiente y terminando en *-oico*.

El carbono del ácido carboxílico $-COOH$ es siempre, entre todas las demás funciones, el que tiene *prioridad máxima (número 1)*. (Apéndice 1)

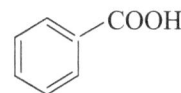

$CH_3 - CH_2 - COOH$ $HOOC - CH_2 - COOH$ $CH_2 = CH - CHOH - COOH$

ácido propanoico   ácido propanodioico   ácido 2-hidroxi-3-butenoico   ácido benzoico

Ejemplos de ácidos carboxílicos con nombres propios aceptados por la IUPAC:

Compuesto ácido	Nombre sistemático	Nombre aceptado
$H - COOH$	ácido metanoico	ácido fórmico
$CH_3 - COOH$	ácido etanoico	ácido acético
$CH_3 - CH_2 - COOH$	ácido propanoico	ácido propiónico
$CH_3 - CH_2 - CH_2 - COOH$	ácido butanoico	ácido butírico
$HOOC - COOH$	ácido etanodioico	ácido oxálico
$HOOC - CH_2 - COOH$	ácido propanodioico	ácido malónico
$HOOC - CH_2 - CH_2 - COOH$	ácido butanodioico	ácido succínico
$HOOC - CH_2 - CH_2 - CH_2 - COOH$	ácido pentanodioico	ácido glutárico
$HOOC - CH_2 - CH_2 - CH_2 - CH_2 - COOH$	ácido hexanodioico	ácido adípico
$CH_2 = CH - COOH$	ácido propenoico	ácido acrílico
$CH \equiv C - COOH$	ácido propinoico	ácido propiólico
$CH_2 = C(CH_3) - COOH$	ácido 2-metilpropenoico	ácido metacrílico
$HOOC - CH = CH - COOH$ (cis)	ácido butenodioico	ácido maléico
$CH_3 - CHOH - COOH$	ác. 2-hidroxipropanoico	ácido láctico

Las sales de los ácidos carboxílicos son los carboxilatos, y se nombran como el ácido de partida añadiendo el sufijo -*ato* y después el nombre del catión que contienen.

$$CH_3 - COOH$$
ácido acético

$$CH_3 - COO^-$$
anión acetato

$$CH_3 - COONa$$
acetato de sodio

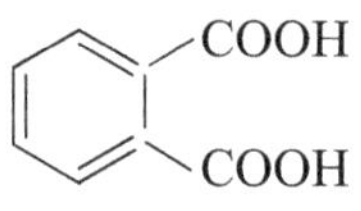

COOH
COOH
ácido ftálico* o
ácido *o*-bencenodioico

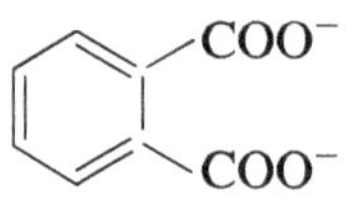

COO⁻
COO⁻
anión ftalato* o
anión *o*-bencenodioato

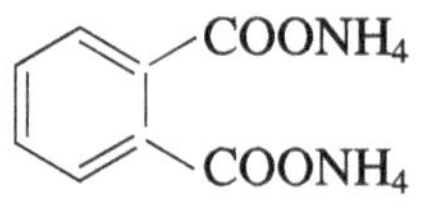

COONH₄
COONH₄
ftalato de diamonio* o
o-bencenodioato de diamonio

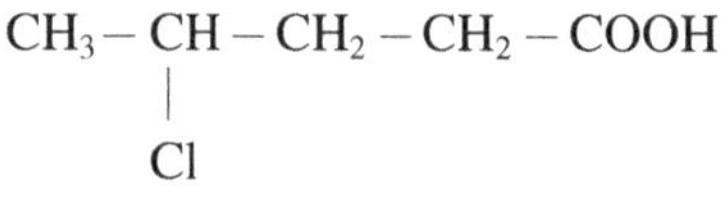

$$CH_3 - CH - CH_2 - CH_2 - COOH$$
$$|$$
$$Cl$$
ácido 4-cloro-pentanoico

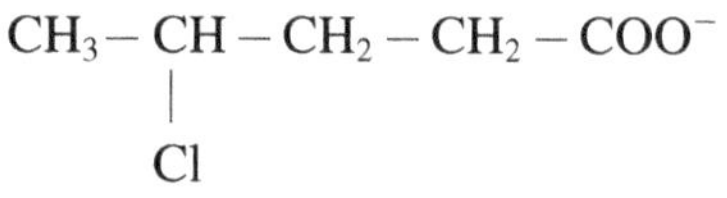

$$CH_3 - CH - CH_2 - CH_2 - COO^-$$
$$|$$
$$Cl$$
anión 4-cloro-pentanoato

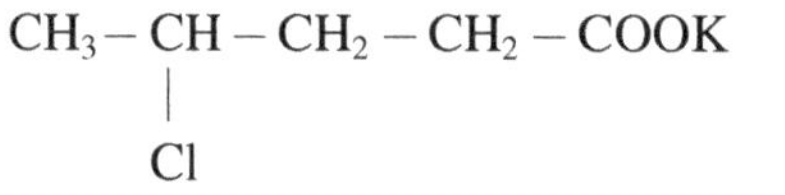

$$CH_3 - CH - CH_2 - CH_2 - COOK$$
$$|$$
$$Cl$$
4-cloro-pentanoato de potasio

(* Nombres vulgares aceptados por la IUPAC)

Anhídridos

Los anhídridos se obtienen de los ácidos cuando éstos *pierden una molécula de agua entre dos grupos carboxilo*. Se nombran como los ácidos de los que provienen, pero colocando delante la palabra *anhídrido*. (Apéndice 1)

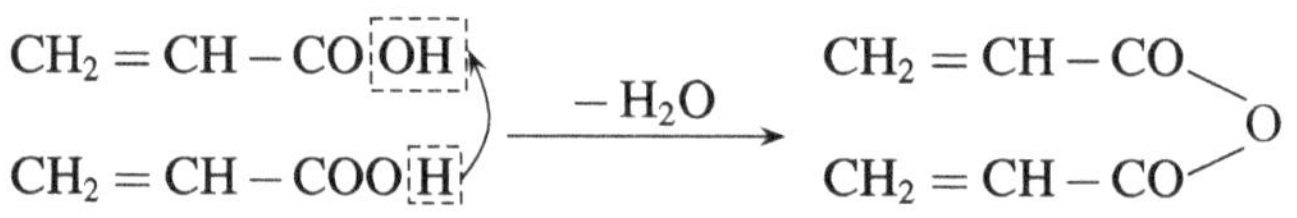

$$CH_2 = CH - CO\boxed{OH}$$
$$CH_2 = CH - COO\boxed{H}$$
$$\xrightarrow{- H_2O}$$
$$CH_2 = CH - CO$$
$$CH_2 = CH - CO$$
$$O$$

2 ácidos acrílicos*   1 anhídrido acrílico*

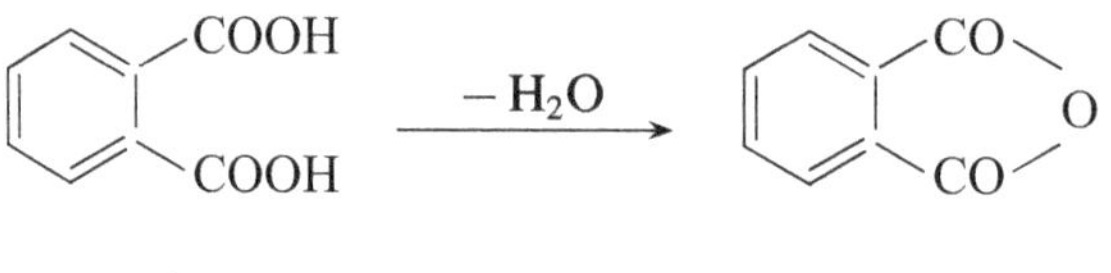

COOH
COOH
ácido ftálico*

$$\xrightarrow{- H_2O}$$

CO
CO
O
anhídrido ftálico*

(* Nombres vulgares aceptados por la IUPAC)

Ésteres

Un éster se obtiene por pérdida de una molécula de agua al reaccionar un ácido con un alcohol.

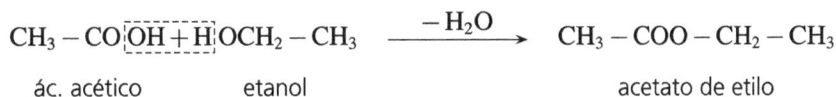

$$CH_3 - CO[OH + H]OCH_2 - CH_3 \xrightarrow{\ -H_2O\ } CH_3 - COO - CH_2 - CH_3$$

ác. acético   etanol   acetato de etilo

Se nombran como el ácido de partida terminando en *-ato* y añadiendo el nombre de la cadena o radical que sustituye al H del OH de la función ácido.

$$H - COO - CH_3 \qquad CH_3 - CH_2 - COO - C_6H_5$$

formiato de metilo   propanoato de fenilo

$$C_6H_5 - COO - CH_2 - CH_3 \qquad CH_3OOC - COOCH_3$$

benzoato de etilo   oxalato de dimetilo

Haluros de ácido

En los haluros de ácido, un halógeno F, Cl, Br o I está sustituyendo al OH de la función ácido. Se nombran con la palabra *haluro* (fluoruro, cloruro, bromuro, yoduro) y se termina con el radical *acilo,* que a su vez se nombra sustituyendo la terminación *-oico* del ácido por *-ilo* o *-oilo*.

Nombre de algunos radicales *acilo*

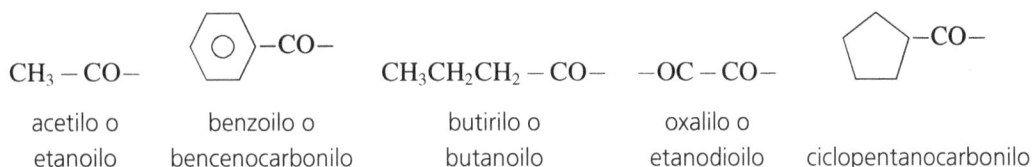

$$CH_3 - CO-$$

acetilo o
etanoilo

benzoilo o
bencenocarbonilo

$$CH_3CH_2CH_2 - CO-$$

butirilo o
butanoilo

$$-OC - CO-$$

oxalilo o
etanodioilo

ciclopentanocarbonilo

Nombre de algunos haluros de ácido

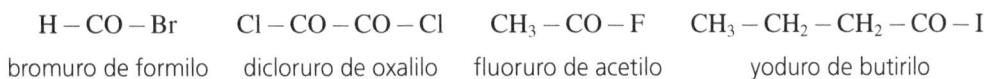

$$H - CO - Br \qquad Cl - CO - CO - Cl \qquad CH_3 - CO - F \qquad CH_3 - CH_2 - CH_2 - CO - I$$

bromuro de formilo   dicloruro de oxalilo   fluoruro de acetilo   yoduro de butirilo

1.16 Compuestos nitrogenados. Aminas, amidas, nitrilos o cianuros y nitroderivados

Fórmulas de compuestos orgánicos nitrogenados:

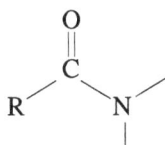

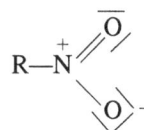

$$R - C \equiv N$$

amina   amida   nitrilo o cianuro   nitro

Aminas

Son compuestos derivados del amoníaco. (Apéndice 1)

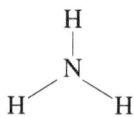

NH_3

amoníaco

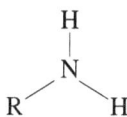

RNH_2

amina primaria

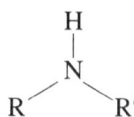

$RNHR'$

amina secundaria

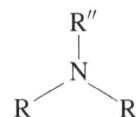

$RNR'R''$

amina terciaria

Las *aminas primarias* se pueden nombrar de dos maneras, ambas correctas:

1. Nombrando primero el nombre del radical y terminando con *-amina*.
2. Nombrando primero el hidrocarburo y terminando en *-amina*.

Si en la molécula hay más de una amina primaria, se indica con un número el carbono donde se encuentra la función.

$CH_3 - NH_2$

metilamina
metanamina

$CH_3 - CH_2 - CH_2 - NH_2$

propilamina
propanamina

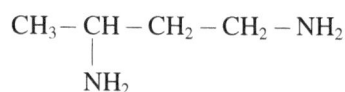

ciclohexilamina

$CH_3 - CH - CH_2 - CH_2 - NH_2$
              |
            NH_2

1,3-butanodiamina

Las *aminas secundarias y terciarias* se nombran como derivados de las primarias de cadena más larga. Primero se nombra el radical o radicales (orden alfabético) unidos al nitrógeno de la amina, con la letra *N* en cursiva, y luego el nombre de la amina primaria.

Nomenclatura aminas secundarias:

N-metilpropilamina o
N-metil-1-propanamina

Nomenclatura aminas terciarias:

N-N-dimetilpropilamina o
N, N-dimetil-1-propanamina

Ejemplos de aminas:

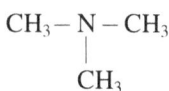

trimetilamina

ciclopentanamina
ciclopentanamina

fenilamina o
anilina*

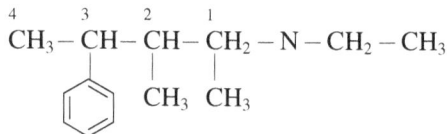

3-fenil-*N*-etil-*N*,2-dimetilbutilamina

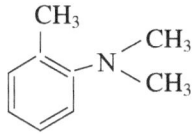

N,N-dimetil-2-metilfenilamina

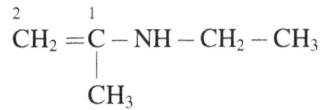

N-etilisopropenilamina

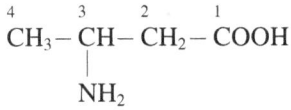

ácido 3-aminobutanoico

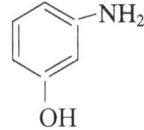

m-aminofenol o 3-aminofenol

Iminas: Son menos comunes que las aminas y su fórmula es $R = NH$

Se nombran como las aminas, pero terminando en *-imina.*

$CH_2 = NH$	$CH_3 - CH_2 = NH$	$(CH_3)_2C = NH$	$(CH_3)_2C = N - CH_3$
metanimina	etanimina	2-propanimina	N-metil-2-propanimina

Amidas

Una amida se obtiene por pérdida de una molécula de agua al reaccionar un ácido con amoníaco o con una amina primaria o secundaria. (La amina terciaria no tiene H unido al N para formar H_2O con el OH de la función ácido).

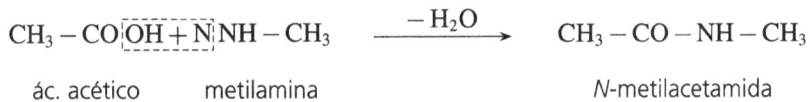

ác. acético	metilamina	N-metilacetamida

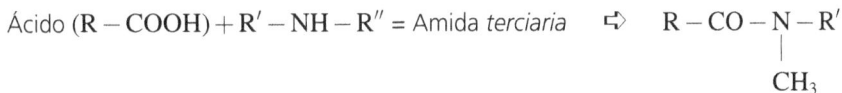

La nomenclatura de las amidas va unida a la de los ácidos. Las *amidas primarias* se nombran como los ácidos, pero terminando en *amida.*

$$CH_3 - CH_2 - CO - NH_2$$

propanamida

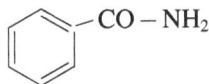

benzamida

$$CH_3 - CH_2 - CH - CO - NH_2$$
$$| $$
$$CH_3$$

2-metilbutanamida

$$H - CO - NH_2$$

formiamida

En las *amidas secundarias y terciarias*, se nombra el radical o radicales unidos al nitrógeno, con *N* cursiva delante, y después el nombre del ácido terminando en *amida*. (Apéndice 1)

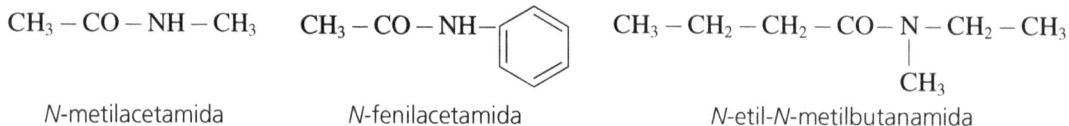

$$CH_3 - CO - NH - CH_3$$

N-metilacetamida

$$CH_3 - CO - NH-$$⟨benceno⟩

N-fenilacetamida

$$CH_3 - CH_2 - CH_2 - CO - \underset{\underset{CH_3}{|}}{N} - CH_2 - CH_3$$

N-etil-*N*-metilbutanamida

Nitrilos o cianuros

Los nitrilos son compuestos semejantes al cianuro de hidrógeno, $H - C \equiv N$, en los que el H es sustituido por un radical hidrocarbonado.

Los nitrilos se pueden nombrar de dos maneras, ambas correctas:

1. Nombrando primero el nombre del hidrocarburo y terminando con el sufijo *–nitrilo*. (Grupo nitrilo quiere decir $\equiv N$).

2. Nombrando primero *cianuro* y después el nombre del radical. (Grupo cianuro quiere decir $-C \equiv N$).

Observar que la función nitrilo es terminal; luego se encuentra siempre en los extremos de la molécula.

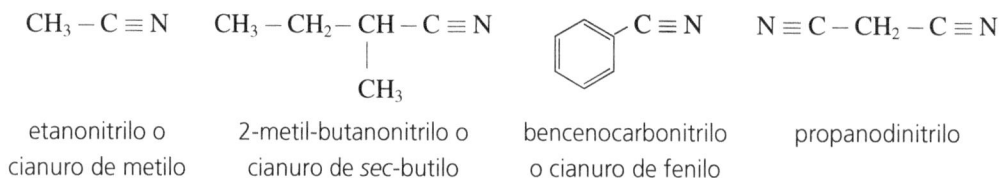

$$CH_3 - C \equiv N$$

etanonitrilo o
cianuro de metilo

$$CH_3 - CH_2 - \underset{\underset{CH_3}{|}}{CH} - C \equiv N$$

2-metil-butanonitrilo o
cianuro de *sec*-butilo

⟨benceno⟩$-C \equiv N$

bencenocarbonitrilo
o cianuro de fenilo

$$N \equiv C - CH_2 - C \equiv N$$

propanodinitrilo

Nitroderivados

Los nitroderivados son compuestos con un grupo NO_2 y su fórmula es:

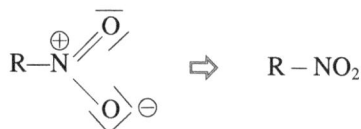

$$R-\overset{\oplus}{N}\diagd{O} \diagd{O}^{\ominus} \quad \Rightarrow \quad R - NO_2$$

Se nombran usando primero el prefijo *nitro-* y después se nombra el hidrocarburo. El grupo NO_2 nunca es función principal, sino que se considera un sustituyente de la molécula.

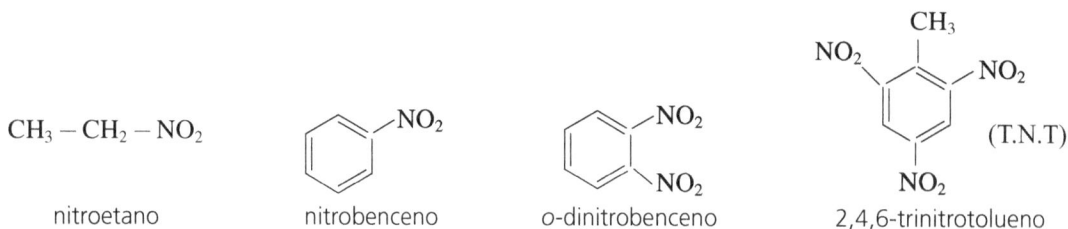

$$CH_3 - CH_2 - NO_2$$

nitroetano

⟨benceno⟩$-NO_2$

nitrobenceno

⟨benceno⟩$\begin{array}{c}-NO_2 \\ -NO_2\end{array}$

o-dinitrobenceno

⟨benceno con CH_3, NO_2, NO_2, NO_2⟩ (T.N.T)

2,4,6-trinitrotolueno

Existen también derivados *nitrosos*, que poseen el grupo **NO**. Se nombran como los nitro, pero usando la palabra *nitroso* al comenzar su nombre.

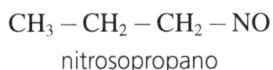

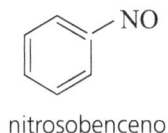

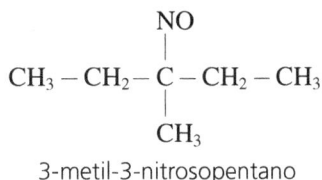

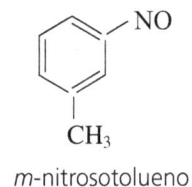

$$R - \ddot{N} = O \quad \Rightarrow \quad R - \overset{\oplus}{N} \equiv \overset{\ominus}{O}$$

$CH_3 - CH_2 - CH_2 - NO$
nitrosopropano

nitrosobenceno

$CH_3 - CH_2 - \underset{\underset{CH_3}{|}}{\overset{\overset{NO}{|}}{C}} - CH_2 - CH_3$
3-metil-3-nitrosopentano

m-nitrosotolueno

1.17 Compuestos orgánicos con azufre

Los compuestos con azufre tienen fórmulas semejantes a los compuestos con oxígeno, pues el **O** y el **S** son del mismo grupo de la tabla periódica. Solo se tratan algunos de ellos.

	Tioles	*Sulfuros*	*Sulfóxidos*	*Ácidos sulfónicos*
Fórmula	$R - SH$	$R - S - R'$	$R - SO - R'$	$R - SO_3H$
Compuesto	$CH_3 - CH_2 - SH$	$CH_3 - S - CH_2 - CH_3$	$CH_3 - SO - CH_3$	$-SO_3H$
	etanotiol	sulfuro de etilmetilo	dimetil sulfóxido	ác. bencenosulfónico

Elección de la cadena principal

Compuesto orgánico sin grupos funcionales

- La cadena principal es la más larga y la que posee mayor número de insaturaciones.
- Los dobles enlaces tienen preferencia sobre los triples enlaces.
- La numeración menor debe corresponder a las insaturaciones, sin tener en cuenta si son enlaces dobles o triples.

Criterios de preferencia en grupos funcionales

Compuesto orgánico con grupos funcionales

- Compuesto con *una función*

  a) La cadena principal de la molécula es la que contiene la función.
  b) La función tiene preferencia frente a los dobles y triples enlaces; luego su numeración debe ser la menor.

- Compuesto con *varias funciones distintas*

  a) Para elegir la cadena principal de la molécula, la IUPAC estableció un orden de preferencias entre funciones que, de *mayor a menor*, son:

1. Ácidos carboxílicos	7. Cetonas
2. Anhídridos	8. Alcoholes
3. Ésteres	9. Fenoles
4. Amidas	10. Aminas
5. Nitrilos	11. Iminas
6. Aldehídos	12. Éteres

  b) La cadena principal debe contener la función preferente y las otras funciones se consideran y se nombran como sustituyentes y por orden alfabético.

Problemas resueltos: Química Inorgánica. Formulación y nomenclatura ▬▬▬▬

☐ **Problema 1.1**

Formulad los compuestos e iones siguientes:

1. Óxido de plata   2. Ozono
3. Hidruro de cesio   4. Óxido de hierro(II)
5. Ión mercurio(II)   6. Trióxido de uranio
7. Amoníaco   8. Cianuro de rubidio
9. Trióxido de cobre(II) y estaño(IV) 10. Hidróxido de hierro(III)
11. Fosfuro de plata   12. Fluoruro de cobre(II)
13. Tricloruro de boro   14. Peróxido de hidrógeno
15. Ácido sulfhídrico   16. Dicloruro de diazufre

[Solución]

1. Ag_2O 2. O_3
3. CsH 4. FeO
5. Hg^{2+} 6. UO_3
7. NH_3 8. $RbCN$
9. $CuSnO_3$ 10. $Fe(OH)_3$
11. Ag_3P 12. CuF_2
13. BCl_3 14. H_2O_2
15. H_2S (disolución acuosa)   16. S_2Cl_2

☐ **Problema 1.2**

Nombrad los compuestos siguientes:

1. CdS 2. $Ba(OH)_2$
3. Cu_2O 4. HF
5. MnO_2 6. AsH_3
7. BH_3 8. PbO_2
9. Na_2O_2 10. BrF_5
11. SiC 12. Sr_3N_2
13. $CaCl_3$ 14. $Ni(OH)_2$
15. CrI_3 16. $NOBr$

[Solución]

1. Sulfuro de cesio   2. Hidróxido de bario
3. Óxido de cobre(I)   4. Fluoruro de hidrógeno
5. Dióxido de manganeso   6. Arsina
7. Borano   8. Óxido de plomo(IV)
9. Peróxido de sodio   10. Fluoruro de bromo(V)
11. Carburo de silicio   12. Dinitruro de estroncio
13. Cloruro de calcio   14. Hidróxido de niquel(II)
15. Yoduro de cromo(III)   16. Bromuro de nitrosilo

Problema 1.3

Formulad los compuestos e iones siguientes:

1. Trióxido de calcio y titanio
2. Disilano
3. Tetrahidruro de silicio
4. Trihidróxido de cromo(II) y sodio
5. Hexaóxido de dicloro
6. Cianuro de estroncio
7. Fluoruro de uranilo(VI)
8. Pentaóxido de trihierro(III) y litio
9. Monóxido de carbono
10. Ión sulfato
11. Hidróxido de cerio(III)
12. Manganato de calcio
13. Perclorato de plata
14. Ión vanadilo(III)
15. Ácido hipocloroso
16. Ácido peroxonítrico

[Solución]

1. $CaTiO_3$
2. Si_2H_6
3. SiH_4
4. $NaCr(OH)_3$
5. Cl_2O_6
6. $Sr(CN)_2$
7. UO_2F_2
8. Fe_3LiO_5
9. CO
10. SO_4^{2-}
11. $Ce(OH)_3$
12. $CaMnO_4$
13. $AgClO_4$
14. VO^+
15. $HClO$
16. HNO_4

Problema 1.4

Nombrad los compuestos siguientes:

1. RbI_3
2. CaC_2
3. KHS
4. $Ni(OH)_2$
5. RaO_2
6. N_2O_5
7. N_2H_4
8. $NaMnO_4$
9. H_3BO_3
10. $(H_2SiO_3)_n$
11. H_2CO_3
12. $Ba_3(PO_4)_2$
13. HCN (disolución acuosa)
14. $Mg_2P_2O_7$
15. $AgNO_3$
16. $SrCl(OH)$
17. $AgNaSO_3$
18. HFO
19. $ZnCl_2$
20. $CaBaS_2$

[Solución]

1. Triyoduro de rubidio
2. Acetiluro de calcio
3. Hidrógenosulfuro de potasio
4. Hidróxido de níquel(II)
5. Peróxido de radio
6. Pentaóxido de dinitrógeno
7. Hidracina
8. Permanganato de sodio
9. Ácido ortobórico
10. Ácido metasilícico

11. Ácido carbónico
13. Ácido cianhídrico
15. Nitrato de plata
17. Sulfito de plata y sodio
19. Cloruro de cinc

12. Fosfato de bario
14. Difosfato de magnesio
16. Hidroxicloruro de estroncio
18. Ácido hipofluoroso
20. Sulfuro de bario y calcio

■ Problema 1.5

Formulad los compuestos e iones siguientes:

1. Sulfato de cadmio-agua (2/5)
3. Carbonato de aluminio
5. Tiosulfato de sodio
7. Dicromato de potasio
9. Trioxosulfato de dihidrógeno
11. Estibina
13. Ácido peroxodisulfúrico o ác. persulfúrico
15. Imiduro de calcio
17. Tetrahidruro de Al y Li

2. Ácido metafosfórico
4. Aziduro de hidrógeno
6. Tetranitroniquelato(II) de potasio
8. Ión estaño(IV)
10. Ácido tiociánico
12. Nitruro de sodio
14. Hidróxido de bismuto
16. Ión cobre(II) o ión cobre($2+$)
18. Tetrahidroxocincato de Rb

[Solución]

1. $2CdSO_4 \cdot 5H_2O$
3. $Al_2(CO_3)_3$
5. $Na_2S_2O_3$
7. $K_2Cr_2O_7$
9. H_2SO_3 (ác. sulfuroso)
11. SbH_3
13. $H_2S_2O_8$
15. $CaNH$
17. $Li[AlH_4]$

2. HPO_3
4. HN_3
6. $K_2[Ni(NO_2)]_4$
8. Sn^{4+}
10. $HNCS$
12. Na_3N
14. $Bi(OH)_3$
16. Cu^{2+}
18. $Rb_2[Zn(OH)_4]$

■ Problema 1.6

Nombrad los compuestos e iones siguientes:

1. H_2Se
3. $Ba(HCO_3)_2$
5. $Na_2[Fe(CN)_5(NO)]$
7. $LiNH_4HPO_4$
9. $[Co_2(CO)_8]$
11. $Al(CN)_3$
13. $Cr_2(SeO_3)_3$
15. $NaNH_4Cl_2$
17. $LaBrO$

2. $[Ni(NH_3)_6](NO_3)_2$
4. $SbBrO$
6. $CuSO_4 \cdot 6H_2O$
8. $LiNa(HS)_2$
10. $[NiCl_4]^{2-}$
12. $H_2S_2O_6$
14. $Sn(ClO_2)_2$
16. $Mg(ClO_4)_2$
18. Cl_2O_6

1. Seleniuro de hidrógeno
2. Nitrato de hexaamminaníquel(II)
3. Hidrógenocarbonato de bario
4. Oxibromuro de antimonio(III)
5. Pentacianonitrosiferrato(II) de sodio
6. Sulfato de cobre(II)-agua (1/6)
7. Hidrógenofosfato de amonio y litio
8. Hidrógenosulfuro de litio y sodio
9. Octacarbonildicobalto
10. Ión tetracloruro de níquel(II)
11. Cianuro de aluminio
12. Ácido ditiónico
13. Selenito de cromo(III)
14. Clorito de estaño(II)
15. Cloruro de amonio y sodio
16. Perclorato de magnesio
17. Oxibromuro de lantano
18. Hexaóxido de dicloro

■ Problema 1.7

Formulad los compuestos e iones siguientes:

1. Ión hexaaminavanadio(III)
2. Hexafluorplatinato de hierro(III)
3. Pentasulfuro de dinitrógeno
4. Óxido de cobre(II) y estaño(IV)
5. Tetrahidroxoaluminato de sodio
6. Pentaoxicarbonato de Zr(IV)
7. Fosfato de bario y potasio
8. Cloruro de hexaaquocobalto(II)
9. Hidrógenodicromato de amonio
10. Bismutato de plata
11. Hidróxido de zirconio(IV)
12. Azido de plomo(II)
13. Peróxido de cinc
14. Tiocianato de cromo(III)
15. Clorato de vanadio
16. Dioxicloruro de molibdeno
17. Ión clorito
18. Sulfato de talio(I)

1. $[V(NH_3)_6]^{3+}$
2. $Fe_2[PtF_6]_3$
3. N_2S_5
4. $CuSnO_3$
5. $Na[Al(OH)_4]$
6. $Zr_3O_5(CO_3)$
7. $KBaPO_4$
8. $[Co(H_2O)_6]Cl_2$
9. $NH_4HCr_2O_7$
10. $AgBiO_3$
11. $Zr(OH)_4$
12. $Pb(N_3)_2$
13. ZnO_2
14. $Cr(SCN)_3$
15. $VO(ClO_3)_3$
16. MoO_2Cl_2
17. ClO^-
18. Tl_2SO_4

■ Problema 1.8

Nombrad los compuestos e iones siguientes:

1. FeS_2
2. $K[Au(OH)_4]$
3. $Ca_3(AsO_4)_2$
4. $La(OH)_3$
5. $[CoCl_2(NH_3)_4]^-$
6. $NaHCO_3$
7. PON
8. $Al(OH)(SO_4)$
9. $Na_2CO_3 \cdot 10H_2O$
10. $MgI(OH)$
11. $AlNO_3SO_4$
12. $Ba(HSO_3)_2$

13. $3CdSO_4 \cdot 8H_2O$ 14. $COCl_2$

15. $[Cd(NH_3)_4]^{2+}$ 16. $Cu_3(OH)_2Cl$

17. $PbCrO_4$ 18. $[CuBr_2(NH_3)_2]$

[Solución]

1. Disulfuro de hierro(II)
3. Arseniato de calcio
5. Ión tetraamminadiclorocobalto(III)
7. Nitruro de fosforilo
9. Carbonato de sodio-agua (1/10)
11. Nitrato-sulfato de aluminio
13. Sulfato de cadmio-agua (3/8)
15. Ión tetraamincadmio(II)
17. Cromato de plomo

2. Tetrahidroxoaurato(III) de potasio
4. Hidróxido de lantano(III)
6. Hidrógenocarbonato de sodio
8. Hidroxisulfato de aluminio
10. Hidroxiyoduro de magnesio
12. Hidrógenosulfito de bario
14. Cloruro de carbonilo
16. Dihidroxicloruro de cobre(I)
18. Diamindibromocobre(II)

Problema 1.9

Formulad los compuestos e iones siguientes:

1. Ión hexafluoruro ferrato(III)
3. Sulfato de amonio y hierro(III)
5. Hidroxitrinitrato de cerio(IV)
7. Ácido dioxonítrico(III)
9. Sulfuro de manganeso(IV)
11. Dioxidibromuro de uranio(VI)
13. Fluoruro de nitrosilo
15. Trioxoclorato(V) de hidrógeno
17. Óxido de nitrógeno(IV)

2. Trioxotiosulfato de dihidrógeno
4. Ión perclorato
6. Ortosilicato de cadmio y hierro(II)
8. Sulfato de tetraamminacobre(II)
10. Permanganato de cobalto(III)
12. Pentafluoruro de fósforo
14. Ión hexaaquohierro(II)
16. Fosfuro de boro
18. Tetracloroyodato de calcio

[Solución]

1. $[FeF_6]^{3-}$
3. $NH_4Fe(SO_4)_2$
5. $Ce(OH)(NO_3)_3$
7. HNO_2 (ác. nitroso)
9. MnS_2
11. UO_2Br_2
13. NOF
15. $HClO_3$
17. N_2O_4

2. $H_2S_2O_3$ (ác.trioxotiosulfúrico)
4. ClO_4^-
6. $CdFeSiO_4$
8. $[Cu(NH_3)_4]SO_4$
10. $Co(MnO_4)_3$
12. PF_5
14. $[Fe(H_2O)_6]^{2+}$
16. BP
18. $Ca[ICl_4]_2$

Problema 1.10

Nombrad los compuestos e iones siguientes:

1. $HSCN$ 2. $[V(CN)_5(NO)]^{5-}$

3. CrO_4^{2-} 4. $Zn(BrO_3)_2 \cdot 6H_2O$

5. SO_2Cl_2

6. $(NH_4)_4[CN)_6]$

7. $Bi_2O_2Cr_2O_7$

8. $Ca_2Al(OH)_7$

9. WOF_4

10. $CaHPO_4$

11. $Mg_4(OH)_2(CO_3)_3$

12. $VOSO_4$

13. BF_3

14. $[AlH_4]^-$

15. Cs_2SO_3

16. $[CoCl_3(NH_3)_3]$

17. $Ca_2[V(CN)_6]$

18. V_2S_5

[Solución]

1. Ácido tiociánico

2. Ión pentacianonitrosilvanadato

3. Ión cromato

4. Bromato de cinc-agua (1/6)

5. Cloruro de sulfurilo

6. Hexacianoferrato de amonio

7. Dioxidicromato de bismuto(III)

8. Heptahidróxido de dicalcio y aluminio

9. Oxitetrafluoruro de wolframio(**VI**)

10. Hidrógenofosfato de calcio

11. Dihidroxitricarbonato de magnesio

12. Oxisulfato de vanadio(**IV**)

13. Trifluoruro de boro

14. Ión tetrahidruroaluminato

15. Sulfito de cesio

16. Triclorotriamminacobalto(**III**)

17. Hexacianovanadato(**II**) de calcio

18. Pentasulfuro de divanadio

□ Problema 1.11

Formulad los compuestos orgánicos siguientes:

1. 4-hexen-2-ona	2. nitrobutano
3. 1,6-heptadien-3-ino	4. ácido *m*-bencenodioico
5. etil vinil éter	6. ácido *Z*-3-fluoro-propenoico
7. 2,3-pentanodiol	8. *N,N*-dimetilbutanamida
9. 2-butanotiol	10. acetato de etilo
11. cloruro de acetilo	12. ácido oxálico
13. ciclopenteno	14. 2-pentenodial
15. *N*-fenil-*N,N*-dimetilamina	16. 2-hidroxibutanato de amonio
17. 2-metil-1,3-propanodiamina	18. acrilato de etilo

[Solución]

1. $CH_2 - CH = CH - CH_2 - CO - CH_3$ 2. $CH_3 - CH_2 - CH_2 - CH_2 - NO_2$

3. $CH_2 = CH - C \equiv C - CH_2 - CH = CH_2$ 4.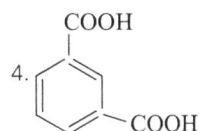

5. $CH_3 - CH_2 - O - CH = CH_2$ 6.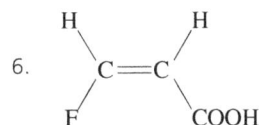

7. $CH_3 - CHOH - CHOH - CH_2 - CH_3$ 8.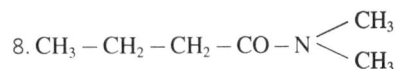

9. $CH_3 - CHSH - CH_2 - CH_3$ 10. $CH_3 - COO - CH_2 - CH_3$

11. $CH_3 - CO - Cl$ 12. $HOOC - COOH$

13.    14. $OHC - CH = CH - CH_2 - CHO$

15. 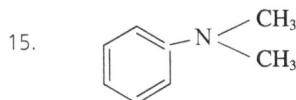   16. $CH_3 - CH_2 - CHOH - COO - NH_4$

17. 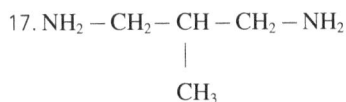   18. $CH_2 = CH - COO - CH_2 - CH_3$

☐ Problema 1.12

Nombrad los compuestos orgánicos siguientes:

1. $CH_3 - CHOH - CH_2 - CHO$

2. $CH_2 = CH - CO - CH_2 - CH_3$

3. $CH_3 - CH_2 - NH - CH_2 - CH_3$

4.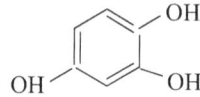

5. $CH_3 - S - CH_3$

6. $CH_3 - CHBr - CH = CH - CH_3$

7. $CH_3 - NO$

8. $CH \equiv C - CH - CH_2 - C \equiv C - CH_3$
   $\quad\quad\quad | $
   $\quad\quad CH_2 - CH_2 - CH_3$

[Solución]

1. 3-hidroxibutanal
3. dietilamina
5. sulfuro de dimetilo
7. nitrosometano

2. etil vinil cetona
4. 1,2,4-trihidroxibenceno
6. 4-bromo-2-penteno
8. 3-propil-1,5-heptadiino

☐ Problema 1.13

Formulad los compuestos orgánicos siguientes:

1. 2-buten-1-ol
3. ácido *p*-metoxibenzoico
5. 1,2,2-trifluoropropano
7. etilenglicol
9. *N*-etilformiamida
11. cianuro de propilo
13. 1-bromometil-4-propilbenceno

2. 2,4-hexandiinal
4. 2-propennitrilo
6. naftol
8. acetona
10. 5-etil-2,6-dimetil-1-hepteno
12. anhídrido ftálico
14. ácido etanosulfónico

[Solución]

1. $CH_3 - CH = CH_2 - CHOH$

2. $CH_3 - C \equiv C - C \equiv C - CHO$

3.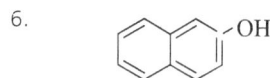

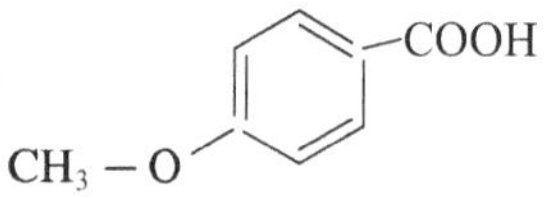

4. $CH_2 = CH - C \equiv N$

5.
$$\begin{array}{c} F \\ | \\ CH_3 - C - CH_2 - F \\ | \\ F \end{array}$$

6.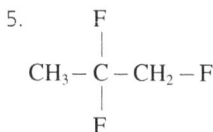

7. $CH_2OH - CH_2OH$

8. $CH_3 - CO - CH_3$

9. $H - CO - NH - CH_2 - CH_3$

10. $CH_3 - CH - CH - CH - CH_2 - C = CH_2$
    $\quad\quad\quad | \quad\quad | \quad\quad\quad\quad\quad |$
    $\quad\quad CH_3 \;\; CH_2 - CH_3 \quad\quad CH_3$

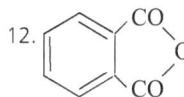

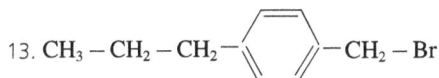

11. $CH_3 - CH_2 - CH_2 - C \equiv N$

12.

13. $CH_3 - CH_2 - CH_2 -$ $- CH_2 - Br$

14. $CH_3 - CH_2 - SO_3H$

☐ **Problema 1.14**

Nombrad los compuestos orgánicos siguientes:

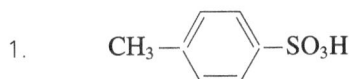

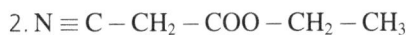

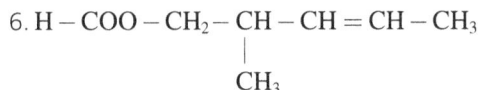

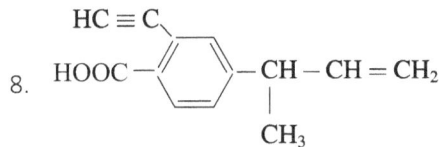

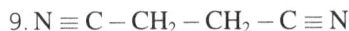

1. $CH_3 -$ $- SO_3H$

2. $N \equiv C - CH_2 - COO - CH_2 - CH_3$

3. $CH_2OHCH = CH\, CHCH_2CH = CHCH_2OH$
$\qquad\qquad\qquad | $
$\qquad\qquad C \equiv C - CH_2 - CH_2OH$

4. $HOOC - CH = CH - COOH$

5. $CH_3 - CO - NH - CH_3$

6. $H - COO - CH_2 - CH - CH = CH - CH_3$
$\qquad\qquad\qquad\qquad\quad |$
$\qquad\qquad\qquad\qquad\quad CH_3$

7. $Cl - CO - CO - Cl$

8.
$HC \equiv C$
$HOOC -$ $- CH - CH = CH_2$
$\qquad\qquad\qquad\quad |$
$\qquad\qquad\qquad\quad CH_3$

9. $N \equiv C - CH_2 - CH_2 - C \equiv N$

10. $F_2CH - COOH$

[Solución]

1. ácido *p*-toluensulfónico
3. 5-(4-hidroxi-1-butinil)-2,6-octadieno-1,8-diol
5. *N*-metilacetamida
7. dicloruro de oxalilo
9. butanodinitrilo

2. cianoacetato de etilo
4. ácido butenodioico
6. formiato de 2-metil-3-pentenilo
8. ácido 2-etinil-4-(1-metil-2-propenil)benzoico
10. ácido difluoroacético

■ **Problema 1.15**

Formulad los compuestos orgánicos siguientes:

1. 3-oxopentanal
3. nitrobutano
5. 3-pentinal
7. ácido 2-clorobutanoico
9. 2,4,6-trinitrofenol o ácido pícrico
11. benzoato de vinilo
13. *N*-isopropil-*N*-metilanilina

2. 2,4,6-triyodoanilina
4. anhídrido acetopropanoico
6. *N*-etilciclobutilamina
8. pentanodiamida
10. malonato de dimetilo
12. 2,4-pentanodiol
14. 5-hexen-3-ona

1. $CH_3 - CH_2 - CO - CH_2CHO$

2.

3. $CH_3 - CH_2 - CH_2 - CH_2 - NO_2$

4.

5. $CH_3 - C \equiv C - CH_2 - CHO$

6.

7. $CH_3 - CH_2 - CHCl - COOH$

8. $H_2N - CO - CH_2 - CH_2 - CH_2 - CO - NH_2$

9.

10. $CH_3 - OOC - CH_2 - COO - CH_3$

11.

12. $CH_3 - CHOH - CH_2 - CHOH - CH_3$

13.

14. $CH_3 - CH_2 - CO - CH_2 - CH = CH_2$

Problema 1.16

Nombrad los compuestos orgánicos siguientes:

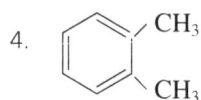

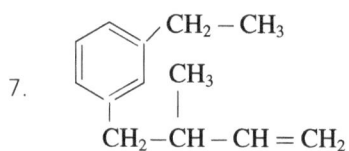

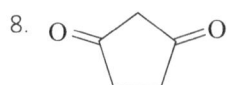

1. $CH_3 - CHOH - CO - CH_3$

2. $CH_3 - CH_2 - C \equiv N$

3.

4.

5. $CH_3 - CHBr - CH_2 - CH_2 - COONa$

6. $CH_2 = CH - SH$

7.

8.

1. 3-hidroxibutanona
3. *trans*-dihidroxiciclopropano
5. 4-bromopentanoato de sodio
7. 1-etil-3-(2-metil-3-butenil)benceno

2. cianuro de etilo
4. *o*-xileno (*o*-dimetilbenceno)
6. etenotiol
8. ciclopentanodiona

■ Problema 1.17

Formulad los compuestos orgánicos siguientes:

1. ácido 2-hidroxipropanoico
3. 2,4-dimetilhexanoato de metilo
5. 2,2-dimetil-1,3-ciclohexanodiona
7. ácido 3-hidroxi-6-metil-5-heptenoico
9. propilenglicol
11. 2-cloroacetato de etilo
13. 2-hidroxipropanodiamina

2. bromuro de etinilo
4. 1,1-dicloropropano
6. *N*-etilaminoacetaldehído
8. yodoformo o triyodometano
10. 5-alil-1,3-dimetilbenceno
12. *N*,4-dimetilbenzamida
14. cloruro de 2-clorobenzoilo

1. $CH_3 - CHOH - COOH$ (ácido láctico)

2. $CH \equiv C - Br$

3.
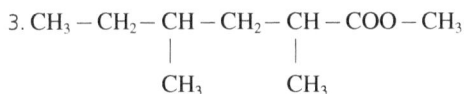

4. $CH_3 - CH_2 - CHCl_2$

5.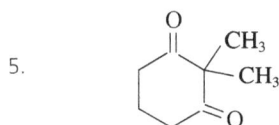

6. $CH_3 - CH_2 - NH - CH_2CHO$

7.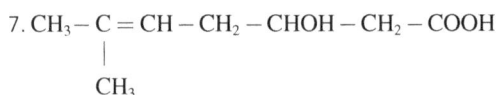

8. CHI_3

9. $CH_3 - CHOH - CH_2OH$

10.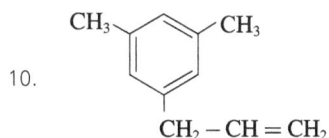

11. $Cl - CH_2 - COO - CH_2 - CH_3$

12.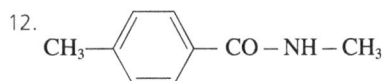

13. $NH_2 - CH_2 - CHOH - CH_2 - NH_2$

14.

Problema 1.18

Nombrad los compuestos orgánicos siguientes:

1.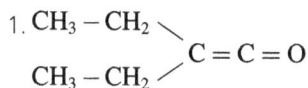

2. $CH_3 - CH = CH - CH_2SO_3H$

3.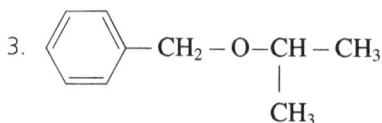

4.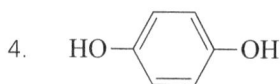

5.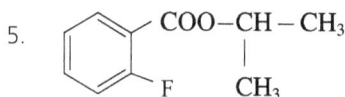

6. $H - CO - NH - CH_2 - CH_3$

7.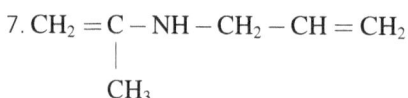

8.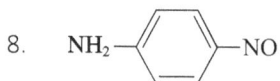

[Solución]

1. dietilcetena
3. bencil isopropil éter
5. o-fluorobenzoato de isopropilo
7. N-alilisopropenilamina

2. ácido 2-butensulfónico
4. hidroquinona
6. N-etilformiamida
8. p-nitrosoanilina

Problema 1.19

Formulad los compuestos orgánicos siguientes:

1. ácido 1,3,5-pentanotricarboxílico
3. fenantreno
5. ácido 2,3-dibromobutanoico
7. m-hidroxibenzamida
9. 2,4-pentadien-1-ol
11. 3,4-dihidroxipentanona
13. isopropoxibenceno

2. glicerol o propanotriol
4. acrilato de etilo
6. 5-etil-1,3-dimetil-2-vinilbenceno
8. 3,4-diclorofenol
10. propanoato de isopropenilo
12. etil metil sulfóxido
14. 1,1-ciclobutildiamina

[Solución]

1.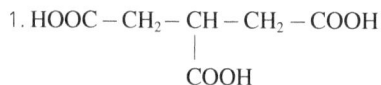

2. $CH_2OH - CHOH - CH_2OH$

3.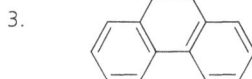

4. $CH_2 = CH - COO - CH_2 - CH_3$

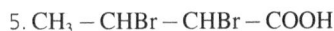

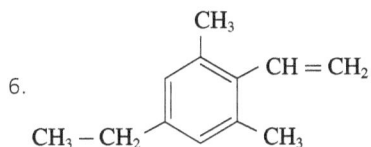

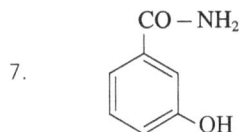

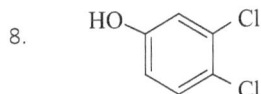

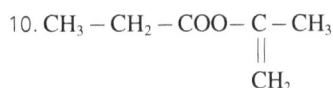

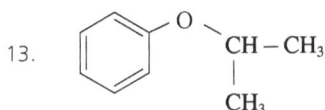

5. $CH_3 - CHBr - CHBr - COOH$

6.

7.

8.

9. $CH_2 = CH - CH = CH - CH_2OH$

10. $CH_3 - CH_2 - COO - C - CH_3$ con $\| \ CH_2$

11. $CH_3 - CO - CHOH - CHOH - CH_3$

12. $CH_3 - CH_2 - SO - CH_3$

13.

14.

☐ Problema 1.20

Nombrad los compuestos orgánicos siguientes:

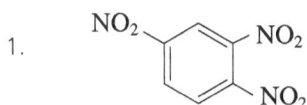

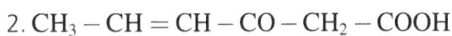

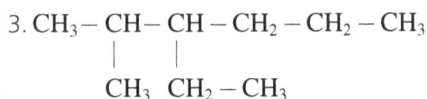

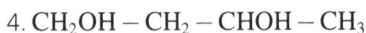

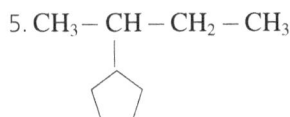

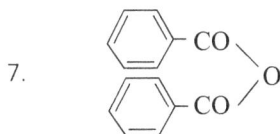

1.

2. $CH_3 - CH = CH - CO - CH_2 - COOH$

3. $CH_3 - CH - CH - CH_2 - CH_2 - CH_3$ con $CH_3 \quad CH_2 - CH_3$

4. $CH_2OH - CH_2 - CHOH - CH_3$

5. $CH_3 - CH - CH_2 - CH_3$ con ciclopentilo

6. $CH_3OOC - CH_2 - CH_2 - COOH$

7.

8. $HOOC - COO - CH_3$

[Solución]

1. 1,3,4-trinitrobenceno
2. ácido 3-oxo-4-hexenoico
3. 3-etil-2-metilhexano
4. 1,3-butanodiol
5. 2-ciclopentilpropano
6. ácido (3-metoxicarbonil)propionico
7. anhídrido benzoico
8. oxalato de monometilo

☐ Problema 1.21

Formulad los compuestos orgánicos siguientes:

1. fenilacetato de fenilo
2. cianuro de metilo
3. ácido (*E*)-2-metilbutenoico
4. *N*-alilacetamida
5. *p*-aminotolueno
6. 4-etil-1,3-hexanodieno
7. 4-penten-2-ol
8. ácido 2-aminopropanoico o alanina
9. 2,3-dihidroxibutanal
10. *o*-aminobenzoato de vinilo
11. cloruro de 1-propinilo
12. ciclohexadieno
13. *trans*-1,3-difluorociclobutano
14. ácido glutárico

[Solución]

1.
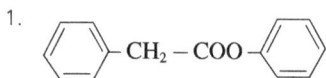

2. $CH_3 - C \equiv N$

3.
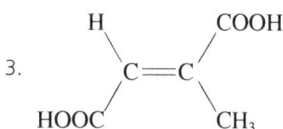

4.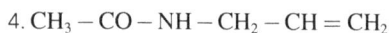
$CH_3 - CO - NH - CH_2 - CH = CH_2$

5.
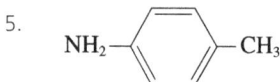

6.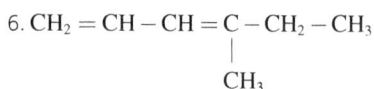
$CH_2 = CH - CH = C - CH_2 - CH_3$
$\qquad\qquad\qquad | $
$\qquad\qquad\quad CH_3$

7. $CH_3 - CHOH - CH_2 - CH = CH_2$

8. $CH_3 - CH - COOH$
$\qquad\quad |$
$\qquad\; NH_2$

9. $CH_3 - CHOH - CHOH - CHO$

10.
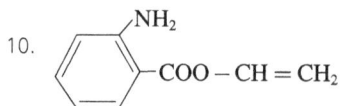

11. $CH_3 - C \equiv C - Cl$

12.
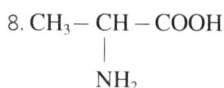

13.

14. $HOOC - CH_2 - CH_2 - CH_2 - COOH$

☐ Problema 1.22

Nombrad los compuestos orgánicos siguientes:

1. 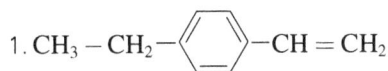 CH$_3$ — CH$_2$—⟨⟩—CH = CH$_2$

2. 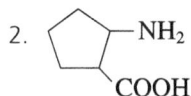 NH$_2$ / COOH

3. 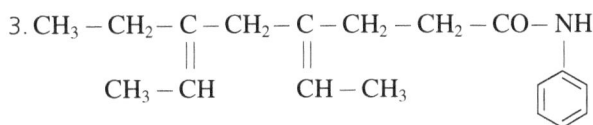 CH$_3$ — CH$_2$ — C — CH$_2$ — C — CH$_2$ — CH$_2$ — CO — NH
   CH$_3$ — CH   CH — CH$_3$

4. CH$_3$ — CH$_2$ — CHOH — CHOH — C$_2$OH

5.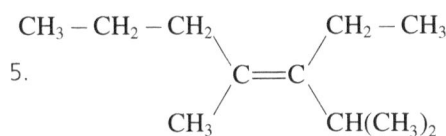

6.  CH$_3$—⟨⟩—CO — NH$_2$

7. H — COO — CH$_2$ — CH— CH = CH — CH$_3$
   CH$_3$

8. CH$_3$ — CH$_2$ — CH$_2$ — CH = C = O

[Solución]

1. *p*-etilvinilbenceno
3. 6-etil-4-etiliden-*N*-fenil-6-octenamida
5. (*Z*)-3-etil-2,4-dimetil-3-hepteno
7. formiato de 2-metil-3-pentenilo

2. ácido 2-aminociclopentanocarboxílico
4. 1,2,3-pentanotriol
6. 4-metil-3-ciclohexencarboxamida
8. propilcetena

■ Problema 1.23

Formulad los compuestos orgánicos siguientes:

1. anhídrido tricloroacético
3. 2,4-diyodobenzoato de isopropilo
5. 3,4,4-trimetil-2-oxopentanal
7. 5-etil-3-metiliden-1-hepten-6-ino
9. 2-bromo-3-butinonitrilo
11. propil vinil éter
13. ciclobutanona

2. ácido propenoico
4. malonato de monoisopropilo
6. 1,1-dicloroacetona
8. *N*-bencilanilina
10. (4*E*,6*E*)-1,4,6-octatrieno
12. 4-*sec*-butil-ciclohexeno
14. 1,5-ciclooctadieno

[Solución]

1. 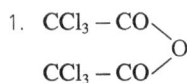 CCl$_3$ — CO
   CCl$_3$ — CO ╲O

2. CH$_2$ = CH — COOH

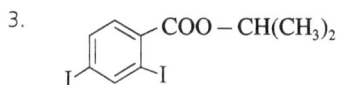

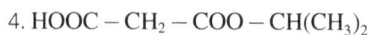

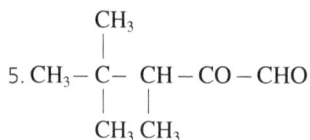

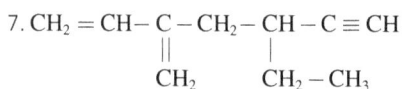

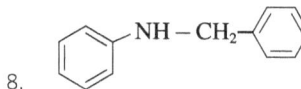

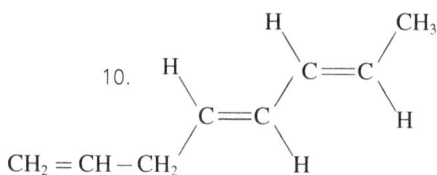

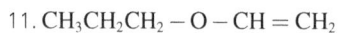

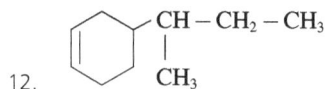

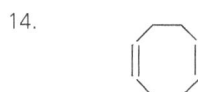

3.

$\bigcirc$ COO $-$ CH(CH$_3$)$_2$ with I substituents

$COO-CH(CH_3)_2$

I ... I

4. $HOOC - CH_2 - COO - CH(CH_3)_2$

CH_3
|
5. $CH_3 - C - CH - CO - CHO$
| |
CH_3 CH_3

6. $Cl_2CH - CO - CH_3$

7. $CH_2 = CH - C - CH_2 - CH - C \equiv CH$
||
CH_2 ... $CH_2 - CH_3$

8.

$\bigcirc$ NH $-$ CH$_2$ $\bigcirc$

9. $CH \equiv C - CHBr - C \equiv N$

10.

$$H \quad CH_3$$
$$\underset{H}{\overset{}{C}} = \underset{CH_3}{\overset{}{C}}$$

$$\underset{CH_2 = CH - CH_2}{\overset{H}{C}} = \underset{H}{\overset{}{C}}$$

11. $CH_3CH_2CH_2 - O - CH = CH_2$

12.

$\bigcirc$ CH $-$ CH$_2$ $-$ CH$_3$
|
CH_3

13.

$\square = O$

14.

$\bigcirc$

☐ **Problema 1.24**

Nombrad los compuestos orgánicos siguientes:

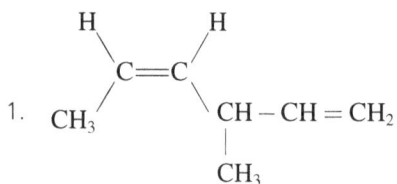

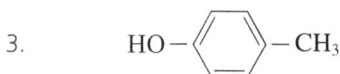

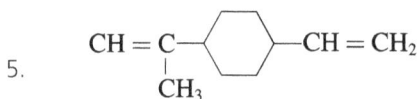

1.

$$\underset{CH_3}{\overset{H}{C}} = \underset{CH - CH = CH_2}{\overset{H}{C}}$$
|
CH_3

2. $CH \equiv C - CH_2 - CO - CH_2 - COOH$

3. $HO - \bigcirc - CH_3$

4. $Cl_2C = CHCl$

5. $CH = C - \bigcirc - CH = CH_2$
|
CH_3

6. $CH_3 - C \equiv C - CHO$

7. 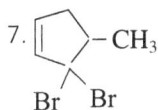 $-CH_3$ 8. $CH_3 - C \equiv C - CH = CH - CHOH - CH_3$

Problema 1.25

Formular los compuestos orgánicos siguientes:

1. dicloruro de ftaloilo
3. ácido 2-amino-3-fenil-3-metilpropanoico
5. 2,2-diyodo-5-oxo-6-octinoato de metilo
7. 1-alil-3-etilnaftaleno
9. 3,4-dietil-1,3-hexadien-5-ino
11. 3-bromo-6,7-dimetoxi-1-naftol
13. ácido (cloroformil)acético
15. butoxieteno
17. oxalato de monoetilo
19. 1,4-pentadien-1-ol
21. 1,3,5-trioxociclohexano

2. sulfuro de divinilo
4. fluoruro de 1,4-hexadienilo
6. 3-hexenoato de metilo
8. ácido *trans*-1,2-ciclopentildicarboxílico
10. *N*-etil-*N*-propilbutanamida
12. diisopropilcetena
14. *o*-hidroxifenolato de etilo
16. ciclopentil fenil éter
18. *N*-fenil-2-propanimina
20. succinato de disodio
22. *N,N*-dimetilvinilamina

1.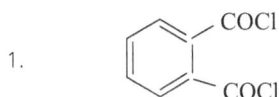

2. $CH_2 = CH - S - CH = CH_2$

3.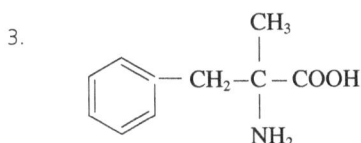

4. $CH_3 - CH = CH - CH_2 - CH = CH - F$

5. $CH_3C \equiv C - CO - CH_2CH_2 - CI_2 - COOCH_3$

6. $CH_3 - CH_2 - CH = CH - CH_2 - COO - CH_3$

7.

8.

9.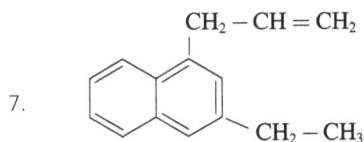

10.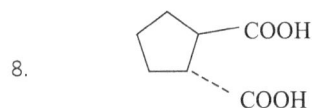

11.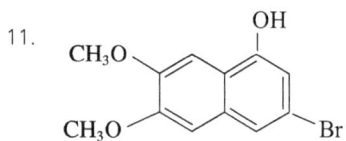

12.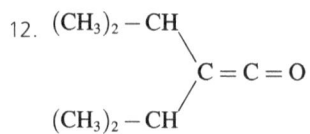

13. $Cl - CO - CH_2 - COOH$

14.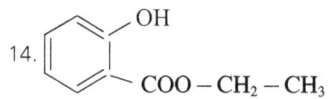

15. $CH_3CH_2CH_2CH_2 - O - CH = CH_2$

16.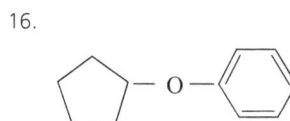

17. $HOOC - COO - CH_2 - CH_3$

18.

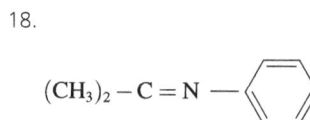

19. $CH_2 = CH - CH_2 - CH = CH - OH$

20.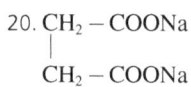

21.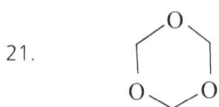

22.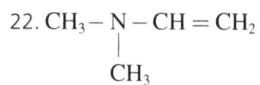

Problemas propuestos: Química Inorgánica. Formulación y nomenclatura ▬▬▬

☐ **Problema 1.1**

Formulad los compuestos e iones siguientes:

1. Ión tetrafluoruroferrato(III)
2. Ácido trioxotiosulfúrico
3. Sulfato de alumino y hierro(III)
4. Yoduro de nitrosilo
5. Hidroxitrinitrato de osmio(IV)
6. Nitrito de bario
7. Ácido ortosilícico
8. Sulfuro de aluminio y litio
9. Tetraóxido de dinitrógeno
10. Trioxoclorato(V) de hidrógeno
11. Hidrógenosulfuro de cesio
12. Tetranitroniquelato(II) de potasio
13. Ión hipoclorito
14. Ión tetraaquohierro(III)
15. Aziduro de cobre(II)
16. Cianuro de cobalto(II)
17. Sulfato tetraaminocobre(I)
18. Tetracloroyodato de magnesio

☐ **Problema 1.2**

Nombrad los compuestos e iones siguientes:

1. $Cu(BrO_3)_2 \cdot 6\,H_2O$
2. $LiCa(HPO_4)_3$
3. $Mg_2Al(OH)_7$
4. $K_5[V(CN)_5(NO)]$
5. $NaSCN$
6. $Ca_2[MoCl_8]$
7. $Bi_2O_2CrO_4$
8. $[CoCl_2(NH_3)_3]$
9. $AgNO_3$
10. $Cr_2O_7^{2-}$
11. SO_2F_2
12. $Na[AlH_4]$
13. CCl_4
14. $LiCa(SO_4)_3$
15. U_3S
16. $Mg(OH)_2$
17. $Na[Co(CO)_4]$
18. $AlBO_3$

☐ **Problema 1.3**

Formulad los compuestos e iones siguientes:

1. Sulfato de cadmio y talio(I)
2. Óxido de cobre(II) y rutenio(IV)
3. Bismutato de cromo(III)
4. Hexafluoroplatinato de litio
5. Cloruro de hexaaquocobalto(II)
6. Hidrógenosulfuro de amonio
7. Fosfato de bario y calcio
8. Tiocianato de cromo(II)
9. Tetrahidroxoaluminato de potasio
10. Nitrato de potasio-agua (1/10)
11. Hidróxido de iridio(IV)
12. Ácido tiosulfúrico
13. Dicianoaurato(I) de amonio
14. Clorato de vanadio
15. Octacarbonildicobalto
16. Azida de cobre(II)
17. Peróxido de níquel
18. Fosfina
19. Ácido tetraoxodisulfúrico
20. Ión carbonato
21. Oxiyoduro de escandio
22. Hidroxibromuro de paladio
23. Peróxido de cadmio
24. Tetrafluoruro de silicio
25. Ácido tetratioarsénico
26. Tetracarbonilníquel

Problema 1.4

Nombrad los compuestos e iones siguientes:

1. SeO_3^{2-}
2. $Ca[Cu(CN)_2]_2$
3. $Co(IO_3)_3 \cdot 6\,H_2O$
4. $[FeCl_2(CO)_4]$
5. $NaCa(SCN)_3$
6. $AgNO_3 \cdot 4\,H_2O$
7. VO_3^-
8. $[CrCl_2(OH)(H_2O)_3]$
9. NH_4CN
10. Cl_2O_7
11. NO_2^+
12. $FeAsO_4$
13. $KMgCO_3$
14. $[Cr(CN)_4(NH_3)_2]^-$
15. Mo_2O_5
16. $LiMg(OH)_3$
17. $Co(NO_2)(OH)$
18. $Na_3[Fe(SCN)_6]$

Problema 1.5

Formulad los compuestos e iones siguientes:

1. Ión triamminacloroplatino(II)
2. Ácido monoxoclórico
3. Fosfato de tetramminacobre(II)
4. Borato de calcio
5. Nitrato de cromo(III)-agua (1/6)
6. Bromuro cloruro de plomo(IV)
7. Aziduro de platino(IV)
8. Manganato de tetraamminacobre(II)
9. Hidrógenocromato de talio
10. Nitrito sulfato de triamonio
11. Hidrógenoseleniuro de sodio
12. Tetranitroniquelato(II) de potasio
13. Sulfato de bario y cadmio
14. Hidrógenocarbonato de cesio
15. Arsenito de rutenio(II)
16. Cianuro de cobalto(II)
17. Hidroxifluoruro de magnesio
18. Tetraoxosulfato de calcio

Problema 1.6

Nombrad los compuestos e iones siguientes:

1. $[CoBr(NH_3)_5]^{2+}$
2. $TlOH$
3. $K_2Mg(CrO_4)_2$
4. $BaCa(OH)_4$
5. $Hg(IO_3)_2$
6. NH_4NO_2
7. $3\,CdSO_4 \cdot 8\,H_2O$
8. $[Zn(H_2O)_4]Cl_2$
9. PBr_3
10. $FeNaSiO_4$
11. $Al_2O_3 \cdot 3\,H_2O$
12. $K[Cu(CN)_2]$
13. $Na_7(AsO_4)_2Cl$
14. $Cr(HS)_3$
15. Ca_2C
16. $Ca(HCO_3)_2$
17. $[Al(OH)(H_2O)_5]^{2+}$
18. SiS_2

Problema 1.7

Formulad los compuestos siguientes:

1. Hidrógenosulfuro de magnesio
2. Sulfuro de hidrógeno-agua (4/23)
3. Cloruro de carbonilo
4. Ión tetracianoplatinato(II)
5. Ácido biosulfúrico
6. Ión hexaaquahierro(2+)
7. Ión estaño(II)
8. Heptaoxodicromato(VI)
9. Sulfuro de hierro(III)
10. Catión dimercurio(I)

Problema 1.8

Nombrad los compuestos e iones siguientes:

1. $(NH_4)_2[Hg(SCN)_4]$
2. $BrCN$
3. $Ce(OH)(NO_3)_3$
4. Al_2C_3
5. $[Cd(H_2O)_4]^{2-}$
6. $LiMnO_4$
7. $3\ NiSO_4 \cdot 6\ H_2O$
8. HI
9. $Ca(HSO_3)_2$
10. $Na[Cu(SCN)_2]$
11. $AgNO_3 \cdot 3\ H_2O$
12. $CsK(NO_3)_2$
13. $[Co(H_2O)(NH_3)_5]Cl_3$
14. H_2O_2
15. O_3
16. $K_2[MnCl_5]$
17. $NaCa(OH)_3$
18. $Ca(OH)_2(ClO_2)_2$

Problema 1.9

Formulad los compuestos e iones siguientes:

1. Ión triamminacloroplatino(II)
2. Ácido monoxoclórico
3. Fosfato de tetramminacobre(II)
4. Sulfuro de cromo(III)-agua (1/8)
5. Hipofosfito de cinc
6. Hidroxinitrato de cobalto(II)
7. Disulfuro de cobre(II) y bario
8. Ión amonio
9. Dióxido de sodio y cromo(III)
10. Dicromato de potasio
11. Peróxido de litio
12. Ión hexaamminavanadio(III)
13. Sulfito de calcio y talio
14. Ión disulfuro
15. Dioxicloruro de molibdeno
16. Óxido de cobre(II) y estaño(IV)
17. Hidroxicloruro de níquel
18. Tetraoxosulfito de magnesio

Problema 1.10

Nombrad los compuestos e iones siguientes:

1. $(NH_4)_2[Fe(CN)_6]$
2. $Al(OH)SO_4$
3. $NH_4Fe(SO_4)_2 \cdot 12\ H_2O$
4. $SrClF$
5. $KFeS_2$
6. Li_2ZnO_2

7. HSO_3^- 8. $Ga(OH)_3$

9. $[Ag(NH_3)_2]Br$ 10. $Na[Cu(SCN)_2]$

11. Fe_2O_3 12. Fe_3O_4

13. UO_2FNO_3 14. $AgKCO_3$

15. $Co(SCN)_3$ 16. $K_4[Mn(SCN)_6]$

17. $NH_4CoPO_4 \cdot H_2O$ 18. $Na_2S_2O_2$

Problema 1.11

Formulad los compuestos e iones siguientes:

1. Ácido dioxonítrico   2. Dicloruro de diazufre
3. Hexafluorosilicato de aluminio   4. Hipoyodito de estaño(II)
5. Cloruro de calcio-amoníaco (1/8)   6. Tetraborano
7. Ión estaño(II)   8. Heptaoxodicromato(VI)
9. Sulfuro de potasio   10. Hidroxicloruro de cobalto(II)

Problemas propuestos: Química Orgánica. Formulación y nomenclatura ▬▬▬▬▬

☐ **Problema 1.12**

Formulad los compuestos orgánicos siguientes:

1. 5-heptil-3-hepteno
2. 4-etil-4,5-dimetilciclohexeno
3. *p*-dietilbenceno
4. *N*-metoxi-1,3-propanodiamina
5. etil isopropil éter
6. ácido *Z*-3-cloro-propenoico
7. anisol o metoxibenceno
8. *N,N*-dietilpropanamida
9. yoduro de ciclopentanocarbonilo
10. yoduro de acetilo
11. ciclobuteno
12. 2-pentenodial
13. butanato de amonio
14. 2,4-pentanodiona
15. *N,N*-dietilpentanamida
16. anhídrido maleico
17. naftaleno
18. acrilato de vinilo

☐ **Problema 1.13**

Nombrad los compuestos orgánicos siguientes:

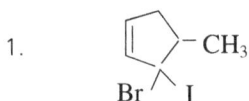

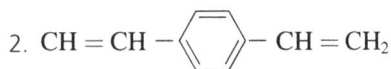

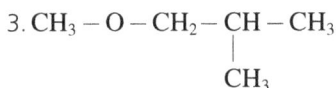

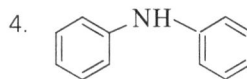

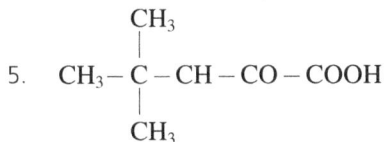

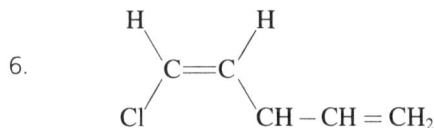

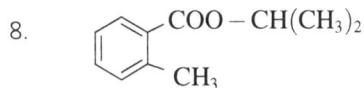

1.

2. $CH = CH - \langle\!\bigcirc\!\rangle - CH = CH_2$

3. $CH_3 - O - CH_2 - CH - CH_3$
   $\qquad\qquad\qquad\quad |$
   $\qquad\qquad\qquad\ CH_3$

4.

5. $CH_3 - \underset{\underset{CH_3}{|}}{\overset{\overset{CH_3}{|}}{C}} - CH - CO - COOH$

6.

7. $CH_3 - CH - CO - Cl$

8.

☐ **Problema 1.14**

Formulad los compuestos orgánicos siguientes:

1. dimetilcetena
2. metil propil cetona
3. *(E)*-3-etil-2,4-dimetil-3-hepteno
4. 2-butenal
5. cianuro de butilo
6. ácido *(E)*-3-bromopropenoico
7. trimetilamina
8. *N*-metilacetamida
9. ácido *p*-acetamidobenzoico
10. ácido ftálico

11. cloruro de benzoilo
13. ácido *m*-toluensulfónico
15. cloruro de metilideno
17. *p*-etilestireno
19. benzamida
21. diisopropil éter
23. 3,6-diformiloctanodial

12. ciclopentadieno
14. *N*,4-dimetoxianilina
16. ciclohexanona
18. malonato de amonio
20. *o*-xileno
22. *o*-metoxifenol o guayacol
24. 1,3,5-pentanotriamina

☐ Problema 1.15

Nombrad los compuestos orgánicos siguientes:

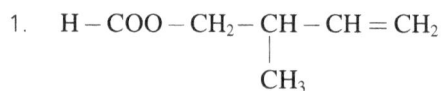

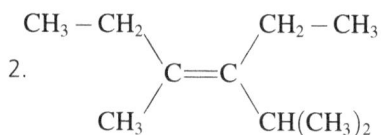

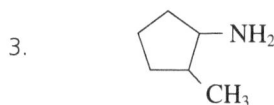

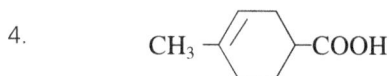

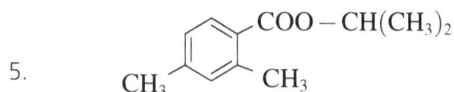

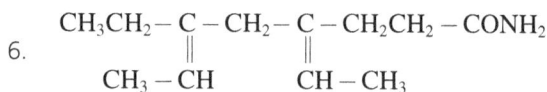

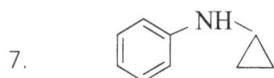

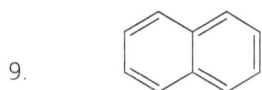

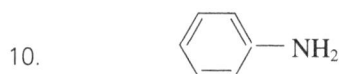

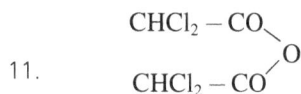

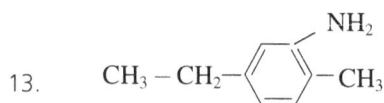

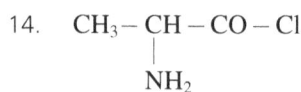

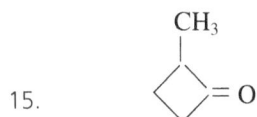

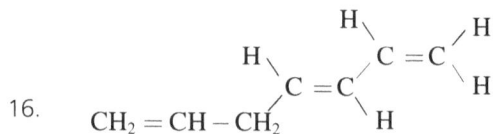

1. $H - COO - CH_2 - CH - CH = CH_2$
                          $|$
                        CH_3

2. $$\underset{CH_3}{\overset{CH_3-CH_2}{C}} = \underset{CH(CH_3)_2}{\overset{CH_2-CH_3}{C}}$$

3. ciclopentilamina con NH₂ y CH₃

4. $CH_3 -$ $-COOH$

5. $COO - CH(CH_3)_2$, CH_3, CH_3

6. $CH_3CH_2 - \underset{\underset{CH_3-CH}{\|}}{C} - CH_2 - \underset{\underset{CH-CH_3}{\|}}{C} - CH_2CH_2 - CONH_2$

7. NH ciclopropilo

8. $CH_3CO - NH - CH_3$

9.

10. $- NH_2$

11. $\begin{array}{c} CHCl_2 - CO \\ \\ CHCl_2 - CO \end{array} \Big\rangle O$

12. $COOH - CH_2 - CH - CH = CH - COOH$

13. $CH_3 - CH_2 -$ $- CH_3$, NH_2

14. $CH_3 - CH - CO - Cl$
                   $|$
                 NH_2

15. CH_3 , $= O$

16. $$\underset{CH_2 = CH - CH_2}{\overset{H}{}}C = C \overset{H}{\underset{H}{}} C = C \overset{H}{\underset{H}{}}$$

17. 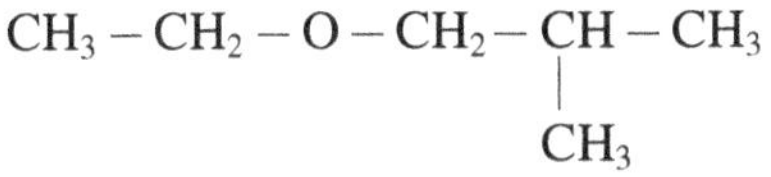 $CH_3 - CH_2 - O - CH_2 - CH - CH_3$
    $\quad\quad\quad\quad\quad\quad\quad\quad | \\ \quad\quad\quad\quad\quad\quad\quad CH_3$

18. 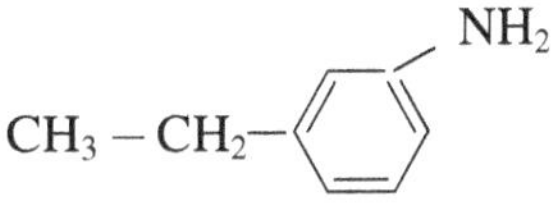 $CH_3 - CH_2 -$ (anillo bencénico con NH_2)

19.  CH_3
    $\quad |$
    $CH_3 - C - CH - CHOH - COOH$

20. 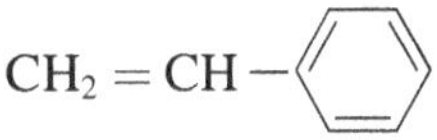 $CH_2 = CH -$ (anillo bencénico)

21. 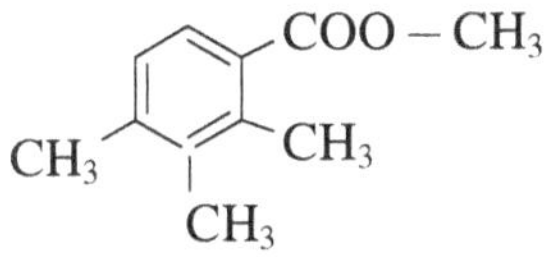 (anillo bencénico con $COO - CH_3$, CH_3, CH_3, CH_3)

22. 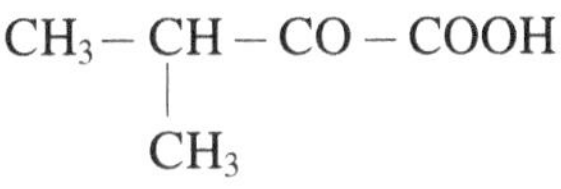 $CH_3 - CH - CO - COOH$
    $\quad\quad\quad | \\ \quad\quad\quad CH_3$

23. $CHCl_2 - CO - NH_2$

24. $CH_3 - CHOH - CH_2 - CHOH - COOH$

25. 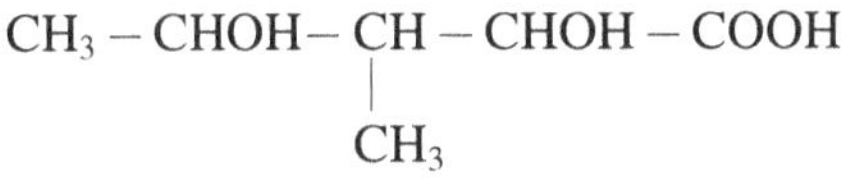 $CH_3 - CHOH - CH - CHOH - COOH$
    $\quad\quad\quad\quad\quad\quad | \\ \quad\quad\quad\quad\quad CH_3$

26. 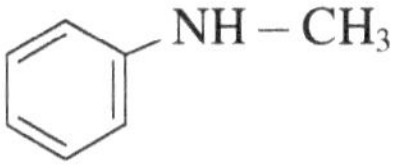 (anillo bencénico con $NH - CH_3$)

27. 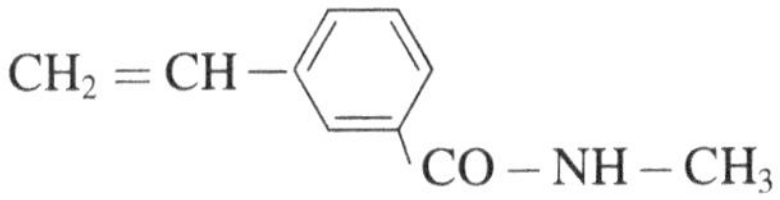 $CH_2 = CH -$ (anillo bencénico con $CO - NH - CH_3$)

28. $CH_3 - CH_2 - CO - NH - CH_3$

29. 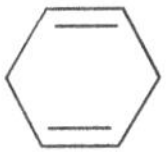 (ciclohexadieno)

30. 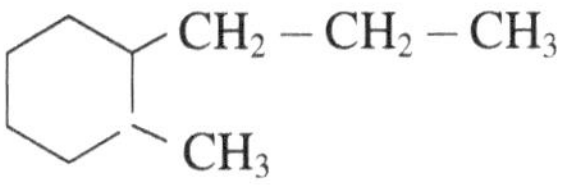 (ciclohexano con $CH_2 - CH_2 - CH_3$ y CH_3)

31. $CH_3 - CHOH - CH_2 - COO - CH_3$

32. 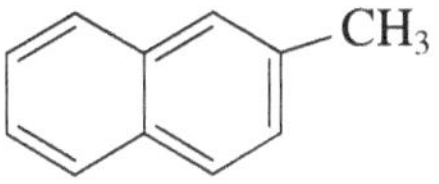 (naftaleno con CH_3)

☐ **Problema 1.16**

Formulad los compuestos orgánicos siguientes:

1. 3-bromo-1-butano
2. propilciclohexano
3. feniletenona
4. ácido 2-hidroxipropanoico
5. formiato 4,4-dimetilpentílico
6. 1,1-diyodoacetona
7. anhídrido etanoico-propanoico
8. 2-etil-1-penteno
9. 3-vinilhexandial
10. sulfuro de dietilo
11. 3-(2-ciclopropil)butirato etílico
12. 9-hidroxi-1,7-decadiin-5-ona
13. trifenilamina
14. benzoato de isobutilo
15. 3-isobutil-5-metoxibenzaldehído
16. N-etil-N-metil-1-butanamida

17. etoxibenceno

19. 4-metoxifenol

21. propionato *terc*-butílico

23. *N,N*-dimetil-2-metilfenilamina

18. ácido 1-naftalencarboxílico

20. 2,4,6-trinitrotolueno (T.N.T)

22. *m*-clorobencenocarbonitrilo

24. cloruro de butanoilo

■ Problema 1.17

Nombrad los compuestos orgánicos siguientes:

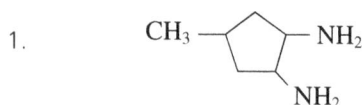

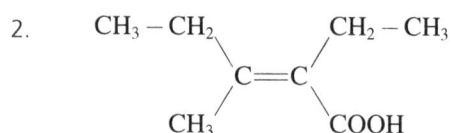

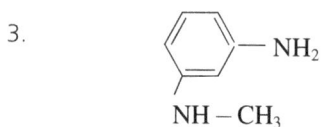

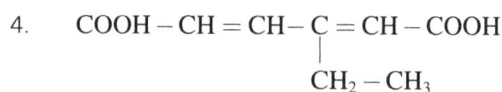

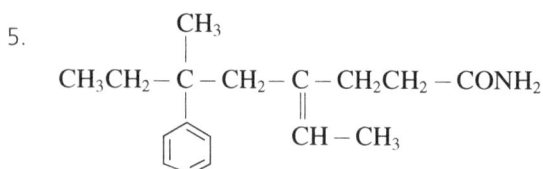

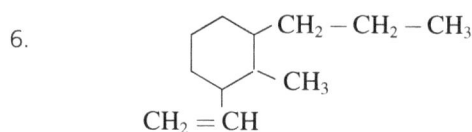

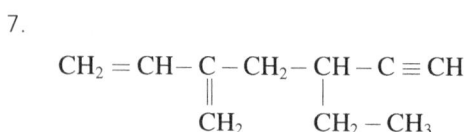

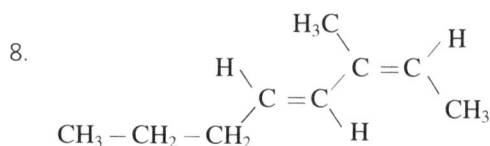

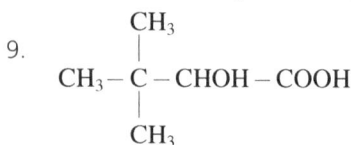

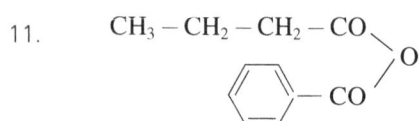

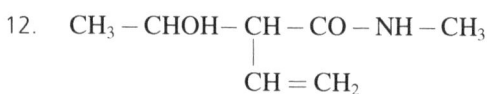

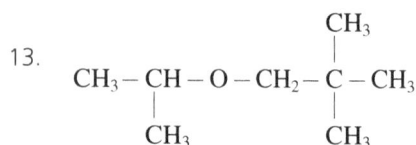

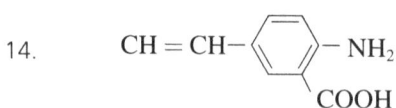

1.

$$CH_3 - \langle \rangle - NH_2$$
$$NH_2$$

2.

$$\begin{array}{cc} CH_3 - CH_2 & CH_2 - CH_3 \\ \diagdown C = C \diagup \\ CH_3 & COOH \end{array}$$

3.

$$\langle \rangle - NH_2$$
$$NH - CH_3$$

4.

$$COOH - CH = CH - C = CH - COOH$$
$$| \\ CH_2 - CH_3$$

5.

$$\begin{array}{c} CH_3 \\ | \\ CH_3CH_2 - C - CH_2 - C - CH_2CH_2 - CONH_2 \\ | \quad\quad\quad\quad || \\ \langle \rangle \quad\quad CH - CH_3 \end{array}$$

6.

$$\begin{array}{c} \langle \rangle CH_2 - CH_2 - CH_3 \\ CH_3 \\ CH_2 = CH \end{array}$$

7.

$$\begin{array}{c} CH_2 = CH - C - CH_2 - CH - C \equiv CH \\ || \quad\quad\quad | \\ CH_2 \quad\quad CH_2 - CH_3 \end{array}$$

8.

$$\begin{array}{c} H_3C \quad\quad H \\ \diagdown C = C \diagup \\ H \quad\quad\quad\quad | \\ \diagdown C = C \quad\quad CH_3 \\ CH_3 - CH_2 - CH_2 \diagup \quad H \end{array}$$

9.

$$\begin{array}{c} CH_3 \\ | \\ CH_3 - C - CHOH - COOH \\ | \\ CH_3 \end{array}$$

10.

$$\langle \rangle = O$$

11.

$$\begin{array}{c} CH_3 - CH_2 - CH_2 - CO \\ \diagdown O \\ \langle \rangle - CO \diagup \end{array}$$

12.

$$\begin{array}{c} CH_3 - CHOH - CH - CO - NH - CH_3 \\ | \\ CH = CH_2 \end{array}$$

13.

$$\begin{array}{c} CH_3 \\ | \\ CH_3 - CH - O - CH_2 - C - CH_3 \\ | \quad\quad\quad\quad | \\ CH_3 \quad\quad\quad CH_3 \end{array}$$

14.

$$\begin{array}{c} CH = CH - \langle \rangle - NH_2 \\ COOH \end{array}$$

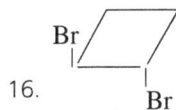

15. $HOOC - CH = CH - COOH$ (*cis*)

16.

Problema 1.18

Formulad los compuestos orgánicos siguientes:

1. bromuro de *terc*-butilo
2. *trans*-1,2-dihidroxiciclobutano
3. acetato de alilo
4. 1,2,3-trihidroxibenceno (pirogalol)
5. (*Z*)-2-cloro-2-penteno
6. 3-etil-3-hexeno
7. *o*-dimetoxibenceno
8. 1,1-dietil-2-metilciclopentano
9. fluoruro de ciclopropilo
10. 3,3-divinilciclopenteno
11. alcohol isopropílico
12. difenil éter
13. mesitileno
14. 3-pentenodial
15. diisopropilcetena
16. 4-isopropilheptano
17. metacrilato de potasio
18. dicloruro de oxalilo
19. 3,6-difenil-2-hepten-4-ino
20. cumeno o isopropilbenceno
21. 3-ciclopropilpentano
22. *N*-etil-*N*,2-dimetilbutilamina
23. dimetil-2,3-butandiol (pinacol)
24. *p*-nitrotolueno

Problema 1.19

Nombrad los compuestos orgánicos siguientes:

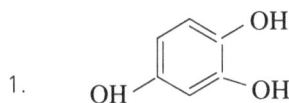

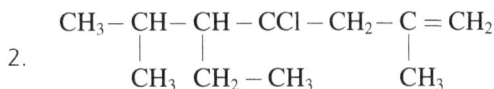

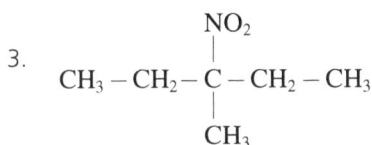

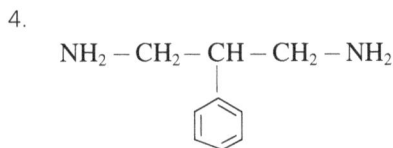

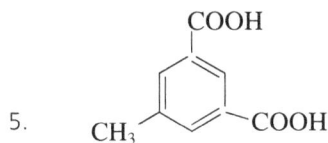

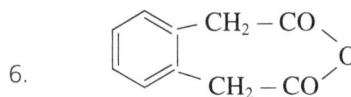

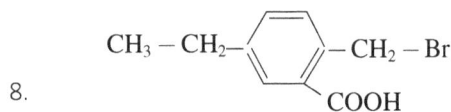

1.

2. $CH_3 - CH - CH - CCl - CH_2 - C = CH_2$
   con CH_3, $CH_2 - CH_3$ y CH_3 como sustituyentes

3. $CH_3 - CH_2 - \underset{\underset{CH_3}{|}}{\overset{\overset{NO_2}{|}}{C}} - CH_2 - CH_3$

4. $NH_2 - CH_2 - CH - CH_2 - NH_2$ (con fenilo)

5.

6.

7.

8. $CH_3 - CH_2 - \text{(anillo)} - CH_2 - Br$, COOH

9.

$$CH_3 - CH_2 - CH_2 - CO - N < \begin{matrix} CH_3 \\ CH_2 - CH_3 \end{matrix}$$

10.

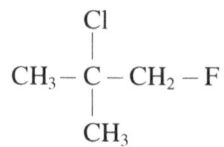

11. $CH \equiv C - CH - CH_2 - C = C - CH_3$
    $\qquad\qquad |$
    $\qquad\quad CH_2 - CH_2 - CH_3$

12.

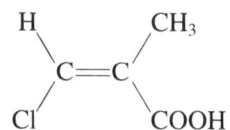

13.

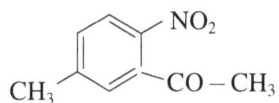

14. $CH_2 = CH - C - CH_2 - CH - C = CH - COOH$
    with substituents: CH_3 (top), CH_2 (below first C), $CH_2 - CH_3$ (below CH)

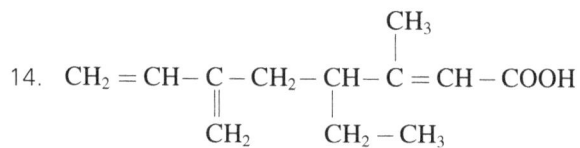

La transformación química. Estequiometría

2

2.1 Introducción y objetivos

"La estequiometría es la parte de la química que mide las proporciones cuantitativas o las proporciones de las masas en las que los elementos químicos se hallan unos respecto a otros en una reacción química" (Definición de Richter).

A partir del conocimiento de la estequiometría como ciencia, se obtiene información cuantitativa de las ecuaciones químicas. Así, la expresión *cantidad estequiométrica* indica la cantidad exacta que se necesita de una determinada sustancia de acuerdo con una ecuación química.

Una ecuación química es una relación entre reactivos y productos.

$$(Reactivos) \quad A + B \longrightarrow C + D \quad (Productos)$$

Estas relaciones pueden expresarse en moléculas, moles, masas y volúmenes en caso de gases.

Los primeros conocimientos químicos sobre las propiedades de la sustancias permiten conocer compuestos llamados *ácidos* o *agrios* que participaban en cambios químicos específicos, y también *bases* que poseían propiedades distintas, de manera que al mezclarse con los ácidos desaparecían las propiedades específicas de ambos.

Los cambios y las propiedades producidas en las mezclas de distintos compuestos pudieron comenzar a entenderse a partir de la teoría atómica y de las diferentes leyes de las combinaciones químicas. Posteriormente, fue posible predecir las cantidades de las sustancias que participan en todo cambio químico, tanto si son reactivos como si son productos obtenidos.

El objetivo fundamental de este tema es llegar a aprender y a usar instrumentos matemáticos que permitan un conocimiento máximo de lo que tiene lugar en una reacción química igualada.

Otro objetivo importante es conocer conceptos químicos básicos y explicar las relaciones cuantitativas de las sustancias representadas mediante las reacciones correspondientes.

En este tema se verán también distintos tipos de reacciones y de procesos químicos, de modo que puedan resolverse casos de situaciones dinámicas de la química: equilibrios de ácidos y bases, de oxidantes y reductores, de valoraciones diversas, de disoluciones a distintas concentraciones, de precipitaciones de sólidos, etc.

2.2 Concepto de átomo, de molécula y de ión

Átomo: Es la partícula más pequeña de un elemento que puede participar en una reacción química. El elemento está formado por una sola clase de átomos, que mediante reacción química no pueden convertirse en una forma de materia más simple.

Molécula: Es la partícula más pequeña de una sustancia pura que existe independientemente. Las moléculas están formadas por átomos iguales o distintos. A veces, un átomo solo puede constituir también una molécula. Así, las moléculas pueden ser:

- Monoatómicas: He, Ne, Ar, etc

- Diatómicas: O_2, N_2, H_2, Cl_2, HCl, etc.

- Poliatómicas: P_4, H_2O, HNO_3, NH_3, etc.

Ión: Es una partícula cargada positiva o negativamente, obtenida a partir de un átomo neutro por pérdida o ganancia de uno o varios electrones.

Los iones reciben el nombre de *cationes* o de *aniones* según la carga eléctrica positiva o negativa que posean.

$$\text{Ión} \begin{cases} \text{Catión: ión cargado positivamente:} & Na^+, Fe^{3+}, NH_4^+, Ba^{2+}, \text{etc.} \\ \text{Anión: ión cargado negativamente:} & Cl^-, O^{2-}, P^{3-}, ClO_4^-, \text{etc,} \end{cases}$$

Los compuestos iónicos están formados por enlaces iónicos, de manera que la carga o cargas positivas y negativas se combinan de forma que la proporción sea la adecuada para que se mantenga la neutralidad eléctrica.

En general, los compuestos iónicos son sólidos cristalinos. Algunos ejemplos de las reacciones en disolución acuosa que permiten ionizar estos compuestos de carácter iónico son:

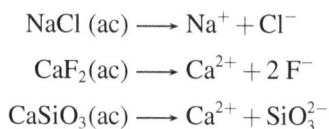

$$NaCl\,(ac) \longrightarrow Na^+ + Cl^-$$
$$CaF_2(ac) \longrightarrow Ca^{2+} + 2\,F^-$$
$$CaSiO_3(ac) \longrightarrow Ca^{2+} + SiO_3^{2-}$$

Puede decirse que un compuesto iónico es un conjunto de iones que están unidos y que se mantienen así por las atracciones existentes entre las cargas positivas y negativas que poseen.

2.2.1 Peso atómico, número de Avogadro y átomo gramo

El átomo es eléctricamente neutro. Está formado por un núcleo donde se encuentran los protones, los neutrones y otras partículas subnucleares. Rodeando al núcleo se encuentra una capa externa que está formada por electrones.

La masa atómica se encuentra en el núcleo, donde están los protones de carga eléctrica positiva y los neutrones de carga cero.

Los electrones poseen masa despreciable ($1/1836$ veces la del núcleo) y carga eléctrica negativa. Debido a la neutralidad del átomo, el número de protones ($+$) y de electrones ($-$) del átomo debe ser el mismo y recibe el nombre de *número atómico* o Z.

El *número másico* es la suma del número de protones del núcleo (Z) y el número de neutrones (N). Ambos poseen masas semejantes, de $1,6606 \cdot 10^{-24}$ g, que equivalen aproximadamente a $1,01$ uma (unidad de masa atómica)

$$Número\ másico = Z + N$$

La unidad de masa atómica, uma, se define como $1/12$ del peso de un átomo de carbono 12 con 6 protones y 6 neutrones.

Los átomos que difieren en el número de neutrones y poseen el mismo número atómico, Z, reciben el nombre de *isótopos*.

Peso atómico

La masa verdadera de un átomo es el valor de su masa en gramos. Si la masa del hidrógeno es $1,674 \cdot 10^{-24}$ g y la del uranio es $3,953 \cdot 10^{-22}$ g, para no manejar tantos decimales se usan *valores relativos respecto al peso atómico del hidrógeno, al que se le asignó el valor* 1.

Por ello es más fácil pensar que el átomo de uranio es unas *236,14 veces más pesado que el de hidrógeno*.

El peso atómico de un elemento tal como se encuentra en la naturaleza es el promedio de los pesos atómicos de sus isótopos.

Los isótopos del cloro, de $Z = 17$, son dos y poseen dos números másicos distintos, que son 35 y 37.

$^{35}_{17}Cl$ se encuentra en la naturaleza en aproximadamente un $75,5\%$ y su masa es de $34,94$ uma.

$^{27}_{17}Cl$ se encuentra en la naturaleza en aproximadamente un $24,5\%$ y su masa es de $36,97$ uma.

Luego, el peso atómico del Cl es: $(0,755 \cdot 34,97) + (0,245 \cdot 36,97) = 35,45$ uma.

El hecho de que los pesos atómicos no sean exactos para los distintos átomos, se debe a que parte de la masa de las partículas nucleares se convierte en energía de unión de dichas partículas.

Número de Avogadro (N_A)

Es el número de átomos que hay en 12 g del isótopo de carbono 12 (C^{12}). Se ha calculado su valor, que es:

$$N_A = 6,022045 \cdot 10^{23}$$

Como los pesos atómicos relativos son proporcionales a los pesos atómicos reales, el número de Avogadro es también el número de átomos de sodio que hay en 22,99 g de sodio (p.a. sodio 22,99), el número de átomos de bario que hay en 137,3 g de bario (p.a. bario 137,3), etc.

Átomo gramo es el número de gramos que corresponde numéricamente al peso atómico en unidades de masa atómica o uma.

En 1 átomo gramo de cualquier sustancia hay el mismo número de átomos, que es el número de Avogadro y que son $6,022 \cdot 10^{23}$ átomos.

2.2.2 Peso molecular y molécula gramo

Peso molecular es la suma de los pesos atómicos de los átomos que forman parte de un compuesto químico.

Ejemplo de peso molecular para el H_2O:

$$\text{(2 átomos de H)} \cdot \text{(1,008 uma H/átomo H)} = 2,016 \text{ uma de H}$$
$$\text{(1 átomo de O)} \cdot \text{(16 uma O/átomo O)} = 16,00 \text{ uma de O}$$
$$\text{Peso molecular del } H_2O = 2,016 + 16,00 = 18,02 \text{ uma}$$

Molécula gramo es el número de gramos que corresponde numéricamente al peso molecular en unidades de masa atómica o uma.

En una molécula gramo de cualquier sustancia hay el mismo número de moléculas, que es el número de Avogadro y que son $6,022 \cdot 10^{23}$ moléculas.

2.2.3 Concepto de mol y peso molar

El mol es la cantidad de sustancia de un sistema que contiene tantas unidades elementales como átomos hay en 12 g del isótopo de carbono 12.

Las unidades elementales que se utilizan para el concepto de mol tal como se ha definido son: átomos, moléculas, iones, electrones, protones, partículas varias y grupos específicos de esas partículas.

Por lo tanto, un mol representa un número definido de partículas diversas o de entidades elementales, es decir *el mol es el número de Avogadro (N_A) de cualquier cosa, ión, electrón, átomos, etc.*

1 mol de C contiene $6,022 \cdot 10^{23}$ átomos de C y pesa $12,0$ g.

1 mol de H_2O contiene $6,022 \cdot 10^{23}$ moléculas de H_2O y pesa $18,0$ g.

1 mol de Na^+ contiene $6,022 \cdot 10^{23}$ iones de Na^+ y pesa $23,0$ g.

La unidad fundamental usada en la química es el átomo o la molécula. Por tanto, la aptitud para medir y expresar el número de átomos o de moléculas presentes en cualquier sistema es de gran importancia.

La utilización de los términos átomo gramo y peso molecular gramo son confusos, porque se emplean como términos para eludir la utilización de un número fijo de partículas como $6,022 \cdot 10^{23}$, que es el número de Avogadro. Es por tanto mas útil y conveniente utilizar el término *mol*, que es la cantidad de materia que contiene el número de Avogadro de partículas. Así que para las equivalencias siguientes es más práctico y correcto químicamente utilizar los segundos términos.

$$\text{Átomo gramo} \equiv \text{mol de átomos}$$
$$\text{Molécula gramo} \equiv \text{mol de moléculas}$$

Peso molar de un compuesto químico es el peso en gramos de un mol de dicho compuesto. Se le representa por:

$$\text{Peso molar} = \frac{\text{Masa (g)}}{\text{Mol}} \qquad \text{unidad: } (g/\text{mol}) = (g \cdot \text{mol}^{-1})$$

Así, el peso molar es el peso en gramos que numéricamente es igual al peso molecular en unidades de masa atómica.

Peso molar $SO_2 = (32,06 \text{ g/mol de S}) + (2 \text{ mol} \cdot 16,0 \text{ g/mol de O}) = 64,06 \text{ g}$

Peso molar $K^+ = 39,098 \text{ g}$

Peso molar $AgNO_3 = (107,87 \text{ g/mol de Ag}) + (14,007 \text{ g/mol de N}) + (3 \text{ mol} \cdot 16,0 \text{ g/mol de O}) =$
$$= 169,877 \text{ g}$$

Como ejemplo de lo expuesto anteriormente se plantean los siguientes casos.

☐ **Ejemplo práctico 1**

Para igual cantidad en peso de $NaCl$ y de CO_2 que es de 5,00 g, ¿cuál de las sustancias está en mayor proporción?

$NaCl$: Peso molar $NaCl = (23,0 + 35,5) = 58,5 \text{ g}$

Número de moles $NaCl$: $n_{NaCl} = (5,0 \text{ g}) \cdot (1 \text{ mol}/58,5 \text{ g}) = 0,086 \text{ mol}$

CO_2 : Peso molar $CO_2 = (12,0 + 2 \cdot 16,0) = 44,0 \text{ g}$

Número de moles CO_2 : $n_{CO_2} = (5,0 \text{ g}) \cdot (1 \text{ mol}/44,0 \text{ g}) = 0,114 \text{ mol}$

Está en *más proporción el* CO_2, pues hay más cantidad de moles de CO_2 que de moles de $NaCl$.

☐ **Ejemplo práctico 2**

¿Cuál es la masa en gramos de un átomo de uranio?

$$(238,03 \text{ g mol}^{-1} \text{ de U}) \cdot (1 \text{ mol}/6,022 \cdot 10^{23} \text{átomos}) = 3,9527 \cdot 10^{-22} \text{ g átomo}^{-1}$$

Un átomo de uranio pesa $3,9527 \cdot 10^{-22}$ g.

☐ **Ejemplo práctico 3**

a) ¿Cuántos moles de átomos de vanadio hay en 50,94 g de vanadio?

b) ¿Cuántos moles de moléculas de fosfina (PH_3) hay en 7,5 g de fosfina?

a) $(50,94 \text{ g V}) \cdot (1 \text{ mol V}/50,94 \text{ g V}) = 1 \text{ mol de átomos de } V$

Peso molecular $PH_3 = 30,97 + 3 \cdot 1 = 33,97 \text{ g mol}^{-1}$

b) $(7,5 \text{ g PH}_3) \cdot (1 \text{ mol PH}_3/33,97 \text{ g PH}_3) = 0,2208 \text{ mol de moléculas de } PH_3$

☐ Ejemplo práctico 4

Si reaccionan 2 g de hidrógeno gas con 1 g de oxígeno gas para dar agua gas, ¿qué componente está en exceso y en qué cantidad expresada en gramos?

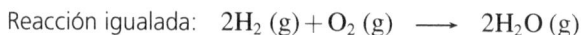

$$\text{Reacción igualada:} \quad 2H_2 \, (g) + O_2 \, (g) \longrightarrow 2H_2O \, (g)$$

$$(2 \text{ g } H_2) \cdot (1 \text{ mol } H_2 / 2 \text{ g } H_2) = 1 \text{ mol } H_2$$

$$(1 \text{ g } O_2) \cdot (1 \text{ mol } O_2 / 32 \text{ g } O_2) = 0,0313 \text{ mol } O_2$$

1 mol de O_2 reacciona con 2 mol de H_2. Por lo tanto, 0,0313 mol de O_2 reaccionarán con el doble, es decir 0,0626 mol de H_2.

Está en exceso el H_2: $(1 \text{ mol } H_2) - (0,0626 \text{ mol que reaccionan}) = 0,9374$ mol de H_2 que no reaccionan

$$(0,9374 \text{ mol } H_2) \cdot (2 \text{ g } H_2 / 1 \text{ mol } H_2) = 1,8758 \text{ g de } H_2 \text{ sin reaccionar}$$

☐ Ejemplo práctico 5

Hallad el peso atómico del bromo sabiendo que 1,292 g de plata pura reaccionan con 0,957 g de bromo para dar bromuro de plata y que el peso atómico de la plata es de 107,87.

$$2Ag \, (s) + Br_2 \, (l) \longrightarrow 2AgBr \, (s)$$

$$(1,292 \text{ g } Ag) / (0,957 \text{ g } Br_2) = 1,350$$

Esta relación es igual a la de los pesos atómicos, pues al ser la fórmula AgBr, su relación es 1/1.

Peso atómico del Br: $\quad 1,350 = 107,87/x \quad\quad x = 79,90$

☐ Ejemplo práctico 6

El peso molecular del peróxido de hidrógeno (H_2O_2) es 34. ¿Cuáles son las unidades del peso molecular?

El peso molecular gramo es el peso de un mol de una sustancia y sus unidades son: $g \text{ mol}^{-1}$

El peso molecular del H_2O_2 es de 34,0 $g \text{ mol}^{-1}$.

☐ Ejemplo práctico 7

La fórmula molecular de la penicilina es: $C_{16}H_{18}O_4N_2S$.

a) ¿Cuántos moles de penicilina hay en 220 g de penicilina?
b) ¿Cuántas moléculas hay en 0,090 mol de penicilina?

Dato: Peso molecular de la penicilina = 334 $g \text{ mol}^{-1}$.

    a) Número de moles de penicilina:

$$(220 \text{ g penicilina}) \cdot (1 \text{ mol}/334 \text{ g mol}^{-1}) = 0,658 \text{ mol penicilina}$$

b) Número de moléculas de penicilina:

$$(0,090 \text{ mol penicilina}) \cdot (6,022 \cdot 10^{23} \text{ moléculas/mol}) = 5,42 \cdot 10^{22} \text{ moléculas}$$

◻ **Ejemplo práctico 8**

¿Cuántas moléculas del gas venenoso llamado *fosgeno* y de fórmula $COCl_2$ corresponden a 120 kg de dicho gas?

Peso molecular de $COCl_2 = 12 + 16 + 2 \cdot 35,45 = 98,9 \text{ g mol}^{-1}$

$$(120\,000 \text{ g } COCl_2)/(98,9 \text{ g mol}^{-1} \, COCl_2) = 1\,213,35 \text{ mol } COCl_2$$

$$(1\,213,35 \text{ mol}) \cdot (6,022 \cdot 10^{23} \text{ moléculas mol}^{-1}) = 7,306 \cdot 10^{26} \text{ moléculas de fosgeno}$$

2.3 Leyes estequiométricas fundamentales

Las leyes fundamentales de la estequiometría se basan en los postulados de Dalton referidos a la naturaleza de los átomos.

Los *postulados de Dalton* se resumen en:

- Los átomos son indivisibles.
- Los átomos de distintos elementos poseen distintos pesos.
- Los átomos se combinan para formar compuestos según distintas relaciones de números enteros y simples.

Ley de conservación de la masa (Lavoisier)

"La masa en una reacción química ni se crea ni se destruye." De manera que la masa total de los reactivos es igual a la masa total de los productos.

Esta ley se puede comprobar con métodos precisos de pesada.

La masa se conserva para la reacción siguiente que transcurre en etapas:

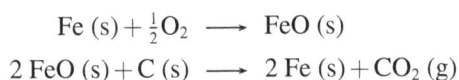

$$Fe \text{ (s)} + \tfrac{1}{2}O_2 \longrightarrow FeO \text{ (s)}$$
$$2\,FeO \text{ (s)} + C \text{ (s)} \longrightarrow 2\,Fe \text{ (s)} + CO_2 \text{ (g)}$$

Ley de las proporciones definidas

"En una sustancia química pura, los elementos que la integran se encuentran siempre en las mismas proporciones definidas de masa."

En el ácido sulfúrico, H_2SO_4, las proporciones siempre serán las mismas. Para el H es 2, para el S es 1 y para el O es 4.

Ley de las propoprciones múltiples (Dalton)

"Cuando dos compuestos diferentes se forman a partir de los mismos elementos, las masas de un elemento que reaccionan con una masa fija del otro guardan una relación de números enteros pequeños."

	N_2O	NO	NO_2
Por ejemplo, para los óxidos de nitrógeno siguientes:	N_2O	NO	NO_2
Los pesos de N que se combinan con 16 g de O son:	28	14	7
Las razónes entre ellos son números enteros y pequeños:	4 :	2 :	1

2.4 Concepto de valencia

La *valencia* o capacidad de combinación de un elemento es el concepto más antiguo que se tiene respecto al enlace químico y se define como:

$$\textit{Valencia} \text{ o capacidad de combinación} = \frac{\text{Peso atómico}}{\text{Peso de combinación}}$$

El hidrógeno se toma como base para los otros elementos químicos, de manera que se le asigna como valencia el valor de la unidad. Así, el oxígeno en el H_2O posee valencia 2 y en el agua oxigenada, H_2O_2, posee valencia 1.

Se utiliza el término *valencia* para señalar diferentes cosas según el concepto químico que se esté tratando o la reacción química que tenga lugar.

Casos distintos de uso del término valencia

a) El *número de enlaces* de un átomo en una molécula se usa a veces para determinar la valencia. En el HCl, la valencia del Cl es 1.

b) El *número de la carga del ión*, positiva o negativa, indica su valencia. Así, el catión Ba^{2+} tiene valencia 2+, el anión N^{3-} tiene valencia 3− y el catión K^{1+} tiene valencia 1+.

   Las moléculas son neutras. Luego, en ellas la suma de cationes y aniones es cero. Así, para saber la valencia del N en la molécula de HNO_3 se realiza la suma algebraica, cuyo resultado de cargas debe ser cero. La valencia del H es 1+, para el O es 2−. Como hay 3O, será 6−. Por tanto, el N tiene valencia 5+, pues así la suma iónica para el ácido HNO_3 es cero.

c) Los electrones de valencia que tiene un elemento químico son los electrones de la capa de valencia más externa. Así, para el carbono que tiene 4 electrones en su capa más externa, su valencia es 4, para el Li, Na, K, Rb es 1, para el O, S, Se, Te es 2, para F, Cl, Br es 7, etc.

d) Para los ácidos, las bases y las sales, la valencia es:

   d_1) Valencia del ácido: número de H^+ que tiene. Para el H_2SO_4 es 2.

   d_2) Valencia de la base: número de OH^- que tiene. Para el NaOH es 1.

   d_3) Valencia de la sal: número del producto obtenido al multiplicar los H del ácido por la valencia del metal que sustituye al H. Para el $Ca_3(PO_4)_2$ es 6.

e) Para las reacciones de oxidación-reducción, la *valencia es el número de electrones que se intercambian*, es decir, son los electrones cedidos que deben ser los mismos que los electrones ganados.

Así, para la reacción de oxidación-reducción siguiente:

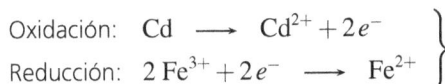

$$Cd\,(s) + 2\,Fe^{3+} \longrightarrow 2\,Fe^{2+} + Cd^{2+}$$

Oxidación: $\quad Cd \longrightarrow Cd^{2+} + 2\,e^-$ $\left.\vphantom{\begin{array}{c}1\\1\end{array}}\right\}$ El número de electrones que se intercambian
Reducción: $\quad 2\,Fe^{3+} + 2\,e^- \longrightarrow Fe^{2+}$ $\qquad$ es 2; luego, su valencia es 2.

2.5 Fórmula empírica y fórmula molecular

Fórmula empírica de un compuesto es la fórmula más simple del compuesto, de manera que posee una relación de números enteros entre sus átomos lo más sencilla y más pequeña posible.

Fórmula molecular de un compuesto representa el número real de átomos que están combinados en cada molécula del compuesto. El peso de la fórmula molecular corresponde exactamente al peso molecular.

La fórmula desarrollada del benceno es ⬡ , su fórmula empírica es CH y su fórmula molecular es C_6H_6.

1. Ejemplo de determinación de la fórmula empírica de un compuesto

Calculad la fórmula empírica de un compuesto orgánico sabiendo que el porcentaje de sus componentes es 40,0 % C, 6,67 % H y 53,33 % O.

Datos: Pesos atómicos: $C = 12$; $H = 1$; $O = 16$

$$\left.\begin{array}{l} C:\quad 40,0/12 = 3,33 \\ H:\quad 6,67/1 = 6,67 \\ O:\quad 53,33/16 = 3,33 \end{array}\right\} \quad \text{Para hallar una relación de números enteros}$$
entre ellos, se dividen todos por el menor.

$$\left.\begin{array}{l} C:\quad 3,33/3,33 = 1 \\ H:\quad 6,67/3,33 = 2 \\ O:\quad 3,33/3,33 = 1 \end{array}\right\} \quad \text{La fórmula empírica es: } CH_2O$$

2. Ejemplo de determinación de la fórmula molecular de un compuesto

Para el caso anterior, calculad la fórmula molecular del compuesto sabiendo que su peso molecular es $60\ g\ mol^{-1}$.

Peso fórmula de $CH_2O = 12 + 2 + 16 = 30 \quad$ P. mol/P. fórmula $= 60/30 = 2$

Luego, la fórmula molecular es: $\qquad 2 \cdot (CH_2O) = C_2H_4O_2$

3. Ejemplo de determinación del análisis elemental en una molécula

La fórmula molecular de la progesterona, que es un componente habitual en los compuestos usados en el control de natalidad, es $C_{21}H_{30}O_2$. Averiguad el porcentaje o análisis elemental de los átomos que componen su molécula.

Peso molecular $C_{21}H_{30}O_2 = 21 \cdot 12,0 + 30 \cdot 1,008 + 2 \cdot 16,0 = 314,24\ g\ mol^{-1}$

$$\% \text{ C:} \quad (21 \cdot 12{,}0)/(314{,}24) = 80{,}19\,\% \text{ C}$$
$$\% \text{ H:} \quad (30 \cdot 1{,}008)/(314{,}24) = 9{,}62\,\% \text{ H}$$
$$\% \text{ O:} \quad (2 \cdot 16{,}0)/(314{,}24) = 10{,}18\,\% \text{ O}$$

La suma de los porcentajes debe ser 100.

El % de oxígeno se puede calcular también por diferencia:

$$\% \text{ O:} \quad 100 - (80{,}19 + 9{,}62) = 10.19\,\% \text{ de O}$$

2.6 Reacción y ecuación química

Una reacción química está formada por *reactivos* que se modifican durante la reacción y por *productos* que son compuestos que se obtienen en la reacción.

Cuando se ha establecido la naturaleza de los reactivos y de los productos, es posible describir una *reacción* mediante una *ecuación* que indique la naturaleza y las cantidades de las sustancias que participan.

La ecuación química es la expresión abreviada y exacta del cambio y de la transformación de la materia, consecuencia de la reacción química.

La función de la ecuación química es describir el proceso químico que tiene lugar cualitativa y cuantitativamente de manera precisa y breve.

La reacción:

$$CaCO_3 + 2\,HCl \longrightarrow CaCl_2 + CO_2 + H_2O$$

Es cuantitativamente correcta, ya que 1 mol (100,1 g) de $CaCO_3$ reacciona con 2 mol (72,9 g) de HCl para dar 1 mol (111 g) de $CaCl_2$, 1 mol (44 g) de CO_2 y 1 mol (18 g) de H_2O.

Pero cualitativamente no es correcta, ya que una aproximación mejor a lo que sucede es:

$$CaCO_3\,(s) + 2H^+\,(ac) \longrightarrow Ca^{2+}\,(ac) + CO_2\,(g) + H_2O\,(l)$$

Al considerar la energía de una reacción, es necesario indicar también el estado físico de cada producto y de cada reactivo.

En una reacción química ya igualada y transformada en ecuación química, se observa que la masa, los átomos y la carga eléctrica se conservan siempre. Este hecho se puede comprobar en la siguientes ecuaciones:

$$2\,Ag^+\,(ac) + H_2S\,(ac) \longrightarrow Ag_2S\,(s) + 2H^+\,(ac)$$
$$Pb\,(s) + PbO_2\,(s) + 4H^+\,(ac) + 2\,SO_4^{2-}\,(ac) \longrightarrow 2\,PbSO_4\,(s) + 2H_2O\,(l)$$

2.6.1 Igualación en las reacciones químicas

Para escribir una ecuación a partir de cualquier reacción se procede de la siguiente manera:

1.° Se escribe la reacción en la que aparezcan las fórmulas de los reactivos *a la izquierda y la de los productos a la derecha.*

Ejemplo de reacción:

$$N_2H_4 + N_2O_4 \longrightarrow N_2 + H_2O$$

2.° Se aplica a la reacción la ley de conservación de masas, que precisa el mismo número de átomos de cada elemento a ambos lados de la reacción. Se procede de la siguiente manera:

- Igualación del O con el H_2O: $N_2H_4 + N_2O_4 \longrightarrow N_2 + 4H_2O$

- Igualación del H del H_2O con el N_2H_4: $2N_2H_4 + N_2O_4 \longrightarrow N_2 + 4H_2O$

- Igualación del N en el N_2: $2N_2H_4 + N_2O_4 \longrightarrow 3N_2 + 4H_2O$

- Se indica el estado físico de los reactivos y de los productos de reacción, de manera que: (g) es gas, (l) es líquido, (s) es sólido y (ac) es disolución acuosa.

$$2N_2H_4 \text{ (l)} + N_2O_4 \text{ (l)} \longrightarrow 3N_2 \text{ (g)} + 4H_2O \text{ (l)}$$

Para esta reacción, puede decirse que 2 moles de N_2H_4 (l) reaccionan con 1 mol de N_2O_4 (l) para dar 3 moles de N_2 (g) y 4 moles de H_2O (l).

Por lo que en general, para cualquier reacción química igualada, puede decirse que:

Los coeficientes de una ecuación estequiométrica o igualada representan los números relativos de moles de los reactivos y de los productos.

Además del estado físico de las sustancias, sólido, líquido, gas y disolución acuosa, las *condiciones de una reacción* nos indican:

- Si la reacción necesita calor para que tenga lugar, se representa por Δ.

- La temperatura en °C y la presión en atm a las que tiene lugar la reacción, especificándolo sobre la flecha de la ecuación.

- Y el catalizador que se necesite para que la reacción transcurra como debiera, especificándolo sobre la flecha de la ecuación.

2.6.2 Reacciones y ecuaciones iónicas

Las *reacciones iónicas tienen lugar en disolución acuosa*, de manera que la suma de las cargas de la izquierda y de la derecha de la ecuación química deben ser iguales, puesto que si la masa en la ecuación química se conserva, también la carga eléctrica debe conservarse.

Si a una disolución acuosa formada por $CaCl_2$ (s) se le añade ión carbonato en forma de $NaCO_3$, todas estas sustancias están disociadas en iones en disolución acuosa:

$$CaCl_2 \text{ (ac)} \longrightarrow Ca^{2+} \text{ (ac)} + 2\,Cl^- \text{ (ac)}$$

$$Na_2CO_3 \text{ (ac)} \longrightarrow 2\,Na^+ \text{ (ac)} + CO_3^{2-} \text{ (ac)}$$

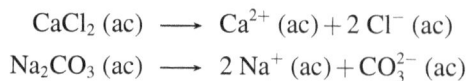

Luego otra forma de escribir la ecuación global para la reacción del cloruro de calcio y del carbonato de sodio en disolución acuosa sería indicar los iones individuales:

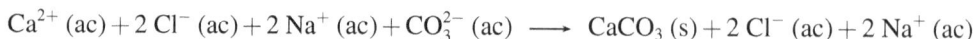

$$Ca^{2+} \text{ (ac)} + 2\,Cl^- \text{ (ac)} + 2\,Na^+ \text{ (ac)} + CO_3^{2-} \text{ (ac)} \longrightarrow CaCO_3 \text{ (s)} + 2\,Cl^- \text{ (ac)} + 2\,Na^+ \text{ (ac)}$$

Los iones que no se modifican en la ecuación pueden anularse, quedando:

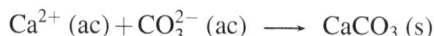

$$Ca^{2+} \text{ (ac)} + CO_3^{2-} \text{ (ac)} \longrightarrow CaCO_3 \text{ (s)}$$

siendo ésta, la ecuación iónica neta.

Para cualquier reacción, la masa y las cargas eléctricas, si la ecuación es iónica, deben estar igualadas, como puede observarse en el siguiente caso:

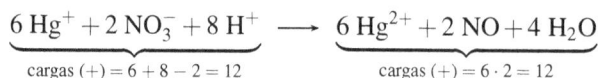

$$\underbrace{6\,Hg^+ + 2\,NO_3^- + 8\,H^+}_{\text{cargas }(+)\,=\,6+8-2\,=\,12} \longrightarrow \underbrace{6\,Hg^{2+} + 2\,NO + 4\,H_2O}_{\text{cargas }(+)\,=\,6\cdot2\,=\,12}$$

Cuando se escriben iones, se sobreentiende que están en disolución acuosa y no es preciso expresar el término (ac) en cada uno de ellos.

2.6.3 Igualación de reacciones de oxidación-reducción

Las reacciones de oxidación-reducción son aquellas en las que participa un oxidante, que gana electrones reduciéndose, y un reductor, que pierde electrones oxidándose. Los electrones con carga eléctrica negativa se representan como e^-.

Una reacción de oxidación-reducción es la suma de dos *semirreacciones*. Una representa la oxidación y la otra la reducción.

- Cuando un ión aumenta su número de oxidación se dice que se oxida: su estado de oxidación ha aumentado.

- Cuando un ión disminuye su número de oxidación se dice que se reduce: su estado de oxidación disminuye.

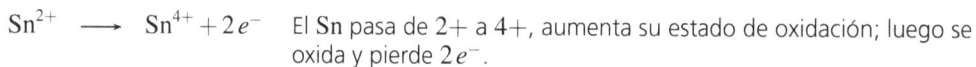

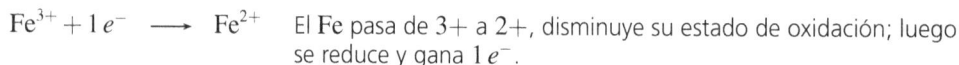

$$Sn^{2+} \longrightarrow Sn^{4+} + 2\,e^- \quad \text{El Sn pasa de 2+ a 4+, aumenta su estado de oxidación; luego se oxida y pierde } 2\,e^-.$$

$$Fe^{3+} + 1\,e^- \longrightarrow Fe^{2+} \quad \text{El Fe pasa de 3+ a 2+, disminuye su estado de oxidación; luego se reduce y gana } 1\,e^-.$$

Reacción completa de oxidación reducción será la suma de ambas y con los mismos electrones intercambiados, en este caso $2\,e^-$

$$Sn^{2+} + 2\,Fe^{3+} + 2\,e^- \longrightarrow Sn^{4+} + 2\,Fe^{2+} + 2\,e^-$$

Método de igualación por semirreacción

Los pasos a seguir para la igualación de reacciones de oxidación-reducción por el método de semirreacción iónica son los siguientes:

1.° Se escribe la reacción completa sin igualar.

2.° Se señalan las sustancias oxidadas y las reducidas y se escriben las ecuaciones iónicas de cada semirreacción sin igualar.

3.° Se igualan los átomos en cada una de las ecuaciones iónicas.

4.° Se iguala la carga de cada ecuación iónica con respecto a la carga eléctrica total que aparece en cada miembro de la ecuación.

Como la oxidación-reducción implica transferencia de electrones, estos participan en la igualación de las cargas.

5.° Se multiplican las ecuaciones iónicas por los coeficientes adecuados para que los electrones ganados y perdidos sean los mismos.

6.° Se suman las ecuaciones iónicas, con lo que se anularán los electrones participantes, y ya se dispone de la ecuación global igualada en masa y en carga.

A continuación y como ejemplo en medio ácido (H^+), se aplican todos los pasos descritos anteriormente para el caso de la *reacción* en disolución entre *el permanganato de potasio y el ácido clorhídrico.*

1.° Reacción iónica completa sin igualar es:

$$MnO_4^- \text{ (ac)} + Cl^- \text{ (ac)} + H^+ \longrightarrow Cl_2 \text{ (g)} + Mn^{2+} \text{ (ac)} + H_2O \text{ (l)}$$

2.° Semirreacciones iónicas sin igualar:

$$\text{Oxidación:} \quad Cl^- \longrightarrow Cl_2$$
$$\text{Reducción:} \quad MnO_4^- \longrightarrow Mn^{2+}$$

3.° Se igualan los átomos en cada semirreacción:

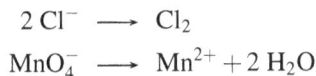

$$2\,Cl^- \longrightarrow Cl_2$$
$$MnO_4^- \longrightarrow Mn^{2+} + 2\,H_2O$$

Para igualar el O se añade el número adecuado de moléculas de H_2O.

4.° Se igualan las cargas con la participación de los electrones red-ox:

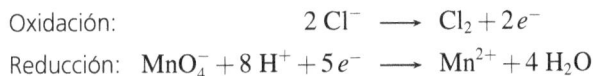

$$\text{Oxidación:} \quad 2\,Cl^- \longrightarrow Cl_2 + 2\,e^-$$
$$\text{Reducción:} \quad MnO_4^- + 8\,H^+ + 5\,e^- \longrightarrow Mn^{2+} + 4\,H_2O$$

Para igualar el H del H_2O se añaden iones H^+

5.° Se multiplican las semirreacciones iónicas por los coeficientes adecuados para que el intercambio electrónico sea el mismo:

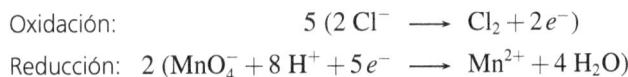

$$\text{Oxidación:} \quad 5\,(2\,Cl^- \longrightarrow Cl_2 + 2\,e^-)$$
$$\text{Reducción:} \quad 2\,(MnO_4^- + 8\,H^+ + 5\,e^- \longrightarrow Mn^{2+} + 4\,H_2O)$$

6.º Se suman las semirreacciones iónicas y se anulan los e^- que intervienen. En este caso, $10 e^-$ ganados y $10 e^-$ perdidos.

Reacción igualada: $\quad 10\,Cl^- + 2\,MnO_4^- + 16\,H^+ \longrightarrow 5\,Cl_2 + 2\,Mn^{2+} + 8\,H_2O$

La ecuación completa en la que se señala el estado físico de los reactivos y de los productos es:

$16\,Cl^-\,(ac) + 2\,MnO_4^-\,(ac) + 16\,H^+\,(ac) + 2\,K^+\,(ac) \longrightarrow 5\,Cl_2\,(g) + 2\,Mn^{2+}\,(ac) + 6\,Cl^-\,(ac) + 2\,K^+\,(ac) + 8\,H_2O\,(l)$

Igualación en medio básico para una reacción de oxidación-reducción

Veamos el caso de la reacción en *medio básico* del ión permanganato, que se reduce a MnO_2, con el ión yoduro, que se oxida a I_2:

Reacción iónica en medio básico: $\quad\quad MnO_4^- + I^- \longrightarrow MnO_2 + I_2 \quad$ medio OH^-

Oxidación: $\quad\quad\quad\quad\quad\quad\quad\quad\quad 2\,I^- \longrightarrow I_2 + 2\,e^-$

Reducción: $\quad\quad\quad\quad\quad MnO_4^- + 4\,H^+ + 3\,e^- \longrightarrow MnO_2 + 2\,H_2O$

En la semirreacción de reducción, se igualan los O con moléculas de H_2O y los H con iones H^+.

Hay que tener en cuenta que el medio es básico (OH^-), por lo que la intervención de iones ácidos (H^+) es químicamente incorrecta.

Para que los iones ácidos H^+ desaparezcan de la ecuación de la semirreacción de reducción, se añade un número igual de iones básicos OH^- a ambos lados de la ecuación, de manera que se convertirán en moléculas de agua por un lado y en iones OH^- por el otro, es decir, tendremos medio básico, que es lo que se quiere conseguir.

Reducción: $\quad 4\,OH^- + MnO_4^- + 4\,H^+ + 3\,e^- \longrightarrow 4\,OH^- + MnO_2 + 2\,H_2O$

$+4\,H_2O$

Las dos semirreacciones completas quedan así:

Oxidación: $\quad\quad\quad\quad\quad\quad 2\,I^- \longrightarrow I_2 + 2\,e^-$

Reducción: $\quad MnO_4^- + 4\,H_2O + 3\,e^- \longrightarrow MnO_2 + 4\,OH^- + 2\,H_2O$

$2\,H_2O$

Los electrones que se intercambian en la oxidación y la reducción son $6\,e^-$:

Oxidación: $\quad\quad\quad\quad\quad\quad 3(2\,I^- \longrightarrow I_2 + 2\,e^-)$

Reducción: $\quad 2(MnO_4^- + 2\,H_2O + 3\,e^- \longrightarrow MnO_2 + 4\,OH^-)$

La suma de las dos ecuaciones elimina los $6\,e^-$ cedidos en la oxidación y los $6\,e^-$ ganados en la reducción, quedando la reacción igualada.

Suma e igualación: $\quad 6\,I^- + 2\,MnO_4^- + 4\,H_2O \longrightarrow 3\,I_2 + 2\,MnO_2 + 8\,OH^-$

La reacción completa, en la que se señala el estado físico de los reactivos y de productos que la forman, es:

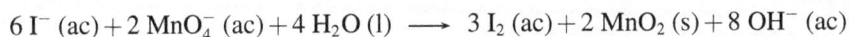

$$6\,I^- \,(ac) + 2\,MnO_4^- \,(ac) + 4\,H_2O \,(l) \longrightarrow 3\,I_2 \,(ac) + 2\,MnO_2 \,(s) + 8\,OH^- \,(ac)$$

2.7 Relaciones ponderales en la reacción química

Una vez escrita e igualada la reacción química, poseyendo la información cuantitativa y cualitativa que de ella se deriva, se pueden establecer varias relaciones entre cualesquiera de los reactivos y de los productos.

Por ejemplo, se pueden relacionar los pesos de dos reactivos y calcular a partir de una de dichas relaciones la cantidad de una sustancia si se conoce la otra o el peso de un producto obtenido en la reacción.

En el caso de que participe una sustancia gaseosa en la reacción, el volumen molar que ocupa un gas en condiciones normales de presión (1 atm) y de temperatura (25 °C) es de 22,4 litros.

Los problemas numéricos inmediatos que se deducen de las ecuaciones químicas se subdividirán en tres grupos de *relaciones estequiométricas*:

- Relación peso-peso
- Relación peso-volumen
- Relación volumen-volumen

2.7.1 Relación peso-peso

Consiste en averiguar el peso de una sustancia, ya sea reactivo o producto obtenido en la reacción química, *a partir del peso* de uno de los componentes de la reacción. Es necesario que la reacción química esté igualada en la masa, en los átomos y en las cargas, para que la relación entre pesos que se obtenga sea correcta.

☐ Ejemplo práctico 9

Calculad la cantidad de clorato de potasio que se necesita para obtener 1 kg de oxígeno.

Dato: Peso molecular del $KClO_3 = 122,56$ g mol^{-1}

1.° Se escribe la reacción y se iguala:

$$2\,KClO_3 \,(ac) \longrightarrow 2\,KCl \,(ac) + 3\,O_2 \,(g)$$

2.° Se busca la relación molar en peso del $KClO_3$ de la ecuación química y se parte de 1 kg o 1.000 g de O_2, que es la información del enunciado.

$$(1.000 \text{ g } O_2/32 \text{ g mol}^{-1} O_2) \cdot (2 \text{ mol } KClO_3/3 \text{ mol } O_2) \cdot (122,56 \text{ g mol}^{-1} KClO_3) =$$
$$= 2.553 \text{ g de } KClO_3 = 2,553 \text{ kg de } KClO_3$$

☐ **Ejemplo práctico 10**

Cuando en un horno eléctrico se calienta el óxido de calcio sólido (CaO) con carbón (C), se obtiene carburo cálcico (CaC_2) y además se desprende monóxido de carbono gas (CO).

a) Escribid la reacción del proceso.

b) Si se obtienen 225 kg de CaC_2, ¿cúantos kg de CaO deben participar en la reacción?

c) ¿Cuántos kg de grafito se necesitan para que la reacción sea completa?

a) Reacción igualada: $\quad CaO\ (s) + 3\ C\ (s) \longrightarrow CaC_2\ (s) + CO\ (g)$

b) Pesos moleculares: $CaC_2 = 64$ g mol^{-1}; $CaO = 56$ g mol^{-1}

$$(225 \cdot 10^3\, g\ CaC_2) \cdot (1\ mol\ CaC_2/64\ g\ CaC_2) \cdot (1\ mol\ CaO/1\ mol\ CaC_2) \cdot$$
$$\cdot (56\ g\ CaO/1\ mol\ CaO) \cdot (1\ kg/10^3\, g) = 196,9\ kg\ de\ CaO$$

c) $(225 \cdot 10^3\, g\ CaC_2) \cdot (1\ mol\ CaC_2/64\ g\ CaC_2) \cdot (3\ mol\ C/1\ mol\ CaC_2) \cdot$
$\cdot (12\ g\ C/1\ mol\ C) \cdot (1\ kg/10^3\, g) = 126,6\ kg\ de\ C\ (s)$

2.7.2 Relación peso-volumen

Consiste en averiguar el volumen de una sustancia ya sea reactivo o producto obtenido en la reacción química, *a partir del peso* de uno de los componentes de la reacción. Es necesario que la reacción química esté igualada en la masa, en los átomos y en las cargas, para que la relación entre peso y volumen o a la inversa que se obtenga sea correcta.

Hay que tener en cuenta que 1 mol de gas en condiciones normales el volumen que ocupa es de 22,4 litros.

■ **Ejemplo práctico 11**

Calculad el volumen de cloro medido en condiciones normales que se obtiene al reaccionar 50 g de $KMnO_4$ con un exceso de HCl (ac).

Peso molecular del $KMnO_4 = 158,03$ g mol^{-1}

La reacción es de oxidación-reducción, y se iguala por el método de la semirreacción en medio ácido.

Oxidación: $\quad \times 2 \quad 2\ Cl^- \longrightarrow Cl_2 + 2\,e^-$

Reducción: $\quad MnO_4^- + 8\ H^+ + 5\,e^- \longrightarrow Mn^{2+} + 4\ H_2O \quad \times 5$

El número de electrones ganados y perdidos es el mismo, 10, quedando:

$$10\ Cl^- \longrightarrow 5\ Cl_2\ (g)$$
$$2\ MnO_4^- + 16\ H^+ \longrightarrow 2\ Mn^{2+} + 8\ H_2O$$

Igualación: $\quad 10\ Cl^- + 2\ MnO_4^- + 16\ H^+ \longrightarrow 5\ Cl_2\ (g) + 2\ Mn^{2+} + 8\ H_2O$

$$(50 \text{ g KMnO}_4) \cdot (1 \text{ mol KMnO}_4/158{,}03 \text{ g KMnO}_4) \cdot (5 \text{ mol Cl}_2/2 \text{ mol KMnO}_4) \cdot$$

$$\cdot (22{,}4 \text{ L Cl}_2/1 \text{ mol Cl}_2) = 17{,}72 \text{ L de Cl}_2$$

☐ **Ejemplo práctico 12**

Calculad la cantidad del sulfuro de hierro (II) sólido del 90,6 % en peso que se necesita para que al reaccionar con ácido sulfúrico diluido se puedan obtener 2 litros de sulfuro de hidrógeno gas medidos en condiciones normales.

Peso molecular FeS = 87,92 g mol^{-1}

Reacción igualada: $\text{FeS (s)} + \text{H}_2\text{SO}_4 \text{ (ac)} \longrightarrow \text{FeSO}_4 \text{ (ac)} + \text{H}_2\text{S (g)}$

$$(2 \text{ L H}_2\text{S}/22{,}4 \text{ L mol}^{-1} \text{H}_2\text{S}) \cdot (1 \text{ mol FeS}/1 \text{ mol H}_2\text{S}) \cdot$$

$$\cdot (87{,}92 \text{ g FeS}/1 \text{ mol FeS}) \cdot (100 \text{ g FeS}/90{,}6 \text{ g FeS}) = 8{,}66 \text{ g de FeS (s)}$$

2.7.3 Relación volumen-volumen

Consiste en averiguar el volumen de una sustancia, ya sea reactivo o producto obtenido en la reacción química, a *partir del volumen* de uno de los componentes de la reacción. Es necesario que la reacción química esté igualada en la masa, en los átomos y en las cargas para que la relación entre volúmenes que se obtenga sea correcta.

☐ **Ejemplo práctico 13**

Hallad el volumen de oxígeno que se necesita para la combustión de 3 litros de acetileno (C_2H_2) y calculad el volumen de CO_2 que se forma. Todos los volúmenes están medidos en condiciones normales.

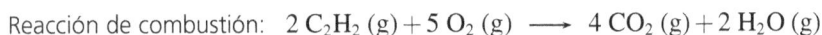

Reacción de combustión: $2 \text{ C}_2\text{H}_2 \text{ (g)} + 5 \text{ O}_2 \text{ (g)} \longrightarrow 4 \text{ CO}_2 \text{ (g)} + 2 \text{ H}_2\text{O (g)}$

$$(3 \text{ L C}_2\text{H}_2) \cdot (5 \text{ L O}_2/2 \text{ L C}_2\text{H}_2) = 7{,}5 \text{ L de O}_2 \text{ (g)}$$

$$(3 \text{ L C}_2\text{H}_2) \cdot (4 \text{ L CO}_2/2 \text{ L C}_2\text{H}_2) = 6 \text{ L de CO}_2 \text{ (g)}$$

2.7.4 Concepto de reactivo limitante

Para resolver los problemas de estequiometría es necesario:

a) Escribir la reacción química igualada.

b) Transformar en moles la información que se da.

c) Tener en cuenta las relaciones molares en la ecuación química.

d) Pasar los moles a la respuesta que se pide y se debe dar.

En un compuesto químico, los elementos que lo forman se encuentran siempre en una proporción de peso fija y determinada.

Si en una reacción participan dos reactivos en cantidades no estequiométricas, se debe tener en cuenta el reactivo que participa en menor cantidad molar con respecto a la proporción debida y determinada por la reacción química igualada. Sobre este reactivo es sobre el que deben realizarse todos los cálculos estequiométricos, puesto que limita la reacción y recibe el nombre de *reactivo limitante*. El otro reactivo se encontrará en exceso y no reaccionará en su totalidad.

Ejemplo práctico 14

Se hace reaccionar 1 tonelada de sulfuro de carbono líquido con 2 toneladas de cloro gas, según la reacción:

$$CS_2 \text{ (l)} + 3\,Cl_2 \text{ (g)} \longrightarrow CCl_4 \text{ (l)} + S_2Cl_2 \text{ (g)}$$

a) ¿Cúal será el reactivo limitante de la reacción?

b) ¿Qué reactivo estará en exceso y en qué cantidad?

c) ¿Qué cantidad de CCl_4 (l) se obtendrá en la reacción?

Pesos moleculares: $CS_2 = 76,12$ g mol^{-1}; $Cl_2 = 70,9$ g mol^{-1}; $CCl_4 = 153,8$ g mol^{-1}

a) $(1.000 \cdot 10^3 \text{ g CS}_2) \cdot (1 \text{ mol CS}_2/76,12 \text{ g CS}_2) = 13,14 \cdot 10^3 \text{ mol CS}_2$

$(2.000 \cdot 10^3 \text{ g Cl}_2) \cdot (1 \text{ mol Cl}_2/70,9 \text{ g Cl}_2) = 28,21 \cdot 10^3 \text{ mol Cl}_2$

La relación molar de los reactivos en la reacción es de 1 mol de CS_2 con 3 mol de Cl_2; luego, se necesitan 3 veces más moles de Cl_2 que de CS_2.

Es decir, se necesitan: $3(13,14 \cdot 10^3) = 39,42 \cdot 10^3$ mol de Cl_2 y se tienen $28,21 \cdot 10^3$ mol de Cl_2, luego el *reactivo limitante* es el Cl_2 y sobre él se basarán todos los cálculos estequiométricos.

b) Está en exceso el CS_2.

$(2.000 \cdot 10^3 \text{ g Cl}_2) \cdot (1 \text{ mol Cl}_2/70,9 \text{ g Cl}_2) \cdot (1 \text{ mol CS}_2/3 \text{ mol Cl}_2) \cdot (76,12 \text{ g CS}_2/1 \text{ mol CS}_2) =$

$= 715,75 \cdot 10^3$ g de CS_2 reaccionan

1.000 kg $CS_2 - 715,75$ kg CS_2 reaccionan $= 284,25$ kg CS_2 que sobran

c) $(2.000 \cdot 10^3 \text{ g Cl}_2) \cdot (1 \text{ mol Cl}_2/70,9 \text{ g Cl}_2) \cdot (1 \text{ mol CCl}_4/3 \text{ mol Cl}_2) \cdot$

$\cdot (153,8 \text{ g CCl}_4/1 \text{ mol CCl}_4) = 1.446,17 \cdot 10^3 \text{ g CCl}_4 = 1.446,17 \text{ kg CCl}_4$

Ejemplo práctico 15

En medio básico, el Al (s) se oxida a $Al(OH)^-$ con NO_3^-, que a su vez se reduce a NH_3.

a) Escribid e igualad la reacción de oxidación-reducción que tiene lugar.

b) Si se mezclan 1,8 g de Al (s) con 0,066 mol de NO_3^-, calculad los moles de NH_3 obtenidos suponiendo la reacción completa.

c) ¿Cúal será la relación mol NH_3/mol NO_3^- al finalizar la reacción?

d) ¿Qué % en peso de Al (s) hay en el compuesto $Al(OH)_4^-$?

a) Reacción: $Al(s) + NO_3^- + OH^- \longrightarrow Al(OH)_4^- + NH_3$

Oxidación: $\times 3$ $Al + 4\,OH^- \longrightarrow Al(OH)_4^- + 3\,e^-$

Reducción: $NO_3^- + 9\,H^+ + 8\,e^- \longrightarrow NH_3 + 3\,H_2O$ $\times 8$

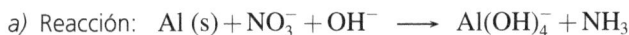

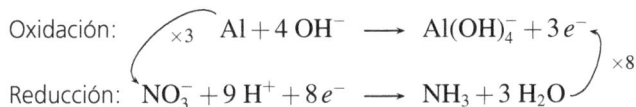

$24\,e^-$ se intercambian, quedando:

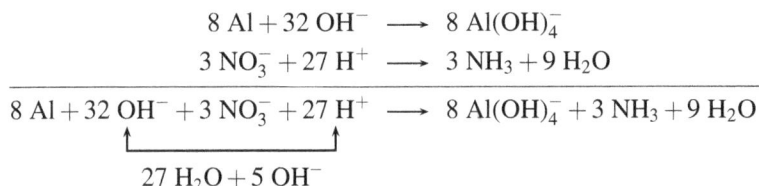

$$8\,Al + 32\,OH^- \longrightarrow 8\,Al(OH)_4^-$$
$$3\,NO_3^- + 27\,H^+ \longrightarrow 3\,NH_3 + 9\,H_2O$$

$$8\,Al + 32\,OH^- + 3\,NO_3^- + 27\,H^+ \longrightarrow 8\,Al(OH)_4^- + 3\,NH_3 + 9\,H_2O$$

$$27\,H_2O + 5\,OH^-$$

Eliminando $9\,H_2O$ en cada miembro de la ecuación química, la reacción queda igualada.

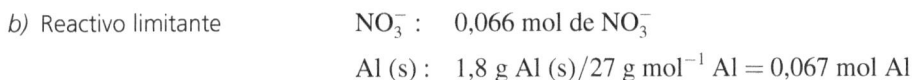

$$8\,Al(s) + 3\,NO_3^- + 5\,OH^- + 18\,H_2O \longrightarrow 8\,Al(OH)_4^- + 3\,NH_3$$

b) Reactivo limitante NO_3^- : $0,066$ mol de NO_3^-

Al (s) : $1,8$ g Al (s)$/27$ g mol^{-1} Al $= 0,067$ mol Al

Relación molar según la reacción: $(8$ mol Al (s)$/3$ mol $NO_3^-) = 2,67$

Relación molar real: $(0,067$ mol Al (s)$/0,066$ mol $NO_3^-) = 1,02$

El reactivo limitante será el Al (s), pues está en menor cantidad que la que debería tener según la reacción.

$$(0,067 \text{ mol Al (s)}) \cdot (3 \text{ mol } NH_3 / 8 \text{ mol Al (s)}) = 0,025 \text{ mol de } NH_3 \text{ obtenidos}$$

d) El NO_3^- está en exceso:

$$0,066 \text{ mol } NO_3^- \text{ iniciales} - 0,025 \text{ mol } NH_3 \text{ obtenidos} \frac{1 \text{ mol } NO_3^- \text{ reaccionado}}{1 \text{ mol } NH_3 \text{ obtenido}} =$$

$$= 0,041 \text{ mol } NO_3^- \text{ que no reaccionan}$$

e) Cálculo del % en peso de Al.

Peso molecular de $Al(OH)_4^-$: $(27 + 4(16+1)) = 95$ g mol^{-1}

$(27$ g Al (s)$/95$ g mol^{-1} $Al(OH)_4^-) \cdot 100 = 28,42\,\%$ Al que hay en $Al(OH)_4^-$

2.8 Las disoluciones como medios de reacción

Una disolución es una mezcla homogénea de dos o más sustancias. Homogénea equivale a uniforme en la observación visual.

Las disoluciones pueden existir en cualquiera de los tres estados de la materia: sólido, líquido y gas.

La sustancia o el componente de la disolución que se encuentra en mayor proporción, que suele ser líquido, se llama *disolvente,* y al sólido, líquido o gas que está disuelto en el disolvente y que está en menor proporción se le llama *soluto.*

$$\text{disolución} = \text{soluto} + \text{disolvente}$$

Las disoluciones de sólidos, líquidos y gases en líquidos suelen ser medios muy convenientes para las reacciones químicas.

Las disoluciones pueden ser:

- *Saturadas*: el soluto disuelto está en equilibrio con el soluto sin disolver.
- *Sobresaturadas*: la concentración de soluto en la disolución rebasa el equilibrio y es una situación inestable.
- *Insaturadas*: el soluto disuelto está en menor proporción que en las disoluciones saturadas.

2.8.1 Unidades de concentración

Las propiedades físicas y químicas de las disoluciones dependen en general de las cantidades de soluto y disolvente que están presentes en ellas.

Las unidades de concentración que pueden darse en las disoluciones son:

1.º Porcentaje en peso: $\% \ peso = \dfrac{masa \ \text{de soluto (g)}}{masa \ \text{(soluto + disolvente) (g)}} \cdot 100$

2.º Porcentaje en volumen: $\% \ \text{volumen} = \dfrac{\text{volumen de soluto} \ (\text{L o dm}^3)}{\text{volumen (soluto + disolvente)} \ (\text{L o dm}^3)} \cdot 100$

3.º Concentración en masa: $\dfrac{\text{masa de soluto (g)}}{\text{volumen (soluto + disolvente)} \ (\text{L o dm}^3)}$

4.º Molaridad (M): $M = \dfrac{\text{mol soluto}}{\text{volumen disolución} \ (\text{L o dm}^3)}$

5.º Fracción molar (X_s): $X = \dfrac{\text{mol soluto}}{\text{mol total (soluto + disolvente)}}$

6.º Molalidad (m): $m = \dfrac{\text{mol soluto}}{\text{masa disolvente (g)}} \cdot \dfrac{1.000 \ \text{g}}{1 \ \text{kg}}$

7.º Normalidad (N): $N = \dfrac{\text{equivalentes de soluto}}{\text{volumen disolución} \ (\text{L o dm}^3)}$

2.8.2 El equivalente químico

El *equivalente químico* o peso equivalente es un número abstracto que se define como el número que indica la relación que existe entre el peso molecular de un compuesto y su valencia.

$$\text{equivalente} = \dfrac{\text{masa molecular}}{\text{valencia}} = \text{peso equivalente}$$

$$\text{número equivalente} = \frac{\text{masa}}{\text{peso equivalente}} = \frac{\text{masa}}{\text{masa molecular/valencia}} = \text{número moles} \times \text{valencia}$$

Por lo que el factor de conversión es:

$$1 = \frac{\text{mol}}{\text{valencia} \cdot \text{equivalente}}$$

- Para un *ácido*, la valencia es el número de H^+ que posee.
- Para una *base*, la valencia es el número de OH^- que posee.
- Para una *sal*, la valencia es el número que resulta de multiplicar la valencia del metal que sustituye al hidrógeno del ácido por el número de hidrógenos que sustituye.
- En una *reacción de oxidación-reducción*, la valencia es el número de electrones que se intercambian entre el oxidante y el reductor.

El compuesto oxidante gana electrones y se reduce y el compuesto reductor pierde electrones y se oxida.

◻ **Ejemplo práctico 16**

Una disolución de 25 cm^3 de $BaCl_2$ contiene 2,51 g de $BaCl_2$. Si la densidad de la disolución es de 1,07 g cm^{-3}, calculad la concentración de la disolución en las unidades siguientes:
a) % en peso.
b) Molaridad (M) (mol dm^{-3}).
c) Normalidad (N).

Peso molecular de $BaCl_2 = 208,34$ g mol^{-1}

a) Cálculo del % en peso:

$$(2,51 \text{ g BaCl}_2/25 \text{ cm}^3 \text{ disolución}) \cdot (1 \text{ cm}^3 \text{ disolución}/1,07 \text{ g disolución}) \cdot 100 =$$
$$= 9,40\% \text{ en peso} = 9,40 \text{ g de BaCl}_2 \text{ disuelto en 100 g de disolución}$$

b) Cálculo de la molaridad (M) (mol dm^{-3}):

$$(2,51 \text{ g BaCl}_2/0,025 \text{ dm}^3) \cdot (1 \text{ mol BaCl}_2/208,34 \text{ g BaCl}_2) = 0,5 \text{ mol dm}^{-3}$$

c) Cálculo de la normalidad (N):

$$\text{Valencia de BaCl}_2 = (2 \cdot 1) = 2$$
$$(0,5 \text{ mol dm}^{-3}) \cdot (2 \text{ equivalentes BaCl}_2/1 \text{ mol BaCl}_2) = 1N = 1 \text{ equivalente dm}^{-3}$$

◻ **Ejemplo práctico 17**

Calculad la concentración expresada en fracciones molares, X, de una disolución formada por 500 g de benceno y 500 g de tolueno.

Benceno: $C_6H_6 = $ ⬡ ; Tolueno: $C_7H_8 = $ ⬡—CH_3

Pesos moleculares: $C_6H_6 = 78,0$ g mol^{-1}; $C_7H_8 = 92,0$ g mol^{-1}

Benceno   500 g $C_6H_6/78,0$ g mol^{-1} $C_6H_6 = 6,41$ mol C_6H_6

Tolueno   500 g $C_7H_8/92,0$ g mol^{-1} $C_7H_8 = 5,43$ mol C_7H_8

$$X_{benceno} = \frac{6,41 \text{ mol } C_6H_6}{(6,41 + 5,43) \text{ mol totales}} = 0,541 \quad X_{tolueno} = 1 - 0,541 = 0,459$$

☐ Ejemplo práctico 18

Una disolución de vinagre contiene el 4,00 % en peso de ácido acético. Calculad la molalidad (m) de la disolución.

Ácido acético: $C_2H_4O_2 = CH_3 - COOH$; peso molecular $= 60,05$ g mol^{-1}

Se toman como referencia 100 g de disolución. La masa del ácido acético en la disolución es de 4,00 g y la del agua, que es el disolvente, es de 96,00 g.

n^o moles $= n_{\text{ácido acético}}$:   4,00 g $C_2H_4O_2/60,05$ g mol^{-1} $C_2H_4O_2 = 0,666$ mol $C_2H_4O_2$

Molalidad(m) : $m = \dfrac{0,666 \text{ mol } C_2H_4O_2}{96,00 \text{ g } H_2O} \cdot \dfrac{1.000 \text{ g}}{1 \text{ kg}} = 6,94$ mol $C_2H_4O_2$ kg^{-1}

☐ Ejemplo práctico 19

Preparad una disolución acuosa del 36,0 % en peso de ácido acético ($C_2H_4O_2$), a partir de un ácido acético puro de densidad 1,05 g cm^{-3}.

La densidad del agua es de 1,00 g cm^{-3} y el peso molecular del ácido acético es de 60,05 g mol^{-1}.

Se toman como referencia 100 g de disolución. Se tienen 36,0 g de ácido acético y 64,0 g de agua.

$V_{\text{ácido acético}}$:   36,0 g $C_2H_4O_2/1,05$ g cm^{-3} $C_2H_4O_2 = 34,29$ cm^3 $C_2H_4O_2$

V_{agua} :   64,0 g $H_2O/1,00$ g cm^{-3} $H_2O = 64,00$ cm^3 H_2O

% Volumen : $(34,29$ cm^3 $C_2H_4O_2)/(34,29 + 64,0)$ cm$^3 \cdot 100 = 34,88$ %

2.8.3 Preparación y dilución de disoluciones

En el laboratorio es necesario, a veces, preparar disoluciones de una determinada concentración a partir de solutos, sólidos o no, y también a partir de otras disoluciones de distinta concentración. Para ello se necesitan algunos datos, como son: peso o volumen del soluto y el peso o el volumen del disolvente que forman la disolución.

Cuando lo que se pretende es diluir una disolución más concentrada, se debe conocer la cantidad de soluto presente en el volumen dado. Se le adiciona el disolvente, con lo que disminuirá la concentración de la disolución, *pero la cantidad de soluto será la misma en un volumen distinto.*

Los moles de soluto que hay en una disolución son $M \cdot V$, siendo M la molaridad de la disolución en mol L^{-1} y V el volumen en L.

Como la cantidad de soluto no cambia con la dilución se puede escribir:

$$\text{Moles de soluto} = M \cdot V \quad \Rightarrow \quad M_1 \cdot V_1 = M_2 \cdot V_2$$

$M_1 V_1$: valores antes de la dilución y $M_2 V_2$: valores después de la dilución

□ **Ejemplo práctico 20**

¿Qué cantidad de $CuSO_4 \cdot 5\,H_2O$ (s) se necesita para preparar $500\ \text{cm}^3$ de una disolución de $CuSO_4$ de concentración 0,10 M $(0,10\ \text{mol L}^{-1})$?

Peso molecular de $CuSO_4 \cdot 5\,H_2O = 249{,}68\ \text{g mol}^{-1}$

Para $500\ \text{cm}^3$ de disolución $0{,}10\ \text{mol L}^{-1}$, los moles de $CuSO_4$ que se necesitan son:

$$n = (0{,}500\ \text{L}) \cdot (0{,}10\ \text{mol L}^{-1}) = 0{,}050\ \text{mol } CuSO_4$$

$$(0{,}050\ \text{mol } CuSO_4) \cdot (1\ \text{mol } CuSO_4 \cdot 5\,H_2O/1\ \text{mol } CuSO_4) = 0{,}050\ \text{mol } CuSO_4 \cdot 5\,H_2O$$

$$(0{,}050\ \text{mol } CuSO_4 \cdot 5\,H_2O) \cdot (249{,}68\ \text{g mol}^{-1}\ CuSO_4 \cdot 5\,H_2O) = 12{,}50\ \text{g } CuSO_4 \cdot 5\,H_2O$$

Para preparar la disolución de $CuSO_4$ de concentración $0{,}10\ \text{mol dm}^{-3}$, se pesan 12,50 g de la sal hidratada ($CuSO_4 \cdot 5\,H_2O$) y se disuelven en agua hasta obtener $500\ \text{cm}^3$ de disolución.

□ **Ejemplo práctico 21**

¿Hasta qué volumen deben diluirse $4{,}25\ \text{cm}^3$ de ácido clorhídrico de concentración 6,0 M para que la concentración sea de 0,10 M?

Como los moles antes y después de la dilución son los mismos se aplica:

$$M_1 \cdot V_1 = M_2 \cdot V_2 \qquad (6\ \text{mol L}^{-1}) \cdot (4{,}25 \cdot 10^{-3}\ \text{L}) = (0{,}10\ \text{mol L}^{-1}) \cdot V_2$$

$$V_2 = 0{,}255\ \text{L} = 0{,}255\ \text{dm}^3 = 255\ \text{cm}^3$$

2.9 Reacciones ácido base. Neutralización

En las reacciones ácido-base el agua juega un papel muy importante. Las moléculas de agua están en equilibrio con los iones hidrógeno H^+ y con los iones hidróxido OH^-:

$$H_2O\ (l) \rightleftharpoons H^+ + OH^-$$

Los ácidos y las bases son sustancias que modifican las concentraciones de los iones hidrógeno e hidróxido de las disoluciones acuosas.

Las teorías sobre ácidos y bases se verán en un capítulo posterior, pero para poder aplicar la estequiometría en las reacciones ácido-base, es necesario avanzar la teoría de Arrhenius, que se refiere a la ionización.

Según Arrhenius:

Las propiedades de los ácidos se deben al ión H^+ y las propiedades de las bases o álcalis se deben al ión OH^-.

Disolución acuosa ácida: es la disolución que contiene una concentración mayor de iones H^+ que de iones OH^-.

Disolución acuosa alcalina: es la disolución que contiene una concentración mayor de iones OH^- que de iones H^+.

Los ácidos de Arrhenius son compuestos que contienen hidrógeno que se ioniza en el agua para dar iones H^+.

$$H_2SO_4 \text{ (l)} \xrightarrow{\text{agua}} SO_4^{2-} + 2\,H^+$$

Las bases de Arrhenius son compuestos que contienen el grupo hidróxido y que se ioniza en agua para dar iones OH^-.

$$NaOH \text{ (s)} \xrightarrow{\text{agua}} Na^+ + OH^-$$

Un ácido y una base son fuertes cuando en disolución acuosa están totalmente disociados en sus iones.

Ejemplos de ácidos y bases fuertes

Ácido clorhídrico:	HCl	Hidróxido de sodio:	NaOH
Ácido perclórico:	$HClO_4$	Hidróxido de potasio:	KOH
Ácido nítrico:	HNO_3	Hidróxido de litio:	LiOH
Ácido sulfúrico:	H_2SO4	Hidróxido de bario:	$Ba(OH)_2$
Ácido bromhídrico:	HBr	Hidróxido de cesio:	CsOH

Los ácidos y las bases débiles se ionizan parcialmente en agua.

El fluoruro de hidrógeno gas se disuelve en agua y se ioniza parcialmente ya que es un ácido débil:

$$HF \text{ (ac)} \rightleftarrows F^- \text{ (ac)} + H^+ \text{ (ac)}$$

Las concentraciones de los iones H^+ y F^- en disolución acuosa son pequeñas frente al HF sin disociar.

Las sustancias con carácter básico débil se disocian menos en disolución acuosa que las bases fuertes.

Neutralización: es la reacción de un ácido con una base.

$$HCl \text{ (ac)} + NaOH \text{ (ac)} \longrightarrow NaCl \text{ (ac)} + H_2O \text{ (l)}$$

Si reaccionan químicamente cantidades equivalentes de una base fuerte y un ácido fuerte, las propiedades de ambos se neutralizan, lo que equivale a decir que la disolución contiene el mismo número de iones H^+ que de iones OH^-.

Valoración: es la comparación de las concentraciones relativas de los equivalentes químicos en disolución.

La *valoración en ácidos y bases* se define como la medida del volumen de disolución de un reactivo (por ejemplo, el ácido) que se necesita para reaccionar totalmente con una cantidad medida y conocida de otro reactivo (por ejemplo la base).

El punto final de la valoración es el punto de equivalencia, donde los equivalentes del ácido y de la base se igualan.

$$N_{\text{ácido}} \cdot V_{\text{ácido}} = N_{\text{base}} \cdot V_{\text{base}}$$

N: normalidad (equivalente/L) o (equivalente $\cdot$ dm^{-3})

V: volumen (dm^3) o (L)

Ejemplo práctico 22

a) Calculad la molaridad en mol dm^{-3} de una disolución saturada de 25 cm^3 de $Ca(OH)_2$ si en su valoración con HCl 0,10 M se han necesitado 10,81 cm^3 de HCl.

b) Expresad también la concentración del $Ca(OH)_2$ en gramos por litro.

a) Reacción de neutralización: $Ca(OH)_2 + 2\,HCl \longrightarrow CaCl_2 + 2\,H_2$

$$N_{\text{HCl}} \cdot V_{\text{HCl}} = N_{\text{Ca(OH)}_2} \cdot V_{\text{Ca(OH)}_2}$$

$$(0{,}10\ \text{equivalente/L}) \cdot (10{,}81 \cdot 10^{-3}\ \text{L}) = (N_{\text{Ca(OH)}_2}) \cdot (25 \cdot 10^{-3}\ \text{L})$$

$$N_{\text{Ca(OH)}_2} = 0{,}0432\ \text{normal} = 0{,}0432\ \text{equivalente/L de } Ca(OH)_2$$

Cada mol de $Ca(OH)_2$ tiene 2 equivalentes, pues posee 2 iones OH^-.

Molaridad (M):

$$(0{,}0432\ \text{equivalente/L}) \cdot (1\ \text{mol/2 equivalente}) = 0{,}0216\ \text{M} = 0{,}0216\ \text{mol dm}^{-3}$$

b) $(0{,}0216\ \text{mol/L}) \cdot (74\ \text{g/1 mol } Ca(OH)_2) = 1{,}60\ \text{g/L}$

Ejemplo práctico 23

Una muestra orgánica sólida que contiene nitrógeno (CHON) se hace reaccionar en una cantidad de 0,196 g con ácido sulfúrico, con lo que todo el nitrógeno de la muestra se transforma en sulfato de amonio. Al hervir el sulfato de amonio con NaOH, se forma amoníaco gas, que se recoge en 25 cm^3 de HCl de concentración 0,10 mol dm^{-3}. El amoníaco y el HCl reaccionan quedando ácido en exceso. Para valorar este exceso de HCl se utilizaron 12,3 cm^3 de $Ba(OH)_2$ de concentración 0,05 mol dm^{-3}.

a) Escribid las reacciones que tienen lugar.

b) ¿Qué % de nitrógeno contiene la muestra orgánica de partida?

a) Reacciones:

Mineralización:  $CHON\ (s) + H_2SO_4\ (l) \xrightarrow{\ \text{calor}\ } CO_2 + H_2O + NH_4^+ + SO_4^{2-}$

Desprendimiento de NH_3:  $NH_4^+ + OH^- \xrightarrow{\ \text{calor}\ } NH_3\ (g)$

Recogida de NH_3 en HCl: $\quad NH_3\,(g) + H^+\,(ac) \longrightarrow NH_4^+ + H^+$
$$\underset{exceso}{}$$

Valoración del exceso de H^+: $\quad H^+ + OH^- \rightleftharpoons H_2O\,(l)$

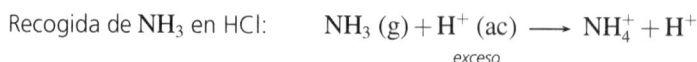

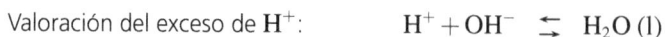

b) Cálculo del % de N:

Moles de H^+ consumidos por el $NH_3\,(g)$:

$(25 \cdot 10^{-3}\,L\,HCl) \cdot (0{,}10\,mol/L\,HCl) \cdot (12{,}3 \cdot 10^{-3}\,L\,Ba(OH)_2) \cdot (0{,}05\,mol/L\,Ba(OH)_2) \cdot$

$\cdot (2\,mol\,OH^-/1\,mol\,Ba(OH)_2) \cdot (1\,mol\,HCl/1\,mol\,OH^-) = 1{,}27 \cdot 10^{-3}\,mol\,H^+$

$(1{,}27 \cdot 10^{-3}\,mol\,H^+) \cdot (1\,mol\,NH_3/1\,mol\,H^+) \cdot (1\,mol\,átomos\,N/1\,mol\,NH_3) \cdot$

$\cdot (14\,g\,N/1\,mol\,átomos\,N) \cdot (100/0{,}196\,g\,muestra) = 9{,}07\,\%\,de\,N\,en\,la\,muestra$

2.10 Reacciones de oxidación-reducción. Valoraciones

Algunas de las reacciones vistas anteriormente implican una transferencia de electrones de una especie a otra y son reacciones de oxidación-reducción. El estado de oxidación de los elementos, de las moléculas y de los iones, así como la igualación de estas reacciones, se han visto en el apartado 2.6.3.

La valoración de oxidación-reducción consiste en un intercambio del mismo número de electrones para el oxidante y para el reductor.

La valoración de una cantidad de sustancia con carácter oxidante se realiza mediante la adición de una cantidad determinada de una sustancia de carácter reductor de concentración conocida y a la inversa. El proceso es el mismo que para las valoraciones ácido base.

Para la reacción: $Fe^{2+} + Ce^{4+} \rightleftharpoons Fe^{3+} + Ce^{3+}$ se intercambia $1\,e^-$.

De manera que el Fe^{2+} se oxida a Fe^{3+} perdiendo un electrón y el Ce^{4+} se reduce a Ce^{3+} ganando dicho electrón.

El Fe^{2+} es el compuesto reductor, puesto que se oxida a Fe^{3+} y el Ce^{4+} es el compuesto oxidante, ya que se reduce a Ce^{3+}.

En esta reacción de valoración de oxidación-reducción, el equivalente químico es la unidad, ya que se intercambia un solo electrón.

■ Ejemplo práctico 24

Para saber el contenido de peróxido de hidrógeno, H_2O_2, de una muestra comercial se siguió el siguiente proceso:

Una cantidad de 0,60 g de la muestra con H_2O_2 se hizo reaccionar con un volumen de $20\,cm^3$ de $KMnO_4\,(ac)$ de concentración 0,10 M. De esta manera todo el H_2O_2 de la muestra comercial se oxidó a $O_2\,(g)$, reduciéndose al mismo tiempo todo el $KMnO_4$ al ión Mn^{2+}.

a) Escribid la reacción de valoración de oxidación-reducción que tiene lugar.

b) Calculad el % en peso de H_2O_2 en la muestra comercial.

a) Reacción de oxidación-reducción:

$$MnO_4^- \text{ (ac)} + H_2O_2 + H^+ \longrightarrow Mn^{2+} + O_2 \text{ (g)} + H_2O$$

Oxidación: $\times 2$ $H_2O_2 \longrightarrow 2\,H^+ + O_2 \text{ (g)} + 2\,e^-$ $\times 5$

Reducción: $MnO_4^- + 8\,H^+ + 5\,e^- \longrightarrow Mn^{2+} + 4\,H_2O$

Los electrones transferidos son $10\,e^-$:

$$5\,H_2O_2 \longrightarrow 10\,H^+ + 5\,O_2 \text{ (g)}$$
$$2\,MnO_4^- + 16\,H^+ \longrightarrow 2\,Mn^{2+} + 8\,H_2O$$

Igualación: $2\,MnO_4^- + 5\,H_2O_2 + \cancel{16\,H^+} \longrightarrow 2\,Mn^{2+} + 5\,O_2 + \cancel{10\,H^+} + 8\,H_2O$
$$6\,H^+$$

b) $(20 \cdot 10^{-3}\,L\,MnO_4^-) \cdot (0{,}1\,mol/L\,MnO_4^-) \cdot (5\,mol\,H_2O_2/2\,mol\,MnO_4^-) \cdot$

$\cdot (34\,g\,H_2O_2/1\,mol\,H_2O_2) \cdot (100/0{,}60\,g\,muestra) = 28{,}33\,\%\,de\,H_2O_2$

2.11 Procesos electrolíticos. Electrolisis

Se verán escuetamente los procesos electrolíticos para poder resolver los problemas *estequiómetricos* relacionados con éstos. Para ello conviene definir y explicar algunos términos electroquímicos.

La *célula voltaica* produce energía eléctrica a partir de una reacción de oxidación-reducción espontánea. El término *batería* se emplea para dos o más células voltaicas combinadas que producen energía eléctrica.

La *célula electrolítica o electrolisis* consume energía eléctrica del exterior de la célula, de manera que produce una reacción de oxidación-reducción.

Los electrodos de la célula son el ánodo y el cátodo, los signos $+$ y $-$ de los electrodos varían según la célula sea voltaica o electrolítica.

En el ánodo se produce la oxidación.
En el cátodo se produce la reducción.

Tanto en la célula voltaica como en la célula electrolítica, los *aniones se desplazan hacia el ánodo y los cationes se desplazan hacia el cátodo.*

El proceso llamado *electrolisis* consiste en la descomposición de una sustancia mediante la corriente eléctrica.

La relación entre la cantidad de sustancia transformada en cada electrodo y la cantidad de electricidad que pasa a su través viene dada por las *leyes de Faraday*, que define que la electricidad actúa como un nuevo componente químico cuyo equivalente se establece en carga eléctrica.

Un equivalente de electricidad es igual a 96.500 Coulombs, y recibe el nombre de faraday (F).

$$1 \text{ F} = 96.500 \text{ coulombs} = 1 \text{ equivalente eléctrico}$$

Del conocimiento de la física y de su rama eléctrica se sabe que:

$$I = \frac{q}{t}$$

siendo I: Intensidad de la corriente eléctrica en amperios (A)
q: Carga eléctrica en coulombs (C)
t: Tiempo en segundos (s)

☐ **Ejemplo práctico 25 (electrolisis)**

Calculad la intensidad de la corriente eléctrica que se necesita para descomponer 18,0 g de $CuCl_2$ en disolución acuosa durante 5 minutos.

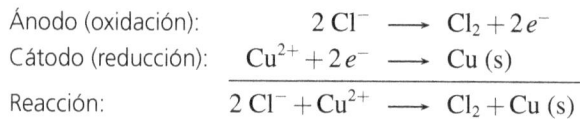

Ánodo (oxidación):	$2\,Cl^- \longrightarrow Cl_2 + 2\,e^-$
Cátodo (reducción):	$Cu^{2+} + 2\,e^- \longrightarrow Cu\,(s)$
Reacción:	$2\,Cl^- + Cu^{2+} \longrightarrow Cl_2 + Cu\,(s)$

1 mol de $CuCl_2$ necesita 2 F, pues se han intercambiado $2\,e^-$.

$$(18{,}0 \text{ g } CuCl_2) \cdot (1 \text{ mol } CuCl_2/134{,}46 \text{ g } CuCl_2) \cdot (2 \text{ F}/1 \text{ mol } CuCl_2) \cdot (96.500 \text{ C}/1 \text{ F}) = 25.836{,}7 \text{ C}$$

$$\text{Intensidad:} \quad I = q/t = (25.836{,}7 \text{ C})/(5 \cdot 60 \text{ s}) = 86{,}12 \text{ A}$$

☐ **Ejemplo práctico 26 (electrolisis)**

En la electrolisis con una intensidad de corriente de 3,5 A realizada sobre una disolución acuosa de sal de Cu (II), se depositan en el cátodo 1,382 g de Cu en 20 minutos.

a) ¿Qué reacción tiene lugar?

b) Calculad a partir de los datos del problema el peso atómico del Cu.

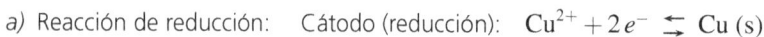

a) Reacción de reducción: Cátodo (reducción): $Cu^{2+} + 2\,e^- \rightleftarrows Cu\,(s)$

b) Peso atómico del Cu:

$$(3{,}5 \text{ C s}^{-1}) \cdot (20 \cdot 60 \text{ s}) \cdot (1 \text{ mol } e^-/96.500 \text{ C}) \cdot (1 \text{ mol } Cu/2 \text{ mol } e^-) \cdot (M_{Cu} \text{ g } Cu/1 \text{ mol } Cu) = 1{,}382 \text{ g } Cu$$

$$M_{Cu} = 63{,}5$$

Problemas resueltos ▬▬▬▬▬▬▬▬▬▬▬▬▬▬▬▬▬▬▬▬▬▬▬▬▬▬

Conceptos básicos y leyes fundamentales

□ **Problema 2.1**

Definid y exponed algunos ejemplos de los conceptos básicos siguientes:

a) Elemento químico

b) Símbolo químico

c) Compuesto químico

d) Sustancia pura

e) Mezcla

[Solución]

a) Elemento es la forma más sencilla de la materia. Ejemplos: oxígeno, plata, azufre, carbono, hierro, silicio, etc.

b) El símbolo químico de los elementos está formado por una o dos letras asignadas por acuerdo internacional. Ejemplos: O (oxígeno), Au (oro), Ag (plata), S (azufre), Fe (hierro), etc.

c) Un compuesto se caracteriza porque los elementos constituyentes siempre están presentes en las mismas proporciones. Ejemplos: CO_2, H_2SO_4, $NaCl$, NH_3, KOH, etc.

d) Una sustancia pura puede ser un elemento o un compuesto.

e) Una mezcla consta de dos o más sustancias puras y tiene composiciones variables. Ejemplos: cloruro sódico disuelto en agua, aceite y agua, etc.

□ **Problema 2.2**

Respecto a la masa en la combinación química, exponed y definid las leyes fundamentales siguientes:

a) Ley de la conservación de la masa

b) Ley de las proporciones definidas

c) Ley de Dalton de las proporciones múltiples

[Solución]

a) *Ley de la conservación de la masa:* En una reacción química, la masa ni se crea ni se destruye.

Es decir: masa total de los reactivos = masa total de los productos

b) *Ley de las proporciones definidas:* En una sustancia química pura, los elementos siempre están presentes en proporciones definidas de masa. Por ejemplo, en el H_2O, la relación entre la masa del H y la masa del O es siempre de $1/8$.

c) *Ley de Dalton de las proporciones múltiples:* Cuando dos compuestos diferentes se forman a partir de los mismos dos elementos, las masas de un elemento que reaccionan con una masa fija del otro guardan una relación de números enteros pequeños.

Por ejemplo: en el CO, 1,33 g de O se combinan con 1,00 g de C, y en el CO_2, 2,66 g de O se combinan con 1,00 g de C. La relación de masas de O (1,33 g/2,66 g) que se combinan con una masa fija de C (1,00 g) es una relación de números pequeños y enteros, 1/2.

☐ Problema 2.3

Los pesos atómicos expuestos en las tablas de los diferentes libros de texto de química:

a) ¿Son valores reales de peso o son valores relativos? Justificad la respuesta.

b) ¿Qué es una unidad de masa atómica?

[Solución]

a) *Son valores relativos.*

Por acuerdo internacional, el elemento de referencia para los pesos atómicos es el carbono 12, al que se le ha asignado exactamente un peso atómico de 12,000 unidades.

Los pesos atómicos de los elementos que se utilizan en la mayoría de los cálculos químicos son pesos medios y reflejan la composición de la mezcla de sus isótopos existentes en la naturaleza.

b) Una *unidad de masa atómica (uma)* se define como 1/12 del peso de un átomo de carbono 12, y los pesos atómicos se expresan en esta unidad.

☐ Problema 2.4

Definid el número de Avogadro e indicad su valor.

[Solución]

El *número de Avogadro*, N_A, es el número de átomos que hay en 12 g de carbono 12, que es el isótopo del carbono más abundante.

El valor de N_A es de $6,02217 \cdot 10^{23}$

☐ Problema 2.5

Definid:

a) El mol.

b) El peso molar de una sustancia química.

[Solución]

a) El *mol* es la cantidad de sustancia de un sistema que contiene tantas unidades elementales como átomos hay en 12 g de carbono 12. Es decir, el *mol* es el número de Avogadro de entidades distintas.

Cuando se utiliza en el lenguaje químico el mol, hay que especificar las entidades elementales, que pueden ser: átomos, iones, electrones, etc.

b) El *peso molar* es la masa en gramos de un mol de una sustancia.

Es decir: *masa* $(g) = mol \cdot peso\ molar\ (g\ mol^{-1})$

Problema 2.6

a) ¿Cuántas moléculas de agua hay en 18 g de agua?

b) ¿Cuántos átomos de carbono hay en 5 g de butano, C_4H_{10}?

[Solución]

a) Peso molecular $H_2O = 18$ g mol^{-1} o bien 1 mol $H_2O = 18$ g H_2O, por lo que en 18 g *de* H_2O *hay* $6,022 \cdot 10^{23}$ moléculas *o número de Avogadro.*

b) Peso molecular del $C_4H_{10} = 58$ g mol^{-1}

$$(5 \text{ g } C_4H_{10}) \cdot \frac{4 \cdot 12 \text{ g C}}{58 \text{ g } C_4H_{10}} \cdot (6,022 \cdot 10^{23} \text{ átomo C} \cdot \text{g}^{-1}) = 2,4919 \cdot 10^{24} \text{ átomos de C}$$

Problema 2.7

Calculad los moles de átomos o moles de moléculas existentes en cada uno de los casos siguientes:

a) 55,80 g de Fe

b) 46,0 g de NO_2

c) 1,0 g de NH_3

d) 162 g de sacarosa ($C_{12}H_{22}O_{11}$)

Datos: Pesos atómicos: Fe = 55,80, N = 14, O = 16, H = 1,008, C = 12,01

[Solución]

a) $(55,80 \text{ g Fe}) \cdot (1 \text{ mol átomos Fe}/55,80 \text{ g Fe}) = 1$ mol átomos de Fe

b) $(46,0 \text{ g } NO_2) \cdot (1 \text{ mol } NO_2/46 \text{ g } NO_2) = 1$ mol moléculas de NO_2

c) $(1,0 \text{ g } NH_3) \cdot (1 \text{ mol } NH_3/17 \text{ g } NH_3) = 0,059$ mol moléculas de NH_3

d) $(162 \text{ g } C_{12}H_{22}O_{11}) \cdot (1 \text{ mol } C_{12}H_{22}O_{11}/342,17 \text{ g } C_{12}H_{22}O_{11}) = 0,473$ mol moléculas de $C_{12}H_{22}O_{11}$

Problema 2.8

Determinad la masa en gramos para cada uno de los casos siguientes:

a) 1 mol de átomos de cloro

b) 2 mol de átomos de cobre

c) 0,2 mol de átomos de silicio

d) 1 mol de moléculas de cloro

e) 0,3 mol de moléculas de cloruro de calcio (II)

Datos: Pesos atómicos: Cl = 35,45, Cu = 63,55, Si = 28,09, Ca = 40,08

a) $(1 \text{ mol átomos Cl}) \cdot (35,45 \text{ g Cl}/1 \text{ mol átomos Cl}) = 35,45 \text{ g Cl}$

b) $(2 \text{ mol átomos Cu}) \cdot (63,55 \text{ g Cu}/1 \text{ mol átomos Cu}) = 127,08 \text{ g Cu}$

c) $(0,2 \text{ mol átomos Si}) \cdot (28,09 \text{ g Si}/1 \text{ mol átomos Si}) = 5,62 \text{ g Si}$

d) $(1 \text{ mol moléculas Cl}_2) \cdot (70,9 \text{ g Cl}_2/1 \text{ mol Cl}_2) = 70,90 \text{ g Cl}_2$

e) $(0,3 \text{ mol moléculas CaCl}_2) \cdot (110,98 \text{ g CaCl}_2/1 \text{ mol CaCl}_2) = 33,29 \text{ g CaCl}_2$

Composición centesimal, fórmula empírica y fórmula molecular

☐ Problema 2.9

Calculad el porcentaje de hierro en el óxido de hierro (III).

Datos: Pesos atómicos: Fe = 55,80 y O = 16,00

Peso molecular $Fe_2O_3 = 159,6 \text{ g mol}^{-1}$

$$(2 \cdot 55,8 \text{ g Fe})/(159,6 \text{ g Fe}_2O_3) = 0,6992 \qquad \% \text{ Fe} = 0,6992 \cdot 100 = 69,92 \% \text{ de Fe en Fe}_2O_3$$

☐ Problema 2.10

Calculad la composición centesimal del alcohol etílico o etanol.

Datos: Pesos atómicos: C = 12,01, O = 16,00, H = 1,008

Etanol: $CH_3 - CH_2OH$;   peso molecular $= 46,07 \text{ g mol}^{-1}$

$$\% \text{ C} = (24,02/46,07) \cdot 100 = 52,14 \%$$
$$\% \text{ O} = (16,00/46,07) \cdot 100 = 34,73 \%$$
$$\% \text{ H} = (6,05/46,07) \cdot 100 = 13,13 \%$$

☐ Problema 2.11

Un óxido de fósforo contiene 0,5162 g de fósforo y 0,6670 g de oxígeno. Determinad la fórmula empírica del compuesto.

Datos: Pesos atómicos: P = 30,97 y O = 16,00

$$\text{mol P:} \quad 0,5162/30,97 = 0,01667 \text{ mol}$$
$$\text{mol O:} \quad 0,6670/16,00 = 0,04168 \text{ mol}$$

Para hallar la relación molar del P y del O, se dividen ambos por el valor menor obtenido y así se obtiene la relación molar que deberá ser un número entero.

$$\text{Relación molar para el } P: \quad 0{,}01667/0{,}01667 = 1$$
$$\text{Relación molar para el } O: \quad 0{,}04168/0{,}01667 = 2{,}5$$

Ambas relaciones se multiplican por 2 para obtener números enteros.

Fórmula empírica P_2O_5

☐ Problema 2.12

El análisis elemental de la hormona adrenalina ha dado lugar a la composición en peso de sus componentes, que es la siguiente: 56,8 % C, 6,56 % H, 8,28 % N y el resto O. Determinad la fórmula empírica de la adrenalina.

Datos: Pesos atómicos: $C = 12{,}01$, $H = 1{,}008$, $O = 16{,}00$, $N = 14{,}01$

[Solución]

$$\text{mol C:} \quad 56{,}8/12{,}01 = 4{,}729$$
$$\text{mol H:} \quad 6{,}56/1{,}008 = 6{,}508$$
$$\text{mol N:} \quad 8{,}28/14{,}01 = 0{,}591$$
$$\text{mol O:} \quad 28{,}36/16{,}0 = 1{,}772$$

Los valores obtenidos de los moles para cada componente de la adrenalina se dividen por el menor, obteniéndose las relaciones molares para todos ellos.

$$\text{Relación molar para el } C: \quad 4{,}729/0{,}591 = 8{,}002 \quad \Rightarrow \quad 8$$
$$\text{Relación molar para el } H: \quad 6{,}508/0{,}591 = 11{,}011 \quad \Rightarrow \quad 11$$
$$\text{Relación molar para el } N: \quad 0{,}591/0{,}591 = 1 \quad \Rightarrow \quad 1$$
$$\text{Relación molar para el } O: \quad 1{,}772/0{,}591 = 2{,}998 \quad \Rightarrow \quad 3$$

La fórmula empírica de la adrenalina es $C_8H_{11}O_3N$

☐ Problema 2.13

De los análisis elementales y de los pesos moleculares (M) de los compuestos orgánicos siguientes:

a) C: 41,38 %, H: 5,17 %, O: 55,17 %. $M = 118{,}08$ g mol^{-1}

b) C: 92,31 %, H: 7,69 %. $M = 104$ g mol^{-1}

c) C: 56,02 %, H: 3,90 %, Cl: 27,63 %, el resto O. $M = 128{,}5$ g mol^{-1}

Averiguad la fórmula molecular para cada uno de ellos.

Datos: Pesos atómicos: $C = 12{,}01$, $H = 1{,}008$, $O = 16{,}00$, $Cl = 35{,}45$

a) $41,38/12,01 = 3,445$ mol C
     $5,17/1,008 = 5,129$ mol H $\Big\}$ se dividen por el número menor que es 3,445
     $55,17/16,00 = 3,448$ mol O

Relaciones molares: C: $3,445/3,445 = 1 \Rightarrow 2$
H: $5,129/3,445 = 1,488 \Rightarrow 3$ $\Big\}$ $C_2H_3O_2$ *fórmula empírica*
O: $3,448/3,445 = 1 \Rightarrow 2$

El compuesto tiene un peso molecular de $118,08$ g mol^{-1} y el peso de la fórmula empírica es de $59,044$. Luego, este valor se debe multiplicar por 2 para obtener el valor del peso molecular.

Esto significa que la fórmula molecular es $C_4H_6O_4$.

b) $92,31/12,01 = 7,686$ mol C
     $7,69/1,008 = 7,629$ mol H

Relaciones molares: $7,686/7,629 = 1,007 \Rightarrow 1$
$7,629/7,629 = 1 \Rightarrow 1$

Fórmula empírica: C_1H_1 Peso fórmula empírica: 13

El peso molecular del compuesto es de 104 g mol^{-1}. Luego, resulta que: $104/13 = 8$ es el valor por el que hay que multiplicar la fórmula empírica para obtener la fórmula molecular.

Fórmula molecular: C_8H_8

c) $56,02/12,01 = 4,664$ mol C
     $3,90/1,008 = 3,869$ mol H
     $27,63/35,45 = 0,779$ mol Cl
     $12,45/16,00 = 0,778$ mol O

Relaciones molares: $4,664/0,778 = 5,995 \Rightarrow 6$
$3,869/0,778 = 4,973 \Rightarrow 5$
$0,779/0,778 = 1,001 \Rightarrow 1$
$0,778/0,778 = 1 \Rightarrow 1$

Fórmula empírica: $C_6H_5O_1Cl_1$ Peso fórmula empírica: 128,55

Luego la fórmula empírica coincide con la fórmula molecular.

Fórmula molecular $= C_6H_5O\,Cl$

☐ Problema 2.14

El ferroceno es un compuesto órganometálico que contiene átomos de hierro, de carbono y de hidrógeno. Su molécula está formada por un átomo de hierro y por igual número de átomos de carbono e hidrógeno.

Calculad la fórmula molecular del ferroceno, si se sabe que una muestra de dicho compuesto contiene $0,074$ mol de hierro y $0,74$ mol de carbono.

Fórmula del ferroceno: FeC_xH_x

El número menor de moles corresponde al Fe y es de 0,074 mol.

Luego: 0,074 mol Fe/0,074 $=$ 1 mol Fe
$\quad\quad$ 0,74 mol C/0,074 $=$ 10 mol C
$\quad\quad$ 0,74 mol H/0,074 $=$ 10 mol H

Fórmula molecular: $FeC_{10}H_{10}$

La ecuación química. Igualación de una reacción y de la reacción redox

□ **Problema 2.15**

En la combustión de 0,210 g de un hidrocarburo se obtienen 0,66 g de dióxido de carbono. A partir de esta información, determinad:

a) La fórmula empírica del hidrocarburo.

b) La fórmula molecular del hidrocarburo, si se sabe que su densidad en condiciones normales de presión y temperatura es de 1,87 g dm^{-3}.

c) La reacción igualada de combustión que tiene lugar.

[Solución]

a) $(0,66 \text{ g CO}_2) \cdot (1 \text{ mol CO}_2/44,01 \text{ g CO}_2) \cdot (12,01 \text{ g C}/1 \text{ mol CO}_2) = 0,18 \text{ g C}$

$$0,210 \text{ g hidrocarburo} - 0,18 \text{ g C} = 0,03 \text{ g H}$$

$$0,18 \text{ g C}/12,01 \text{ g mol}^{-1} = 0,015 \text{ mol C}$$

$$0,03 \text{ g H}/1,008 \text{ g mol}^{-1} = 0,03 \text{ mol H}$$

Relación molar: $\quad$ 0,015/0,015 $=$ 1 C
$\quad\quad\quad\quad\quad\quad$ 0,03/0,015 $=$ 2 H

Fórmula empírica: CH_2

b) 1 mol de gas ideal en condiciones normales ocupa 22,4 L. Luego, el peso molecular del hidrocarburo es:

$$(1,87 \text{ g dm}^{-3}) \cdot (22,4 \text{ L}/1 \text{ mol}) = 41,89 \text{ g mol}^{-1}$$

Peso de la fórmula empírica $= 12 + 2 = 14$

Peso molecular $= 41,89 = 14 \cdot n \quad n \approx 3 \quad$ Fórmula molecular $= C_3H_6$

c) Reacción igualada:

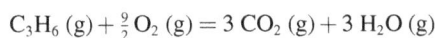

$$C_3H_6 \text{ (g)} + \tfrac{9}{2}O_2 \text{ (g)} = 3 \text{ CO}_2 \text{ (g)} + 3 \text{ H}_2O \text{ (g)}$$

□ **Problema 2.16**

Ajustad o igualad las ecuaciones de las reacciones químicas siguientes:

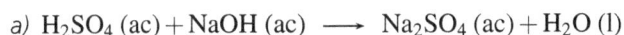

a) $H_2SO_4 \text{ (ac)} + NaOH \text{ (ac)} \longrightarrow Na_2SO_4 \text{ (ac)} + H_2O \text{ (l)}$

b) $C_{10}H_{22}$ (l) $+ O_2$ (g) $\longrightarrow$ CO_2 (g) $+ H_2O$ (g)

c) MnO_2 (s) $+ KOH$ (ac) $+ O_2$ (g) $\longrightarrow$ K_2MnO_4 (ac) $+ H_2O$ (l)

d) $C_6H_{12}O_{16}$ (s) $\longrightarrow$ C_2H_5OH (l) $+ CO_2$ (g)

[Solución]

a) H_2SO_4 (ac) $+ 2\,NaOH$ (ac) $= Na_2SO_4$ (ac) $+ 2\,H_2O$ (l)

b) $2\,C_{10}H_{22}$ (l) $+ 31\,O_2$ (g) $= 20\,CO_2$ (g) $+ 22\,H_2O$ (g)

c) $2\,MnO_2$ (s) $+ 4\,KOH$ (ac) $= 2\,K_2MnO_4$ (ac) $+ 2\,H_2O$ (l)

d) $C_6H_{12}O_6$ (s) $= 2\,C_2H_5OH$ (l) $+ 2\,CO_2$ (g)

☐ Problema 2.17

La nitroglicerina es un explosivo de fórmula molecular $C_3H_5(NO_3)_3$ (l), que al descomponerse y explotar da lugar a una mezcla de gases formada por dióxido de carbono, agua, nitrógeno y oxígeno. Escribid la reacción que representa este proceso de descomposición.

[Solución]

Fórmula molecular de la glicerina: $C_3H_5(NO_3)_3$

Fórmula desarrollada de la glicerina:
$$CH_2 - O - NO_2$$
$$|$$
$$CH - O - NO_2$$
$$|$$
$$CH_2 - O - NO_2$$

Reacción: $1\,C_3H_5(NO_3)_3$ (l) $\longrightarrow$ $a\,CO_2 + b\,H_2O + c\,N_2 + d\,O_2$

(C): $3 = a$

(H): $5 = 2b$; $b = 5/2$

(N): $3 = 2c$; $c = 3/2$

(O): $9 = 2a + b + 2d$; $2 \cdot 3 + 5/2 + 2d = 9$; $d = \frac{1}{4}$

Igualada: $C_3H_5(NO_3)_3$ (l) $= 3\,CO_2$ (g) $+ \frac{5}{2}\,H_2O$ (g) $+ \frac{3}{2}\,N_2$ (g) $+ \frac{1}{4}\,O_2$ (g)

◼ Problema 2.18

El dicromato de amonio sólido se descompone por acción del calor en el óxido Cr_2O_3 sólido, nitrógeno y agua en estado gaseoso. Escribid e igualad la reacción de oxidación-reducción que tiene lugar.

[Solución]

Reacción: $(NH_4)_2Cr_2O_7$ (s) $\longrightarrow$ Cr_2O_3 (s) $+ N_2$ (g) $+ H_2O$ (g)

La reacción se puede escribir en etapas cuyo conjunto de ecuaciones dará la ecuación igualada final.

El dicromato de amonio se descompone en $2 NH_4^+$ y $Cr_2O_7^{2-}$, que se tratará por separado como semirreacciones con los mismos electrones transferidos.

Para efectuar la igualación del O y el H se utiliza H^+ y H_2O.

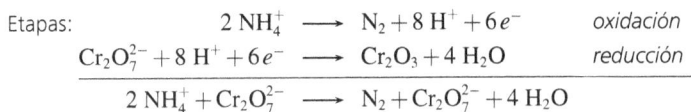

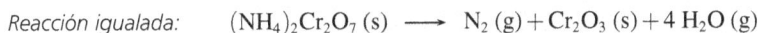

Etapas:
$$2 NH_4^+ \longrightarrow N_2 + 8 H^+ + 6e^- \qquad \textit{oxidación}$$
$$\underline{Cr_2O_7^{2-} + 8 H^+ + 6e^- \longrightarrow Cr_2O_3 + 4 H_2O \qquad \textit{reducción}}$$
$$2 NH_4^+ + Cr_2O_7^{2-} \longrightarrow N_2 + Cr_2O_7^{2-} + 4 H_2O$$

Reacción igualada: $\quad (NH_4)_2Cr_2O_7 \, (s) \longrightarrow N_2 \, (g) + Cr_2O_3 \, (s) + 4 H_2O \, (g)$

▪ Problema 2.19

Escribid e igualad las reacciones de oxidación-reducción siguientes que tienen lugar en medio ácido:

a) Oxidación de I^- a I_3^- con ión dicromato, que se reduce a ión Cr (III).

b) Oxidación de Mn^{2+} a MnO_4^- con BiO_3^-, que se reduce a Bi^{3+}.

c) Oxidación de P (s) a ácido ortofosfórico con ión nitrato, que se reduce a NO (g).

d) Oxidación de ión bromuro a bromo líquido con ión bromato, que se reduce a bromo líquido.

[Solución]

a) Reacción: $I^- + Cr_2O_7^{2-} + H^+ \longrightarrow I_3^- + Cr^{3+} + H_2O$

$$\text{Oxidación:} \qquad\qquad 3 I^- \longrightarrow I_3^- + 2e^- \quad \Big) \times 3$$
$$\text{Reducción:} \quad Cr_2O_7^{2-} + 14 H^+ + 6e^- \longrightarrow 2 Cr^{3+} + 7 H_2O$$

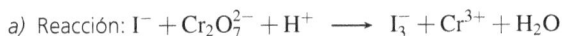

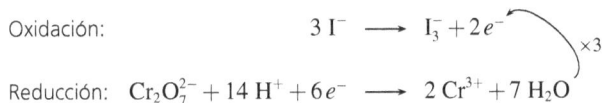

Se multiplica por 3 la ecuación de oxidación para que el número de electrones perdidos y ganados sea el mismo, en este caso 6, y queda:

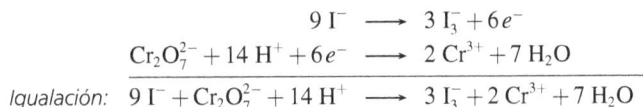

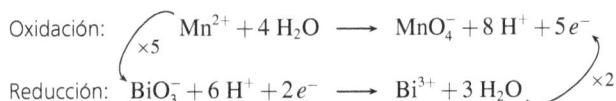

$$9 I^- \longrightarrow 3 I_3^- + 6e^-$$
$$\underline{Cr_2O_7^{2-} + 14 H^+ + 6e^- \longrightarrow 2 Cr^{3+} + 7 H_2O}$$
Igualación: $\quad 9 I^- + Cr_2O_7^{2-} + 14 H^+ \longrightarrow 3 I_3^- + 2 Cr^{3+} + 7 H_2O$

b) Reacción: $Mn^{2+} + BiO_3^- + H^+ \longrightarrow MnO_4^- + Bi^{3+} + H_2O$

$$\text{Oxidación:} \quad Mn^{2+} + 4 H_2O \longrightarrow MnO_4^- + 8 H^+ + 5e^- \quad \Big] \times 5$$
$$\text{Reducción:} \quad BiO_3^- + 6 H^+ + 2e^- \longrightarrow Bi^{3+} + 3 H_2O \quad \Big] \times 2$$

El número de e^- ganados y perdidos es el mismo, $10e^-$, quedando:

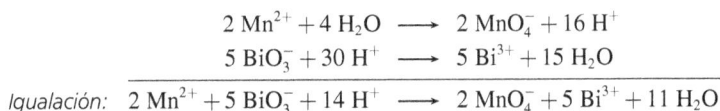

$$2 Mn^{2+} + 4 H_2O \longrightarrow 2 MnO_4^- + 16 H^+$$
$$\underline{5 BiO_3^- + 30 H^+ \longrightarrow 5 Bi^{3+} + 15 H_2O}$$
Igualación: $\quad 2 Mn^{2+} + 5 BiO_3^- + 14 H^+ \longrightarrow 2 MnO_4^- + 5 Bi^{3+} + 11 H_2O$

c) Reacción: $P(s) + NO_3^- + H^+ \longrightarrow H_3PO_4 + NO$

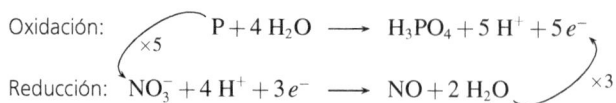

Oxidación: $P + 4\,H_2O \longrightarrow H_3PO_4 + 5\,H^+ + 5\,e^-$ $\times 5$

Reducción: $NO_3^- + 4\,H^+ + 3\,e^- \longrightarrow NO + 2\,H_2O$ $\times 3$

El número de e^- ganados y perdidos es el mismo, $15\,e^-$, quedando:

$$3\,P + 12\,H_2O \longrightarrow 3\,H_3PO_4 + 15\,H^+$$
$$5\,NO_3^- + 20\,H^+ \longrightarrow 5\,NO + 10\,H_2O$$

Igualación: $\quad 3\,P(s) + 2\,H_2O + 5\,NO_3^- \longrightarrow 3\,H_3PO_4 + 5\,NO + 5\,H^+$

d) Reacción: $Br^- + BrO_3^- + H^+ \longrightarrow Br_2 + H_2O$

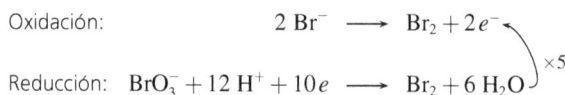

Oxidación: $\qquad\qquad 2\,Br^- \longrightarrow Br_2 + 2\,e^-$

Reducción: $\quad BrO_3^- + 12\,H^+ + 10\,e \longrightarrow Br_2 + 6\,H_2O$ $\times 5$

El número de electrones transferidos es $10\,e^-$, quedando:

$$10\,Br^- \longrightarrow 5\,Br_2$$
$$2\,BrO_3^- + 12\,H^+ \longrightarrow Br_2 + 6\,H_2O$$

Igualación: $\quad 10\,Br^- + 2\,BrO_3^- + 12\,H^+ \longrightarrow 5\,Br_2 + Br_2 + 6\,H_2O$

Dividiendo por 2 queda:

$$5\,Br^- + BrO_3^- + 6\,H^+ \longrightarrow 3\,Br_2 + 3\,H_2O$$

■ Problema 2.20

Escribid e igualad las reacciones de oxidación-reducción siguientes, que tienen lugar en medio básico:

a) Oxidación de hidróxido de hierro (III) sólido a ión ferrato (FeO_4^{2-}) con ión perclorato, que se reduce a ión cloruro.

b) Oxidación de fósforo sólido a ión $H_2PO_2^-$ con fósforo sólido, que se reduce a fosfina (PH_3).

c) Oxidación del ión $Sn(OH)_4^{2-}$ a ión $Sn(OH)_6^{2-}$ con ión cromato, que se reduce a ión $Cr(OH)_4^-$.

[Solución]

a) Reacción: $Fe(OH)_3 + ClO_4^- + OH^- \longrightarrow FeO_4^{2-} + Cl^- + H_2O$

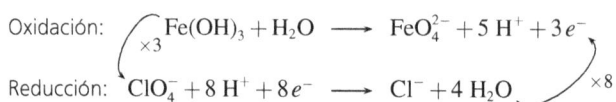

Oxidación: $Fe(OH)_3 + H_2O \longrightarrow FeO_4^{2-} + 5\,H^+ + 3\,e^-$ $\times 3$

Reducción: $ClO_4^- + 8\,H^+ + 8\,e^- \longrightarrow Cl^- + 4\,H_2O$ $\times 8$

El número de electrones intercambiados es 24, quedando:

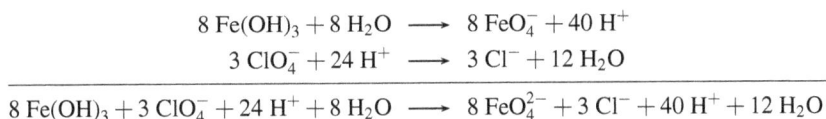

$$8 \, Fe(OH)_3 + 8 \, H_2O \longrightarrow 8 \, FeO_4^- + 40 \, H^+$$
$$3 \, ClO_4^- + 24 \, H^+ \longrightarrow 3 \, Cl^- + 12 \, H_2O$$
$$\overline{8 \, Fe(OH)_3 + 3 \, ClO_4^- + 24 \, H^+ + 8 \, H_2O \longrightarrow 8 \, FeO_4^{2-} + 3 \, Cl^- + 40 \, H^+ + 12 \, H_2O}$$

Simplificando:

$$8 \, Fe(OH)_3 + 3 \, ClO_4^- \longrightarrow 8 \, FeO_4^{2-} + 3 \, Cl^- + 16 \, H^+ + 4 \, H_2O$$

Se debe tener en cuenta que el *medio en que se realiza la reacción es básico*. Luego, si a los dos miembros de la reacción igualada les sumamos el mismo sumando, en este caso $16 \, OH^-$, la ecuación matemática no varía y además se consigue el medio básico que se buscaba, aumentándose en 16 el número de moléculas de agua en el segundo miembro de la reacción.

Reacción de oxidación-reducción igualada y completa en medio básico:

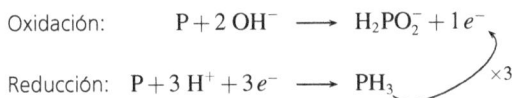

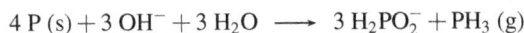

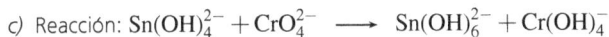

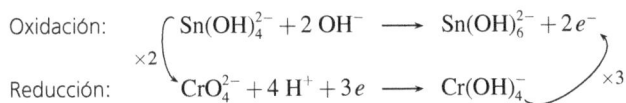

$$8 \, Fe(OH)_3 + 3 \, ClO_4^- + 16 \, OH^- \longrightarrow 8 \, FeO_4^{2-} + 3 \, Cl^- + 20 \, H_2O$$

b) Reacción: $P \, (s) + OH^- \longrightarrow H_2PO_2^- + PH_3$

Oxidación: $P + 2 \, OH^- \longrightarrow H_2PO_2^- + 1 \, e^-$

Reducción: $P + 3 \, H^+ + 3 \, e^- \longrightarrow PH_3 \qquad \times 3$

El número de electrones transferidos es el mismo, $3 \, e^-$, quedando:

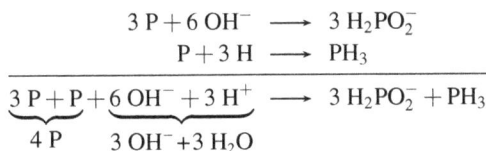

$$3 \, P + 6 \, OH^- \longrightarrow 3 \, H_2PO_2^-$$
$$P + 3 \, H \longrightarrow PH_3$$
$$\overline{\underbrace{3 \, P + P}_{4 \, P} + \underbrace{6 \, OH^- + 3 \, H^+}_{3 \, OH^- + 3 \, H_2O} \longrightarrow 3 \, H_2PO_2^- + PH_3}$$

Reacción de oxidación-reducción igualada y completa en medio básico:

$$4 \, P \, (s) + 3 \, OH^- + 3 \, H_2O \longrightarrow 3 \, H_2PO_2^- + PH_3 \, (g)$$

c) Reacción: $Sn(OH)_4^{2-} + CrO_4^{2-} \longrightarrow Sn(OH)_6^{2-} + Cr(OH)_4^-$

Oxidación: $\times 2 \Big(Sn(OH)_4^{2-} + 2 \, OH^- \longrightarrow Sn(OH)_6^{2-} + 2 \, e^-$

Reducción: $CrO_4^{2-} + 4 \, H^+ + 3 \, e \longrightarrow Cr(OH)_4^- \qquad \times 3$

El número de electrones transferidos es de $6\,e^-$, quedando:

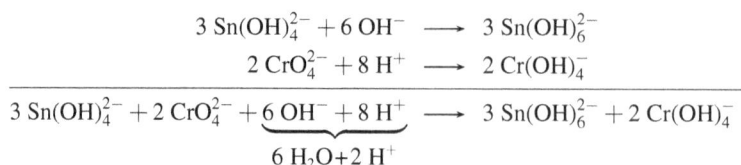

$$3\,\text{Sn(OH)}_4^{2-} + 6\,\text{OH}^- \longrightarrow 3\,\text{Sn(OH)}_6^{2-}$$

$$\underline{2\,\text{CrO}_4^{2-} + 8\,\text{H}^+ \longrightarrow 2\,\text{Cr(OH)}_4^-}$$

$$3\,\text{Sn(OH)}_4^{2-} + 2\,\text{CrO}_4^{2-} + \underbrace{6\,\text{OH}^- + 8\,\text{H}^+}_{6\,\text{H}_2\text{O} + 2\,\text{H}^+} \longrightarrow 3\,\text{Sn(OH)}_6^{2-} + 2\,\text{Cr(OH)}_4^-$$

Como el medio de la reacción debe ser básico, sobran $2\,\text{H}^+$, que se transformarán en 2 moléculas de H_2O al sumar a cada miembro de la ecuación matemática $2\,\text{OH}^-$.

Reacción de oxidación-reducción igualada y completa en medio básico:

$$3\,\text{Sn(OH)}_4^{2-} + 2\,\text{CrO}_4^{2-} + 8\,\text{H}_2\text{O} \longrightarrow 3\,\text{Sn(OH)}_6^{2-} + 2\,\text{Cr(OH)}_4^- + 2\,\text{OH}^-$$

Relaciones estequiométricas en las reacciones químicas: relación en peso, relación en volumen

☐ **Problema 2.21**

El análisis de un compuesto que contiene flúor y azufre indicó que su molécula está formada por un 20 % de átomos de azufre. Determinad:

a) La fórmula empírica del compuesto.

b) Su composición en % en peso.

[Solución]

a) La molécula contiene 20 % de S y la diferencia a 100 de F (80 %)

Proporción entre ambos: 20 de S/80 de F $= 1/4$

Fórmula empírica: SF_4

b) Peso molecular $\text{SF}_4 = 108{,}06\ \text{g mol}^{-1}$

% S: $(32{,}06/108{,}06) \cdot 100 = 29{,}67\ \%$ de S

% F: $100 - 29{,}67 = 70{,}33\ \%$ de F

☐ **Problema 2.22**

a) Calculad los gramos de O_2 que se necesitan para la combustión de 5,0 mol de etano (C_2H_6).

b) ¿Cuántos moles de CO_2 y de H_2O se formarán?

[Solución]

a) Se escribe la reacción y se iguala: $2\,\text{C}_2\text{H}_6 + 7\,\text{O}_2 \longrightarrow 4\,\text{CO}_2 + 6\,\text{H}_2\text{O}$

$$(5\ \text{mol}\ \text{C}_2\text{H}_6) \cdot (7\ \text{mol}\ \text{O}_2/2\ \text{mol}\ \text{C}_2\text{H}_6) \cdot (32\ \text{g}\ \text{O}_2/1\ \text{mol}\ \text{O}_2) = 560\ \text{g}\ \text{O}_2$$

b) $(5 \text{ mol } C_2H_6) \cdot (4 \text{ mol } CO_2/2 \text{ mol } C_2H_6) = 10 \text{ mol } CO_2$

$(5 \text{ mol } C_2H_5) \cdot (6 \text{ mol } H_2O/2 \text{ mol } C_2H_6) = 15 \text{ mol } H_2O$

☐ **Problema 2.23**

Calculad la cantidad en gramos de oxígeno que se necesitan para la oxidación de 0,30 mol de aluminio.

[Solución]

Se escribe la reacción y se iguala: $4 \text{ Al} + 3 \text{ O}_2 \longrightarrow 2 \text{ Al}_2O_3$

$$(0,30 \text{ mol Al}) \cdot (3 \text{ mol } O_2/4 \text{ mol Al}) \cdot (32 \text{ g } O_2/1 \text{ mol } O_2) = 7,20 \text{ g } O_2$$

☐ **Problema 2.24**

La gasolina es un combustible formado por una mezcla de muchos compuestos distintos, generalmente hidrocarburos de 5 a 10 átomos de carbono. El componente principal de la gasolina, que limita el número de octanos que contiene, es el mal llamado *"isooctano"*, que es el 2,2,4-trimetilpentano.

a) Escribid e igualad la reacción de combustión de una gasolina formada únicamente por el 2,2,4-trimetilpentano.

b) Calculad la masa de oxígeno que se consume cuando la combustión se realiza con 75,0 g de gasolina.

[Solución]

a) $CH_3 - \underset{\underset{CH_3}{|}}{\overset{\overset{CH_3}{|}}{C}} - CH_2 - \underset{\underset{CH_3}{|}}{CH} - CH_3$ $2,2,4 - \text{trimetilpentano};$ fórmula empírica C_8H_{18}

Reacción e igualación: $2 \text{ } C_8H_{18} \text{ (l)} + 25 \text{ } O_2 \text{ (g)} \longrightarrow 16 \text{ } CO_2 \text{ (g)} + 18 \text{ } H_2O \text{ (g)}$

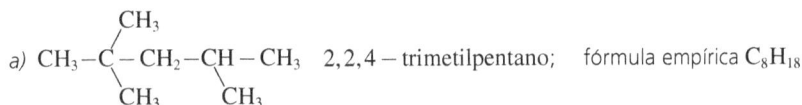

b) Moles de gasolina:

$$(75,0 \text{ g } C_8H_{18}/114,2 \text{ g mol}^{-1}) = 0,6567 \text{ mol } C_8H_{18}$$

$$(0,6567 \text{ mol } C_8H_{18}) \cdot (25 \text{ mol } O_2/2 \text{ mol } C_8H_{18}) = 8,21 \text{ mol de } O_2$$

$$(8,21 \text{ mol } O_2) \cdot (32,0 \text{ g mol}^{-1}) = 262,70 \text{ g } O_2$$

■ **Problema 2.25**

El ácido nítrico se puede obtener mediante la reacción siguiente:

$$NaNO_3 \text{ (s)} + H_2SO_4 \text{ (ac)} \longrightarrow NaHSO_4 \text{ (s)} + HNO_3 \text{ (g)}$$

Calculad:

a) La cantidad en gramos de ácido sulfúrico que se necesita para obtener 2 mol de ácido nítrico.

b) Los gramos de $NaHSO_4$ obtenidos con los 2 mol de ácido nítrico.

c) Los moles de ácido nítrico obtenidos de 170 g de nitrato de sodio.

d) La cantidad en gramos de ácido nítrico que se obtiene a partir de 170 g de nitrato de sodio.

a) Reacción igualada: $NaNO_3$ (s) $+ H_2SO_4$ (ac) $\longrightarrow$ $NaHSO_4$ (s) $+ HNO_3$ (g)

$$\left(2 \text{ mol HNO}_3\right) \cdot \left(1 \text{ mol H}_2\text{SO}_4/1 \text{ mol HNO}_3\right) \cdot \left(98 \text{ g H}_2\text{SO}_4/1 \text{ mol H}_2\text{SO}_4\right) = 196 \text{ g H}_2\text{SO}_4$$

b) $\left(2 \text{ mol HNO}_3\right) \cdot \left(1 \text{ mol NaHSO}_4/1 \text{ mol HNO}_3\right) \cdot \left(120 \text{ g NaHSO}_4/1 \text{ mol NaHSO}_4\right) = 240 \text{ g NaHSO}_4$

c) $\left(170 \text{ g NaNO}_3\right) \cdot \left(1 \text{ mol NaNO}_3/85 \text{ g NaNO}_3\right) \cdot \left(1 \text{ mol NHNO}_3/1 \text{ mol NaNO}_3\right) = 2,0 \text{ mol HNO}_3$

d) $\left(2 \text{ mol HNO}_3\right) \cdot \left(63 \text{ g HNO}_3/1 \text{ mol HNO}_3\right) = 126 \text{ g HNO}_3$

■ Problema 2.26

El fósforo se obtiene en el laboratorio por calefacción en un horno eléctrico de *o*-fosfato de calcio (II), dióxido de silicio y grafito (C). Al finalizar el proceso se obtienen dióxido de carbono gas, silicato cálcico gas, y fósforo gas, de fórmula P_4.

a) Escribid la reacción que tiene lugar e igualadla.
b) Calculad el peso que se necesita de cada uno de los reactivos para obtener 1 kg de fósforo.

a) $2 \text{ Ca}_3(\text{PO}_4)_2$ (s) $+ 6 \text{ SiO}_2$ (s) $+ 5 \text{ C}$ (s) $\longrightarrow$ 5 CO_2 (g) $+ 6 \text{ CaSiO}_3$ (g) $+ P_4$ (g)

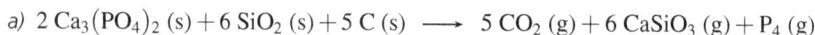

b) $\left(1.000 \text{ g P}_4\right) \cdot \left(1 \text{ mol P}_4/124 \text{ g P}_4\right) = 8,06 \text{ mol P}_4$

$\left(8,06 \text{ mol P}_4\right) \cdot \left(2 \text{ mol Ca}_3(\text{PO}_4)_2/1 \text{ mol P}_4\right) \cdot \left(310 \text{ g Ca}_3(\text{PO}_4)_2/1 \text{ mol Ca}_3(\text{PO}_4)_2\right) =$
$= 4.997,2 \text{ g} = 4,997 \text{ kg Ca}_3(\text{PO}_4)_2$

$\left(8,06 \text{ mol P}_4\right) \cdot \left(6 \text{ mol SiO}_2/1 \text{ mol P}_4\right) \cdot \left(60,09 \text{ g SiO}_2/1 \text{ mol SiO}_2\right) = 2.905,9 \text{ g} = 2,906 \text{ kg SiO}_2$

$\left(8,06 \text{ mol P}_4\right) \cdot \left(5 \text{ mol C}/1 \text{ mol P}_4\right) \cdot \left(12,01 \text{ g C}/1 \text{ mol C}\right) = 484,0 \text{ g C} = 0,484 \text{ kg C}$

■ Problema 2.27

La obtención del hierro tiene lugar según las reacciones:

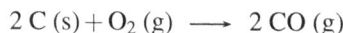

$$2 \text{ C (s)} + \text{O}_2 \text{ (g)} \longrightarrow 2 \text{ CO (g)}$$
$$\text{Fe}_2\text{O}_3 \text{ (s)} + 3 \text{ CO (g)} \longrightarrow 2 \text{ Fe (s)} + 3 \text{ CO}_2 \text{ (g)}$$

Calculad:

a) Cuántos kg de Fe se obtienen a partir de 500 kg de Fe_2O_3 (s).
b) Cuántos kg de C se necesitan para que la reacción sea completa.
c) Cuántos L de oxígeno en condiciones normales se usan en la reacción.

a) $(500 \cdot 10^3 \text{ g Fe}_2\text{O}_3) \cdot (1 \text{ mol Fe}_2\text{O}_3/159,68 \text{ g Fe}_2\text{O}_3) \cdot (2 \text{ mol Fe}/1 \text{ mol Fe}_2\text{O}_3) \cdot$

$\cdot (55,84 \text{ g Fe}/1 \text{ mol Fe}) \cdot (1 \text{ kg}/1.000 \text{ g}) = 349,7 \text{ kg Fe}$

b) $(500 \cdot 10^3/159,68) \text{ mol Fe}_2\text{O}_3 \cdot (3 \text{ mol CO}/1 \text{ mol Fe}_2\text{O}_3) \cdot (2 \text{ mol C}/2 \text{ mol CO}) \cdot$

$\cdot (12,01 \text{ g C}/1 \text{ mol C}) \cdot (1 \text{ kg}/1.000 \text{ g}) = 112,8 \text{ kg C}$

c) $(500 \cdot 10^3/159,68) \text{ mol Fe}_2\text{O}_3 \cdot (3 \text{ mol CO}/1 \text{ mol Fe}_2\text{O}_3) \cdot (1 \text{ mol O}_2/2 \text{ mol CO}) \cdot$

$\cdot (22,4 \text{ L O}_2/1 \text{ mol O}_2) = 1,05 \cdot 10^5 \text{ L O}_2$

■ Problema 2.28

En la obtención industrial del ácido sulfúrico se tuesta la pirita (FeS_2) en presencia de aire y tiene lugar la reacción:

$$FeS_2 \text{ (s)} + O_2 \text{ (g)} \longrightarrow Fe_2O_3 \text{ (s)} + SO_2 \text{ (g)}$$

El dióxido de azufre obtenido se transforma en ácido sulfúrico según las reacciones siguientes:

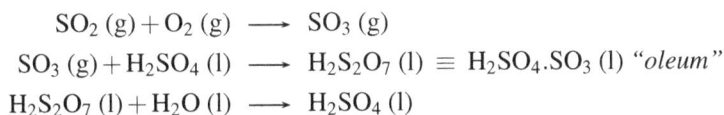

$$SO_2 \text{ (g)} + O_2 \text{ (g)} \longrightarrow SO_3 \text{ (g)}$$
$$SO_3 \text{ (g)} + H_2SO_4 \text{ (l)} \longrightarrow H_2S_2O_7 \text{ (l)} \equiv H_2SO_4.SO_3 \text{ (l)} \textit{ "oleum"}$$
$$H_2S_2O_7 \text{ (l)} + H_2O \text{ (l)} \longrightarrow H_2SO_4 \text{ (l)}$$

a) Igualad las reacciones anteriores.
b) Se sabe que la pirita de partida contiene un 24 % en peso de sulfuro de hierro siendo el resto material inerte. ¿Qué peso de ácido sulfúrico se obtiene por cada tonelada de pirita utilizada?
c) ¿Qué volumen de dióxido de azufre medido a 500°C y a 1 atm reaccionará por kg de ácido sulfúrico obtenido?

[Solución]

a) Igualación de reacciones:

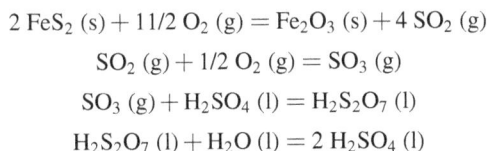

$$2 \text{ FeS}_2 \text{ (s)} + 11/2 \text{ O}_2 \text{ (g)} = Fe_2O_3 \text{ (s)} + 4 \text{ SO}_2 \text{ (g)}$$
$$SO_2 \text{ (g)} + 1/2 \text{ O}_2 \text{ (g)} = SO_3 \text{ (g)}$$
$$SO_3 \text{ (g)} + H_2SO_4 \text{ (l)} = H_2S_2O_7 \text{ (l)}$$
$$H_2S_2O_7 \text{ (l)} + H_2O \text{ (l)} = 2 \text{ H}_2SO_4 \text{ (l)}$$

b) $(10^6 \text{ g pirita}) \cdot (24 \text{ g FeS}_2/100 \text{ g pirita}) \cdot (1 \text{ mol FeS}_2/119,85 \text{ g FeS}_2) \cdot (4 \text{ mol SO}_2/2 \text{ mol FeS}_2) \cdot$

$\cdot (1 \text{ mol H}_2SO_4/1 \text{ mol SO}_2) \cdot (98 \text{ g H}_2SO_4/1 \text{ mol H}_2SO_4) \cdot (1 \text{ kg}/1.000 \text{ g}) = 392,5 \text{ kg de H}_2SO_4$

c) $(10^3 \text{ g H}_2SO_4) \cdot (1 \text{ mol H}_2SO_4/98 \text{ g H}_2SO_4) \cdot (1 \text{ mol SO}_2/1 \text{ mol H}_2SO_4) = 10,20 \text{ mol SO}_2$

Aplicando la *ley de los gases ideales o perfectos:* $PV = nRT$; $V = nRT/P$

$$V = (10,20 \text{ mol} \cdot 0,082 \text{ atm L K}^{-1} \text{mol}^{-1} \cdot 573 \text{ K})/(1 \text{ atm}) = 479,45 \text{ L de SO}_2$$

Condiciones de reactivo limitante

■ Problema 2.29

a) Calculad la cantidad de sulfuro de cinc que se puede formar cuando 20,0 g de cinc se hacen reaccionar con 10,80 g de azufre.

b) ¿Cuál es el reactivo limitante de la reacción?

c) ¿Qué cantidad de elemento quedará sin reaccionar?

[Solución]

a) y b) Reacción: $\text{Zn (s)} + \text{S (s)} \longrightarrow \text{ZnS (s)}$

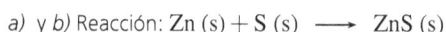

$$(20,0 \text{ g Zn}) \cdot (1 \text{ mol Zn}/65,4 \text{ g Zn}) = 0,306 \text{ mol Zn}$$
$$(10,80 \text{ g S}) \cdot (1 \text{ mol S}/32,1 \text{ g S}) = 0,336 \text{ mol S}$$

La relación molar según la reacción es:

$$1 \text{ mol Zn} : 1 \text{ mol S}, \text{ya que } 0,306 \text{ mol de Zn requieren } 0,306 \text{ mol de S}.$$

Luego hay más S del que se necesita.

Esto implica que el *reactivo limitante, en este caso es el* Zn, que *posee menor número de moles* para reaccionar.

El problema se resuelve sobre la base de la cantidad de Zn suministrada:

$$(0,306 \text{ mol Zn}) \cdot (1 \text{ mol ZnS}/1 \text{ mol Zn}) \cdot (97,5 \text{ g ZnS}/1 \text{ mol ZnS}) = 29,84 \text{ g de ZnS}$$

c) Moles de S sin reaccionar: $(0,336 - 0,306) = 0,030 \text{ mol S}$

$$(0,030 \text{ mol S}) \cdot (32,1 \text{ g S}/1 \text{ mol S}) = 0,963 \text{ g de S}$$

☐ Problema 2.30

Para la reacción del ejercicio anterior, calculad el rendimiento en tanto por ciento en peso, sabiendo que se han obtenido sólo 21,48 g de ZnS (s).

[Solución]

Rendimiento de reacción en % = (Rendimiento real/Rendimiento teórico) · 100

Rendimiento de ZnS = $(21,48/29,84) \cdot 100 = 71,98 \%$

☐ Problema 2.31

Calculad la cantidad de N_2F_4 que se puede preparar a partir de 28,0 g de F_2 y 8,0 g de NH_3.

La ecuación química para la reacción es:

$$2 \text{ NH}_3 + 5 \text{ F}_2 = \text{N}_2\text{F}_5 + 6 \text{ HF}$$

[Solución]

$$(28,0 \text{ g F}_2) \cdot (1 \text{ mol F}_2/38 \text{ g F}_2) = 0,737 \text{ mol F}_2$$
$$(8,0 \text{ g NH}_3) \cdot (1 \text{ mol NH}_3/17 \text{ g NH}_3) = 0,471 \text{ mol NH}_3$$

La relación molar según la reacción es:

$$2 \text{ mol NH}_3 : 5 \text{ mol F}_2$$

Si se compara el número de moles suministrados con estas cantidades, se obtiene:

$$0,737 \text{ mol F}_2/5 \text{ mol F}_2 = 0,1474$$
$$0,471 \text{ mol NH}_3/2 \text{ mol NH}_3 = 0,2360$$

El F_2 es el *reactivo limitante*, porque está en menor proporción química.

El problema se resuelve sobre la base de la cantidad de F_2 suministrada.

$$\left(0,737 \text{ mol F}_2\right) \cdot \left(1 \text{ mol N}_2\text{F}_4/5 \text{ mol F}_2\right) \cdot \left(104 \text{ g N}_2\text{F}_4/1 \text{ mol N}_2\text{F}_4\right) = 15,33 \text{ g de N}_2\text{F}_4$$

Problema 2.32

En un tubo de reacción a alta temperatura se mezcla 1 t de disulfuro de carbono con 2 t de cloro gas, teniendo lugar la reacción siguiente:

$$CS_2 \text{ (g)} + Cl_2 \text{ (g)} \longrightarrow CCl_4 \text{ (g)} + S_2Cl_2 \text{ (g)}$$

a) ¿Cuál de estos reactivos está en exceso?

b) ¿Qué cantidad de tetracloruro de carbono se formará en la reacción?

c) ¿Qué cantidad del reactivo en exceso quedará sin reaccionar?

[Solución]

a) Reacción igualada: $CS_2 \text{ (g)} + 3 Cl_2 \text{ (g)} = CCl_4 \text{ (g)} + S_2Cl_2 \text{ (g)}$

Cálculo de moles para ambos reactivos:

$$10^6 \text{ g CS}_2/76 \text{ g mol}^{-1}\text{CS}_2 = 1,316 \cdot 10^4 \text{ mol CS}_2$$
$$2 \cdot 10^6 \text{ g Cl}_2/71 \text{ g mol}^{-1} \text{ Cl}_2 = 2,82 \cdot 10^4 \text{ mol Cl}_2$$
$$\left(1,316 \cdot 10^4 \text{ mol CS}_2\right) \cdot \left(3 \text{ mol Cl}_2/1 \text{ mol CS}_2\right) =$$
$$= 3,95 \cdot 10^4 \text{ mol Cl}_2 \text{ que se necesitan para reaccionar con todo el CS}_2$$

Sólo se dispone de $2,82 \cdot 10^4$ mol Cl_2. Luego, el CS_2 *está en exceso*.

b) El reactivo limitante es el Cl_2, porque está en menor proporción. Todos los cálculos posteriores partirán de dicho reactivo.

$$\left(2,82 \cdot 10^4 \text{ mol Cl}_2\right) \cdot \left(1 \text{ mol CCl}_4/3 \text{ mol Cl}_2\right) \cdot \left(154 \text{ g CCl}_4/1 \text{ mol CCl}_4\right) =$$
$$= 1,447 \cdot 10^4 \text{ g CCl}_4 = 1,447 \text{ t CCl}_4$$

c) $\left(2,82 \cdot 10^4 \text{ mol Cl}_2\right) \cdot \left(1 \text{ mol CS}_2/3 \text{ mol Cl}_2\right) \cdot \left(76 \text{ g CS}_2/1 \text{ mol CS}_2\right) =$
$= 714.400 \text{ g CS}_2 = 714,4 \text{ kg de CS}_2$ que reaccionan con el Cl_2

Quedan en exceso: $\left(1.000 \text{ kg iniciales} - 714,4 \text{ kg reaccionados}\right) = 285,6 \text{ kg de CS}_2$ sin reaccionar

Problema 2.33

El acetileno ($HC \equiv CH$) se puede obtener industrialmente según la reacción:

$$CaC_2 \text{ (s)} + H_2O \text{ (l)} \longrightarrow Ca(OH)_2 \text{ (ac)} + C_2H_2 \text{ (g)}$$

¿Qué volumen de acetileno en condiciones normales de presión y de temperatura se obtendrá si reaccionan 50 g de carburo de calcio?

[Solución]

Reacción igualada: $CaC_2 \text{ (s)} + 2\,H_2O \text{ (l)} = Ca(OH)_2 \text{ (ac)} + C_2H_2 \text{ (g)}$

$$(50 \text{ g } CaC_2) \cdot (1 \text{ mol } CaC_2/64{,}1 \text{ g } CaC_2) \cdot (1 \text{ mol } C_2H_2/1 \text{ mol } CaC_2) \cdot$$
$$\cdot (22{,}4 \text{ dm}^3 \ C_2H_2/1 \text{ mol } C_2H_2) = 17{,}47 \text{ dm}^3 \ C_2H_2$$

Problema 2.34

El compuesto:

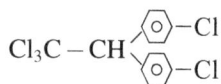

de fórmula empírica $Cl_3CCH(C_6H_4Cl)_2$, es un insecticida llamado DDT (dicloro-difenil-tricloroetano), prohibido actualmente ya que poluciona el aire y contamina las aguas, pero que puede obtenerse en el laboratorio mediante la siguiente reacción:

$$Cl_3C - CHO + C_6H_5Cl \longrightarrow Cl_3C - CH(C_6H_4Cl)_2 + H_2O$$

Si esta reacción se inicia con 100 kg para cada uno de los reactivos, calculad:

a) Qué cantidad del insecticida DDT se obtendrá.

b) Qué reactivo está en exceso.

c) Qué cantidad de reactivo queda sin reaccionar.

[Solución]

a) Reacción igualada: $Cl_3CCHO + C_6H_5Cl = Cl_3CCH(C_6H_4Cl)_2 + H_2O$

Peso molecular $(Cl_3CCHO) = 147{,}5$ g mol^{-1}

Peso molecular $(C_6H_5Cl) = 112{,}5$ g mol^{-1}

Peso molecular $(Cl_3CCH(C_6H_4Cl)_2) = 354{,}5$ g mol^{-1}

Número de moles (Cl_3CCHO) : $(10^5 \text{ g}/147{,}5 \text{ g mol}^{-1}) = 677{,}97$ mol

Número de moles (C_6H_5Cl) : $(10^5 \text{ g}/112{,}5 \text{ g mol}^{-1}) = 888{,}89$ mol

Según la reacción, 1 mol de Cl_3CCHO requiere 2 mol de C_6H_5Cl, por lo que 677,97 mol de Cl_3CCHO requieren el doble de C_6H_5Cl, que son 1.355,94 mol. Como se dispone sólo de 888,89 de C_6H_5Cl, *el primer reactivo está en exceso y el segundo es el reactivo limitante.*

Cálculos basados en el reactivo limitante:

$$(888{,}89 \text{ mol } C_6H_5Cl) \cdot (1 \text{ mol DDT}/2 \text{ mol } C_6H_5Cl) \cdot (354{,}5 \text{ g DDT}/1 \text{ mol DDT}) =$$
$$= 1{,}57 \cdot 10^5 \text{ g DDT} = 157{,}55 \text{ kg DDT}$$

b) El reactivo en *exceso es* $Cl_3C - CHO$ *(tricloro acetaldehído)*

c) $(888{,}89 \text{ mol } C_6H_5Cl) \cdot (1 \text{ mol } Cl_3CCHO/2 \text{ mol } C_6H_5Cl) = 444{,}45 \text{ mol } Cl_3CCHO$ que reaccionan

$(677{,}97 - 444{,}45) \text{ mol} = 233{,}52 \text{ mol } Cl_3CCHO$ que no reaccionan

$(233{,}52 \text{ mol}) \cdot (147{,}5 \text{ g}/1 \text{ mol}) \cdot (1 \text{ kg}/10^3 \text{ g}) = 34{,}4 \text{ kg } Cl_3CCHO$

Reacciones de precipitación

■ Problema 2.35

A una disolución acuosa de $CaCl_2$ (s) y de $NaCl$ (s) se le adiciona un exceso de anión carbonato (CO_3^{2-}), lo que hace que precipite todo el calcio existente en la disolución en forma de $CaCO_3$ (s). Este precipitado posteriormente se transforma térmicamente en CaO (s).

a) Escribid las reacciones correspondientes a la precipitación y a la descomposición térmica.

b) Si el peso inicial de la mezcla de $CaCl_2$ (s) y de $NaCl$ (s) disuelto es de 8,44 g y el peso de CaO (s) obtenido es de 1,918 g, ¿cuál es el tanto por ciento en peso de $CaCl_2$ en la muestra disuelta?

[Solución]

a) Reacción de precipitación: $\quad Ca^{2+} + CO_3^{2-} \longrightarrow CaCO_3 \text{ (s)}$

Reacción de descomposición: $\quad CaCO_3 \text{ (s)} \xrightarrow{\;calor\;} CaO \text{ (s)} + CO_2 \text{ (g)}$

b) $(1{,}918 \text{ g CaO}) \cdot (1 \text{ mol CaO}/56{,}1 \text{ g CaO}) \cdot (1 \text{ mol } CaCO_3/1 \text{ mol CaO}) \cdot$

$\cdot (1 \text{ mol } CaCl_2/1 \text{ mol } CaCO_3) \cdot (111 \text{ g } CaCl_2/1 \text{ mol } CaCl_2) = 3{,}80 \text{ g } CaCl_2$

$\% \, CaCl_2: \quad (3{,}80 \text{ g } CaCl_2/8{,}44 \text{ g mezcla}) \cdot 100 = 44{,}96 \, \% \, CaCl_2$

■ Problema 2.36

Se dispone de 4,01 g de $KClO_3$ (s), que se descomponen totalmente en 2,438 g de KCl (s) y O_2 (g). El cloruro potásico así obtenido se disuelve en agua, y posteriormente se le adiciona un exceso de nitrato de plata, lo que permite obtener un precipitado de 4,687 g de $AgCl$ (s). La Ag (s) que posee este precipitado es de 3,531 g.

a) Escribid las reacciones que tienen lugar.

b) Calculad los pesos atómicos de la plata, el cloro y el potasio en relación con el del oxígeno.

[Solución]

a) Reacciones: $\quad KClO_3 \text{ (s)} \longrightarrow KCl \text{ (s)} + 3/2 \, O_2 \text{ (g)}$

$KCl \text{ (s)} + H_2O \text{ (l)} \longrightarrow K^+ + Cl^-$

$Cl^- + Ag^+ \longrightarrow AgCl \text{ (s)}$

b) $4,01 \text{ g KClO}_3 = 2,440 \text{ g KCl} + \text{peso O}_2$; $4,01 - 2,438 = 1,572 \text{ g O}_2$

$1,572 \text{ g O}_2 / 32 \text{ g mol}^{-1} = 0,04913 \text{ mol O}_2$

$(0,04913 \text{ mol O}_2) \cdot (1 \text{ mol KClO}_3 / 3/2 \text{ mol O}_2) = 0,03275 \text{ mol KClO}_3$

$(0,04913 \text{ mol O}_2) \cdot (1 \text{ mol KCl} / 3/2 \text{ mol O}_2) = 0,03275 \text{ mol KCl}$

$\text{mol AgCl} = \text{mol KClO}_3 = \text{mol KCl} = 0,033 \text{ mol AgCl} = \text{mol Ag}$

P. atómico Ag: $(3,531 \text{ g Ag}) / (0,03275 \text{ mol Ag}) = 107,82 \text{ g mol}^{-1}$

$4,687 \text{ g AgCl} = 3,531 \text{ g Ag} + \text{peso Cl}; 4,687 - 3,531 = 1,156 \text{ g Cl}$

P. atómico Cl: $(1,156 \text{ g Cl}) / (0,03275 \text{ mol Cl}) = 35,3 \text{ g mol}^{-1}$

$(2,438 \text{ g KCl}) / (0,03275 \text{ mol KCl}) = 74,44 \text{ g mol}^{-1} \text{ KCl}$

P. atómico K: $74,44 - 35,4 = 39,1 \text{ g mol}^{-1} \text{ K}$

☐ Problema 2.37

En una disolución que contiene ión uranilo (UO_2^{2+}), se siguió el proceso siguiente para averiguar su concentración:
A una muestra de 75 mL de la disolución de ión uranilo, se le adicionó un exceso de amoníaco, de forma que todo el ión uranilo se transformó en hidróxido de uranilo sólido. Una vez precipitado se colocó en un horno eléctrico a 850°C, donde se obtuvieron 0,6820 g de U_3O_8 (s). Calculad la concentración del U_3O_8 en la disolución.

[Solución]

Reacciones del proceso: $UO_2^{2+} + 2 OH^- \longrightarrow UO_2(OH)_2$

$UO_2(OH)_2 \xrightarrow{850°C} U_3O_8 \text{ (s)}$

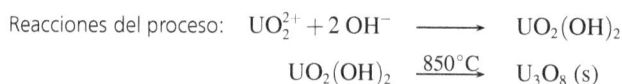

Concentración en la disolución del ión uranilo:

$$(0,6820 \text{ g U}_3O_8) \cdot (1 \text{ mol U}_3O_8 / 842 \text{ g U}_3O_8) \cdot (3 \text{ mol UO}_2^{2+} / 1 \text{ mol U}_3O_8) \cdot$$
$$\cdot (1/0,075 \text{ L disolución}) = 3,24 \cdot 10^{-2} \text{ M de UO}_2^{2+} \quad (\text{mol L}^{-1} \text{ UO}_2^{2+})$$

Las disoluciones como medios para las reacciones químicas

☐ Problema 2.38

Calculad el volumen de NaOH de concentración 0,75 M que se necesita para que se neutralicen 50 cm³ de H_2SO_4 de concentración 0,15 M.

La reacción es:

$$H_2SO_4 + 2 NaOH \longrightarrow Na_2SO_4 + 2 H_2O$$

1 mol de H_2SO_4 reacciona con 2 mol de NaOH dato que se tiene en cuenta en la relación molar:

$$\tfrac{1}{2}(C_{\text{NaOH}}) \cdot (V_{\text{NaOH}}) = (C_{H_2SO_4}) \cdot (V_{H_2SO_4})$$
$$\tfrac{1}{2}(0{,}75 \text{ mol/L NaOH}) \cdot (V_{\text{NaOH}}) = (0{,}15 \text{ mol/L } H_2SO_4) \cdot (0{,}050 \text{ L})$$
$$V_{\text{NaOH}} = 20 \text{ cm}^3$$

☐ Problema 2.39

Calculad la concentración molar de ácido sulfúrico concentrado que contiene un 96 % en peso de H_2SO_4 y cuya densidad es de $1{,}84$ g cm^{-3}.

$$(1{,}84 \text{ g cm}^{-3}) \cdot (10^3 \text{ cm}^3/1 \text{ dm}^3) \cdot (96 \text{ g } H_2SO_4/100 \text{ g disolución}) \cdot$$
$$\cdot (1 \text{ mol } H_2SO_4/98{,}08 \text{ g } H_2SO_4) = 18{,}01 \text{ mol dm}^{-3} H_2SO_4 = 18{,}01 \text{ M}$$

☐ Problema 2.40

Calculad la cantidad de $Mg(OH)_2$ necesaria para neutralizar 50 cm^3 de HCl de concentración $0{,}095$ M.

Reacción de neutralización: $Mg(OH)_2 + 2 \text{ HCl} \longrightarrow MgCl_2 + 2 H_2O$

1 mol de $Mg(OH)_2$ reacciona con 2 mol de HCl, dato que hay que tener en cuenta.

$$(0{,}095 \text{ mol/L HCl}) \cdot (0{,}050 \text{ L HCl}) \cdot (1 \text{ mol } Mg(OH)_2/2 \text{ mol HCl}) \cdot$$
$$\cdot (58{,}305 \text{ g mol}^{-1} Mg(OH)_2) = 0{,}1385 \text{ g } Mg(OH)_2$$

■ Problema 2.41

Cuando se mezclan 633 g de cloruro de hierro (II) con 125 g de dicromato de potasio en medio ácido, el Fe^{2+} del cloruro se oxida a Fe^{3+} y el cromo del ión $Cr_2O_7^{2-}$ se reduce a Cr^{3+}.

a) Escribid la reacción de oxidación-reducción que tiene lugar e igualar sus componentes.
b) ¿Qué reactivo está en exceso?
c) ¿Cuántos moles totales de Cr^{3+} y de Fe^{3+} se han obtenido en la reacción?
d) ¿Cuál es la relación molar entre Fe^{3+} y Fe^{2+} al terminar la reacción?

a) Reacción: $Cr_2O_7^{2-} + Fe^{2+} + H^+ \longrightarrow Cr^{3+} + Fe^{3+} + H_2O$

Oxidación:
$$Fe^{2+} \longrightarrow Fe^{3+} + 1e^- \quad \times 6$$

Reducción:
$$Cr_2O_7^{2-} + 14\,H^+ + 6e^- \longrightarrow 2\,Cr^{3+} + 7\,H_2O$$

Igualación:
$$6\,Fe^{2+} + Cr_2O_7^{2-} + 14\,H^+ \longrightarrow 6\,Fe^{3+} + 2\,Cr^{3+} + 7\,H_2O$$

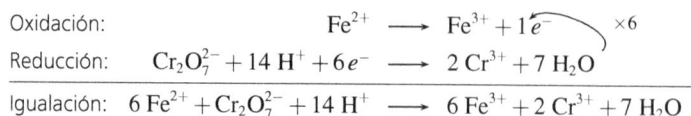

b) Reactivo en exceso: $\left(125 \text{ g } K_2Cr_2O_7\right)/\left(294 \text{ g mol}^{-1}\, K_2Cr_2O_7\right) = 0{,}425$ mol $K_2Cr_2O_7$

$$\left(633 \text{ g } Fe_2Cl\right)/\left(126{,}8 \text{ g mol}^{-1}\, FeCl_2\right) = 4{,}992 \text{ mol } FeCl_2$$

$$\left(0{,}425 \text{ mol } K_2Cr_2O_7\right) \cdot \left(6 \text{ mol } FeCl_2/\left(1 \text{ mol } K_2Cr_2O_7\right)\right) = 2{,}55 \text{ mol } FeCl_2$$

Este valor molar es menor que el obtenido, que es de $4{,}992$ mol $FeCl_2$.

Luego, *está en exceso el* $FeCl_2$ y por tanto el *reactivo limitante es el* $K_2Cr_2O_7$, que está en menor cantidad.

c) Todos los cálculos posteriores se basarán en el reactivo limitante y por tanto en $0{,}425$ mol de $K_2Cr_2O_7$.

$$\left(0{,}425 \text{ mol } K_2Cr_2O_7\right) \cdot \left(2 \text{ mol } Cr^{3+}/1 \text{ mol } K_2Cr_2O_7\right) = 0{,}850 \text{ mol } Cr^{3+}$$
$$\left(0{,}425 \text{ mol } K_2Cr_2O_7\right) \cdot \left(6 \text{ mol } Fe^{3+}/1 \text{ mol } K_2Cr_2O_7\right) = 2{,}550 \text{ mol } Fe^{3+}$$

d) $4{,}99 - 2{,}550 = 2{,}44$ mol Fe^{2+} sin reaccionar.

Relación molar: $Fe^{3+}/Fe^{2+} = 2{,}550/2{,}44 = 1{,}045$

☐ Problema 2.42

Calculad el volumen de una disolución de NaCl de concentración 2,0 M que se necesita para que reaccionen exactamente 15,50 g de $AgNO_3$ y formen un precipitado de AgCl (s).

[Solución]

Reacción de precipitación: $AgNO_3 + NaCl \text{ (ac)} \longrightarrow AgCl \text{ (s)} + NaNO_3$

$$\left(15{,}50 \text{ g } AgNO_3/169{,}87 \text{ g mol}^{-1}\, AgNO_3\right) \cdot \left(1 \text{ mol } NaCl/1 \text{ mol } AgNO_3\right) \cdot$$
$$\cdot \left(1 \text{ dm}^3 \text{ NaCl}/2{,}0 \text{ mol } NaCl\right) = 0{,}04562 \text{ dm}^3 \text{ NaCl} = 45{,}62 \text{ cm}^3 \text{ de NaCl}$$

☐ Problema 2.43

a) Definid peso equivalente y normalidad (N) de una disolución.
b) Hallad el peso equivalente del H_2SO_4, del $Ca(OH)_2$ y del $KMnO_4$ que se reduce a Mn^{2+}.
c) ¿Qué relación existe entre molaridad (M) y normalidad (N) de las disoluciones?

[Solución]

a) *Peso equivalente* = (peso molar)/(equivalente $\cdot$ mol^{-1})

Equivalente es el número de iones H^+, OH^- o de electrones que el compuesto suministra por mol (H^+ el ácido, OH^- la base y electrones los compuestos que intervienen en las reacciones de oxidación-reducción).

Normalidad(N) = (equivalente de soluto)/(dm^3 de disolución)

b) Peso equivalente de $H_2SO_4 = (98,08 \text{ g mol}^{-1})/(2 \text{ equivalente} \cdot \text{mol}^{-1}) =$

$$= 49,04 \text{ g} \cdot \text{equivalente}^{-1} \text{ de } H_2SO_4$$

Peso equivalente de $Ca(OH)_2 = (74,1 \text{ g mol}^{-1})/(2 \text{ equivalente} \cdot \text{mol}^{-1}) =$

$$= 37,05 \text{ g} \cdot \text{equivalente}^{-1} \text{ de } Ca(OH)_2$$

$$\text{Reducción del KMnO}_4: \quad MnO_4^- + 8\,H^+ \longrightarrow Mn^{2+} + 4\,H_2O + 5\,e^-$$

Peso equivalente de $KMnO_4 = (158,0 \text{ g mol}^{-1})/(5 \text{ equivalente} \cdot \text{mol}^{-1}) = 31,6 \text{ g} \cdot \text{equivalente}^{-1} \text{ de } KMnO_4$

c) Normalidad $=$ Molaridad $\cdot n$ $n =$ número entero que corresponde a:

Iones H^+ que produce una unidad de ácido

Iones OH^- a que da lugar una unidad de base

Electrones transferidos por unidad de fórmula en oxidación-reducción

☐ Problema 2.44

Calculad el volumen de HCl del 25 % de concentración en peso y de densidad $1,175 \text{ g cm}^{-3}$ que se necesita para preparar $0,50 \text{ dm}^3$ de ácido clorhídrico 2 N.

[Solución]

$(0,50 \text{ dm}^3) \cdot (2 \text{ equivalente} \cdot \text{dm}^{-3}) \cdot (1 \text{ mol HCl}/1 \text{ equivalente HCl}) \cdot (36,47 \text{ g HCl}/1 \text{ mol HCl}) \cdot$

$\cdot (100 \text{ g disolución HCl}/25,0 \text{ g HCl}) \cdot (1 \text{ cm}^3 \text{ disolución HCl}/1,175 \text{ g disolución HCl}) = 124,15 \text{ cm}^3 \text{ de HCl}$

■ Problema 2.45

Se ha preparado una disolución con $2,0$ g de $Ca(OH)_2$ y 200 cm^3 de agua como disolvente.

Sabiendo que la densidad de la disolución es de $1,05 \text{ g cm}^{-3}$ calculad:

a) La molalidad de la disolución (*m*).

b) La fracción molar de la disolución (X_s)

[Solución]

a) Molalidad$(m) = (\text{mol de soluto})/(1.000 \text{ g de disolvente})$

$$(2 \text{ g } Ca(OH)_2) \cdot (1 \text{ mol } Ca(OH)_2/74 \text{ g } Ca(OH)_2) = 0,027 \text{ mol } Ca(OH)_2$$

Por cada 200 cm^3 o 200 g de agua hay 0,027 mol de $Ca(OH)_2$. Por cada 1.000 g de agua, habrá 0,135 mol de $Ca(OH)_2$.

Por tanto, $m = (0,135 \text{ mol de } Ca(OH)_2)/(1.000 \text{ g de agua})$

b)   *Fracción molar* $(X_s) = $ (mol soluto)/(mol soluto + mol disolvente)

Soluto $= 0,027$ mol $Ca(OH)_2$

$$(200 \text{ g } H_2O)/(18 \text{ g mol}^{-1} H_2O) = 11,11 \text{ mol } H_2O$$

$X_s = (0,027 \text{ mol } Ca(OH)_2)/(0,027 + 11,11) \text{ mol disolución} = 0,0024 \text{ mol soluto} \cdot \text{mol}^{-1} \text{ disolución}$

Problema 2.46

La caliza es un compuesto que contiene carbonato cálcico y otros materiales inertes. Una cantidad de 0,50 g de caliza se disuelven en 25 cm^3 de HCl de concentración 0,51 mol dm^{-3}, y dicha disolución se realiza en caliente para que todo de CO_2 formado desaparezca.

Cuando la disolución alcanza la temperatura ambiente, el HCl que se encuentra en exceso se valora con 6,50 cm^3 de NaOH de concentración 0,49 mol dm^{-3}.

a) Escribid las reacciones que tienen lugar.

b) Calculad el % en peso de carbonato cálcico en la muestra de caliza.

[Solución]

a) Reacciones: $CaCO_3 \text{ (s)} + 2 \text{ HCl} \longrightarrow CaCl_2 + H_2CO_3 \text{ (ac)}$ *Disolución*

$H_2CO_3 \text{ (ac)} \longrightarrow H_2O \text{ (l)} + CO_2 \text{ (g)}$ *Ebullición*

$HCl \text{ (ac)} + NaOH \text{ (ac)} \longrightarrow NaCl \text{ (ac)} + H_2O$ *Valoración*

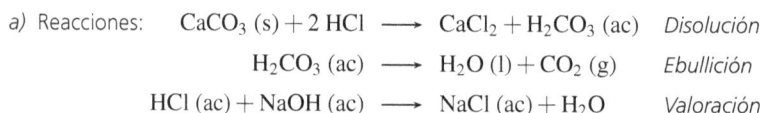

b) Moles de ácido (H^+) consumidos por el $CaCO_3$:

$$(25 \cdot 10^{-3} \text{ dm}^3 \text{ HCl}) \cdot (0,51 \text{ mol HCl}/1 \text{ dm}^3 \text{ HCl}) - (6,50 \cdot 10^{-3} \text{ dm}^3 \text{ NaOH}) \cdot$$
$$\cdot (0,49 \text{ mol NaOH}/1 \text{ dm}^3 \text{ NaOH}) \cdot (1 \text{ mol HCl}/1 \text{ mol NaOH}) = 9,57 \cdot 10^{-3} \text{ mol de HCl}$$

$\% \ CaCO_3 :$ $(9,57 \cdot 10^{-3} \text{ mol HCl}) \cdot (1 \text{ mol } CaCO_3/2 \text{ mol HCl}) \cdot (100 \text{ g } CaCO_3/1 \text{ mol } CaCO_3) \cdot$
$\cdot (100/0,50 \text{ g caliza}) = 95,65 \% \text{ de } CaCO_3 \text{ en la muestra de caliza}$

Problema 2.47

Calculad el peso molecular de un ácido monoprótico (HA) si se sabe que 0,430 g de su sal de bario (II) de fórmula $BaA_2 \cdot 2 H_2O$ se transforman en el ácido HA, al añadirle 21,60 cm^3 de ácido sulfúrico de concentración 0,048 M.

[Solución]

$$\text{Peso molecular de } BaA_2 \cdot 2 H_2O = M \text{ g mol}^{-1}$$

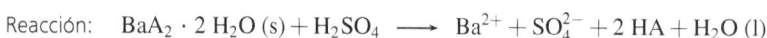

Reacción: $BaA_2 \cdot 2 H_2O \text{ (s)} + H_2SO_4 \longrightarrow Ba^{2+} + SO_4^{2-} + 2 \text{ HA} + H_2O \text{ (l)}$

$$(21{,}60 \cdot 10^{-3} \text{ L } H_2SO_4) \cdot (0{,}048 \text{ mol } H_2SO_4/1 \text{ L } H_2SO_4) \cdot (2 \text{ mol } H^+/1 \text{ mol } H_2SO_4) \cdot$$

$$\cdot (1 \text{ mol } BaA_2 \cdot 2\,H_2O/2 \text{ mol } H^+) \cdot (M \text{ g } BaA_2 \cdot 2\,H_2O/1 \text{ mol } BaA_2 \cdot 2\,H_2O) = 0{,}430 \text{ g } BaA_2 \cdot 2\,H_2O$$

Despejando el *peso molecular de la sal de bario*: $M = 414{,}74 \text{ g mol}^{-1}$

Peso molecular de $2A^-$: $414{,}74 - 137{,}34 - 2 \cdot 18 = 241{,}40$

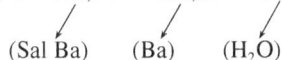

(Sal Ba)   (Ba)   (H₂O)

Peso molecular del HA: $(241{,}40/2) + 1(\text{de } H^+) = 121{,}70 \text{ g mol}^{-1}$ ácido

Problema 2.48

Se disuelven 0,20 g de oxalato amónico sólido, $(NH_4)_2C_2O_4$, en agua y se le adiciona ácido sulfúrico diluido. La disolución resultante se trata con 30,83 cm³ de permanganato de potasio. De esta forma, todo el ácido oxálico que se obtuvo en la reacción se transforma en CO_2 (g).

a) Escribid la reacción de disolución del sólido en ácido sulfúrico.

b) Escribid la reacción de valoración entre el ácido oxálico, $H_2C_2O_4$, y el ión permanganato.

c) Calculad la concentración de la disolución de permanganato.

[Solución]

a) Fórmula del oxalato amónico: $H_4N - OOC - COO - NH_4$

Fórmula del ácido oxálico: $HOOC - COOH$

Reacción de disolución con ácido sulfúrico (medio H^+):

$$(NH_4)_2C_2O_4 \text{ (s)} + 2\,H^+ \longrightarrow H_2C_2O_4 \text{ (ac)} + 2\,NH_4^+$$

b) Reacción de valoración con permanganato:

$$5\,H_2C_2O_4 \text{ (ac)} + 2\,MnO_4^- \longrightarrow 2\,Mn^{2+} + 10\,CO_2 \text{ (g)} + 2\,H^+$$

c) $(0{,}20 \text{ g } (NH_4)_2C_2O_4) \cdot (1 \text{ mol } (NH_4)_2C_2O_4/124 \text{ g } (NH_4)_2C_2O_4) \cdot$

$\cdot (2 \text{ mol } MnO_4^-/5 \text{ mol } H_2C_2O_4) = 6{,}45 \cdot 10^{-4}$ mol de MnO_4^-

$(6{,}45 \cdot 10^{-4} \text{ mol } MnO_4^-) = (30{,}83 \cdot 10^{-3} \text{ L } MnO_4^-) \cdot c$

$c = 0{,}021 M = 0{,}021 \text{ mol dm}^{-3}$ de MnO_4^-

Problema 2.49

Un vinagre comercial de densidad $1,006$ g cm^{-3} se analizó y se encontró que contenía un $4,00\%$ en peso de ácido acético ($CH_3 - COOH$). Calculad la concentración de ácido acético en:

a) Fracción molar (X_s)

b) Molalidad (m)

c) Molaridad (M), (mol dm^{-3})

d) Normalidad (N)

[Solución]

a) En 100 g de disolución, hay 4 g de ácido acético y 96 g de agua.

$$X_s = (\text{mol soluto})/(\text{mol totales})$$

Soluto: $(4,00 \text{ g } H_4C_2O_4)/(60,05 \text{ g mol}^{-1} H_4C_2O_4) = 0,066 \text{ mol } H_4C_2O_4$

Disolvente: $(96,00 \text{ g } H_2O)/(18,02 \text{ g mol}^{-1} H_2O) = 5,327 \text{ mol } H_2O$

$$X_s = (0,066 \text{ mol } H_4C_2O_4) = (0,066 + 5,327) \text{ mol totales} = 0,0122$$

b) Molalidad: $m = (\text{mol soluto})/(\text{kg disolvente})$

$$m = (0,066 \text{ mol } H_4C_2O_4)/(96 \cdot 10^{-3} \text{ kg } H_2O) = 0,688 \text{ mol kg}^{-1}$$

c) Molaridad: $M = (\text{mol soluto})/(\text{dm}^3 \text{ disolución})$

Se calcula el volumen de la disolución a partir de su densidad:

$$(100 \text{ g disolución})/(1,060 \text{ g cm}^{-3}) = 94,3 \text{ cm}^3 = 0,0943 \text{ dm}^3 \text{ disolución}$$

$$M = (0,066 \text{ mol } H_4C_2O_4)/(0,0943 \text{ dm}^3 \text{ disolución}) = 0,670 \text{ mol dm}^{-3}$$

d) Normalidad: $N = (\text{equivalente de soluto})/(\text{dm}^3 \text{ disolución})$

El peso equivalente y el peso molecular son iguales para un ácido que libere un H^+, que es monoprótico, como en el caso del ácido acético:

$$CH_3 - COOH \; \underset{\longrightarrow}{\overset{\longleftarrow}{}} \; CH_3 - COO^- + H^+$$

$$N = (0,066 \text{ equivalente } H_4C_2O_4)/(0,0943 \text{ dm}^3 \text{ disolución}) = 0,670 \text{ equivalente dm}^{-3}$$

Problema 2.50

Un enfermo de úlcera de duodeno puede presentar una concentración de HCl en su jugo gástrico de $8,000 \cdot 10^{-4}$ M. Suponiendo que su estómago recibe 3 litros diarios de jugo gástrico, ¿qué cantidad de medicación, que contiene 2,60 g de $Al(OH)_3$ por 100 cm³, debe consumir diariamente para neutralizar el ácido?

[Solución]

Reacción de neutralización: $Al(OH)_3 + 3\ HCl \longrightarrow AlCl_3 + 3\ H_2O$

Molaridad de la base:

$$(2,60\ g\ Al(OH)_3 / 78\ g\ mol^{-1}\ Al(OH)_3) \cdot (1/0,100\ L) = 0,333\ M\ Al(OH)_3$$

El ácido HCl tiene 1 equivalente por mol, pues sólo tiene 1 H.

La base $Al(OH)_3$ tiene 3 equivalente por mol, pues tiene 3 OH.

Normalidad del $Al(OH)_3 = (3\ equivalente \cdot mol^{-1}) \cdot (0,333\ mol/L) = 1\ equivalente/L$ de $Al(OH)_3$

Normalidad del HCl = Molaridad del HCl = $(8,000 \cdot 10^{-4}\ M)$

Para la neutralización los equivalentes se igualan, luego:

$$N_{\text{ácido}} V_{\text{ácido}} = N_{\text{base}} V_{\text{base}}$$

$$(8,000 \cdot 10^{-4}\ equivalente/L\ HCl) \cdot (3\ L) \cdot (1\ dm^3/1\ L) = (1,0\ equivalente/L) \cdot V_{Al(OH)_3}$$

$$Volumen\ de\ Al(OH)_3 = 0,24\ L = 240\ cm^3$$

Valoraciones de oxidación-reducción. Electrolisis

Problema 2.51

Se quiere determinar el contenido de calcio en un agua potable. Para ello se toma 1 g de muestra y se precipita todo el calcio con ión oxalato ($^-OOC - COO^-$). El precipitado se lava con agua destilada y se disuelve en ácido clorhídrico, formándose ácido oxálico ($HOOC - COOH$). Esta disolución se valora con 20 cm³ de dicromato de potasio 0,01 M, en medio de ácido perclórico, formándose CO_2 (g) e ión Cr^{3+}.

a) Escribid todas las reacciones que tienen lugar en el proceso.

b) Calculad la cantidad de calcio en % en peso que hay en el agua potable.

[Solución]

a) Reacciones:

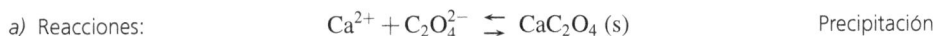 $Ca^{2+} + C_2O_4^{2-} \rightleftarrows CaC_2O_4\ (s)$ — Precipitación

 $CaC_2O_4\ (s) + 2\ H^+ \rightleftarrows H_2C_2O_4\ (ac) + Ca^{2+}$ — Disolución

 $3\ H_2C_2O_4\ (ac) + Cr_2O_7^{2-} + 8\ H^+ \rightleftarrows 2\ Cr^{3+} + 6\ CO_2\ (g) + 7\ H_2O$ — Valoración

b) % de calcio:

$$(20 \cdot 10^{-3} \text{ L Cr}_2\text{O}_7^{2-}) \cdot (0{,}01 \text{ mol/L Cr}_2\text{O}_7^{2-}) \cdot (3 \text{ mol H}_2\text{C}_2\text{O}_4/(1 \text{ mol Cr}_2\text{O}_7^{2-}) \cdot$$

$$\cdot (1 \text{ mol Ca}^{2+}/1 \text{ mol H}_2\text{C}_2\text{O}_4) \cdot (40{,}1 \text{ g Ca}/1 \text{ mol Ca}) \cdot (100/1 \text{ g muestra}) = 2{,}41 \text{ % de Ca}^{2+}$$

☐ Problema 2.52

Para determinar la cantidad de **Cu** en una muestra de 2,0 g de mineral, se usó una técnica de valoración oxidación-reducción basada en las reacciones siguientes:

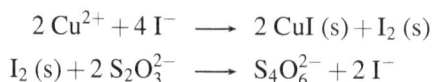

$$2 \text{ Cu}^{2+} + 4 \text{ I}^- \longrightarrow 2 \text{ CuI (s)} + \text{I}_2 \text{ (s)}$$
$$\text{I}_2 \text{ (s)} + 2 \text{ S}_2\text{O}_3^{2-} \longrightarrow \text{S}_4\text{O}_6^{2-} + 2 \text{ I}^-$$

Si en la segunda reacción se utilizaran 76,5 cm^3 de $\text{Na}_2\text{S}_2\text{O}_3$ de concentración 0,1 M, calculad el % en peso de **Cu** en el mineral.

[Solución]

Las reacciones del problema ya están igualadas.

$$(76{,}5 \cdot 10^{-3} \text{ L S}_2\text{O}_3^{2-}) \cdot (0{,}1 \text{ mol/L S}_2\text{O}_3^{2-}) \cdot (1 \text{ mol I}_2/2 \text{ mol S}_2\text{O}_3^{2-}) \cdot$$

$$\cdot (63{,}5 \text{ g Cu}/1 \text{ mol Cu}^{2+}) \cdot (100/2 \text{ g muestra}) = 24{,}29 \text{ % de Cu}$$

☐ Problema 2.53

¿Qué cantidad de energía eléctrica en coulombs se necesita para obtener 5,6 litros de Cl_2 gas, medido en condiciones normales de presión y temperatura, a partir de una disolución que contiene ión cloruro (Cl^-)?

[Solución]

Reacción de oxidación:  $2 \text{ Cl}^- \longrightarrow \text{Cl}_2 \text{ (g)} + 2 e^-$ Ánodo

Número de equivalentes de Cl_2 producidos:

$$(5{,}6 \text{ L Cl}_2) \cdot (1 \text{ mol Cl}_2/22{,}4 \text{ L Cl}_2) \cdot (2 \text{ mol } e^-/1 \text{ mol Cl}_2) \cdot$$

$$\cdot (1 \text{ equivalente de Cl}_2/1 \text{ mol } e^-) = 0{,}50 \text{ equivalentes de Cl}_2$$

$$(0{,}50 \text{ equivalente Cl}_2) \cdot (96.500 \text{ C}/1 \text{ equivalente Cl}_2) = 48.250 \text{ C}$$

◼ Problema 2.54

En la electrolisis de una disolución de sulfato de cobre (II), ¿qué cantidad de **Cu** sólido se produce cuando se hace pasar una corriente eléctrica de 95 amperios durante 6 horas?

[Solución]

Reacción de reducción:  $\text{Cu}^{2+} + 2 e^- \longrightarrow \text{Cu (s)}$ Cátodo

Sabiendo que $2e^- = 2$ faradays, la reacción muestra que 2 F de electricidad producirán 1 mol de Cu.

$$q = I \cdot t$$

$$(95 \text{ A}) \cdot (6 \text{ h}) \cdot (3.600 \text{ s}/1 \text{ h}) \cdot (1 \text{ C}/1 \text{ A} \cdot \text{s}) \cdot (1 \text{ F}/96.500 \text{ C}) = 21,26 \text{ faradays}$$

$$(21,26 \text{ F}) \cdot (1 \text{ mol Cu}/2 \text{ F}) \cdot (63,55 \text{ g Cu}/1 \text{ mol Cu}) = 675,5 \text{ g Cu}$$

■ Problema 2.55

Para obtener electrolíticamente el **Zn** (s), se realizó un experimento en una disolución de cinc (II) sobre la que se hizo pasar una corriente eléctrica constante de **99** amperios de intensidad durante **59** minutos depositándose en el cátodo **58,0** g de **Zn** (s) y también hidrógeno gas.

a) ¿Qué reacciones tienen lugar en el cátodo?

b) ¿Cuál es el rendimiento de la reacción de deposición del Zn (s)?

[Solución]

a) Reacciones de reducción: $\left. \begin{cases} Zn^{2+} + 2e^- \rightleftharpoons Zn \text{ (s)} \\ 2 H^+ + 2e^- \rightleftharpoons H_2 \text{ (g)} \end{cases} \right\}$ Cátodo

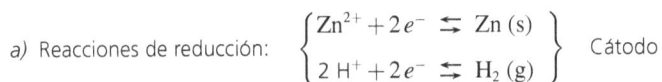

b) Rendimiento: $1 \text{ A} = 1 \text{ C}/\text{s}$

$$(99 \text{ C} \cdot \text{s}^{-1}) \cdot (59 \cdot 60 \text{ s}) \cdot (1 \text{ mol } e^-/96.500 \text{ C}) \cdot (1 \text{ mol Zn}/2 \text{ mol } e^-) \cdot$$

$$\cdot (65,4 \text{ g mol}^{-1} \text{ Zn}) = 118,76 \text{ g teóricos de Zn (s) que deben depositarse}$$

$$Rendimiento = (58,0 \text{ g Zn reales}/118,76 \text{ g Zn teóricos}) \cdot 100 = 48,8 \%$$

Problemas propuestos ■■■■■■■

☐ Problema 2.1

Una muestra de acetaldehído (C_2H_4O) contiene **1,59** mol de moléculas del compuesto. ¿Cuántos mol de átomos de carbono, de hidrógeno y de oxígeno hay en la muestra?

☐ Problema 2.2

¿Qué cantidad de mol de átomos de oxígeno hay en cada uno de los casos siguientes?

a) $11,50$ g de O

b) $9,19 \cdot 10^{22}$ moléculas de SO_3

c) $3,95 \cdot 10^{-3}$ mol de P_4O_{10}

d) $4,20 \cdot 10^{-2}$ mol de Na_2O

Problema 2.3

¿Qué cantidad de mol de átomos de N hay en cada uno de los casos siguientes?

a) $3,01 \cdot 10^{26}$ átomos de N
b) $4,00 \cdot 10^{24}$ moléculas de NH_3
c) $5,99 \cdot 10^{23}$ moléculas de NO_2
d) $7,10 \cdot 10^{-2}$ moléculas de $Ca(NO_3)_2$

Problema 2.4

Calculad la masa de:

a) Hidrógeno en $10,01$ g de H_2O
b) Cobalto en $2,00$ g del compuesto K_3CoF_6
c) Cobre en 500 toneladas de Cu_2O
d) Fósforo en 110 kg del compuesto $Ca_5F(PO_4)_3$

Problema 2.5

Calculad el % en peso de cada uno de los elementos en los compuestos siguientes:

a) CH_4
b) K_2CO_3
c) $Na_2SO_4 \cdot 10\ H_2O$
d) $C_2H_8N_2$
e) $(C_2H_5)_2CO$
f) $C_7H_5N_3O_6$

Problema 2.6

El análisis de una muestra de mineral que contiene sulfuro de cinc indica un $42,34$ % de cinc. Calculad el % en peso de sulfuro de cinc en el mineral.

Problema 2.7

Averiguad la fórmula empírica de un compuesto formado por: $11,92$ % de N, $3,43$ % de H, $30,18$ % de Cl y $54,47$ % de O.

Problema 2.8

Averiguad la fórmula molecular de un compuesto orgánico cuyo análisis elemental dio el resultado siguiente: $42,1$ % de C, $5,3$ % de H, $24,6$ % de N y $28,0$ % de O. Se sabe que el peso molecular del compuesto orgánico es de 170 g mol^{-1}.

Problema 2.9

El análisis elemental del ácido acetilsalicílico o aspirina dio el resultado siguiente: 60 % de C, 4,48 % de H, y 35,5 % de O. Si el peso molecular de la aspirina es de 180,20 g mol^{-1}, averiguad la fórmula molecular del compuesto.

Problema 2.10

Cuando se quema una muestra de 1,3-butadieno, se obtienen 0,325 g de dióxido de carbono y 0,100 g de agua.

a) Escribid e igualad la reacción de combustión.

b) Averiguad la fórmula empírica del 1,3-butadieno.

c) Si el peso molecular del 1,3-butadieno es de 54,1 g mol^{-1}, ¿cuál es la fórmula molecular del compuesto?

Problema 2.11

¿Qué masa de $PbCl_2$ puede obtenerse a partir de una mezcla de reacción que contiene 20,0 g de PCl_3 y 45,0 g de PbF_2?

La reacción igualada es:

$$3\ PbF_2\ (s) + 2\ PCl_3\ (l)\ \longrightarrow\ 2\ PF_3\ (g) + 3\ PbCl_2\ (s)$$

Problema 2.12

Igualad cada una de las ecuaciones siguientes:

a) $Sn\ (s) + NaOH\ (ac)\ \longrightarrow\ Na_2SnO_2\ (ac) + H_2\ (g)$

b) $Cl_2O_7\ (g) + H_2O\ (l)\ \longrightarrow\ HClO_4\ (ac)$

c) $Br_2\ (l) + H_2O\ (l)\ \longrightarrow\ HBr\ (ac) + HOBr\ (ac)$

d) $Ca_3(PO_4)_2\ (s) + H_2SO_4\ (l)\ \longrightarrow\ CaSO_4\ (s) + H_3PO_4\ (ac)$

e) $Fe_3O_4\ (s) + H_2\ (g)\ \longrightarrow\ Fe\ (s) + H_2O\ (l)$

Problema 2.13

¿Qué reacción de las siguientes utiliza más ácido nítrico para formar 1 mol de agua?

a) $3\ Cu\ (s) + 8\ HNO_3\ (ac)\ \longrightarrow\ Cu(NO_3)_2\ (ac) + 2\ NO\ (g) + 4\ H_2O\ (l)$

b) $Al_2O_3\ (s) + 6\ HNO_3\ (ac)\ \longrightarrow\ 2\ Al(NO_3)_3\ (ac) + 3\ H_2O\ (l)$

c) $4\ Zn\ (s) + 10\ HNO_3\ (ac)\ \longrightarrow\ 4\ Zn(NO_3)_2\ (ac) + NH_4NO_3\ (ac) + 3\ H_2O\ (l)$

Problema 2.14

Para la siguiente reacción de obtención de bromo:

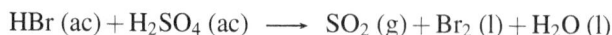

$$HBr\,(ac) + H_2SO_4\,(ac) \longrightarrow SO_2\,(g) + Br_2\,(l) + H_2O\,(l)$$

a) Igualad la ecuación.

b) Si 1,00 mol de HBr reacciona con 2,00 mol de H_2SO_4 ¿cuántos moles de SO_2 se formarán?

c) Para los mismos valores de los reactivos, ¿cuántas moléculas de Br_2 y de H_2O se formarán?.

Problema 2.15

El circonio se obtiene a partir del proceso industrial de Kroll, que tiene lugar mediante la reacción siguiente:

$$ZrCl_4\,(s) + 2\,Mg\,(s) \longrightarrow Zr\,(s) + 2\,MgCl_2\,(s)$$

Calculad el peso de circonio que se obtiene por cada kilogramo de magnesio consumido.

Problema 2.16

El ión hierro (II) se oxida a hierro (III) en presencia de cromo (VI) y en medio ácido, formándose ión cromo (III). Escribid e igualad la ecuación correspondiente.

Problema 2.17

Cuando se añade NH_3 (ac) a una disolución que contiene cloruro de hierro (III), aparece un sólido de color marrón de fórmula $Fe(OH)_3$.

a) Indicad el tipo de reacción que se ha producido.

b) Escribid e igualad la reacción de formación del sólido.

Problema 2.18

El ácido sulfúrico obtenido mediante el método de las cámaras de plomo posee una riqueza del 60 % en peso. Calculad la cantidad de agua por kilogramo de ácido inicial que debe evaporarse para obtener un ácido sulfúrico de mayor concentración, de tal manera que llegue a alcanzar el 98 % en peso.

Problema 2.19

Calculad la cantidad de cloruro de magnesio (II) hexahidrato sólido que hay que pesar para preparar 150 cm^3 de una disolución cuya concentración sea de 0,25 mol dm^{-3}.

Problema 2.20

Para una aleación metálica que contiene los porcentajes en peso siguientes: 90 % de estaño, 7 % de antimonio y 3 % de cobre, calculad la fracción molar correspondiente para cada uno de los componentes.

Problema 2.21

Escribid las reacciones que tienen lugar en medio ácido y que describen los siguientes procesos:

a) Oxidación de Sn (s) a ión estaño (II) con nitrobenceno ($C_6H_5NO_2$), que se reduce a anilina ($C_6H_5NH_2$).

b) Oxidación de Cd (s) a ión cadmio (II) con ión hierro (III), que se reduce a ión hierro (II).

c) Oxidación del ión cloruro a cloro gas con ión permanganato, que se reduce a ión manganeso (II).

d) Oxidación de hidracina (N_2H_4) a nitrógeno con ión vanadato (VO_3^-), que se reduce a vanadio (IV) en forma de VO^{2+}.

e) Oxidación de ácido oxálico ($H_2C_2O_4$) a dióxido de carbono con ión permanganato, que se reduce a ión manganeso (II).

Problema 2.22

Escribid las reacciones que tienen lugar en medio básico y que describen los siguientes procesos:

a) Oxidación de hidróxido de cobalto (II) a hidróxido de cobalto (III) con peróxido de hidrógeno, que se reduce a OH^-.

b) Oxidación de aluminio sólido a $Al(OH)_4^-$ con ión nitrato, que se reduce a NH_3.

c) Oxidación de yodo a ión yodato con bromo, que se reduce a ión bromuro.

Problema 2.23

La concentración promedio de cationes sodio (Na^+) en el suero de la sangre humana es aproximadamente de 3,4 g/L. ¿Cuál es la molaridad de los cationes de sodio?

Problema 2.24

Para averiguar la cantidad de cromo que contiene un acero, se disolvió la muestra y se trató con ácido, de forma que todo el cromo se transformó en ión dicromato. A esta disolución se le adicionaron $20,0$ cm^3 de una disolución de concentración $0,098$ M de ión Fe^{2+}. De esta forma todo el ión dicromato se redujo a Cr^{3+}. El exceso de Fe^{2+} se oxidó cuantitativamente a Fe^{3+} con $8,64$ cm^3 de permanganato potásico de concentración $0,0223$ M.

a) Escribid e igualad todas las reacciones que tienen lugar.

b) ¿Cuántos miligramos de cromo contiene el acero?

Problema 2.25

Una muestra que contiene $0,10$ g de Cu_2S y CuS se hace reaccionar con $50,00$ cm^3 de una disolución ácida de catión Ce^{4+} de concentración $0,15$ M, formándose SO_2 (g) y los iones Cu^{2+} y Ce^{3+}.

Posteriormente, desaparece por calefacción todo el SO_2 (g), y el exceso de ión Ce^{4+} existente en la disolución se valora con $17,50$ cm^3 de una disolución de Fe (II) de concentración $0,10$ M.

a) Escribid e igualad todas las reacciones que tienen lugar durante el proceso. Se debe considerar que la oxidación de Cu_2S da lugar a Cu^{2+} y la oxidación de CuS da lugar a SO_2 (g).

b) Calculad el tanto por ciento en peso de sulfuro de cobre (I) en la muestra considerada.

Problema 2.26

A una disolución que contiene $1,00$ g de cloruro de europio (II) se le adiciona un exceso de una disolución de nitrato de plata, observándose la formación de un precipitado de cloruro de plata.

a) Escribid la reacción de precipitación que tiene lugar.

b) Si el cloruro de plata sólido formado pesa $1,28$ g, determinad el peso atómico del europio.

Problema 2.27

El aluminio se obtiene en la electrolisis del óxido de aluminio (III) disuelto en criolita fundida.

¿Qué cantidad de aluminio por día podrá obtenerse si se hace pasar una corriente de 1.000 amperios a través de 50 células electrolíticas? El rendimiento de la reacción que tiene lugar en el cátodo es del 80%.

Problema 2.28

Determinad el peso equivalente del Zn en la reacción siguiente:

$$Zn\,(s) + 2\,HCl\,(ac) \longrightarrow ZnCl_2\,(ac) + H_2\,(g)$$

Problema 2.29

El oxígeno se prepara comercialmente por electrolisis del agua.

a) Escribid la reacción correspondiente.

b) Se quiere llenar de oxígeno gas un cilindro metálico de 4 litros de capacidad a $17°C$ hasta alcanzar la presión de 200 atm. ¿Cuántos kg de agua es preciso electrolizar para poder llenar el cilindro?

El estado gaseoso

3.1 Introducción y objetivos

Para describir una sustancia que a temperatura y presión ambiente está en estado gaseoso se utiliza la palabra *gas*.

Los gases se expansionan, de manera que ocupan todo el espacio de que pueden disponer, ya sea grande o pequeño. Esto se debe a que sus moléculas están muy separadas entre sí. Luego los gases son más ligeros que los líquidos, y éstos, más ligeros que los sólidos.

Los gases se contraen o se expansionan con el cambio de temperatura y se comprimen aumentando la presión sobre ellos o a la inversa. Naturalmente, poseen masa y también pueden condensarse a líquidos por enfriamiento o disminución de la temperatura o bien por aumento de la presión que se puede ejercer sobre ellos. Entonces se dice que se han *licuado* y el proceso recibe el nombre de *licuefacción.*

Es conveniente definir algunos términos:

Vapor: Es un gas que se evapora de una sustancia que habitualmente es un sólido o un líquido.

Volátil: Es una sustancia que pasa a vapor con facilidad.

Las sustancias gaseosas fueron las primeras cuyas propiedades físicas se pudieron explicar mediante leyes sencillas, lo que permitió efectuar cálculos cuantitativos sobre ellas.

Para un gas encerrado en un recipiente se pueden determinar varias magnitudes como la presión, la temperatura, el volumen, la masa, la viscosidad y la velocidad de transmisión del calor y del sonido a través de él. Se ha observado que estas propiedades no son independientes entre sí, sino que se relacionan. Esta relación es una expresión más general que la de las leyes sencillas antes citadas, y recibe el nombre de *ley o ecuación general de los gases ideales.*

Para poder explicar estas leyes, se utilizará una teoría que recibe el nombre de *teoría cinético-molecular de los gases* y se estudiarán a partir de ella las propiedades de los gases.

Los gases actuan como ideales en ciertas condiciones, a temperaturas altas y a presiones bajas, y cuando se consideran sus moléculas puntuales.

En general los gases, como sus moléculas ocupan un espacio, tienden a presentar un comportamiento no ideal o real, y sobretodo a ciertas condiciones, como temperaturas bajas y presiones altas.

Existen diversas ecuaciones que pueden utilizarse para los gases reales, que contienen términos y valores específicos para cada tipo de gas. En este tema se estudiará y se aplicará la ecuación de Van der Waals, como la ecuación que se ajusta mejor a la desviación del comportamiento no ideal.

3.2 Propiedades de los gases

Cuando se calienta suficientemente un líquido, empieza a hervir y se evapora. Es decir, la sustancia sufre un cambio de estado, pasa del estado líquido al estado gaseoso. Este proceso va acompañado de un gran aumento de volumen.

Los gases pueden expandirse indefinidamente y siempre tienden a ocupar por completo y uniformemente el recipiente que los contiene.

Todos los gases se mezclan fácilmente entre sí y forman disoluciones homogéneas, como es el caso del aire.

3.2.1 Presión, medidas de presión y unidades

La presión y la temperatura son dos de las propiedades más importantes de un gas. Ambas pueden medirse fácilmente y además están relacionadas con algunas propiedades macroscópicas de los gases, como la densidad, y con alguna propiedad microscópica de los gases, como la velocidad media de sus moléculas.

La *presión* es la fuerza que se ejerce sobre una unidad de área (A).

$$P = \frac{F}{A} \begin{cases} P: & \text{Presión (Pa) (Pa} = \text{Pascal)} \\ F: & \text{Fuerza (N) (N} = \text{Newton)} \\ A: & \text{Área o superficie (m}^2) \end{cases} \quad Pa = N/m^2$$

Averiguar la fuerza ejercida por un gas es difícil por lo que la presión de un gas se mide por comparación con la presión ejercida por un líquido.

$$P = \frac{F}{A} = \frac{W}{A} = \frac{m \cdot g}{A} = \frac{d \cdot V \cdot g}{A} = \frac{d \cdot \cancel{A} \cdot h \cdot g}{\cancel{A}} = d \cdot h \cdot g$$

$d:$ densidad
$h:$ altura
$g:$ gravedad $= 9{,}8$ m s^{-2}

$$P = d \cdot h \cdot g \quad \text{o bien} \quad P = P_e \cdot h \quad P_e : \text{peso específico} \quad P_e = d \cdot g$$

Medidas de presión

1. Presión atmosférica o barométrica

Se realizó la medida de la presión atmosférica (experimento de E. Torricelli) utilizando un *barómetro* de mercurio, que determina la fuerza de la presión del aire sobre una superficie líquida de mercurio.

En el tubo cerrado, la presión de la columna de Hg (l) en la base es igual a la que ejerce la atmósfera. En la columna de Hg (l), por encima de 760 mm de Hg no hay aire, es el vacío de Torricelli (sólo hay trazas de vapores de Hg).

Se usó Hg (l) en vez de H_2O (l), debido a que la densidad del Hg es mucho mayor, por lo que la altura que alcanza el Hg en el interior del tubo del barómetro es menor.

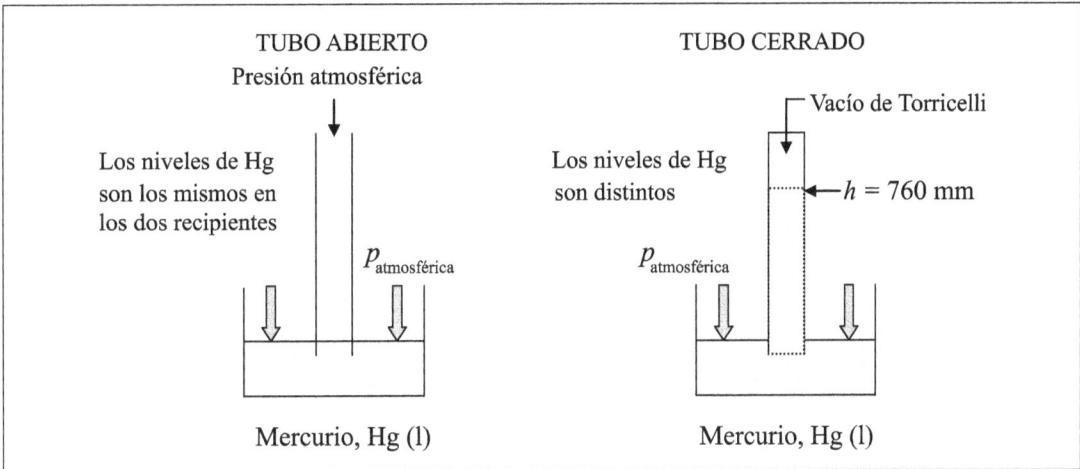

Fig. 3.1

$$\text{Densidad del mercurio} = 13{,}6 \text{ g/cm}^3 = 1{,}36 \cdot 10^4 \text{ kg/m}^3 \quad (d_{\text{agua}} = 1 \text{ g/cm}^3)$$

Para conocer el valor de la presión atmosférica (1 atm) por el experimento de Torricelli, se aplica la ecuación:

$$P = d \cdot h \cdot g = (1{,}36 \cdot 10^4 \text{ kg m}^{-3}) \cdot (0{,}760 \text{ m}) \cdot (9{,}8 \text{ m s}^{-2}) = 1{,}013 \cdot 10^5 \text{ kg m}^{-1} \text{ s}^{-2}$$

Las unidades obtenidas para la presión son las correspondientes al sistema internacional (SI) y reciben el nombre de **Pascal (Pa)**.

$$P(1 \text{ atm}) = 1{,}013 \cdot 10^5 \text{ kg m}^{-1} \text{ s}^{-2} = 1{,}013 \cdot 10^5 \text{ Pa}$$

2. Presión manométrica

El *manómetro* se utiliza para comparar la presión de un gas con la presión atmosférica medida con un barómetro.

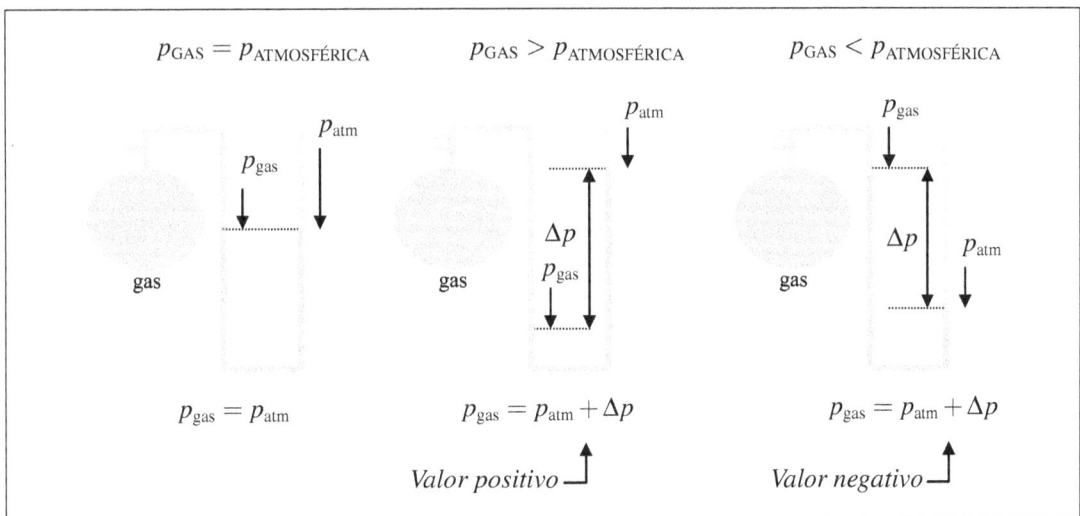

Fig. 3.2

Unidades de la presión

Atmósfera estándar (atm): Es la presión que ejerce una columna de Hg (l) de 760 mm de altura cuando la densidad de Hg (l) es de 13,6 g/cm^3 a la temperatura de 0°C.

$$1 \text{ atm} = 760 \text{ mmHg}$$

Torricelli (Torr): Es el valor de $1/760$ de una atmósfera estándar. Luego las unidades de presión en $Torr$ o en $mmHg$ son iguales.

$$1 \text{ atm} = 760 \text{ Torr}$$

La relación entre $Pascal$, bar y atm es:

$$\left. \begin{array}{l} \textit{Pascal (Pa):} \ 1 \text{ atm} = 1{,}013 \cdot 10^5 \text{ Pa} = 101{,}300 \text{ kPa (kilopascal)} \\ \textit{Bar (bar):} \ 1 \text{ atm} = 1{,}013 \text{ bar} = 1.013 \text{ mbar (milibar)} \end{array} \right\} \quad 1 \text{ kPa} = 100 \text{ bar}$$

☐ **Ejemplo práctico 1**

Calculad la altura de una columna de agua si se sabe que ejerce la misma presión que una columna de 760 mm de Hg (l).

$$P(\text{Hg}) = (13{,}6 \text{ g/cm}^3) \cdot (76 \text{ cm}) \cdot g$$
$$P(\text{H}_2\text{O}) = (1 \text{ g/cm}^3) \cdot (h_{\text{agua}}) \cdot g$$
$$P(\text{Hg}) = P(\text{H}_2\text{O}) \qquad 13{,}6 \cdot 76 \cdot g = 1 \cdot h_{\text{agua}} \cdot g \quad \Rightarrow \quad h_{\text{agua}} = 10{,}3 \text{ m}$$

3.3 Leyes elementales de los gases

Las propiedades físicas de los gases se pueden explicar mediante leyes sencillas. Para una muestra desconocida de gas encerrada en un recipiente, es posible determinar su presión, su volumen, su temperatura, su masa, su viscosidad y la velocidad de transmisión del calor y del sonido.

Estas propiedades físicas no son independientes entre sí, sino que se interrelacionan.

3.3.1 Ley de Boyle

Boyle observó que el aire se opone a ser comprimido con una fuerza creciente. Luego puede definirse esta ley así: *"A temperatura constante, el volumen de un gas es inversamente proporcional a su presión".*

$$P = k\frac{1}{V} \quad \Rightarrow \quad PV = k \quad k = \text{constante (Depende de la temperatura y de la masa de gas)}$$

3.3.2 Ley de Charles, Gay-Lussac

"A presión constante, el volumen de una masa dada de un gas es directamente proporcional a la temperatura".

$V = kT$ $T =$ temperatura absoluta en K $k =$ constante (Depende de la presión y de la masa de gas.)

También puede señalarse que: *"Cuando el volumen de un gas es constante, al aumentar su temperatura su presión aumentará"*.

$P = kT$ $T =$ temperatura absoluta en K $k =$ constante (Depende del volumen y de la masa de gas.)

3.3.3 Ley de Avogadro

La hipótesis de Avogadro señala que: *"En las mismas condiciones de presión y de temperatura, volúmenes iguales de gases distintos contienen el mismo número de moléculas"*.

Ley de Avogadro: *"A presión y temperatura constantes, el volumen ocupado por un gas es directamente proporcional a la cantidad de partículas que contiene"*.

$V = kn$ $n =$ número de moles de gas $k =$ constante (Depende de la presión y de la temperatura.)

Luego puede definirse el volumen molar de un gas como: *"El volumen ocupado por un mol de gas a temperatura y presión constantes"*.

$$1 \text{ mol de gas ideal} = 22,4 \text{ L de gas (en condiciones normales)}$$

En 22,4 L de un gas en condiciones normales hay contenidas un número de moléculas o átomos si es un gas noble igual al $6,022 \cdot 10^{23}$, *que es el número de Avogadro (* N_A *).*

$$1 \text{ mol de gas ideal} = 6,022 \cdot 10^{23} \text{ moléculas o átomos de gas (en condiciones normales)}$$

3.4 Ley general de los gases ideales y su ecuación

Las leyes expuestas anteriormente pueden combinarse matemáticamente dando una expresión en la que el volumen de una cantidad determinada de gas depende de la presión y de la temperatura.

Para una cantidad determinada de gas:

$$\frac{P_1 V_1}{T_1} = \frac{P_2 V_2}{T_2}$$

Por lo que el volumen del gas es directamente proporcional a la cantidad del gas, directamente proporcional a la temperatura absoluta en K e inversamente proporcional a la presión.

$$V = R\frac{nT}{P} \quad R = \text{constante de los gases} \quad \Rightarrow \quad PV = nRT$$

siendo: $P =$ presión del gas en atm $V =$ volumen del gas en L

$n =$ número de moles del gas $T =$ temperatura en K

Cálculo del valor de la constante R:

$$R = \frac{PV}{nT} = \frac{1 \text{ atm} \cdot 22,4 \text{ L}}{1 \text{ mol} \cdot 273,1 \text{ K}} = 0,082 \text{ atm} \cdot \text{L} \cdot \text{mol}^{-1} \cdot \text{K}^{-1}$$

Otros valores de R:

$$R = 8,314 \text{ J mol}^{-1} \text{K}^{-1}$$
$$R = 8,314 \text{ Pa m}^3 \text{mol}^{-1} \text{K}^{-1}$$
$$R = 1,987 \text{ cal mol}^{-1} \text{K}^{-1}$$
$$R = 62,364 \text{ Torr L mol}^{-1} \text{K}^{-1}$$

3.4.1 Condiciones normales de temperatura y presión

Para poder comparar los volúmenes de distintos gases, se han de establecer unas condiciones arbitrarias, que reciben el nombre de condiciones normales.

Las condiciones normales (c.n.) son:

$$P = 1 \text{ atm} = 760 \text{ mm Hg} = 760 \text{ Torr}$$
$$T = 0\,°C = 273,1 \text{ K}$$
$$V = 22,4 \text{ L (volumen de 1 mol de gas ideal en c.n.)}$$

3.4.2 Concentración molar, masa molar y densidad de los gases

1. Concentración molar del gas

$$PV = nRT \quad \Rightarrow \quad P = \frac{nRT}{V} = cRT \quad c = \frac{n}{V} = \text{concentración molar en mol L}^{-1} \text{ del gas}$$

2. Masa molar del gas

$$PV = nRT \quad \Rightarrow \quad PV = \frac{m}{M}RT \quad \begin{array}{l} m = \text{masa en g del gas} \\ M = \text{peso molecular en g mol}^{-1} \text{ del gas} \end{array}$$

3. Densidad del gas

$$PV = nRT \quad \Rightarrow \quad PV = \frac{m}{M}RT \quad \Rightarrow \quad M = \boxed{\frac{m}{V}}\frac{RT}{P} = d\frac{RT}{P}$$

$$d = \frac{MP}{RT} \quad d = \text{densidad en g L}^{-1} \text{ del gas} \qquad m = \text{masa en g del gas}$$
$$M = \text{peso molecular en g mol}^{-1} \text{ del gas}$$

☐ **Ejemplo práctico 2**

Calculad la densidad del gas He a $25\,^{\circ}\text{C}$ y a $0,987$ atm $(M_{\text{He}} = 4\text{ g mol}^{-1})$.

$$d = \frac{MP}{RT} = \frac{4\text{ g mol}^{-1} \cdot 0,987\text{ atm}}{0,082\text{ atm L K}^{-1}\text{mol}^{-1} \cdot 298\text{ K}} = 0,1615\text{ g L}^{-1}$$

3.5 Presión parcial de un gas en una mezcla gaseosa. Ley de Dalton

"En una mezcla de gases, la presión total ejercida es la suma de las presiones parciales que cada gas ejercería si estuviese solo en las mismas condiciones".

Presión parcial es la presión que ejerce un solo gas cuando llena el mismo volumen que ocupa la mezcla gaseosa.

$$P_{\text{total}} = p_1 + p_2 + p_3 + \cdot s = \sum p_i \qquad \begin{aligned} & P_{\text{total}} = \text{presión de la mezcla gaseosa} \\ & p_1, p_2, p_3, \ldots, p_i = \text{presiones parciales} \end{aligned}$$

Para una mezcla de dos gases ideales 1 y 2 que está contenida en un volumen V a una temperatura T, se puede escribir para cada gas:

$$\left.\begin{aligned} p_1 &= \frac{n_1 RT}{V} \\ p_2 &= \frac{n_2 RT}{V} \end{aligned}\right\} \quad P_{\text{total}} = p_1 + p_2 = (n_1 + n_2)\frac{RT}{V} = n_{\text{total}}\frac{RT}{V}$$

Si se compara la presión parcial de un gas con la presión total de la mezcla gaseosa, se obtiene la expresión:

$$\left.\begin{aligned} p_1 &= n_1\frac{RT}{V} \\ P_{\text{total}} &= n_{\text{total}}\frac{RT}{V} \end{aligned}\right\} \quad \frac{p_1}{P_{\text{total}}} = \boxed{\frac{n_1}{n_{\text{total}}}} \quad \Rightarrow \quad p_{\text{parcial}} = P_{\text{total}} \cdot x_i$$

$$x_1 = \text{fracción molar}$$

La densidad media y el peso molecular aparente de una mezcla de gases dependen de la composición de la mezcla y de los pesos moleculares de cada gas que forma la mezcla.

Para una mezcla de dos gases 1 y 2 la masa total es: $m_{\text{total}} = m_1 + m_2 = \sum m_i$

A esta masa total le corresponden los moles: $n_{\text{total}} = n_1 + n_2 = \sum n_i$

El peso molecular aparente se define como: $M_{\text{aparente}} = m_{\text{total}}/n_{\text{total}}$

$$M_{\text{aparente}} = \frac{m_{\text{total}}}{n_{\text{total}}} = \frac{m_1 + m_2}{n_1 + n_2} = \frac{n_1 M_1 + n_2 M_2}{n_1 + n_2} = x_1 M_1 + x_2 M_2$$

$$M_{\text{aparente}} = \sum x_i M_i$$

La densidad de la mezcla de gases es:

$$d_{\text{mezcla}} = \frac{PM_{\text{aparente}}}{RT}$$

Ejemplo práctico 3

La composición del aire en % en peso y al nivel del mar es: 75,5 % de N_2, 23,15 % O_2, 1,28 % Ar y 0,046 % CO_2.

a) Calculad la presión parcial de cada componente en la mezcla si la presión total es de 1 atm.

b) Calculad el peso molecular aparente del aire.

c) Calculad la densidad de la mezcla gaseosa de aire a 25 °C.

a) Se suponen 100 g de aire para que los cálculos resulten más sencillos.

$$\left. \begin{array}{l} 75,22 \text{ g } N_2/28 \text{ g mol}^{-1} = 2,70 \text{ mol } N_2 \\ 23,15 \text{ g } O_2/32 \text{ g mol}^{-1} = 0,72 \text{ mol } O_2 \\ 1,28 \text{ g } Ar/39,9 \text{ g mol}^{-1} = 0,03 \text{ mol } Ar \\ 0,046 \text{ g } CO_2/44 \text{ g mol}^{-1} = 0,001 \text{ mol } CO_2 \end{array} \right\} \quad n_{\text{total}} = 3,451 \text{ mol}$$

Para aplicar $p_i = p_{\text{total}} x_i$ (ley de Dalton) se debe averiguar $x_i = n_i/n_{\text{total}}$

$$\begin{array}{ll} x_{N_2} = 2,70/3,451 = 0,782 & p_{N_2} = 0,782 \text{ atm} \\ x_{O_2} = 0,72/3,451 = 0,209 & p_{O_2} = 0,209 \text{ atm} \\ x_{Ar} = 0,03/3,451 = 0,009 & p_{Ar} = 0,009 \text{ atm} \\ x_{CO_2} = 0,001/3,451 = 0,0003 & p_{CO_2} = 0,0003 \text{ atm} \end{array}$$

b) $M_{\text{aparente aire}} = \sum x_i M_i$

$M_{\text{aparente aire}} = x_{N_2} M_{N_2} + x_{O_2} M_{O_2} + x_{Ar} M_{Ar} + x_{CO_2} M_{CO_2} = 0,782 \cdot 28 + 0,209 \cdot 32 +$

$+ 0,009 \cdot 39,9 + 0,0003 \cdot 44 = 28,95 \text{ g mol}^{-1}$

c) $d_{\text{aire}} = \dfrac{PM_{\text{aparente}}}{RT} = \dfrac{1 \text{ atm} \cdot 28,95 \text{ g mol}^{-1}}{0,082 \text{ atm L K}^{-1} \text{mol}^{-1} \cdot 298,1 \text{ K}} = 1.185 \text{ g L}^{-1}$

Cuando en una reacción química se obtienen gases, estos se recogen haciéndolos burbujear en líquidos con los que no se solubilizan ni reaccionan, de esta forma desplazan al líquido (puede ser agua) y así se mide el volumen recogido en el recipiente.

El gas recogido sobre el líquido es una mezcla de gases junto con el vapor del líquido sobre el que se ha recogido. En estos casos la aplicación de la ley de Dalton es muy útil.

Si el gas se recoge sobre agua (cámara neumática de agua), se dice que está *húmedo*: el vapor de agua y el gas forman una mezcla cuya presión total es la suma de las presiones parciales de ambos.

Por ejemplo, el H_2 y otros gases se recogen sobre agua, según el esquema:

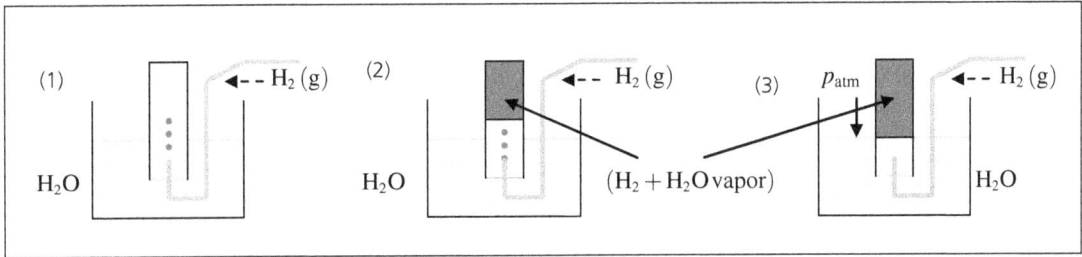

Fig. 3.3

(1) En un recipiente con agua se introduce un tubo de ensayo lleno de agua y abierto por debajo del nivel del agua. El gas (H_2) se conduce hacia el interior del tubo, donde ocupa su parte superior.

(2) Cuando el gas (H_2) se acumula dentro del tubo de ensayo ejerce una presión que provoca que el agua se desplace hacia el recipiente mayor.

(3) Para que la presión total del gas ($H_2 + H_2O$ vapor) en el tubo de ensayo sea igual a la presión atmosférica, se ajusta la posición del tubo de ensayo de manera que los niveles de agua dentro y fuera del tubo sean iguales.

Cuando el experimento se acaba y las presiones son iguales, la presión total de los gases H_2 (g) y H_2O (vapor), aplicando la ley de Dalton, es:

$$p_{total} = p_{atmosférica} = p_{H_2} + p_{H_2O} \quad \Rrightarrow \quad p_{H_2} = p_{atm} - p_{H_2O}$$

Una vez que se conoce la presión del gas (H_2) se puede utilizar este dato en cálculos estequiométricos diferentes.

☐ Ejemplo práctico 4

Una muestra de O_2 (g) húmedo está saturada de vapor de agua en un 80 % en peso y ocupa un volumen de 490 cm^3 a 20 °C y a la presión de 1,04 atm. Si se sabe que la presión de vapor del agua a 20 °C es de 0,023 atm, ¿cuál es el volumen ocupado por el O_2 (g) seco a 25 °C y a 1,06 atm?

Presión del agua en la mezcla gaseosa: $p_{vapor\,agua} = 0,023 \cdot 0,80 = 0,0184$ atm

Presión total de la mezcla: $P_{total} = p_{O_2} + p_{H_2O}$ (según la ley de Dalton)

$$p_{O_2} = P_{total} - p_{H_2O} = 1,04 - 0,0184 = 1,0216 \text{ atm}$$

$$\frac{P_1 V_1}{T_1} = \frac{P_2 V_2}{T_2} \quad V_2 = \frac{P_1 V_1 T_2}{P_2 T_1} = \frac{1,0216 \cdot 490 \cdot 298}{1,06 \cdot 293} = 480,3 \text{ cm}^3 (0,4803 \text{ L})$$

3.6 Teoría cinético-molecular de los gases ▬▬▬▬▬▬▬▬▬▬▬▬▬▬▬▬▬▬▬▬▬

La ley de los gases ideales puede usarse para resumir su comportamiento físico, aunque éstos posean cierto grado de complejidad molecular.

Por ello se puede llegar al desarrollo de una teoría que se basa esencialmente en que *las moléculas del gas están en constante movimiento, experimentan colisiones entre sí y contra las paredes del recipiente que las contiene.*

Postulados de la teoría cinético-molecular de los gases:

1.º La moléculas de los gases están en movimiento continuo, lineal y al azar.
2.º Las moléculas de los gases están muy distantes entre sí en comparación con su tamaño. Son masas puntuales sin volumen.
3.º Las moléculas de los gases chocan entre sí y con las paredes del recipiente que las contiene. Estas colisiones son elásticas.
4.º Una molécula de gas actúa independientemente de las otras.
5.º Si en el conjunto de las moléculas gaseosas la temperatura es constante, la energía total también es constante.

Teniendo en cuenta estas características del modelo molecular de los gases, puede decirse que la energía media asociada con el movimiento de traslación de las moléculas gaseosas, *energía cinética traslacional*, e_c, es directamente proporcional a la temperatura (T).

$$e_c = \tfrac{1}{2}mu^2 = k \cdot T \begin{cases} m : \text{masa molecular} \\ u : \text{velocidad molecular} \\ k : \text{constante} \end{cases}$$

Para poder llegar a esta ecuación, se debe tener en cuenta que:

a) La presión ejercida por el gas depende de la *frecuencia* de las colisiones entre moléculas.

b) La presión ejercida por el gas depende del *impulso* o transferencia del momento cuando la molécula choca contra las paredes del recipiente que contiene el gas.

frecuencia $\propto u \cdot (N/V)$ N/V : número de moléculas por unidad volumen

impulso $\propto m \cdot u$

La presión de un gas (p) es directamente proporcional a la frecuencia y al impulso de la colisión.

$p \propto$ *frecuencia* $\cdot$ *impulso* $= u \cdot (N/V) \cdot m \cdot u$

$p \propto (N/V)m \cdot u^2$

Como las moléculas del gas se mueven linealmente en las tres direcciones del espacio (x, y, z) aparece una constante de proporcionalidad que es $1/3$. Además, las velocidades de las moléculas son distintas, por lo que se debe tener en cuenta la velocidad promedio molecular o velocidad cuadrática media, con lo que la expresión es:

$$P = \frac{1}{3}\frac{N}{V}m\overline{u^2} \quad \overline{u^2} : \text{velocidad cuadrática media (media del cuadrado de las velocidades)}$$

Combinando esta expresión con la ley de los gases ideales se obtiene la ecuación (1):

$$\left.\begin{array}{l} (1) \quad PV = \dfrac{1}{3}Nm\overline{u^2} \\[2mm] PV = RT\,(1\text{ mol}) \\[1mm] N = N_A\,(\text{número de Avogadro}) \end{array}\right\} \quad 3RT = \boxed{N_A\,m}\;\overline{u^2} = M\,\overline{u^2}$$

$$\underset{\underset{\text{(masa molar)}}{M}}{\uparrow}$$

Despejando la velocidad cuadrática media, u_{cm}, mediante la raíz cuadrada:

$$u_{cm} = \sqrt{\overline{u^2}} = \sqrt{\frac{3RT}{M}} \qquad \begin{array}{l} R = 8{,}314 \text{ J mol}^{-1}\text{K}^{-1} \\ M : \text{masa molar} \\ T : \text{temperatura en K} \end{array}$$

La ecuación anterior muestra que la velocidad cuadrática media de un gas es directamente proporcional a la temperatura Kelvin e inversamente proporcional a la raiz cuadrada de su masa molar. Esto significa que las moléculas de gas más ligeras tienen velocidades mayores que las pesadas, pero todas las velocidades aumentan al aumentar la temperatura.

Por otra parte, multiplicando y dividiendo por 2 la ecuación (1) se obtiene:

$$PV = \frac{1}{3}N_A\,m\,\overline{u^2} = \frac{2}{2}\frac{1}{3}N_A\,m\,\overline{u^2} = \frac{2}{3}N_A\,\overline{e_c} \qquad \overline{e_c} = \frac{1}{2}\,m\,\overline{u^2} \quad \text{(energía cinética media)}$$

$$RT = \frac{2}{3}N_A\,\overline{e_c} \quad \Rightarrow \quad \overline{e_c} = \frac{3}{2}\frac{R}{N_A}(T) \qquad \frac{R}{N_A} = \text{constante}$$

La energía cinética de traslación de las moléculas es directamente proporcional a la $T\,(\text{K})$ del gas.

■ Ejemplo práctico 5

a) ¿Cuál de los gases NH_3 (g) o HCl (g) a 25 °C tiene una velocidad cuadrática media mayor?

b) Calculad la velocidad cuadrática media para el gas con velocidad mayor.

a) Se aplica la ecuación:

$$u_{cm} = \sqrt{\overline{u^2}} = \sqrt{\frac{3RT}{M}} \qquad \begin{array}{l} M(NH_3) = 17 \text{ g mol}^{-1} \\ M(HCl) = 36{,}5 \text{ g mol}^{-1} \end{array}$$

El HCl (g) tiene menor velocidad cuadrática media que el NH_3 (g), porque su peso molecular es mayor ($36{,}5$ g mol^{-1}).

b) $u_{cm}(NH_3) = \sqrt{\frac{3RT}{M}} = \sqrt{\dfrac{3 \cdot 8{,}314 \text{ kg m}^2\text{s}^{-2}\text{mol}^{-1}\text{K}^{-1} \cdot 298 \text{ K}}{17 \cdot 10^3 \text{kg mol}^{-1}}}$ (Observar las unidades de R y de M)

$u_{cm}(NH_3) = 661{,}23 \text{ m s}^{-1}$

3.6.1 Ley de Graham como prueba de la teoría cinética

Para poder explicar la ley de Graham, es conveniente definir dos términos relacionados con las propiedades de los gases: *difusión y efusión*.

Difusión: Es un fenómeno que se debe al movimiento molecular que caracteriza a los gases, que provoca que cuando están encerrados en un recipiente formen rápidamente una mezcla homogénea.

Efusión: Consiste en la salida de las moléculas del gas a través de un orificio pequeño o poro.

El experimento de Graham se basa en la efusión de gases a través de membranas porosas.

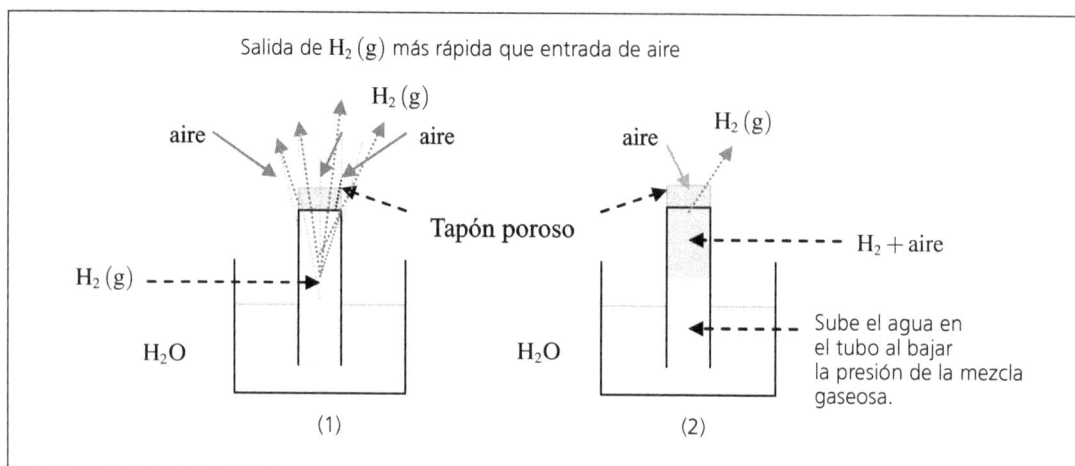

Salida de H_2 (g) más rápida que entrada de aire

H_2 (g)

aire

H_2 (g)

aire

aire

H_2 (g)

Tapón poroso

H_2 + aire

H_2 (g)

H_2O

H_2O

Sube el agua en el tubo al bajar la presión de la mezcla gaseosa.

(1)

(2)

Fig. 3.4

(1) Un tubo que contiene H_2 (g) se introduce en un recipiente con H_2O y con un tapón poroso en contacto con el aire atmosférico.

(2) El H_2 (g), al ser más ligero que el aire, se escapa por el tapón poroso más rápidamente que el aire que entra en el interior del tubo. Como resultado, el H_2O (l) del recipiente es impulsada hacia arriba en el tubo.

En el experimento realizado a presión constante se encontró que la razón entre el volumen inicial del H_2 (g) y el volumen final del aire es igual a la razón inversa de las raíces cuadradas de sus densidades.

Generalizando para un gas A y otro B:

$$\frac{V_A}{V_B} = \frac{\sqrt{d_B}}{\sqrt{d_A}}$$ Para gases ideales a T y P constantes ⇨ $M = d\frac{RT}{P}$ ⇨ $\frac{M_A}{M_B} = \frac{d_A}{d_B}$

Por lo que puede escribirse:

$$\frac{V_A}{V_B} = \frac{\sqrt{M_B}}{\sqrt{M_A}}$$

Cuando la difusión del gas es mejor, o es mayor su velocidad cuadrática media, el volumen del gas obtenido es mayor. Luego la razón de volúmenes de los gases es directamente proporcional a sus velocidades cuadráticas medias.

Esta relación también se puede demostrar aplicando la ecuación de la teoría cinética de los gases para el gas A y para el gas B.

$$\left.\begin{array}{c} u_{cm}(A) = \sqrt{\dfrac{3RT}{M_A}} \\[4mm] u_{cm}(B) = \sqrt{\dfrac{3RT}{M_B}} \end{array}\right\}$$ ⇨ $\dfrac{u_{cm}(A)}{u_{cm}(B)} = \dfrac{\sqrt{M_B}}{\sqrt{M_A}}$ Ya que $3RT$ son valores constantes

La ecuación hallada es la formulación de la ley de Graham, que se confirma por la teoría cinético-molecular de los gases y que dice: *"Las velocidades de efusión de dos gases distintos son inversamente proporcionales a sus masas molares o a sus densidades"*.

Como la velocidad de efusión se define como el número de moléculas de gas que se mueven a través de un orificio pequeño por unidad de tiempo, se puede decir que la velocidad es inversamente proporcional al tiempo. Luego:

$$\frac{u_{cm}(A)}{u_{cm}(B)} = \frac{\text{tiempo}(B)}{\text{tiempo}(A)} = \frac{\sqrt{M_B}}{\sqrt{M_A}}$$

◻ **Ejemplo práctico 6**

Hallad la masa molar de un gas que efunde en 33,5 s de un recipiente poroso, si se sabe que una cantidad molar idéntica de CO_2 (g) tarda 25 segundos.

$$M_{gas} = M_{CO_2} (\text{tiempo}_{gas}/\text{tiempo}_{CO_2})^2 = (44 \text{ g mol}^{-1}) \cdot (33,5 \text{ s}/25 \text{ s})^2 = 79 \text{ g mol}^{-1}$$

3.7 Desviación en el comportamiento ideal de los gases

El comportamiento *macroscópico* de un gas ideal viene determinado con exactitud por la ecuación $pV = nRT$, debido a que imaginamos las moléculas de gas como masas puntuales con movimiento rápido, constante y al azar, sin que existan entre ellas atracciones ni repulsiones moleculares.

En realidad, esos gases descritos no existen, aunque la ley de los gases ideales predice bastante bien el comportamiento de muchos gases. Esto se debe a que las moléculas gaseosas son muy pequeñas de diámetro aproximadamente de 0,1 nm, y a que la distancia entre ellas es muy grande, aproximadamente de 340 nm. (1 nm $= 10^{-7}$ cm).

La fuerza de atracción que poseen las moléculas gaseosas es pequeña, lo que es congruente con la separación que hay entre ellas. Aun así, los gases pueden comprimirse y su volumen disminuye. También pueden licuarse, lo que demuestra que existen fuerzas intermoleculares de atracción. Este comportamiento gaseoso se puede resumir así:

- A temperatura alta y presión baja, el gas se comporta como *ideal*.
- A temperatura baja y presión alta, el gas se comporta como *no ideal*.

3.8 Gases reales

Una medida del comportamiento no ideal o real de un gas se obtiene de su factor de compresibilidad, que se define como el cociente pV/nRT.

Gas ideal: $pV = nRT$ ⇨ $pV/nRT = 1$ *factor de compresibilidad*

Si el factor de compresibilidad de un gas real se acerca a 1, el gas se aproxima a su comportamiento ideal.

Si se aleja de 1, su comportamiento es de gas real, como puede verse en la gráfica:

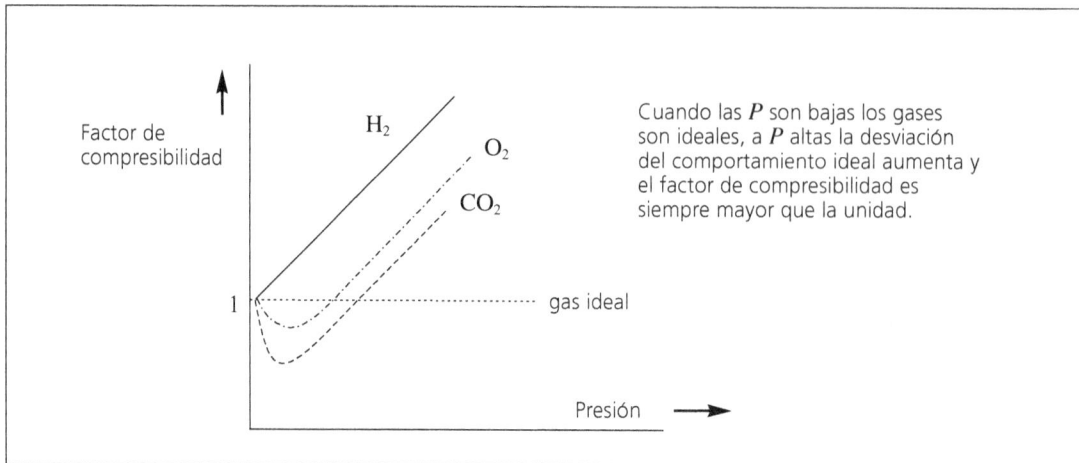

Cuando las P son bajas los gases son ideales, a P altas la desviación del comportamiento ideal aumenta y el factor de compresibilidad es siempre mayor que la unidad.

Fig. 3.5

3.8.1 Ecuación de Van der Waals

Ya se ha visto que a temperaturas bajas y a presiones altas un gas se comporta como gas real.

A presión alta, las moléculas gaseosas se acercan entre sí y el volumen molecular puede ser una fracción apreciable del volumen disponible ocupado. A temperaturas bajas la velocidad y la energía cinética media de las moléculas gaseosas son bajas y las fuerzas de atracción entre ellas son notables.

Hay distintas ecuaciones que tienen en cuenta las consideraciones anteriores, que pueden aplicarse a intervalos de temperatura y presión más amplios que los de la ecuación de los gases ideales, pero sin ser tan generales. Estas ecuaciones deben introducir la corrección del volumen que tienen las moléculas del gas y las fuerzas de atracción que actúan entre ellas.

Una de estas ecuaciones es la de Van der Waals:

Para 1 mol de gas real: $\left(P + \dfrac{a}{V^2}\right)(V - b^2) = RT$

Para n moles de gas: $\left(P + \dfrac{n^2 a}{V^2}\right)(V - n b^2) = nRT$ $\qquad a, b$: constantes

$\qquad\qquad\qquad\qquad\qquad\qquad\qquad\qquad\qquad\qquad\qquad\quad V$: volumen de n moles de gas

El término $\dfrac{n^2 a}{V^2}$ expresa las fuerzas de atracción entre moléculas gaseosas.

La contante b es el volumen excluido por mol y por ello está relacionada con el volumen de las moléculas gasesosas.

Unidades de las constantes: $a = (\mathrm{L}^2 \mathrm{atm}\, \mathrm{mol}^{-2})$ $\qquad b = (\mathrm{L}\, \mathrm{mol}^{-1})$

Las correcciones presentadas por las constantes a y b en la ecuación son distintas para las distintas moléculas de gases, luego se deben consultar en tablas estándar.

Como la ecuación de Van der Waals es de tercer grado en el volumen V, el cálculo de dicho volumen se realiza por aproximaciones sucesivas.

Despejando el volumen:

$$V = \frac{nRT}{P + \frac{n^2 a}{V^2}} + nb$$

Se calcula V para distintos valores comenzando por el volumen ocupado por el gas ideal.

$$V_1 = \frac{nRT}{P + \frac{n^2 a}{V_{ideal}^2}} + nb \qquad V_2 = \frac{nRT}{P + \frac{n^2 a}{V_1^2}} + nb \qquad V_3 = \frac{nRT}{P + \frac{n^2 a}{V_2^2}} + nb \quad \ldots \text{etc}$$

Cuando los valores del volumen se repiten se ha obtenido el valor del volumen del gas de Van der Waals.

Ejemplo práctico 7

Calculad la presión que ejerce 1 mol Cl_2 cuando se comporta como gas real ocupando un volumen de 1,8 L a la temperatura de 0 °C. Los valores de las constantes a y b son: $a = 6,49$ L^2 atm mol^{-2}, $b = 0,0562$ L mol^{-1}.

Se aplica la ecuación de Van der Waals para 1 mol de Cl_2 (g).

$$\left(P + \frac{a}{V^2} \right) (V - b) = RT$$

despejando la presión: $P = \dfrac{RT}{V - b} - \dfrac{a}{V^2}$

$$P = \frac{RT}{V - b} - \frac{a}{V^2} = \frac{0,082 \text{ atm L K}^{-1} mol^{-1} \cdot 273 \text{ K}}{(1,8 - 0,0562) \text{ L } mol^{-1}} - \frac{6,49 \text{ } L^2 \text{ atm } mol^{-2}}{1,8^2 \text{ } L^2 mol^{-2}}$$

$$= 12,837 \text{ atm} - 2,003 \text{ atm} = 10,83 \text{ atm} \quad \text{(para 1 mol de } Cl_2)$$

Resolviendo este caso como si el Cl_2 fuera un gas ideal, la presión obtenida sería de 12,44 atm mol^{-1}. (Valor superior al del gas real).

Ejemplo práctico 8

Calculad y comparad el volumen que ocupa 1 mol de H_2 (g) a la presión de 100 atm y a la temperatura de 0 °C. Los valores de las constantes a y b son: $a = 0,245$ L^2 atm mol^{-2}, $b = 0,0267$ L mol^{-1}.

1 mol de gas ideal: $pV = RT$ $V = (0,082 \text{ atm L K}^{-1} mol^{-1} \cdot 273 \text{ K}/100 \text{ L})$ $V = 0,2240$ L mol^{-1}

1 mol de gas real: $\left(P + \dfrac{a}{V^2} \right) (V - b) = RT$ $V_1 = \dfrac{RT}{P + \dfrac{a}{V_{ideal}^2}} + b$

$$V_1 = \frac{0.082 \text{ atm L K}^{-1}\text{mol}^{-1} \cdot 273 \text{ K}}{100 \text{ atm} + \dfrac{0.245 \text{ L}^2 \text{atm mol}^{-2}}{0.2240^2 \text{ L}^2 \text{mol}^{-2}}} + 0.0267 \text{ L mol}^{-1} = 0.2403 \text{ L}$$

$$V_2 = \frac{0.082 \text{ atm L K}^{-1}\text{mol}^{-1} \cdot 273 \text{ K}}{100 \text{ atm} + \dfrac{0.245 \text{ L}^2 \text{atm mol}^{-2}}{0.2403^2 \text{ L}^2 \text{mol}^{-2}}} + 0.0267 \text{ L mol}^{-1} = 0.2416 \text{ L}$$

$$V_3 = \frac{0.082 \text{ atm L K}^{-1}\text{mol}^{-1} \cdot 273 \text{ K}}{100 \text{ atm} + \dfrac{0.245 \text{ L}^2 \text{atm mol}^{-2}}{0.2416^2 \text{ L}^2 \text{mol}^{-2}}} + 0.0267 \text{ L mol}^{-1} = 0.24167 \text{ L}$$

$$V_4 = \frac{0.082 \text{ atm L K}^{-1}\text{mol}^{-1} \cdot 273 \text{ K}}{100 \text{ atm} + \dfrac{0.245 \text{ L}^2 \text{atm mol}^{-2}}{0.24167^2 \text{ L}^2 \text{mol}^{-2}}} + 0.0267 \text{ L mol}^{-1} = 0.24168 \text{ L}$$

$$V_5 = \frac{0.082 \text{ atm L K}^{-1}\text{mol}^{-1} \cdot 273 \text{ K}}{100 \text{ atm} + \dfrac{0.245 \text{ L}^2 \text{atm mol}^{-2}}{0.24168^2 \text{ L}^2 \text{mol}^{-2}}} + 0.0267 \text{ L mol}^{-1} = \boxed{0.24168 \text{ L}}$$

Valor que se repite

Por lo tanto, el volumen del gas real según la ecuación de Van der Waals es:

$$V_{\text{gas real}} = 0.24168 \text{ L mol}^{-1}$$

Este valor es superior al volumen del gas ideal: $V_{\text{gas ideal}} = 0.2240 \text{ L mol}^{-1}$

Problemas resueltos

Leyes fundamentales de los gases. Gases ideales

☐ Problema 3.1

Calculad el volumen final de 1 m^3 de un gas ideal que está a 1 atmósfera de presión y que a temperatura constante se comprime hasta una presión de $1.066 \cdot 10^5$ Pa.

[Solución]

$$1 \text{ atm} = 1.013 \cdot 10^5 \text{ Pa}$$

Cuando la temperatura es constante, se aplica la ley de Boyle que dice: $P_i V_i = P_f V_f$

$$V_f = (1.013 \cdot 10^5 \text{ Pa} \cdot 1 \text{ m}^3)/(1.066 \cdot 10^5 \text{ Pa}) = 0.95 \text{ m}^3$$

☐ Problema 3.2

Una muestra de un gas ideal ocupa un volumen de 0.23 m^3 a 300 K. ¿Qué volumen ocupará a 308 K si no hay cambio de presión?

Cuando la presión es constante, se aplica la ley de Gay-Lussac que dice: $V_i/T_i = V_f/T_f$

$$V_f = (0,23 \text{ m}^3 \cdot 308 \text{ K})/(300 \text{ K}) = 0,236 \text{ m}^3$$

☐ **Problema 3.3**

Un matraz de vidrio capaz de resistir una presión interna máxima de 3,9 atm se llena con aire a la temperatura de 299 K y a la presión de 1 atm. Calculad la temperatura a la que estallará el matraz, si se considera despreciable la dilatación del matraz con la temperatura.

[Solución]

$$V = \text{constante} \quad P_i/T_i = P_f/T_f \quad T_f = P_f T_i/P_i$$

$$T_f = P_f \frac{T_i}{P_i} = 3,9 \text{ atm} \cdot \frac{299 \text{ K}}{1,2 \text{ atm}} = 971,75 \text{ K}$$

☐ **Problema 3.4**

La ley de Avogadro dice que a presión y temperatura constantes el número de moles de un gas ideal es proporcional al volumen que ocupa. A la presión constante de 1 atm y a la temperatura constante de 273 K, ¿qué volumen ocupa 1 mol de gas ideal?

[Solución]

Un mol de gas ideal en condiciones normales ocupa 22,4 L o bien un volumen de 22,4 dm^3. (Ley de Avogadro)

Las condiciones normales son:

$$T = 273 \text{ K} = 0\,^\circ\text{C} \qquad P = 1 \text{ atm} = 1,013 \cdot 10^5 \text{ Pa} = 760 \text{ Torr} = 760 \text{ mm Hg}$$

☐ **Problema 3.5**

Averiguad el valor de la constante R de los gases ideales en condiciones normales, en atm L $\text{K}^{-1} \text{mol}^{-1}$ y en J $\text{K}^{-1} \text{mol}^{-1}$.

[Solución]

$$\text{Gas ideal:} \quad PV = nRT \qquad R = PV/nT$$

$$R = (1 \text{ atm})(22,4 \text{ L})/(1 \text{ mol})(273 \text{ K}) = 0,082 \text{ atm L K}^{-1}\text{mol}^{-1}$$

$$R = (1,013 \cdot 10^5 \text{ Pa})(22,4 \cdot 10^3 \text{m}^3)/(1 \text{ mol})(273 \text{ K}) = 8,314 \text{ J K}^{-1}\text{mol}^{-1}$$

☐ **Problema 3.6**

Calculad el volumen ocupado por 12,0 g de Cl_2 (g) a 46 °C y a la presión de 740 mm Hg, si se comporta como gas ideal. ($M\,(\text{Cl}) = 35,5$)

$$\text{Gas ideal:} \quad PV = nRT \qquad V = nRT/P$$

$$n\,(\text{Cl}_2) = (12{,}0\ \text{g})/(71\ \text{g mol}^{-1}) = 0{,}169\ \text{mol Cl}_2$$

$$P = (740\ \text{mm Hg}/760\ \text{mm Hg}) = 0{,}974\ \text{atm}$$

$$T = 273 + 46 = 319\ \text{K}$$

$$V = \frac{0{,}169\ \text{mol} \cdot 0{,}082\ \text{atm L K}^{-1}\text{mol}^{-1} \cdot 319\ \text{K}}{0{,}974\ \text{atm}} = 4{,}54\ \text{L}$$

☐ Problema 3.7

Una cierta cantidad de Ar (g) ocupa un volumen de $0{,}030\ \text{dm}^3$ a una temperatura y a una presión determinadas. Si la masa de Ar (g) no cambia, calculad el volumen que ocupará si la temperatura se triplica y la presión se reduce a la décima parte del valor inicial.

$$\left.\begin{array}{l}\text{Gas ideal condiciones iniciales:} \quad P_i V_i = nRT_i \\ \text{Gas ideal condiciones finales:} \quad P_f V_f = nRT_f\end{array}\right\} \quad P_i V_i/T_i = P_f V_f/T_f$$

$$\frac{P_i V_i}{T_i} = \frac{P_f V_f}{T_f} \quad \Rightarrow \quad \frac{P_i \cdot 0{,}030\ \text{dm}^3}{T_i} = \frac{P_i/10 \cdot V_f}{3T_i} \quad \Rightarrow \quad V_f = 0{,}900\ \text{dm}^3$$

☐ Problema 3.8

Se introducen 2,50 g de XeF_4 (g) en un recipiente vacío de 3,0 L de capacidad a 80,0 °C. Calculad la presión en atmósferas dentro del recipiente, si se comporta como gas ideal. $(M\,(\text{Xe}) = 131{,}3, M\,(\text{F}) = 19)$.

$$\text{Gas ideal:} \quad PV = nRT = (m/M)RT \qquad m = 2{,}50\ \text{g} \qquad M = 207{,}31\text{g mol}^{-1}$$

$$P = \frac{m}{M}RT = \frac{2{,}50\ \text{g}}{207{,}31\ \text{g mol}^{-1}}(0{,}082\ \text{atm L K mol}^{-1} \cdot 353\ \text{K}) = 0{,}117\ \text{atm}$$

☐ Problema 3.9

Cuando se vaporizan 2,04 g de una sustancia a 328 K y a $1{,}0396 \cdot 10^5\,\text{Pa}$ el volumen que se obtiene es de $0{,}23 \cdot 10^3\,\text{m}^3$. Calculad el peso molecular de la sustancia sabiendo que se comporta como gas ideal.

$$\text{Gas ideal:} \quad PV = nRT \quad PV = (m/M)RT \quad m:\text{masa} \quad M:\text{peso molecular}$$

Despejando el peso molecular: $M = (mRT)/(PV)$

$$M = (2{,}04 \text{ g} \cdot 8{,}314 \text{ J K}^{-1}\text{mol}^{-1} \cdot 328 \text{ K})/(1{,}0396 \cdot 10^5 \text{ Pa} \cdot 0{,}23 \cdot 10^{-3}\text{m}^3) = 232{,}6 \text{ g mol}^{-1}$$

■ Problema 3.10

Calculad la densidad del vapor de la acetona ($CH_3 - CO - CH_3$) a una temperatura de 368 K y a una presión de $0{,}87 \cdot 10^5$ Pa, sabiendo que se comporta como gas ideal.

[Solución]

$$\text{Gas ideal:} \quad PV = nRT \quad PV = (m/M)RT \quad P = (m/M)(RT/V)$$

$$\text{Densidad:} \quad d = m/V \quad \Rightarrow \quad P = dRT/M \quad \Rightarrow \quad d = PM/RT$$

$$d = (0{,}87 \cdot 10^5 \text{ Pa} \cdot 58 \cdot 10^{-3}\text{kg mol}^{-1})/(8{,}314 \text{ J K}^{-1}\text{mol}^{-1} \cdot 328 \text{ K}) =$$
$$= 1{,}65 \text{ kg m}^{-3} = 1{,}65 \text{ g dm}^{-3} = 1{,}65 \cdot 10^{-3}\text{g cm}^{-3}$$

■ Problema 3.11

En una experiencia de laboratorio se determinó que la densidad de un gas era de $1{,}240 \cdot 10^{-3}\text{g cm}^{-3}$ a la temperatura de $25\,^{\circ}$C y a la presión de 1 atm. En otro experimento se determinó que el gas estaba formado por un 79,90 % en peso de carbono y por un 20,20 % en peso de hidrógeno.

a) Averiguad la fórmula empírica del compuesto.

b) Calculad su peso molecular.

c) Averiguad su fórmula molecular.

Se supone que el gas se comporta como ideal.

[Solución]

a) $(79{,}90 \text{ g C}) \cdot (1 \text{ mol C}/12{,}00 \text{ g C}) = 6{,}65 \text{ mol C}$
$(20{,}20 \text{ g H}) \cdot (1 \text{ mol H}/1{,}01 \text{ g H}) = 10{,}00 \text{ mol H}$

Relación molar: $\quad 6{,}65/6{,}65 = 1 \text{ C} \qquad 20{,}00/6{,}65 = 3 \text{ H}$

Fórmula empírica: $\quad CH_3$

b) Gas ideal: $\quad PV = nRT \qquad P = dRT/M \qquad M = dRT/P$

$$d = (1{,}240 \cdot 10^{-3}\text{g cm}^{-3} \cdot 10^3 \text{cm}^3\text{L}^{-1}) = 1{,}240 \text{ g L}^{-1}$$

$$M = (1{,}240 \text{ g L}^{-1} \cdot 0{,}082 \text{ atm L K}^{-1}\text{mol}^{-1} \cdot 298 \text{ K})/(1 \text{ atm}) = 30{,}30 \text{ g mol}^{-1}$$

c) La fórmula empírica es CH_3 y el peso de fórmula es aproximadamente $(12+3) = 15$

Como el peso molecular, M, es 30,30 g mol^{-1}, implica que la fórmula molecular es el doble que la fórmula empírica.

Fórmula molecular: $\quad C_2H_6 \quad$ (etano: $CH_3 - CH_3$)

Problema 3.12

Un matraz de 500 cm^3 está lleno de vapor de agua a la presión 750 mmHg y a la temperatura de $100\,°C$. Se cierra y se sumerge en un baño de agua a la temperatura de $25\,°C$. Calculad el peso en gramos de agua que se condensa en el matraz. La presión de vapor del agua a $25\,°C$ es de 23,76 mmHg. Se supone que el gas se comporta como ideal.

[Solución]

$$\text{Gas ideal:} \quad PV = nRT \qquad n = PV/RT$$

$$(100\,°C) \quad n = \frac{(750/760)\,\text{atm} \cdot 0,5\,\text{L}}{0,082\,\text{atm L K}^{-1}\text{mol}^{-1} \cdot 373\,\text{K}} = 0,0161\,\text{mol}$$

$$(25\,°C) \quad n = \frac{(23,76/760)\,\text{atm} \cdot 0,5\,\text{L}}{0,082\,\text{atm L K}^{-1}\text{mol}^{-1} \cdot 298\,\text{K}} = 0,0006\,\text{mol}$$

Moles de agua condensada: $\quad n\,(100\,°C) - n\,(25\,°C) = 0,0155\,\text{mol}$

Peso de agua condensada: $\quad 0,0155\,\text{mol} \cdot 18\,\text{g mol}^{-1} = 0,279\,\text{g}$

Problema 3.13

La densidad relativa del monóxido de nitrógeno respecto al helio es de 7,50. Calculad el peso molecular del monóxido de nitrógeno. Los gases se comportan como ideales.

[Solución]

$$\text{Gas ideal:} \quad PV = nRT \qquad d = PM/RT$$

$$\frac{d_{NO}}{d_{He}} = \frac{(PM_{NO}/RT)}{(PM_{He}/RT)} \quad \Rightarrow \quad \frac{d_{NO}}{d_{He}} = \frac{M_{NO}}{M_{He}} \quad \Rightarrow \quad 7,50 = \frac{M_{NO}}{4,003\,\text{g mol}^{-1}}$$

$$M_{NO} = 30,02\,\text{g mol}^{-1}$$

Problema 3.14

La reacción igualada correspondiente a la combustión del octano es:

$$2\,C_8H_{18}\,(g) + 25\,O_2\,(g) \quad \rightleftharpoons \quad 16\,CO_2\,(g) + 18\,H_2O\,(g)$$

a) Calculad el volumen de O_2 a la temperatura de $120\,°C$ y a la presión de 1 atm que se necesita para obtener 5 L de $CO_2\,(g)$ a la misma temperatura y presión.

b) Calculad el volumen de vapor de agua que se produce al obtener los mismos 5 L de $CO_2\,(g)$ en las mismas condiciones anteriores.

Los gases se comportan como ideales.

[Solución]

a) Moles de $CO_2\,(g)$: $\quad n = PV/RT = (1\,\text{atm} \cdot 5\,\text{L})/(0,082\,\text{atm L K}^{-1}\text{mol}^{-1} \cdot 393\,\text{K}) =$
$$= 0,127\,\text{mol CO}_2\,(g)$$

$$0,127 \text{ mol } CO_2 \cdot \frac{25 \text{ mol } O_2}{16 \text{ mol } CO_2} = 0,198 \text{ mol } O_2$$

$$V(O_2) = \frac{n(O_2)RT}{P} = \frac{0,198 \text{ mol} \cdot 0,082 \text{ atm L K}^{-1}\text{mol}^{-1} \cdot 393 \text{ K}}{1 \text{ atm}}$$

$$V(O_2) = 6,38 \text{ L}$$

b) Moles de H_2O vapor: $0,127 \text{ mol } CO_2 \cdot \dfrac{18 \text{ mol } H_2O}{16 \text{ mol } CO_2} = 0,143 \text{ mol } H_2O$

$$V(H_2O) = \frac{n(H_2O)RT}{P} = \frac{0,143 \text{ mol} \cdot 0,082 \text{ atm L K}^{-1}\text{mol}^{-1} \cdot 393 \text{ K}}{1 \text{ atm}}$$

$$V(H_2O) = 4,61 \text{ L}$$

Mezclas de gases ideales. Presión parcial. Ley de Dalton

☐ **Problema 3.15**

a) ¿Qué se entiende por presión parcial y por presión total en una mezcla de gases?

b) ¿Qué relación existe entre la presión total y parcial de una mezcla de gases?

[Solución]

a) Presión parcial: es la presión que ejerce cada gas individualmente en una mezcla de gases.

Presión total: es la suma de todas las presiones parciales que forman la mezcla de gases.

$$P_{\text{total}} = p_1 + p_2 + p_e + \cdot s$$

b) La relación es: $p_i = x_i P_{\text{total}}$ x_i : fracción molar del gas i

☐ **Problema 3.16**

Una mezcla gaseosa formada por 40,0 g de O_2 y 40,0 g de He tiene una presión total de 0,900 atm. Calculad la presión parcial del O_2. Los gases se comportan como ideales.

[Solución]

$$p_{O_2} = x_{O_2} P_{\text{total}} \quad \text{(Ley de Dalton)} \qquad x_{O_2} : \text{fracción molar del } O_2$$

$$n_{O_2} = 40,0 \text{ g } O_2/32 \text{ g mol}^{-1} = 1,25 \text{ mol } O_2$$

$$n_{\text{He}} = 40,0 \text{ g He}/4 \text{ g mol}^{-1} = 10,0 \text{ mol He}$$

$$x_{O_2} = (n_{O_2})/(n_{O_2} + n_{\text{He}}) = (1,25 \text{ mol } O_2)/(11,25 \text{ moles totales}) = 0,112$$

$$p_{O_2} = 0,112 \cdot (0,900 \text{ atm}) = 0,101 \text{ atm} = 0,1023 \cdot 10^5 \text{ Pa}$$

Problema 3.17

Un volumen de 550 cm^3 de O_2 se recoge burbujeando en agua a 294 K y a una presión de 0,977 atm. La presión de vapor del agua a 294 K es de 0,025 atm.

a) Calculad los moles de O_2 que se han recogido.

b) Calculad la fracción molar del vapor de agua de la muestra.

[Solución]

a) $P_{total} = p_{O_2} + p_{H_2O} = 0,977$ atm $p_{O_2} = 0,977 - 0,025 = 0,952$ atm

Gas ideal: $n_{O_2} = p_{O_2} V/RT$

$n_{O_2} = (0,952$ atm $\cdot$ 0,55 L$)/(0,082$ atm L K^{-1}mol$^{-1} \cdot$ 294 K$) = 0,022$ mol

b) $x_{H_2O} = p_{H_2O}/P_{total} = 0,025$ atm$/0,997$ atm $= 0,026$

Problema 3.18

En un matraz de 1 L de capacidad se introducen 8,5 g de I_2 (s). A continuación se llena con N_2 (g) a 20 °C y a 750 mmHg, se cierra el matraz y se calienta hasta alcanzar 27 °C. Calculad la presión total en el interior del matraz, si se sabe que el I_2 a 27 °C está en forma gaseosa.
Masas atómicas: M (I) $= 126,9$; M (N) $= 14$

[Solución]

Moles de I_2 (g): $(8,5$ g$)/(253,8$ g mol$^{-1}) = 0,0335$ mol I_2 (g)

Moles de N_2 (g): $n = PV/RT$ (Gas ideal)

$$n\,(N_2) = \frac{PV}{RT} = \frac{\dfrac{750}{760}\ \text{atm} \cdot 1\ \text{L}}{0,082\ \text{atm L K}^{-1}\text{mol}^{-1} \cdot 293\ \text{K}} = 0,0411\ \text{mol}\ N_2$$

Moles totales: $n_{total} = 0,0335$ mol I_2 (g) $+ 0,0411$ mol N_2 (g) $= 0,0745$ mol

$$P_{total} = \frac{nRT}{V} = \frac{0,0745\ \text{mol} \cdot 0,082\ \text{atm L K}^{-1}\text{mol}^{-1} \cdot 300\ \text{K}}{1\ \text{L}} = 1,833\ \text{atm}$$

Problema 3.19

En un matraz de 10,5 L de capacidad y a 298 K se introducen 12,5 g de N_2 (g) y 2,5 g de H_2 (g) y 18,0 g de metano (g) (CH_4). Calculad la presión total en el matraz de la mezcla gaseosa cuando se calienta hasta 373 K. Los gases se comportan como ideales.

[Solución]

$$n_{N_2} = (12,5\ \text{g})/(28,013\ \text{g mol}^{-1}) = 0,446\ \text{mol}\ N_2\ \text{(g)}$$
$$n_{H_2} = (2,5\ \text{g})/(2,016\ \text{g mol}^{-1}) = 1,24\ \text{mol}\ H_2\ \text{(g)}$$

$$n_{CH_4} = (18,0 \text{ g})/(16,043 \text{ g mol}^{-1}) = 1,122 \text{ mol CH}_4 \text{ (g)}$$

$$n_{total} = 0,446 \text{ mol N}_2 + 1,24 \text{ mol H}_2 + 1,122 \text{ mol CH}_4 = 2,808 \text{ mol}$$

$$P_{total} = \frac{n_{total} RT}{V} = \frac{2,808 \text{ mol} \cdot 0,082 \text{ atm L K}^{-1} \text{mol}^{-1} \cdot 298 \text{ K}}{10,5 \text{ L}} = 6,535 \text{ atm } (T = 298 \text{ K})$$

A la temperatura de 373 K la presión es: $P_1/T_1 = P_2/T_2$

$$P_2(373) = \frac{P_1}{T_1} \cdot T_2 = \frac{6,535 \text{ atm}}{298 \text{ K}} \cdot 373 \text{ K} = 8,18 \text{ atm}$$

Problema 3.20

En un recipiente de $11,0 \text{ dm}^3$ se introduce 1 g de N_2 (g), 1 g de O_2 (g) y 1 g de H_2 (g). Cuando la temperatura de la mezcla gaseosa alcanza $124 \,^{\circ}C$, calculad:

a) La fracción molar de cada uno de los gases en la mezcla.

b) Las presiones parciales de cada gas en la mezcla y la presión total en el recipiente.

Los gases se comportan como ideales.   [Solución]

a) $n_{N_2} = (1 \text{ g})/(28 \text{ g mol}^{-1}) = 0,0357 \text{ mol N}_2 \text{ (g)}$

$n_{O_2} = (1 \text{ g})/(32 \text{ g mol}^{-1}) = 0,0313 \text{ mol O}_2 \text{ (g)}$

$n_{H_2} = (1 \text{ g})/(2 \text{ g mol}^{-1}) = 0,500 \text{ mol H}_2 \text{ (g)}$

$n_{total} = 0,0357 \text{ mol N}_2 + 0,0313 \text{ mol O}_2 + 0,500 \text{ mol H}_2 = 0,567 \text{ mol}$

$$x(N_2) = \frac{n_{N_2}}{n_{total}} = \frac{0,0357}{0,567} = 0,063$$

$$x(O_2) = \frac{n_{O_2}}{n_{total}} = \frac{0,0313}{0,567} = 0,055$$

$$x(H_2) = \frac{n_{H_2}}{n_{total}} = \frac{0,500}{0,567} = 0,882$$

b) $T = 124 + 273 = 397 \text{ K}$ $p_i = n_i RT/V$ (presión parcial del gas i)

$$p(N_2) = n_{H_2} \frac{RT}{V} = 0,0357 \frac{0,082 \cdot 397}{1 \text{ L}} = 1,16 \text{ atm}$$

$$p(O_2) = n_{O_2} \frac{RT}{V} = 0,0313 \frac{0,082 \cdot 397}{1 \text{ L}} = 1,02 \text{ atm}$$

$$p(H_2) = n_{H_2} \frac{RT}{V} = 0,500 \frac{0,082 \cdot 397}{1 \text{ L}} = 16,28 \text{ atm}$$

$$P_{total} = \sum p_i = 1,16 + 1,02 + 16,28 = 18,46 \text{ atm}$$

Teoría cinético-molecular de los gases. Distribución de velocidades moleculares

☐ Problema 3.21

a) Calculad en condiciones normales de presión y temperatura (1 atm, 0°C) la energía cinética media de las moléculas del gas metano (CH_4).

b) Calculad la energía cinética media del CH_4 cuando la temperatura se eleva hasta los 100°C.

Los gases se comportan como ideales.

[Solución]

a) Teoría cinético-molecular: $\quad \bar{e}_c = \dfrac{3}{2} \dfrac{R}{N_A} (T) \quad N_A = 6{,}022 \cdot 10^{23}$

$$\bar{e}_c = \frac{3}{2} \frac{8{,}314 \, J \, K^{-1} mol^{-1}}{6{,}022 \cdot 10^{23} \, molécula \, mol^{-1}} (273 \, K) = 0{,}565 \cdot 10^{-20} J \, molécula^{-1}$$

b) $\bar{e}_c = \dfrac{3}{2} \dfrac{8{,}314 \, J \, K^{-1} mol^{-1}}{6{,}022 \cdot 10^{23} \, molécula \, mol^{-1}} (373 \, K) = 0{,}7724 \cdot 10^{-20} J \, molécula^{-1}$

☐ Problema 3.22

a) Calculad la velocidad cuadrática media de las moléculas de $O_2 \, (g)$ a la temperatura de 1 K.

b) Calculad la temperatura cuando la velocidad cuadrática media del O_2 desciende hasta el valor de $0{,}01 \, m \, s^{-1}$.

Masa atómica: $M(O) = 16$

[Solución]

a) $u_{cm} = \sqrt{\dfrac{3RT}{M}} = \sqrt{\dfrac{3 \cdot 8{,}314 \, J \, K^{-1} mol^{-1} \cdot 1 \, K}{0{,}032 \, kg \, mol^{-1}}} = 27{,}91 \, m \, s^{-1}$

b) $u_{cm} = \sqrt{\dfrac{3RT}{M}} \quad \Rightarrow \quad 0{,}01 \, m \, s^{-1} = \sqrt{\dfrac{3 \cdot 8{,}314 \, J \, K^{-1} mol^{-1} \cdot T}{0{,}032 \, kg \, mol^{-1}}}$

$T = 1{,}28 \cdot 10^{-7} \, K$

☐ Problema 3.23

a) Si se sabe que la velocidad cuadrática media de las moléculas de $N_2 \, (g)$ es de $0{,}4930 \, m \, s^{-1}$ en condiciones normales, calculad la velocidad cuadrática media en esas condiciones para las moléculas de $H_2 \, (g)$.

b) Entre las moléculas gaseosas siguientes: N_2, O_2, H_2 y He, ¿cuál escapará con más facilidad de la atracción gravitatoria terrestre?

[Solución]

a) Ley de Graham: $\quad \dfrac{u_{cm}(A)}{u_{cm}(B)} = \dfrac{\sqrt{M_B}}{\sqrt{M_A}} \quad \Rightarrow \quad \dfrac{u_{cm}(H_2)}{u_{cm}(N_2)} = \dfrac{\sqrt{M_{N_2}}}{\sqrt{M_{H_2}}}$

$$\frac{u_{cm}(H_2)}{0{,}4930 \text{ m s}^{-1}} = \frac{\sqrt{28}}{\sqrt{2}} \quad \Rightarrow \quad u_{cm}(H_2) = 1{,}8446 \text{ m s}^{-1}$$

b) De las moléculas gaseosas N_2, O_2, H_2 y He, la que escapará con más facilidad de la atracción gravitatoria terrestre es la molécula de H_2 (g) por poseer menor peso molecular que las de N_2, O_2 y He y por ello ser la más ligera.

Problema 3.24

Calculad el peso molecular de un gas desconocido que tarda 33,5 s en efundirse a través de un poro de un recipiente donde está contenido, si se sabe que una cantidad molar igual de CO_2 (g) tarda 25,0 s.

[Solución]

Ley de Graham: $\quad \dfrac{u_{cm}(A)}{u_{cm}(B)} = \dfrac{\sqrt{M_B}}{\sqrt{M_A}} \quad \Rightarrow \quad \dfrac{u_{cm}(A)}{u_{cm}(B)} = \dfrac{\text{Tiempo}(B)}{\text{Tiempo}(A)} = \dfrac{\sqrt{M_B}}{\sqrt{M_A}}$

$$\frac{\text{Tiempo}(\text{gas})}{\text{Tiempo}(CO_2)} = \frac{\sqrt{M_{\text{gas}}}}{\sqrt{M_{CO_2}}} \quad \Rightarrow \quad M_{\text{gas}} = M_{CO_2} \left(\frac{\text{Tiempo}(\text{gas})}{\text{Tiempo}(CO_2)} \right)^2$$

$M_{\text{gas}} = 44{,}0 \text{ g mol}^{-1}(33{,}5 \text{ s}/25{,}0 \text{ s})^2 = 79{,}0 \text{ g mol}^{-1}$ (Peso molecular del gas desconocido)

Problema 3.25

Una cantidad de $0{,}22 \cdot 10^{-3}$ mol de N_2 (g) se efunde en un tiempo de 110 s a través de un poro de un recipiente donde está encerrado. Calculad la cantidad molar de H_2 (g) que se efundiría a través de dicho poro en el mismo tiempo de 110 s.

[Solución]

Las moléculas de H_2 (g) tienen mayor velocidad de efusión a través de un poro que las de N_2 (g), cuando la temperatura es la misma, porque poseen menos masa.

El H_2 (g) efunde a través del poro más deprisa que el N_2 (g). Luego la relación de las masas molares de los dos gases debe ser mayor que la unidad, lo que implica que se cumple la ecuación:

$$\frac{x \text{ mol}^2}{0{,}22 \cdot 10^{-3} \text{ mol } N_2} = \frac{\sqrt{M_{N_2}}}{\sqrt{M_{H_2}}} = \frac{\sqrt{28}}{\sqrt{2}} \quad \Rightarrow \quad x = 0{,}82 \cdot 10^{-3} \text{ mol } H_2$$

Problema 3.26

Dos recipientes de igual volumen están llenos de H_2 (g). Uno de ellos se encuentra a la temperatura de $0\,°C$ y a la presión de 1 atm y el otro a $300\,°C$ y a 5 atm. Comparad cuantitativamente en los dos recipientes las propiedades siguientes:

a) Número de moléculas.

b) Velocidad cuadrática media de las moléculas.

c) Energía cinética media por molécula.

a) $\left.\begin{array}{ll} \text{Recipiente 1:} & p_1 V = n_1 R T_1 \\ \text{Recipiente 2:} & p_2 V = n_2 R T_2 \end{array}\right\}$ $n_1/n_2 = p_1 T_2 / p_2 T_1 = \dfrac{(1\ \text{atm})\,(573\ \text{K})}{(5\ \text{atm})\,(273\ \text{K})} = 0{,}42$

b) Teoría cinético-molecular: $u_{cm}\,(\text{H}_2) = \sqrt{\dfrac{3RT}{M}}$ M : masa del H_2

$\left.\begin{array}{ll} \text{Recipiente 1:} & u_{cm1} = \sqrt{\dfrac{3RT_1}{M}} \\[3mm] \text{Recipiente 2:} & u_{cm2} = \sqrt{\dfrac{3RT_2}{M}} \end{array}\right\}$ $\dfrac{u_{cm1}}{u_{cm2}} = \sqrt{\dfrac{T_1}{T_2}} = \sqrt{\dfrac{273}{573}} = 0{,}69$

c) Teoría cinético-molecular:

$\left.\begin{array}{ll} \text{Recipiente 1:} & \bar{e}_{c1} = \dfrac{3}{2}\dfrac{R}{N_A}(T_1) \\[3mm] \text{Recipiente 2:} & \bar{e}_{c2} = \dfrac{3}{2}\dfrac{R}{N_A}(T_2) \end{array}\right\}$ $\dfrac{\bar{e}_{c1}}{\bar{e}_{c2}} = \dfrac{T_1}{T_2} = \dfrac{273}{573} = 0{,}476$

Desviación del comportamiento ideal. Ecuación de Van der Waals

☐ Problema 3.27

Demostrad que a presiones bajas la ecuación de Van der Waals tiende a la ecuación de los gases ideales.

Ecuación de Van der Waals: $\left(P + \dfrac{a}{V^2}\right)(V - b) = RT$ (1 mol de gas)

A presión baja: $V \gg b$ $\dfrac{1}{V^2}$ tiende a cero

La ecuación de Van der Waals se convierte en: $PV = RT$ gas ideal   (Para 1 mol de gas)

☐ Problema 3.28

Calculad la presión que ejerce 1 mol de $CO\,(g)$ cuando se comporta como gas real ocupando un volumen de 1,8 L a la temperatura de 0 °C. Los valores de a y b son: $a = 1{,}49\ \text{L}^2\ \text{atm}\ \text{mol}^{-2}$, $b = 0{,}0399\ \text{L}\ \text{mol}^{-1}$. Comparad el valor obtenido con la presión que debería tener si el $CO\,(g)$ se comportara como gas ideal.

Se aplica la ecuación de Van der Waals para 1 mol de $CO\,(g)$.

$$\left(P + \dfrac{a}{V^2}\right)(V - b) = RT \quad \text{despejando la presión} \quad P = \dfrac{RT}{V - b} - \dfrac{a}{V^2}$$

$$P = \dfrac{RT}{V - b} - \dfrac{a}{V^2} = \dfrac{0{,}082\ \text{atm}\,\text{L}\,\text{K}^{-1}\,\text{mol}^{-1} \cdot 273\ \text{K}}{(1{,}8 - 0{,}0399)\,\text{L}\,\text{mol}^{-1}} - \dfrac{1{,}49\ \text{L}^2\,\text{atm}\,\text{mol}^{-2}}{1{,}8^2\,\text{L}^2\,\text{mol}^{-2}} = 12{,}72\ \text{atm} - 0{,}46\ \text{atm} = 12{,}26\ \text{atm}$$

Gas ideal (1 mol): $\quad PV = RT \quad P = RT/V = (0,082 \cdot 273)/1,8 = 12,44$ atm

Se observa que el CO se desvía poco del comportamiento de gas ideal ya que las dos presiones halladas *no son muy distintas*.

☐ Problema 3.29

Calculad la presión que ejercen 2 moles de clorobenceno (C_6H_5Cl) en estado gaseoso cuando ocupan un volumen de $0,010$ m^3 a la temperatura de $25\,^{\circ}$C.

a) Si se comporta como gas ideal.

b) Si se comporta como gas de Van der Waals.

Los valores de *a* y *b* son: $a = 23,43$ L^2 atm mol^{-2}, $b = 0,1453$ L mol^{-1}

[Solución]

a) Gas ideal: $\quad PV = nRT \quad P = nRT/V$

$$P = \frac{nRT}{V} = \frac{2\ \text{mol} \cdot 0,082\ \text{atm L K}^{-1}\text{mol}^{-1} \cdot 298\ \text{K}}{10\ \text{L}} = 4,89\ \text{atm}$$

b) Gas de Van der Waals: $\quad \left(P + \dfrac{n^2 a}{V^2}\right)(V - nb) = nRT$

$$P = \frac{nRT}{V - nb} - \frac{n^2 a}{V^2} = \frac{2\ \text{mol} \cdot 0,082\ \text{atm L K}^{-1}\text{mol}^{-1} \cdot 298\ \text{K}}{(10 - 2 \cdot 0,1453)\,\text{L}} -$$

$$- \frac{2^2\ \text{mol}^2 \cdot 25,43\ \text{L}^2\,\text{atm mol}^{-2}}{10^2\,\text{L}^2} = 5,03\ \text{atm} - 1,02\ \text{atm} = 4,02\ \text{atm}$$

■ Problema 3.30

Calculad el volumen ocupado por una mezcla de 1 mol de N_2 (g) y 3 mol de H_2 (g) a la temperatura de $50\,^{\circ}$C y a la presión total de 400 atm.

a) Si se comportan como una mezcla de gases ideales.

b) Si se comportan como una mezcla de gases reales de Van der Waals.

Los valores de *a* y *b* son:

$a_{N_2} = 1,390$ L^2 atm mol^{-2}, $b_{N_2} = 0,0391$ L mol^{-1}, $a_{H_2} = 0,245$ L^2 atm mol^{-2}, $b_{H_2} = 0,0267$ L mol^{-1}

[Solución]

a) Gas ideal: $\quad P_{\text{total}} V_i = n_{\text{total}} RT \quad V_i = n_{\text{total}} RT/P_{\text{total}}$

$$V_i = \frac{n_{\text{total}} RT}{P_{\text{total}}} = \frac{4\ \text{mol} \cdot 0,082\ \text{atm L K}^{-1}\text{mol}^{-1} \cdot 323\ \text{K}}{400\ \text{atm}} = 0,265\ \text{L}$$

Para 1 mol de gas ideal: $V_i = 0,265 \text{ L}/4 \text{ mol} = 0,0663 \text{ L mol}^{-1}$

b) Gas de Van der Waals: $\left(P + \dfrac{a}{V^2}\right)(V - b) = RT$ (1 mol de gas real)

$$V_{\text{molar}}(N_2) = \frac{RT}{P + \dfrac{a}{V^2}} + b = \frac{0,082 \text{ atm L K}^{-1}\text{mol}^{-1} \cdot 323 \text{ K}}{400 \text{ atm} + \dfrac{0,0139 \text{ L}^2\text{atm mol}^{-2}}{V_{\text{ideal}}^2}} + 0,0391 \text{ L mol}^{-1}$$

$$V_1(N_2) = \frac{0,082 \text{ atm L K}^{-1}\text{mol}^{-1} \cdot 323 \text{ K}}{400 \text{ atm} + \dfrac{1,390 \text{ L}^2\text{atm mol}^{-2}}{(0,0663)^2 \text{ L}^2\text{mol}^{-2}}} + 0,0391 \text{ L mol}^{-1} = 0,076 \text{ L mol}^{-1}$$

$$V_2(N_2) = \frac{0,082 \text{ atm L K}^{-1}\text{mol}^{-1} \cdot 323 \text{ K}}{400 \text{ atm} + \dfrac{1,390 \text{ L}^2\text{atm mol}^{-2}}{(0,076)^2 \text{ L}^2\text{mol}^{-2}}} + 0,0391 \text{ L mol}^{-1} = 0,0805 \text{ L mol}^{-1}$$

Se van calculando por iteración los valores del V_3, V_4, etc., de N_2 hasta que el valor del volumen se repite. Al final se obtiene el valor siguiente:

$$V(N_2) = 0,083 \text{ L mol}^{-1}$$

Para el H_2 (g) se calcula el valor de su volumen de la misma manera que se ha calculado para el N_2 (g).

$$V_{\text{molar}}(H_2) = \frac{RT}{P + \dfrac{a}{V^2}} + b = \frac{0,082 \text{ atm L K}^{-1}\text{mol}^{-1} \cdot 323 \text{ K}}{400 \text{ atm} + \dfrac{0,245 \text{ L}^2\text{atm mol}^{-2}}{V_{\text{ideal}}^2}} + 0,0267 \text{ L mol}^{-1}$$

$$V_1(H_2) = \frac{0,082 \text{ atm L K}^{-1}\text{mol}^{-1} \cdot 323 \text{ K}}{400 \text{ atm} + \dfrac{0,245 \text{ L}^2\text{atm mol}^{-2}}{(0,0663)^2 \text{ L}^2\text{mol}^{-2}}} + 0,0267 \text{ L mol}^{-1} = 0,085 \text{ L mol}^{-1}$$

$$V_2(H_2) = \frac{0,082 \text{ atm L K}^{-1}\text{mol}^{-1} \cdot 323 \text{ K}}{400 \text{ atm} + \dfrac{0,245 \text{ L}^2\text{atm mol}^{-2}}{(0,085)^2 \text{ L}^2\text{mol}^{-2}}} + 0,0267 \text{ L mol}^{-1} = 0,0877 \text{ L mol}^{-1}$$

Se van calculando reiteradamente los valores de V_3, V_4, etc, de H_2 hasta que el valor del volumen se repite. Al final se obtiene el valor siguiente:

$$V(H_2) = 0,088 \text{ L mol}^{-1}$$

El volumen total del N_2 y del H_2 teniendo en cuenta los moles de ambos es:

$$V_{\text{total}} = (1 \text{ mol N}_2) \cdot (0,083 \text{ L mol}^{-1}\text{N}_2) + (3 \text{ mol H}_2) \cdot (0,088 \text{ L mol}^{-1}\text{H}_2) = 0,347 \text{ L}$$

Problema 3.31

Calculad para las moléculas de N_2 (g), la fracción del volumen total que queda excluido a la temperatura de 298 K y a la presión de 1 atm. Se supone que el N_2 en esas condiciones se comporta como gas de Van der Waals.

Los valores de a y b son: $a = 1,390 \text{ L}^2\text{atm mol}^{-2}$, $b = 0,0391 \text{ L mol}^{-1}$

[Solución]

La constante b se define como el volumen excluido.

La incógnita del ejercicio es: $\%$ volumen excluido $= (b/V) \cdot 100$

$$\text{Gas ideal:} \quad V_i = \frac{RT}{P} = \frac{0{,}082 \text{ atm L K}^{-1}\text{mol}^{-1} \cdot 298 \text{ K}}{1 \text{ atm}} = 24{,}44 \text{ L mol}^{-1}$$

$$V_1\,(\text{N}_2) = \frac{0{,}082 \text{ atm L K}^{-1}\text{mol}^{-1} \cdot 298 \text{ K}}{1 \text{ atm} + \dfrac{1{,}390 \text{ L}^2\text{atm mol}^{-2}}{(24{,}44)^2\text{L}^2\text{mol}^{-2}}} + 0{,}0391 = 24{,}42 \text{ L mol}^{-1}$$

Este valor de V se repite. Luego $V\,(\text{N}_2) = 24{,}42 \text{ L mol}^{-1}$

$$\% \text{ de volumen excluido} = \frac{b}{V} \cdot 100 = \frac{0{,}0391}{24{,}42} \cdot 100 = 0{,}16\,\%$$

Problemas propuestos

☐ Problema 3.1

Se expanden $1{,}50$ L de un gas a una presión de $2{,}25$ atm hasta un volumen final de $8{,}10$ L. Calculad la presión final del gas expresada en atmósferas y en mmHg.

☐ Problema 3.2

Un recipiente cerrado con un pistón se llena con un gas a $24\,°C$ y ocupa un volumen de $0{,}0362 \text{ m}^3$. Si el volumen máximo del recipiente es de $0{,}0652 \text{ m}^3$, calculad la temperatura máxima a la que puede calentarse el recipiente a presión constante sin que se supere su volumen de manera que el pistón no salga disparado.

☐ Problema 3.3

En un experimento, una muestra de $\text{He}\,(g)$ en un sistema al vacío se comprimió a $25\,°C$ partiendo de un volumen de 200 cm^3 hasta llegar a un volumen de $0{,}240 \text{ cm}^3$. En ese momento, su presión alcanzó 30 mmHg. Calculad la presión inicial del $\text{He}\,(g)$.

☐ Problema 3.4

Una masa de gas ocupa un volumen de 600 dm^3 a $25\,°C$ y a 775 Torr se comprime dentro de un tanque de 100 L de capacidad a la presión de $6{,}0$ atm. Calculad la temperatura final del gas.

☐ Problema 3.5

Una muestra de 125 g de $\text{CO}_2\,(s)$ (hielo seco) sublima (pasa de sólido a vapor sin fundir previamente) dando $\text{CO}_2\,(g)$. Calculad el volumen medido en condiciones normales (estándar) que ocupa este gas.

☐ Problema 3.6

Calculad el volumen ocupado por $20{,}22$ g de $\text{NH}_3\,(g)$ a la temperatura de $-25\,°C$ y a la presión de 753 mmHg.

Problema 3.7

Un depósito de $0,005 \text{ m}^3$ está lleno de $He(g)$. Calculad el número de moles de $He(g)$ que hay en el depósito si se encuentra a la temperatura de 303 K y a la presión de 10,45 atm.

Problema 3.8

Una cantidad de 0,276 g de un gas ocupa 270 cm^3 a la presión de 740 mmHg y a la temperatura de 98 °C. Se sabe que puede ser metanol (CH_3OH) o etanol (C_2H_5OH). ¿De qué alcohol se trata?

Problema 3.9

Una muestra de 1,27 g de un óxido de nitrógeno, que puede ser $NO(g)$ o bien N_2O, ocupa un volumen de $1,07 \text{ dm}^3$ a la temperatura de 298 K y a la presión de 738 Torr. ¿De que oxido se trata?

Problema 3.10

Calculad la densidad del vapor de la acetona (C_3H_6O) a la temperatura de 95 °C y a la presión de 0,86 atm.

Problema 3.11

Un litro de $PCl_3(g)$ a la presión de 1 atm y a la temperatura de 293 K reacciona con 1 L de $Cl_2(g)$ en las mismas condiciones. El producto gaseoso obtenido ocupa 1 L cuando se mide en las mismas condiciones. Averiguad la fórmula del gas obtenido.

Problema 3.12

Un gas tiene un peso molecular de 90 g mol^{-1}. Calculad el volumen que ocuparán 5,5 g de este gas a 21 °C y a 776 mm Hg. El gas se comporta como ideal.

Problema 3.13

Para la reacción:

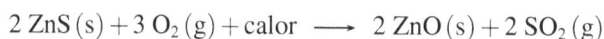

$$2 \, ZnS(s) + 3 \, O_2(g) + calor \longrightarrow 2 \, ZnO(s) + 2 \, SO_2(g)$$

Calculad el volumen de $SO_2(g)$ que se obtiene por *litro de* $O_2(g)$ que se consume. Los dos gases se miden a la temperatura de 25 °C y a la presión de 0,98 atm.

Problema 3.14

Una mezcla gaseosa formada por 0,190 mol de $CO_2(g)$ y 0,0027 mol de $H_2O(g)$ se encuentra a la temperatura de 30,0 °C y a la presión de 2,50 atm. Calculad la presión parcial de cada gas si ambos se comportan como gases ideales.

Problema 3.15

Una muestra de 8,10 g que contiene un 88,4 % en peso de $Ag_2O(s)$ se descompone dando $Ag(s)$ y $O_2(g)$. El $O_2(g)$ se recoge sobre agua a 25 °C y a la presión de 0,987 atm. La presión de vapor del agua a

$25\,^\circ$C es de 23,8 mmHg. Calculad el volumen de oxígeno que se recoge.

La reacción de descomposición es:

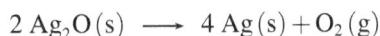

$$2\,Ag_2O\,(s) \longrightarrow 4\,Ag\,(s) + O_2\,(g)$$

☐ Problema 3.16

5 g de una mezcla gaseosa formada por $He\,(g)$ y $Ar\,(g)$, a la temperatura de $25\,^\circ$C y a la presión de 1 atm, ocupan un volumen de 10,5 L. Calculad la composición de la mezcla en % en peso. Los gases se comportan como ideales.

■ Problema 3.17

El $KClO_3\,(s)$ se descompone mediante la acción del calor según la reacción:

$$2\,KClO_3\,(s) \longrightarrow 2\,KCl\,(s) + 3\,O_2\,(g)$$

A la temperatura de 294 K y a la presión de 743 Torr, se recoge un volumen de 550 cm^3 de $O_2\,(g)$ sobre agua. Calculad el número de moles de oxígeno que se recogen. Se sabe que la presión de vapor del agua en dichas condiciones es de 19 Torr, y que los gases se comportan como ideales.

☐ Problema 3.18

Calculad la fracción molar del vapor de agua de la mezcla gaseosa obtenida en el ejercicio anterior (3.17).

☐ Problema 3.19

Una mezcla de gases formada por 15,5 % de $O_2\,(g)$, 64,5 % de $N_2\,(g)$ y 20,0 % de $CO_2\,(g)$ tiene una presión total de 750 mmHg. Calculad la presión parcial de cada gas, si se comportan todos ellos como gases ideales.

☐ Problema 3.20

a) Calculad la presión ejercida a $375\,^\circ$C por una mezcla gaseosa formada por 4,2 g de cloroformo $(CHCl_3\,(g))$ y por 1,96 g de etano $(C_2H_6\,(g))$ en el interior de un recipiente de metal de 0,050 L de capacidad.

b) Calculad la presión ejercida por el cloroformo en el interior del recipiente.

☐ Problema 3.21

Para el $H_2\,(g)$ a la temperatura de 350 K, calculad:

a) La velocidad cuadrática media de sus moléculas.

b) La energía cinética media de sus moléculas.

☐ Problema 3.22

Una muestra de un gas desconocido fluye a través de la pared de una capa porosa en un tiempo de 39,9 minutos. Un volumen igual de $H_2\,(g)$ medido a la misma temperatura y presión fluye a través de la misma capa porosa en 9,75 minutos. Calculad el peso molecular del gas desconocido.

Problema 3.23

La velocidad cuadrática media de las moléculas de O_2 (g) a 298 K de temperatura es de $4,45 \cdot 10^2$ m s^{-1}. Calculad la velocidad cuadrática media de las moléculas de N_2 (g) a la misma temperatura.

Problema 3.24

Una muestra de Kr (g) fluye a través de un pequeño orificio en 87,3 s y un gas desconocido en condiciones iguales necesita 131,3 s para efundirse a través del mismo orificio. Calculad la masa molar del gas desconocido.

Problema 3.25

a) Calculad la velocidad cuadrática media de un grupo de moléculas de O_2 (g) a la temperatura de 1,0 K.

b) Calculad la temperatura del mismo grupo de moléculas, cuando la velocidad cuadrática media desciende en 1 cm s^{-1} respecto a la velocidad cuadrática media inicial.

Problema 3.26

a) Clasificad y ordenad los gases siguientes:

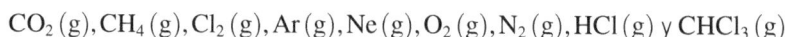

$$CO_2 \text{ (g)}, CH_4 \text{ (g)}, Cl_2 \text{ (g)}, Ar \text{ (g)}, Ne \text{ (g)}, O_2 \text{ (g)}, N_2 \text{ (g)}, HCl \text{ (g) y } CHCl_3 \text{ (g)}$$

Según el orden creciente de la velocidad cuadrática media de sus moléculas a la temperatura de $100\,°C$.

b) Señalad el que es más ligero y justificad la respuesta.

Problema 3.27

Un recipiente de 0,10 L de capacidad contiene 1 mol de O_2 (g) a $25\,°C$. Calculad:

a) La presión del gas considerando que se comporta como gas ideal.

b) La presión del gas considerando que se comporta como gas de Van der Waals.

Los valores de a y b son: $a = 1,32$ L^2 atm mol^{-2} y $b = 0,0312$ L mol^{-1}.

Problema 3.28

Calculad la temperatura de 5,25 mol de Ar (g) cuando está contenido en un recipiente de 100 L de capacidad a la presión de 150 atm. El gas en estas condiciones no se comporta como ideal y se ajusta al comportamiento de gas de Van der Waals.

Los valores de a y b son: $a = 1,35$ L^2 atm mol^{-2} y $b = 0,0322$ L mol^{-1}.

Problema 3.29

Calculad la presión ejercida por 1 mol de CCl_4 (g) cuando está dentro de un recipiente de 30,0 L de capacidad a la temperatura de $77\,°C$.

a) Cuando se comporta como gas ideal.

b) Cuando se comporta como gas de Van der Waals.

c) Calculad el % de diferencia que existe entre gas ideal y gas real de Van der Waals.

d) Justificad razonadamente esa diferencia.

Problema 3.30

Utilizar la ecuación de Van der Waals para calcular la presión ejercida por $1,50$ mol de SO_2 (g) a la temperatura de 298 K cuando están dentro de recipientes con las capacidades siguientes:

a) $100,0$ L

b) $20,0$ L

c) $5,00$ L

d) $1,00$ L

e) $0,50$ L

¿En cuál de estas condiciones la presión calculada con la ecuación de los gases ideales difiere sólo unas unidades por ciento de la calculada por la ecuación de Van der Waals?

Los valores de a y b son: $a = 6,71$ L^2 atm mol^{-2} y $b = 0,0564$ L mol^{-1}.

Problema 3.31

Si se escribe la ecuación de Van der Waals con el volumen como incógnita, se obtiene una ecuación cúbica en V. Calculad el volumen expresado en litros que ocupan 185 g de CO_2 (g) a la presión de $12,5$ atm y a la temperatura de 286 K.

Los valores de a y b son: $a = 3,59$ L^2 atm mol^{-2} y $b = 0,0427$ l $mol^{-1.}$

Problema 3.32

a) Calculad el volumen ocupado por 1 mol de CCl_4 (g) a $50,0$ atm y a $1.200\,°C$ suponiendo que se comporta como gas ideal.

b) Partiendo de la ecuación de Van der Waals, calculad el volumen que ocupa dicho gas en las condiciones anteriores.

Los valores de de a y b son: $a = 20,39$ L^2 atm mol^{-2} y $b = 0,1383$ L mol^{-1}.

Energía de las reacciones químicas. Termodinámica química y equilibrio químico

4

4.1 Introducción y objetivos

La *energía* es un aspecto fundamental que aparece implícito en cualquier reacción química. No es posible ningún cambio químico si no existe un cambio energético.

"La termodinámica *estudia las relaciones que existen entre las diferentes formas de energía y las condiciones en las que es posible la transferencia de energía entre un sistema y el medio que lo rodea".*

El estudio completo de la termodinámica permitirá determinar si una reacción química puede realizarse. La termodinámica clásica se basa sólo en las *propiedades macroscópicas* de la materia, sin hacer suposiciones sobre su naturaleza atómica. Se centra en el estudio de las propiedades que se pueden medir, como la temperatura, la presión y el volumen que caracterizan a un sistema. Por eso tiene una aplicabilidad muy amplia, tanto teórica como práctica, ya que es una ciencia de gran utilidad e importancia.

El razonamiento termodinámico se basa en tres principios fundamentales, obtenidos a partir de la experiencia directa de la observación de los fenómenos energéticos.

Dos de esos principios o leyes fundamentales y aplicables a nuestro estudio son: "La energía del universo es constante" y "La entropía del universo está aumentando".

Es decir, la energía se define, según el principio de conservación, como algo que se conserva cuando se producen cambios físicos o químicos. Este concepto resulta muy útil en la interpretación de los fenómenos naturales.

En este tema, se revisan conceptos básicos y se introduce el lenguaje termodinámico que es muy importante para captar los conocimientos necesarios, así como las ideas elementales de calor, trabajo y capacidad calorífica.

A continuación, se considera la entalpía como una magnitud fundamental mediante la que se trata el calor en química y su aplicación al cálculo de los calores de formación y de reacción de los compuestos.

Posteriormente, se presentan los factores que rigen la espontaneidad de las reacciones químicas y se estudian los conceptos de entropía y de energía libre de Gibbs, así como el estado de equilibrio, la modificación del estado de equilibrio y la variación de la energía libre y de la constante de equilibrio con la temperatura.

4.2 Conceptos básicos y lenguaje termodinámico

Es necesario conocer el lenguaje termodinámico y los términos más significativos para poder estudiar la termodinámica química desde el punto de vista macroscópico. Entre dichos términos caben destacar entre otros los siguientes:

– Sistema termodinámico

– Medio ambiente o alrededores y universo

– Función de estado

– Estado estándar

– Sistema abierto, sistema cerrado y sistema aislado

– Variables intensivas y extensivas

– Proceso reversible y proceso espontáneo

– Convenio de signos en química

– Calor específico

– Capacidad calorífica

– Entalpía y entropía

4.2.1 Sistema, estado y función de estado

Sistema: Es una porción del espacio definida de la que se quieren estudiar sus características especiales y sus propiedades.

Un sistema puede ser un átomo, una molécula, una reacción, un conjunto de reacciones, una disolución de cualquier tipo, un motor, una máquina, etc.

Medio ambiente o alrededores: Es el medio que rodea al sistema.

El medio ambiente está formado por todas las otras partes del universo que no pertenecen al sistema y cuyas propiedades no son de interés inmediato.

Si se tiene un objeto que se quiere conocer y estudiar, recibe el nombre de sistema, y su entorno es el medio ambiente, que puede influenciar en el sistema con variables controladas, como pueden ser la presión y la temperatura.

Universo: Es el conjunto total formado por el sistema y el medio que lo rodea.

La termodinámica estudia, por lo tanto, la transferencia de energía entre el sistema y el medio que lo rodea. La frontera que delimita el sistema termodinámico con el medio ambiente puede ser real o ficticia.

Para entender mejor estos conceptos, es preciso clasificar los sistemas en:

a) Sistema cerrado: Es el sistema en el que no hay intercambio de materia con el medio exterior, pero sí intercambio de energía.

b) *Sistema abierto: Es el sistema en el que hay intercambio de materia y de energía con el medio exterior.*

c) *Sistema aislado: Es el sistema en el que no hay intercambio de materia ni de energía con el medio exterior, es decir, no existen interacciones a través de las paredes del sistema.*

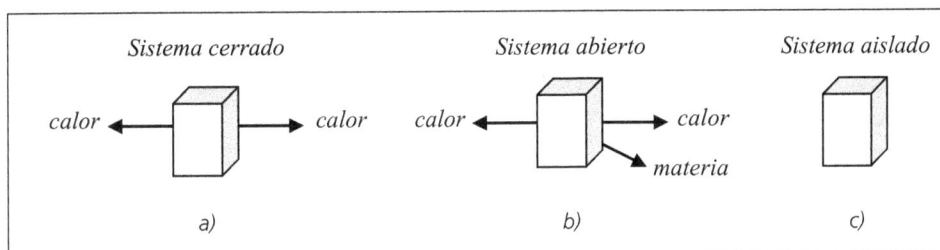

Fig. 4.1

Cuando se ha elegido el sistema termodinámico, es necesario delimitarlo especificando una serie de magnitudes que describen con detalle el estado del sistema y que reciben el nombre de *variables de estado*.

Las variables de estado se escogen de manera que sean fáciles de medir experimentalmente y en mínimo número necesario para describir totalmente el sistema. Las más frecuentes son la temperatura, la presión, el volumen y la composición química que están relacionadas entre sí por ecuaciones físico-matemáticas como la ecuación de estado de los gases ideales, $pV = nRT$.

Fijados los valores de un determinado conjunto de variables, queda definido el *estado* del sistema y con ello sus otras propiedades, como: la energía interna, la densidad, la tensión superficial, la entropía, etc.

Estas variables de estado se clasifican en:

Variables intensivas: *Son aquellas cuyo valor no depende de la masa o extensión del sistema.*
Ejemplo: temperatura, presión, densidad, concentración, etc.

Variables extensivas: *Son aquellas cuyo valor depende de la masa o extensión del sistema.*
Ejemplo: volumen, masa, carga, etc.

Para poder definir *función de estado* es preciso determinar lo que significa *equilibrio termodinámico*. Un sistema está en equilibrio termodinámico cuando sus variables de estado no cambian con el tiempo y cuando un sistema no está en equilibrio, evoluciona hasta alcanzarlo.

El equilibrio termodinámico presupone otros equilibrios, tales como:

1. *Equilibrio químico:* En el sistema no hay ningún proceso que haga variar su composición. El equilibrio es dinámico y existe reacción en los dos sentidos.
2. *Equilibrio mecánico:* No existe ninguna fuerza dentro del sistema sin equilibrar.
3. *Equilibrio térmico:* El sistema tiene una temperatura definida que es la misma que posee el medio ambiente.

Un sistema es estable cuando se encuentra en equilibrio termodinámico y no presenta ninguna tendencia a cambiar de estado.

Las variables de estado que definen el estado de equilibrio de un sistema están relacionadas por una ecuación matemática, en la que algunas variables pueden estar en función de otras y también otras variables pueden ser independientes.

Si el sistema químico pasa de un estado a otro, las variables de estado cambian. Las variables que no dependen del camino que realice el sistema se llaman *funciones de estado*.

Por lo tanto, las funciones de estado se caracterizan porque sus variaciones dependen sólo del estado inicial y final del sistema y no del camino seguido para pasar de un estado a otro.

Otra propiedad que tienen las funciones de estado que están relacionadas por ecuaciones matemáticas, es que *al asignar valores a unas cuantas funciones de estado del sistema, quedan fijadas automáticamente las demás funciones.*

□ **Ejemplo práctico 1**

Se supone un cambio de estado para 1 mol de gas ideal con los valores:

(Estado inicial) $p_i = 1$ atm $V_i = 22,4$ L $T_i = 273$ K
(Estado final) $p_f = 12$ atm $V_f = 3,84$ L $T_f = 583$ K

El cambio depende sólo del estado inicial y final, sin que importe la forma como se ha producido, ni si ha habido un aumento de presión o una disminución de volumen.

$$\Delta p = p_f - p_i = 12 - 1 = 11 \text{ atm}$$
$$\Delta V = V_f - V_i = 3,84 - 22,4 = -18,56 \text{ L}$$
$$\Delta T = T_f - T_i = 583 - 273 = 310 \text{ K}$$

□ **Ejemplo práctico 2**

Si se conocen la temperatura T y el volumen V para 1 mol de gas ideal, queda automáticamente fijada la presión p mediante la ecuación:

$$p = RT/V$$

4.2.2 Convenio de signos en termodinámica química

Antes de pasar a estudiar el calor, el trabajo, la energía interna, la entalpía, la entropía, la energía libre de Gibbs y los demás términos y principios termodinámicos, es necesario establecer un convenio de signos.

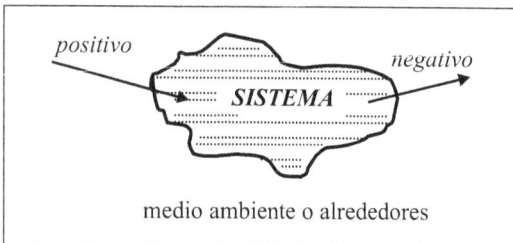

Fig. 4.2

El criterio de signos se establece desde el punto de vista químico, que es el punto de vista interno del *sistema*, ya que es donde tiene lugar la reacción química. *Por lo tanto, es positivo para el sistema todo lo que se gana y es negativo para el sistema todo lo que se pierde.*

Para el *medio ambiente* o los *alrededores* del sistema, que es el punto de vista de la física, el convenio de signos es el contrario. Todo lo que gana el medio ambiente es positivo y lo que pierde el medio ambiente es negativo.

Naturalmente, nuestra elección de convenio de signos es la que corresponde a la ganancia o pérdida en el sistema, es decir, a la química.

□ **Ejemplo práctico 3**

Indicad el signo para el calor correspondiente a las reacciones siguientes:

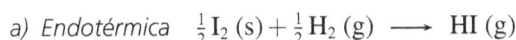

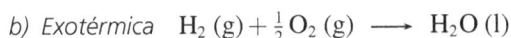

a) *Endotérmica* $\frac{1}{2} I_2 (s) + \frac{1}{2} H_2 (g) \longrightarrow HI (g)$

b) *Exotérmica* $H_2 (g) + \frac{1}{2} O_2 (g) \longrightarrow H_2O (l)$

> a) Una reacción es *endotérmica* si se requiere calor para que tenga lugar, es decir, el calor es absorbido por la reacción o el sistema. Por tanto, el signo es positivo (+).
>
> b) Una reacción es *exotérmica* si cede calor cuando tiene lugar, es decir, es calor liberado por la reacción o el sistema. Por tanto, el signo es negativo (−).

Mirando en las tablas termodinámicas, el calor para las dos reacciones es:

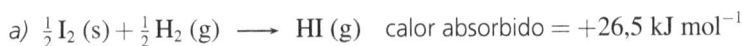

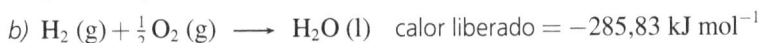

> a) $\frac{1}{2} I_2 (s) + \frac{1}{2} H_2 (g) \longrightarrow HI (g)$ calor absorbido $= +26{,}5 \text{ kJ mol}^{-1}$
>
> b) $H_2 (g) + \frac{1}{2} O_2 (g) \longrightarrow H_2O (l)$ calor liberado $= -285{,}83 \text{ kJ mol}^{-1}$

4.3 Termoquímica

La termoquímica forma parte de la termodinámica y es una rama de la química que estudia los efectos caloríficos de las reacciones químicas.

La termoquímica relaciona dos aspectos de la energía el calor y el trabajo. La energía es la capacidad de realizar un trabajo, y un trabajo se realiza cuando una fuerza actúa a lo largo de una distancia.

La energía de un objeto en movimiento es la *energía cinética*, mientras que la *energía potencial* es la energía debida a las condiciones de posición o composición, es decir, es una energía asociada a las fuerzas de atracción o de repulsión entre objetos.

Energía cinética	$e_c = \frac{1}{2} m v^2$	*m*: masa (kg) *v*: velocidad (m/s)

Trabajo	$w = F \cdot e$	$F = m \cdot a$	*F*: fuerza; *e*: espacio (m) *m*: masa (kg); *a*: aceleración (m/s^2)

Las unidades de la energía y del trabajo son las mismas $\text{kg m}^2 \text{s}^{-2}$, y corresponden a la unidad de energía llamada *joule* o julio (**J**).

Es preciso distinguir entre los cambios de energía producidos por la acción de fuerzas que realizan un desplazamiento, que constituyen, un *trabajo*, y los cambios debidos al intercambio de energía térmica o *calorífica*.

4.3.1 Calor y capacidad calorífica

El calor es la energía que se intercambia entre el sistema y sus alrededores cuando existe una diferencia de temperatura entre ellos.

La energía contenida en un sistema es una magnitud llamada *energía interna*, mientras que el calor es una posible forma de transferir una cantidad de energía a través de las paredes que separan el sistema y el medio ambiente de los alrededores.

Cuando se utilizan expresiones como: "El sistema gana calor", "pierde calor", "fluye calor" o "el sistema cede calor", no significa que el sistema contenga calor, sino que es una forma de intercambiar energía con los alrededores.

La unidad del calor es la caloría (cal), que se define como la cantidad de calor necesaria para que un gramo de agua aumente en un grado Celsius o centígrado su temperatura.

La unidad del sistema internacional (SI) para la energía es el julio (J), aunque se usan también cal y kcal.

$$1 \text{ cal} = 4,184 \text{ J} \qquad 1 \text{ J} = 0,239 \text{ cal}$$

Capacidad calorífica: Es la cantidad de calor necesaria para cambiar en un grado la temperatura del sistema.

Si el sistema es un **mol** de sustancia, se puede utilizar el término de *capacidad calorífica molar* (C). Si el sistema es un **gramo** de sustancia, se utiliza el término de *capacidad calorífica específica o de calor específico* (C_e).

El calor describe la energía en tránsito entre un sistema y sus alrededores. Si nuestro objetivo es calcular una cantidad de calor (q) ganada o perdida, basada en una determinada masa de sustancia, en el calor específico o capacidad calorífica de esa sustancia y en su variación de temperatura (ΔT), podría resumirse en la ecuación siguiente:

$$q = m \cdot C_e \cdot \Delta T = C \cdot \Delta T \qquad \text{pues} \qquad C = m \cdot C_e \qquad \text{y} \qquad \Delta T = T_{\text{final}} - T_{\text{inicial}}$$

Cuando la temperatura de un sistema aumenta: $T_f > T_i$; entonces $\Delta T > 0$ es *positivo*.

Cuando la temperatura de un sistema disminuye: $T_f < T_i$; entonces $\Delta T < 0$ es *negativo*.

Si el valor de q es negativo, el sistema cede calor a los alrededores, y si q es positivo, el sistema gana calor. Como la energía se conserva, la energía total permanece constante, tal como afirma la *ley de la conservación de la energía*.

$$q_{\text{sistema}} + q_{\text{alrededores}} = 0 \qquad q_{\text{sistema}} = -q_{\text{alrededores}}$$

□ **Ejemplo práctico 4**

Calculad la cantidad de calor necesaria para que 8,25 g de agua aumenten su temperatura de $18°\text{C}$ a $95°\text{C}$, si se sabe que el calor específico del agua en ese intervalo de temperaturas es de $4,18 \text{ J g}^{-1}°\text{C}^{-1}$.

$$q = m \cdot C_e \cdot \Delta T = (8,25 \text{ g}) \cdot (4,18 \text{ J g}^{-1}°\text{C}^{-1}) \cdot (95 - 18)°\text{C} = 2,655 \cdot 10^3 \text{ J}$$

4.3.2 Trabajo. Transformación reversible e irreversible

El trabajo (w) es una forma de intercambio de energía entre el sistema termodinámico y el medio que lo rodea. El sistema puede realizar trabajo sobre los alrededores o viceversa.

En mecánica, el trabajo se define como: $w = F(\text{fuerza}) \cdot e(\text{espacio o desplazamiento})$

La presión p es una fuerza por unidad de área A: $p = F/A$

Luego: $w = p \cdot \underbrace{A \cdot e}_{\Delta V}$ $\quad \Rightarrow \quad$ $w = -p_{\text{ext}} \cdot \Delta V$ $\qquad$ p_{ext}: presión externa
$\qquad\qquad\qquad\qquad\qquad\qquad\qquad\qquad\qquad\qquad\qquad\quad\Delta V$: variación de volumen

Para explicar el signo menos y el término p_{ext} de la ecuación conviene basarse en el trabajo que se realiza al *expandirse un gas* o trabajo presión-volumen.

Cuando un gas se expande, ΔV es positivo y el trabajo w es negativo, ya que una energía abandona el sistema en forma de trabajo.

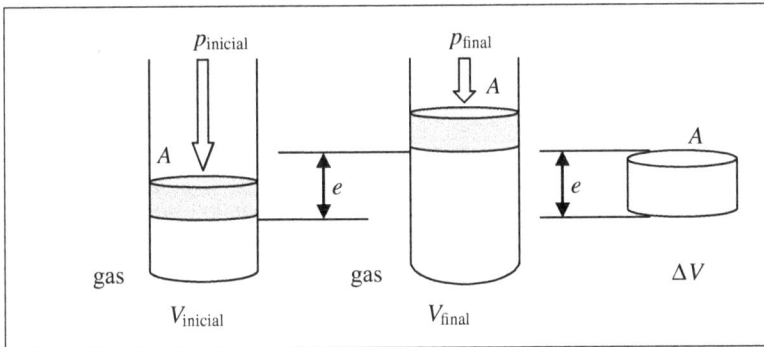

Fig. 4.3

El término p_{ext} es la presión externa o presión contra la que se expande el sistema o presión final externa, es decir p_{final} del gas en expansión.

☐ **Ejemplo práctico 5**

Calculad el trabajo de expansión en julios que se realiza cuando 0,1 mol de He pasan de una presión de 2,4 atm a 1,3 atm, a la temperatura de 298 K.

$$pV = nRT \qquad R = 0,082 \text{ atm L K}^{-1}\text{mol}^{-1} = 8,314 \text{ J K}^{-1}\text{mol}^{-1} \quad \Rightarrow \quad V = nRT/p$$

$$\left.\begin{array}{l} V_{\text{inicial}} = (0,1 \cdot 0,082 \cdot 298)/2,1 = 1,164 \text{ L} \\ V_{\text{final}} = (0,1 \cdot 0,082 \cdot 298)/1,12 = 2,182 \text{ L} \end{array}\right\} \quad \Delta V = V_{\text{final}} - V_{\text{inicial}} = 2,182 - 1,164 = 1,018 \text{ L}$$

$$w = -p_{\text{ext}}\Delta V = -1,12 \text{ atm} \cdot 1,018 \text{ L} = -1,1399 \text{ atm L}$$
$$w = -(1,1399 \text{ atm L}) \cdot (8,314 \text{ J}/0,082 \text{ atm L}) = -115,57 \text{ J}$$

Las funciones de estado se caracterizan porque sus variaciones dependen solo del estado inicial y final del sistema, y no del camino seguido. Para el trabajo el camino recorrido entre el estado inicial y final del sistema, afecta a su valor, de forma que varía según la transformación sea reversible o irreversible. Luego el trabajo no es función de estado.

1. Transformación reversible

En una transformación ideal en la que se pase de un estado 1 a un estado 2, a través de sucesivos estados de equilibrio, de manera que en cada estado de equilibrio la p exterior sea igual a la p interior, el trabajo realizado puede expresarse como:

$$w = -\int_1^2 p_{ext}\, dV$$

$$w_{rev} = -\int_1^2 p_{ext}\, dV = -\int_1^2 p_{int}\, dV = -\int_1^2 (nRT/V)\, dV = -nRT \int_1^2 (dV/V)$$

Luego $\quad w_{rev} = -nRT \ln(V_2/V_1)$

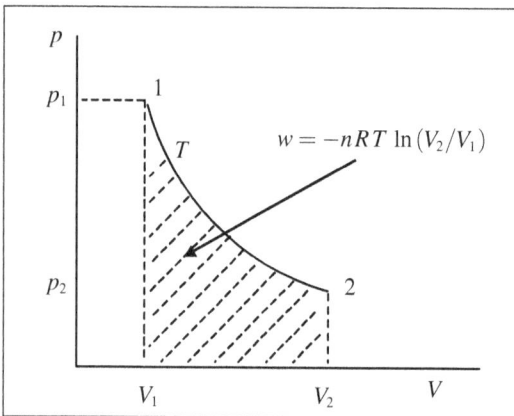

Fig. 4.4

Por la ecuación de los gases ideales, se tiene que:
$V_2 = nRT/p_2$

Luego, sustituyendo el valor de V_2 en la expresión anterior obtenida, se tiene:

$$w_{rev} = -nRT \ln(p_1/p_2)$$

La representación gráfica de la presión en ordenadas frente al volumen en abcisas está determinada por el área cerrada bajo la curva siguiente (Fig. 4.4).

2. Transformación irreversible

Pueden seguirse dos caminos distintos para la expansión de un gas ideal, que se estudian a continuación.

Camino 1: Las condiciones de equilibrio $p_1\, V_1\, T$ pasan a $p_2\, V_2\, T$ de manera que en primer lugar se mantenga constante el volumen, siendo $p_2 < p_1$ y en segundo lugar se mantiene constante la presión, siendo $V_2 > V_1$.

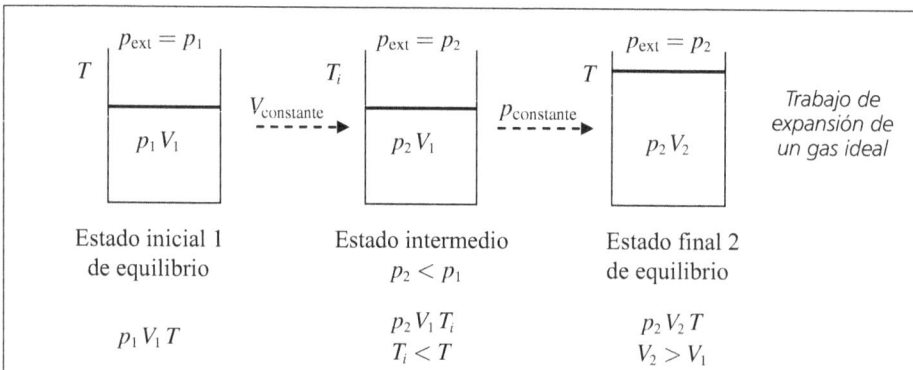

Fig. 4.5.

Según la ley de los gases ideales, entre el estado de equilibrio inicial 1 y el estado intermedio en que $p_2 < p_1$, se cumple que:

$$\frac{p_1 V_1}{T} = \frac{p_2 V_1}{T_i}$$

Por lo que T_i será inferior a T, el gas se enfría y no se realiza trabajo, pues $dV = 0$.

$$w_{\text{irreversible}} = -\int_1^2 p_{\text{ext}}\, dV = -p_2 \int_1^2 dV = -p_2(V_2 - V_1) = -(nRT/V_2)(V_2 - V_1)$$

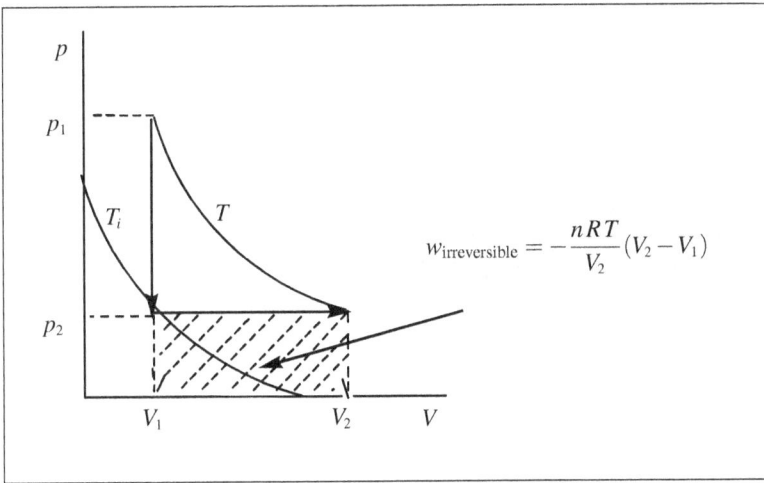

Fig. 4.6.

Camino 2: Las condiciones de equilibrio $p_1 V_1 T$ pasan a $p_2 V_2 T$, de manera que en primer lugar se mantenga constante la presión, siendo $V_2 > V_1$, y después se mantiene constante el volumen, siendo $p_2 < p_1$.

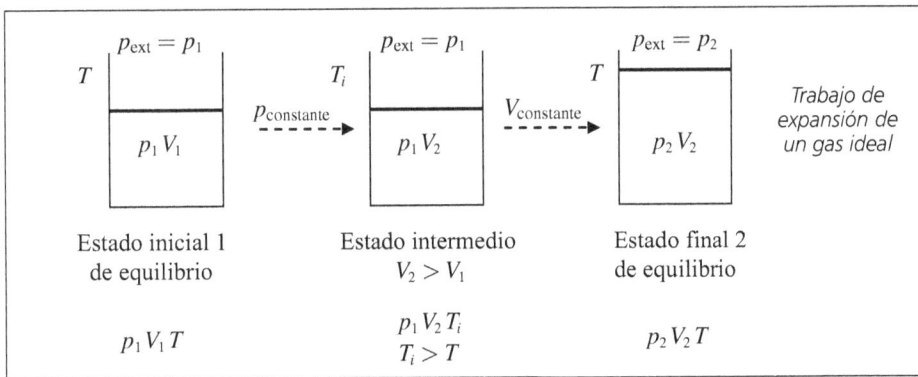

Fig. 4.7

Según la ley de los gases ideales, entre el estado de equilibrio inicial 1 y el estado intermedio, en que $V_2 > V_1$, se cumple que:

$$\frac{p_1 V_1}{T} = \frac{p_1 V_2}{T_i}$$

Por lo que T_i será superior a T, el gas se calienta y el volumen aumenta de V_1 a V_2.

$$w_{\text{irreversible}} = -\int_1^2 p_{\text{ext}}\, dV = -\int_1^2 p_1\, dV = -p_1(V_2 - V_1) = -(nRT/V_1)(V_2 - V_1)$$

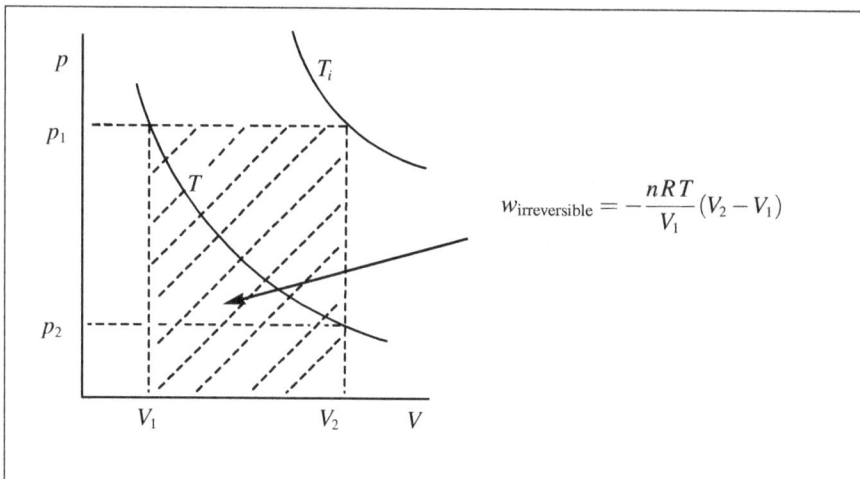

$$w_{\text{irreversible}} = -\frac{nRT}{V_1}(V_2 - V_1)$$

Fig. 4.8

El trabajo realizado por el sistema depende del camino que se sigue para desarrollarlo, por lo que *no es una función de estado* y se ha averiguado que en valor absoluto se cumple que:

$$|w_{\text{irreversible}}\,2| > |w_{\text{reversible}}| > |w_{\text{irreversible}}\,1|$$

Resumiendo, para el *trabajo de expansión* en que $p_{\text{interna}} > p_{\text{externa}}$, se tiene:

$$w_{\text{reversible}} = -\int_1^2 p_{\text{ext}}\, dV = -\int_1^2 p_{\text{int}}\, dV \quad \text{isotérmico reversible}$$

$$w_{\text{irreversible}} = -\int_1^2 p_{\text{ext}}\, dV > -\int_1^2 p_{\text{int}}\, dV = w_{\text{reversible}} \quad \text{isotérmico irreversible}$$

$$w_{\text{irreversible}} > w_{\text{reversible}} \quad |w_{\text{irreversible}}| < |w_{\text{reversible}}|$$

Unidad de trabajo: J (joule) $= N \cdot m$

$$0{,}082 \text{ atm L} = 8{,}314 \text{ J} \quad \Rightarrow \quad 1 \text{ atm L} = 101{,}4 \text{ J}$$

$$0{,}082 \text{ atm L} = 1{,}987 \text{ cal}; \quad 1{,}987 \text{ cal} = 8{,}314 \text{ J} \quad \Rightarrow \quad 1 \text{ J} = 0{,}239 \text{ cal}$$

4.4 Primer principio de termodinámica

La realización de un trabajo y la absorción o desprendimiento de calor implican cambios en la energía del sistema y de sus alrededores. Al estudiar la energía de un sistema, se usa el concepto de energía interna y la relación de esta magnitud con el calor y el trabajo.

Aunque el sistema puede intercambiar energía en forma de trabajo o de calor con el exterior, la energía del universo permanece constante.

El primer principio de la termodinámica se puede enunciar como el principio de la conservación de la energía: "la energía no puede ser creada ni destruida, sólo puede transformarse".

4.4.1 Energía interna $(E)(U)$

Cuando a un sistema se le adiciona una cierta cantidad de calor (q) y sobre el sistema se realiza un trabajo (w), la cantidad de energía añadida al sistema es la suma de ambos $(q + w)$ y es la variación de energía interna $(\Delta U$ o $\Delta E)$.

$$\Delta E = q + w \qquad \begin{array}{ll} q > 0 & \text{(calor de los alrededores al sistema)} \\ w > 0 & \text{(trabajo sobre el sistema)} \end{array}$$

Para un sistema aislado que no intercambia ni calor ni trabajo con los alrededores, se puede afirmar que la energía permanece constante.

$$\Delta E_{\text{sistema aislado}} = 0$$

La variación de energía en el universo es: $\Delta E = 0$

$$\text{Luego:} \quad \Delta E_{\text{sistema}} + \Delta E_{\text{alrededor}} = 0 \qquad \Delta E_{\text{sistema}} = -\Delta E_{\text{alrededor}}$$

La energía interna es una función de estado, es decir, que si un sistema pasa del estado 1 al estado 2 por diferentes trayectorias, la variación de energía interna será la misma.

Para comprobarlo, supongamos que un sistema pasa del estado 1 al 2 por el camino 1 y después pasa de nuevo al estado 1 por el camino 2 según el esquema siguiente:

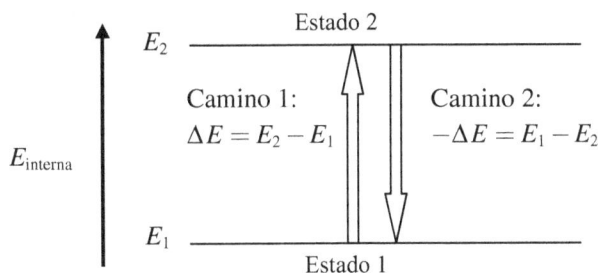

$$\text{Estado 1}(E_1) \quad \xrightarrow{\Delta E} \quad \text{Estado 2}(E_2) \quad \xrightarrow{-\Delta E} \quad \text{Estado 1}(E_1)$$

$$\Delta E_{\text{total}} = (E_2 - E_1) + (E_1 - E_2) = \Delta E(\text{camino 1}) = -\Delta E(\text{camino 2}) = 0$$

Cuando un sistema químico absorbe calor $(+q)$, positivo para el sistema, y realiza un trabajo $(-w)$, negativo para el sistema, la energía interna se puede expresar como:

$$\Delta E = q_{\text{absorbido}} - w_{\text{realizado}}$$

Como el trabajo es: $w = p\Delta V$, la ecuación anterior se convierte en:

$$\Delta E = q - p\Delta V$$

Si un sistema de reacción tiene lugar a volumen constante (en un recipiente cerrado en el que se encuentran reactivos y productos), la variación de energía interna es igual al calor a volumen constante (q_v).

$$\Delta E = q_v \qquad \text{pues} \quad \Delta V = 0 \quad \text{y} \quad p\Delta V = 0$$

☐ Ejemplo práctico 6

Una mezcla de gasolina y aire se quema en un motor. La mezcla de combustión realiza un trabajo de 32 J contra el pistón. Además hay una pérdida de calor de 83,5 J debida a diferencias de temperatura. Calculad la variación de energía interna de la mezcla de combustión.

$$\Delta E = q + w \quad q = -83,5 \text{ J} \qquad \text{(calor perdido por el sistema de combustión)}$$
$$w = -32 \text{ J} \qquad \text{(trabajo realizado por el sistema de combustión)}$$
$$\Delta E = -83,5 - 32 = -115,5 \text{ J} \quad \text{(energía perdida por el sistema)}$$

■ Ejemplo práctico 7

Cuando 1 mol de agua líquida pasa a estado vapor a la temperatura de $100°$ C y a la presión de 1 atm, absorbe 40,88 kJ de calor. Sabiendo que la densidad del agua líquida es de $0,9584$ g cm^{-3} y la densidad del vapor de agua es de $0,5782 \cdot 10^{-3}$ g cm^{-3}, calculad la variación de energía interna del sistema de vaporización.

Proceso de vaporización: $\quad H_2O \text{ (l)} \longrightarrow H_2O \text{ (g)}$

$$\Delta E = q + w \quad w = -p\Delta V \quad \text{(realiza un trabajo el sistema, luego es negativo)}$$
$$\Delta E = q - w = q - p\Delta V = q - p(V_{\text{agua gas}} - V_{\text{agua líquida}})$$

$$d(\text{densidad}) = m(\text{masa molar})/V(\text{volumen molar}) \quad V = m/d$$

$H_2O \text{ (l)}: \quad V = (18 \text{ g mol}^{-1})/(0,9584 \text{ g cm}^{-3}) = 18,8 \text{ cm}^3 \text{ mol}^{-1} = 0,0188 \text{ L mol}^{-1}$

$H_2O \text{ (g)}: \quad V = (18 \text{ g mol}^{-1})/(0,5782 \cdot 10^{-3} \text{ g cm}^{-3}) = 31,13 \cdot 10^3 \text{ cm}^3 \text{ mol}^{-1} = 31,13 \text{ L mol}^{-1}$

$$w = -p\Delta V = -(1 \text{ atm}) \cdot (31,13 \text{ L mol}^{-1} - 0,0188 \text{ L mol}^{-1}) = -31,1112 \text{ atm L mol}^{-1}$$

$$(-31,1112 \text{ atm L mol}^{-1}) \cdot (8,314 \text{ J mol}^{-1}/0,082 \text{ atm L mol}^{-1}) = -3154,37 \text{ J} = -3,154 \text{ kJ}$$

$$\Delta E = q + w = 40,88 \text{ kJ} - 3,154 \text{ kJ} = 37,726 \text{ kJ}$$

4.4.2 Entalpía (H) y variación de entalpía estándar ($\Delta H°$)

Si se consideran los reactivos de una reacción química como el estado inicial y los productos como el estado final se puede expresar:

$$\text{(estado inicial 1)} \quad \textit{Reactivos} \longrightarrow \textit{Productos} \quad \text{(estado final 2)}$$

La energía interna de la reacción es: $\Delta E = E_f - E_i = q_{\text{reacción}} + w$

El trabajo de reacción realizado es: $w_{\text{realizado}} = -p\Delta V$ Luego: $\Delta E = q - p\Delta V$

Si la reacción tiene lugar a presión constante, se tiene que: $\Delta E = q_p - p\Delta V$.

Siendo q_p el calor de reacción a p constante.

Luego, la expresión anterior se convierte en: $q_p = \Delta E + p\Delta V$

El calor de reacción a presión constante (q_p), que depende de las magnitudes E, p y V, que son funciones de estado, será también función de estado y recibe el nombre de *entalpía*, H, y sus unidades son las de la energía.

$$\Delta H = \Delta E + p\Delta V \qquad \text{Luego} \quad \Delta H = q_p$$

La variación de entalpía, ΔH, para un proceso entre el estado inicial y el estado final cuando la presión no es constante ($p_f \neq p_i$) es:

$$\Delta H = H_f - H_i = (E_f + p_f V_f) - (E_i + p_i V_i) = (E_f - E_i) + (p_f V_f - p_i V_i)$$

$$\Delta H = \Delta E + \Delta(pV)$$

En las reacciones químicas que ocurren a presión constante, el cambio de volumen es muy pequeño y se cumple que $\Delta(pV) = 0$.

$$\text{Luego a} \quad p = \text{cte.} \quad \Rightarrow \quad \Delta H \approx \Delta E \quad \Rightarrow \quad q_p \approx q_v$$

Para una reacción química en que los reactivos y productos son gases ideales, se cumple que la variación de entalpía y la variación de energía interna son distintas $\Delta H \neq \Delta E$; el valor de la entalpía es:

$$\Delta H = \Delta E + \Delta(pV) = \Delta E + \Delta(nRT)$$

$$A \quad T = \text{cte.} \quad \Delta H = \Delta E + \Delta nRT \quad \text{o bien} \quad q_p = q_v + \Delta nRT$$

Cuando la variación de entalpía es positiva, $\Delta H > 0$, la reacción es endotérmica (necesita calor), y cuando la variación de entalpía es negativa, $\Delta H < 0$, la reacción es exotérmica (desprende calor).

Variación de entalpía en estado estándar ($\Delta H°$)

La variación de entalpía estándar ($\Delta H°$) es la variación de entalpía de una reacción en que los reactivos y los productos están en sus estados estándar.

El estado estándar de una sustancia es el compuesto en estado puro a la presión de *1 bar* o 10^5 Pa (pascal) y a la temperatura de interés. Aunque la temperatura no forma parte de la definición del estado estándar, hay que especificarla cuando se tratan $\Delta H°$, ya que ΔH depende de la temperatura. La temperatura que generalmente se fija como estándar es $25°$ C que equivale a 298 K.[*]

4.4.3 Entalpía de formación y entalpía de reacción

La *entalpía de formación estándar* es el valor de $\Delta H_f°$ para la reacción en que 1 mol de sustancia se forma a partir de sus elementos en sus estados estándar y en sus formas más estables. Las formas más estables de los elementos en estado estándar se dan a la presión de *1 bar* ($\approx$ 1 atm) y a una temperatura dada, generalmente de 298 K.

Por definición, las entalpías de formación estándar de los elementos puros en sus formas más estables se les da el valor cero.

Las formas más estables de algunos elementos y sus entalpías son:

Elemento estable	Entalpía estándar de formación $\Delta H_f°$ a 298 K
O_2 (g)	0
Na (s)	0
N_2 (g)	0
H_2 (g)	0
Br (l)	0
C (s) (grafito)	0
P (s) (blanco)	0

Cuando un elemento puede encontrarse en dos o más formas estables, se elige como forma de referencia la más estable (excepto en el fósforo).

Br (l) $\longrightarrow$ Br (g)	$\Delta H_f° = 30{,}91$ kJ mol^{-1}
P (s) (blanco) $\longrightarrow$ P (s) (rojo)	$\Delta H_f° = -17{,}6$ kJ mol^{-1}

Reacciones y entalpías de formación estándar a 298 K de algunos compuestos:

C (grafito) $+ O_2$ (g) $\longrightarrow$ CO_2 (g)	$\Delta H_f° = -393$ kJ mol^{-1}
2 C (grafito) $+ H_2$ (g) $\longrightarrow$ C_2H_2 (g)	$\Delta H_f° = +226{,}7$ kJ mol^{-1}
H_2 (g) $+ \frac{1}{2} O_2$ (g) $\longrightarrow$ H_2O (g)	$\Delta H_f° = -241{,}8$ kJ mol^{-1}
H_2 (g) $+ \frac{1}{2} O_2$ (g) $\longrightarrow$ H_2O (l)	$\Delta H_f° = -285{,}8$ kJ mol^{-1}
$\frac{1}{2} N_2$ (g) $+ \frac{1}{2} O_2$ (g) $\longrightarrow$ NO (g)	$\Delta H_f° = +90{,}25$ kJ mol^{-1}
S (s) $+ O_2$ (g) $\longrightarrow$ SO_2 (g)	$\Delta H_f° = -296{,}8$ kJ mol^{-1}

---

[*] En algunos datos y tablas de libros aún se utiliza la presión de 1 atm como valor estándar. La diferencia de estos valores con los de la presión en *bar* es muy pequeña y despreciable.

4.4.4 Ley de Hess. Determinación indirecta de la entalpía de reacción

La entalpía es función de estado, por lo que si una reacción química tiene lugar a presión constante y se realiza en varias etapas, la entalpía de la reacción global es igual a la suma de las entalpías de cada etapa individual.

En general: $\Delta H_R^\circ = \sum \Delta H_{\text{productos}}^\circ - \sum \Delta H_{\text{reactivos}}^\circ$ *ley de Hess*

Además de cumplir la ley de Hess, las variaciones de entalpía cumplen las siguientes características.

1. *La ΔH es directamente proporcional a las cantidades de sustancias de un sistema.*

   Para la reacción: N_2 (g) $+ O_2$ (g) $\longrightarrow$ 2 NO (g) $\Delta H = 180,5$ kJ

   Pero la ΔH debe expresarse respecto a 1 mol de NO (g) luego la reacción se divide por 2:

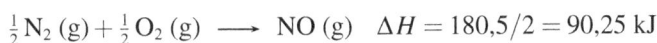

   $$\tfrac{1}{2} N_2 \text{ (g)} + \tfrac{1}{2} O_2 \text{ (g)} \longrightarrow NO \text{ (g)} \quad \Delta H = 180,5/2 = 90,25 \text{ kJ}$$

2. *La ΔH cambia su signo cuando el proceso se invierte.*

   Para la descomposición de 1 mol de NO (g), la entalpía de la reacción es negativa:

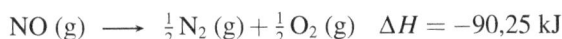

   $$NO \text{ (g)} \longrightarrow \tfrac{1}{2} N_2 \text{ (g)} + \tfrac{1}{2} O_2 \text{ (g)} \quad \Delta H = -90,25 \text{ kJ}$$

☐ **Ejemplo práctico 8**

Calculad la variación de la entalpía de formación del NO_2 (g) a partir de sus componentes, N_2 (g) y O_2 (g), conociendo las variaciones de entalpía de las reacciones siguientes:

$$\tfrac{1}{2} N_2 \text{ (g)} + \tfrac{1}{2} O_2 \text{ (g)} \longrightarrow NO \text{ (g)} \quad \Delta H_1 = +90,25 \text{ kJ}$$

$$NO \text{ (g)} + \tfrac{1}{2} O_2 \text{ (g)} \longrightarrow NO_2 \text{ (g)} \quad \Delta H_2 = -57,07 \text{ kJ}$$

La suma de ambas reacciones elimina el término NO (g) dando la reacción y su entalpía:

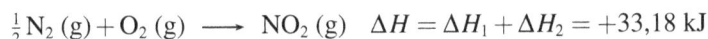

$$\tfrac{1}{2} N_2 \text{ (g)} + O_2 \text{ (g)} \longrightarrow NO_2 \text{ (g)} \quad \Delta H = \Delta H_1 + \Delta H_2 = +33,18 \text{ kJ}$$

☐ **Ejemplo práctico 9**

Calculad la variación de entalpía estándar a 298 K para la reacción:

$$CCl_4 \text{ (l)} + 2 H_2O \text{ (l)} \longrightarrow CO_2 \text{ (g)} + 4 HCl \text{ (g)}$$

Sabiendo que las entalpías estándar de formación a 298 K para los compuestos que participan en la reacción valen:

$$\Delta H_f^\circ \text{ (CCl}_4 \text{ (l))} = -100,3 \text{ kJ mol}^{-1}$$

$$\Delta H_f^\circ \text{ (H}_2\text{O (l))} = -285,5 \text{ kJ mol}^{-1}$$

$$\Delta H_f^\circ \text{ (CO}_2 \text{ (g))} = -393,5 \text{ kJ mol}^{-1}$$

$$\Delta H_f^\circ \text{ (HCl (g))} = -92,31 \text{ kJ mol}^{-1}$$

$$\Delta H_R^\circ = \sum \Delta H_{f\,(\text{productos})}^\circ - \sum \Delta H_{f\,(\text{reactivos})}^\circ$$

$$\Delta H_R^\circ = \left[\Delta H_f^\circ\,(CO_2) + 4\,\Delta H_f^\circ\,(HCl)\right] - \left[\Delta H_f^\circ\,(CCl_4) + 2\,\Delta H_f^\circ\,(H_2O)\right]$$

$$\Delta H_R^\circ = [-393{,}5 + 4 \cdot (-92{,}31)] - [-100{,}3 + 2 \cdot (-285{,}5)] = -91{,}44 \text{ kJ}$$

4.4.5 Capacidades caloríficas molares a presión constante (C_p) y a volumen constante (C_v)

En un apartado anterior ya se definió la capacidad calorífica como la cantidad de calor que se ha de suministrar a 1 mol de sustancia para que su temperatura se eleve 1 grado Kelvin.

Como el calor es función de estado y depende del camino seguido, se utilizan dos tipos de capacidades caloríficas:

$$C_p = \text{Capacidad calorífica molar a } p = \text{constante}$$
$$C_v = \text{Capacidad calorífica molar a } V = \text{constante}$$

Unidades: $\text{J mol}^{-1}\,\text{K}^{-1}$ o bien $\text{cal mol}^{-1}\,\text{K}^{-1}$

Se sabe (apartado 4.3.1) que: $q = m\,C_e\,\Delta T = C\,\Delta T$ para 1 mol

Para n moles, la ecuación anterior se transforma en: $q = n\,C\,\Delta T$

En un cambio infinitesimal de temperatura (dT): $q = n \displaystyle\int_1^2 C\,dT$ C: capacidad calorífica

Si la presión $p = \text{cte}$ $\Rightarrow$ $q_p = n \displaystyle\int_1^2 C_p\,dT$ como $q_p = dH$ $\Rightarrow$ $dH = n \displaystyle\int_1^2 C_p\,dT$

Si el volumen $V = \text{cte}$ $\Rightarrow$ $q_v = n \displaystyle\int_1^2 C_v\,dT$ como $q_v = dE$ $\Rightarrow$ $dE = n \displaystyle\int_1^2 C_v\,dT$

Si C_p y C_v no dependen de la temperatura, se tiene:

$$\Delta H = n\,C_p\,\Delta T = n\,C_p\,(T_2 - T_1) \qquad \Delta E = n\,C_v\,\Delta T = n\,C_v\,(T_2 - T_1)$$

Relación entre C_p y C_v

La relación entre ΔH y ΔE se expresa según la ecuación: $\Delta H = \Delta E + \Delta(pV)$ (siendo $n = 1$)

Dividiendo dicha ecuación por ΔT se tiene:

Para 1 mol: $\dfrac{\Delta H}{\Delta T} = \dfrac{\Delta E}{\Delta T} + \dfrac{\Delta(pV)}{\Delta T}$

Para un sólido y un líquido, el cociente $\dfrac{\Delta(pV)}{\Delta T}$ es muy pequeño y despreciable.

Luego será: $C_p = C_v$

Mientras que para los gases ideales, en que $pV = RT$ para 1 mol de gas, será:

$$C_p = C_v + R$$

o lo que es lo mismo: $C_p - C_v = R$ (R: constante de los gases): $8,314 \text{ J K}^{-1} \text{mol}^{-1}$

Para n moles: $C_p = C_v + nR$

4.5 Espontaneidad. Entropía (S). Segundo principio de termodinámica ▬▬

Un *proceso es espontáneo* cuando se deja que el sistema químico evolucione por sí mismo, de manera que una vez que comienza no precisa ninguna acción externa al sistema para que el proceso continúe. *El proceso no espontáneo es el proceso inverso.*

Se aceptó en un principio que las reacciones espontáneas siempre poseen valores de ΔH negativos (reacciones exotérmicas), pero no es cierto en algunos casos. Igualmente ocurre con determinados procesos espontáneos en que el valor de ΔH es positivo (reacciones endotérmicas).

Ejemplos de procesos espontáneos de entalpía positiva:

a) Fusión del hielo a temperatura ambiente. $\Delta H > 0$

b) $\text{Ag (s)} + \frac{1}{2}\,\text{Hg}_2\text{Cl}_2 \text{ (s)} \longrightarrow \text{AgCl (s)} + \text{Hg (l)} \quad \Delta H = +5,36 \text{ kJ mol}^{-1}\ (20°\,\text{C})$

c) Evaporación del éter dietílico líquido en condiciones normales. $\Delta H > 0$

Se observa que la entalpía no debe ser la única función termodinámica que condiciona el criterio de cambio espontáneo. De ahí que se tuviera en cuenta otra función, como la entropía.

Concepto de entropía (S)

"Todos los sistemas aislados tienden a un desorden máximo" y cualquier proceso espontáneo que se presente en un sistema aislado está acompañado por un aumento del desorden. El grado de desorden cuantitativamente medido se denomina *entropía.*

Debido a que el universo es un sistema aislado cualquier cambio que se presente en él va acompañado por un aumento del desorden y de caos.

El criterio para el cambio espontáneo debe basarse en el cambio de entropía del sistema y el cambio de entropía de los alrededores.

$$\Delta S_{\text{universo}} = \Delta S_{\text{total}} = \Delta S_{\text{sistema}} + \Delta S_{\text{alrededores}}$$

Esta ecuación proporciona el criterio básico para el cambio espontáneo:

$$\Delta S_{\text{universo}} = \Delta S_{\text{sistema}} + \Delta S_{\text{alrededores}} > 0$$

Segundo principio de termodinámica: "Todos los procesos espontáneos producen un aumento de la entropía del universo".

$$\Delta S_{\text{universo}} > 0.$$

Cuando en un sistema la temperatura aumenta, el desorden molecular o caos aumenta, lo que implica un aumento de la entropía del sistema. Luego la entropía de una sustancia por encima de los cero grados Kelvin siempre es positiva.

La entropía (S) es una función de estado como la energía interna (E) y la entalpía (H), por lo que depende del estado inicial y final del sistema y no del camino recorrido. Toma un valor único para cada sistema en el que se haya establecido la presión, la temperatura y la composición de los reactivos.

Por ejemplo, la congelación del agua es espontánea por debajo de $0°\text{C}$, porque la entropía de los alrededores aumenta más de lo que disminuye la entropía del sistema y el proceso produce cambios positivos de la entropía total.

Los cambios de entropía en los sistemas aislados pueden ser *reversibles e irreversibles*.

El *proceso reversible* es aquel cuya dirección se puede invertir con solo un cambio infinitesimal de alguna propiedad del sistema (matemáticamente, signos contrarios y valores iguales).

Por lo que: $\Delta S_{\text{sistema}} = -\Delta S_{\text{alrededores}}$

Por lo que: $\Delta S_{\text{universo}} = \Delta S_{\text{sistema}} - \Delta S_{\text{alrededores}}$ se tiene: $\qquad \Delta S_{\text{universo}} = 0$

El *proceso irreversible* es el que tiene lugar en una sola dirección (proceso espontáneo) de manera que en valor absoluto se tiene la expresión:

$$\Delta S_{\text{sistema}} > \Delta S_{\text{alrededores}}$$

Como $\Delta S_{\text{alrededores}}$ es negativa para el sistema: $\Delta S_{\text{sistema}} > -\Delta S_{\text{alrededores}}$

Se tiene: $\Delta S_{\text{universo}} = \Delta S_{\text{sistema}} - \Delta S_{\text{alrededores}} > 0$. La entropía del universo aumenta: $\qquad \Delta S_{\text{universo}} > 0$

El cambio de entropía del sistema (ΔS) está relacionado con el calor y la temperatura, que son magnitudes que pueden medirse según la expresión:

$$\Delta S = \frac{q_{\text{rev}}}{T} \qquad \begin{array}{l} T\text{: temperatura en grados Kelvin} \\ q_{\text{rev}}\text{: calor reversible} \\ \text{unidad de } \Delta S : \text{J K}^{-1} \end{array}$$

Si se produce un cambio infinitesimal de la entropía del sistema, dS, por ejemplo en un proceso lento en que dq es reversible, se tiene:

$$\Delta S = \int_{1}^{2} (d\, q_{\text{rev}}/T) \qquad dq_{\text{rev}} \text{ : proceso lento}$$

a) Para un proceso de *expansión isotérmica de un gas ideal*, la entropía es:

$$\Delta S = \frac{q_{\text{rev}}}{T} \qquad T = \text{constante}$$

Si la temperatura es constante, $T = \text{cte}$ $\Rightarrow$ $E = \text{constante}$ $\Rightarrow$ $\Delta E = 0$

Debido a que: $\Delta E = q + w_{\text{realizado}}$ ($w_{\text{realizado}}$ por el sistema es siempre negativo para el sistema)

Se puede escribir la ecuación: $\Delta E = q - w_{\text{realizado}} = 0$ $\Rightarrow$ $q = w_{\text{realizado}}$

Si el proceso es reversible: $q_{\text{rev}} = w_{\text{rev}} = \displaystyle\int_1^2 p\, dV = nRT \int_1^2 (dV/V)$

$$\text{Luego:} \quad q_{\text{rev}} = nRT \ln \frac{V_2}{V_1}$$

Para la variación de entropía del sistema se obtiene la expresión:

$$\Delta S = \frac{nRT \ln(V_2/V_1)}{T} = nR \ln \frac{V_2}{V_1}$$

b) Para un proceso a *presión constante* ($p = \text{cte}$) donde varía la temperatura, el calor reversible es:

$$q_{\text{rev}(p)} = nC_p\, dT = \Delta H \qquad C_p : \quad \text{capacidad calorífica a presión constante}$$
$$\text{independiente de la temperatura}$$

La variación de entropía del sistema es: $\Delta S_{\text{sist}} = \displaystyle\int_1^2 (nC_p\, dT/T)$

Luego resolviendo la integral:

$$\Delta S_{\text{sist}} = nC_p \ln \frac{T_2}{T_1}$$

c) Para un proceso a *volumen constante* ($V = \text{cte}$) en el que la temperatura cambia, el calor reversible es:

$$q_{\text{rev}(V)} = nC_v\, dT = \Delta E \qquad C_v : \quad \text{capacidad calorífica a volumen constante}$$
$$\text{independiente de la temperatura}$$

La variación de entropía del sistema es: $\Delta S_{\text{sist}} = \displaystyle\int_1^2 (nC_v\, dT/T)$

Luego resolviendo la integral:

$$\Delta S_{\text{sist}} = nC_v \ln \frac{T_2}{T_1}$$

d) Para un proceso en que existe equilibrio entre dos fases, el intercambio de calor puede realizarse de forma reversible y la cantidad de calor es igual al cambio de entalpía para la transición. En estos casos, el valor de la entropía es:

$$\Delta S_{\text{transición}} = \frac{\Delta H_{\text{transición}}}{T_{\text{transición}}}$$

La transición puede ser una fusión de sólido a líquido o bien una vaporización de líquido a vapor.

☐ **Ejemplo práctico 10**

Calculad la entropía molar estándar de vaporización del agua sabiendo que su entalpía molar estándar de vaporización es $40{,}68 \text{ kJ mol}^{-1}$.

Temperatura de ebullición del agua: $100°\text{C}$

$$\text{H}_2\text{O (l)} \rightleftarrows \text{H}_2\text{O (g)} \qquad \Delta H_{\text{vap}}^\circ = 40{,}68 \text{ kJ mol}^{-1} \text{ (1 atm)}$$

$$\Delta S_{\text{vap}}^\circ = \frac{\Delta H_{\text{vap}}^\circ}{T_{\text{eb}}} = \frac{40{,}68 \text{ kJ mol}^{-1}}{373 \text{ K}} = 0{,}109 \text{ kJ mol}^{-1} \text{K}^{-1}$$

4.6 Entropía absoluta. Tercer principio de termodinámica

Cuando una sustancia está en su estado de energía más bajo posible o *punto cero de energía*, la entropía de la sustancia alcanza el valor *absoluto* y se toma el valor de entropía cero para ese estado.

A la temperatura del cero absoluto (0 K) existe un orden perfecto.

Tercer principio de termodinámica: "La entropía de los cristales perfectos de todos los elementos y compuestos puros es cero a la temperatura del cero absoluto".

Este principio permite atribuir una entropía absoluta a todas las sustancias a cualquier temperatura.

El valor de la entropía obtenida al calentar 1 mol de una sustancia pura a presión constante desde 0 K hasta una temperatura $T (S_T)$ corresponde a la sustancia gaseosa y es la suma de las entropías de los procesos seguidos.

$$\text{(sólido) } 0 \text{ K} \xrightarrow[\substack{\text{calentamiento} \\ \text{del sólido}}]{} T_{\text{fusión}} \xrightarrow[\substack{\text{calentamiento} \\ \text{del líquido}}]{} T_{\text{ebullición}} \xrightarrow[\substack{\text{calentamiento} \\ \text{del gas}}]{} T \text{ (gas)}$$

$$\Delta S = S_T - S_0 = S_T - 0 = \int_{0\text{ K}}^{T_f} (C_p \text{ sólido}/T)\, dT + \Delta H_f/T_f + \int_{T_f}^{T_{eb}} (C_p \text{ líquido}/T)\, dT +$$

$$+ \Delta H_{eb}/T_{eb} + \int_{T_{eb}}^{T} (C_p \text{ gas}/T)\, dT$$

La entropía molar estándar S° es la entropía absoluta de 1 mol de sustancia en su estado estándar (estos valores se encuentran en tablas a la temperatura de $25°\text{C}$). La entropía es función de estado. Luego:

$$\Delta S^\circ = \sum S_{\text{productos}}^\circ - \sum S_{\text{reactivos}}^\circ$$

☐ **Ejemplo práctico 11**

Calculad la variación de entropía a 298 K para la siguiente reacción de obtención de amoníaco:

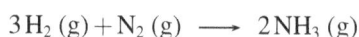

$$3\,\text{H}_2 \text{ (g)} + \text{N}_2 \text{ (g)} \longrightarrow 2\,\text{NH}_3 \text{ (g)}$$

Las entropías absolutas estándar $(S°)$ en la unidad $J\,mol^{-1}\,K^{-1}$ son: H_2 (g) $= 130,6$; N_2 (g) $= 191,5$ y NH_3 (g) $= 192,5$.

$$\Delta S° = 2\,S° \,(NH_3) - 3\,S° \,(H_2) - S° \,(N_2) = 2 \cdot 192,5 - 3 \cdot 130,6 - 191,5 = -98,3 \; J\,K^{-1}$$

Para comprobar el cálculo, se puede aplicar un razonamiento *cualitativo*. Como 4 moles de reactivos gaseosos dan sólo 2 moles de productos gaseosos, es de esperar que la entropía *disminuya*, es decir $\Delta S°$ debe ser *negativo*.

☐ **Ejemplo práctico 12**

Para la reacción:

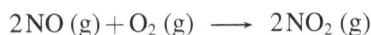

$$2\,NO\,(g) + O_2\,(g) \;\longrightarrow\; 2\,NO_2\,(g)$$

Calculad $\Delta S°$ a 298 K, si el valor de las $S°$ en $J\,mol^{-1}\,K^{-1}$ es: NO_2 (g) $= 240$; NO (g) $= 211$ y O_2 (g) $= 205$.

$$\Delta S° = 2\,S° \,(NO_2) - 2\,S° \,(NO) - S° \,(O_2) = 2 \cdot 240 - 2 \cdot 211 - 205 = -147 \; J\,K^{-1}$$

También en este caso $\Delta S°$ es negativa, ya que partiendo de 3 moles de reactivos gaseosos se obtienen 2 moles de productos gaseosos, luego disminuye el número de moles de la reacción.

4.7 Energía libre de Gibbs (G)

Hasta ahora se ha visto que para un:

$$Proceso\ reversible \;\longrightarrow\; \Delta S_{universo} = 0$$
$$Proceso\ irreversible \;\longrightarrow\; \Delta S_{universo} > 0$$

Tanto en uno como en otro proceso, la entropía es la del universo que es la suma de la entropía del sistema y la entropía de los alrededores. En cualquier proceso químico interesa estudiar el sistema, pues en él la energía y la entropía varían.

Si la espontaneidad se expresara solo en función de las propiedades del sistema, resultaría más práctico. Por ello, es necesario introducir una nueva función termodinámica que relacione la energía y la entropía.

Esta nueva función del sistema es la energía libre de Gibbs (G), que se define mediante la ecuación:

$$G = H - TS \qquad G \text{ es función de estado.}$$

Para un cambio infinitesimal: $dG = dH - d(TS) = dH - \underbrace{T\,dS - S\,dT}_{d(TS)}$

Criterio de *espontaneidad*:

$$dG = \underbrace{dE + d(pV)}_{dH} - T\,dS - S\,dT = \underbrace{dq_{irrev} + dw}_{dE} + \underbrace{p\,dV + V\,dp}_{d(pV)} - T\,dS - S\,dT =$$

$$= dq_{irrev} \underset{w_{realizado}}{- p\,dV} + p\,dV + V\,dp - T\,dS - S\,dT$$

En las reacciones químicas, muchos procesos tienen lugar a presión y temperatura constantes. Luego:

$$\left. \begin{array}{l} dq_p = dH \\ VdP = 0 \\ Sdt = 0 \end{array} \right\} \longrightarrow dG = dH - TdS$$

Para un cambio no infinitesimal a presión y temperatura constantes, se tiene la expresión:

$$\Delta G = \Delta H - T\,\Delta S$$

En las ecuaciones anteriores sobre la energía libre de Gibbs, se aplican en todos los términos las medidas realizadas *sobre el sistema* y se eliminan las referencias a los alrededores del sistema.

Teniendo en cuenta que el calor en los alrededores es opuesto al del sistema y que la entalpía es el calor a presión constante:

$$q_{\text{alrededores}} = -q_p = -\Delta H_{\text{sistema}}.$$

Si el calor es reversible entre el sistema y los alrededores, es decir, hay un cambio infinitesimal en la temperatura:

$$\Delta S_{\text{alrededores}} = -\Delta H_{\text{sistema}}/T.$$

Sustituyendo este valor en la ecuación:

$$\Delta S_{\text{universo}} = \Delta S_{\text{sistema}} + \Delta S_{\text{alrededores}}.$$

Y multiplicando por T:

$$T\,\Delta S_{\text{universo}} = T\,\Delta S_{\text{sistema}} - \Delta H_{\text{sistema}} = -(\Delta H_{\text{sistema}} - T\,\Delta S_{\text{sistema}})$$

Cambiando los signos se obtiene:

$$-T\,\Delta S_{\text{universo}} = \Delta H_{\text{sistema}} - T\,\Delta S_{\text{sistema}}$$

Comparamos esta ecuación con:

$$\Delta G = \Delta H - T\,\Delta S$$

Con lo que se deduce que: $\quad \Delta G = -T\,\Delta S_{\text{universo}}$

Como ΔG es negativo, cuando $\Delta S_{\text{universo}}$ es positivo, se tiene el criterio final para un cambio espontáneo basado en las propiedades del sistema.

Para un proceso que tiene lugar a temperatura y presión constantes, se puede afirmar que:

Proceso reversible o en equilibrio: $\quad \Delta G = 0$
Proceso irreversible espontáneo: $\quad \Delta G < 0$
Proceso irreversible no espontáneo: $\quad \Delta G > 0$

Las unidades de G son las de la energía: J (joule).

La variación de la energía de Gibbs estándar, $\Delta G°$, es la variación de G para una reacción en la que se forma una sustancia en su estado estándar a partir de sus elementos en su forma física de referencia y en el estado estándar.

El valor para las energías de formación, $\Delta G°_{formación}$, es cero para los elementos en sus formas de referencia a la presión de 1 bar ($\approx$ 1 atm).

En condiciones estándar: $\Delta G° = \Delta H° - T \Delta S°$

La energía libre, G, es función de estado y, como la entalpía y la entropía, depende del estado inicial y final del sistema, no del camino recorrido.

$$\Delta G° = \sum \Delta G°_{productos} - \sum \Delta G°_{reactivos}$$

Ejemplo práctico 13

¿A qué temperatura la vaporización de 1 mol de H_2O será espontánea? Se sabe que los valores de la entalpía y de la entropía de vaporización para el sistema son: $\Delta H_{vap} = 40,086$ kJ mol^{-1}, $\Delta S_{vap} = 107,47$ J mol^{-1} K^{-1}.

Proceso de vaporización: H_2O (l) $\longrightarrow$ H_2O (vap)

Cuando el proceso es espontáneo: $\Delta G < 0$.

La ecuación de la energía libre es: $\Delta G = \Delta H - T \Delta S$ $\Rightarrow$ $\Delta H_{vap} - T \Delta S_{vap} < 0$.

$$(40.086 \text{ J mol}^{-1}) - T \cdot (107,45 \text{ J mol}^{-1} \text{K}^{-1}) < 0 \qquad 40.086 < T \cdot (107,47)$$

$40.086/107,47 < T$ $\Rightarrow$ $T > 372,997$ La vaporización será espontánea por encima de 373 K o 100° C.

4.8 El estado de equilibrio. Constante de equilibrio K_c ▬▬▬▬

Existen reacciones químicas que transcurren por completo y que tienen lugar hasta que se agotan todos los reactivos o uno de ellos, como puede ser el caso de la combustión del carbón:

$$C \text{ (s)} + O_2 \text{ (g)} \longrightarrow CO_2 \text{ (g)}$$

Otras reacciones químicas implican un proceso directo y otro inverso. Estas son las reacciones reversibles. *Cuando la reacción directa y la inversa transcurren a igual velocidad, se alcanza el estado de equilibrio, que se estudia mediante la constante de equilibrio.*

La síntesis del yoduro de hidrógeno es una reacción reversible de manera que al mismo tiempo que se forma el **HI** (g):

$$I_2 \text{ (g)} + H_2 \text{ (g)} \longrightarrow 2 HI \text{ (g)}$$

Se descompone mediante la reacción inversa

$$2 HI \text{ (g)} \longleftarrow I_2 \text{ (g)} + H_2 \text{ (g)}$$

Llega un momento en que ambas reacciones transcurren a igual velocidad y entonces se alcanza el equilibrio dinámico, representado por doble flecha:

$$I_2 \, (g) \; \rightleftharpoons \; 2\,HI \, (g)$$

La razón entre las concentraciones de equilibrio en la síntesis del HI (g) tiene un valor constante a la temperatura de $700°\,C$ y es la *constante de equilibrio*.

$$K_c = \frac{[HI]^2}{[I_2]\,[H_2]} = 54{,}7 \qquad K_c : \text{constante de equilibrio de concentraciones}$$
$$\text{expresadas en molaridades (mol dm}^{-3})$$

Aplicando esta expresión para una reacción general en equilibrio tal como:

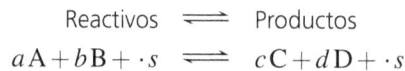

$$\text{Reactivos} \; \rightleftharpoons \; \text{Productos}$$
$$a\,A + b\,B + \cdot s \; \rightleftharpoons \; c\,C + d\,D + \cdot s$$

La expresión de la constante de equilibrio es: $K_c = \dfrac{[\text{Productos}]}{[\text{Reactivos}]}$

Para la reacción general la constante es: $K_c = \dfrac{[C]^c\,[D]^d \cdot s}{[A]^a\,[B]^b \cdot s}$

El valor numérico de la constante K_c depende del tipo de reacción y de la temperatura, y es *adimensional*.

4.8.1 Equilibrio entre gases. Constante de equilibrio K_p

Las concentraciones de una reacción entre gases pueden expresarse en molaridades, igual que en las disoluciones con disolvente líquido, pero los gases también se describen por sus presiones parciales, por lo que la constante de equilibrio para mezclas de gases puede expresarse como K_p, que es la razón que existe entre las presiones parciales de los productos obtenidos en la reacción y de los reactivos que los forman.

$$N_2 \, (g) + \tfrac{1}{2} O_2 \, (g) \; \rightleftharpoons \; 2\,NO \, (g) \qquad K_c = \frac{[NO]^2}{[N_2]\,[O_2]^{1/2}}$$

Utilizando la ley de los gases ideales, $pV = nRT$, para las concentraciones molares de la reacción anterior:

$$[NO] = \frac{n_{NO}}{V} = \frac{p_{NO}}{RT} \qquad [N_2] = \frac{n_{N_2}}{V} = \frac{p_{N_2}}{RT} \qquad [O_2] = \frac{n_{O_2}}{V} = \frac{p_{O_2}}{RT}$$

Sustituyendo estas expresiones para las concentraciones en la constante K_c se obtiene:

$$K_c = \frac{(p_{NO}/RT)^2}{(p_{N_2}/RT)\,(p_{O_2}/RT)^{1/2}} = \frac{(p_{NO})^2}{(p_{N_2})\,(p_{O_2})^{1/2}} \cdot (RT)^{(2-1-1/2)} = K_p \cdot (RT)^{1/2}$$

También se puede expresar la ecuación según: $K_p = K_c \,(RT)^{-1/2}$.

Siendo K_p la razón de presiones parciales de equilibrio en *atmósferas* y siendo el valor numérico de la constante un término adimensional.

Para la reacción general: $a\,A\,(g) + b\,B\,(g) + \cdot s \;\rightleftharpoons\; c\,C\,(g) + d\,D\,(g) + \cdot s$

Se obtiene la expresión: $K_p = K_c\,(RT)^{\Delta n}$ $\Delta n = (c + d + \cdot s) - (a + b + \cdot s)$

$$\Delta n = \sum (\text{moles de los productos}) - \sum (\text{moles de los reactivos})$$

Cuando se da el caso de que los moles de los reactivos y los moles de los productos se igualan:

$$\sum (\text{moles de los reactivos}) = \sum (\text{moles de los productos}) \;\;\Rightarrow\;\; \Delta n = 0$$

Por lo que se obtiene la expresión:

$$K_p = K_c\,(RT)^{\circ} \;\;\Rightarrow\;\; K_p = K_c \quad \text{puesto que matemáticamente} \quad (RT)^{\circ} = 1$$

4.8.2 Modificación de las condiciones de equilibrio. Principio de Le Chatelier

El principio de Le Chatelier dice que: *"Si un factor externo perturba el equilibrio de un sistema de reacción, éste responde tratando de anular el efecto perturbador"*.

Los factores externos al equilibrio pueden ser, un cambio de la temperatura, de la presión o de la concentración de uno de los reactivos. En cualquiera de estos casos el sistema en equilibrio responde, alcanzando un nuevo equilibrio que contrarresta *en parte* el efecto del cambio producido.

1. Efecto sobre el equilibrio de un cambio de concentración

Si esta reacción está en equilibrio: $PCl_5\,(g) \;\rightleftharpoons\; PCl_3\,(g) + Cl_2\,(g)$

Y se le añade una cantidad de $Cl_2\,(g)$, aumentará la concentración de $PCl_5\,(g)$ y el equilibrio se desplazará hacia la izquierda: $\longleftarrow$

El efecto de la adición de $Cl_2\,(g)$ a la mezcla de equilibrio se compensa *parcialmente* cuando se reestablece el equilibrio.

2. Efecto sobre el equilibrio de un cambio de presión o de volumen

Se puede modificar la presión en un equilibrio de gases a temperatura constante en los siguientes casos:

   a) Adicionando o eliminando uno de los reactivos gaseosos del sistema.
   b) Adicionando un gas inerte al sistema a volumen constante.
   c) Modificando la presión mediante un cambio de volumen del sistema.

Si esta reacción está en equilibrio: $2\,NO\,(g) + O_2\,(g) \;\rightleftharpoons\; 2\,NO_2\,(g)$

Y se le aumenta la presión externa, disminuye el volumen de la mezcla de reacción y el equilibrio se desplaza hacia la formación de $NO_2\,(g)$, hacia la derecha: $\longrightarrow$

Si se disminuye la presión externa, aumenta el volumen de la mezcla de reacción y el equilibrio se desplaza hacia la izquierda: $\longleftarrow$

Cuando en la reacción entre gases el número total de moles antes y después del equilibrio es el mismo, el sistema permanece invariable ante un cambio de la presión externa, como en el caso siguiente:

$$I_2\,(g) + H_2\,(g) \rightleftharpoons 2\,HI\,(g)$$

Pues si se aumenta la presión externa, disminuye el volumen de la mezcla, pero el número de moles de los reactivos es 2 y el de HI también es 2. Luego:

$$K_p = K_c(RT)^{2-2} = K_c \qquad \text{(El sistema permanece invariable)}$$

3. Efecto sobre el equilibrio de un cambio de temperatura

El principal efecto de la temperatura sobre el equilibrio es el cambio del valor de la constante de equilibrio.

Cuando se aumenta la temperatura de un sistema químico en equilibrio, el sistema reacciona con más velocidad en el sentido en que se absorbe calor, es decir, en el sentido de la reacción *endotérmica*.

Cuando se disminuye la temperatura de un sistema químico en equilibrio, el sistema reacciona en el sentido en que se desprende calor, es decir, en el sentido de la reacción *exotérmica*.

La reacción de obtención de amoníaco a $400°\,C$ es exotérmica:

$$\tfrac{1}{2}\,N_2\,(g) + \tfrac{3}{2}\,H_2\,(g) \longrightarrow NH_3\,(g) \qquad \Delta H < 0$$

Mientras que la reacción contraria a $400°\,C$ es endotérmica:

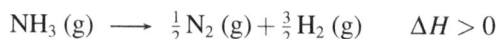

$$NH_3\,(g) \longrightarrow \tfrac{1}{2}\,N_2\,(g) + \tfrac{3}{2}\,H_2\,(g) \qquad \Delta H > 0$$

Si el sistema estuviera en equilibrio: $\quad \tfrac{1}{2}\,N_2\,(g) + \tfrac{3}{2}\,H_2\,(g) \rightleftharpoons NH_3\,(g)$

Un aumento de temperatura favorecería la descomposición del NH_3 en N_2, y H_2 pues este proceso es endotérmico. Y a la inversa, una disminución de temperatura favorecería la formación de NH_3.

4. Efecto sobre el equilibrio de la acción de un catalizador

Un catalizador es un agente que al ser añadido a un sistema de reacción altera la velocidad con que el sistema alcanza el equilibrio.

El catalizador participa en la reacción química sin experimentar un cambio permanente, y proporciona a la reacción una secuencia con menor energía de activación. Esto hace que el equilibrio se alcance con mayor rapidez, aunque sin modificar las cantidades de equilibrio, y por tanto sin modificar el valor numérico de la constante de equilibrio.

■ **Ejemplo práctico 14**

Se introduce una cantidad de $0,1$ mol de SO_3 en un recipiente de 75 cm^3 en el que se ha hecho el vacío, y se observa que cuando se alcanza el equilibrio hay presentes $0,071$ mol de SO_3.

Calculad a 900 K el valor de la constante de equilibrio a presión constante, K_p, para la reacción de disociación del SO_3 (g): $\quad 2\,SO_3\,(g) \rightleftharpoons 2\,SO_2\,(g) + O_2\,(g)$

Si inicialmente se tienen $0,1$ mol de SO_3 y en el equilibrio disminuye dicha cantidad a $0,071$ mol de SO_3, significa que se disocia a SO_2 y O_2 una cantidad de SO_3 que es la diferencia: $(0,1 - 0,071) = 0,029$ mol SO_3.

Se obtiene la misma cantidad de SO_2 y la mitad de O_2, pues se debe tener siempre en cuenta la relación estequiométrica de la reacción.

$$2\,SO_3\,(g) \rightleftharpoons 2\,SO_2\,(g) + O_2\,(g)$$

Como al establecerse el equilibrio se *consume* SO_3, se indica dicha cantidad con el signo *menos* $(-0,029\ mol\ SO_3)$ y las cantidades de los productos obtenidos se indican con signo *más* $(+0,029\ mol\ SO_2)$ y $(+0,0145\ mol\ O_2)$.

Las concentraciones en el equilibrio son:
$$[SO_3] = 0,071\ mol/0,075\ dm^3 = 0,946\ mol\ dm^{-3}$$
$$[SO_2] = 0,029\ mol/0,075\ dm^3 = 0,386\ mol\ dm^{-3}$$
$$[O_2] = 0,0145\ mol/0,075\ dm^3 = 0,193\ mol\ dm^{-3}$$

$$K_c = \frac{[SO_2]^2\,[O_2]}{[SO_3]^2} = \frac{0,386^2 \cdot 0,0145}{0,946^2} = 2,41 \cdot 10^{-3}$$

$$K_p = K_c\,(RT)^{\Delta n} = 2,41 \cdot 10^{-3}\,(0,082 \cdot 900)^{(2+1)-2} = 0,1778$$

4.9 Relación entre la energía libre y la constante de equilibrio

En las reacciones químicas es importante conocer la espontaneidad, a través de la energía libre, G, pero también es necesario conocer la extensión en que tienen lugar. Por ello, si los reactivos y los productos son gases, se precisa conocer la relación de las presiones entre ellos, y si son disoluciones, se precisa conocer la relación entre sus concentraciones.

Cuando se alcanza el equilibrio en una reacción, la variación de energía libre es cero $\Delta G^\circ = 0$. Pero muchos procesos químicos se desarrollan en condiciones no estándar, luego se debe describir el equilibrio en dichas condiciones.

Por ello se calcula la *variación de G con la temperatura y la presión*.

$$dG = dH - d(TS) = d(E + pV) - T\,dS - S\,dT = dE + p\,dV + V\,dp - T\,dS - S\,dT =$$
$$= dq + w + p\,dV + V\,dp - T\,dS - S\,dT$$

Si el trabajo w es de expansión $\quad\Rightarrow\quad w = -p\,dV$

$$dG = dq - p\,dV + p\,dV + V\,dp - T\,dS - S\,dT$$

En un proceso reversible o en equilibrio $\quad\Rightarrow\quad dq = T\,dS$

$$dG = dq + V\,dp - dq - S\,dT \quad\Rightarrow\quad dG = V\,dp - S\,dT$$

Para el caso de *1 mol de gas ideal* que pasa de una presión p_1 a una presión p_2 y que sufre una *transformación reversible a temperatura constante* se tiene:

$$T = \text{constante} \longrightarrow dT = 0 \longrightarrow S\,dT = 0 \longrightarrow dG = V\,dp$$

$$\Delta G = \int_{p_1}^{p_2} V\,dp \longrightarrow (\text{1 mol de gas ideal}) \quad V = RT/p \longrightarrow \Delta G = \int_{p_1}^{p_2} (RT/p)\,dp$$

Resolviendo la integral: $\quad \Delta G = RT \ln(p_2/p_1) \qquad$ *Proceso reversible e isotérmico*

Como ΔG es función de estado, esta ecuación también es válida para un *proceso irreversible e isotérmico*.

Si la presión inicial es 1 bar $\approx$ 1 atm (condición estándar), la energía libre es $G°$. Cuando la temperatura es T y la presión es p, se tiene una energía libre G.

$$\Delta G = G - G° = RT \ln(p_2/p_1) = RT \ln p \quad \text{pues} \quad p_1 = 1 \quad \text{y} \quad p_2 = p$$
$$G = G° + RT \ln p$$

Para n moles de gas ideal: $\quad nG = nG° + nRT \ln p$

La ecuación anterior puede expresarse como: $\quad \Delta G = n(G - G°) = nRT \ln p$

Para una reacción general de gases: $\quad a\,\mathrm{A} + b\,\mathrm{B} \rightleftharpoons c\,\mathrm{C} + d\,\mathrm{D}$

Las presiones parciales para los reactivos y los productos son p_A, p_B, p_C y p_D.

Al ser la energía libre función de estado, se sabe que: $\Delta G = \sum \Delta G_{\text{productos}} - \sum \Delta G_{\text{reactivos}}$.

Y aplicando la ecuación anteriormente obtenida, se tiene:

$$\Delta G = [c\,G°(\mathrm{C}) + d\,G°(\mathrm{D}) - a\,G°(\mathrm{A}) - b\,G°(\mathrm{B})] + cRT \ln p_{\mathrm{C}} + dRT \ln p_{\mathrm{D}} - aRT \ln p_{\mathrm{A}} - bRT \ln p_{\mathrm{B}}$$

Resolviendo la ecuación: $\quad \Delta G = \Delta G° + RT \ln \dfrac{p_{\mathrm{C}}^c \cdot p_{\mathrm{D}}^d}{p_{\mathrm{A}}^a \cdot p_{\mathrm{B}}^b}$

$\dfrac{p_{\mathrm{C}}^c \cdot p_{\mathrm{D}}^d}{p_{\mathrm{A}}^a \cdot p_{\mathrm{B}}^b} = Q \quad \Rightarrow \quad \Delta G = \Delta G° + RT \ln Q$ Siendo Q el cociente entre las presiones parciales de los productos y de los reactivos.

En el equilibrio: $\quad \Delta G = 0 \quad \Rightarrow \quad 0 = \Delta G° + RT \ln \left[\dfrac{p_{\mathrm{C}}^c \cdot p_{\mathrm{D}}^d}{p_{\mathrm{A}}^a \cdot p_{\mathrm{B}}^b} \right]_{\text{equilibrio}}$

El cociente es la constante de equilibrio

$K_p : \quad \left[\dfrac{p_{\mathrm{C}}^c \cdot p_{\mathrm{D}}^d}{p_{\mathrm{A}}^a \cdot p_{\mathrm{B}}^b} \right]_{\text{equil}} = K_p$ Siendo K_p la constante de equilibrio de las presiones parciales de los productos y de los reactivos.

La variación de la energía libre estándar en relación con la constante de equilibrio de una reacción entre gases, conociendo las presiones parciales de sus componentes, es:

$$\Delta G° = -RT \ln K_p$$

Despejando la constante de equilibrio se obtiene la expresión: $\quad K_p = e^{-\Delta G°/RT}$

Según estas ecuaciones, se pueden obtener las conclusiones siguientes:

Cuando $\quad \Delta G° = 0 \quad \longrightarrow \quad K_p = 1 \quad$ *sistema en equilibrio*
Cuando $\quad \Delta G° > 0 \quad \longrightarrow \quad K_p < 1 \quad$ *equilibrio desplazado hacia la izquierda:* $\longleftarrow$
Cuando $\quad \Delta G° < 0 \quad \longrightarrow \quad K_p > 1 \quad$ *equilibrio desplazado hacia la derecha:* $\longrightarrow$

4.9.1 Evolución de un sistema que no está en equilibrio

En una reacción química del tipo: Reactivos $\longrightarrow$ Productos

Si la temperatura es constante y la presión variable, se pueden considerar distintas hipótesis aplicadas a la ecuación siguiente:

$$\Delta G = \Delta G^\circ + RT \ln Q \qquad Q = [\text{Productos}]/[\text{Reactivos}]$$

Cuando: $Q = K_p$ $\Rightarrow$ $\Delta G = 0$ $\Rightarrow$ $\Delta G^\circ + RT \ln K_p = 0$ $\begin{cases} [\text{Reactivos}] = [\text{Productos}] \\ \text{Equilibrio} \rightleftharpoons \text{(reacción reversible)} \end{cases}$

Cuando: $Q > K_p$ $\Rightarrow$ $\Delta G > 0$ $\Rightarrow$ $\Delta G^\circ + RT \ln Q > 0$ $\begin{cases} [\text{Reactivos}] < [\text{Productos}] \\ \text{Equilibrio hacia} \longrightarrow \text{(la derecha)} \end{cases}$

Cuando: $Q < K_p$ $\Rightarrow$ $\Delta G < 0$ $\Rightarrow$ $\Delta G^\circ + RT \ln Q < 0$ $\begin{cases} [\text{Reactivos}] > [\text{Productos}] \\ \text{Equilibrio hacia} \longleftarrow \text{(la izquierda)} \end{cases}$

■ Ejemplo práctico 15

Para la reacción de síntesis del amoníaco, las presiones parciales son: $p_{N_2} = 0{,}140$ atm, $p_{H_2} = 0{,}06$ atm y $p_{NH_3} = 0{,}09$ atm. Se sabe que para el amoníaco $\Delta G_f = -16{,}480$ kJ mol^{-1}.

a) ¿En qué sentido evolucionará la reacción?

b) Calculad el valor de la constante de equilibrio K_p.

a) Reacción de síntesis del amoníaco: $N_2\,(g) + 3\,H_2\,(g) \rightleftharpoons 2\,NH_3\,(g)$

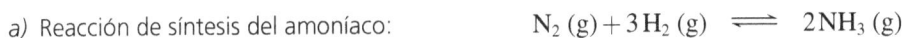

$$\Delta G^\circ = 2\Delta G_f^\circ\,(NH_3) - \Delta G_f^\circ\,(N_2) - 3\Delta G_f^\circ\,(H_2) \qquad (G_f^\circ = 0, \text{ para sustancias en}$$

$$\overset{\displaystyle 0}{\diagup} \qquad \overset{\displaystyle 0}{\diagup} \qquad \text{estado elemental y en condiciones estándar)}$$

$$\Delta G^\circ = 2 \cdot (-16{,}480) = -32{,}960 \text{ kJ}$$

$$Q = \frac{p_{NH_3}^2}{p_{N_2} \cdot p_{H_2}^3} = \frac{0{,}09^2}{0{,}140 \cdot 0{,}06^3} = 267{,}8$$

$$\Delta G = \Delta G^\circ + RT \ln Q$$

$$\Delta G = -32{,}960 \text{ kJ} + (8{,}314\,10^{-3}\,\text{kJ mol}^{-1}\,\text{K}^{-1}) \cdot (298 \text{ K}) \cdot \ln 267{,}8 = -19{,}11 \text{ kJ}$$

Como se obtiene que $\Delta G = -19{,}11$ kJ < 0, la reacción evoluciona hacia la formación de NH_3, es decir, hacia la derecha: $\longrightarrow$

b) En el equilibrio la expresión que se aplica es:

$$K_p = e^{-\Delta G^\circ / RT} = e^{-(-32{,}96)/(8{,}31 \cdot 10^{-3}) \cdot (298)} = 6{,}03 \cdot 10^5$$

Se observa por los valores obtenidos, que $Q < K_p$. Luego el equilibrio se desplaza hacia la formación de NH_3, es decir, hacia la derecha: $\longrightarrow$

4.9.2 Variación de $\Delta G°$ y de K_p con la temperatura

Utilizando expresiones halladas anteriormente para la energía de Gibbs, se pueden escribir, a condiciones estándar, las expresiones siguientes:

$$\left. \begin{array}{l} \Delta G° = \Delta H° + T\,\Delta S° \\ \Delta G° = -RT\ln K_p \end{array} \right\} \quad \Rightarrow \quad \Delta H° + T\,\Delta S° = -RT\ln K_p$$

$$\ln K_p = -\frac{\Delta H°}{RT} + \frac{T\,\Delta S°}{RT}$$

Si los valores de $\Delta H°$ y $\Delta S°$ son constantes con la temperatura: $\quad \ln K_p = -\dfrac{\Delta H°}{RT} + \dfrac{\Delta S°}{R}$

A temperaturas distintas, T_1 y T_2, se tienen valores de las constantes de equilibrio distintas, K_{p_1} y K_{p_2}

$$\left. \begin{array}{l} \ln K_{p_1} = -\dfrac{\Delta H°}{RT_1} + \dfrac{\Delta S°}{R} \\[2mm] \ln K_{p_2} = -\dfrac{\Delta H°}{RT_2} + \dfrac{\Delta S°}{R} \end{array} \right\}$$

Restando las dos ecuaciones y operando matemáticamente, se llega a la expresión:

$$\ln \frac{K_{p_1}}{K_{p_2}} = -\frac{\Delta H°}{R}\left(\frac{1}{T_1} - \frac{1}{T_2}\right)$$

Problemas resueltos

Conceptos básicos y lenguaje termodinámico

☐ **Problema 4.1**

a) ¿Qué es un sistema termodinámico?

b) ¿Qué es un estado de equilibrio?

c) ¿Qué es una función de estado? Indicad algunos ejemplos.

[Solución]

a) El *sistema* es la parte del universo que interesa seleccionar, que se aísla de cualquier perturbación no controlable y cuyas propiedades se quieren estudiar.

b) Un *estado* de equilibrio es aquel en el que las propiedades macroscópicas del sistema (temperatura, densidad y composición química) están bien definidas y no cambian con el tiempo.

c) La *función de estado* es una propiedad del sistema que tiene un valor definido para cada estado que es independiente de la manera como se alcanza dicho estado. Depende del estado inicial y final del sistema y no depende del camino recorrido.

Son funciones de estado: la temperatura, la presión, el volumen, la energía interna, la entropía, etc.

☐ Problema 4.2

a) Cuando una variable termodinámica pasa de un estado a otro sin que le afecte el camino de transformación seguido, ¿qué nombre recibe?

b) Citad dos variables termodinámicas que estén afectadas por el camino de transformación seguido al pasar de un estado inicial a un estado final.

[Solución]

a) Recibe el nombre de *función de estado*.

b) El calor y el trabajo son dos variables que dependen del camino de transformación seguido al pasar de un estado inicial a un estado final.

☐ Problema 4.3

a) Una reacción química en que se suministra calor al sistema, ¿qué tipo de reacción es? ¿Su calor de reacción será positivo o negativo para el sistema?

b) Si un sistema realiza un trabajo, ¿será positivo o negativo para el sistema?

[Solución]

a) La reacción es *endotérmica*, y el calor de reacción es positivo para el sistema.

b) El trabajo realizado por el sistema será negativo para el sistema.

En termodinámica química, todo lo que gana el sistema químico es positivo y todo lo que pierde el sistema químico es negativo.

Termoquímica. Trabajo y calor

☐ Problema 4.4

En una transformación química que se desarrolla a presión atmosférica constante, ¿cuándo se puede decir que hay un trabajo entre el sistema y los alrededores del sistema?

[Solución]

Cuando existe variación de volumen, existe un trabajo entre el sistema y sus alrededores, puesto que:

$$w = p_{atm} \Delta V$$

☐ Problema 4.5

Calculad el trabajo realizado en la expansión de 0,1 mol de gas al pasar de un volumen de 5 dm^3 a un volumen de 10 dm^3:

a) Cuando la presión es constante e igual a la atmosférica (1 atm).

b) Cuando se realiza a temperatura constante de 300 K.

El trabajo realizado por el sistema es siempre negativo para el sistema, desde el punto de vista de la termodinámica química.

a) $w = -p\Delta V$

$w = -1\ \text{atm} \cdot (10\ \text{dm}^3 - 5\ \text{dm}^3) = -(1{,}013 \cdot 10^5\ \text{Pa}) \cdot (5 \cdot 10^{-3}\ \text{m}^3) = -506{,}50\ \text{J}$

b) $w = -nRT\ \ln(V_2/V_1)$

$w = -(0{,}10\ \text{mol}) \cdot (8{,}314\ \text{J K}^{-1}\text{mol}^{-1}) \cdot (300\ \text{K})\ \ln(10/5) = -172{,}88\ \text{J}$

☐ Problema 4.6

Calculad el trabajo en calorías y en joules que se realiza cuando se funde 1 g de hielo y se forma 1 g de agua a $0°C$ y 1 atm, si se sabe que la densidad del hielo es de 0,909 g/cm^3 y la densidad del agua es de 1 g/cm^3.

$$1\ \text{g hielo} \longrightarrow 1\ \text{g agua} \quad (T = 0°C = 273\ \text{K})$$

$$V_{\text{inicial}}\ (\text{hielo}) = 1/0{,}909 = 1{,}1\ \text{cm}^3$$

$$\Delta V = V_{\text{final}} - V_{\text{inicial}} = (1 - 1{,}1)\ \text{cm}^3 = -0{,}1\ \text{cm}^3. \quad \text{Disminuye el volumen respecto al volumen inicial}$$

$$w = -p\Delta V = 1\ \text{atm} \cdot (-0{,}1 \cdot 10^{-3}\ \text{L}) = +0{,}0001\ \text{atm L}$$

$$(+0{,}0001\ \text{atm L}) \cdot (1{,}99\ \text{cal}/0{,}082\ \text{atm L}) = +0{,}00243\ \text{cal}$$
$$(+0{,}00243\ \text{cal}) \cdot (1\ \text{J}/0{,}24\ \text{cal}) = +0{,}010125\ \text{J}$$

(El signo positivo indica que en la fusión del hielo a la temperatura de $0°C$ se ejerce un trabajo sobre el sistema y que eso implica una compresión sobre el sistema).

☐ Problema 4.7

Un mol de oxígeno a $27°C$ y a presión atmosférica está encerrado en un cilindro con un pistón libre de movimiento. Se calienta muy lentamente hasta $47°C$ y se expande contra la presión atmosférica exterior.

a) Calculad el volumen inicial y final del sistema.
b) Calculad el trabajo de expansión realizado en calorías y joules.

a) Ley de los gases ideales: $pV = nRT \quad$ luego $\quad V = nRT/p$

$$V_{\text{inicial}} = (1\ \text{mol}) \cdot (0{,}082\ \text{atm L K}^{-1}\text{mol}^{-1}) \cdot (300\ \text{K})/(1\ \text{atm}) = 24{,}6\ \text{L}$$
$$V_{\text{final}} = (1\ \text{mol}) \cdot (0{,}082\ \text{atm L K}^{-1}\text{mol}^{-1}) \cdot (320\ \text{K})/(1\ \text{atm}) = 26{,}24\ \text{L}$$

b) $w_{\text{rev}} = -p_{\text{ext}}\Delta V = -p_{\text{int}}\Delta V = p(V_f - V_i)$

$$w = -(1\ \text{atm}) \cdot (26{,}24\ \text{L} - 24{,}6\ \text{L}) = -1{,}64\ \text{atm L}$$
$$(-1{,}64\ \text{atm L}) \cdot (1{,}99\ \text{cal}/0{,}082\ \text{atm L}) = -39{,}8\ \text{cal}$$
$$(-39{,}8\ \text{cal}) \cdot (1\ \text{J}/0{,}24\ \text{cal}) = -185{,}83\ \text{J}$$

Problema 4.8

¿Qué relación existe entre el calor aportado a una sustancia y el aumento que ha sufrido su temperatura?

[Solución]

La relación que existe entre el calor (q) aportado a una sustancia y la variación de temperatura (ΔT) es:

$$q = mC_e \Delta T \qquad \begin{array}{l} m\text{: masa} \\ C_e\text{: calor específico} \end{array}$$

Problema 4.9

a) ¿Qué es capacidad calorífica molar?

b) Si el calor específico del hierro es de $0,449 \text{ J g}^{-1}\text{K}^{-1}$, calculad su capacidad calorífica, siendo el peso molecular del Fe de $55,85 \text{ g mol}^{-1}$.

[Solución]

a) La capacidad calorífica molar (C) es la cantidad de calor necesaria para que 1 mol de sustancia aumente en un grado centígrado su temperatura.

$$C = C_e \cdot \text{peso molecular}$$

b) $C = (0,449 \text{ J g}^{-1}\text{K}^{-1}) \cdot (55,85 \text{ g mol}^{-1}) = 25,10 \text{ J mol}^{-1}\text{K}^{-1}$

Problema 4.10

Calculad el calor cedido por 0,5 mol de agua en estado líquido si la temperatura disminuye de $40°\text{C}$ a $18°\text{C}$, si se sabe que la capacidad calorífica molar del agua en ese intervalo de temperaturas, es de $75,31 \text{ J mol}^{-1}\text{K}^{-1}$.

[Solución]

El calor cedido por el sistema será negativo y vale: $\qquad q = nC\Delta T$

$$q = -(0,5 \text{ mol}) \cdot (75,31 \text{ J mol}^{-1}\text{K}^{-1}) \cdot (313 - 291)\text{K} = -828,41 \text{ J}$$

Problema 4.11

¿El calor transferido para efectuar una reacción química a presión constante será el mismo que el calor transferido a volumen constante?

[Solución]

El calor transferido por una reacción a presión constante *no* es el mismo que el calor transferido a volumen constante, ya que el *calor no es función de estado* y por lo tanto el camino seguido a presión constante y a volumen constante afecta al sistema.

Problema 4.12

El calor de combustión del carbono sólido, C (s), es de $5,50 \text{ kcal g}^{-1}$. ¿Qué cantidad de carbono hay que quemar para calentar 500 g de agua desde una temperatura de $20°\text{C}$ hasta una temperatura de $90°\text{C}$? Para el agua, el valor del calor específico es de $1 \text{ cal g}^{-1}\text{grado}^{-1}$.

Reacción de combustión: $C (s) + O_2 (g) \longrightarrow CO_2 (g)$ $\Delta H = 5.500$ cal g^{-1}

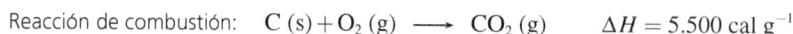

$$q = mC\Delta T = (500 \text{ g}) \cdot (1 \text{ cal g}^{-1} \text{grado}^{-1}) \cdot (90 - 20)^{\circ}\text{C} = 35.000 \text{ cal}$$

$$35.000 \text{ cal}/5.500 \text{ cal g}^{-1} = 6,36 \text{ g}$$

☐ Problema 4.13

¿Qué se puede deducir del hecho de que en la combustión del metano la variación de entalpía tenga un valor de $-878,64$ kJ mol^{-1}?

Se deduce que es una reacción exotérmica que desprende calor, por lo que el calor es negativo para el sistema de combustión, $\Delta H = -878,64$ kJ mol^{-1}.

☐ Problema 4.14

¿Qué indica desde el punto de vista termodinámico la reacción que se escribe a continuación?

$$2\,HgO (s) \longrightarrow 2\,Hg (l) + O_2 (g) \qquad \Delta H = 181,7 \text{ kJ}$$

Indica que es una reacción endotérmica, que necesita calor, porque se han de suministrar 181,7 kJ de calor (ya que ΔH es positivo) para convertir 2 mol de óxido de mercurio(II) sólido en 2 mol de mercurio líquido y 1 mol de O_2 (g).

También se puede decir que la entalpía para la descomposición de 1 mol de HgO (s) en Hg (l) y O_2 (g) es de 90,85 kJ mol^{-1}.

Primer principio de termodinámica

☐ Problema 4.15

a) El primer principio de termodinámica es simplemente la ley de la conservación de la energía. ¿Cuál es su enunciado matemático?

b) ¿Cuál es la ecuación matemática que representa la energía interna de un sistema termodinámico que toma calor y realiza un trabajo?

c) Cuando no hay variación de volumen en un sistema termodinámico, ¿cuánto vale la energía interna del sistema?

a) Primer principio de termodinámica:

$$\Delta E = q + w \qquad \Delta E : \text{energía interna} \quad q : \text{calor} \quad w : \text{trabajo}$$

b) $\Delta E = q_{\text{absorbido}} - w_{\text{realizado}}$ El trabajo realizado por el sistema es negativo y el calor absorbido por el sistema es positivo.

Como el valor del trabajo es: $w = p\Delta V$, entonces el valor de la variación de la energía interna es:

$$\Delta E = q_{\text{absorbido}} - (p\Delta V)_{\text{realizado}}$$

El calor absorbido (q) por el sistema es siempre positivo y el trabajo realizado (w) por el sistema es siempre negativo.

c) Cuando no hay variación de volumen, $\Delta V = 0$, luego resulta que $p\Delta V = 0$, lo que implica que el trabajo, w, es cero, ya que la expresión es cero: $w = p\Delta V = 0$.

Por lo que: $\quad \Delta E = q_v \quad$ luego no se realiza trabajo.

En este caso, la energía interna del sistema es igual al calor a volumen constante del sistema.

☐ Problema 4.16

Un gas que se expande, absorbe una cantidad de calor de 25 J y realiza un trabajo de 243 J. Calculad la energía interna (ΔE) para dicho gas en expansión.

[Solución]

$$\Delta E = q + w = (+25 \text{ J}) + (-243 \text{ J}) = 25 \text{ J} - 243 \text{ J} = -218 \text{ J}$$

(El calor absorbido por el sistema es *positivo* y el trabajo realizado por el sistema es *negativo*, porque representa una energía perdida por el sistema).

☐ Problema 4.17

Calculad la energía interna (ΔE) de un gas ideal del que se comprime 1 mol desde 3 L a 1 L por la acción de la presión atmosférica a 1 atm, si en el proceso de compresión se liberan 20,10 J de calor.

[Solución]

En un proceso isotérmico la temperatura permanece constante luego:

$$\text{Proceso isotérmico} \longrightarrow T = \text{constante}$$
$$\Delta E = q + w$$

El trabajo expresado en presión-volumen se ajusta a la ecuación: $w = -p_{\text{ext}}\Delta V$.

Cuando un gas se comprime, ΔV es negativo y w es positivo indicando que una energía entra en el sistema en forma de trabajo.

$$\Delta E = q - p_{\text{ext}}\Delta V = q - p_{\text{ext}}(V_{\text{final}} - V_{\text{inicial}}) = -20{,}10 \text{ J} - 1 \text{ atm}(1-3)\text{L} =$$
$$= -20{,}10 \text{ J} + 2 \text{ atm L} = -20{,}10 \text{ J} + 2 \text{ atm L}(8{,}314 \text{ J}/0{,}082 \text{ atm L}) = -20{,}10 \text{ J} + 202{,}78 \text{ J} = +182{,}68 \text{ J}$$

(El calor liberado por el sistema es *negativo* y el trabajo de compresión sobre el sistema es *positivo*).

■ Problema 4.18

Un recipiente contiene 18 L de N_2 (g) a 11 atm y a 25°C. El gas N_2 se expansiona reversiblemente hasta conseguir la presión de 1 atm.

a) Calculad el trabajo realizado y el calor obtenido si el proceso es isotérmico (temperatura constante).
b) Calculad la temperatura final del proceso si éste es adiabático (calor constante).
c) Calculad el trabajo y la energía interna del proceso adiabático.

Dato: C_v (N_2 (g)) $= 20{,}7 \text{ J K}^{-1} \text{ mol}^{-1}$

a) $dE = dq + dw$

$dE = nC_v dT$ Como $T = $ cte   (proceso isotérmico) $\longrightarrow$ $dT = 0$ $\longrightarrow$ $dE = 0$

Luego puede escribirse que: $0 = dq + dw$ $\longrightarrow$ $-dq = dw$

El trabajo realizado es: $dw = -p_{ext} dV$ $\longrightarrow$ $w = -\int_1^2 p \, dV = \int_1^2 (nRT/V) dV$

$$w = -nRT \ln (V_2/V_1) = -nRT \ln (p_1/p_2)$$

$$n = pV/RT = (11 \cdot 18)/(0,082 \cdot 298) = 8,10 \text{ mol}$$

$$w = -(8,10 \text{ mol} \cdot 8,314 \text{ J K}^{-1} \text{mol}^{-1} \cdot 298 \text{ K}) \ln (11/1) = -48.121,76 \text{ J}$$

$$q = +48.121,76 \text{ J} \text{ (calor absorbido)}$$

b) $dE = dq + dw$ Como el proceso es adiabático se tiene que: $dq = 0$ $\longrightarrow$ $dE = dw$.

El trabajo realizado es: $dw = -p_{ext} dV$ $\longrightarrow$ $nC_v dT = -(nRT/V) dV$

$$C_v (dT/T) = -R(dV/V) \longrightarrow C_v \int_1^2 (dT/T) = -R \int_1^2 (dV/V)$$

$$C_v \ln (T_2/T_1) = -R \ln (V_2/V_1)$$

$$V_2 = (nRT_2/p_2) = (8,10 \cdot 0,082 \cdot T_2/1) = 0,664 \, T_2$$

$$(20,7 \text{ J K}^{-1} \text{mol}^{-1}) \ln (T_2/298) = -(8,314 \text{ J K}^{-1} \text{mol}^{-1}) \ln (0,664 \, T_2/18)$$

Como el logaritmo de un cociente es matemáticamente la resta de logaritmos, se tiene:

$$(20,7/8,314)(\ln T_2 - \ln 298) = -(\ln 0,664 \, T_2 - \ln 18)$$

Como el logaritmo de un producto es matemáticamente la suma de logaritmos, se tiene:

$$(20,7/8,314)(\ln T_2 - \ln 298) = -(\ln 0,664 + \ln T_2 - \ln 18)$$

Luego se llega a la ecuación: $2,49 \ln T_2 + \ln 0,664 + \ln T_2 = 2,49 \ln 298 + \ln 18$

$$2,49 \ln T_2 - 0,41 + \ln T_2 = 14,186 + 2,89$$

$$\ln T_2 (2,49 + 1) = 0,41 + 14,186 + 2,89 = 17,486 \longrightarrow \ln T_2 = 5,01 \longrightarrow$$

$$\longrightarrow T_2 = 149,97 \text{ K (temperatura final del proceso adiabático)}$$

c) En el proceso adiabático el calor permanece constante: $dq = 0$ $\longrightarrow$ $dE = dw$

$$dw = nC_v dT \longrightarrow w = nC_v (T_2 - T_1)$$

$$w = 8,10 \text{ mol} \cdot 20,7 \text{ J K}^{-1} \text{mol}^{-1} (149,97 - 298) \text{ K} = -24.820,19 \text{ J}$$

Como el trabajo y la energía interna en el proceso adiabático son iguales se puede escribir que:

$$E = -24.820,19 \text{ J} \text{ (los valores del trabajo y de la energía interna son negativos,}$$
porque son perdidos por el sistema adiabático)

☐ Problema 4.19

a) ¿Cómo se define la entalpía de un sistema termodinámico?

b) ¿Qué es calor de reacción a volumen constante y calor de reacción a presión constante?

a) La entalpía de un sistema es igual a la energía interna del sistema más el producto de la presión por la variación de volumen del sistema.

$$\Delta H = \Delta E + p\,\Delta V$$

b) Calor a volumen constante es igual a la variación de la energía interna: $q_v = \Delta E$

Calor a presión constante es igual a la variación de la entalpía: $q_p = \Delta H$

☐ Problema 4.20

¿Qué cantidad de calor está asociada a la combustión completa de 1 kg de sacarosa sabiendo que en la reacción la variación de la entalpía, ΔH, vale $-5{,}65 \cdot 10^3\,\text{kJ mol}^{-1}$?
Fórmula de la sacarosa $= C_{12}H_{22}O_{11}$

Reacción de combustión de la sacarosa:

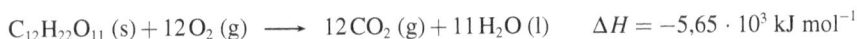

$$C_{12}H_{22}O_{11}\,(s) + 12\,O_2\,(g) \longrightarrow 12\,CO_2\,(g) + 11\,H_2O\,(l) \qquad \Delta H = -5{,}65 \cdot 10^3\,\text{kJ mol}^{-1}$$

$$(10^3\,\text{g } C_{12}H_{22}O_{11}) \cdot (1\,\text{mol } C_{12}H_{22}O_{11}/342{,}3\text{g } C_{12}H_{22}O_{11}) = 2{,}92\,\text{mol } C_{12}H_{22}O_{11}$$

$$(2{,}92\,\text{mol } C_{12}H_{22}O_{11}) \cdot (-5{,}65 \cdot 10^3\,\text{kJ/mol } C_{12}H_{22}O_{11}) = -1{,}65 \cdot 10^4\,\text{kJ}$$

◼ Problema 4.21

a) ¿Cómo se relacionan las capacidades caloríficas molares a volumen y presión constantes (C_v y C_p) con el calor a volumen y a presión constantes?

b) Indicad si los valores de la variación de entalpía y la variación de energía interna, ΔH y ΔE, son iguales para la reacción siguiente:

$$COCl_2\,(g) \longrightarrow CO\,(g) + Cl_2\,(g)$$

c) ¿Existe variación de entalpía cuando hay variación de la temperatura?

a) Los valores de las capacidades caloríficas respecto a q_v y q_p que son iguales respectivamente a ΔE y ΔH, se representan según las ecuaciones siguientes:

$$C_v = \Delta E/T \qquad C_p = \Delta H/T$$

b) La variación de la entalpía se representa según la ecuación siguiente:

$$\Delta H = \Delta E + \Delta nRT$$

Siendo Δn el número de moles gaseosos de la reacción y que es la diferencia existente entre los moles finales y los iniciales $\Delta n = n_f - n_i$

En este caso, para la reacción:

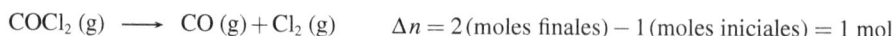

$$COCl_2 \,(g) \longrightarrow CO \,(g) + Cl_2 \,(g) \qquad \Delta n = 2 \,(\text{moles finales}) - 1 \,(\text{moles iniciales}) = 1 \text{ mol}$$

Por lo tanto los valores de la entalpía y la energía interna no son iguales, $\Delta H \neq \Delta E$, para la reacción anterior.

c) La entalpía varía con la temperatura según la ecuación: $\Delta H = n C_p \Delta T$

■ Problema 4.22

Calculad la diferencia en calorías entre la variación de entalpía y la variación de energía interna para los procesos químicos siguientes:

a) Formación de dos moles de HCl (g) a 298 K a partir de sus componentes.

b) Sublimación de 5 moles de hielo seco, CO_2 (s), a 195 K.

c) Descomposición de NH_4HS (s) en sus componentes a 298 K.

d) Precipitación de $AgCl$ (s) a partir de nitrato de plata y cloruro de sodio, ambos en disolución acuosa.

[Solución]

a) $\Delta H = \Delta E + \Delta n RT$ Luego puede escribirse que: $\Delta H - \Delta E = \Delta n RT$

Para la reacción: $Cl_2 \,(g) + H_2 \,(g) \longrightarrow 2\,HCl \,(g)$ $\Delta n = n_f - n_i = 2 - 2 = 0$ luego la diferencia entre entalpía y energía interna es: $\Delta H - \Delta E = 0$

b) Para la reacción: CO_2 (s) $\longrightarrow CO_2$ (g) la variación del número de moles es: $\Delta n = 1 - 0 = 1$ luego la diferencia entre entalpía y energía interna es:

$$\Delta H - \Delta E = (1 \text{ mol}) \cdot (1,987 \text{ cal K}^{-1} \text{mol}^{-1}) \cdot (195 \text{ K}) = 387,47 \text{ cal}$$

Para la sublimación de 5 moles, es cinco veces mayor: 1.937,3 cal

c) Para la reacción: NH_4HS (s) $\longrightarrow H_2S$ (g) $+ NH_3$ (g) la variación del número de moles es: $\Delta n = 2 - 0 = 2$ luego la diferencia entre entalpía y energía interna es:

$$\Delta H - \Delta E = (2 \text{ mol}) \cdot (1,987 \text{ cal K}^{-1} \text{mol}^{-1}) \cdot (298 \text{ K}) = 11.844,25 \text{ cal}$$

d) Para la reacción: $AgNO_3$ (ac) $+ NaCl$ (ac) $\longrightarrow AgCl$ (s) $+ HNO_3$ (ac) la variación del número de moles es: $\Delta n = 0$

luego la diferencia entre entalpía y energía interna es: $\Delta H - \Delta E = 0$ En esta reacción no intervienen gases

☐ Problema 4.23

a) ¿Qué significa el término ΔH_f°?

b) ¿Cómo se define?

c) ¿Cuáles son las condiciones estándar?

[Solución]

a) ΔH_f° es la variación de entalpía de formación en condiciones estándar.

b) ΔH_f° se define como el calor de formación de un mol de compuesto por combinación directa de sus elementos en condiciones estándar.

c) El estado estándar de cualquier sustancia es el estado físico en el que es más estable a la presión de 1 atmósfera (aproximadamente 1 bar) y a una temperatura determinada, que habitualmente es de 298 K.

☐ Problema 4.24

Calculad la variación de entalpía estándar para la combustión estándar del etano, C_2H_6 (g), a partir de los valores de las entalpías de formación estándar, ΔH_f°, de los compuestos de la reacción y que valen:

$$\Delta H_f^\circ \,(CO_2\,(g)) = -393,5\ \text{kJ mol}^{-1} \qquad \Delta H_f^\circ \,(H_2O\,(l)) = -285,8\ \text{kJ mol}^{-1}$$
$$\Delta H_f^\circ \,(C_2H_6\,(g)) = -84,7\ \text{kJ mol}^{-1} \qquad \Delta H_f^\circ \,(O_2\,(g)) = 0$$

[Solución]

Reacción de combustión del etano:

$$C_2H_6\,(g) + \tfrac{7}{2}\,O_2\,(g) \longrightarrow 2\,CO_2\,(g) + 3\,H_2O\,(l)$$

Ley de Hess: $\Delta H_{R(\text{combustión})}^\circ = \sum \Delta H_{f(\text{productos})}^\circ - \sum \Delta H_{f(\text{reactivos})}^\circ$

$$\Delta H_R^\circ = [2\,\Delta H^\circ\,(CO_2) + 3\,\Delta H^\circ(H_2O)] - \left[\Delta H^\circ\,(C_2H_6) + \tfrac{7}{2}\,\Delta H^\circ\,(O_2)\right]$$
$$\Delta H_R^\circ = [2 \cdot (-393,5) + 3 \cdot (-285,8)] - [-84,7 + 0] = -1.559,7\ \text{kJ}$$

Segundo principio de termodinámica. Espontaneidad y entropía (S)

☐ Problema 4.25

a) ¿Qué se entiende por entropía?
b) Los procesos de fusión y de vaporización del agua, ¿comportan un aumento o una disminución de la entropía del sistema?

[Solución]

a) La entropía (S) es una medida del desorden o de la anarquía del sistema. ΔS es la variación del desorden que acompaña a cualquier cambio del sistema químico.

b) Tanto en la fusión como en la vaporización del agua se produce un aumento de la entropía, ya que el desorden molecular aumenta.

☐ Problema 4.26

Si en un proceso químico la presión y la temperatura son constantes, ¿cómo varía la entropía?

[Solución]

La variación de la entropía en un proceso a presión y a temperatura constantes es: $\quad \Delta S = q_p/T = \Delta H/T$

☐ Problema 4.27

a) ¿Es la entropía una función de estado?
b) ¿Cuáles son sus unidades?
c) ¿Es válida la expresión: $\Delta S^\circ = \sum S_{\text{productos}}^\circ - \sum S_{\text{reactivos}}^\circ$?

a) La entropía *es una función de estado*, como lo es la entalpía. Depende, por tanto, del estado inicial y final del sistema químico.

b) Las unidades de la entropía son $\text{J mol}^{-1}\text{K}^{-1}$.

c) La expresión expuesta en el enunciado del problema es correcta, porque la entropía es una función de estado.

☐ Problema 4.28

a) ¿Qué fuerzas termodinámicas favorecen un cambio espontáneo?

b) Una reacción en la que $\Delta H < 0$ y $\Delta S > 0$, ¿será espontánea?

c) Una reacción en la que $\Delta H > 0$ y $\Delta S < 0$, ¿será espontánea?

[Solución]

a) Las fuerzas que favorecen el cambio espontáneo son:

1° Las que impulsan hacia la formación de sustancias más estables, que son las que poseen un contenido calorífico menor que el de los reactivos. Estas fuerzas determinan que los procesos exotérmicos ($\Delta H < 0$) sean favorables y los procesos endotérmicos ($\Delta H > 0$) no lo sean.

2° Las que impulsan hacia la formación de productos que se encuentran más desordenados que los reactivos. Estas fuerzas favorecen los cambios en los que $\Delta S > 0$ y no favorecen los cambios en los que $\Delta S < 0$.

b) Una reacción en que $\Delta H < 0$ y $\Delta S > 0$ *es espontánea*.

c) Una reacción en que $\Delta H > 0$ y $\Delta S < 0$ *no es espontánea*.

◼ Problema 4.29

a) ¿Cómo se define la energía libre (G) de un proceso químico? ¿Cuál es su enunciado matemático?

b) En un proceso exotérmico ($\Delta H < 0$) y con disminución de la entropía ($\Delta S < 0$), ¿qué posibilidades se dan para la energía libre (ΔG)?

[Solución]

a) La variación de energía libre (ΔG) es la fuerza química global que impulsa una reacción.

Su ecuación matemática viene expresada por la ecuación: $\Delta G = \Delta H + T\,\Delta S$ cuando la temperatura (T) es constante.

b) En un proceso exotérmico con disminución de la entropía, para valores absolutos se dan las posibilidades siguientes:

Si $|\Delta H| > |T\,\Delta S|$ entonces $\Delta G > 0$: el proceso no es espontáneo

Si $|\Delta H| < |T\,\Delta S|$ entonces $\Delta G < 0$: el proceso es espontáneo

Si $|\Delta H| = |T\,\Delta S|$ entonces $\Delta G = 0$: el sistema está en equilibrio

Ya que la energía libre viene expresada por la ecuación: $\Delta G = \Delta H + T\,\Delta S$ cuando la temperatura y la presión son constantes.

◼ Problema 4.30

En un proceso endotérmico ($\Delta H > 0$) y con aumento de la entropía ($\Delta S > 0$), ¿qué posibilidades se dan para la energía libre (ΔG)?

Para los valores absolutos de la variación de entalpía se dan las posibilidades siguientes:

$$\text{Si} \quad |\Delta H| > |T \Delta S| \quad \text{entonces} \quad \Delta G > 0: \quad \text{el proceso no es espontáneo}$$
$$\text{Si} \quad |\Delta H| < |T \Delta S| \quad \text{entonces} \quad \Delta G < 0: \quad \text{el proceso es espontáneo}$$
$$\text{Si} \quad |\Delta H| = |T \Delta S| \quad \text{entonces} \quad \Delta G = 0: \quad \text{el sistema está en equilibrio}$$

Ya que la energía libre viene expresada por la ecuación: $\Delta G = \Delta H + T \Delta S$ cuando la temperatura y la presión son constantes.

Problema 4.31

a) Calculad la variación de entropía que tiene lugar cuando se funde 1 mol de Al (s), sabiendo que su temperatura de fusión es de $659°\text{C}$ y su entalpía de fusión es de $10.890 \text{ J mol}^{-1}$.
b) Calculad la variación de entropía que tiene lugar cuando 10 g de H_2S (g) se calientan desde $50°\text{C}$ a $100°\text{C}$, sabiendo que la C_p del H_2S (g) a 1 atm y entre $50°\text{C}$ y $100°\text{C}$ vale $29,52 \text{ J mol}^{-1}\text{K}^{-1}$.

a) La fusión del Al (s) tiene lugar a temperatura constante, luego la variación de entropía es: $\Delta S = \dfrac{\Delta H}{T}$

$$\Delta S = \frac{10.890 \text{ J mol}^{-1}}{(659 + 273)\text{ K}} = 11,685 \text{ J mol}^{-1}\text{K}^{-1}$$

b) Cuando hay variación de temperatura la variación de entropía es:

$$\Delta S = \int_1^2 (dH/T) = \int_1^2 (nC_p \, dT/T) = nC_p \int_1^2 (dT/T) = nC_p \ln(T_2/T_1)$$

$$\Delta S = (10/34,08 \text{ mol}) \cdot (29,52 \text{ J mol}^{-1}\text{K}^{-1}) \ln(373/323) = 1,247 \text{ J K}^{-1}$$

Problema 4.32

Si 15 moles de O_2 (g) se expanden de forma reversible e isotérmica, desde un volumen de 100 L a otro volumen de 1.000 L, calculad la variación de energía interna, la variación de entalpía y la variación de entropía que se produce en el proceso. Considerad que el O_2 (g) se comporta como gas ideal.

Proceso isotérmico $(T = \text{cte.})$ $\quad \left. \begin{array}{l} \Delta E = nC_v \Delta T = 0 \\ \Delta H = nC_p \Delta T = 0 \end{array} \right\} \quad$ puesto que $\Delta T = 0$

$$\Delta S = \int_1^2 (dq/T) = \int_1^2 (p dV/T) = \int_1^2 (nRT/V)(dV/T) = nR \int_1^2 (dV/V) = nR \ln(V_2/V_1)$$

$$\Delta S = 15 \text{ mol} \cdot 8,314 \text{ J mol}^{-1}\text{K}^{-1} \cdot \ln(1.000/100) = 286,83 \text{ J K}^{-1}$$

Problema 4.33

Dos moles de H_2 (g) se introducen en un recipiente de 30 L de capacidad a la presión de 2,0 atm. Al final del proceso químico se encuentran sometidos a una presión de 1,0 atm y encerrados en un recipiente de

100 L. Calculad la variación de entropía que tiene lugar en dicho proceso si se sabe que la C_p del H_2 (g) es de 30,0 $J\,mol^{-1}\,K^{-1}$.

[Solución]

$$\Delta S = \int_1^2 (dH/T) = \int_1^2 (nC_p\,dT/T) = nC_p \int_1^2 (dT/T) = nC_p \ln(T_2/T_1)$$

$$\Delta S = nC_p \ln \frac{p_2 V_2/nR}{p_1 V_1/nR} = 2\;\mathrm{mol} \cdot 30\;\mathrm{J\,mol^{-1}\,K^{-1}} \ln \frac{1\;\mathrm{atm} \cdot 100\;\mathrm{L}}{2\;\mathrm{atm} \cdot 30\;\mathrm{L}}$$

$$\Delta S = 30{,}64\;\mathrm{J\,K^{-1}}$$

Tercer principio de termodinámica. Entropía absoluta

☐ Problema 4.34

Calculad la variación de entropía estándar para la reacción de formación de cloruro de hidrógeno

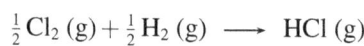

$$\tfrac{1}{2}\,Cl_2\,(g) + \tfrac{1}{2}\,H_2\,(g) \longrightarrow HCl\,(g)$$

$$S°\,(Cl_2\,(g)) = 222{,}97\;\mathrm{J\,mol^{-1}\,K^{-1}}$$
$$S°\,(H_2\,(g)) = 130{,}54\;\mathrm{J\,mol^{-1}\,K^{-1}}$$
$$S°\,(HCl\,(g)) = 186{,}7\;\mathrm{J\,mol^{-1}\,K^{-1}}$$

[Solución]

La entropía es una función de estado, luego puede escribirse la expresión siguiente:

$$\Delta S° = \sum S°\,(\text{productos}) - \sum S°\,(\text{reactivos}) = S°\,(HCl) - \tfrac{1}{2}\,S°\,(Cl_2) - \tfrac{1}{2}\,S°\,(H_2)$$

$$\Delta S° = 186{,}7 - \tfrac{1}{2} \cdot 222{,}97 - \tfrac{1}{2} \cdot 130{,}54 = 9{,}945\;\mathrm{J\,K^{-1}}$$

◼ Problema 4.35

Calculad la entropía molar de 1 mol de H_2 (g) a 298 K y a la presión de 1 atm si se sabe que el punto de ebullición del H_2 (l) es de 20,4 K y que la entropía del H_2 (l) a dicha temperatura es de 25,1 $J\,K^{-1}$.

Datos: ΔH (vaporización H_2) = 903,3 J; C_p (H_2) = 22,89 $J\,mol^{-1}\,K^{-1}$ (Para temperaturas comprendidas entre 20,4 K y 298 K.)

[Solución]

Proceso de vaporización: H_2 (l) $\longrightarrow$ H_2 (g) $T_{\text{ebullición}} = 20{,}4$ K

H_2 (g) $\longrightarrow$ H_2 (g) T desde 20,4 K hasta 298 K

$$\Delta S_{\text{TOTAL 298 K}} = \Delta S\,(H_2\,(l)) + \Delta S\,(\text{vaporización}) + \Delta S(20{,}4\;K - 298\;K)$$

$$\Delta S_{298\,K} = \Delta S\,(H_2\,(l)) + (\Delta H_v/T_{eb}) + \int_{20{,}4}^{298} (nC_p\,dT/T)$$

$$\Delta S_{298\,K} = 25{,}1\;\mathrm{J\,K^{-1}} + (903{,}3\;\mathrm{J}/20{,}4\;K) + 22{,}89\;\mathrm{J\,K^{-1}} \int_{20{,}4}^{298} (dT/T)$$

$$\Delta S_{298\,K} = 25{,}1 + 44{,}28 + 22{,}89 \ln(298/20{,}4) = 130{,}76\;\mathrm{J\,K^{-1}}$$

Energía libre de Gibbs

Problema 4.36

Calculad la variación de la energía libre estándar (ΔG°) a 298 K para la reacción de oxidación siguiente:

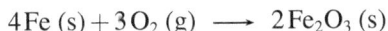

$$4\,\mathrm{Fe}\ (s) + 3\,\mathrm{O_2}\ (g) \longrightarrow 2\,\mathrm{Fe_2O_3}\ (s)$$

Los valores de la variación de entalpía estándar y de la entropía estándar para la reacción son:

$$\Delta H^\circ = -1.648 \text{ kJ}; \quad \Delta S^\circ = -549{,}3 \text{ J K}^{-1}$$

[Solución]

$$\Delta G^\circ = \Delta H^\circ - T\,\Delta S^\circ = -1.648 \text{ kJ} - (298 \text{ K}) \cdot (-0{,}5493 \text{ kJ K}^{-1}) = -1.484{,}3 \text{ kJ}$$

Problema 4.37

Calculad el valor de la variación de energía libre estándar, ΔG°, para la disolución del hidróxido de magnesio en medio ácido, que tiene lugar según la reacción:

$$\mathrm{Mg(OH)_2}\ (s) + 2\,\mathrm{H^+} \;\rightleftharpoons\; \mathrm{Mg^{2+}}\ (ac) + 2\,\mathrm{H_2O}\ (l)$$

Datos: $\Delta G_f^\circ\ (\mathrm{Mg(OH)_2}) = -883{,}5 \text{ kJ mol}^{-1}$; $\quad \Delta G_f^\circ\ (\mathrm{Mg^{2+}}) = -454{,}8 \text{ kJ mol}^{-1}$;

$\Delta G_f^\circ\ (\mathrm{H_2O}) = -237{,}1 \text{ kJ mol}^{-1}$; $\qquad \Delta G_f^\circ\ (\mathrm{H^+}) = 0$.

[Solución]

A partir de las energías libres de formación estándar de que disponemos, y sabiendo que G es función de estado, se puede aplicar la expresión siguiente:

$$\Delta G^\circ = \Sigma\,\Delta G_{\text{productos}}^\circ - \Sigma\,\Delta G_{\text{reactivos}}^\circ$$

$$\Delta G^\circ = 2\Delta G_f^\circ\ (\mathrm{H_2O}) + \Delta G_f^\circ\ (\mathrm{Mg^{2+}}) - \Delta G_f^\circ\ (\mathrm{Mg(OH)_2})$$

$$\Delta G^\circ = 2 \cdot (-237{,}1 \text{ kJ mol}^{-1}) + (-454{,}8 \text{ kJ mol}^{-1}) - (-883{,}5 \text{ kJ mol}^{-1})$$

$$\Delta G^\circ = -95{,}5 \text{ kJ mol}^{-1}$$

Problema 4.38

a) Calculad, los valores de ΔH°, ΔS° y ΔG° para la reacción de formación del $\mathrm{CO_2}$ (g) siguientes:

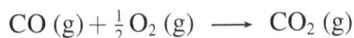

$$\mathrm{CO}\ (g) + \tfrac{1}{2}\,\mathrm{O_2}\ (g) \longrightarrow \mathrm{CO_2}\ (g)$$

b) ¿Es espontánea la reacción anterior a 298 K y a 1 atm?

Datos: $\Delta H^\circ\ (\mathrm{CO_2}) = -393{,}7 \text{ kJ mol}^{-1}$; $\quad S^\circ\ (\mathrm{CO_2}) = 213{,}8 \text{ J K}^{-1}\,\text{mol}^{-1}$

$\Delta H^\circ\ (\mathrm{CO}) = -110{,}4 \text{ kJ mol}^{-1}$; $\quad S^\circ\ (\mathrm{CO}) = 197{,}9 \text{ J K}^{-1}\,\text{mol}^{-1}$

$\Delta H^\circ\ (\mathrm{O_2}) = 0$; $\qquad\qquad\quad S^\circ\ (\mathrm{O_2}) = 205{,}02 \text{ J K}^{-1}\,\text{mol}^{-1}$

a) ΔH y ΔS son funciones de estado.

$$\Delta H^\circ_{\text{reacción}} = \Delta H^\circ (CO_2) - \Delta H^\circ (CO) - \tfrac{1}{2}\Delta H^\circ (O_2)$$

$$\Delta H^\circ_{\text{reacción}} = -393{,}7\ \text{kJ mol}^{-1} - (-110{,}4\ \text{kJ mol}^{-1}) - 0 = -283{,}24\ \text{kJ mol}^{-1}$$

$$\Delta S^\circ_{\text{reacción}} = S^\circ (CO_2) - S^\circ (CO) - \tfrac{1}{2} S^\circ (O_2)$$

$$\Delta S^\circ_{\text{reacción}} = 213{,}8\ \text{J K}^{-1}\text{mol}^{-1} - (197{,}9\ \text{J K}^{-1}\text{mol}^{-1}) - \tfrac{1}{2}(205{,}02\ \text{J K}^{-1}\text{mol}^{-1})$$

$$\Delta S^\circ_{\text{reacción}} = -86{,}61\ \text{J K}^{-1}\text{mol}^{-1}$$

$$\Delta G^\circ = \Delta H^\circ - T\,\Delta S^\circ \quad \text{(para la reacción de formación del } CO_2\text{ (g))}$$

$$\Delta G^\circ = -(283{,}24\ \text{kJ mol}^{-1}) - (298\ \text{K}) \cdot (-86{,}61 \cdot 10^{-3}\text{kJ K}^{-1}\text{mol}^{-1})$$

$$\Delta G^\circ = -257{,}43\ \text{kJ mol}^{-1}$$

b) La reacción es espontánea puesto que se ha obtenido $\Delta G^\circ = -257{,}43\ \text{kJ mol}^{-1}$ lo que implica que $G^\circ < 0$.

El equilibrio químico en la reacción química. Constantes K_c y K_p

☐ Problema 4.39

Poned un ejemplo de cambio de fase y un ejemplo de reacción química, como procesos reversibles que están en equilibrio en unas condiciones determinadas.

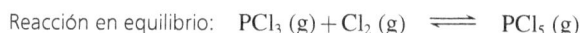

Cambio de fase: $\quad H_2O\ (l) \rightleftharpoons H_2O\ (g)$

Reacción en equilibrio: $\quad PCl_3\ (g) + Cl_2\ (g) \rightleftharpoons PCl_5\ (g)$

☐ Problema 4.40

Escribid la constante de equilibrio (K_c) para las reacciones siguientes:

a) $N_2\ (g) + 3\,H_2\ (g) \rightleftharpoons 2\,NH_3\ (g)$

b) $Cu^{2+}\ (ac) + Zn\ (s) \rightleftharpoons Cu\ (s) + Zn^{2+}\ (ac)$

c) $NH_4Cl\ (s) \rightleftharpoons NH_3\ (g) + HCl\ (g)$

d) $CaCO_3\ (s) \rightleftharpoons CaO\ (s) + CO_2\ (g)$

e) $H_2O\ (l) \rightleftharpoons H^+ + OH^-$

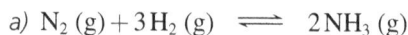

a) $K_c = \dfrac{[NH_3]^2}{[N_2]\,[H_2]^3}$ $\qquad$ *b)* $K_c = \dfrac{[Zn^{2+}]}{[Cu^{2+}]}$ $\qquad$ *c)* $K_c = [NH_3]\,[HCl]$

d) $K_c = [CO_2]$ $\qquad$ *e)* $K_c = [OH^-]\,[H^+] = K_w$

Problema 4.41

La obtención del CO_2 (g) a partir del monóxido de carbono, CO (g), se expresa correctamente según dos expresiones diferentes, que son:

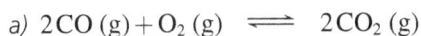

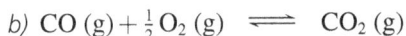

a) $2CO$ (g) $+ O_2$ (g) $\rightleftharpoons$ $2CO_2$ (g)

b) CO (g) $+ \frac{1}{2}O_2$ (g) $\rightleftharpoons$ CO_2 (g)

¿Son iguales sus constantes de equilibrio?

[Solución]

Las constantes de equilibrio no son iguales, pues resulta que: $K_a = K_b^2$

Como se comprueba en las expresiones siguientes:

a) $K_a = \dfrac{[CO_2]^2}{[CO]^2 [O_2]}$ 　　　　 b) $K_b = \dfrac{[CO_2]}{[CO][O_2]^{1/2}}$

Problema 4.42

En un recipiente con un volumen de $5\ dm^3$ y a 773 K de temperatura están en equilibrio 1 mol de NH_4Cl (s), 2 moles de HCl (g) y 2 moles de NH_3 (g). Calculad el valor de la constante de equilibrio, K_c, del sistema.

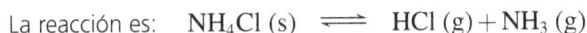

La reacción es: 　 NH_4Cl (s) $\rightleftharpoons$ HCl (g) $+ NH_3$ (g)

[Solución]

$$K_c = [HCl][NH_3] = (2/5\ \text{mol dm}^{-3}) \cdot (2/5\ \text{mol dm}^{-3}) = 0{,}16$$

(El NH_4Cl (s) al ser un producto sólido no participa en el cálculo del valor de la constante de equilibrio)

Problema 4.43

a) Para el equilibrio siguiente:

$$N_2O_4 \text{ (g)} \rightleftharpoons 2NO_2 \text{ (g)}$$

¿Se puede expresar la constante de equilibrio de la reacción, en función de las presiones parciales de los gases? ¿Cuál sería su expresión?

b) ¿Qué relación existe entre las constantes K_c y K_p para un equilibrio entre gases?

[Solución]

a) K_p se expresa en función de las presiones parciales de los productos y de los reactivos y su ecuación es:

$$K_p = \frac{p^2\,(NO_2)}{p\,(N_2O_4)}$$

b) $K_p = K_c\,(RT)^{\Delta n}$ 　 $\Delta n = 2 - 1 = 1$ 　(variación de número de moles entre los productos y los reactivos)

☐ Problema 4.44

Calculad la constante de equilibrio, K_c, para la reacción hipotética: $2A \rightleftharpoons B + C$, sabiendo que un recipiente de $1 \, dm^3$ de volumen se ha llenado con $1 \, mol$ de compuesto A y que cuando el sistema llega al equilibrio sólo quedan $0,250$ moles de A.

[Solución]

Los moles de A que se han transformado en B y C son: $(1 - 0,250) = 0,750$.

Según se observa en la reacción en equilibrio, a partir de $0,750 \, mol$ de A se obtienen la mitad de B ($0,375 \, mol$) y la mitad de C ($0,375 \, mol$), luego la constante de equilibrio, K_c, se puede expresar según la ecuación:

$$K_c = \frac{[B] \, [C]}{[A]^2} = \frac{0,375^2}{0,250^2} = 2,25$$

☐ Problema 4.45

Para la reacción de obtención del yoduro de hidrógeno en equilibrio siguiente:

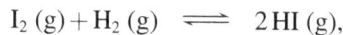

$$I_2 \, (g) + H_2 \, (g) \rightleftharpoons 2HI \, (g),$$

el valor de la constante K_c a $1.000 \, K$ es de $29,10$. ¿Cuál es la concentración de $I_2 \, (g)$ en las condiciones de equilibrio, si el sistema inicialmente contiene $10,0 \, mol \, dm^{-3}$ de HI (g)?

[Solución]

La concentración molar de $I_2 \, (g)$ es un valor desconocido que le llamamos x : $[I_2 \, (g)] = x$

$$K_c = \frac{[HI]^2}{[H_2] \, [I_2]} = \frac{(10 - 2x)^2}{x \cdot x} = 29,10 \quad \text{Luego el valor de } x \text{ es: } \quad x = 1,40 \, mol \, dm^{-3}$$

Modificación de las condiciones de equilibrio. Principio de Le Chatelier

■ Problema 4.46

a) ¿Qué dice el principio de Le Chatelier?

b) Explicad el efecto de un aumento de temperatura para las reacciones que se encuentran en equilibrio siguientes:

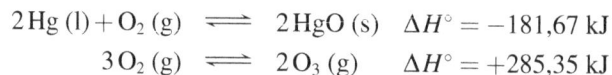

$$2Hg \, (l) + O_2 \, (g) \rightleftharpoons 2HgO \, (s) \quad \Delta H° = -181,67 \, kJ$$
$$3O_2 \, (g) \rightleftharpoons 2O_3 \, (g) \quad \Delta H° = +285,35 \, kJ$$

[Solución]

a) Principio de Le Chatelier: *"Si un sistema en equilibrio se somete a una perturbación externa, en el sistema tendrá lugar un cambio que se opondrá a la perturbación anterior".*

b) Si la temperatura aumenta, al ser $\Delta H° < 0$, en la reacción:

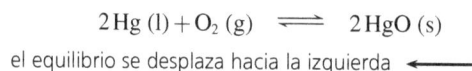

$$2Hg \, (l) + O_2 \, (g) \rightleftharpoons 2HgO \, (s)$$

el equilibrio se desplaza hacia la izquierda ⟵

Si la temperatura aumenta, al ser $\Delta H° > 0$, en la reacción:

$$3\,O_2\,(g) \rightleftharpoons 2\,O_3\,(g)$$

el equilibrio se desplaza hacia la derecha $\longrightarrow$

■ Problema 4.47

Si consideramos la reacción en equilibrio siguiente:

$$BiCl_3\,(ac) + H_2O\,(l) \rightleftharpoons BiOCl\,(s) + 2\,HCl\,(ac)$$

a) ¿Cómo afectaría al equilibrio la adición de $HCl\,(ac)$?

b) ¿Cómo afectaría al equilibrio la adición de $H_2O\,(l)$?

[Solución]

a) La adición de $HCl\,(ac)$ provoca que el $BiOCl\,(s)$ desaparezca, porque el equilibrio se desplaza hacia la izquierda. $\longleftarrow$

b) La adición de $H_2O\,(l)$ provoca que se forme $BiOCl\,(s)$, porque el equilibrio se desplaza hacia la derecha. $\longrightarrow$

■ Problema 4.48

Explicad el efecto de aumento de presión sobre las reacciones en equilibrio siguientes:

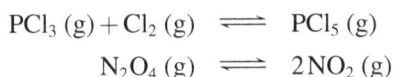

$$PCl_3\,(g) + Cl_2\,(g) \rightleftharpoons PCl_5\,(g)$$
$$N_2O_4\,(g) \rightleftharpoons 2\,NO_2\,(g)$$

[Solución]

Si la presión aumenta en la reacción:

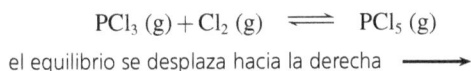

$$PCl_3\,(g) + Cl_2\,(g) \rightleftharpoons PCl_5\,(g)$$

el equilibrio se desplaza hacia la derecha $\longrightarrow$

Si la presión aumenta en la reacción:

$$N_2O_4\,(g) \rightleftharpoons 2\,NO_2\,(g)$$

el equilibrio se desplaza hacia la izquierda $\longleftarrow$

Relación entre la energía libre y la constante de equilibrio

☐ Problema 4.49

En las condiciones de equilibrio, en que la variación de energía libre es cero, $\Delta G = 0$, averiguad la ecuación matemática que relaciona la variación de la energía libre estándar ($\Delta G°$) y la constante de equilibrio de una reacción entre gases (K_p).

[Solución]

$$\Delta G° = -RT \ln K_p \quad \text{o bien despejando la constante de equilibrio:} \quad K_p = e^{-\Delta G°/RT}$$

siendo los términos de la ecuación los siguientes:

$\Delta G°$:   variación de la energía libre estándar

T: temperatura absoluta

R: constante $= 8,314$ J K^{-1} mol^{-1}

K_p: constante de equilibrio de las presiones parciales de los gases de reacción

Problema 4.50

Calculad a la temperatura de 298 K el valor de las constantes de equilibrio K_p para las reacciones siguientes:

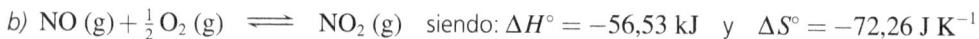

a) $2 NO_2$ (g) $\rightleftharpoons$ N_2O_4 (g)   siendo: $\Delta G° = 5,40$ kJ

b) NO (g) $+ \frac{1}{2} O_2$ (g) $\rightleftharpoons$ NO_2 (g)   siendo: $\Delta H° = -56,53$ kJ   y $\Delta S° = -72,26$ J K^{-1}

[Solución]

a) $\Delta G° = -RT \ln K_p$

$5,40 \cdot 10^3$ J $= -(8,314$ J K$^{-1}) \cdot (298$ K$) \ln K_p$

$K_p = 0,113$

b) $\Delta G° = \Delta H° - T \Delta S°$

$\Delta G° = -56,53$ kJ $- (298$ K$) \cdot (-0,07226$ kJ K$^{-1}) = -34,996$ kJ

$\Delta G° = -RT \ln K_p$

$-34,996 \cdot 10^3$ J $= -(8,314$ J K$^{-1}) \cdot (298$ K$) \ln K_p$

$K_p = 1,36 \cdot 10^6$

Problema 4.51

a) Determinad si la reacción de obtención de acetona y de hidrógeno a partir del 2-propanol es espontánea en condiciones estándar, si se sabe que su constante de equilibrio a la temperatura 452 K tiene un valor de 0,444.

$$CH_3 - CHOH - CH_3 \text{ (g)} \rightleftharpoons CH_3 - CO - CH_3 \text{ (g)} + H_2 \text{ (g)}$$

b) Si el 2-propanol tiene una presión parcial de 1 atm y las presiones parciales de la acetona y del hidrógeno son de 0,1 atm respectivamente, ¿es espontánea la reacción en esas condiciones?

[Solución]

a) Para condiciones estándar:

$$\Delta G° = -RT \ln K_p$$

$$\Delta G° = -(8,314 \text{ J K}^{-1} \text{mol}^{-1}) \cdot (452 \text{ K}) \ln 0,444 = 3,05 \cdot 10^3 \text{ J mol}^{-1}$$

La reacción *no es espontánea*, ya que la variación de la energía libre es positiva, $\Delta G° > 0$ en condiciones estándar, es decir, a la presión de 1 atm ($\approx$ 1 bar).

b) Para condiciones no estándar:

$$Q = \frac{p_{acetona} \cdot p_{hidrógeno}}{p_{2\text{-propanol}}} = \frac{(0,1 \text{ atm}) \cdot (0,1 \text{ atm})}{1 \text{ atm}} = 0,01$$

$$\Delta G = \Delta G° + RT \ln Q$$

$$\Delta G = (3,05 \cdot 10^3 \text{ J mol}^{-1}) + (8,314 \text{ J K}^{-1} \text{mol}^{-1}) \cdot (452 \text{ K}) \ln 0,01 = -1,43 \cdot 10^4 \text{ J mol}^{-1}$$

La reacción en esas condiciones *es espontánea*, pues la variación de la energía libre es negativa, $\Delta G < 0$.

Problema 4.52

a) Calculad $\Delta H°$, $\Delta G°$ y $\Delta S°$ para la reacción en equilibrio siguiente:

$$H_2O\,(g) + CO\,(g) \;\rightleftharpoons\; H_2\,(g) + CO_2\,(g)$$

b) Si todos los gases se comportan como ideales, calculad la energía interna de la reacción (ΔE).

c) Calculad la entropía absoluta a la temperatura de 298 K del H_2O (g).

d) Calculad el valor de la constante de equilibrio de la reacción a la temperatura de 298 K.

Datos: $\quad \Delta H_f°\,(H_2O) = -241{,}84\ \text{kJ mol}^{-1} \quad \Delta G_f°\,(H_2O) = -237{,}0\ \text{kJ mol}^{-1}$

$\qquad\quad \Delta H_f°\,(CO) = -110{,}5\ \text{kJ mol}^{-1} \qquad \Delta G_f°\,(CO) = -137{,}2\ \text{kJ mol}^{-1}$

$\qquad\quad \Delta H_f°\,(CO_2) = -393{,}5\ \text{kJ mol}^{-1} \qquad \Delta G_f°\,(CO_2) = -394{,}3\ \text{kJ mol}^{-1}$

$\qquad\quad \Delta H_f°\,(H_2) = 0 \qquad\qquad\qquad\ \Delta G_f°\,(H_2) = 0$

$S°\,(CO) = 198{,}0\ \text{J K}^{-1}\text{mol}^{-1}; \quad S°\,(CO_2) = 213{,}8\ \text{J K}^{-1}\text{mol}^{-1}; \quad S°\,(H_2) = 130{,}54\ \text{J K}^{-1}\text{mol}^{-1}$

[Solución]

a) Las variaciones de entalpía, energía libre y entropía, $\Delta H°$, $\Delta G°$, $\Delta S°$ son funciones de estado, por lo que para la reacción: $H_2O\,(g) + CO\,(g) \;\rightleftharpoons\; H_2\,(g) + CO_2\,(g)$

Se pueden aplicar las expresiones siguientes:

$$\Delta H_R° = \Delta H_f°\,(CO_2) - [\Delta H_f°\,(H_2O) + \Delta H_f°\,(CO)]$$

$$\Delta H_R° = (-393{,}5) - (-241{,}84 - 110{,}5) = -41{,}16\ \text{kJ mol}^{-1}$$

$$\Delta G_R° = \Delta G_f°\,(CO_2) - [\Delta G_f°\,(H_2O) + \Delta G_f°\,(CO)]$$

$$\Delta G_R° = (-394{,}3) - (-237{,}0 - 137{,}2) = -20{,}1\ \text{kJ mol}^{-1}$$

$$\Delta G_R° = \Delta H_R° - T\,\Delta S_R° \quad \text{Despejando de esta ecuación el valor de la entropía:}$$

$$\Delta S_R° = \frac{\Delta H_R° - \Delta G_R°}{T} = \frac{(-41{,}16 + 20{,}1)\cdot 10^3\,\text{J mol}^{-1}}{298\ \text{K}}$$

$$\Delta S_R° = -70{,}67\ \text{J K}^{-1}\text{mol}^{-1}$$

b) Para gases ideales se puede aplicar la expresión siguiente: $\Delta H = \Delta E + \Delta n R T$ en la reacción no hay variación de número de moles, $\Delta n = 0$. Por lo que:

$$\Delta H = \Delta E = -41{,}16\ \text{kJ mol}^{-1}$$

c) $\Delta S°$ es función de estado.

$$\Delta S_R° = [S°\,(CO_2) + S°\,(H_2)] - [S°\,(H_2O) + S°\,(CO)]$$

$$S°\,(H_2O) = S°\,(CO_2) + S°\,(H_2) - S°\,(CO) - \Delta S_R°$$

$$S°\,(H_2O) = 213{,}8 + 130{,}54 - 198{,}0 - (-70{,}67) = 217{,}01\ \text{J K}^{-1}\text{mol}^{-1}$$

d) El valor de la constante de equilibrio puede calcularse a partir de la expresión siguiente:

$$\Delta G_R° = -RT\ln K_p$$

$$\ln K_p = -\frac{\Delta G_R°}{RT} = -\frac{20{,}1\cdot 10^3\,\text{J mol}^{-1}}{(8{,}314\ \text{J K}^{-1}\text{mol}^{-1})\cdot(298\ \text{K})} = 8{,}113 \quad \text{luego} \quad K_p = e^{8{,}113} = 3.337{,}6$$

$$K_p = 3.337{,}6$$

Variación de ΔG° y de K_p con la temperatura

■ **Problema 4.53**

Calculad la variación de entalpía, energía libre y entropía en condiciones estándar, ΔH°, ΔG° y ΔS° a la temperatura de 298 K para la reacción: $2 NO_2 \, (g) \rightleftharpoons N_2O_4 \, (g)$

T (K)	$p \, (NO_2)$ (atm)	$p \, (N_2O_4)$ (atm)
298	0,0605	0,0303
305	0,0895	0,0395

Las presiones parciales de ambos gases varían con la temperatura (ver la tabla). (Se supone que ΔH es independiente de la temperatura.)

[Solución]

$$\ln \frac{K_p(T_1)}{K_p(T_2)} = -\frac{\Delta H^{\circ}}{R} \left(\frac{1}{T_1} - \frac{1}{T_2} \right)$$

$$K_p = p(N_2O_4)/p^2(NO_2) \quad \begin{cases} K_p(298 \text{ K}) = (0,0303)/(0,0605^2) = 8,278 \\ K_p(305 \text{ K}) = (0,0395)/(0,0895^2) = 4,931 \end{cases}$$

$$\ln \frac{K_p(298)}{K_p(305)} = -\frac{\Delta H^{\circ}}{R} \left(\frac{1}{298} - \frac{1}{305} \right) \qquad \ln \frac{8,278}{4,931} = -\frac{\Delta H^{\circ}}{8,314} \left(\frac{1}{298} - \frac{1}{305} \right)$$

Resolviendo la ecuación y despejando la variación de entalpía estándar se obtiene el valor: $\Delta H^{\circ} = -55.700 \text{ J mol}^{-1}$

$$\Delta G^{\circ} = -RT \ln K_p(298 \text{ K}) = -(8,314 \text{ J K}^{-1} \text{mol}^{-1}) \cdot (298 \text{ K}) \ln 8,278$$
$$\Delta G^{\circ} = -5.236,60 \text{ J mol}^{-1}$$

La variación de la energía libre estándar en función de la entalpía y la entropía, viene representada por la ecuación:

$$\Delta G^{\circ} = \Delta H^{\circ} - T \Delta S^{\circ}$$
$$(-5.236,60 \text{ J mol}^{-1}) = (-55.700 \text{ J mol}^{-1}) - (298 \text{ K}) \Delta S^{\circ}$$

Resolviendo la ecuación y despejando la variación de entropía estándar se obtiene:

$$\Delta S^{\circ} = -169,34 \text{ J K}^{-1} \text{mol}^{-1}$$

■ **Problema 4.54**

Para la reacción de obtención del trióxido de azufre siguiente: $2 SO_2 \, (g) + O_2 \, (g) \rightleftharpoons 2 SO_3 \, (g)$, la constante de equilibrio K_p a la temperatura de 800 K vale 910. Calculad la temperatura a la que la constante de equilibrio de la reacción vale $1,0 \cdot 10^6$. Sabemos que la variación de entalpía de la reacción (ΔH°) es de $-1,80 \cdot 10^2 \text{kJ mol}^{-1}$ y es independiente de la temperatura.

[Solución]

$$\ln \frac{K_{p1}}{K_{p2}} = -\frac{\Delta H^{\circ}}{R} \left(\frac{1}{T_1} - \frac{1}{T_2} \right)$$

Los datos de la ecuación son: $K_{p1} = 170$; $K_{p2} = 32$; $T_2 = 800$ K; T_1 es la incógnita

$$\ln \frac{1,0 \cdot 10^6}{910} = -\frac{(1,8 \cdot 10^5 \text{ J mol}^{-1})}{8,314 \text{ J K}^{-1} \text{mol}^{-1}} \left(\frac{1}{T_1} - \frac{1}{800 \text{ K}} \right)$$

Resolviendo la ecuación y despejando la temperatura se obtiene el valor siguiente:

$$T_1 = 635,6 \text{ K}$$

Problemas propuestos

☐ Problema 4.1

Para 1 mol de He (g) a la temperatura de 298 K que experimenta una expansión reversible e isotérmica ($T =$ constante) hasta una presión final que es de 0,1 atm, calculad:

a) El trabajo realizado por el sistema.
b) El calor cedido por el sistema.

☐ Problema 4.2

Calculad la variación de energía interna (ΔE) que tiene lugar en la combustión del n-pentano a la temperatura de 298 K. La reacción de combustión es:

$$C_5H_{12} \text{ (l)} + 8\,O_2 \text{ (g)} \longrightarrow 5\,CO_2 \text{ (g)} + 6\,H_2O \text{ (l)}$$

Dato: $\Delta H° = -3,54 \cdot 10^3 \text{ kJ mol}^{-1}$

☐ Problema 4.3

Para que 1 g de Hg (l) a la presión de 1 atm pase a vapor a la temperatura de 630 K se necesitan 276,15 J.

a) Calculad la variación de entalpía que tiene lugar por mol de Hg.
b) Calculad la variación de energía interna correspondiente a la evaporación de 1 mol de Hg (l), suponiendo que el Hg (g) se comporta como gas ideal.

☐ Problema 4.4

Calculad la variación de entalpía ($\Delta H°$) y la variación de energía interna ($\Delta E°$) a la temperatura de 298 K para la reacción de hidrogenación del propeno a propano:

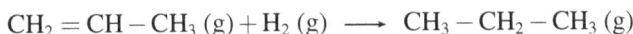

$$CH_2 = CH - CH_3 \text{ (g)} + H_2 \text{ (g)} \longrightarrow CH_3 - CH_2 - CH_3 \text{ (g)}$$

Datos: $\Delta H° \text{ (propano)} = -103,85 \text{ kJ mol}^{-1}$
$\Delta H° \text{ (propeno)} = +20,42 \text{ kJ mol}^{-1}$
$\Delta H° \text{ (H}_2\text{)} = 0$

■ Problema 4.5

Calculad la diferencia entre ΔH y ΔE a la temperatura de 298 K para los procesos siguientes:

a) Formación de 2 moles de HCl (g) a partir de H_2 (g) y Cl_2 (g).
b) Descomposición de 1 mol de NH_4HS (s) en H_2S (g) y NH_3 (g).
c) Precipitación de 2 moles de AgCl (s) a partir de $AgNO_3$ (ac) y NaCl (ac).

Problema 4.6

A la temperatura de 298 K y a la presión de 1 atm, 2 moles de gas ideal se expansionan triplicando su volumen inicial. Calculad para el sistema el trabajo realizado (w), el calor absorbido (q), la variación de energía interna (ΔE) y la variación de entalpía (ΔH), si el proceso tiene lugar:

a) Reversible e isotérmicamente $(T = \text{constante})$.

b) Irreversible e isotérmicamente $(T = \text{constante})$ contra la presión final.

c) Reversible y adiabáticamente $(q = \text{constante})$.

Problema 4.7

Calculad la variación de entropía (ΔS) cuando 1 mol de O_2 (g) se calienta desde la temperatura de $25°C$ hasta $1.000°C$

a) A presión constante.

b) A volumen constante.

El valor de la capacidad calorífica a presión constante, C_p, para el O_2 (g) es de $30,24 \text{ J K}^{-1}\text{mol}^{-1}$.

Problema 4.8

Calculad la variación de entropía cuando 1 g de hielo a $0°C$ pasa a vapor de agua a $100°C$, sabiendo que la entalpía de fusión del hielo es de $6,0 \text{ kJ mol}^{-1}$ a $0°C$ y 1 atm y que la entalpía de vaporización del agua líquida es de $40,5 \text{ kJ mol}^{-1}$ a $100°C$ y a 1 atm. La C_p del H_2O (l) entre $0°C$ y $100°C$ es de $75,42 \text{ J mol}^{-1}\text{K}^{-1}$.

Problema 4.9

Calculad la variación de entropía estándar (1 atm) para la reacción siguiente:

$$C \text{ (s)} + O_2 \text{ (g)} \longrightarrow CO_2 \text{ (g)}$$

Datos: $S° \text{ (C (s))} = 5,69 \text{ J mol}^{-1}\text{K}^{-1}$

$S° \text{ (O}_2 \text{ (g))} = 205,21 \text{ J mol}^{-1}\text{K}^{-1}$

$S° \text{ (CO}_2 \text{ (g))} = 213,6 \text{ J mol}^{-1}\text{K}^{-1}$

Problema 4.10

Calculad la entropía molar estándar del N_2O_3 (g) a la temperatura de 298 K si se sabe que la descomposición de 1,0 mol de N_2O_3 (g) en monóxido de nitrógeno y dióxido de nitrógeno a $25°C$ va acompañada de una variación de entropía $(\Delta S°)$ de $138,5 \text{ J K}^{-1}$.

Datos: $S° \text{ (NO}_2) = 240,1 \text{ J K}^{-1}$ y $S° \text{ (NO)} = 210,8 \text{ J K}^{-1}$.

☐ Problema 4.11

Calculad la variación de energía libre estándar, $\Delta G°$, para la reacción siguiente:

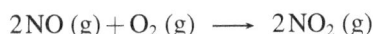

$$2\,NO\,(g) + O_2\,(g) \longrightarrow 2\,NO_2\,(g)$$

Datos: $\Delta H° = -114,1$ kJ

$\qquad\quad \Delta S° = -146,5$ J K^{-1}

■ Problema 4.12

En un recipiente cerrado a la temperatura de 298 K se establece el equilibrio para la reacción siguiente:

$$N_2O_4\,(g) \; \rightleftharpoons \; 2\,NO_2\,(g)$$

El valor de la constante de equilibrio K_p es de 0,141 atm. Si la presión total dentro del recipiente es de 2 atm, calculad la presión parcial de ambos gases.

■ Problema 4.13

Si para la reacción en equilibrio anterior a la temperatura de 298 K, $N_2O_4\,(g) \; \rightleftharpoons \; 2\,NO_2\,(g)$, la constante de equilibrio K_p vale 0,141. ¿Es espontánea la reacción tal como está expresada?

■ Problema 4.14

Calculad la constante de equilibrio a la temperatura de 298 K para la reacción siguiente:

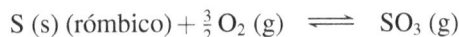

$$S\,(s)\,(\text{rómbico}) + \tfrac{3}{2}\,O_2\,(g) \; \rightleftharpoons \; SO_3\,(g)$$

Sabiendo que la variación de entalpía estándar $\Delta H°$ para la reacción es de $-395,19$ kJ mol^{-1} y que las entropías estándar son:

$S°\,(S\,\text{rómbico}) = 31,88$ J K^{-1}mol^{-1}
$S°\,(O_2) = 205,02$ J K^{-1}mol^{-1}
$S°\,(SO_3) = 256,23$ J K^{-1}mol^{-1}

■ Problema 4.15

Calculad la constante de equilibrio a la temperatura de 298 K, a partir de la energía libre de Gibbs estándar para la reacción siguiente:

$$Mg(OH)_2\,(s) + 2\,H^+ \; \rightleftharpoons \; Mg^{2+}\,(ac) + 2\,H_2O\,(l)$$

(Datos en el problema 4.37).

Problema 4.16

Calculad la variación de entalpía de una reacción cuando la temperatura aumenta desde 298 K hasta los 308 K y su constante de equilibrio se duplica.

Problema 4.17

Calculad las variaciones de energía libre, entalpía y entropía en condiciones estandar, $\Delta G°$, $\Delta H°$ y $\Delta S°$ a la temperatura de 2.000 K para la reacción siguiente:

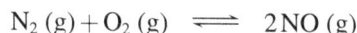

$$N_2 \text{ (g)} + O_2 \text{ (g)} \rightleftharpoons 2 NO \text{ (g)}$$

La constante de equilibrio a 2.000 K es de $4,08 \cdot 10^{-4}$ y a 2.600 K la constante de equilibrio es de $50,3 \cdot 10^{-4}$.

Problema 4.18

Cuando el **Cu** (s) está en contacto de manera prolongada con el aire a 25° C se oxida y se recubre de una capa de color negro. Cuando el **Cu** se calienta a 200° C se oxida y se recubre de una capa de color rojo. Se sabe que a 25° C, para la reacción siguiente:

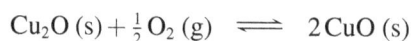

$$Cu_2O \text{ (s)} + \tfrac{1}{2}O_2 \text{ (g)} \rightleftharpoons 2 CuO \text{ (s)}$$

Los valores de ΔH y ΔG son respectivamente 143,93 kJ mol^{-1} y 107,95 kJ mol^{-1}. Averiguad cuál de las dos fórmulas Cu_2O (s) o CuO (s) corresponde al óxido rojo.

Problema 4.19

Un recipiente contiene H_2 (g) y I_2 g) a unas concentraciones iniciales de 0,1110 mol dm^{-3} y 0,0995 mol dm^{-3} respectivamente a la temperatura de 700 K. Al cabo de un tiempo, cuando la reacción ha llegado al equilibrio, la concentración de H_2 (g) es de 0,0288 mol dm^{-3}. Calculad el valor de K_c para la reacción siguiente:

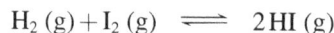

$$H_2 \text{ (g)} + I_2 \text{ (g)} \rightleftharpoons 2 HI \text{ (g)}$$

Problema 4.20

Escribid las expresiones de K_c y K_p para las siguientes reacciones:

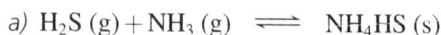

a) $H_2S \text{ (g)} + NH_3 \text{ (g)} \rightleftharpoons NH_4HS \text{ (s)}$

b) $CaCO_3 \text{ (s)} \rightleftharpoons CaO \text{ (s)} + CO_2 \text{ (g)}$

c) $PCl_5 \text{ (g)} \rightleftharpoons PCl_3 \text{ (g)} + Cl_2 \text{ (g)}$

Ácidos y bases.
Equilibrio iónico ácido-base

5

5.1 Introducción y objetivos

Los ácidos y las bases son compuestos habituales en la vida ordinaria.

Sustancias tan corrientes como el vinagre, los cítricos, el tomate, la vitamina C, etc. contienen ácidos, como el ácido acético del vinagre o el ácido ascórbico de la vitamina C.

Otras sustancias, también corrientes, como el amoníaco o el bicarbonato sódico son bases, y otras sustancias contienen bases y son de uso común como los jabones y los detergentes.

Desde un punto de vista práctico se pueden identificar los ácidos por su sabor y por su capacidad de reaccionar con metales y carbonatos, mientras que las bases poseen un sabor amargo y tienen la capacidad de reaccionar con sales de metales pesados para obtener hidróxidos.

Por otra parte, los ácidos y las bases actúan sobre las sustancias llamadas *indicadores ácido-base* modificando su coloración.

El vinagre (ácido acético) reacciona con el bicarbonato sódico y ambos contrarrestan o neutralizan sus propiedades o sus efectos. El uno es ácido ($CH_3 - COOH$) y el otro es una base o álcali ($NaHCO_3$).

Cuando reaccionan cantidades equivalentes de un ácido y una base se obtiene una sal y agua, de manera que la hidrólisis de dicha sal puede ser ácida, básica o neutra.

Lavoisier (finales del siglo XVIII) observó que algunas sustancias ácidas corrientes resultan de la combinación de oxígeno con no metales, que al disolverse en agua producen disoluciones ácidas.

Ejemplos:

$$C\ (s) + O_2\ (g) \longrightarrow CO_2\ (g) \qquad CO_2\ (g) + H_2O\ (l) \longrightarrow H_2CO_3 \quad \text{(ácido carbónico)}$$
$$\text{Inestable}$$

$$S\ (s) + \tfrac{3}{2} O_2\ (g) \longrightarrow SO_3\ (g) \qquad SO_3\ (g) + H_2O\ (l) \longrightarrow H_2SO_4 \quad \text{(ácido sulfúrico)}$$

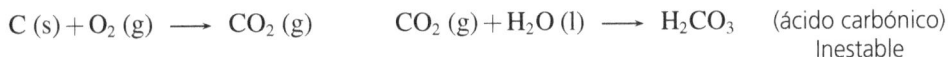

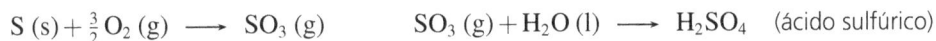

Posteriormente (comienzos del siglo XIX) se demostró que el cloruro de hidrógeno que es un gas, al disolverse en agua, da lugar a un compuesto con carácter ácido, el ácido clorhídrico, que no posee oxígeno. Luego la teoría de Lavoisier no era correcta para algunos compuestos que sin tener oxígeno poseen carácter ácido.

A continuación veremos las distintas teorías sobre los ácidos y las bases ordenadas según la época en que se plantearon, y se estudiarán los equilibrios ácido-base, las disoluciones tampón o reguladoras, el efecto de un ión común sobre los equilibrios y se aprenderá a calcular el valor del pH en distintos casos.

Otros aspectos importantes que se tienen en cuenta son las representaciones de las curvas de valoración en las reacciones de neutralización, de ácidos fuertes con bases fuertes, de ácidos débiles monopróticos y polipróticos con bases fuertes, así como el uso de indicadores y de la fuerza electromotriz para la determinación del punto de equivalencia y del pH en las neutralizaciones de ácidos y bases.

Los ejemplos prácticos y los ejercicios resueltos completan la comprensión de la parte teórica, permitiendo un tratamiento adecuado de este tema.

5.2 Teoría de Arrhenius. Teoría de Brönsted-Lowry. Teoría de Lewis ▬▬▬

Teoría de S. Arrhenius (1880)

Esta teoría está basada en la ionización que presentan los ácidos y las bases en disolución acuosa. La propiedad ácida que tiene una disolución se debe al ión H^+ y la propiedad básica que tiene una disolución se debe al ión OH^-.

Disolución acuosa ácida: Contiene más concentración de iones hidrógeno H^+ que de iones hidroxilo OH^-.

Disolución acuosa básica: Contiene más concentración de iones hidroxilo OH^- que de iones hidrógeno H^+.

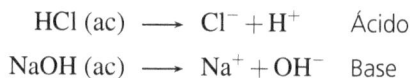

$$HCl \ (ac) \longrightarrow Cl^- + H^+ \qquad \text{Ácido}$$
$$NaOH \ (ac) \longrightarrow Na^+ + OH^- \qquad \text{Base}$$

Cuestiones que la teoría de Arrhenius no resuelve:

a) Se limita a disoluciones acuosas.

b) El amoníaco es una base y no tiene iones OH^-.

c) No explica por qué algunas sales no son neutras.

Teoría de Brönsted-Lowry (1923)

Esta teoría está basada en la cesión y aceptación de protones (un protón es un ión H^+).

Ácido: Dador de protones. Hay iones H^+ en disolución acuosa.

Base: Aceptor de protones.

Una reacción ácido-base es la transferencia de un protón desde un dador de protones a un tomador de protones.

Un ácido de Brönsted-Lowry es un ácido de Arrhenius.

Una base de Brönsted-Lowry explica el comportamiento básico del NH_3:

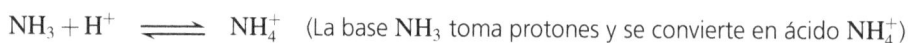

$$NH_3 + H^+ \rightleftharpoons NH_4^+ \quad \text{(La base } NH_3 \text{ toma protones y se convierte en ácido } NH_4^+\text{)}$$

Una base de Brönsted-Lowry también es una base de Arrhenius del tipo $NaOH$, pues aunque no produzca iónes OH^- en disolución, sí puede tomar el ión H^+, que con el OH^- dará H_2O.

Esta teoría pone énfasis en el papel del disolvente en la disolución ácida o básica. Por ejemplo, el cloruro de hidrógeno, HCl (g), disuelto en agua da el ácido clorhídrico, HCl (ac), que es un ácido fuerte, pero disuelto en otro disolvente menos polar que el agua sería menos ácido, y disuelto en un disolvente *no polar*, como el benceno, no tendría carácter ácido.

Un compuesto actúa como ácido fuerte cuando en disolución acuosa se disocia por completo, formándose iones H^+ como uno de sus productos.

Un compuesto actúa como ácido débil cuando en disolución acuosa no se disocia por completo, sino que se disocia solo parcialmente, de forma que es tanto más ácido, cuantos más iones H^+ se formen en la disolución.

En la teoría de Brönsted-Lowry, cada ácido y cada base tienen su conjugado, de manera que si una base capta un H^+ se transforma en un ácido conjugado, y a la inversa.

Ejemplos:

Ácido fuerte:

$$HCl \ + \ H_2O \ \longrightarrow \ H_3O^+ \ + \ Cl^- \quad \text{(Disociación total)}$$

Ácido$_1$ Base$_2$ Ácido$_2$ Base$_1$
                      conjugado   conjugada

Ácido débil:

$$CH_3-COOH \ + \ H_2O \ \rightleftharpoons \ CH_3-COO^- \ + \ H_3O^+ \quad \text{(Equilibrio ácido-base)}$$

Ácido$_1$ Base$_2$ Base$_1$ Ácido$_2$
acético   acetato

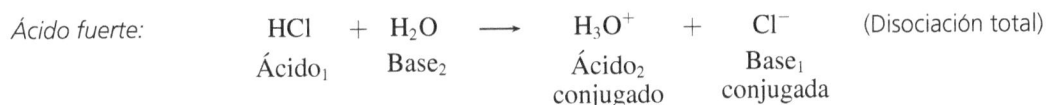

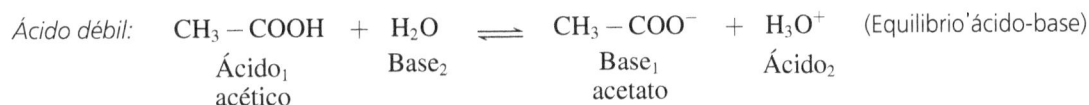

Debido a que con el ácido débil se alcanza un equilibrio, le corresponde una constante de equilibrio, que se llama K_a o constante de acidez. Su expresión es:

$$K_a = \frac{[CH_3-COO^-]\,[H_3O^+]}{[CH_3-COOH]} = 1,8 \cdot 10^{-5}$$

Para el ácido acético, la constante de acidez vale $1,8 \cdot 10^{-5}$. Cuanto mayor sea la K_a de un ácido, mayor será su disociación y, por ello, más ácido será.

La teoría de Brönsted-Lowry puede aplicarse a sistemas en disolución cuyos disolventes sean protónicos, es decir en ellos puedan cederse y tomarse protones. Por ejemplo a disolventes como el agua, el amoníaco, el ácido acético, los alcoholes, etc.

Esta teoría es muy útil para aplicarla a los equilibrios acido-base, pero no resuelve el comportamiento ácido de compuestos como el trifluoruro de boro (BF_3) o el tricloruro de aluminio ($AlCl_3$), entre otros, puesto que no poseen hidrógeno protonizable pero en cambio actúan como ácidos.

Teoría de Lewis (1923)

Esta teoría ácido-base está estrechamente relacionada con el enlace y la estructura de las moléculas.

Ácido de Lewis: Es una especie, que puede ser átomo, ión o molécula, que acepta pares de electrones.
Base de Lewis: Es una especie que cede pares de electrones.

Una reacción ácido-base de Lewis da lugar a un compuesto de adición o *aducto*, con un enlace covalente coordinado entre el ácido y la base.

Esta teoría amplía y generaliza el concepto ácido-base, de modo que incluye las otras dos teorías expuestas anteriormente.

Son ácidos de Lewis las sustancias con una capa de valencia incompleta y que permita aceptar electrones, y son bases de Lewis las sustancias que posean electrones sin compartir y que puedan cederlos.

Ejemplos:

Molécula de $NH_3 - BF_3$ con enlace covalente coordinado

Base Lewis (cede $2e^-$) Ácido Lewis (toma $2e^-$)

Anión dicianoargentato

Base Lewis (cede $2e^-$) Ácido Lewis (toma $2e^-$) Anión complejo

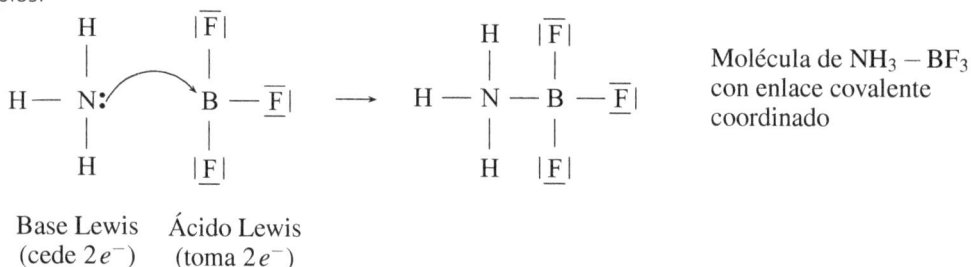

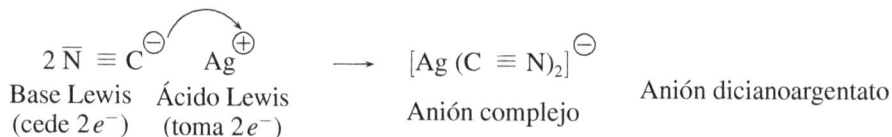

La teoría de Lewis extiende los conceptos ácido-base a reacciones en gases y en sólidos, además es un concepto de aplicación importante en ciertas reacciones entre moléculas orgánicas.

5.3 Autoionización del agua

El agua pura está poco ionizada, por lo que se necesitan medidas muy precisas de conductividad eléctrica para que puedan detectarse sus iones.

$$H_2O\,(l) + H_2O\,(l) \rightleftharpoons H_3O^+ + OH^- \qquad H_w = \left[H_3O^+\right]\left[OH^-\right] = 10^{-14}\,(25°C)$$

La constante de equilibrio K_w es la constante del producto iónico del agua.

Al cambiar la temperatura, el valor de la constante de ionización del agua cambia. Así a $0°C$ disminuye aproximadamente 10^{-15}, y a $60°C$ el valor de K_w aumenta y es de $6,9 \cdot 10^{-14}$. En general, se usa siempre $K_w = 10^{-14}$, aunque se introduzcan pequeños errores en algunos cálculos.

El agua pura es neutra, ni ácida ni básica, por lo que las concentraciones de los iones hidrógeno (H^+) e hidróxido (OH^-) son iguales.

A $25°C$, en agua pura: $\left[H_3O^+\right] = [OH^-] = 10^{-7}\,mol\,dm^{-3} = 10^{-7}\,mol\,L^{-1} = 10^{-7}\,M$

Si al agua se le adiciona exceso de $\left[H_3O^+\right]$, la cantidad de $[OH^-]$ debe disminuir para que se mantenga el equilibrio, y ocurre igual a la inversa.

En una disolución ácida: $\left[H_3O^+\right] > 10^{-7}\,M$
En una disolución básica: $[OH^-] < 10^{-7}\,M$

5.3.1 Definición de pH y de pOH

Debido a que el producto de las concentraciones de los iones $[H_3O^+]$ y $[OH^-]$ en disolución acuosa da como resultado un valor muy pequeño, puede ser un inconveniente manejar exponenciales negativos, por lo que se propuso el término de pH para indicar el potencial del ión hidrógeno mediante notación logarítmica.

Se definen pH y pOH como:

$$pH = -\log[H_3O^+] \quad \text{o lo que es lo mismo} \quad pH = -\log[H^+]$$
$$pOH = -\log[OH^-]$$

La misma notación se puede aplicar al logaritmo negativo de cualquier cantidad, ya sean constantes de equilibrio, de acidez, de basicidad o el producto iónico del agua.

$$K_w = [H^+][OH^-] = 10^{-14} \qquad -\log K_w = -\log[H^+] - \log[OH^-] = -\log 10^{-14}$$

Luego: $\quad pK_w = pH + pOH = 14 \qquad pH = 14 - pOH \quad pOH = 14 - pH$

Disolución neutra: $\quad [H^+] = [OH^-] = 10^{-7} \text{ mol dm}^{-3} \qquad pH = pOH = -\log 10^{-7} = 7$

Si el pH es menor que 7, la disolución es una disolución ácida, y si el pH es mayor que 7, se trata de una disolución básica.

pH < 7 disolución ácida	pH > 7 disolución básica	pH = 7 disolución neutra

Los valores de pOH serían valores contrarios a los del pH para las distintas disoluciones.

pOH > 7 disolución ácida	pOH < 7 disolución básica	pOH = 7 disolución neutra

☐ **Ejemplo práctico 1**

Calculad las concentraciones $[H^+]$ y $[OH^-]$ de un yogur cuya medida de pH es de 2,85 a temperatura ambiente.

$$pH = 2,85 = -\log[H^+]; \quad \log[H^+] = -2,85; \quad [H^+] = 10^{-2,85} = 1,4 \cdot 10^{-3} \text{ M}$$
$$[H^+][OH^-] = 10^{-14} \quad [OH^-] = 10^{-14}/10^{-2,85} = 10^{-11,15} = 7,08 \cdot 10^{-12} \text{ M}$$

5.4 Fuerza relativa de los ácidos y de las bases

La fuerza de un ácido protónico en disolución acuosa se determina por el desplazamiento del equilibrio ácido en el sentido de la formación del ión.

Para un ácido cualquiera HA disuelto en agua, se tiene:

$$HA \text{ (ac)} \rightleftharpoons A^- + H^+ \qquad K_a = \frac{[A^-][H^+]}{[HA]} \quad K_a : \text{Constante de ionización ácida}$$

Cuanto mayor es el valor de la constante de equilibrio K_a, el ácido es más fuerte.

5.4.1 Ácidos fuertes y bases fuertes

Un *ácido es fuerte* cuando en disolución acuosa diluida su ionización se produce por completo.

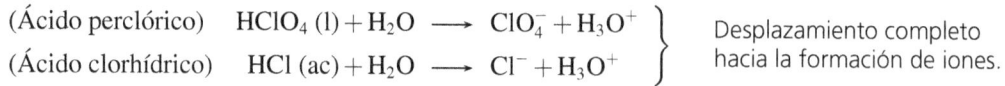

$$(\text{Ácido perclórico}) \quad HClO_4 \text{ (l)} + H_2O \longrightarrow ClO_4^- + H_3O^+$$
$$(\text{Ácido clorhídrico}) \quad HCl \text{ (ac)} + H_2O \longrightarrow Cl^- + H_3O^+$$

$\left.\right\}$ Desplazamiento completo hacia la formación de iones.

Por otra parte, la ionización del agua se produce en una extensión muy limitada comparada con la ionización de un ácido fuerte. Luego el agua es una fuente despreciable de iones H_3O^+ o iones H^+ (es lo mismo).

Esto significa que al calcular $\left[H_3O^+\right]$ o $[H^+]$ en una disolución acuosa de ácido fuerte, el ácido fuerte es la única fuente importante de iones H^+ y no el agua, excepto en casos de disoluciones ácidas muy diluidas.

Las *bases fuertes* más comunes son los hidróxidos iónicos, que disueltos en agua producen iones OH^-.

Como en el caso de los ácidos fuertes, en las bases fuertes los iones OH^- obtenidos de la ionización del agua son despreciables frente a los del hidróxido, excepto en casos de disoluciones básicas muy diluidas.

Ejemplos de ácidos fuertes: $HClO_4$, HNO_3, H_2SO_4*, HCl, HBr, HI.

Ejemplos de bases fuertes: $LiOH$, $NaOH$, KOH, $RbOH$, $CsOH$, $Mg(OH)_2$, $Ca(OH)_2$, $Sr(OH)_2$, $Ba(OH)_2$.

☐ Ejemplo práctico 2

El $Ca(OH)_2$ (s), que es una base fuerte, es poco soluble en agua. Sólo se pueden disolver 1,6 g de $Ca(OH)_2$ (s) en 1 litro de disolución a 25°C. Calculad el pH de la disolución saturada de $Ca(OH)_2$ (ac) a 25°C.

Cálculo de la molaridad de la disolución de $Ca(OH)_2$ (ac):

$$\text{Molaridad} = \frac{1{,}6 \text{ g } Ca(OH)_2 \cdot \dfrac{1 \text{ mol } Ca(OH)_2}{74{,}1 \text{ g } Ca(OH)_2}}{1 \text{ L}} = 0{,}022 \text{ M} = 0{,}022 \text{ mol dm}^{-3}$$

Base fuerte: $\quad Ca(OH)_2 \text{ (ac)} \longrightarrow Ca^{2+} + 2 \, OH^-$

$$[OH^-] = \frac{0{,}0022 \text{ mol } Ca(OH)_2}{1 \text{ dm}^3} \cdot \frac{2 \text{ mol } OH^-}{1 \text{ mol } Ca(OH)_2} = 0{,}0044 \text{ mol dm}^{-3}$$

$$pOH = -\log[OH^-] = -\log 0{,}0044 = 1{,}36$$
$$pH = 14 - pOH = 14 - 1{,}36 = 12{,}64$$

5.4.2 Ácidos débiles y bases débiles

Los ácidos débiles en disolución acuosa están ionizados en menor extensión que los ácidos fuertes.

Las fuerzas de los ácidos débiles se comparan mejor a partir de su constante de ionización ácida o constante de acidez K_a y de su pK_a $(-\log K_a)$.

En el apéndice 5 están los valores de K_a y de pK_a de algunos ácidos débiles.

---

* El H_2SO_4 es un ácido fuerte en su primera ionización y es un ácido débil en su segunda ionización).

La mayoría de los ácidos tienen carácter débil, como los ácidos orgánicos. Los compuestos con grupo $-COOH$ son ácidos carboxílicos débiles, como el ácido acético, el ácido láctico, los aminoácidos, etc.

Otros compuestos orgánicos que son ácidos débiles son los fenoles, con grupo $-OH$ unido al anillo del benceno, y también los compuestos orgánicos que poseen el grupo $-SO_3H$ o grupo ácido sulfónico.

En ciertas reacciones ácido-base en disolución, interesa conocer la constante K_a, pero la información que se tiene es la de las concentraciones iniciales de los reactivos y productos, y sólo la concentración de equilibrio de una sustancia. Se necesitará, por lo tanto, realizar cálculos para cada reactivo.

Para esos casos específicos, se usará una tabla ICE, que consiste en anotar las concentraciones iniciales, los cambios y las concentraciones de equilibrio de cada especie que participa en la reacción.

Se utilizan las tablas ICE para la resolución de los ejemplos que se dan a continuación.

1) Cálculo del pH de una disolución de un ácido débil

Ejemplo práctico 3

Calculad el pH de una disolución de ácido láctico de concentración $0,1$ M (mol dm^{-3}). La constante del ácido láctico K_a vale $1,37 \cdot 10^{-4}$ a la temperatura de $25°C$.

Primero se describe el equilibrio de ionización con la tabla ICE habitual.

(Ácido láctico)	$CH_3 - CHOH - COOH \rightleftharpoons$	$CH_3 - CHOH - COO^-$	$+ \quad H^+$
Concentraciones iniciales	$0,1$	—	—
Cambios:	$-x$	$+x$	$+x$
Concentración en el equilibrio:	$0,1 - x$	$+x$	$+x$

$$K_a = \frac{[CH_3 - CHOH - COO^-]\,[H^+]}{[CH_3 - CHOH - COOH]} = \frac{x \cdot x}{0,1 - x} = 1,37 \cdot 10^{-4}$$

Suponiendo que x es mucho menor que $0,1$ y que $(0,1 - x) \approx 0,1$, la expresión del equilibrio es:

$$\frac{x^2}{0,1} = 1,37 \cdot 10^{-4} \qquad x^2 = 1,37 \cdot 10^{-5} \qquad x = [H^+] = 3,7 \cdot 10^{-3} \text{ mol dm}^{-3}$$

$$pH = -\log[H^+] = -\log(3,7 \cdot 10^{-3}) = 2,43$$

2) Cálculo de K_a a partir del pH de un ácido débil

Ejemplo práctico 4

Calculad K_a del ácido hipocloroso (HClO) si se sabe que una disolución de dicho ácido $0,15$ M tiene un pH de $4,18$.

Primero se describe el equilibrio de ionización con la tabla ICE habitual.

(Ácido hipocloroso)	$HClO \text{ (ac)} \rightleftharpoons$	ClO^-	$+ \quad H^+$
Concentraciones iniciales:	$0,15$	—	—
Cambios:	$-x$	$+x$	$+x$
Concentración en el equilibrio:	$0,15 - x$	$+x$	$+x$

$$pH = 4,18 = -\log[H^+] \qquad [H^+] = 10^{-4,18} = 6,61 \cdot 10^{-5} \text{ M}$$

$$K_a = \frac{[\text{ClO}^-]\,[H^+]}{[\text{HClO}]} = \frac{x \cdot x}{0,15 - x} = \frac{(6,61 \cdot 10^{-5})^2}{0,15 - \cancel{6,61 \cdot 10^{-5}}} = 2,9 \cdot 10^{-8}$$

Puede observarse que el valor de x, $6,61 \cdot 10^{-5}$, es despreciable frente a 0,15 M.

5.4.2.1 Grado de ionización

Los ácidos débiles en disolución diluida están ionizados en mucha menor extensión que los ácidos fuertes. Se puede describir en qué medida se produce la ionización de un ácido débil o de una base débil determinando su grado de ionización (α) o el porcentaje de ionización.

$$\text{Grado de ionización} = \frac{\text{Molaridad del } H^+ \text{ obtenida del ácido HA}}{\text{Molaridad inicial del ácido HA}}$$

$$\% \text{ ionización} = \text{Grado de ionización} \cdot 100$$

A partir de la ionización de un ácido HA de concentración 1 M (1 mol dm^{-3})

$$\text{HA (ac)} \rightleftharpoons \text{A}^- + H^+$$

Se produce $[\text{A}^-] = [H^+] = 0,05$ M $\implies$ Grado ionización $= 0,05$ M$/1$ M $= 0,05$ $\quad$ % ionización $= 5\%$.

El grado de ionización de un ácido débil y de una base débil aumenta al hacerse la disolución más diluida.

Para comprobarlo, puede aplicarse al equilibrio anterior del ácido HA.

En equilibrio: $\begin{cases} \text{moles de HA} = n_{\text{HA}} \\ \text{moles de A}^- = n_{\text{A}^-} \\ \text{moles de } H^+ = n_{H^+} \end{cases}$ $\quad$ Están disueltos en un volumen de disolución V en litros o en dm^3.

Luego las concentraciones molares son: $\quad [\text{HA}] = n_{\text{HA}}/V$

$$[\text{A}^-] = n_{\text{A}^-}/V$$

$$[H^+] = n_{H^+}/V$$

$$K_a = \frac{[\text{A}^-]\,[H^+]}{[\text{HA}]} = \frac{(n_{\text{A}^-}/V)/(n_{H^+}/V)}{(n_{\text{HA}}/V)} = \frac{(n_{\text{A}^-})\,(n_{H^+})}{(n_{\text{HA}})} \cdot \frac{1}{V}$$

Al diluir la disolución, el volumen V aumenta y el término $1/V$ disminuye.

El término $\dfrac{(n_{\text{A}^-})\,(n_{H^+})}{(n_{\text{HA}})}$ debe aumentar para mantener el valor K_a, luego los valores de los moles de n_{A^-} y n_{H^+} deben aumentar y los moles de n_{HA} deben disminuir, lo que implica un aumento del grado de ionización.

Ejemplo práctico 5

Calculad el porcentaje de ionización del ácido acético en disolución a las concentraciones molares de 0,01 M; 0,05 M y 0,50 M. La constante del ácido acético, K_a, vale $1,8 \cdot 10^{-5}$.

Primero se describe el equilibrio de ionización con la tabla ICE habitual.

(Ácido acético)	$CH_3 - COOH$	$\rightleftharpoons$	$CH_3 - COO^-$	$+$	H^+
Concentraciones iniciales:	0,01		—		—
Cambios:	$-x$		$+x$		$+x$
Concentración en el equilibrio:	$0,01 - x$		$+x$		$+x$

$$K_a = \frac{[CH_3 - COO^-][H^+]}{[CH_3 - COOH]} = \frac{x \cdot x}{0,01 - x} = \frac{x^2}{0,01} \qquad x = 4,2 \cdot 10^{-4} \text{ mol dm}^{-3}$$

De donde: $(0,01 - x) \approx 0,01 \qquad x = [H^+] = [CH_3 - COO^-] = 4,2 \cdot 10^{-4} \text{ M}$

$$\% \text{ Ionización} = \frac{[H^+]}{[CH_3 - COOH]} \cdot 100 = \frac{4,2 \cdot 10^{-4} \text{ mol dm}^{-3}}{0,01 \text{ mol dm}^{-3}} \cdot 100 = 4,2 \%$$

Se repite el mismo proceso para las otras dos concentraciones y se obtiene:

[Ácido acético] = 0,05 M está ionizado en un 1,9 %

[Ácido acético] = 0,5 M está ionizado en un 0,6 %

Se observa que cuanto menor es la molaridad, mayor es el % de ionización.

5.5 Cálculos para equilibrios ácido-base en disolución

En este apartado se plantea una metodología general para tratar los equilibrios ácido-base, basada en las ecuaciones del balance de masas y de carga.

Cuando los sistemas son sencillos, este tratamiento de cálculo puede parecer excesivo, pero para sistemas más complicados (ácidos polipróticos) es fácil de aplicar y resulta una técnica muy sistemática y completa.

El método tiene la estructura siguiente:

1.º Se identifican las especies que están presentes en el equilibrio y en cantidad significativa para la disolución, excepto el H_2O. Son incógnitas las concentraciones de las especies en equilibrio.

2.º Se escriben las ecuaciones de las especies participantes en el equilibrio y sus constantes de acidez, K_a. El número de incógnitas debe coincidir con el número de ecuaciones.

3.º Se realiza el balance de masas o de materia para el equilibrio.

4.º Se realiza el balance de cargas o condición de electroneutralidad para el equilibrio.

5.º Se resuelve el sistema de ecuaciones para hallar las incógnitas, que son las concentraciones de las especies en disolución.

5.5.1 Balance de masas y balance de cargas (principio de electroneutralidad)

El balance de masas utiliza el hecho de que el número de átomos de un elemento siempre permanece constante en cualquier reacción química.

El balance de cargas es una condición de neutralidad, es decir, implica que la suma de cargas positivas de las especies en disolución es igual al número de cargas negativas de las especies en disolución.

Aplicación para el cálculo de la molaridad del ácido H_2SO_4 de pH $= 2,1$

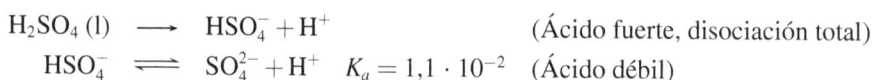

$$H_2SO_4 \text{ (l)} \longrightarrow HSO_4^- + H^+ \qquad \text{(Ácido fuerte, disociación total)}$$
$$HSO_4^- \rightleftharpoons SO_4^{2-} + H^+ \quad K_a = 1,1 \cdot 10^{-2} \quad \text{(Ácido débil)}$$

Especies en disolución: $[H_2SO_4], [H^+], [HSO_4^-], [SO_4^{2-}], [OH^-]$

Se eliminan la especie H_2SO_4, porque se ioniza totalmente por ser ácido fuerte, y la especie básica $[OH^-]$, porque la disolución es ácida, de pH 2,1.

Incógnitas: $[H^+], [HSO_4^-], [SO_4^{2-}]$ y la $[H_2SO_4]$, que es lo que se pide.

Se elimina $[H^+]$ porque no es incógnita, ya que al conocer el pH $(2,1)$, se sabe que $[H^+] = 10^{-2,1} = 0,008$ M.

Ecuaciones:
$$K_a = \frac{[SO_4^{2-}] [H^+]}{[HSO_4^-]} = 1,1 \cdot 10^{-2}$$

Balance de masas: La suma de las especies con azufre, S, es igual a la molaridad del ácido sulfúrico, H_2SO_4 (ac), que es desconocida y que se le da el valor x.

$$[HSO_4^-] + [SO_4^{2-}] = x$$

Balance de cargas: La suma de las especies en disolución con carga positiva es igual a la suma de las especies con carga negativa.

$$[H^+] = [HSO_4^-] + 2 [SO_4^{2-}] = 0,008 \text{ M} \quad \text{(Pues el pH} = 2,1 \text{ y la } [H^+] = 0,008 \text{ M.)}$$

La concentración $[SO_4^{2-}]$ se multiplica por 2 porque cada ión SO_4^{2-} tiene 2 unidades de carga negativa.

Resolviendo la ecuación de cargas anterior: $[HSO_4^-] = 0,008 - 2 [SO_4^{2-}]$

Sustituyendo en la ecuación de la constante K_a se obtiene:

$$K_a = \frac{[SO_4^{2-}] [H^+]}{[HSO_4^-]} = \frac{[SO_4^{2-}] \, 0,008}{0,008 - 2 [SO_4^{2-}]} = 1,1 \cdot 10^{-2}$$

Por lo que: $[SO_4^{2-}] = 0,0029$ M y $[HSO_4^-] = 0,008 - 2 \cdot 0,0029 = 0,0022$ M

Sustituyendo estas concentraciones en la ecuación del balance de masas:

$$[HSO_4^-] + [SO_4^{2-}] = 0,0029 + 0,0022 = 0,0051 \text{ M}$$

Este valor es el de la molaridad del ácido H_2SO_4 de pH $= 2,1$, que es lo que se quería calcular.

5.6 Ácidos polipróticos

Los ácidos polipróticos son los ácidos cuya molécula posee más de un hidrógeno ionizable o protonizable.

Algunos de estos ácidos son: el sulfúrico (H_2SO_4), el sulfuroso (H_2SO_3), el carbónico (H_2CO_3), el fosfórico (H_3PO_4), el sulfhídrico (H_2S), el oxálico ($HOOC-COOH$) y el malónico ($HOOC-CH_2-COOH$), entre otros. (Apéndice 5).

Todos los ácidos polipróticos sufren reacciones de ionización del protón H^+ por etapas. Por ejemplo, el ácido sulfhídrico, H_2S (ac), se ioniza en dos etapas, porque es un ácido diprótico:

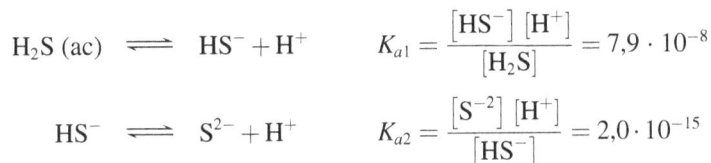

$$H_2S \text{ (ac)} \rightleftharpoons HS^- + H^+ \qquad K_{a1} = \frac{[HS^-][H^+]}{[H_2S]} = 7,9 \cdot 10^{-8}$$

$$HS^- \rightleftharpoons S^{2-} + H^+ \qquad K_{a2} = \frac{[S^{-2}][H^+]}{[HS^-]} = 2,0 \cdot 10^{-15}$$

Se observa que las constantes son distintas: $K_{a1} > K_{a2}$.

Sobre la ionización del H_2S pueden señalarse las siguientes cuestiones:

1.º La constante K_{a1} es mucho mayor que la constante K_{a2}. Luego prácticamente todos los iones H^+ proceden de la primera etapa de ionización.
2.º El ión HS^- formado en la primera etapa se ioniza tan poco que se puede suponer que $[HS^-] = [H^+]$.
3.º Aplicando la igualdad anterior en la ecuación de la constante K_{a2} se obtiene que $K_{a2} \approx [S^{2-}]$.

Si el ácido poliprótico es débil en la primera ionización, como en el caso del H_2S, en que K_{a1} es pequeña $7,9 \cdot 10^{-8}$, la concentración del anión producido en esta etapa es mucho menor que la molaridad del ácido y la concentración del protón ($[H^+]$) adicional producida en la segunda ionización es despreciable.

Para cualquier ácido poliprótico, por ejemplo el ácido fosfórico, H_3PO_4, los valores de las constantes de ionización siguen siempre el mismo orden, de mayor a menor: $K_{a1} > K_{a2} > K_{a3}$.

Este comportamiento se debe a que en la primera etapa se separa un ión H^+, quedando un anión con carga $1-$, por lo que en la segunda etapa la separación de otro ión H^+, del anión será más difícil para obtener un dianión $2-$ y así sucesivamente.

Ejemplo práctico 6

Calculad para una disolución de ácido malónico ($HOOC-CH_2-COOH$) de concentración $1,0$ M las concentraciones de las especies $[HOOC-CH_2-COO^-]$, $[^-OOC-CH_2-COO^-]$ y $[H^+]$. Las constantes de acidez para las dos etapas de ionización del ácido diprótico son: $K_{a1} = 1,4 \cdot 10^{-3}$ y $K_{a2} = 2,0 \cdot 10^{-6}$.

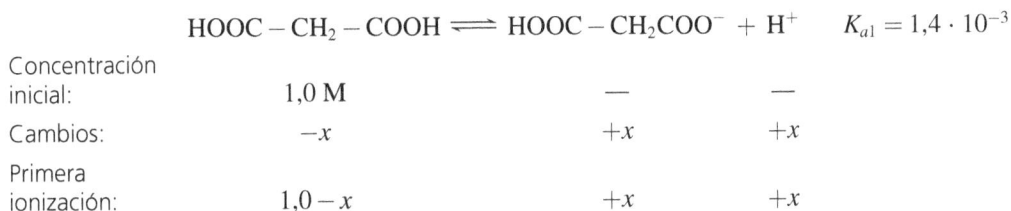

$$HOOC-CH_2-COOH \rightleftharpoons HOOC-CH_2COO^- + H^+ \qquad K_{a1} = 1,4 \cdot 10^{-3}$$

	$HOOC-CH_2-COOH$	$HOOC-CH_2COO^-$	H^+
Concentración inicial:	1,0 M	—	—
Cambios:	$-x$	$+x$	$+x$
Primera ionización:	$1,0-x$	$+x$	$+x$

$$K_{a1} = \frac{[\text{HOOC} - \text{CH}_2 - \text{COO}^-]\,[\text{H}^+]}{[\text{HOOC} - \text{CH}_2 - \text{COOH}]} = \frac{x \cdot x}{1{,}0 - x} = \frac{x^2}{1{,}0} = 1{,}4 \cdot 10^{-3}$$

$$x = [\text{H}^+] = [\text{HOOC} - \text{CH}_2 - \text{COO}^-] = 0{,}0374 \text{ M}$$

Concentración inicial:	0,0374 M	—	0,0374 M
Cambios:	$-y$	$+y$	$+y$
Segunda ionización:	$0{,}0374 - y$	$+y$	$0{,}0374 + y$

$$K_{a2} = \frac{[^-\text{OOC} - \text{CH}_2 - \text{COO}^-]\,[\text{H}^+]}{[\text{HOOC} - \text{CH}_2 - \text{COO}^-]} = \frac{(y)\,(0{,}0374 + y')}{(0{,}0374 - y')} = \frac{(y)\,\cancel{0{,}0374}}{\cancel{0{,}0374}} = 2{,}0 \cdot 10^{-6}$$

$$K_{a2} = y = 2{,}0 \cdot 10^{-6} \quad [^-\text{OOC} - \text{CH}_2 - \text{COO}^-] = 2{,}0 \cdot 10^{-6}$$

5.7 Sistemas iónicos como ácidos y como bases

No es imprescindible que una molécula sea neutra como el HCl o el H_3PO_4 para que sea un ácido, o bien que sea neutra como el NH_3 o el $NaOH$ para que sea una base. Los iones pueden actuar también como ácidos o como bases.

Por ejemplo, un ácido diprótico de fórmula general H_2A, en la segunda ionización es un anión y actúa como ácido.

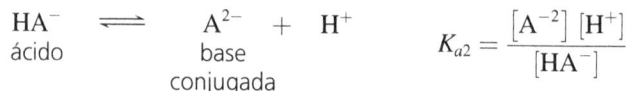

$$\begin{array}{ccc}
\text{HA}^- & \rightleftharpoons & \text{A}^{2-} \;+\; \text{H}^+ \\
\text{ácido} & & \text{base} \\
& & \text{conjugada}
\end{array} \qquad K_{a2} = \frac{[\text{A}^{-2}]\,[\text{H}^+]}{[\text{HA}^-]}$$

El producto de la constante de ionización de un ácido (K_a) y la constante de ionización de su base conjugada (K_b) es igual al producto iónico del agua (K_w) y a la inversa.

$$K_a \text{ (ácido)} \cdot K_b \text{ (su base conjugada)} = K_w$$

$$K_b \text{ (base)} \cdot K_a \text{ (su ácido conjugado)} = K_w$$

Para el ácido NH_4^+:

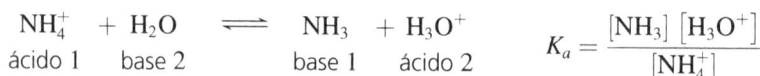

$$\begin{array}{cccc}
\text{NH}_4^+ \;+\; \text{H}_2\text{O} & \rightleftharpoons & \text{NH}_3 \;+\; \text{H}_3\text{O}^+ \\
\text{ácido 1} \quad \text{base 2} & & \text{base 1} \quad \text{ácido 2}
\end{array} \qquad K_a = \frac{[\text{NH}_3]\,[\text{H}_3\text{O}^+]}{[\text{NH}_4^+]}$$

Para la base NH_3:

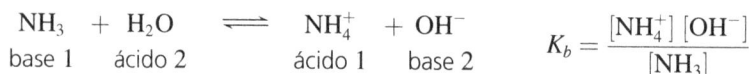

$$\begin{array}{cccc}
\text{NH}_3 \;+\; \text{H}_2\text{O} & \rightleftharpoons & \text{NH}_4^+ \;+\; \text{OH}^- \\
\text{base 1} \quad \text{ácido 2} & & \text{ácido 1} \quad \text{base 2}
\end{array} \qquad K_b = \frac{[\text{NH}_4^+]\,[\text{OH}^-]}{[\text{NH}_3]}$$

Siendo K_a la constante de acidez del equilibrio ácido-base y K_b la constante de basicidad del equilibrio base-ácido.

Si se multiplican numerador y denominador de la expresión de la ecuación de K_a por la concentración del ión hidróxido ($[\text{OH}^-]$), se obtiene:

$$K_a = \frac{[NH_3]\,[H_3O^+]}{[NH_4^+]} \cdot \frac{[OH^-]}{[OH^-]} = \frac{K_w}{K_b} \quad \Rightarrow \quad K_a \cdot K_b = K_w$$

Los valores de K_a son los que generalmente están en las tablas de constantes de ionización, tanto para iones como para moléculas. Por lo tanto, si se necesitan los valores de sus conjugados, K_b, se utiliza la expresión anterior.

5.7.1 Hidrólisis de iones

La hidrólisis de un ión es la reacción de un ión con el agua para dar iones H^+ o iones OH^- en disolución y además el producto de hidrólisis del ión.

En el agua están presentes tres especies: H_2O (sin disociar), H^+ y OH^-.

En la hidrólisis se debe tener en cuenta la acción de estas tres especies del agua con los iones que se encuentren en la disolución. Por ejemplo, en el cianuro de sodio, el ión cianuro se hidroliza y el ión sodio no, y en el cloruro de amonio, el ión amonio se hidroliza y el ión cloruro no.

$$NaC \equiv N \longrightarrow NaC \equiv N^- + Na^+ \qquad\qquad NH_4Cl \longrightarrow NH_4^+ + Cl^-$$

| Sí se hidroliza | No se hidroliza | | Sí se hidroliza | No se hidroliza |

En general pueden darse tres casos:

1.º *Los iones sólo se hidratan.* Esto ocurre con los aniones de ácidos fuertes y los cationes de bases fuertes, porque son tan débiles que no disocian la molécula de agua. Ejemplos: Cl^-, ClO_4^-, SO_4^{2-}, Na^+, Li^+, entre otros.

2.º Los aniones (iones negativos) reaccionan con el agua dando disoluciones básicas y estableciéndose equilibrios ácido-base en los que interviene la constante de basicidad, K_b.

Por ejemplo:

$$CN^- + H_2O \rightleftharpoons HCN + OH^- \qquad K_b = \frac{[HCN]\,[OH^-]}{[CN^-]} = 1{,}6 \cdot 10^{-5}$$

base 1   ácido 2   ácido 1   base 2

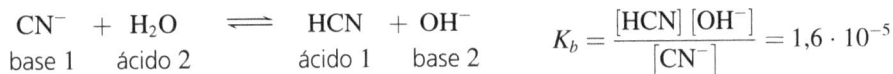

3.º Los cationes (iones positivos) reaccionan con el agua dando disoluciones ácidas y estableciéndose equilibrios ácido-base en los que interviene la constante de acidez, K_a.

Por ejemplo:

$$NH_4^+ + H_2O \rightleftharpoons NH_3 + H_3O^+ \qquad K_a = \frac{[NH_3]\,[H_3O^+]}{[NH_4^+]} = 5{,}6 \cdot 10^{-10}$$

ácido 1   base 2   base 1   ácido 2

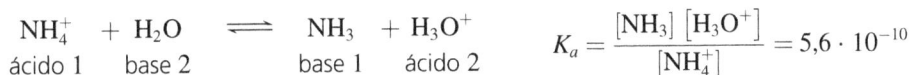

5.7.2 Disoluciones de sales y su pH

Como se ha visto, la hidrólisis tiene lugar cuando en disolución acuosa se da una reacción química donde se obtiene un ácido débil o una base débil.

Por ello se pueden dar algunas especificaciones aclaratorias:

- *Las sales de ácidos fuertes con bases fuertes no se hidrolizan, son neutras, y el pH de la disolución es 7. Es el caso del NaCl.*

- *La sales de ácidos fuertes y bases débiles se hidrolizan, el pH de la disolución es menor que 7 y el catión actúa como ácido. Es el caso del NH_4Cl.*

- *Las sales de ácidos débiles y bases fuertes se hidrolizan, el pH de la disolución es mayor que 7 y el anión actúa como base. Es el caso del NaCN.*

- *Las sales de ácidos débiles y bases débiles se hidrolizan, el que la disolución tenga pH menor o mayor que 7 depederá de los valores relativos de K_a y K_b de los iones. Es el caso del NH_4CN.*

Ejemplo práctico 7

Indicad si son ácidas, básicas o neutras las disoluciones de las sales siguientes: $NaNO_2$ (ac), KCl (ac) y NH_4ClO_4 (ac).

$$NaNO_2 \text{ (ac)} \longrightarrow NO_2^- + Na^+ \quad \text{El ión } NO_2^- \text{ es la base conjugada del } HNO_2.$$

El NO_2^- se hidroliza: $CN^- + H_2O \rightleftharpoons HCN + OH^-$  Disolución básica

El catión Na^+ no se hidroliza, porque proviene de una base fuerte como es el NaOH.

$$KCl \text{ (ac)} \longrightarrow Cl^- + K^+ \quad \text{Los iones } Cl^- \text{ y } K^+ \text{ no se hidrolizan. Luego pH} = 7.$$

$$NH_4ClO_4 \text{ (ac)} \longrightarrow ClO_4^- + NH_4^+ \quad \text{El ión } NH_4^+ \text{ es el ácido conjugado del } NH_3.$$

El NH_4^+ se hidroliza: $NH_4^+ + H_2O \rightleftharpoons NH_3 + H_3O^+$  Disolución ácida

El anión ClO_4^- no se hidroliza, porque proviene de un ácido fuerte como es el $HClO_4$.

Ejemplo práctico 8

Calculad el pH de una disolución acuosa de acetato de sodio de concentración 0,10 M. La constante del ácido acético es $1,8 \cdot 10^{-5}$

$$CH_3 - COONa \longrightarrow CH_3 - COO^- + Na^+$$

El ión acetato, $CH_3 - COO^-$, se hidroliza

	$CH_3 - COO^-$	$+$	H_2O	$\rightleftharpoons$	$CH_3 - COOH$	$+$	OH^-	$K_b?$
Concentraciones iniciales	0,10 M				—		—	
Cambios	$-x$				$+x$		$+x$	
Concentración en el equilibrio	$0,10 - x$				$+x$		$+x$	

Se sabe que:

$$K_a \cdot K_b = K_w \quad \Rightarrow \quad K_b = \frac{K_w}{K_a} = \frac{1,0 \cdot 10^{-14}}{1,8 \cdot 10^{-5}} = 5,6 \cdot 10^{-10}$$

$$K_b = \frac{[CH_3 - COOH]\,[OH^-]}{[CH_3 - COO^-]} = \frac{x \cdot x}{0,10 - x} = \frac{x^2}{0,10} = 5,6 \cdot 10^{-10} \quad \Rightarrow \quad x = 7,48 \cdot 10^{-5}$$

$$x = [OH^-] = 7,48 \cdot 10^{-5}\,M \qquad [OH^-]\,[H^+] = K_w = 1,0 \cdot 10^{-14}$$

$$[H^+] = \frac{K_w}{[OH^-]} = \frac{1,0 \cdot 10^{-14}}{7,48 \cdot 10^{-5}} = 1,3 \cdot 10^{-10}\,M \quad \Rightarrow \quad pH = -\log 1,3 \cdot 10^{-10} = 9,88$$

5.8 Efecto de ión común en los equilibrios ácido-base

Un equilibrio iónico en disolución, igual que cualquier otro equilibrio químico, puede desplazarse por un cambio de concentración de alguno de los compuestos que forman la disolución.

Este efecto de ión común se puede aplicar a la disolución acuosa de un ácido débil, como el ácido acético, cuando se le adiciona un ácido fuerte, como el ácido clorhídrico.

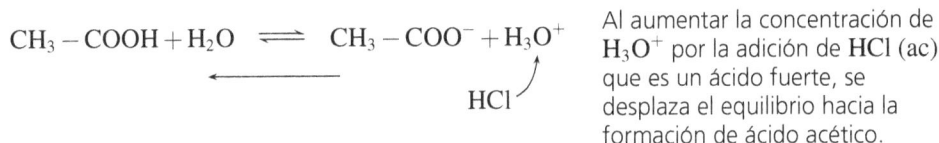

$$CH_3 - COOH + H_2O \;\rightleftharpoons\; CH_3 - COO^- + H_3O^+$$

Al aumentar la concentración de H_3O^+ por la adición de HCl (ac) que es un ácido fuerte, se desplaza el equilibrio hacia la formación de ácido acético.

El mismo efecto de ión común se puede aplicar a la disolución acuosa de una base débil, como el amoníaco, cuando se le adiciona NH_4Cl.

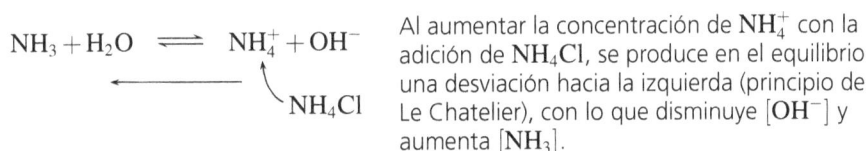

$$NH_3 + H_2O \;\rightleftharpoons\; NH_4^+ + OH^-$$

Al aumentar la concentración de NH_4^+ con la adición de NH_4Cl, se produce en el equilibrio una desviación hacia la izquierda (principio de Le Chatelier), con lo que disminuye $[OH^-]$ y aumenta $[NH_3]$.

5.8.1 Disoluciones de ácidos débiles con ácidos fuertes

Para poder demostrar el efecto de ión común en un ácido débil con un ácido fuerte, se utilizará el ejemplo de la disolución del ácido acético cuando se adiciona un ácido fuerte como el ácido clorhídrico.

■ Ejemplo práctico 9

Calculad la concentración de H_3O^+ y la concentración de acetato en una disolución 0,10 M de ácido acético en agua, a la que se le ha adicionado ácido HCl (ac) de concentración 0,10 M. La constante de acidez del ácido acético, $CH_3 - COOH$, es $1,8 \cdot 10^{-5}$.

	$CH_3 - COOH$	$+$	H_2O	$\rightleftharpoons$	$CH_3 - COO^-$	$+$	H_3O^+
Concentraciones iniciales	0,10 M				—		0,10 M
Cambios	$-x$				$+x$		$+x$
Concentración en el equilibrio	$0,10 - x$				$+x$		$0,10 + x$

$$K_a = \frac{[\text{CH}_3 - \text{COO}^-][\text{H}_3\text{O}^+]}{[\text{CH}_3 - \text{COOH}]} = \frac{(0{,}10 + x) \cdot x}{(0{,}10 - x)} = \frac{0{,}10 x}{0{,}10} = 1{,}8 \cdot 10^{-5}$$

$$x = [\text{CH}_3 - \text{COO}^-] = 1{,}8 \cdot 10^{-5} \text{ M} \qquad [\text{H}_3\text{O}^+] = 0{,}10 - x = 0{,}10 \text{ M}$$

5.8.2 Disoluciones de bases débiles y sus sales

Para poder aplicar el efecto de ión común en una base débil con su sal, se utilizará el ejemplo de la disolución del amoníaco cuando se le adiciona una sal derivada de él, como el cloruro amónico, NH_4Cl.

■ Ejemplo práctico 10

Calculad la concentración de OH^- y el pH de una disolución 0,10 M de NH_3 en agua, a la que se ha adicionado NH_4Cl de concentración 0,20 M. La constante de acidez del ión NH_4^+ es de $5{,}6 \cdot 10^{-10}$.

$$\text{NH}_3 \quad + \quad \text{H}_2\text{O} \rightleftharpoons \text{NH}_4^+ \quad + \quad \text{OH}^- \qquad K_b = \frac{K_w}{K_a}$$

Concentraciones iniciales	0,10 M	0,20 M	—
Cambios	$-x$	$+x$	$+x$
Concentración en el equilibrio	$0{,}10 - x$	$0{,}20 + x$	$+x$

La $[\text{NH}_4^+]$ es igual que la de NH_4Cl, pues éste se ioniza totalmente.

$$K_b = \frac{K_w}{K_a} = \frac{1{,}0 \cdot 10^{-14}}{5{,}6 \cdot 10^{-10}} = 1{,}78 \cdot 10^{-5}$$

$$K_b = \frac{[\text{NH}_4^+][\text{OH}^-]}{[\text{NH}_3]} = \frac{(0{,}20 + x) \cdot x}{0{,}10 - x} = \frac{0{,}20 x}{0{,}10} = 1{,}78 \cdot 10^{-5} \quad \Rightarrow \quad x = 8{,}9 \cdot 10^{-6}$$

$$x = [\text{OH}^-] = 8{,}0 \cdot 10^{-6} \text{ M} \qquad [\text{OH}^-][\text{H}^+] = K_w = 1{,}0 \cdot 10^{-14}$$

$$[\text{H}^+] = \frac{K_w}{[\text{OH}^-]} = \frac{1{,}0 \cdot 10^{-14}}{8{,}9 \cdot 10^{-6}} = 1{,}12 \cdot 10^{-9} \quad \Rightarrow \quad \text{pH} = -\log 1{,}12 \cdot 10^{-9} = 8{,}95$$

5.8.3 Disoluciones de ácidos débiles y sus sales

Para poder aplicar el efecto de ión común en un ácido débil con su sal, se utilizará el ejemplo de la disolución del ácido cianhídrico cuando se le adiciona una sal derivada, como el cianuro de sodio.

■ Ejemplo práctico 11

Calculad el pH y la concentración de ión cianuro, CN^-, en una disolución 0,10 M de HCN en agua, a la que se le ha adicionado NaCN de concentración 0,15 M. La constante de acidez del HCl es $5{,}0 \cdot 10^{-10}$.

$$\text{HCN} \quad + \quad \text{H}_2\text{O} \rightleftharpoons \text{CN}^- \quad + \quad \text{H}_3\text{O}^+$$

Concentraciones iniciales	0,10 M	0,15 M	—
Cambios	$-x$	$+x$	$+x$
Concentración en el equilibrio	$0{,}10 - x$	$0{,}15 + x$	$+x$

La $[\text{CN}^-]$ es igual que la de NaCN, pues éste se ioniza totalmente.

$$K_a = \frac{[CN^-][H_3O^+]}{[HCN]} = \frac{(0,15 + x) \cdot x}{(0,10 - x)} = \frac{0,15x}{0,10} = 5,0 \cdot 10^{-10} \quad \Rightarrow \quad x = 3,33 \cdot 10^{-10}$$

$$x = [H_3O^+] = 3,33 \cdot 10^{-10} \text{ M} \qquad pH = -\log 3,33 \cdot 10^{-10} = 9,48$$

$$[CN^-] = 0,15 - x = 0,15 - 3,33 \cdot 10^{-10} = 0,15 \text{ M}$$

5.9 Disoluciones reguladoras o tampón

Una disolución reguladora o disolución tampón es una disolución que resiste las variaciones de pH al adicionarle pequeñas cantidades de ácido o de base.

Para que una disolución tenga esas propiedades reguladoras o tampón, debe contener dos especies, una capaz de reaccionar con los iones H^+ y la otra con los iones OH^-. Además, las especies de la disolución reguladora no deben reaccionar entre sí. Esto descarta la mezcla de ácido fuerte con base fuerte.

Una disolución reguladora está formada por un ácido débil más la sal de dicho ácido o por una base débil más la sal de dicha base.

$$\text{Disolución reguladora o tampón} \begin{cases} \bullet \text{ Un ácido débil y su base conjugada} \\ \bullet \text{ Una base débil y su ácido conjugado} \end{cases}$$

Ejemplos de disoluciones reguladoras: HCN y $NaCN$, NH_3 y NH_4Cl, $H_2PO_4^-$ y HPO_4^{2-}, $CH_3 - COOH$ y $CH_3 - COONa$, etc.

Supongamos un ácido débil (HA) al que se le adiciona su sal sódica (NaA):

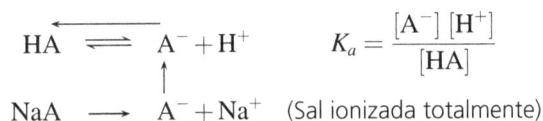

$$HA \; \overset{\longleftarrow}{\rightleftharpoons} \; A^- + H^+ \qquad K_a = \frac{[A^-][H^+]}{[HA]}$$

$$NaA \; \longrightarrow \; A^- + Na^+ \quad \text{(Sal ionizada totalmente)}$$

Al aumentar la $[A^-]$ por la adición de la sal sódica, el equilibrio se desplaza hacia la izquierda haciendo disminuir la $[H^+]$ y aumentando la $[HA]$. Estas especies forman la disolución reguladora.

El control del pH es importante en muchos procesos industriales, en los procesos de solubilidad y de precipitación, en el estudio de enzimas y de proteínas. Incluso en el sistema sanguíneo debe controlarse el pH para que se mantenga a 7,4, que debe ser su valor.

5.9.1 Cálculo del pH en las disoluciones reguladoras

Para un ácido débil HA el equilibrio de disociación es:

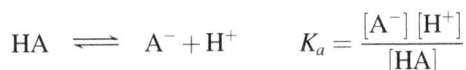

$$HA \; \rightleftharpoons \; A^- + H^+ \qquad K_a = \frac{[A^-][H^+]}{[HA]}$$

Despejando:
$$[H^+] = \frac{K_a[HA]}{[A^-]} \quad \Rightarrow \quad \log[H^+] = \log\frac{K_a[HA]}{[A^-]}$$

Resolviendo: $\quad \log[H^+] = \log K_a + \log\dfrac{[HA]}{[A^-]}$

Cambiando el signo: $\quad -\log[H^+] = -\log K_a - \log\dfrac{[HA]}{[A^-]}$

La ecuación obtenida es:

$$pH = pK_a + \log\dfrac{[A^-]}{[HA]} \qquad \text{(Henderson-Hasselbalch)}$$

Todas las disoluciones que contengan cantidades apreciables de las formas de la especie ácida $[HA]$ y de la especie básica $[A^-]$ son reguladoras.

La ecuación de Henderson-Hasselbalch es útil cuando se pueden sustituir las concentraciones de equilibrio por las iniciales, y se expresa así:

$$pH = pK_a + \log\dfrac{[\text{base conjugada}]_{\text{inicial}}}{[\text{ácido}]_{\text{inicial}}}$$

Esta ecuación funciona en los casos en que $(M - x) = M$. Siendo M, la molaridad.

Esta conclusión es correcta cuando se dan las comprobaciones siguientes:

- Se deben cumplir los límites: $0{,}10 < [\text{base conjugada}]\,/\,[\text{ácido}] < 10$.

- El valor de la molaridad M en las dos especies de la disolución, que son la base conjugada y el ácido, debe superar en 100 el valor de K_a.

Estas disoluciones se pueden diluir sin que cambie su pH, pues aunque se cambien las concentraciones del ácido y de la base, $[HA]$ y $[A^-]$, el cociente $[A^-]\,/\,[HA]$ será constante.

5.9.2 Preparación de disoluciones reguladoras

¿Cuáles son los pasos a seguir para preparar una disolución reguladora con un pH determinado en el laboratorio?

1.° Se elige un ácido débil con un pK_a parecido al pH de la disolución tampón que se pide.
2.° Se calcula el cociente $[A^-]\,/\,[HA]$ de manera que pueda dar el pH que se necesita.
3.° Se calculan las concentraciones necesarias de HA (el ácido débil) y A^- (su base conjugada).

■ Ejemplo práctico 12

Calculad la cantidad en gramos de $(NH_4)_2SO_4$ que deben disolverse en 0,5 L de NH_3 de concentración 0,35 M para obtener una disolución reguladora de pH $= 9{,}0$. Se supone que el volumen de la disolución se mantiene en 0,5 L. La constante de acidez, K_a, del NH_4^+ es $5{,}6 \cdot 10^{-10}$.

$$NH_4^+ + H_2O \rightleftharpoons NH_3 + H_3O^+ \qquad K_a = \dfrac{[NH_3]\,[H_3O^+]}{[NH_4^+]} = 5{,}6 \cdot 10^{-10}$$

Las especies que aparecen en la expresión de K_a son concentraciones en el equilibrio.

$$[H_3O^+] = 10^{-pH} = 10^{-9,0} = 1,0 \cdot 10^{-9} \text{ M} \qquad [NH_3] = 0,35 \text{ M} \qquad [NH_4^+] = ?$$

$$[NH_4^+] = \frac{[NH_3][H_3O^+]}{K_a} = \frac{(0,35) \cdot (1,0 \cdot 10^{-9})}{5,6 \cdot 10^{-10}} = 0,625 \text{ M}$$

$$0,5 \text{ L} \cdot \frac{0,625 \text{ mol } NH_4^+}{1 \text{ L}} \cdot \frac{1 \text{ mol } NH_3}{1 \text{ mol } NH_4^+} \cdot \frac{17 \text{ g } NH_3}{1 \text{ mol } NH_3} = 5,31 \text{ g } NH_3$$

■ **Ejemplo práctico 13**

A una disolución de concentración 0,05 M de 1 L de capacidad, formada por una mezcla de ácido acético y de acetato sódico de pH = 4,75 se le adicionan 0,10 g de ácido clorhídrico. Calculad su nuevo pH. La constante de acidez, K_a, del $CH_3 - COOH$ es $1,8 \cdot 10^{-5}$.

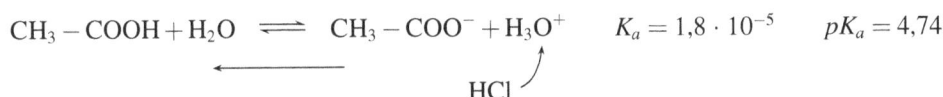

$$CH_3 - COOH + H_2O \rightleftharpoons CH_3 - COO^- + H_3O^+ \qquad K_a = 1,8 \cdot 10^{-5} \qquad pK_a = 4,74$$

$$HCl$$

Concentración de las especies en disolución después de la adición de 0,1 g de ácido HCl:

$$[H^+] = [H_3O^+] = \frac{2,74 \cdot 10^{-3} \text{ mol}}{1 \text{ L}} = 2,74 \cdot 10^{-3} \text{ M}$$

$$[CH_3 - COOH] = 0,05 + 2,74 \cdot 10^{-3} \text{ M} \qquad [CH_3 - COO^-] = 0,05 - 2,74 \cdot 10^{-3} \text{ M}$$

$$pH = pK_a + \log \frac{[CH_3 - COO^-]}{[CH_3 - COOH]} \qquad pH = 4,74 + \log \frac{0,05 - 2,74 \cdot 10^{-3}}{0,05 + 2,74 \cdot 10^{-3}} = 4,7$$

El pH final obtenido al adicionar HCl a la disolución ácido acético/acetato sódico es de 4,7. Luego sólo ha variado 5 centésimas respecto a la disolución reguladora inicial, que tenía un pH de 4,75. Se observa que la disolución entre $CH_3 - COOH$ y $CH_3 - COONa$ es una disolución reguladora (tampón).

5.10 Indicadores ácido-base

Los indicadores ácido-base son sustancias colorantes cuyo color depende del pH de la disolución a la que se han añadido. Son en general ácidos débiles cuya base conjugada tiene distinta coloración que el ácido de partida.

Si el indicador se representa como $HInd$ y su base como Ind^- se puede escribir:

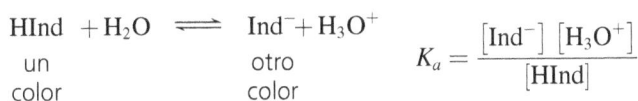

$$HInd + H_2O \rightleftharpoons Ind^- + H_3O^+$$
un color   otro color $\qquad K_a = \frac{[Ind^-][H_3O^+]}{[HInd]}$

Despejando: $\qquad [H_3O^+] = K_a \frac{[HInd]}{[Ind^-]} \quad \Rightarrow \quad -\log[H_3O^+] = -\log\left(K_a \frac{[HInd]}{[Ind^-]}\right)$

Luego:

$$\text{pH} = pK_a + \log \frac{[\text{Ind}^-]}{[\text{HInd}]}$$

$\left\{\begin{array}{l}\text{El cociente } \dfrac{[\text{Ind}^-]}{[\text{HInd}]} \text{ implica el cambio de coloración}\\[2mm]\text{entre dos colores distintos}\end{array}\right.$

Se ha observado que el ojo humano es capaz de diferenciar una coloración de otra cuando la concentración es diez veces superior de un color a otro. Esto implica que $[\text{HInd}] = 10\,[\text{Ind}^-]$ en la forma ácida y $[\text{Ind}^-] = 10\,[\text{HInd}]$ en la forma básica. Por lo tanto:

El pH en la forma ácida es: $\quad \text{pH} = pK_a + \log \dfrac{[\text{Ind}^-]}{10\,[\text{Ind}^-]} = pK_a - 1$

El pH en la forma básica es: $\quad \text{pH} = pK_a + \log \dfrac{10\,[\text{Ind}^-]}{[\text{Ind}^-]} = pK_a + 1$

Por lo que se observa, se pueden utilizar los indicadores dentro de una zona de pH que comprende dos unidades $(pK_a \pm 1)$.

Por ejemplo:

Indicador	pK_a	Zona de viraje	HInd	Ind$^-$
Rojo de metilo	5,1	$4,4 - 6,2$	rojo	amarillo
Tornasol	6,9	$5,5 - 8,2$	rojo	azul
Azul de bromotimol	7,0	$6,0 - 7,6$	amarillo	azul
Fenolftaleína	8,8	$\underbrace{8,0 - 9,8}$	incoloro	rojo

Intervalo de coloración
intermedia entre ácido y
base ($\approx$ 2 unidades).

5.10.1 La fuerza electromotriz (fem) y el pH

Se puede medir fácilmente el pH de una disolución empleando una pila voltaica reversible que posee un electrodo sensible a los iones hidrógeno.

La fuerza electromotriz de dicho electrodo varía al variar el pH de la disolución donde está sumergido el electrodo. Como existen muchas desventajas experimentales en el uso de un electrodo de hidrógeno (el H_2 gas debe ser puro y debe mantenerse la presión constante), para las mediciones de pH se utilizan electrodos de vidrio, que se acoplan con otro electrodo normal reversible de fem constante y se sumergen ambos en una disolución, que forma de esta manera una pila voltaica muy sensible a los cambios de pH.

En condiciones ideales, los cambios de pH de la disolución afectan únicamente al electrodo de vidrio y el voltaje medido se lee en un voltímetro y es directamente proporcional al pH.

(Electrodo de vidrio: unidad sellada compacta que contiene una disolución ácida dentro de un recipiente de vidrio especial.)

Esquema:

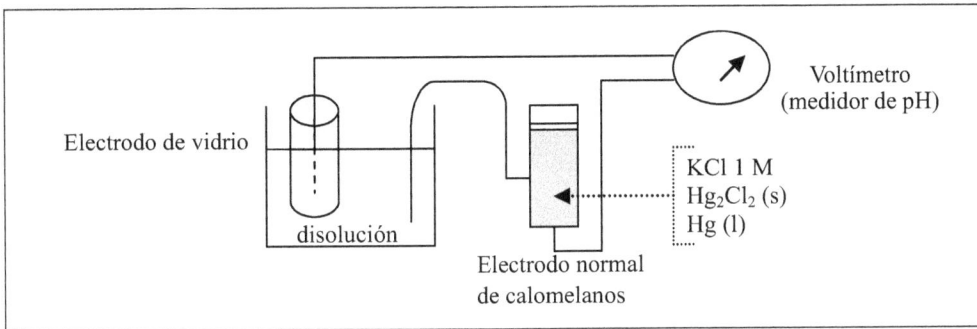

Fig. 5.1

La medida potenciométrica del pH se realiza mediante *pH-metros*, que son pilas semejantes al esquema anterior que se utilizan para determinar el pH de una disolución desconocida, de manera que conectando el electrodo de vidrio a un electrodo de referencia se determina en la pila la diferencia de potencial ($\Delta\varepsilon$) y se puede calcular a partir de ella el pH de la disolución.

5.11 Reacciones de neutralización ácido-base y curvas de valoración

La valoración es la medida del volumen de un reactivo en disolución que hay que añadir al volumen conocido de otro reactivo en disolución para que los dos reaccionen completamente.

El punto en el que se han alcanzado cantidades químicas equivalentes de ambos reactivos es el punto de equivalencia o punto final de la valoración.

Si las disoluciones son de ácidos y de bases, el punto de equivalencia de una reacción de neutralización es el punto de la reacción en que se han consumido por igual en equivalentes el ácido y la base, es decir, ninguno de los dos está en exceso.

Si la disolución a valorar es ácida, el valorante es una base, y a la inversa.

Para poder determinar el momento en que la valoración se acaba, se necesita un indicador que cambie de color según el medio sea ácido o básico. En el momento del cambio de coloración, se llega al punto final de la neutralización. Esto se consigue eligiendo un indicador cuyo cambio de color tenga lugar en un intervalo de pH que incluya el pH del punto final o de equivalencia.

También puede medirse el punto final o de equivalencia mediante pruebas potenciométricas de determinación de pH con un aparato que recibe el nombre de pH-metro.

En estequiometría se definió equivalente químico. Este término se aplica a las reacciones de neutralización. En la valoración de un ácido con una base, los volúmenes de las disoluciones necesarias para completar la reacción y las concentraciones expresadas en normalidad se relacionan según la expresión:

$$N_{\text{ácido}} \cdot V_{\text{ácido}} = N_{\text{base}} \cdot V_{\text{base}} \qquad \text{equivalentes de ácido} = \text{equivalentes de base}$$

$$N(\text{Normalidad}) = \text{equivalente}/\text{L} = \text{equivalente}/\text{dm}^3 \qquad V = \text{Volumen en L o en dm}^3$$

En general, las concentraciones se dan en molaridad (M), en mol L^{-1} o en mol dm^{-3}. Luego en los cálculos de las valoraciones será necesario saber relacionar los equivalentes de las disoluciones con los moles.

La curva de valoración es la representación gráfica que se obtiene en un plano de coordenadas cartesianas, cuando en ordenadas se indica el pH y en abscisas se indica el volumen de la sustancia que se usa para valorar, llamada valorante.

En la bureta se coloca la sustancia valorante y en el erlenmeyer la disolución a valorar con el indicador. Se adiciona lentamente el valorante sobre la disolución a valorar, que se va agitando para que el color sea homogéneo, y cuando cambia su coloración, (debido al indicador), se ha alcanzado la neutralización y el proceso ha terminado.

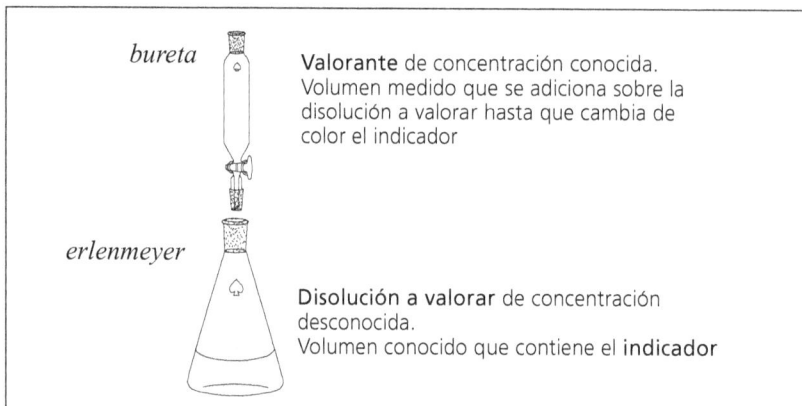

bureta **Valorante** de concentración conocida. Volumen medido que se adiciona sobre la disolución a valorar hasta que cambia de color el indicador

erlenmeyer **Disolución a valorar** de concentración desconocida. Volumen conocido que contiene el **indicador**

Fig. 5.2

5.11.1 Valoración de ácido fuerte con base fuerte

Se valora un volumen conocido de V_o mL de un ácido fuerte HA de una concentración desconocida C_o con un volumen, que se va adicionando lentamente con la bureta, de V_T mL de una base fuerte BOH de concentración conocida $C_T (M)$ mol dm^{-3} o mol L^{-1}.

La reacción responsable del proceso de neutralización es la reacción de formación de H_2O:

$$H^+ + OH^- \rightleftharpoons H_2O$$

Ya que al reaccionar el ácido con la base dan la sal correspondiente y agua.

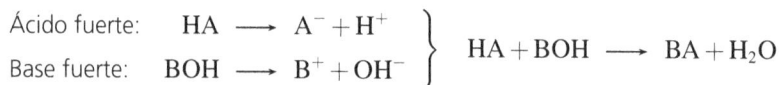

$$\left. \begin{array}{ll} \text{Ácido fuerte:} & HA \longrightarrow A^- + H^+ \\ \text{Base fuerte:} & BOH \longrightarrow B^+ + OH^- \end{array} \right\} \quad HA + BOH \longrightarrow BA + H_2O$$

El proceso de valoración consiste en el desplazamiento controlado de la reacción de formación de agua hacia la derecha de forma que se pueda alcanzar el punto de equivalencia, que en este caso tiene un valor de pH de 7.

En el punto de equivalencia: n.º de moles de H^+ = n.º de moles de OH^-

Condición que se expresa: $\quad C_o V_o = C_T V_T \quad\quad C = $ concentración molar

Si la concentración es normal (equivalentes/L), se expresa:

$$N V = N' V'. \quad\quad \text{Se igualan los equivalentes del ácido con los de la base.}$$

El pH varía muy poco hasta que todo el H^+ (o el OH^-) que se valora haya reaccionado con el OH^- (o el H^+). Cuando se llega al punto de equivalencia (en este caso $pH = 7$), una pequeña cantidad adicional de OH^- (o de H^+) provoca un cambio rápido y grande del pH (en este caso, en la zona de $pH = 7$).

Cuando intervienen un ácido o una base débiles, el punto final de equivalencia lo determina la hidrólisis de la sal formada en la neutralización. (Se verá posteriormente.)

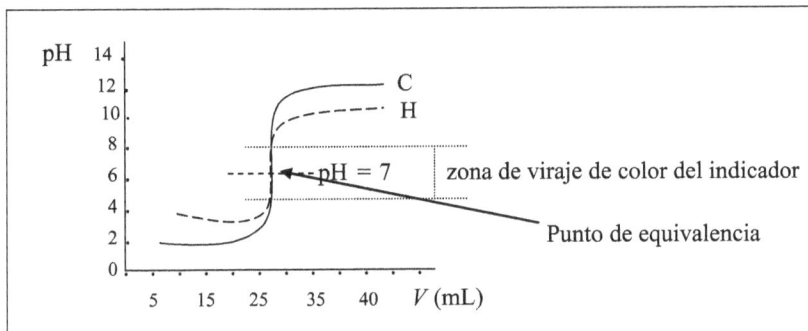

Fig. 5.3 Curva de valoración de un ácido fuerte con una base fuerte

■ **Ejemplo práctico 14**

a) Para 60 mL de HCl 0,10 M que se neutraliza con NaOH de concentración 0,20 M, calculad el pH en cada uno de los puntos de valoración siguientes:

– Antes de adicionar NaOH (pH inicial).

– Al adicionar 10 mL y 20 mL de NaOH 0,20 M.

– Al adicionar 30 mL de NaOH 0,20 M.

– Al adicionar 40 mL y 50 mL de NaOH 0,20 M.

b) Dibujad la curva de valoración correspondiente.

c) Señalad el indicador adecuado para la valoración.

a) Al comienzo sólo hay ácido del $[H^+] = 0,10$ M $\Rightarrow$ $pH = -\log 0,10 = 1$

10 mL NaOH: $\quad [H^+] = \dfrac{(60 \cdot 0,1 - 10 \cdot 0,2) \text{ mmol}}{(60 + 10) \text{ mL}} = 0,06$ M $\Rightarrow$ $pH = 1,24$

20 mL NaOH: $\quad [H^+] = \dfrac{(60 \cdot 0,1 - 20 \cdot 0,2) \text{ mmol}}{(60 + 20) \text{ mL}} = 0,025$ M $\Rightarrow$ $pH = 1,6$

30 mL NaOH: $\quad [H^+] = \dfrac{(60 \cdot 0,1 - 30 \cdot 0,2) \text{ mmol}}{(60 + 30) \text{ mL}} = $ neutralización $\Rightarrow$ $pH = 7$

40 mL NaOH: $\quad [OH^-] = \dfrac{(40 \cdot 0,2 - 60 \cdot 0,1) \text{ mmol}}{(40 + 60) \text{ mL}} = 0,02$ M $\Rightarrow$ $pOH = 1,7$
(exceso de NaOH)

$pH = 14 - pOH = 14 - 1,7 = 12,3$

50 mL NaOH: $\quad [OH^-] = \dfrac{(50 \cdot 0,2 - 60 \cdot 0,1) \text{ mmol}}{(50 + 60) \text{ mL}} = 0,036$ M $\Rightarrow$ $pOH = 1,44$
(exceso de NaOH)

$pH = 14 - pOH = 14 - 1,44 = 12,56$

b) Curva de valoración (Fig. 5.4):

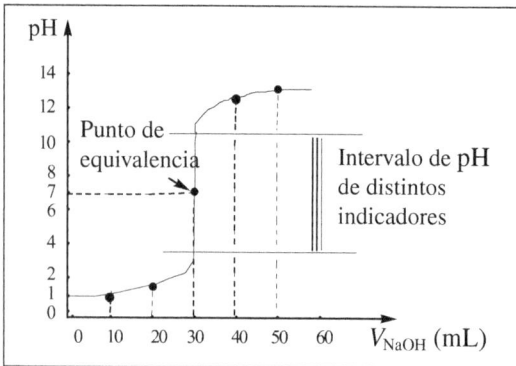

mL NaOH	0	10	20	30	40	50
pH	1	1,24	1,6	7	12,3	12,56

exceso de HCl   exceso de NaOH

Punto de equivalencia

Fig. 5.4

c) Los indicadores que pueden usarse son los que viran de color en la zona del punto de equivalencia y, según el "Apéndice 5", algunos de ellos son:

Indicadores	Intervalo de pH	Color H^+/color OH^-
Azul de bromotimol	$6,0 - 7,6$	amarillo/azul
Púrpura de m-cresol	$7,6 - 9,2$	amarillo/púrpura
Rojo de metilo	$4,4 - 6,2$	rojo/amarillo
Fenolftaleína	$8,3 - 10$	incoloro/rojo

5.11.2 Valoración de ácido débil monoprótico con base fuerte

Se aplica este tipo de valoración a la neutralización de un ácido débil monoprótico como el ácido acético (CH_3COOH) con una base fuerte como el $NaOH$.

Existen varios aspectos distintos e importantes respecto al caso anterior de valoración de un ácido fuerte con una base fuerte, que se consideran a continuación:

1.º Al inicio de la valoración, el pH del ácido débil será mayor (menos ácido) que el correspondiente a un ácido fuerte de igual concentración.

Por ejemplo, para el HCl de concentración 0,1 M el pH es 1. Para el CH_3COOH, de $pK_a = 4,75$ y concentración igual (0,1 M), su pH vale:

$$\text{pH} = \frac{1}{2}\left(pK_a - \log C\right) = \frac{1}{2}(4,75 - \log 0,1) = 2,88$$

2.º Cuando se añade al ácido débil $NaOH$ en cantidad inferior a la necesaria para la neutralización, se obtiene una mezcla de ácido y sal. Esta mezcla de la forma ácida y la forma básica (sal) de la misma especie da lugar a una disolución tampón, por lo que la variación de pH en esta zona está poco marcada. La ecuación de la disolución tampón es:

$$\text{pH} = pK_a + \log \frac{\left[CH_3 - COO^-\right]}{\left[CH_3 - COOH\right]}$$

3.° Cuando en la disolución tampón se cumple $[CH_3COOH] = [CH_3COO^-]$, resulta que:

$$pH = pK_a \quad \text{Semineutralización}$$

En ese momento, la neutralización está en la mitad, es decir, nos encontramos en el punto de semineutralización.

4.° En el punto de equivalencia, cuando los moles de OH^- son iguales a los del ácido acético (débil), el pH de la disolución es el correspondiente a la sal, es decir, al acetato sódico de hidrólisis básica.

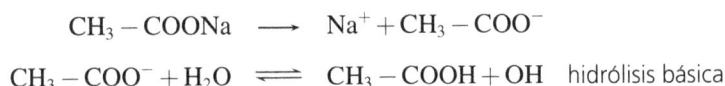

$$CH_3 - COONa \longrightarrow Na^+ + CH_3 - COO^-$$

$$CH_3 - COO^- + H_2O \rightleftharpoons CH_3 - COOH + OH \quad \text{hidrólisis básica}$$

El acetato sódico es una base débil y su pH en ese punto vale:

$$pH = \frac{1}{2}(pK_a + pK_w + \log C) = \frac{1}{2}(4{,}75 + 14 - 1) = 8{,}88$$

5.° Después de llegar a la neutralización y pasado el punto de equivalencia, hay exceso de OH^-, que será el que determinará el pH de la disolución.

■ Ejemplo práctico 15

a) Para 25 mL de ácido benzoico (C_6H_5COOH) 0,10 M que se neutraliza con $NaOH$ de concentración 0,10 M, calculad el pH en cada uno de los puntos de valoración siguientes:

 – Antes de adicionar $NaOH$ (pH inicial).
 – Al adicionar 5 mL y 10 mL de $NaOH$ 0,10 M.
 – Al adicionar 12,50 mL y 20 mL de $NaOH$ 0,10 M.
 – Al adicionar 25 mL de $NaOH$ 0,10 M.
 – Al adicionar 26 mL y 30 mL de $NaOH$ 0,10 M.

b) Dibujad la curva de valoración correspondiente.

c) Señalad el indicador adecuado para la valoración.

La constante de acidez del ácido benzoico es $6{,}0 \cdot 10^{-5}$ ($pK_a = 4{,}22$).

a) Reacción de neutralización: $C_6H_5COOH + NaOH \longrightarrow C_6H_5COONa + H_2O$

Al comienzo sólo hay ácido débil de $[H^+] = 0{,}10$ M

pH de ácido débil: $pH_{inicial} = \frac{1}{2}(pK_a - \log C) = \frac{1}{2}(4{,}22 - \log 0{,}1) = 2{,}61$

Al añadir 5 mL y 10 mL de $NaOH$ se forma la sal C_6H_5COONa y su ácido C_6H_5COOH sin neutralizar, formándose un tampón cuyo pH es:

$$pH = pK_a + \log \frac{[C_6H_5COO^-]}{[C_6H_5COOH]} = 4{,}22 + \log \frac{(5 \cdot 0{,}1) \text{ mmol } C_6H_5COO^-}{(25 \cdot 0{,}1 - 5 \cdot 0{,}1) \text{ mmol } C_6H_5COOH} = 3{,}62$$

$$pH = pK_a + \log \frac{[C_6H_5COO^-]}{[C_6H_5COOH]} = 4{,}22 + \log \frac{(10 \cdot 0{,}1) \text{ mmol } C_6H_5COO^-}{(25 \cdot 0{,}1 - 10 \cdot 0{,}1) \text{ mmol } C_6H_5COOH} = 4{,}04$$

Al añadir 12,5 mL de NaOH, la $\left[C_6H_5COO^-\right] = [C_6H_5COOH]$. Luego se alcanza el punto de semineutralización, en que pH $= pK_a$.

$$12,5 \text{ mL NaOH:} \quad \text{pH} = 4,22 + \log \frac{(12,5 \cdot 0,1) \text{ mmol } C_6H_5COO^-}{(25 \cdot 0,1 - 12,5 \cdot 0,1) \text{ mmol } C_6H_5COOH} = 4,22$$

$$20 \text{ mL NaOH:} \quad \text{pH} = 4,22 + \log \frac{(20 \cdot 0,1) \text{ mmol } C_6H_5COO^-}{(25 \cdot 0,1 - 20 \cdot 0,1) \text{ mmol } C_6H_5COOH} = 4,82$$

$$24 \text{ mL NaOH:} \quad \text{pH} = 4,22 + \log \frac{(24 \cdot 0,1) \text{ mmol } C_6H_5COO^-}{(25 \cdot 0,1 - 24 \cdot 0,1) \text{ mmol } C_6H_5COOH} = 5,6$$

Al añadir 25 mL de **NaOH** se alcanza el punto de equivalencia y se cumple:

moles de C_5H_5COOH = moles de $C_6H_5COO^-$ (o moles de **NaOH**).

Como en ese punto existe disolución de la sal del ácido débil y base fuerte, la hidrólisis es básica, como se observa en las reacciones:

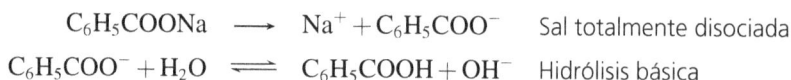

$$C_6H_5COONa \longrightarrow Na^+ + C_6H_5COO^- \quad \text{Sal totalmente disociada}$$
$$C_6H_5COO^- + H_2O \rightleftharpoons C_6H_5COOH + OH^- \quad \text{Hidrólisis básica}$$

Para bases débiles, el pH es:

$$\text{pH} = \frac{1}{2}\left(pK_a + pK_w + \log C\right) = \frac{1}{2}(4,22 + 14 + \log 0,1) = 8,61$$

Al añadir 26 mL y 30 mL de **NaOH**, se supera el punto de equivalencia y habrá *exceso de NaOH*.

$$26 \text{ mL NaOH:} \quad [OH^-] = \frac{(26 \cdot 0,1 - 25 \cdot 0,1) \text{ mmol}}{(26 + 25) \text{ mL}} = 1,96 \cdot 10^{-3} \text{ M}$$

$$\text{pOH} = -\log(1,96 \cdot 10^{-3}) = 2,71 \implies \text{pH} = 14 - \text{pOH} = 14 - 2,71 = 11,29$$

$$30 \text{ mL NaOH:} \quad [OH^-] = \frac{(30 \cdot 0,1 - 25 \cdot 0,1) \text{ mmol}}{(30 + 25) \text{ mL}} = 9,1 \cdot 10^{-3} \text{ M}$$

$$\text{pOH} = -\log(9,1 \cdot 10^{-3}) = 2,08 \implies \text{pH} = 14 - \text{pOH} = 14 - 2,08 = 11,92$$

b) Curva de valoración (Fig. 5.5):

Punto de semineutralización

mL NaOH	0	10	5	12,5	20	24	25	26	30
pH	2,61	3,62	4,04	4,22	4,82	5,6	8,61	11,29	11,92

H^+ débil

exceso de OH^-

disolución tampón

Punto de equivalencia
(base débil)

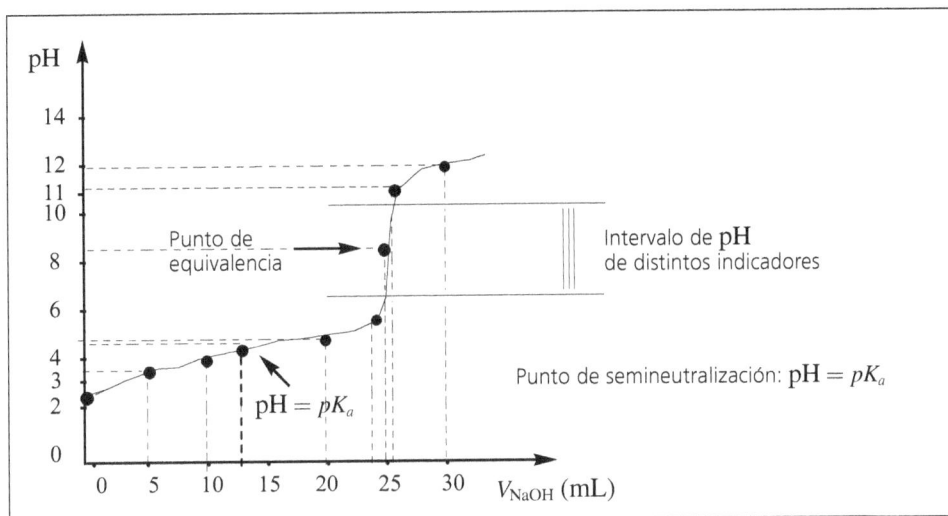

Fig. 5.5

c) Los indicadores que pueden usarse son los que viran de color en la zona del punto de equivalencia y, según el "Apéndice 5" de este tema, algunos de ellos son:

Indicadores	Intervalo de pH	Color H^+/color OH^-
Púrpura de *m*-cresol	$7,6 - 9,2$	amarillo/púrpura
Azul de timol (OH^-)	$8,0 - 9,6$	amarillo/azul
Fenolftaleína	$8,3 - 10$	incoloro/rojo

5.11.3 Valoración de ácido poliprótico con base fuerte

Cuando el ácido es poliprótico, puede liberar más de un protón por molécula o ión, la neutralización se realizará en etapas, de forma que existirán puntos de equivalencia por separado para cada uno de los hidrógenos ácidos (H^+).

El ácido fosfórico (H_3PO_4), que es triprótico, liberará H^+ en tres etapas:

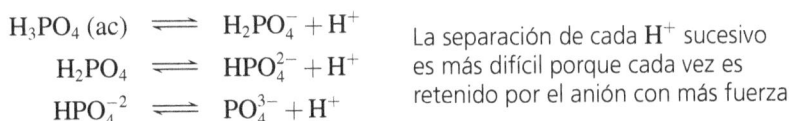

$$H_3PO_4 \text{ (ac)} \rightleftharpoons H_2PO_4^- + H^+$$
$$H_2PO_4 \rightleftharpoons HPO_4^{2-} + H^+$$
$$HPO_4^{-2} \rightleftharpoons PO_4^{3-} + H^+$$

La separación de cada H^+ sucesivo es más difícil porque cada vez es retenido por el anión con más fuerza

Para casos complicados de ácidos polipróticos, es conveniente aplicar el método general de resolución de problemas que se introdujo en los cálculos de equilibrios ácido-base (apartados 5.5 y 5.5.1). Así se podrá calcular el pH en los puntos de equivalencia, que corresponden a las neutralizaciones de los iones H^+ liberados.

Cálculo del pH para una disolución NaH_2PO_4 de concentración molar M

Especies en disolución: $[Na^+]$, $[H_2PO_4^-]$, $[HPO_4^{2-}]$, $[H_3PO_4]$, $[H^+]$, $[OH^-]$.

$$[Na^+] = M \text{ (molar)} \quad \text{y} \quad [OH^-] = K_w/[H^+]$$

$$\text{H}_2\text{PO}_4^- \;\rightleftharpoons\; \text{HPO}_4^{2-} + \text{H}^+ \qquad K_{a2} = \frac{\left[\text{HPO}_4^{-2}\right]\left[\text{H}^+\right]}{\left[\text{H}_2\text{PO}_4^-\right]} \qquad \text{Ecuación (1): Ionización ácida}$$

$$\text{H}_2\text{PO}_4^- + \text{H}_2\text{O} \;\rightleftharpoons\; \text{H}_3\text{PO}_4 + \text{OH}^- \qquad K_b = K_w/K_{a3} = \frac{\left[\text{H}_3\text{PO}_4\right]\left[\text{OH}^-\right]}{\left[\text{H}_2\text{PO}_4^-\right]} \qquad \text{Ecuación (2): Hidrólisis}$$

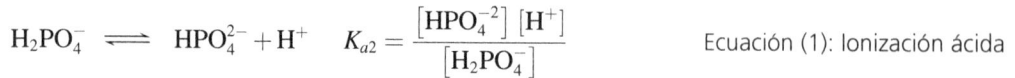

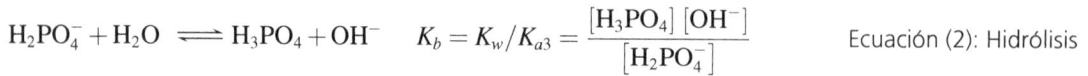

Balance de masas: (La suma de las especies con fósforo, P, es igual a la molaridad M.)

$$\left[\text{H}_3\text{PO}_4\right] + \left[\text{H}_2\text{PO}_4^-\right] + \left[\text{HPO}_4^{2-}\right] = M \text{ (molar)}$$

Balance de cargas: (Electroneutralidad)

$$\left[\text{Na}^+\right] + \left[\text{H}^+\right] = \left[\text{H}_2\text{PO}_4^-\right] + 2\cdot\left[\text{HPO}_4^{2-}\right]$$

Como resulta que la concentración del ión sodio vale M:

$$\left[\text{Na}^+\right] = M \;\Rightarrow\; \left[\text{H}^+\right] = \left[\text{H}_2\text{PO}_4^-\right] + 2\cdot\overbrace{\left[\text{HPO}_4^{2-}\right] - M}^{\left[\text{H}_3\text{PO}_4\right] + \left[\text{H}_2\text{PO}_4\right] + \left[\text{HPO}_4^{2-}\right]}$$

Luego se puede escribir que:

$$\left[\text{H}^+\right] = \left[\text{HPO}_4^{2-}\right] - \left[\text{H}_3\text{PO}_4\right] \qquad \text{Ecuación (3)}$$

De la ecuación (1) se obtiene la expresión: $\left[\text{H}_2\text{PO}_4^-\right] = K_{a2}\dfrac{\left[\text{HPO}_4^{2-}\right]}{\left[\text{H}^+\right]}$

De la ecuación (2) se obtiene la expresión: $\left[\text{H}_3\text{PO}_4\right] = \dfrac{K_w}{K_{a1}}\dfrac{\left[\text{H}_2\text{PO}_4^-\right]}{\left[\text{OH}^-\right]}$

Sustituyendo estos valores en la ecuación (3) se obtiene:

$$\left[\text{H}^+\right] = K_{a2}\frac{\left[\text{HPO}_4^{-2}\right]}{\left[\text{H}^+\right]} - \frac{K_w}{K_{a1}}\frac{\left[\text{H}_2\text{PO}_4^-\right]}{\left[\text{OH}^-\right]}$$

Supongamos que $\left[\text{H}_2\text{PO}_4^-\right] = M$ (concentración molar)

Así se obtiene una ecuación a partir de la que se puede deducir para la concentración del ión $\left[\text{H}_2\text{PO}_4^-\right]$, un pH de:

$$\text{pH} = \frac{1}{2}\left(pK_{a1} + pK_{a2}\right)$$

Repitiendo el proceso de cálculos para la concentración del ión $\left[\text{HPO}_4^{2-}\right]$ se obtiene la ecuación, con un pH de:

$$\text{pH} = \frac{1}{2}\left(pK_{a2} + pK_{a3}\right)$$

Aplicación para la neutralización con $NaOH$ del ácido H_3PO_4

Se producen tres etapas de neutralización:

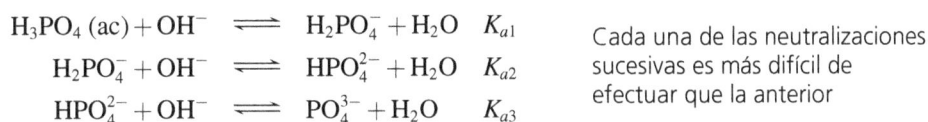

$$H_3PO_4 \text{ (ac)} + OH^- \rightleftharpoons H_2PO_4^- + H_2O \quad K_{a1}$$
$$H_2PO_4^- + OH^- \rightleftharpoons HPO_4^{2-} + H_2O \quad K_{a2}$$
$$HPO_4^{2-} + OH^- \rightleftharpoons PO_4^{3-} + H_2O \quad K_{a3}$$

Cada una de las neutralizaciones sucesivas es más difícil de efectuar que la anterior

En estas neutralizaciones del ácido H_3PO_4 con $NaOH$, primero todas las moléculas de H_3PO_4 se convierten en sal NaH_2PO_4, luego toda la sal NaH_2PO_4 se convierte en Na_2HPO_4 y al final la sal Na_2HPO_4 se convierte en Na_3PO_4.

■ Ejemplo práctico 16

Representad la curva de valoración de 10 mL de ácido fosfórico 0,1 M cuando se neutraliza con $NaOH$ 0,1 M y señalad los indicadores que se utilizarían en esta valoración.

Las reacciones se dan más arriba y las constantes de equilibrio del H_3PO_4 son: $K_{a1} = 10^{-2,12}$, $K_{a2} = 10^{-7,18}$ y $K_{a3} = 10^{-12}$.

Valoración

1.º *pH inicial:* (Se calcula mediante la expresión de K_{a1} del H_3PO_4).

$$K_{a1} = 10^{-2,12} = (x \cdot x)/(0,1-x) = x^2/0,1 \qquad x = [H^+] = 0,027 \text{ M}$$
$$pH_{inicial} = -\log 0,027 = 1,57$$

2.º *Antes del primer punto de equivalencia:* (Se calcula mediante la ecuación del pH de una disolución reguladora o tampón).

Especies predominantes: H_3PO_4 y $H_2PO_4^-$, que forman una disolución tampón.

Al adicionar 5 mL de $NaOH$, se alcanza la semineutralización del primer punto de equivalencia.

$$pH_{tampón} = pK_a + \log \frac{[H_2PO_4^-]}{[H_3PO_4]} \qquad \begin{cases} \text{En la semineutralización:} \\ [H_2PO_4^-] = [H_3PO_4] \quad \Rrightarrow \quad pH = pK_{a1} \end{cases}$$

$$pH_{semineutralización-1} = 2,12$$

3.º *Primer punto de equivalencia:* (Se consideran simultáneamente dos equilibrios para el $H_2PO_4^-$: la ionización como ácido y como base o hidrólisis.)

Especie predominante: NaH_2PO_4 disolución ácida, porque $K_{a2} > K_b$.

Al adicionar 10 mL de $NaOH$, se alcanza el primer punto de equivalencia, pues se necesita 1 mol de $NaOH$ por cada mol de H_3PO_4.

Para la concentración de la especie $[H_2PO_4^-]$:

$$pH_{PE-1} = \frac{1}{2}(pK_{a1} + pK_{a2}) = \frac{1}{2}(2,12 + 7,18) = 4,65$$

El indicador que podría usarse, ya que vira en la zona de aproximadamente 4,65, es el naranja de metilo, que cambia de color rojo a naranja, (Apéndice 5).

4.º *Antes del segundo punto de equivalencia:* (Se calcula mediante la ecuación del pH de una disolución reguladora o tampón.)

Especies predominantes: $H_2PO_4^-$ y HPO_4^{2-}, que forman una disolución tampón.

Al adicionar 15 mL de $NaOH$, se alcanza la semineutralización del segundo punto de equivalencia.

$$pH_{\text{tampón}} = pK_a + \log \frac{\left[HPO_4^{2-}\right]}{\left[H_2PO_4^-\right]} \qquad \begin{cases} \text{En la semineutralización:} \\ \left[HPO_4^{2-}\right] = \left[H_2PO_4^-\right] \quad \Rightarrow \quad pH = pK_{a2} \end{cases}$$

$$pH_{\text{semineutralización}-2} = 7,18$$

5.º *Segundo punto de equivalencia:* (Se consideran simultáneamente dos equilibrios para el HPO_4^{2-}: la ionización como ácido y como base o hidrólisis.)

Especie predominante: HPO_4^{2-} disolución básica, porque $K_b > K_{a3}$

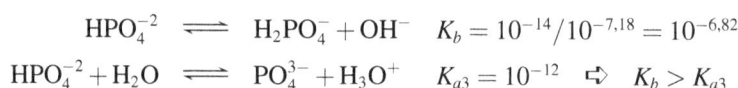

$$HPO_4^{-2} \rightleftharpoons H_2PO_4^- + OH^- \quad K_b = 10^{-14}/10^{-7,18} = 10^{-6,82}$$

$$HPO_4^{-2} + H_2O \rightleftharpoons PO_4^{3-} + H_3O^+ \quad K_{a3} = 10^{-12} \quad \Rightarrow \quad K_b > K_{a3}$$

Al adicionar 20 ml de $NaOH$, se alcanza el segundo punto de equivalencia.

Para la concentración de la especie $\left[HPO_4^{2-}\right]$:

$$pH_{\text{PE}-2} = \tfrac{1}{2}\left(pK_{a2} + pK_{a3}\right) = \tfrac{1}{2}(7,18 + 12) = 9,59$$

El indicador que podría usarse ya que vira en la zona de aproximadamente 9,59, es la fenolftaleína, que cambia de color de incoloro a rosa pálido, (Apéndice 5).

6.º El tercer punto de equivalencia no se ve en esta valoración, pues el pH de la disolución de Na_3PO_4, que está muy hidrolizada, es de aproximadamente 13, valor más alto que el que se alcanza añadiendo al agua $NaOH$ 0,1 M.

		Punto de equivalencia 1		Punto de equivalencia 2
		↓		↓
mL NaOH	0	5	10	15	20
pH	1,57	2,12	4,65	7,18	9,59
	↑	↑		↑	
	[H⁺] débil	Punto de semineutralización 1		Punto de semineutralización 2	

Curva de valoración

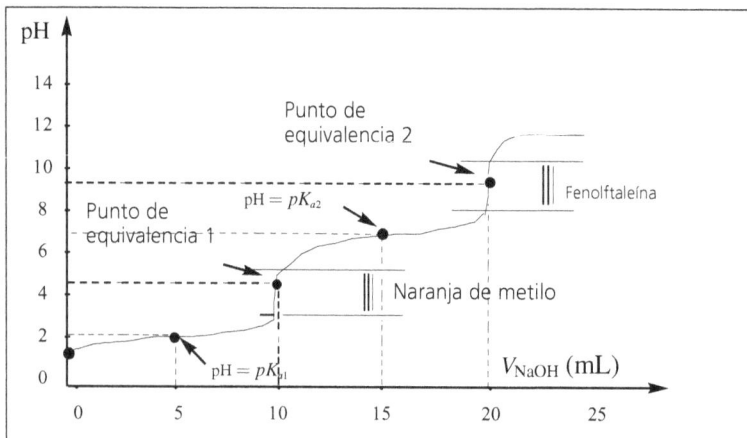

Fig. 5.6

i) Constantes de acidez (En agua, a 25°C)

Compuesto	K_a	pK_a
Agua (H_2O)	$1,0 \cdot 10^{-14}$	14,0
Ácido acético (CH_3COOH)	$1,8 \cdot 10^{-5}$	4,74
Ión amonio (NH_4^+)	$5,6 \cdot 10^{-10}$	9,25
Ácido benzoico (C_6H_5COOH)	$6,0 \cdot 10^{-5}$	4,22
Ácido carbónico ($H_2CO_3 = CO_2 + H_2O$)	$4,4 \cdot 10^{-7}$	6,36
Ión hidrógenocarbonato (HCO_3^-)	$4,7 \cdot 10^{-11}$	10,33
Ácido cianhídrico (HCN)	$5,0 \cdot 10^{-10}$	9,30
Ácido cloroacético ($ClCH_2COOH$)	$1,4 \cdot 10^{-3}$	2,85
Ácido cloroso ($HClO_2$)	$1,1 \cdot 10^{-2}$	1,96
Fenol (C_6H_5OH)	$1,0 \cdot 10^{-10}$	10,0
Ácido fluorhídrico (HF)	$6,5 \cdot 10^{-4}$	3,19
Ácido fórmico ($HCOOH$)	$1,8 \cdot 10^{-4}$	3,74
Ácido fosfórico (H_3PO_4)	$7,1 \cdot 10^{-3}$	2,15
Ión dihidrógenofosfato ($H_2PO_4^-$)	$6,3 \cdot 10^{-8}$	7,20
Ión hidrógenofosfato (HPO_4^{2-})	$4,2 \cdot 10^{-13}$	12,38
Ácido hipocloroso ($HClO$)	$2,9 \cdot 10^{-8}$	7,54
Ácido iódico (HIO_3)	$1,6 \cdot 10^{-1}$	0,80
Ácido nitroso (HNO_2)	$7,2 \cdot 10^{-4}$	3,14
Ácido oxálico ($HOOC - COOH$)	$5,6 \cdot 10^{-2}$	1,25
Ácido sulfhídrico (H_2S)	$1,0 \cdot 10^{-7}$	7,0
Ión hidrógenosulfuro (HS^-)	$1,0 \cdot 10^{-13}$	13,0
Ácido sulfuroso (H_2SO_3)	$1,3 \cdot 10^{-2}$	1,89
Ión hidrógenosulfito (HSO_3^-)	$6,2 \cdot 10^{-8}$	7,21
Ácido sulfúrico (H_2SO_4)	muy grande	< 0
Ión hidrógenosulfato (HSO_4^-)	$1,1 \cdot 10^{-2}$	1,96
Ácido tiociánico ($HSCN$)	6,3	0,80

ii) Constantes de basicidad (En agua, a 25° C)

Compuesto	K_b	pK_b
Amoníaco (NH_3)	$1,8 \cdot 10^{-5}$	4,74
Anilina ($C_6H_5NH_2$)	$7,4 \cdot 10^{-10}$	9,13
Dietilamina ($CH_3CH_2NHCH_2CH_3$)	$6,9 \cdot 10^{-4}$	3,16
Etilamina ($CH_3CH_2NH_2$)	$4,3 \cdot 10^{-4}$	3,37
Hidroxilamina (NH_2OH)	$9,1 \cdot 10^{-9}$	8,04
Ión acetato (CH_3COO^-)	$5,7 \cdot 10^{-10}$	9,24
Ión cianuro (CN^-)	$1,6 \cdot 10^{-5}$	4,80
Ión fluoruro (F^-)	$1,5 \cdot 10^{-11}$	10,82
Piridina (C_5H_5N)	$1,5 \cdot 10^{-9}$	8,82
Trietilamina ($(CH_3CH_2)_3N$)	$5,2 \cdot 10^{-4}$	3,28

iii) Indicadores ácido-base

Indicador	Intervalo pH	Color ácido	Color básico
Violeta de metilo	$0 - 2$	amarillo	violeta
Verde de malaquita (H^+)	$0 - 1,8$	amarillo	verde-azul
Azul de timol (H^+)	$1,2 - 2,8$	rojo	amarillo
Azul de bromofenol	$3,0 - 4,6$	amarillo	púrpura
Naranja de metilo	$3,1 - 4,4$	rojo	naranja-rojo
Verde de bromocresol	$3,8 - 5,4$	amarillo	azul
Rojo de metilo	$4,4 - 6,2$	rojo	amarillo
Tornasol	$4,5 - 8,3$	rojo	azul
Púrpura de bromocresol	$5,2 - 6,8$	amarillo	púrpura
Rojo de clorofenol	$5,3 - 7,2$	amarillo	rojo
Azul de bromotimol	$6,0 - 7,6$	amarillo	azul
Rojo de fenol	$6,4 - 8,2$	amarillo	rojo
Púrpura de *m*-cresol	$7,6 - 9,2$	amarillo	púrpura
Azul de timol (OH^-)	$8,0 - 9,6$	amarillo	azul
Fenolftaleína	$8,3 - 10,0$	incoloro	rojo
Timolftaleína	$9,3 - 10,5$	incoloro	azul
Amarillo de alizarina	$10,1 - 11,1$	incoloro	lila
Verde malaquita (OH^-)	$11,4 - 13,0$	amarillo	incoloro

Ejemplo: Azul de bromotimol   pH $< 6,1$ amarillo   pH $\approx 7,1$ verde   pH $> 8,1$ azul

Problemas resueltos

Conceptos básicos en las reacciones de transferencia de protones

☐ Problema 5.1

Explicad la teoría de Arrhenius para los ácidos y las bases en disolución acuosa. Poned algunos ejemplos de ácidos y de bases típicos que se ajusten a esta teoría.

[Solución]

Teoría de Arrhenius: *"Ácido es toda sustancia que se disocia en disolución acuosa produciendo iones hidrógeno* H^+. *Base es toda sustancia que se disocia en disolución acuosa produciendo iones hidroxilo* OH^-."

Ejemplos de ácidos en disolución acuosa:

$$HCl\ (ac) \longrightarrow H^+ + Cl^-$$
$$H_2SO_4\ (ac) \longrightarrow H^+ + HSO_4^-$$

Ejemplos de bases en disolución acuosa:

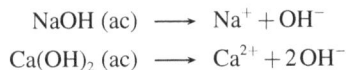

$$NaOH\ (ac) \longrightarrow Na^+ + OH^-$$
$$Ca(OH)_2\ (ac) \longrightarrow Ca^{2+} + 2\,OH^-$$

☐ Problema 5.2

La teoría de Arrhenius no explica el carácter básico del amoníaco (NH_3) y del carbonato de sodio (Na_2CO_3). Aplicando la teoría de Brönsted y Lowry, justificad para ambos su basicidad. Poned algunos ejemplos que se ajusten a esta teoría.

[Solución]

Teoría de Brönsted y Lowry: *"Ácido es toda sustancia capaz de ceder protones* (H^+). *Base es toda sustancia capaz de aceptarlos".* Se forman así pares conjugados ácido-base.

Ejemplos de pares conjugados ácido-base:

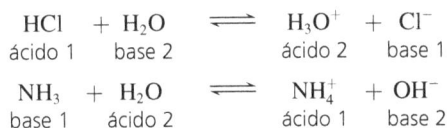

$$HCl\ +\ H_2O\ \rightleftharpoons\ H_3O^+\ +\ Cl^-$$
ácido 1   base 2   ácido 2   base 1

$$NH_3\ +\ H_2O\ \rightleftharpoons\ NH_4^+\ +\ OH^-$$
base 1   ácido 2   ácido 1   base 2

Veamos el caso del carbonato de sodio:

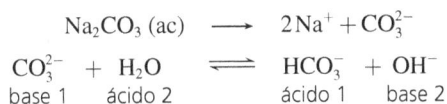

$$Na_2CO_3\ (ac)\ \longrightarrow\ 2\,Na^+ + CO_3^{2-}$$

$$CO_3^{2-}\ +\ H_2O\ \rightleftharpoons\ HCO_3^-\ +\ OH^-$$
base 1   ácido 2   ácido 1   base 2

Esta teoría es generalizable a otros disolventes distintos del agua:

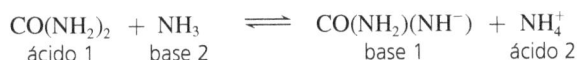

$$CO(NH_2)_2\ +\ NH_3\ \rightleftharpoons\ CO(NH_2)(NH^-)\ +\ NH_4^+$$
ácido 1   base 2   base 1   ácido 2

Problema 5.3

Las teorías de Arrhenius y de Brönsted-Lowry no explican que algunas sustancias, como BF_3, SO_3, Ag^+, $AlCl_3$, Cu^{2+}, etc, tengan carácter ácido en disolución acuosa y no acuosa o incluso en ausencia de disolvente. Aplicando la teoría de ácidos y bases de Lewis, poned algunos ejemplos que lo justifiquen.

[Solución]

Teoría de Lewis: *"Ácido es toda sustancia que puede aceptar la compartición de un par de electrones. Base es toda sustancia que puede ceder, para compartir, un par de electrones".*

Ejemplos de ácidos y bases de Lewis:

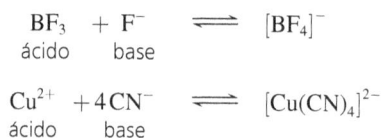

$$\underset{\text{ácido}}{BF_3} + \underset{\text{base}}{F^-} \rightleftharpoons [BF_4]^-$$

$$\underset{\text{ácido}}{Cu^{2+}} + \underset{\text{base}}{4CN^-} \rightleftharpoons [Cu(CN)_4]^{2-}$$

Problema 5.4

Indicad el carácter ácido o básico de los compuestos siguientes: HNO_3, NH_4^+, CH_3COO^-, H_2O, HCO_3^-, CN^-, KOH, Mg^{2+}, H_3O^+ y Br^-.

[Solución]

Ácidos:
$$HNO_3 + H_2O \rightleftharpoons NO_3^- + H_3O^+$$
$$NH_4^+ + H_2O \rightleftharpoons NH_3 + H_3O^+$$
$$Mg^{2+} + 6H_2O \rightleftharpoons [Mg(H_2O)_6]^{2+}$$
$$H_3O^+ \rightleftharpoons H^+ + OH^-$$

Bases:
$$CH_3 - COO^- + H_2O \rightleftharpoons CH_3COOH + OH^-$$
$$CN^- + H_2O \rightleftharpoons HCN + OH^-$$
$$KOH\ (ac) \longrightarrow K^+ + OH^-$$
$$Br^- + H_2O \rightleftharpoons HBr + OH^-$$

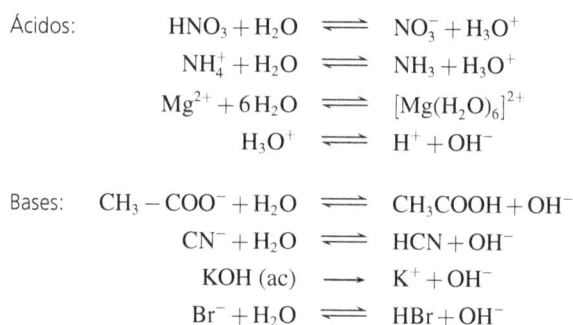

El agua puede actuar como ácido y como base, según el medio sea básico o ácido. Es un anfótero.

$$\underset{\text{base 1}}{H_2O} + \underset{\text{ácido 2}}{H_2O} \rightleftharpoons \underset{\text{ácido 1}}{H_3O^+} + \underset{\text{base 2}}{OH^-}$$

El ión HCO_3^- puede perder un protón y puede también ganarlo. Puede ser ácido o base según el medio.

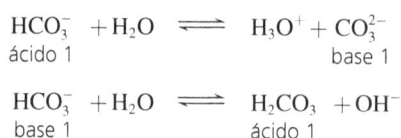

$$\underset{\text{ácido 1}}{HCO_3^-} + H_2O \rightleftharpoons H_3O^+ + \underset{\text{base 1}}{CO_3^{2-}}$$

$$\underset{\text{base 1}}{HCO_3^-} + H_2O \rightleftharpoons \underset{\text{ácido 1}}{H_2CO_3} + OH^-$$

Problema 5.5

Señalad las especies, ya sean iones o moléculas, que son responsables del comportamiento ácido-base de las disoluciones siguientes: cianuro de sodio, cloruro de amonio, amoníaco, tiocianato de amonio y hidrogénocarbonato de sodio.

[Solución]

Las especies responsables de acidez o de basicidad son las subrayadas y marcadas en negrita.

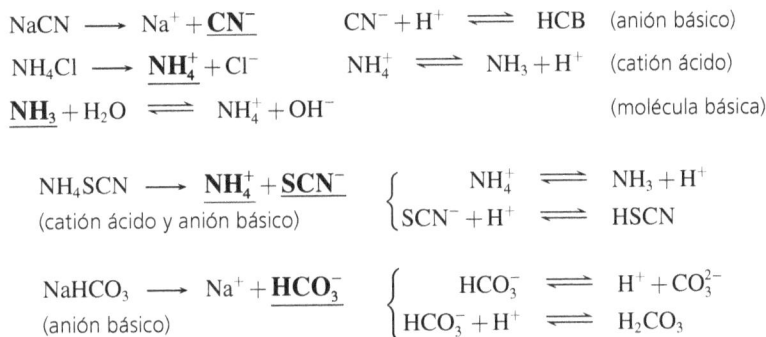

$$NaCN \longrightarrow Na^+ + \mathbf{\underline{CN^-}} \qquad CN^- + H^+ \rightleftharpoons HCB \quad \text{(anión básico)}$$

$$NH_4Cl \longrightarrow \mathbf{\underline{NH_4^+}} + Cl^- \qquad NH_4^+ \rightleftharpoons NH_3 + H^+ \quad \text{(catión ácido)}$$

$$\mathbf{\underline{NH_3}} + H_2O \rightleftharpoons NH_4^+ + OH^- \qquad\qquad\qquad \text{(molécula básica)}$$

$$NH_4SCN \longrightarrow \mathbf{\underline{NH_4^+}} + \mathbf{\underline{SCN^-}} \qquad \begin{cases} NH_4^+ \rightleftharpoons NH_3 + H^+ \\ SCN^- + H^+ \rightleftharpoons HSCN \end{cases}$$

(catión ácido y anión básico)

$$NaHCO_3 \longrightarrow Na^+ + \mathbf{\underline{HCO_3^-}} \qquad \begin{cases} HCO_3^- \rightleftharpoons H^+ + CO_3^{2-} \\ HCO_3^- + H^+ \rightleftharpoons H_2CO_3 \end{cases}$$

(anión básico)

Equilibrio de ionización del agua

Problema 5.6

a) Escribid el equilibrio de ionización del agua, expresad su constante de ionización matemática e indicad un valor.

b) ¿El valor de la constante de ionización del agua (K_w) varía con la temperatura?

[Solución]

a) Equilibrio de ionización del agua:
$$\begin{cases} H_2O + H_2O \rightleftharpoons H_3O^+ + OH^- \\ H_2O \rightleftharpoons H^+ + OH^- \end{cases}$$

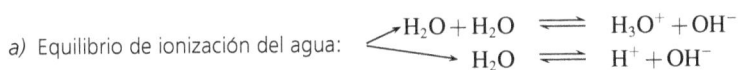

Producto iónico del agua: $K_w = [H^+][OH^-] = 10^{-14}$ a $25°C$ (298 K).

b) La constante K_w, como todas las constantes de equilibrio, varía con la temperatura. A temperaturas más elevadas, se favorece la disociación.

Problema 5.7

La constante de ionización del agua K_w a la temperatura de $0°$ C es $1,5 \cdot 10^{-15}$ y a la temperatura de $60°$ C su valor es $9,5 \cdot 10^{-14}$. Calcular el pH de una disolución neutra para ambas temperaturas.

[Solución]

$$H_2O \rightleftharpoons H^+ + OH^- \qquad [H^+] = [OH^-] \qquad K_w = [H^+]^2 \qquad [H^+] = K_w^{1/2}$$

$$pH = -\log[H^+] \begin{cases} (0°C) & [H^+] = (1,5 \cdot 10^{-15})^{1/2} \implies pH = 7,4 \\ (60°C) & [H^+] = (9,5 \cdot 10^{-14})^{1/2} \implies pH = 6,51 \end{cases}$$

☐ Problema 5.8

a) ¿Cuál es la concentración molar de los iones H^+ y OH^- en agua pura?

b) ¿Qué ión predomina en el agua cuando añadimos un ácido?

c) ¿Qué ión predomina en el agua cuando añadimos una base?

[Solución]

a) En agua pura a $25°C$: $[H^+] = [OH^-] = 10^{-7}$ mol dm^{-3} Disolución neutra

b) Con adición de ácido: $[H^+] > [OH^-]$ Disolución ácida
$$[H^+] > 10^{-7} \text{ mol dm}^{-3}$$

c) Con adición de base: $[H^+] < [OH^-]$ Disolución básica
$$[OH^-] > 10^{-7} \text{ mol dm}^{-3}$$

☐ Problema 5.9

Calculad las concentraciones de los iones $[H^+]$ y $[OH^-]$ en una disolución de ácido HCl de concentración $0,02$ mol L^{-1} a temperatura ambiente.

[Solución]

$$HCl \text{ (ac)} \longrightarrow H^+ + Cl^- \quad \text{(Ácido fuerte y disociación total en disolución acuosa)}$$

$$[H^+] = 0,02 \text{ mol } L^{-1}$$

$$[H^+][OH^-] = 10^{-14} \quad (0,02)[OH^-] = 10^{-14} \implies [OH^-] = 5 \cdot 10^{-13} \text{ mol } L^{-1}$$

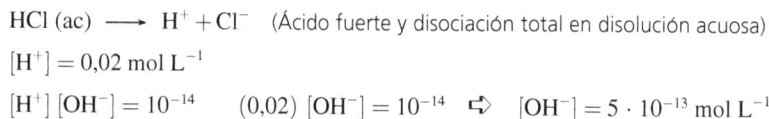

Medida de la acidez de una disolución

☐ Problema 5.10

a) Definid los conceptos de pH y pOH.

b) ¿Qué utilidad tiene su uso?

c) ¿Qué valor tiene el pH en una disolución ácida, básica y neutra?

d) Expresad una escala de pH para algunos valores de concentración de los iones $[H^+]$ que estén comprendidos entre 1 mol dm^{-3} y 10^{-14} mol dm^{-3}?

e) ¿Qué relación hay entre pH y pOH?

[Solución]

a) Definición: $pH = -\log[H^+]$ $pOH = -\log[OH^-]$

b) Es útil el uso del pH porque permite trabajar con números enteros, ya que las concentraciones de $[H^+]$ y $[OH^-]$ son habitualmente pequeñas y por ello se trabajaría con números exponenciales: 10^{-2}; $0,2 \cdot 10^{-8}$, etc.

c) Disolución neutra: $pH = 7$
Disolución ácida: $pH < 7$
Disolución básica: $pH > 7$

d) Escala de pH:

$[H^+]$	1	10^{-2}	10^{-3}	10^{-4}	10^{-5}	10^{-7}	10^{-9}	10^{-10}	10^{-11}	10^{-12}	10^{-14}
pH	0	2	3	4	5	7	9	10	11	12	14

$\longleftarrow - - -$ aumenta la acidez | neutro | aumenta la basicidad $- - - - \longrightarrow$

e) Relación: $pH + pOH = 14$, puesto que: $[H^+][OH^-] = 10^{-14}$

Si el $pH = 3$, implica que el $pOH = 14 - 3 = 11$

☐ Problema 5.11

a) Calculad el pH de las disoluciones acuosas siguientes: $0,05$ mol L^{-1} de HNO_3 y $0,03$ mol L^{-1} de KOH.

b) Calculad la concentración de iones H^+ de una disolución que tiene un $pH = 10,6$.

[Solución]

a) HNO_3 es un ácido fuerte. Por tanto: $[H^+] = 0,05$ mol L^{-1}

$$pH = -\log 0,05 = 1,30$$

KOH es una base fuerte. Por tanto: $[OH^-] = 0,03$ mol L^{-1}

$$pOH = -\log 0,03 = 1,52 \quad \Rightarrow \quad pH = 14 - 1,52 = 12,48$$

b) Como el $pH = -\log [H^+]$, resulta que la concentración del ión $[H^+] = 10^{-pH}$.

Por tanto: $[H^+] = 10^{-10,6} = 2,5 \cdot 10^{-11}$ mol L^{-1}

■ Problema 5.12

El pH del plasma sanguíneo normal a $25°C$ es de $7,4$. Calculad la concentración de iones H^+ y OH^- y averiguad si es ácido, básico o neutro el plasma sanguíneo.

[Solución]

$$pH = -\log [H^+] = 7,4 \qquad [H^+] = 10^{-7,4} = 3,9 \cdot 10^{-8} \text{ mol dm}^{-3}$$

$$[H^+] \cdot [OH^-] = 10^{-14} \qquad [OH^-] = 10^{-14}/10^{-7,4} = 10^{-6,6} \text{ mol dm}^{-3}$$

Como resulta que $[OH^-] > [H^+]$, el plasma sanguíneo es ligeramente básico (sería neutro a 10^{-7} mol dm^{-3}).

■ Problema 5.13

Calculad la concentración de iones OH^- y el valor del pH de las disoluciones siguientes consideradas como bases fuertes:

a) $0,1 \cdot 10^{-3}$ g de TlOH en 150 cm^3 de agua.

b) $Ba(OH)_2$ de concentración $2,5 \cdot 10^{-7}$ mol dm^{-3}.

Masas atómicas: $Tl = 204,37$; $O = 16$; $H = 1$.

a) Cálculo de la concentración molar de $[OH^-]$:

$$\frac{0,1 \cdot 10^{-3} \text{ g TlOH}}{0,150 \text{ dm}^3} \cdot \frac{1 \text{ mol TlOH}}{221,37 \text{ g TlOH}} = 3,01 \cdot 10^{-6} \text{ mol dm}^{-3} = [OH^-]$$

Cálculo del pH:

$$pOH = -\log 3,01 \cdot 10^{-6} = 5,52 \quad \Rightarrow \quad pH = 14 - 5,52 = 8,48$$

b) Cálculo de la concentración molar de $[OH^-]$:

$$Ba(OH)_2 \longrightarrow Ba^{2+} + 2OH^- \qquad [OH^-] = 2\,(2,5 \cdot 10^{-7}) = 5 \cdot 10^{-7} \text{ mol dm}^{-3}$$

Cálculo del pH:

$$pOH = -\log 5,0 \cdot 10^{-7} = 6,3 \quad \Rightarrow \quad pH = 14 - 6,3 = 7,7$$

Problema 5.14

Se tienen tres disoluciones acuosas con los valores del pH siguientes:

a) $pH = 3,45$

b) $pH = 12,65$

c) $pH = 7,0$

Calculad los nuevos valores de pH de estas disoluciones si los volúmenes se duplican y si los volúmenes se reducen a la mitad evaporando agua.

a) Disolución ácida: $pH = 3,45$

Si el volumen es $2V$: $\quad pH_1 = pH + \log 2 = 3,45 - 0,30 = 3,75$ (menos ácida)

Si el volumen es $1/2V$: $\quad pH_2 = pH - \log 2 = 3,45 - 0,30 = 3,15$ (más ácida)

b) Disolución básica: $pH = 12,65 \quad pOH = 14 - 12,65 = 1,35$

Si el volumen es $2V$: $\quad pOH_1 = pOH + \log 2 = 1,35 + 0,30 = 1,65$
$\quad pH_1 = 14 - 1,65 = 12,35$ (menos básica)

Si el volumen es $1/2V$: $\quad pOH_2 = pOH - \log 2 = 1,35 - 0,30 = 1,05$
$\quad pH_2 = 14 - 1,05 = 12,95$ (más básica)

c) Disolución neutra: $pH = 7$

Tanto si el volumen es $2V$ como si es $1/2V$, el pH se mantendrá, ya que la adición o eliminación de agua no modificará el medio de la disolución.

Fuerza relativa de ácidos y de bases

□ Problema 5.15

a) ¿Qué significado tienen las palabras *fuerte* y *débil* referidas a un ácido o una base?

b) ¿Cómo se puede medir la fuerza de un ácido o de una base?

c) ¿Qué es la constante de acidez (K_a)?

d) ¿Qué es el pK_a?

[Solución]

a) Un ácido o una base son fuertes cuando en una disolución acuosa están totalmente disociados. Según Brönsted-Lowry, un ácido es fuerte cuando tiene una gran tendencia a ceder un protón y una base es fuerte cuando tiene una gran tendencia a aceptar un protón, respecto a una sustancia de referencia, que normalmente es el agua.

b) La fuerza de un ácido se mide por la K_a, que es su constante de disociación o de ionización o su constante de acidez. Cuanto mayor sea la constante K_a, mayor será la acidez.

La fuerza de una base se mide por la K_b, que es la constante de basicidad. Cuanto mayor sea la constante K_b, mayor será la basicidad.

c) Para el caso general de un ácido: $HA \rightleftharpoons A^- + H^+$

La constante de equilibrio es: $K_a = \dfrac{[A^-][H^+]}{[HA]}$

d) Se define el pK_a como: $pK_a = -\log K_a$

□ Problema 5.16

Demostrad la relación existente entre la constante de acidez (K_a) y la constante de basicidad (K_b).

[Solución]

Para el ácido fluorídrico: $HF\,(ac) \rightleftharpoons F^- + H^+$

La constante de equilibrio es: $K_a = \dfrac{[F^-][H^+]}{[HF]}$

Para su base conjugada, el ión fluoruro: $F^- + H_2O \rightleftharpoons HF + OH^-$

Multiplicando ambas constantes: $K_a \cdot K_b = [H^+] \cdot [OH^-] = 10^{-14}$

Esta relación es aplicable a todos los sistemas ácido-base.

□ Problema 5.17

Dados los compuestos siguientes, con sus valores de K_a a la temperatura de 298 K, ordenadlos por su acidez creciente: CH_3COOH $(K_a = 1,8 \cdot 10^{-5})$, HSO_4^- $(K_a = 1,6 \cdot 10^{-2})$, HNO_2 $(K_a = 7,2 \cdot 10^{-4})$, NH_4^+ $(K_a = 5,0 \cdot 10^{-10})$, HS^- $(K_a = 1 \cdot 10^{-13})$, $HSCN$ $(K_a = 6,3)$ y HF $(K_a = 6,5 \cdot 10^{-4})$.

Orden según acidez creciente:

$$HS^- < NH_4^+ < CH_3COOH < HF < HNO_2 < HSO_4^- < HSCN$$

☐ Problema 5.18

Dados los compuestos siguientes con sus valores de pK_a a la temperatura de 298 K, ordenadlos por su acidez creciente: HCOOH ($pK_a = 3,74$), H_2S ($pK_a = 7,0$), HCN ($pK_a = 9,3$), H_3PO_4 ($pK_a = 2,2$), $H_2PO_4^-$ ($pK_a = 7,2$), H_2SO_3 ($pK_a = 1,8$), HCO_3^- ($pK_a = 10,3$) y COOHCOOH ($pK_a = 1,25$).

Orden de acidez creciente:

$$HCO_3^- < HCN < H_2PO_4^- < H_2S < HCOOH < H_3PO_4 < H_2SO_3 < COOHCOOH$$

☐ Problema 5.19

La fuerza de acidez de los hidruros de los elementos del segundo periodo de la tabla periódica aumenta según: $NH_3 < H_2O < HF$, y para los hidruros de los elementos del tercer periodo también aumenta según: $PH_3 < H_2S < HCl$.

a) ¿Cómo se puede justificar?

b) ¿Cómo varia la acidez de los hidruros de los elementos en un mismo grupo de la tabla periódica? Explicadlo en función de los hidruros del grupo VI (O, S, Se, Te).

a) La fuerza de acidez de los hidruros aumenta con la facilidad de perder un catión H^+ por tanto será mayor a lo largo del periodo, a medida que aumente la electronegatividad del átomo no metálico.

b) En un mismo grupo, la fuerza de acidez de los hidruros aumenta con la tendencia a perder el catión H^+, que crece al aumentar el radio covalente y al disminuir la fuerza del enlace.

En el grupo VI, por ejemplo, la acidez aumenta así: $H_2O < H_2S < H_2Se < H_2Te$

☐ Problema 5.20

Ordenad de forma creciente según la acidez, justificando la respuesta, los oxiácidos siguientes:

a) HBrO, HIO y HClO

b) HClO, $HClO_3$, $HClO_4$ y $HClO_2$

c) H_3PO_4, $HClO_4$ y H_2SO_4

a) La fuerza de acidez aumenta con la electronegatividad según un orden creciente: $HIO < HBrO < HClO$

b) Para una serie de oxiocidos de un elemento dado, la fuerza del ácido aumenta al aumentar el contenido de oxígeno (por resonancia) según un orden creciente: $HClO < HClO_2 < HClO_3 < HClO_4$

c) Orden según acidez creciente: $H_3PO_4 < H_2SO_4 < HClO_3$

Esto se debe a que la electronegatividad del átomo no metálico aumenta según: $P < S < Cl$

☐ **Problema 5.21**

¿Cómo varía la acidez de un mismo elemento, que forma compuestos con oxígeno, en función de los diferentes estados de oxidación? Explicarlo con el **Mn**.

[Solución]

Aumenta la acidez al aumentar el estado de oxidación.

Para el **Mn**, variará de $2+$ a $7+$.

Orden según acidez creciente:

$$Mn(OH)_2 < Mn(OH)_3 < MnO_2 < H_3MnO_4 < H_2MnO_4 < HMnO_4$$

■ **Problema 5.22**

a) Calculad el **pH** del vinagre de $0,75\ \text{mol dm}^{-3}$ de concentración en ácido acético sabiendo que la constante de disociación de este ácido es $K_a = 1,8 \cdot 10^{-5}$.

b) ¿Cuáles serán las concentraciones de todas las especies presentes en la disolución?

[Solución]

a) $CH_3 - COOH \rightleftharpoons CH_3 - COO^- + H^+$
(ácido acético)   (acetato)

En el equilibrio, las concentraciones son:

$$[CH_3 - COOH] = (0,75 - x)\ \text{mol dm}^{-3}$$
$$[CH_3 - COO^-] = [H^+] = x\ \text{mol dm}^{-3}$$

Por tanto, la constante de acidez, $K_a = 1,8 \cdot 10^{-5} = x^2/(0,75 - x)$

El valor de x se puede eliminar (es despreciable) frente al valor de 0,75, por lo que:

$$K_a = 1,8 \cdot 10^{-5} = x^2/0,75 \qquad x = 0,36 \cdot 10^{-2}\ \text{mol dm}^{-3}$$

$$x = [H^+] = 0,36 \cdot 10^{-2}\ \text{mol dm}^{-3} \qquad pH = -\log[H^+] = -\log(0,36 \cdot 10^{-2}) = 2,43$$

b) Especies en disolución:

$$[CH_3 - COO^-] = [H^+] = 0,36 \cdot 10^{-2}\ \text{mol dm}^{-3}$$
$$[CH_3 - COOH] = (0,75 - 0,36 \cdot 10^{-2}) = 0,75\ \text{mol dm}^{-3} \qquad \text{(despreciable el valor de } x\text{)}$$
$$[OH^-] = K_w/[H^+] = 2,78 \cdot 10^{-12}\ \text{mol dm}^{-3}$$

☐ Problema 5.23

Calculad la constante de acidez de una disolución de ácido benzoico de concentración $0,07$ mol dm^{-3}, si se sabe que la concentración de ión H^+ para dicho ácido en las mismas condiciones es de $2,12 \cdot 10^{-3}$ mol dm^{-3}.

[Solución]

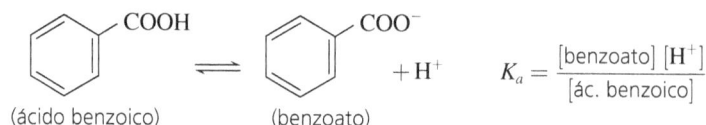

$$K_a = \frac{[\text{benzoato}]\,[\text{H}^+]}{[\text{ác. benzoico}]}$$

En el equilibrio:

$$[\text{benzoato}] = [\text{H}^+] = x = 2,12 \cdot 10^{-3} \text{ mol dm}^{-3}$$

$$[\text{ácido benzoico}] = (0,07 - x) \text{ mol dm}^{-3} \ (x \text{ despreciable frente a } 0,07)$$

$$K_a = \frac{x^2}{(0,07 - x)} = \frac{x^2}{0,07} = \frac{(2,12 \cdot 10^{-3})^2}{0,07} = 6,42 \cdot 10^{-5}$$

■ Problema 5.24

Calculad el valor del pH de una disolución de amoníaco de concentración $0,25$ mol dm^{-3} en agua, sabiendo que la K_b del NH_3 vale $1,8 \cdot 10^{-5}$.

[Solución]

NH_3 en disolución acuosa: NH_4OH

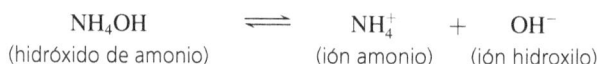

$$\text{NH}_4\text{OH} \rightleftharpoons \text{NH}_4^+ + \text{OH}^-$$

(hidróxido de amonio)   (ión amonio) (ión hidroxilo)

La constante de equilibrio es: $K_b = \dfrac{[\text{NH}_4^+]\,[\text{OH}^-]}{[\text{NH}_4\text{OH}]} = 1,8 \cdot 10^{-5}$

En el equilibrio las especies en disolución son:

$$[\text{NH}_4\text{OH}] = (0,25 - x) = 0,25 \text{ mol dm}^{-3} \quad (\text{por ser } x \text{ despreciable frente a } 0,25)$$

$$[\text{NH}_4^+] = [\text{OH}^-] = x \text{ mol dm}^{-3}$$

Por tanto, $K_b = 1,8 \cdot 10^{-5} = x^2/0,25 \qquad x = 2,12 \cdot 10^{-3} \text{ mol dm}^{-3} = [\text{OH}^-]$

$$\text{pOH} = -\log[\text{OH}^-] = -\log(2,12 \cdot 10^{-3}) = 2,673 \quad \Rightarrow \quad \text{pH} = 14 - 2,673 = 11,33$$

Disociación de ácidos polipróticos

☐ Problema 5.25

Definid el concepto de ácido poliprótico y poned algunos ejemplos.

[Solución]

Un ácido poliprótico es el que contiene más de un hidrógeno ácido por molécula.

Ejemplos en disolución acuosa: H_2S (ácido sulfhídrico), H_2SO_4 (ácido sulfúrico), H_3PO_4 (ácido fosfórico), $HOOC-COOH$ (ácido oxálico), entre otros.

☐ Problema 5.26

El ácido fosfórico es triprótico y se ioniza en tres etapas.

a) Escribid los tres equilibrios de disociación.

b) ¿Las constantes de acidez serán las mismas en los tres equilibrios?

c) Si no es así, ¿cómo variarán?

[Solución]

a) Equilibrios de disociación:

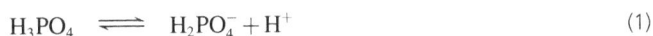
$$H_3PO_4 \rightleftharpoons H_2PO_4^- + H^+ \tag{1}$$

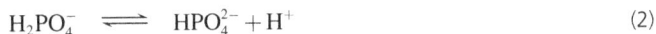
$$H_2PO_4^- \rightleftharpoons HPO_4^{2-} + H^+ \tag{2}$$

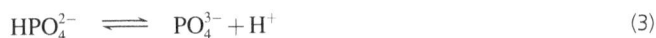
$$HPO_4^{2-} \rightleftharpoons PO_4^{3-} + H^+ \tag{3}$$

b) Las constantes de acidez son distintas para cada protonización y sus valores son: K_{a1}, K_{a2} y K_{a3}.

c) La ionización primaria es mayor que la secundaria, y ésta, más fuerte que la terciaria. Así, $K_{a1} > K_{a2} > K_{a3}$, ya que se desprende más rápidamente un protón de una molécula sin carga que de una molécula con una carga negativa, y cuando la molécula ya posee una carga negativa el desprendimiento de un protón de ella se hace muy difícil.

◼ Problema 5.27

Se prepara una disolución de concentración $0,001 \ mol \ dm^{-3}$ de $NaHS$ en agua.

a) Calculad el pH de la disolución.

b) La concentración del ácido H_2S.

Datos: $K_{a1} \ (H_2S) = 1,0 \cdot 10^{-7}$; $K_{a2} \ (HS^-) = 1,0 \cdot 10^{-13}$.

[Solución]

a) La sal sódica se disocia en agua totalmente: $NaHS \longrightarrow HS^- + Na^+$ (hidrólisis básica)

El anión HS^-, con el H^+ del agua, da el ácido débil H_2S.

Equilibrios ácido-base:

$$H_2S \rightleftharpoons HS^- + H^+ \quad K_{a1}$$
$$HS^- \rightleftharpoons S^{2-} + H^+ \quad K_{a2}$$
$$H_2O \rightleftharpoons OH^- + H^+ \quad K_w$$

Especies: H^+, OH^-, H_2O, Na^+, HS^-, H_2S, S^{2-}

Balance de masas: $[Na^+] = [HS^-] = 0,001 = [H_2S] + [HS^-] + [S^{2-}]$

Balance de cargas:
(Principio de electroneutralidad)
$$[H^+] + [Na^+] = [OH^-] + [HS^-] + 2[S^{2-}]$$

Si en el balance de cargas se sustituye la concentración $[Na^+]$ por el valor de las especies que están en el balance de masas, se obtiene:

$$[H^+] + [H_2S] + [\cancel{HS^-}] + [\cancel{S^{2-}}] = [OH^-] + [\cancel{HS^-}] + \cancel{2}\,[S^{2-}]$$

Por ser hidrólisis básica de una sal sódica el valor $[H^+]$ es despreciable y el valor de $[S^{2-}]$ también es despreciable frente al valor de $[H_2S]$, por lo que:

$$[H_2S] = [OH^-]$$

$$K_{a1} = \frac{[H^+]\,[HS^-]}{[H_2S]} = \frac{[H^+]\,[HS^-]}{[OH^-]} = \frac{[H^+]^2}{K_w}\,[HS^-] = \frac{[H^+]^2}{K_w}\,(c - [\cancel{H_2S}] - [\cancel{S^{2-}}]) \qquad \begin{array}{l} c\text{: concentración} \\ \text{de la disolución} \end{array}$$

Siendo $[H_2S]$ y $[S^{2-}]$ despreciables frente a la concentración $c = 0{,}001\ \text{mol dm}^{-3}$.

Pasando a logaritmos negativos los dos miembros de la ecuación anterior, se tiene:

$$-\log K_{a1} = -\log\left(\frac{[H^+]^2}{K_w}\,c\right)$$

Luego resolviendo matemáticamente la expresión anterior, se obtiene:

$$pH = \frac{1}{2}\,(pK_{a1} + pK_w + \log c) \qquad pH = \frac{1}{2}(7 + 14 - 3) = 9{,}0$$

b) Como la concentración $[H^+] = 10^{-pH} = 10^{-9}\ \text{mol dm}^{-3}$, resulta que $[H_2S] = [OH^-] = 10^{-5}\ \text{mol dm}^{-3}$ (ya que $[H^+]\,[OH^-] = 10^{-14}$)

Hidrólisis de las sales y su carácter ácido, básico y neutro

Problema 5.28

Cuando se disuelve CH_3COONa o Na_2CO_3 en agua, se puede comprobar con papel indicador o con un aparato pH-metro que las disoluciones son básicas, pero cuando se disuelve NH_4Cl o $AlCl_3$ en agua, las disoluciones resultantes son ácidas. ¿Cómo se puede explicar el distinto comportamiento de estas disoluciones?

[Solución]

El comportamiento ácido, básico o neutro de las sales es debido a que al menos uno de los iones de la sal reacciona con agua, fenómeno que recibe el nombre de hidrólisis.

1) Sales básicas: acetato sódico

$$CH_3 - COONa\ (ac) \ \longrightarrow \ CH_3 - COO^- + Na^+ \quad \text{(sal disociada totalmente)}$$

El catión Na^+ está hidratado totalmente en agua, es decir, es un ácido tan débil que no tiene tendencia a reaccionar con la molécula de agua y dar H^+. El anión acetato $CH_3 - COO^-$ se hidroliza, es decir, reacciona con agua según el equilibrio:

$$CH_3 - COO^- + H_2O \ \rightleftharpoons \ CH_3 - COOH + OH^-$$

Por lo tanto, tiene carácter básico y la constante de hidrólisis K_h es K_b, que es la constante de basicidad.

El comportamiento del Na_2CO_3 es igual que el del CH_3COONa anterior.

2) Sales ácidas: cloruro de amonio

$$NH_4Cl\ (ac)\ \longrightarrow\ NH_4^+ + Cl^-\quad (sal\ disociada\ totalmente)$$

El anión Cl^- está hidratado totalmente en agua, es decir, es una base tan débil que no tiene tendencia a reaccionar con la molécula de agua y dar OH^-. El catión amonio se hidroliza, es decir, reacciona con el agua según el equilibrio:

$$NH_4^+ + H_2O\ \rightleftharpoons\ NH_3 + H_3O^+$$

Por lo tanto, tiene carácter ácido y la constante de hidrólisis K_h es K_a, que es la constante de acidez.

El comportamiento del $AlCl_3$ es igual que el del NH_4Cl anterior.

☐ Problema 5.29

¿Qué relación existe entre la constante de hidrólisis K_h y las constantes de acidez K_a y de basicidad K_b para los cationes y aniones de las sales que se hidrolizan?

[Solución]

La constante de hidrólisis K_h para cualquier anión básico es:

$$K_h = K_b = K_w/K_a\quad (K_w : \text{constante de ionización del agua})$$

La constante de hidrólisis K_h para cualquier catión ácido es:

$$K_h = K_a = K_w/K_b\quad (K_w : \text{constante de ionización del agua})$$

☐ Problema 5.30

Calculad la concentración del ión OH^- y el pH de una disolución $0,10$ mol dm^{-3} de KCN, sabiendo que la constante de acidez del ácido cianhídrico, HCN, es de $6,2 \cdot 10^{-10}$.

[Solución]

$$KCN\ (ac)\ \longrightarrow\ K^+ + CN^-\quad (sal\ básica\ disociada\ totalmente)$$
$$CN^- + H_2O\ \rightleftharpoons\ HCN + OH^-$$

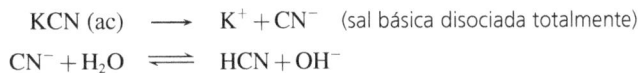

La constante de hidrólisis es:

$$K_h = \frac{[HCN]\,[OH^-]}{[CN^-]} = \frac{K_w}{K_a} = \frac{10^{-14}}{6,2 \cdot 10^{-10}} = 1,6 \cdot 10^{-5}$$

$$1,6 \cdot 10^{-5} = \frac{x^2}{(0,1-x)} = \frac{x^2}{0,1}\quad \text{(pues } x \text{ es despreciable frente al valor de 0,1)}$$

$$x = 1,3 \cdot 10^{-3}\ \text{mol dm}^{-3} = [OH^-]\qquad pOH = -\log(1,3 \cdot 10^{-3}) = 2,89$$

$$pH = pK_w - pOH = 14 - 2,89 = 11,1$$

☐ Problema 5.31

Calculad la concentración del ión H^+ y el valor del pH de una disolución $0,30 \; mol \; dm^{-3}$ de NH_4Cl, sabiendo que la constante de acidez del catión NH_4^+ es de $5,6 \cdot 10^{-10}$.

[Solución]

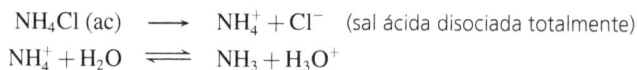

$$NH_4Cl \; (ac) \longrightarrow NH_4^+ + Cl^- \quad (\text{sal ácida disociada totalmente})$$
$$NH_4^+ + H_2O \rightleftharpoons NH_3 + H_3O^+$$

$$K_h = K_a = \frac{[NH_3]\,[H_3O^+]}{[NH_4^+]} = 5,6 \cdot 10^{-10}$$

$$K_a = 5,6 \cdot 10^{-10} = \frac{x^2}{(0,3-x)} = \frac{x^2}{0,3} \quad (\text{por ser } x \text{ despreciable frente a } 0,3)$$

$$x = 1,296 \cdot 10^{-5} = [H_3O^+] = [H^+]$$
$$pH = -\log[H^+] = -\log(1,296 \cdot 10^{-5}) = 4,89$$

☐ Problema 5.32

¿Se podría pronosticar el valor del pH de una disolución acuosa de una sal basándose en la fuerza del ácido o de la base de las que deriva la sal?

[Solución]

Se podrá pronosticar el valor del pH de una sal en disolución acuosa cuando se den los casos siguientes:

1) Sal de base fuerte y ácido fuerte: sal neutra de $pH = 7 \,(NaCl, KNO_3, \text{etc.})$
2) Sal de base fuerte y ácido débil: sal básica de $pH > 7 \,(NaCN, KNO_2, \text{etc.})$
3) Sal de base débil y ácido fuerte: sal ácida de $pH < 7 \,(NH_4NO_3, \text{etc.})$
4) Sal de base débil y ácido débil: el pH de la disolución depende de la magnitud de la hidrólisis de cada uno de los iones $(NH_4CN, Cu(NO_2)_2, \text{etc.})$

Disoluciones tampón, reguladoras o amortiguadoras

☐ Problema 5.33

"Las disoluciones tampón son capaces de mantener el pH a valores aproximadamente constantes, aunque se añadan cantidades pequeñas de ácido o de base".

A partir de esta definición, indicad ejemplos de disoluciones tampón.

[Solución]

Las disoluciones tampón están formadas por mezclas de un ácido débil y una sal (formada por el mismo ácido débil con una base fuerte), o bien por una base débil y una sal (formada por la misma base débil con un ácido fuerte).

Ejemplos: Ácido acético $(CH_3 - COOH)$ + Acetato de sodio $(CH_3 - COONa)$

Hidróxido amónico (NH_4OH) + Cloruro de amonio (NH_4Cl)

Problema 5.34

Calculad el valor del pH de una disolución tampón formada por $0,1\ mol\ dm^{-3}$ de ácido acético y $0,15\ mol\ dm^{-3}$ de acetato de sodio, sabiendo que la constante de acidez del ácido acético es $10^{-4,74}$.

[Solución]

$$[H^+] = \frac{K_a\,[CH_3 - COOH]}{[CH_3 - COO^-]}$$

$$pH = -\log K_a - \log \frac{[CH_3 - COOH]}{[CH_3 - COO^-]} = pK_a + \log \frac{[CH_3 - COO^-]}{[CH_3 - COOH]}$$

$$pH = 4,74 + \log(0,15/0,1) = 4,92$$

Problema 5.35

Calculad la relación $[HCOO^-]\,/\,[HCOOH]$ necesaria para obtener una disolución tampón de $pH = 3,80$. El valor de la constante de acidez del $HCOOH$ es $1,8 \cdot 10^{-4}$.

[Solución]

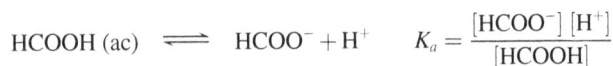

Despejando $[H^+]$ de K_a y pasando a $-\log$, se obtiene la expresión:

$$pH = -\log K_a - \log \frac{[HCOOH]}{[HCOO^-]} = pK_a + \log \frac{[HCOO^-]}{[HCOOH]}$$

$$\log \frac{[HCOO^-]}{[HCOOH]} = 3,80 - 3,74 = 0,06 \quad \Rightarrow \quad \frac{[HCOO^-]}{[HCOOH]} = 10^{-0,06} = 1,15$$

Problema 5.36

En una disolución tampón, ¿el pH cuándo es igual al pK_a?

[Solución]

El pH de la disolución tampón es igual al pK_a cuando las concentraciones de ácido y de base son iguales: $[\text{ácido}] = [\text{base}]$

Por ejemplo, para el caso del problema anterior, si $[HCOO^-] = [HCOOH]$, la expresión siguiente:

$$pH = -\log K_a - \log \frac{[HCOOH]}{[HCOO^-]} = pK_a + \log \frac{[HCOO^-]}{[HCOOH]}$$

Se transforma en la expresión siguiente: $pH = pK_a + \log 1 = pK_a$

Problema 5.37

Una disolución tampón con un pH de 4,74 tiene una concentración igual a $1,0$ mol dm^{-3} de CH_3-COOH y $CH_3-COONa$.

a) Calculad el pH de la disolución tampón después de añadir $0,01$ mol de HCl a 1 L de la disolución tampón.

b) Calculad el pH de la disolución después de añadir $0,01$ mol de NaOH a 1 L de la disolución tampón.

$K_a\,(CH_3-COOH) = 1,8\cdot 10^{-5}$.   **[Solución]**

a) $CH_3-COOH\,(ac) \rightleftharpoons CH_3-COO^- + H^+ \qquad K_a = \dfrac{[CH_3-COO^-]\,[H^+]}{[CH_3-COOH]}$

Después de añadir $0,01$ mol dm^{-3} de HCl, las concentraciones son:

$$[CH_3-COOH] = (1,00+0,01) = 1,01 \text{ mol L}^{-1}$$
$$[CH_3-COO^-] = (1,00-0,01) = 0,99 \text{ mol L}^{-1}$$

Por lo que el pH del ácido vale: $pH_a = 4,74 + \log(0,99/1,01) = 4,73$

b) Después de añadir $0,01$ mol dm^{-3} de NaOH, las concentraciones son:

$$[CH_3-COOH] = (1,00-0,01) = 0,99 \text{ mol L}^{-1}$$
$$[CH_3-COO^-] = (1,00+0,01) = 1,01 \text{ mol L}^{-1}$$

Por lo que el pH de la base vale: $pH_b = 4,74 + \log(1,01/0,99) = 4,749$

Problema 5.38

Dadas las disoluciones siguientes: ácido acético $0,1$ mol dm^{-3}, cloruro de amonio $0,1$ mol dm^{-3}, NaOH $0,2$ mol dm^{-3} y HCl $0,1$ mol dm^{-3}.

a) ¿Qué par de disoluciones entre las anteriores permiten formar una disolución tampón de pH = 9?

b) Calculad el volumen de las dos disoluciones que se necesita para preparar 100 cm^3 de ese tampón.

Datos: pK_a (ácido acético) = 4,8 pK_a (ión amonio) = 9,3

[Solución]

a) Para una disolución tampón de pH = 9, se usaría el equilibrio de disociación:

$$NH_4^+ \rightleftharpoons NH_3 + H^+ \quad \text{que tiene un } pK_a = 9,3 \text{ (próximo a 9).}$$

Disoluciones: $\begin{cases} NH_4Cl \longrightarrow NH_4^+ + Cl^- \\ NaOH \longrightarrow Na^+ + OH^- \end{cases}$

Reacción:

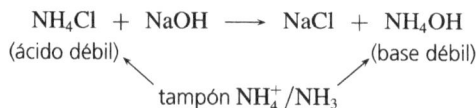

$$NH_4Cl\ +\ NaOH\ \longrightarrow\ NaCl\ +\ NH_4OH$$
(ácido débil)   (base débil)

tampón NH_4^+/NH_3

La concentración de NH_4OH o NH_3 que se obtiene es la misma que la concentración de $NaOH$ que reacciona. Luego $[Na^+] = [NH_3]$.

b) Balance de cargas: $[Na^+] + [NH_4^+] + [H^+] = [Cl^-] + [OH^-]$
$$\swarrow 10^{-9} \qquad \swarrow 10^{-5}$$

Luego queda la expresión: $[NH_4^+] = [Cl^-] - [Na^+]$

$$[Cl^-] = \frac{(0,1 \text{ mol dm}^{-3})V_1}{(V_1 + V_2)} \qquad [Na^+] = [NH_3] = \frac{(0,2 \text{ mol dm}^{-3})V_2}{(V_1 + V_2)}$$

$$[NH_4^+] = \frac{(0,1 \text{ mol dm}^{-3})V_1}{(V_1 + V_2)} - \frac{(0,2 \text{ mol dm}^{-3})V_2}{(V_1 + V_2)} = \frac{0,1V_1 - 0,2V_2}{(V_1 + V_2)}$$

Se sabe que la ecuación para disoluciones tampón es: $\quad pH = pK_a + \log \dfrac{[NH_3]}{[NH_4^+]}$

Sustituyendo los datos:
$$\left. \begin{aligned} 9 &= 9,3 + \log \frac{0,2V_2}{0,1V_1 - 0,2V_2} \\ V_1 + V_2 &= 100 \text{ cm}^3 \end{aligned} \right\} \quad \Rightarrow \quad V_1 = 85,7 \text{ cm}^3 \quad \text{y} \quad V_2 = 14,3 \text{ cm}^3$$

Valoraciones ácido-base

☐ Problema 5.39

a) ¿Qué es una neutralización? Poned un ejemplo.

b) ¿Cómo se define punto de equivalencia? ¿Cuál es la relación general matemática de cualquier valoración en el punto de equivalencia?

c) ¿Qué es un indicador ácido-base? ¿Para qué se usa?

[Solución]

a) La neutralización es la reacción de un ácido con una base para dar agua. Ejemplo:

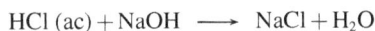

$$HCl \text{ (ac)} + NaOH \longrightarrow NaCl + H_2O$$

b) Se llega al punto de equivalencia cuando se han mezclado cantidades de reactivos que químicamente son equivalentes.

En el punto de equivalencia: $N_a V_a = N_b V_b$ siendo N_a y N_b la normalidad del ácido y de la base respectivamente, y V_a y V_b sus volúmenes.
(Unidades de N: equivalentes dm^{-3}) (Unidades de V: dm^3 o L).

c) El indicador ácido-base es una sustancia que cambia de color en un pequeño intervalo de pH (generalmente ± 1 unidad). Los indicadores se usan para determinar cuando una valoración ha superado el punto de equivalencia.

☐ Problema 5.40

Un volumen de 250 cm³ de H_2SO_4 se neutraliza con 300 cm³ de $NaOH$ de concentración 0,3 mol dm^{-3}. ¿Cuál es la concentración de H_2SO_4 en molaridad o mol dm^{-3}?

Reacción de neutralización: $H_2SO_4 + 2\,NaOH \longrightarrow Na_2SO_4 + 2\,H_2O$

En la neutralización se cumple: $N_{H_2SO_4} \cdot V_{H_2SO_4} = N_{NaOH} \cdot V_{NaOH}$ (se igualan equivalentes)

$$N_{H_2SO_4} = (N_{NaOH} \cdot V_{NaOH})/V_{H_2SO_4} = (0{,}3 \cdot 300)/250 = 0{,}36 \text{ eq dm}^{-3}$$

$$0{,}36 \text{ eq dm}^{-3} \frac{1 \text{ mol } H_2SO_4}{2 \text{ eq } H_2SO_4} = 0{,}18 \text{ mol dm}^{-3}$$

$$(1 \text{ mol NaOH} = 1 \text{ eq NaOH}, \quad \text{pues tiene 1 } OH^-)$$
$$(1 \text{ mol } H_2SO_4 = 2 \text{ eq } H_2SO_4, \quad \text{pues tiene 2 } H^+)$$

◼ Problema 5.41

Se valoran 100 cm^3 de ácido clorhídrico de concentración $0{,}10 \text{ mol dm}^{-3}$ con un volumen variable V de NaOH de concentración $0{,}10 \text{ mol dm}^{-3}$.

a) Calculad el pH del volumen añadido de **NaOH** para los valores siguientes:

$$V \text{ (cm}^3) : \quad 0 \quad 40 \quad 99 \quad 100 \quad 101 \quad 160$$

b) Dibujad la curva de valoración del **pH** frente al volumen añadido: $\text{pH} = f(V)$.

c) ¿Qué especies químicas predominan antes del punto de equivalencia, en el punto de equivalencia y después del punto de equivalencia?

d) ¿Qué forma tendrá la curva de valoración?

e) ¿Qué indicador se usará para esta valoración? (Consultad el apéndice 5)

La reacción de neutralización o valoración es la siguiente:

$$HCl + NaOH \longrightarrow NaCl + H_2O$$

a) **En el punto de equivalencia:** $N_a V_a = N_b V_b$.   Luego: $V_b = N_a V_a / N_b$.

Sustituyendo valores y resolviendo: $V_b = 100 \text{ cm}^3 \text{ NaOH}$.

Por tanto, el pH será el del agua: $\text{pH} = 7$.

Antes del punto de equivalencia: Hay un exceso de HCl, luego el valor del pH es ácido: $\text{pH} < 7$.

Al añadir distintos volúmenes de NaOH desde 0 cm^3 hasta 100 cm^3 (que es cuando se llega al punto de equivalencia), el HCl se irá neutralizando progresivamente. Para un valor de $V = 40 \text{ cm}^3$ de NaOH, se calcula la concentración $[H^+]$ y luego el pH:

$$[H^+] = (0{,}10 \cdot 100 \text{ HCl} - 0{,}10 \cdot 40 \text{ NaOH})/(140 \text{ disolución}) = 0{,}43 \text{ mol dm}^{-3} \qquad \text{pH} = -\log 0{,}43 = 1{,}3$$

Este mismo proceso se seguirá para obtener los diferentes pH hasta alcanzar el punto de equivalencia, que se conseguirá al añadir 100 cm^3 de NaOH a la disolución de ácido HCl acuoso.

Después del punto de equivalencia: Hay un exceso de NaOH, será el pH > 7. Al añadir volúmenes por encima de 100 cm^3, se neutralizará todo el ácido HCl y habrá un exceso de iones OH$^-$. Para un volumen de NaOH de $V = 160$ cm^3, se calculará la concentración [OH$^-$] y luego el pH.

$$[OH^-] = (0,10 \cdot 160 \text{ NaOH} - 0,10 \cdot 100 \text{ HCl})/(260 \text{ disolución}) = 0,023 \text{ mol dm}^{-3}$$

$$pOH = -\log 0,023 = 1,64 \quad \Rightarrow \quad pH = 14 - 1,64 = 12,36$$

Este mismo proceso se seguirá para obtener los diferentes pH una vez superado el punto de equivalencia.

b) La tabla de valores de pH frente al volumen de NaOH es:

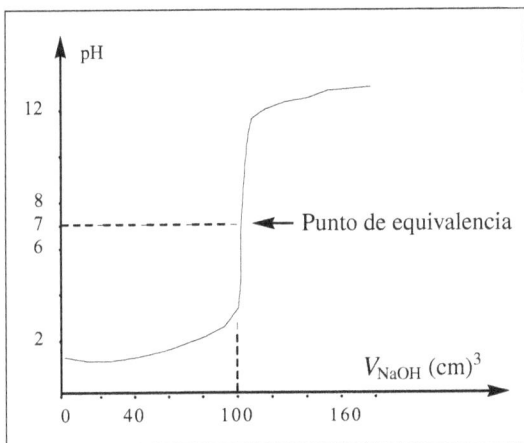

V_{NaOH} (cm^3)	0	40	99	100	101	160
pH	1	1,23	3,30	7	10,7	12,36

Fig. 5.7

c) Especies predominantes: Punto inicial: H$^+$, H$_2$O

Punto de equivalencia: H$_2$O, [H$^+$] = [OH$^-$]

Pasado el punto de equivalencia: OH$^-$, H$_2$O

Curva de valoración (Fig. 5.7).

d) Se podrían usar los indicadores que cambian de color en la zona del punto de inflexión de la curva de valoración, en este caso, entre valores del pH comprendidos aproximadamente entre 3 y 10.

(Consultad la tabla de indicadores en el "Apéndice 5" de este tema.)

Ejemplos: Naranja de metilo (Viraje pH = 3,1 − 4,4)

Azul de bromotimol (Viraje pH = 6 − 7,6)

Fenolftaleína (Viraje pH = 8,0 − 9,8)

■ Problema 5.42

En la valoración de una base fuerte con un ácido fuerte:

a) ¿El pH en el punto de equivalencia será igual, mayor o menor que 7?

b) ¿Qué especies predominarán antes del punto de equivalencia, en el punto de equivalencia y después del punto de equivalencia?

c) ¿Qué forma tendrá la curva de valoración?

d) ¿Qué indicador o indicadores pueden usarse en esta valoración? (Mirad el "Apéndice 5".)

a) En el punto de equivalencia el valor del pH es neutro: pH = 7.

b) Especies predominantes: Punto inicial: OH^-, H_2O

Punto de equivalencia: H_2O, $[OH^-] = [H^+]$

Pasado el punto de equivalencia: H^+, H_2O

c) Curva de valoración (Fig. 5.8):

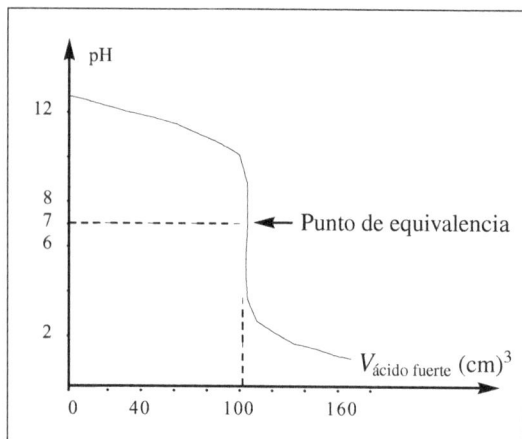

Fig. 5.8

d) Se usarían los mismos indicadores que en el ejercicio anterior.

Problema 5.43

Se valora un ácido débil, como por ejemplo el **HCN**, de $pK_a = 9,3$, con una base fuerte, como el **KOH**. ¿El pH en el punto de equivalencia será igual, mayor o menor que 7,0?

Reacción de neutralización: $HCN + KOH \longrightarrow KCN + H_2O$

En el punto de equivalencia, todo el ácido **HCN** y la base **KOH** se han convertido en la sal **KCN** y en H_2O.

La hidrólisis de la sal es:

$$KCN \longrightarrow K^+ + CN^- \text{ (disociación total)} \qquad CN^- + H_2O \longrightarrow HCN + OH^- \text{ (base)}$$

Por tanto, el pH será el que corresponda a la sal **KCN**, que como es básica tiene un valor de pH superior a 7: pH > 7.

Problema 5.44

Se valoran V_o mL de un ácido fuerte de concentración C_o molar con V_T mL de **NaOH** de concentración C_T molar.

Calculad los valores teóricos del pH en la curva de valoración para cada uno de los puntos siguientes:

a) En el punto inicial.

b) En el punto de equivalencia.

c) Pasado el punto de equivalencia.

a) Punto inicial: $[H^+] = C_o$ $pH = -\log C_o$

b) Punto de equivalencia: $[\text{ácido}] = [\text{base}]$ $[H^+] = [OH^-]$

$$\frac{V_o \cdot C_o}{V_o + V_T} = \frac{V_T \cdot C_T}{V_o + V_T} \quad \Rightarrow \quad pH = 7$$

c) Pasado el punto de equivalencia: $[OH^-] > [H^+]$ (predomina la base)

$$C_{\text{base}} = \frac{V_T \cdot C_T}{V_o + V_T} \qquad C_{\text{ácido}} = \frac{V_o \cdot C_o}{V_o + V_T} \quad \Rightarrow \quad pH = pK_w + \log \frac{V_T C_T - V_o C_o}{V_o + V_T}$$

☐ Problema 5.45

Se valora una base débil, como por ejemplo el NH_3, de $pK_b = 4,7$, con un ácido fuerte, como el HCl. ¿El pH del punto de equivalencia será igual, mayor o menor que 7,0?

Reacción de neutralización: $NH_3 + HCl \longrightarrow NH_4Cl$

En el punto de equivalencia, todo el NH_3 y el HCl se han convertido en la sal NH_4Cl. La hidrólisis de la sal es:

$$NH_4Cl \longrightarrow NH_4^+ + Cl^- \text{ (disociación total)} \qquad NH_4^+ \longrightarrow NH_3 + H^+ \text{ (ácido)}$$

Por tanto, el pH será el que corresponda a la sal NH_4Cl, que como es ácida tiene un valor de pH inferior a 7: $pH < 7$.

■ Problema 5.46

Se valoran 25 cm^3 de ácido acético de concentración $0,1 \text{ mol dm}^{-3}$ (ácido débil) con un volumen V variable de $NaOH$ de concentración $0,1 \text{ mol dm}^{-3}$ (base fuerte). La constante de acidez del CH_3COOH es $1,8 \cdot 10^{-5}$.

a) Calculad el pH para los volúmenes de $NaOH$ añadidos siguientes:

$$V \,(\text{cm}^3) = 0 \quad 10 \quad 12,5 \quad 25 \quad 26$$

b) Dibujad la curva de valoración. ¿Qué indicador o indicadores serían los más convenientes para esta valoración? (Mirad el "Apéndice 5".)

$$CH_3 - COOH \;\rightleftharpoons\; CH_3 - COO^- + H^+ \qquad K_a = \frac{[H^+]\,[CH_3 - COO^-]}{[CH_3 - COOH]} = 1,8 \cdot 10^{-5}$$

a) Antes del punto de equivalencia:

1.° Antes de adicionar NaOH (pH inicial)

$$K_a = \frac{x^2}{0,1 - x} = 1,8 \cdot 10^{-5} \quad (x \text{ despreciable frente a } 0,1) \quad x = 1,3 \cdot 10^{-3} \text{ mol dm}^{-3}$$

$$x = [\mathrm{H}^+] = 1,3 \cdot 10^{-3} \qquad \mathrm{pH}_{\text{inicial}} = -\log(1,3 \cdot 10^{-3}) = 2,89$$

También puede calcularse este pH a partir de la ecuación que relaciona el pH de un ácido débil con su pK_a y con la concentración:

$$\mathrm{pH}_{\text{inicial}} = pK_a - \log C = -\log(1,8 \cdot 10^{-5}) - \log 0,1 = 2,89$$

2.° *Cuando se añaden 10 cm^3 de NaOH*, la reacción que tiene lugar es:

$$\mathrm{CH_3 - COOH + OH^- \longrightarrow CH_3 - COO^- + H^+}$$

El número de moles de ácido $\mathrm{CH_3 - COOH}$ que se deben neutralizar es:

$$(25 \cdot 10^{-3} \ \mathrm{dm^3}) \cdot (0,1 \ \mathrm{mol \ dm^{-3}}) = 2,5 \cdot 10^{-3} \ \mathrm{mol \ CH_3 - COOH}$$

El número de moles de $\mathrm{OH^-}$ añadido es:

$$(10 \cdot 10^{-3} \ \mathrm{dm^3}) \cdot (0,1 \ \mathrm{mol \ dm^{-3}}) = 1 \cdot 10^{-3} \ \mathrm{mol \ NaOH}$$

El número de moles de $\mathrm{CH_3COO^-}$ obtenido es igual al número de moles de NaOH gastado.

Volumen total de disolución: $(25 \ \mathrm{cm^3} \ \text{ácido} + 10 \ \mathrm{cm^3} \ \text{base}) = 35 \ \mathrm{cm^3}$

Después de la adición de 10 cm^3 de NaOH, las concentraciones de las especies presentes en la reacción anterior son:

$$[\mathrm{CH_3COOH}] = (2,5 \cdot 10^{-3} - 1 \cdot 10^{-3}) \ \mathrm{mol}/(35 \cdot 10^{-3} \ \mathrm{dm^3}) = 0,043 \ \mathrm{mol \ dm^{-3}}$$

$$[\mathrm{OH^-}] = 1 \cdot 10^{-3} \ \text{moles añadidos} - 1 \cdot 10^{-3} \ \text{moles reaccionados} = 0$$

$$[\mathrm{CH_3 - COO^-}] = (1 \cdot 10^{-3} \ \mathrm{mol})/(35 \cdot 10^{-3} \ \mathrm{dm^{-3}}) = 0,029 \ \mathrm{mol \ dm^{-3}}$$

Como la mezcla de la disolución ácido acético-acetato obtenida es una disolución tampón o reguladora, se puede escribir:

$$\mathrm{pH}_{10} = pK_a + \log \frac{[\mathrm{CH_3 - COO^-}]}{[\mathrm{CH_3 - COOH}]} = 4,74 + \frac{0,029}{0,043} = 4,56$$

(Se pueden sustituir las concentraciones de ácido acético y de acetato por el valor de los moles correspondientes, ya que en el cociente el V_{total} se simplifica.)

3.° *Cuando se añaden 12,5 cm^3 de NaOH*, la reacción de neutralización es la misma que la anterior.

Se deben neutralizar $2,5 \cdot 10^{-3}$ moles de $\mathrm{CH_3 - COOH}$.

El número de moles de NaOH añadidos es:

$$(12,5 \cdot 10^{-3} \ \mathrm{dm^3}) \cdot (0,1 \ \mathrm{mol \ dm^{-3}}) = 1,25 \cdot 10^{-3} \ \mathrm{mol \ NaOH}$$

Moles de $\mathrm{CH_3COO^-}$ obtenidos = moles de NaOH = $1,25 \cdot 10^{-3}$ mol

Aplicando la ecuación de disoluciones tampón se obtiene:

$$pH_{12,5} = pK_a + \log \frac{[CH_3 - COO^-]}{[CH_3 - COOH]} = 4,74 + \frac{1,25 \cdot 10^{-3}/V}{1,25 \cdot 10^{-3}/V} = 4,74$$

(En esta adición de 12,5 cm³ de NaOH, se ha neutralizado la mitad del ácido.)

4.° *El punto de equivalencia se alcanza cuando se añaden 25 cm³ de NaOH*, ya que la neutralización se completa.

Todo el $CH_3 - COOH$ se ha transformado en CH_3COO^-. Luego:

$$[CH_3 - COO^-] = 2,5 \cdot 10^{-3} \text{ moles}$$

$$[CH_3 - COONa] = \frac{2,5 \cdot 10^{-3} \text{ mol}}{50 \cdot 10^{-3} \text{ dm}^{-3}} = 0,050 \text{ mol dm}^{-3}$$

Cálculo del pH en el punto de equivalencia:

$$CH_3COONa \longrightarrow CH_3COO^- + Na^+ \quad \text{(el ión } Na^+ \text{ no se hidroliza)}$$

La reacción de hidrólisis es: $\quad CH_3 - COO^- + H_2O \rightleftharpoons CH_3 - COOH$

$$K_b = \frac{K_w}{K_a} = \frac{1 \cdot 10^{-4}}{1,8 \cdot 10^{-5}} = 5,6 \cdot 10^{-10} \qquad K_b = \frac{[CH_3 - COOH]\,[OH]}{[CH_3 - COO^-]} = \frac{x^2}{0,05 - x}$$

$$x = [OH^-] = 5,3 \cdot 10^{-6} \text{ mol dm}^{-3} \quad \text{(siendo } x \text{ despreciable frente a } 0,05)$$

$$pOH = -\log(5,3 \cdot 10^{-6}) = 5,8 \quad \Rightarrow \quad pH_{25} = pK_w - pOH = 14 - 5,8 = 8,72$$

5.° *Después del punto de equivalencia, hay un exceso de NaOH*, pues se han añadido 26 cm³ de NaOH.

El número de moles de NaOH añadidos es:

$$(26 \cdot 10^{-3} \text{ dm}^3) \cdot (0,1 \text{ mol dm}^{-3}) = 2,6 \cdot 10^{-3} \text{ mol NaOH}$$

Los $2,6 \cdot 10^{-3}$ moles de NaOH neutralizan a $2,5 \cdot 10^{-3}$ moles de ácido y queda un exceso de iones OH^- que es de $0,1 \cdot 10^{-3}$ moles.

Volumen total de disolución: $\quad (25 \text{ cm}^3 \text{ ácido} + 26 \text{ cm}^3 \text{ base}) = 51 \text{ cm}^3$

El exceso de $[OH^-]$ es: $\quad [OH^-] = \frac{0,1 \cdot 10^{-3} \text{ mol}}{51 \cdot 10^{-3} \text{ dm}^3} = 2,0 \cdot 10^{-3} \text{ mol dm}^{-3}$

$$pOH = -\log(2,0 \cdot 10^{-3}) = 2,70 \quad \Rightarrow \quad pH_{26} = 14,0 - 2,70 = 11,30$$

b) Curva de valoración del ácido acético con $NaOH$.

Los datos de la valoración para distintos volúmenes de NaOH añadidos respecto al pH obtenido se dan en la tabla siguiente:

V_{NaOH} (cm³)	0	5	10	12,5	20	25	26	30	40
pH	2,89	4,14	4,6	4,74	5,35	8,72	11,3	11,9	12,4

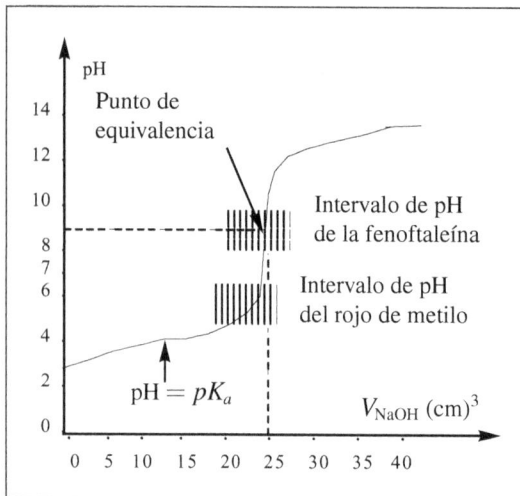

Indicadores que viran en la zona del punto de inflexión de la curva de valoración:

$$\text{Fenolftaleína:} \qquad pH = 8,3 - 1,0 \quad \text{(rojo)}$$
$$\text{Rojo de metilo:} \qquad pH = 4,4 - 6,2 \quad \text{(rojo)}$$

Fig. 5.9

(Al punto de máximo tamponamiento o de semineutralización ($pH = pK_a$) se llega cuando se añade la mitad del V_{NaOH} necesario para alcanzar el punto de equivalencia.)

■ Problema 5.47

Representad la curva de valoración que se obtiene cuando se valora un volumen V_o mL de una base débil, como NH_3, de concentración 0,10 M (mol dm^{-3}), con un volumen variable de un ácido fuerte, como el clorhídrico, de concentración 0,10 M. El valor del pK_a para el ión NH_4^+ es 9,3.

[Solución]

Reacción de neutralización: $\quad NH_3 + HCl \longrightarrow NH_4^+ + Cl^-$

Reacción de equilibrio ácido-base: $\quad NH_4+ \;\rightleftharpoons\; NH_3 + H^+ \quad pK_a = 9,3$

1.º *pH inicial:* (Base débil, NH_3) $\qquad pH_{inicial} = \frac{1}{2}(pK_a + pK_w + \log[NH_3]) = \frac{1}{2}(9,3 + 14 - 1) = 11,15$

2.º *Antes del primer punto de equivalencia:*

Especies predominantes: NH_3 y NH_4^+, que forman disolución tampón.

Al adicionar $V_o/2$ mL de HCl se alcanza la semineutralización, en que las concentraciones de las especies se igualan $[NH_3] = [NH_4^+]$.

$$pH_{tampón} = pK_a + \log\frac{[NH_4^+]}{[NH_3]} = pK_a = 9,3 \qquad \text{Semineutralización}$$

3.º *Punto de equivalencia:*

Se alcanza al añadir V_o mL de HCl 0,10 M a V_o mL de NH_3 0,10 M y se forma NH_4Cl, que como sufre hidrólisis ácida tiene como pH:

$$pH_{PE} = \frac{1}{2}(pK_a - \log[NH_4^+]) = \frac{1}{2}(9,3 - \log 0,10) = 5,15$$

4.° *Pasado el punto de equivalencia:*

Se adiciona un exceso de ácido $= \frac{3}{2} V_o$ mL de HCl

$$[H^+] = \frac{(3/2V_o \cdot 0,10) - (V_o \cdot 0,10)}{3/2V_o + V_o} = 0,02 \text{ M}$$

$$pH = -\log 0,02 = 1,7$$

Curva de valoración (Fig. 5.10).

mL HCl	0	$V_o/2$	V_o	$3/2V_o$
pH	11,15	9,3	5,15	1,7

Punto de
equivalencia

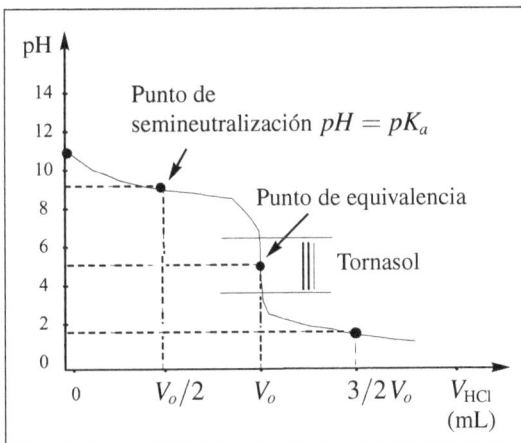

Fig. 5.10

Problemas propuestos

☐ **Problema 5.1**

Indicad el carácter ácido o básico de las sustancias siguientes en disolución acuosa: HCl, NaCl, NH_3, $NaHCO_3$, NaCN, H_3PO_4.

☐ **Problema 5.2**

El ácido acético $(CH_3 - COOH)$ está ionizado en un 1,9 % a 25° C. Calculad la constante de acidez de dicho ácido.

☐ **Problema 5.3**

Calculad la concentración de iones OH^- en una disolución de ácido clorhídrico 3,0 M a 25° C.

☐ **Problema 5.4**

Calculad la concentración del ión H^+ en una disolución 0,10 mol dm^{-3} de ácido cianhídrico (HCN) a 25° C. K_a (HCN) $= 5,0 \cdot 10^{-10}$

Problema 5.5

La constante de acidez del ácido láctico ($CH_3CHOHCOOH$) es $1,37 \cdot 10^{-4}$ a $25°C$. Calculad el pH de una disolución $0,10$ M de ácido láctico.

Problema 5.6

Calculad el pH de una disolución básica de concentración $0,020$ M si se sabe que su constante de basicidad (K_b) es $2,0 \cdot 10^{-7}$.

Problema 5.7

Calculad la concentración de iones $[OH^-]$ en una disolución $0,20$ M de acetato sódico. El valor de la constante K_a (ácido acético) $= 1,8 \cdot 10^{-5}$

Problema 5.8

a) Calculad la concentración de iones $[H^+]$ en equilibrio para las disoluciones molares siguientes: 1 mol dm^{-3}; $5 \cdot 10^{-13}$ mol dm^{-3} y $1 \cdot 10^{-4}$ mol dm^{-3}.

b) Calculad el valor del pH para cada una de las disoluciones anteriores.

Problema 5.9

Para que una disolución acuosa de NH_4Cl tenga un pH de $5,0$ a $25°C$, ¿qué concentración en mol dm^{-3} debe tener la sal de NH_4Cl? El valor de la constante K_a (NH_4^+) $= 5,6 \cdot 10^{-10}$

Problema 5.10

Calculad la concentración molar del ión OH^- y el pH de una disolución $0,20$ mol dm^{-3} de KCN. El valor de la constante K_a (HCN) $= 5,0 \cdot 10^{-10}$

Problema 5.11

a) Hallad la constante de equilibrio de la reacción: $HNO_2 \, (ac) + OH^- \rightleftharpoons NO_2^- + H_2O$

b) Calculad la concentración de HNO_2 en el equilibrio si se mezclan 100 mL de HNO_2 de concentración $0,3$ M con 10 mL de NaOH de concentración $0,3$ M.

c) Calculad el valor del pH de la disolución anterior.

Problema 5.12

¿Qué volumen de NaOH de concentración $0,25$ mol dm^{-3} se necesita para que reaccione totalmente con un volumen de $46,3$ cm^3 de H_2SO_4 de concentración $0,40$ mol dm^{-3}?

Problema 5.13

Escribid las ecuaciones del balance de masas y de cargas para las disoluciones acuosas siguientes:

a) Ácido acético $0,1$ M.

b) Ácido fosfórico $0,01$ M.

c) Mezcla de ácido cianhídrico $0,1$ M con NaOH $0,08$ M.

d) Mezcla de 100 mL de acetato sódico 0,15 M con 10 mL de HCl 0,50 M.

Los valores de K_a se hallan en el "Apéndice 5" de este tema.

■ Problema 5.14

Calculad el pH y las concentraciones de CO_3^{2-} y de NH_3 en una disolución que contiene HCO_3^- de concentración 0,04 M y NH_4Cl de concentración 0,005 M. Los valores de las constantes de acidez respectivas son: $K_a\ (CO_3^{2-}) = 4,4 \cdot 10^{-7}$; $K_a\ (HCO_3^-) = 4,7 \cdot 10^{-11}$; $K_a\ (NH_4^+) = 5,6 \cdot 10^{-10}$

■ Problema 5.15

Calculad el pH y la concentración de cada una de las especies existentes en una disolución de concentración 0,1 mol dm^{-3} de oxalato de amonio ($H_4NOOC - COONH_4$). El valor de la constante K_a del ácido oxálico es $5,6 \cdot 10^{-2}$.

■ Problema 5.16

Calculad el pH de una disolución de ácido fuerte a la que se adiciona un exceso de: Na_2CO_3; NH_3 y $CH_3 - COONa$. Los valores de las constantes de acidez respectivas son: $K_a\ (H_2CO_3) = 4,4 \cdot 10^{-7}$; $K_a\ (NH_4^+) = 5,6 \cdot 10^{-10}$ y $K_a\ (CH_3 - COOH) = 1,8 \cdot 10^{-5}$

□ Problema 5.17

a) Calculad el pH de una disolución de acetato sódico de concentración 0,2 M.

b) Calculad el volumen de ácido acético de concentración 0,2 M que se deberá adicionar a 500 mL de disolución de acetato sódico 0,2 M para que el pH de la disolución resultante sea 5,0.

$K_a\ (CH_3 - COOH) = 1,8 \cdot 10^{-5}$

■ Problema 5.18

Para la valoración de 25 cm^3 de HCl 0,15 mol dm^{-3} con NaOH 0,25 mol dm^{-3}, calculad:

a) El pH inicial.

b) El pH cuando la neutralización se completa hasta un 50 %.

c) El pH cuando la neutralización se ha completado en un 100 %.

d) El pH cuando se ha adicionado 1 cm^3 de NaOH después de superar el punto de equivalencia.

■ Problema 5.19

a) Representad la curva de valoración para la neutralización de 50 mL de la base $Ba(OH)_2$ de concentración $8,1 \cdot 10^{-3}$ M con el ácido HCl de concentración $2,5 \cdot 10^{-2}$ M.

b) Señalad los indicadores más adecuados para dicha neutralización.

■ Problema 5.20

Se neutraliza una muestra de 20 cm^3 de ácido HF de concentración 0,15 mol dm^{-3} con la base NaOH de concentración 0,25 mol dm^{-3}. Calculad:

a) El pH inicial.

b) El pH cuando se ha neutralizado $1/4$ parte del ácido.

c) El pH cuando se ha neutralizado $1/2$ parte del ácido.

d) El pH cuando se ha neutralizado todo el ácido.

e) Representad la curva de valoración de dicha neutralización.

f) Señalad los indicadores más adecuados para dicha neutralización.

K_a (HF) $= 6,5 \cdot 10^{-4}$

■ Problema 5.21

Dibujad la curva de valoración de 30 mL de una disolución de ácido fosfórico de concentración 0,16 M cuando se neutraliza con NaOH de concentración 0,20 M.

Las tres constantes de acidez del H_3PO_4 se dan en el "Apéndice 5".

■ Problema 5.22

Explicad por qué en la valoración de 25,0 mL de un ácido monoprótico HA de concentración 0,10 M, el volumen de NaOH de concentración 0,10 M necesario para alcanzar el punto de equivalencia es el mismo independientemente de que el ácido HA sea débil o fuerte, aunque se sabe que en el punto de equivalencia el pH no es el mismo.

■ Problema 5.23

En la valoración de un volumen de 20,0 cm^3 de la base NaOH de concentración 0,18 $mol\ dm^{-3}$ con el ácido HCl de concentración 0,21 $mol\ dm^{-3}$, calculad el volumen en mL que se deben adicionar para obtener los valores de los pH siguientes:

a) 12,56

b) 10,80

c) 4,25

□ Problema 5.24

La constante de acidez del indicador verde de bromocresol es $1,12 \cdot 10^{-5}$. Señalad entre qué valores de pH el indicador mostrará los colores que le corresponden (ver el "Apéndice 5" de este tema).

■ Problema 5.25

Se valora un ácido H_2A de concentración 0,01 M con un volumen V_T de NaOH de concentración 0,01 M.

a) Calculad el pH inicial.

b) Calculad el pH en el punto final de la valoración.

c) ¿Qué indicador se puede usar en esta valoración?

$K_{a1} = 1 \cdot 10^{-5}$ y $K_{a2} = 1 \cdot 10^{-10}$

Reacciones de precipitación. Equilibrios de solubilidad

6.1 Introducción y objetivos

Los equilibrios iónicos homogéneos (ácidos y bases) no son los únicos equilibrios dinámicos que pueden producirse en disolución acuosa, ya que los sólidos ligeramente solubles se encuentran en equilibrio con sus iones, que constituyen la disolución.

Si bien la mayor parte de las sales son solubles en agua, disociándose completamente en iones positivos y negativos, existen también otras sales que tienen una solubilidad muy baja, que se denominan *insolubles*, aunque sería más correcto llamarlas *escasamente solubles*.

Cuando se mezclan dos disoluciones que contienen los iones adecuados, se puede producir una cristalización o precipitación inmediata de la sal insoluble. Las reacciones de precipitación tienen una gran utilidad en química, no sólo para detectar los iones presentes, sino también para determinar las cantidades que se obtienen.

Para los equilibrios iónicos heterogéneos en disolución acuosa, los principios que se aplican son los mismos que los del equilibrio químico en general.

Si hasta ahora se han visto reacciones en medio sólo líquido y sólo gaseoso, en esta lección se usarán medios heterogéneos, es decir, medios que contienen varias fases. Por ejemplo:

$$\text{Sólido/disolución:} \qquad BaSO_4 \text{ (s)/disolución}$$
$$\text{Gas/disolución:} \qquad CO_2 \text{ (g)/H}_2O$$
$$\text{Disolución acuosa/disolución no acuosa:} \quad H_2O/CCl_4$$

Existen reacciones entre reactivos que dan lugar a productos de distinta fase, como se observa en los ejemplos siguientes:

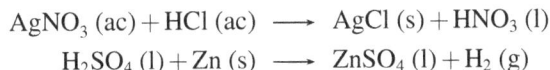

$$AgNO_3 \text{ (ac)} + HCl \text{ (ac)} \longrightarrow AgCl \text{ (s)} + HNO_3 \text{ (l)}$$
$$H_2SO_4 \text{ (l)} + Zn \text{ (s)} \longrightarrow ZnSO_4 \text{ (l)} + H_2 \text{ (g)}$$

En ambos casos, la disolución se encuentra saturada del sólido y del gas.

Las solubilidades de las sales varían dentro de límites muy amplios y no siguen tendencias que se puedan predecir pues intervienen distintos factores tales como las energías de la red cristalina y los calores de hidratación de los iones.

En este tema se estudian los conceptos relacionados con el producto de solubilidad, la precipitación fraccionada y la precipitación total, y cómo sobre ellos actúa el pH. Los equilibrios de iones complejos y la constante de formación de complejos se aplicarán teóricamente para conocer mejor las solubilidades de compuestos y sus aplicaciones.

Si una disolución contiene iones Ca^{2+} e iones CO_3^{2-} puede tener lugar o no una precipitación de $CaCO_3$ en función de la concentración de esos iones.

Por otra parte la concentración de CO_3^{2-} depende del pH de la disolución. Por ello es necesario tener en cuenta el equilibrio entre Ca^{2+} y CO_3^{2-} y también entre las especies CO_3^{2-}, H^+ y HCO_3^-.

Puede darse el caso de la formación de un precipitado en disolución acuosa de $AgCl$, pero cuando el medio es NH_3 (ac) no precipita el $AgCl$, porque la Ag y el NH_3 se combinan para dar un ión complejo que es soluble. Los equilibrios de formación de complejos se tratarán también en este tema.

6.2 Constante del producto de solubilidad, K_{ps}

La constante del producto de solubilidad es la constante de equilibrio de un electrolito sólido en equilibrio con sus iones en disolución acuosa saturada.

Debido a que muchas sales e hidróxidos no son totalmente solubles en agua ($AgCl$, $BaSO_4$, $Ca(OH)_2$, etc.), cualquiera de estos compuestos puede formar una disolución saturada, disolución en la que el sólido está en equilibrio con los iones de la disolución.

A presión y temperatura constantes, una sal tal como BA, poco soluble, se disuelve en parte al cabo de un cierto tiempo y se alcanza el equilibrio:

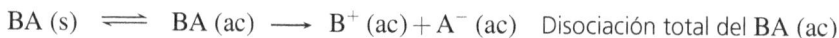

$$BA \text{ (s)} \rightleftharpoons BA \text{ (ac)} \longrightarrow B^+ \text{ (ac)} + A^- \text{ (ac)} \quad \text{Disociación total del } BA \text{ (ac)}$$

La solubilidad molecular [BA (ac)] es cero, luego el equilibrio es:

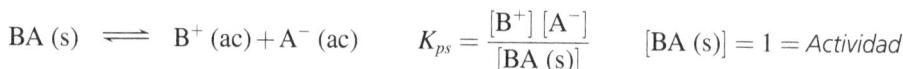

$$BA \text{ (s)} \rightleftharpoons B^+ \text{ (ac)} + A^- \text{ (ac)} \qquad K_{ps} = \frac{[B^+][A^-]}{[BA \text{ (s)}]} \qquad [BA \text{ (s)}] = 1 = Actividad$$

Por lo que: $BA \text{ (s)} \rightleftharpoons B^+ \text{ (ac)} + A^- \text{ (ac)} \qquad K_{ps} = [B^+][A^-]$

La constante K_{ps} recibe el nombre de constante del *Producto de solubilidad*.

Por ejemplo, el sulfato de calcio en agua está en equilibrio con sus iones:

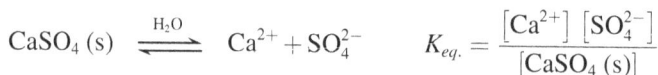

$$CaSO_4 \text{ (s)} \underset{}{\overset{H_2O}{\rightleftharpoons}} Ca^{2+} + SO_4^{2-} \qquad K_{eq.} = \frac{[Ca^{2+}][SO_4^{2-}]}{[CaSO_4 \text{ (s)}]}$$

La concentración del sólido $CaSO_4^{2-}$ no puede medirse, su actividad es $= 1$.

Luego: $K_{ps} = [Ca^{2+}][SO_4^{2-}] = $ Constante del producto de solubilidad

Para el sulfato de calcio, $CaSO_4$ (s) la K_{ps} vale $9{,}1 \cdot 10^{-6}$ y el $pK_{ps} = -\log(9{,}1 \cdot 10^{-6}) = 5{,}04$ a la temperatura de $25°C$.

En general, para una sal del tipo $B_p A_q$ (s) se podrá escribir la expresión de su equilibrio y su producto de solubilidad.

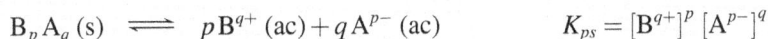

$$B_p A_q \text{ (s)} \; \rightleftharpoons \; p B^{q+} \text{ (ac)} + q A^{p-} \text{ (ac)} \qquad\qquad K_{ps} = [B^{q+}]^p [A^{p-}]^q$$

□ **Ejemplo práctico 1**

Escribid el equilibrio de solubilidad y la expresión del producto de solubilidad para:

a) Cloruro de plomo.
b) Hidróxido de aluminio.

a) $PbCl_2$ (s) $\rightleftharpoons$ Pb^{2+} (ac) $+ 2 Cl^-$ (ac) $\qquad K_{ps} = \left[Pb^{2+}\right] \left[Cl^-\right]^2$

b) $Al(OH)_3$ (s) $\rightleftharpoons$ Al^{3+} (ac) $+ 3 OH^-$ (ac) $\qquad K_{ps} = \left[Al^{3+}\right] \left[OH^-\right]^3$

Cuando una disolución acuosa no está saturada, el producto de los iones en equilibrio no es el producto de solubilidad, sino el producto iónico.

6.2.1 Solubilidad y producto de solubilidad

La solubilidad molar (s) de un compuesto es la máxima cantidad de soluto sólido que a una temperatura dada se encuentra disuelto en una disolución acuosa saturada. La unidad de la solubilidad molar es la molaridad (M) que se expresa en mol/L ($mol\ L^{-1}$) o bien mol/dm^{-3} ($mol\ dm^{-3}$).

Existe una relación definida entre el producto de solubilidad (K_{ps}) y la solubilidad molar. Para una sal $B_p A_q$ (s), se puede escribir la expresión:

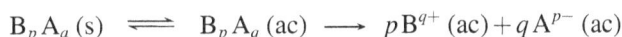

$$B_p A_a \text{ (s)} \; \rightleftharpoons \; B_p A_q \text{ (ac)} \; \longrightarrow \; p B^{q+} \text{ (ac)} + q A^{p-} \text{ (ac)}$$

$$[B_p A_q \text{ (ac)}] = \text{Solubilidad molecular o intrínseca} = 0 \quad \text{(despreciable)}$$

$$[B^{q+} \text{ (ac)}] = [A^{p-} \text{ (ac)}] = \text{Solubilidad molar} = s$$

$$K_{ps} = [B^{q+}]^p [A^{p-}]^q = (ps)^p \cdot (qs)^q = p^p \cdot q^q \cdot s^{(p+q)}$$

Despejando s en el producto K_{ps} se obtiene la expresión: $\quad s = \left(\dfrac{K_{ps}}{p^p \cdot q^q} \right)^{1/(p+q)}$

□ **Ejemplo práctico 2**

Calculad la solubilidad del Ag_2CrO_4 (s) a $25°C$ si se sabe que su producto de solubilidad es de $10^{-11,6}$.

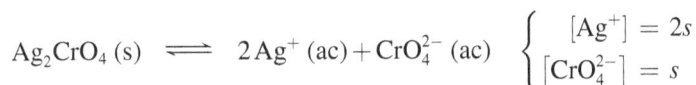

$$Ag_2CrO_4 \text{ (s)} \; \rightleftharpoons \; 2 Ag^+ \text{ (ac)} + CrO_4^{2-} \text{ (ac)} \qquad \begin{cases} [Ag^+] = 2s \\ \left[CrO_4^{2-}\right] = s \end{cases}$$

$$K_{ps} = 10^{-11,6} = \left[Ag^+\right]^2 \left[CrO_4^{2-}\right] = (2s)^2 \cdot s = 4s^3 \quad s = (K_{ps}/4)^{1/3} = 10^{-3,8} \text{ M}$$

Para saber si un compuesto sólido es más o menos soluble en agua que otro en las mismas condiciones, se calculan sus solubilidades a partir de las constantes del producto de solubilidad, para poderles comparar.

Aunque el valor de la constante K_{ps} de un compuesto sólido sea mayor que la constante K_{ps} de otro, esto no implica necesariamente que el uno sea más soluble que el otro, deben calcularse sus solubilidades respectivas.

La K_{ps} del $BaSO_4$ (s) es $10^{-9,96}$ y la K_{ps} del Ag_2CrO_4 (s) es $10^{-11,6}$.

Luego: $K_{ps}(BaSO_4) > K_{ps}(Ag_2CrO_4)$, pero la solubilidad molar, $s(BaSO_4) < s(Ag_2CrO_4)$.

Porque: $K_{ps}(BaSO_4) = s^2 = 10^{-9,96}$ $\qquad$ $s(BaSO_4) = 10^{-4,98}$ M

$\qquad\quad$ $K_{ps}(Ag_2CrO_4) = 4s^3 = 10^{-11,6}$ $\qquad$ $s(Ag_2CrO_4) = 10^{-3,8}$ M

☐ Ejemplo práctico 3

Averiguad el producto de solubilidad del acetato de plata si la solubilidad de dicha sal en agua tiene un valor de 1,11 g en 100 cm^3 a la temperatura de 25° C.

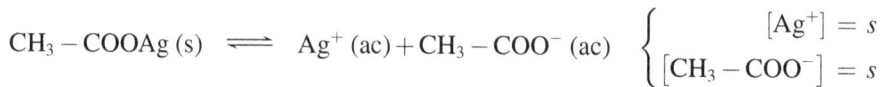

$$CH_3 - COOAg \ (s) \ \rightleftharpoons \ Ag^+ \ (ac) + CH_3 - COO^- \ (ac) \quad \left\{ \begin{array}{l} [Ag^+] = s \\[2mm] [CH_3 - COO^-] = s \end{array} \right.$$

$$s = \frac{1,11 \text{ g acetato Ag}}{0,100 \text{ L}} \cdot \frac{1 \text{ mol}}{166,92 \text{ g acetato Ag}} = 0,066 \text{ mol/L}$$

(Peso molecular del acetato Ag = 166,92 g mol^{-1})

$$K_{ps} = [Ag^+][CH_3 - COO^-] = s \cdot s = s^2 = 0,066^2 = 4,4 \cdot 10^{-3}$$

6.3 Efecto de ión común en los equilibrios de solubilidad

Cuando se tiene una disolución en la que hay un sólido en equilibrio con los iones que lo componen, y se agrega a esa disolución uno de los iones presentes en el equilibrio, éste se desplaza hacia la formación de más cantidad de precipitado, es decir, la solubilidad disminuye.

Por ejemplo, en el caso del sulfato de plomo:

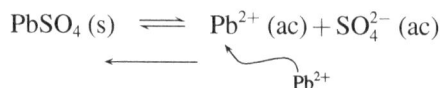

$$PbSO_4 \ (s) \ \rightleftharpoons \ Pb^{2+} \ (ac) + SO_4^{2-} \ (ac)$$
$$Pb^{2+}$$

Si se adiciona el ión Pb^{2+} o el ión SO_4^{2-} a la disolución, el equilibrio de solubilidad se desplaza hacia la izquierda, como señala la flecha. Se forma más precipitado de $PbSO_4$ (s) (de acuerdo con el principio de Le Chatelier).

Si la K_{ps} del $PbSO_4$ (s) es: $\quad K_{ps} = [Pb^{2+}][SO_4^{2-}] = 2,0 \cdot 10^{-8}$.

La solubilidad es: $\quad K_{ps} = s \cdot s = 2,0 \cdot 10^{-8} \quad s = (2,0 \cdot 10^{-8})^{1/2} = 1,41 \cdot 10^{-4}$ M.

Al adicionar el ión Pb^{2+}: $\quad K_{ps} < [Pb^{2+}][SO_4^{2-}]$ $\quad$ Se formará más sólido.

Si se añade a la disolución una concentración c de ión Pb^{2+}, la nueva solubilidad s' será:

$$\left[SO_4^{2-}\right] = s' \quad \left[Pb^{2+}\right] = s' + c.$$

En general, la concentración c es mucho mayor que s': $\quad c \gg s' \quad \Rightarrow \quad K_{ps} = (s' + c) \cdot (s') = c \cdot s'$

Luego despejando la solubilidad: $\quad s' = K_{ps}/c$

Esta expresión es correcta cuando el electrolito posee la relación $1:1$, como ocurre en el caso del $PbSO_4$ (s).

Para un compuesto insoluble del tipo $B_p A_q$ (s), en que se ha adicionado un ión común como el B^{q+} la nueva solubilidad s' es:

$$s' = \left(K_{ps}/c^p \cdot q^q\right)^{1/q}$$

6.3.1 Efecto salino. Adición de iones no comunes

El efecto salino es el que ejercen los iones no comunes o diferentes sobre la solubilidad del soluto en los equilibrios de solubilidad, que tienden a aumentar la solubilidad. A continuación se verán dos casos significativos: adición de ión no común y adición de un ión que forma compuestos complejos con uno de los iones del equilibrio.

Adición de un ión no común

Si a un equilibrio de solubilidad se le adiciona un ión que no participa en el equilibrio, la solubilidad aumenta al formarse la nueva sal soluble.

Por ejemplo, en el caso del cloruro de plata: $\quad AgCl\ (s) \rightleftharpoons Ag^+\ (ac) + Cl^-\ (ac)$

$$NO_3^-$$

Al adicionar a la disolución un ión no común como el NO_3^-, el equilibrio se desplaza hacia la derecha, como señala la flecha, pues se forma el $AgNO_3$ (ac), que es soluble:

$$Ag^+ + NO_3^- \longrightarrow AgNO_3\ (ac)$$

Adición de un ión que forma complejos

Si a un equilibrio de solubilidad se le adiciona un ión que forma complejos solubles con uno de los iones de la disolución, la solubilidad aumenta.

Al adicionar ión Cl^- al $AgCl$ (s), la solubilidad disminuye por la formación del precipitado de $AgCl$ (s), pero después aumenta por formación del ión complejo $AgCl_2^-$, que es soluble.

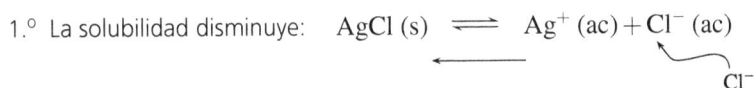

1.º La solubilidad disminuye: $\quad AgCl\ (s) \rightleftharpoons Ag^+\ (ac) + Cl^-\ (ac)$

$$Cl^-$$

2.º La solubilidad aumenta con exceso de Cl^-: $\quad AgCl\ (s) + Cl^-\ (ac) \longrightarrow AgCl_2\ (ac)$

ión complejo

Representación gráfica de la solubilidad del **AgCl** con distintos iones:

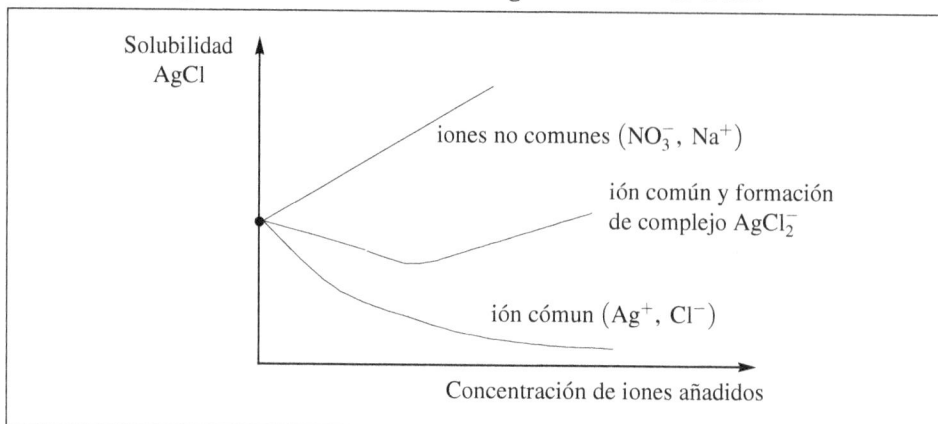

Fig. 6.1

■ **Ejemplo práctico 4**

Calculad la solubilidad del AgCl en: *a)* Agua   *b)* $KCl\ 10^{-3}\,M$ *c)* $KCl\ 10^{-2}\,M$ *d)* $KCl\ 10^{-1}\,M$

Se sabe que el K_{ps} del AgCl (s) es $1,8 \cdot 10^{-10}$.

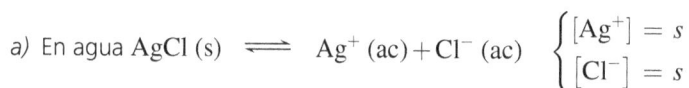

a) En agua $AgCl\ (s) \rightleftharpoons Ag^+\ (ac) + Cl^-\ (ac)$ $\begin{cases} [Ag^+] = s \\ [Cl^-] = s \end{cases}$

$$K_{ps} = [Ag^+]\,[Cl^-] = s \cdot s = 1,8 \cdot 10^{-10} \quad \Rightarrow \quad s = 1,34 \cdot 10^{-5}\,M$$

b) Adición de $KCl\ 10^{-3}\,M$

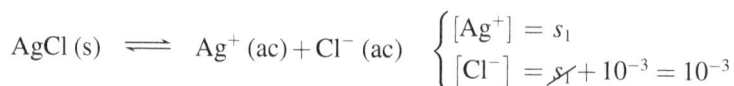

$$AgCl\ (s) \rightleftharpoons Ag^+\ (ac) + Cl^-\ (ac) \qquad \begin{cases} [Ag^+] = s_1 \\ [Cl^-] = \cancel{s_1} + 10^{-3} = 10^{-3} \end{cases}$$

$$K_{ps} = [Ag^+]\,[Cl^-] = s_1 \cdot 10^{-3} = 1,8 \cdot 10^{-10} \quad \Rightarrow \quad s_1 = 1,8 \cdot 10^{-10}/10^{-3} = 1,8 \cdot 10^{-7}\,M$$

c) Adición de $KCl\ 10^{-2}\,M$

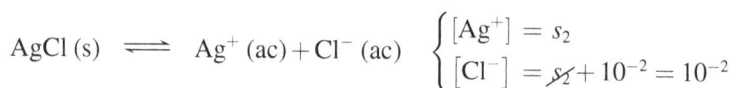

$$AgCl\ (s) \rightleftharpoons Ag^+\ (ac) + Cl^-\ (ac) \qquad \begin{cases} [Ag^+] = s_2 \\ [Cl^-] = \cancel{s_2} + 10^{-2} = 10^{-2} \end{cases}$$

$$K_{ps} = [Ag^+]\,[Cl^-] = s_2 \cdot 10^{-2} = 1,8 \cdot 10^{-10} \quad \Rightarrow \quad s_2 = 1,8 \cdot 10^{-10}/10^{-2} = 1,8 \cdot 10^{-8}\,M$$

d) Adición de $KCl\ 10^{-1}\,M$

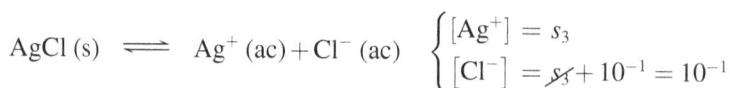

$$AgCl\ (s) \rightleftharpoons Ag^+\ (ac) + Cl^-\ (ac) \qquad \begin{cases} [Ag^+] = s_3 \\ [Cl^-] = \cancel{s_3} + 10^{-1} = 10^{-1} \end{cases}$$

$$K_{ps} = [Ag^+]\,[Cl^-] = s_3 \cdot 10^{-1} = 1,8 \cdot 10^{-10} \quad \Rightarrow \quad s_3 = 1,8 \cdot 10^{-10}/10^{-1} = 1,8 \cdot 10^{-9}\,M$$

Se observa que al aumentar la concentración de Cl^-, disminuye la solubilidad.

$$1,34 \cdot 10^{-5}\,M > 1,8 \cdot 10^{-7}\,M > 1,8 \cdot 10^{-8}\,M > 1,8 \cdot 10^{-9}\,M$$

6.4 Precipitación y precipitación total ▬▬▬▬▬▬▬▬▬▬▬▬▬▬▬

Las reacciones de precipitación son un instrumento muy útil para el químico analítico que desea conocer el tanto por ciento o la cantidad de un compuesto en particular que está contenido en una mezcla. Esta rama de la química es conocida como análisis por gravimetría.

Criterios para la precipitación

Dos disoluciones de KI (ac) y de $AgNO_3$ (ac) de concentración $[I^-] = 0,015$ M y $[Ag^+] = 0,01$ M formarán una disolución que será no saturada, saturada o sobresaturada, es decir, ¿se formará un precipitado de AgI (s)?

Para la sal insoluble AgI (s) el equilibrio y el producto de solubilidad son:

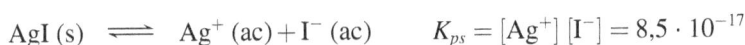

$$AgI\,(s) \; \rightleftharpoons \; Ag^+\,(ac) + I^-\,(ac) \qquad K_{ps} = [Ag^+]\,[I^-] = 8,5 \cdot 10^{-17}$$

Si en la mezcla de disolución el producto de las concentraciones iniciales de Ag^+ y I^- supera el producto de solubilidad de la sal AgI (s), la disolución es sobresaturada y el exceso de AgI (s) precipita. Si no es así y la disolución es no saturada, no supera el producto de solubilidad y no precipita. En el momento en que se cumple el producto de solubilidad, la disolución es saturada.

> Disolución sobresaturada: $[I^-]\,[Ag^+] > K_{ps}$ *Precipita* AgI (s).
> Disolución no saturada: $[I^-]\,[Ag^+] < K_{ps}$ *No precipita* AgI (s).
> Disolución saturada: $[I^-]\,[Ag^+] = K_{ps}$ *Comienza a precipitar el* AgI (s).

Por lo que para el caso del AgI (s), se tiene:

$$[I^-]\,[Ag^+] = 0,015 \cdot 0,01 = 1,5 \cdot 10^{-4} > K_{ps} \quad \Rightarrow \quad \text{Precipita } AgI \text{ (s).}$$

Precipitación total

La precipitación de un soluto es completa si ha precipitado una cantidad igual o mayor que el 99,9 % de un ión quedando menos de 0,1 % del ión en disolución.

Por ejemplo, el $Mg(OH)_2$ (s) que tiene un producto de solubilidad de $1,8 \cdot 10^{-11}$, ¿precipitará totalmente si a una disolución de concentración $[Mg^{2+}] = 0,06$ M se le añade una concentración $[OH^-] = 0,002$ M?

$$[Mg^{2+}]\,[OH^-]^2 = (0,06) \cdot (0,002)^2 = 2,4 \cdot 10^{-7} > K_{ps}(1,8 \cdot 10^{-11}) \quad \textit{Precipita } Mg(OH)_2 \text{ (s)}$$

La precipitación de $Mg(OH)_2$ (s) continua mientras $[Mg^{2+}]\,[OH^-]^2$ sea mayor que el K_{ps}.

Cuando el producto iónico se hace igual a K_{ps}:

$$[Mg^{2+}]\,[OH^-]^2 = [Mg^{2+}] \cdot (0,002)^2 = 1,8 \cdot 10^{-11} = K_{ps}$$

La concentración de Mg^{2+} que queda en la disolución es:

$$\begin{array}{c} [Mg^{2+}] \\ \text{en disolución} \end{array} = \frac{1,8 \cdot 10^{-11}}{(0,06)^2} = 4,5 \cdot 10^{-6}\,M \quad \Rightarrow \quad \frac{4,5 \cdot 10^{-6}\,M}{0,06\,M} \cdot 100 = 0,0075\,\%$$

Como queda menos del 0,1 % de la concentración del ión Mg^{2+} en la disolución, puede llegarse a la conclusión de que la precipitación del $Mg(OH)_2$ (s) es total o completa.

6.4.1 Precipitación fraccionada o selectiva

Cuando una disolución contiene varios iones capaces de precipitar con un reactivo común, es posible aprovechar las diferentes solubilidades de los iones para separar por precipitación y escalonadamente cada uno de ellos.

Para que una precipitación fraccionada sea correcta, es necesario que exista una diferencia significativa entre las solubilidades de los iones a separar y, por tanto, entre sus productos de solubilidad.

Dos iones monovalentes A^- y C^- precipitan ambos con B^+ para dar BA (s) y BC (s). Si sus productos de solubilidad son distintos, $K_{ps}(BA) < K_{ps}(BC)$, primero precipita el que tiene menor K_{ps}, el BA (s), y después precipita el BC (s), con mayor K_{ps}. Al llegar a este punto hay un equilibrio entre las distintas concentraciones iónicas, que queda regulado por los productos de solubilidad respectivos.

1.º En el momento de la precipitación simultánea de BA y BC ocurre:

$$[B^+][A^-] = K_{ps}(BA) \qquad \left\{ \frac{[\cancel{B^+}][A^-]}{[\cancel{B^+}][C^-]} = \frac{K_{ps}(BA)}{K_{ps}(BC)} \right.$$
$$[B^+][C^-] = K_{ps}(BC)$$

2.º Precipita sólo el compuesto BA cuando:

$$\frac{[A^-]}{[C^-]} > \frac{K_{ps}(BA)}{K_{ps}(BC)} \quad \Rightarrow \quad [A^-] \text{ es mayor y precipita } BA \text{ (s) al añadir } B^+$$

3.º Precipita el compuesto BC cuando:

$$\frac{[A^-]}{[C^-]} < \frac{K_{ps}(BA)}{K_{ps}(BC)} \quad \Rightarrow \quad [C^-] \text{ es mayor y precipita } BC \text{ (s) al añadir } B^+$$

Puede darse el caso de que deban compararse las solubilidades de dos compuestos BA (s) de iones monovalentes con B_2D (s) de ión D^{2-} divalente:

$$[B^+][A^-] = K_{ps}(BA) \qquad \left\{ \frac{K_{ps}(BA)}{[A^+]} = \sqrt{\frac{K_{ps}(B_2D)}{[D^{2-}]}} \right.$$
$$[B^+]^2[D^{2-}] = K_{ps}(B_2D)$$

La relación de los productos de solubilidad es:

$$\frac{K_{ps}(BA)}{\sqrt{K_{ps}(B_2D)}} = \frac{[A^-]}{\sqrt{[D^{-2}]}} \qquad \text{Relación de precipitación simultánea de } BA \text{ (s) y } B_2D \text{ (s)}$$

Ejemplo práctico 5

Una disolución contiene bromuro y cromato en las concentraciones siguientes: $[Br^-] = 0,02$ M y $[CrO_4^{2-}] = 0,02$ M. Se adiciona lentamente a la disolución $AgNO_3$ (ac).

a) Averiguad cuál de las sales AgBr (s) o Ag_2CrO_4 (s) precipita antes.

b) Calculad la concentración del anión Br^- o del anión CrO_4^{2-} (según sea el que precipita antes) que queda en la disolución después de la primera precipitación.

c) Averiguad si es posible la separación completa del Br^- y del CrO_4^{2-} por precipitación fraccionada.

$K_{ps}(AgBr) = 5,0 \cdot 10^{-13}$; $K_{ps}(Ag_2CrO_4) = 1,1 \cdot 10^{-12}$

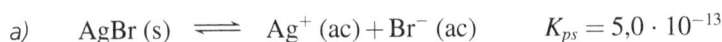

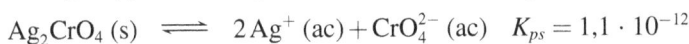

a)
$$AgBr\ (s) \rightleftharpoons Ag^+\ (ac) + Br^-\ (ac) \qquad K_{ps} = 5,0 \cdot 10^{-13}$$

$$Ag_2CrO_4\ (s) \rightleftharpoons 2\,Ag^+\ (ac) + CrO_4^{2-}\ (ac) \quad K_{ps} = 1,1 \cdot 10^{-12}$$

Los valores de $[Ag^+]$ para que empiecen a precipitar las sales son:

Precipitado de AgBr: $\quad [Ag^+][Br^-] = [Ag^+] \cdot (0,02) = 5,0 \cdot 10^{-13} = K_{ps}$

$$[Ag^+] = 2,5 \cdot 10^{-11}\,M$$

Precipitado de Ag_2CrO_4: $\quad [Ag^+]^2[CrO_4^{2-}] = [Ag^+]^2 \cdot (0,02) = 1,1 \cdot 10^{-12} = K_{ps}$

$$[Ag^+]^2 = 0,55 \cdot 10^{-10}\,M \qquad [Ag^+] = 0,74 \cdot 10^{-5}\,M$$

Como la concentración de $[Ag^+]$ necesaria para que empiece a precipitar el AgBr (s) es menor que la correspondiente al Ag_2CrO_4 (s), precipita en primer lugar el AgBr (s).

b) Mientras precipita el AgBr (s), que es la sal que precipita antes, va disminuyendo la concentración de $[Br^-]$. Cuando la concentración de $[Ag^+]$ llega al valor de $0,74 \cdot 10^{-5}$ M, empieza a precipitar el Ag_2CrO_4 (s).

$$K_{ps}(AgBr) = [Ag^+][Br^-] = (0,74 \cdot 10^{-5}) \cdot [Br^-] = 5,0 \cdot 10^{-13}$$

$$[Br^-] = \frac{5,0 \cdot 10^{-13}}{0,74 \cdot 10^{-5}} = 6,76 \cdot 10^{-8}\,M$$

c) La precipitación fraccionada es posible y completa, puesto que antes de precipitar el Ag_2CrO_4 (s) ha disminuido sensiblemente la concentración de $[Br^-]$:

$$[Br^-]_{inicial} = 0,02\ M, \quad \text{y ha pasado a ser} \quad [Br^-]_{final} = 6,76 \cdot 10^{-8}\,M$$

Todo el ión Br^- habrá precipitado en forma de AgBr (s), mientras que el ión CrO_4^{2-} se encuentra en la disolución.

6.5 Solubilidad y pH

La solubilidad de los compuestos poco solubles varía frecuentemente con la la acidez o pH de la disolución. Esta situación es acusada cuando uno de los constituyentes que forma el precipitado tiene propiedades básicas o ácidas.

Este caso se da en una sal poco soluble cuya disociación en agua produce un anión de la sal que es la base conjugada de un ácido débil. También se da una situación semejante cuando un hidróxido poco soluble se disocia en medio acuoso.

Se supone que BA (s) es un sólido que se disocia en los iones B^+ y A^-, siendo A^- una base y K_{ps} el producto de solubilidad:

$$BA\text{ (s)} \rightleftharpoons B^+\text{ (ac)} + A^-\text{ (ac)} \qquad K_{ps} \qquad \text{(Expresión 1)}$$

En medio ácido se puede escribir el equilibrio y su constante de acidez K_a:

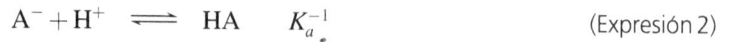

$$A^- + H^+ \rightleftharpoons HA \qquad K_a^{-1} \qquad \text{(Expresión 2)}$$

Al aumentar la cantidad del ión H^+, aumenta la solubilidad, ya que el equilibrio de la expresión (2) se desplaza hacia la derecha y provoca que el equilibrio de la expresión (1) también se desplace hacia la derecha.

$$BA\text{ (s)} + H^+ \rightleftharpoons B^+ + HA \qquad K_{ps}K_a^{-1} \qquad \text{Expresión (1) + (2)}$$

$$\text{solubilidad} = s = [B^+] \quad \Rightarrow \quad s = [A^-] + [HA] = [A^-] + ([A^-][H^+]/K_a) = [A^-](1+[H^+]/K_a) =$$

$$= K_{ps}/[B^+](1+[H^+]/K_a) = (K_{ps}/s)(1+[H^+]/K_a)$$

$$s^2 = K_{ps}\left(1+\frac{[H^+]}{K_a}\right)$$

Pasando a logaritmos esta expresión, se tiene: $\log s = \frac{1}{2}\log K_{ps} + \frac{1}{2}\log\left(1+\frac{[H^+]}{K_a}\right)$

Cuando $[H^+] < K_a$ $\quad\Rightarrow\quad$ $pH > pK_a$ $\quad\Rightarrow\quad$ $\frac{1}{2}\log(1+[H^+]/K_a) \approx 0$ $\quad\Rightarrow\quad$ $\log s = \frac{1}{2}\log K_{ps}$

Cuando $[H^+] > K_a$ $\quad\Rightarrow\quad$ $pH < pK_a$ $\quad\Rightarrow\quad$ $\frac{1}{2}\log(1+[H^+]/K_a) \approx \frac{1}{2}\log[H^+] - \frac{1}{2}\log K_a$ $\quad\Rightarrow$

$$\Rightarrow \quad \log s = \frac{1}{2}\log K_{ps} + \frac{1}{2}\log[H^+] - \frac{1}{2}\log K_a \quad \Rightarrow$$

$\Rightarrow \quad \log s = \frac{1}{2}\log K_{ps} - \frac{1}{2}pH + \frac{1}{2}pK_a = \frac{1}{2}(\log K_{ps} - pH + pK_a)$ $\quad$ Puede observarse que $\log s = f(pH)$

Según la expresión hallada, al aumentar el pH (más básico) la solubilidad disminuye hasta que

$$pH = pK_a.$$

Entonces, la solubilidad permanece constante, aumenta el pH y el pK_a es constante.

Todo ello se observa en la gráfica siguiente (Fig. 6.2).

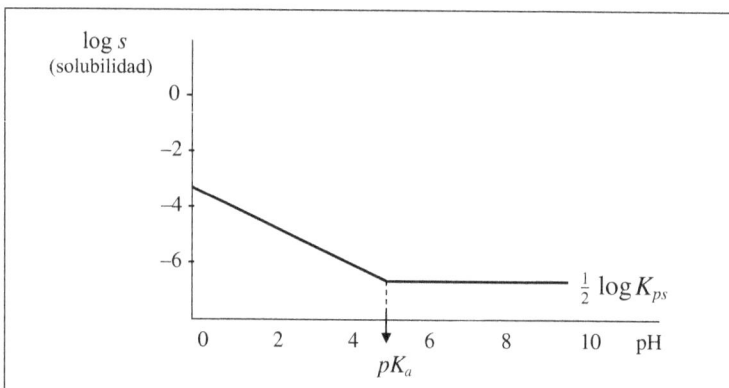

Fig. 6.2

Ejemplo práctico 6

El $Mg(OH)_2$ es insoluble y su suspensión en agua es un antiácido que se usa para la acidez de estómago, ya que los iones OH^- reaccionan con los H^+ (H_3O^+) del estómago para formar agua. Averiguad por qué el $Mg(OH)_2$ (s) es muy soluble en disoluciones ácidas. $K_{ps}(Mg(OH)_2) = 1,8 \cdot 10^{-11}$.

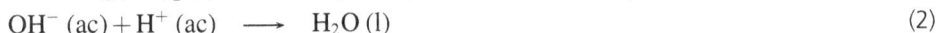

$$Mg(OH)_2 \text{ (s)} \rightleftharpoons Mg^{2+} \text{ (ac)} + 2OH^- \text{ (ac)} \qquad K_{ps} = 1,8 \cdot 10^{-11} \qquad (1)$$

$$OH^- \text{ (ac)} + H^+ \text{ (ac)} \longrightarrow H_2O \text{ (l)} \qquad (2)$$

El OH^- de la reacción (1) al encontrar medio ácido H^+ (en el estómago) provoca que el equilibrio (de acuerdo con el principio de Le Chatelier) se desplace hacia la derecha y se disuelva más $Mg(OH)_2$ para reemplazar los iones OH^-.

Se puede obtener una ecuación iónica neta multiplicando por 2 la ecuación (2) y sumando la ecuación (1). El resultado es:

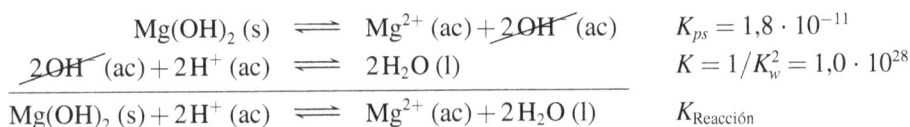

$$Mg(OH)_2 \text{ (s)} \rightleftharpoons Mg^{2+} \text{ (ac)} + 2\cancel{OH^-} \text{ (ac)} \qquad K_{ps} = 1,8 \cdot 10^{-11}$$
$$\underline{2\cancel{OH^-} \text{ (ac)} + 2H^+ \text{ (ac)} \rightleftharpoons 2H_2O \text{ (l)} \qquad\qquad K = 1/K_w^2 = 1,0 \cdot 10^{28}}$$
$$Mg(OH)_2 \text{ (s)} + 2H^+ \text{ (ac)} \rightleftharpoons Mg^{2+} \text{ (ac)} + 2H_2O \text{ (l)} \qquad K_{\text{Reacción}}$$

La constante de equilibrio de la ecuación global obtenida es:

$$K_{\text{Reacción}} = (K_{ps}) \cdot (1/K_w^2) = (1,8 \cdot 10^{-11}) \cdot (1,0 \cdot 10^{28}) = 1,8 \cdot 10^{17}$$

El valor alto de la constante $K_{\text{Reacción}}$ indica que la reacción global se produce por completo y que el $Mg(OH)_2$ es muy soluble en disoluciones ácidas.

6.6 Equilibrios de iones complejos

Existen compuestos moleculares o de adición que están formados por combinación entre sustancias aparentemente saturadas, que son capaces de existir independientemente. A este tipo de compuestos se les suele denominar complejos o compuestos de coordinación y a los iones que los forman se les llaman iones complejos.

Cuando se adiciona cianuro de potasio (KCN) al cianuro de níquel ($Ni(CN)_2$) que es un sólido de color verde, se forma una disolución de color anaranjado. Es evidente que el nuevo compuesto formado es distinto a los reactivos de partida, luego se ha formado un complejo producto de adición ente ellos.

$$Ni(CN)_2 \text{ (s)} + 2KCN \longrightarrow [Ni(CN)_4]^{2-} K^{2+} \qquad \text{(complejo soluble estable)}$$

sólido verde $\qquad\qquad\qquad\qquad$ disolución anaranjada

El ión $[Ni(CN)_4]^{2-}$ se denomina *ión complejo* y el compuesto $Ni(CN)_4K_2$ se denomina *compuesto de coordinación*.

El ión complejo puede ser un anión poliatómico o un catión poliatómico, formados por un ión metálico central al que se unen otros iones o moléculas, que se llaman *ligandos*.

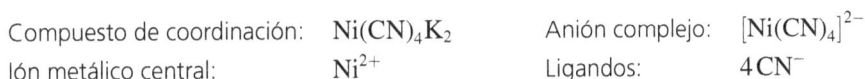

Compuesto de coordinación:	$Ni(CN)_4K_2$	Anión complejo:	$[Ni(CN)_4]^{2-}$
Ión metálico central:	Ni^{2+}	Ligandos:	$4CN^-$

Existen distintos tipos de especies complejas, que pueden ser aniónicas, como en el caso anterior o como: $[Fe(CN)_6]^{3-}$, $[Zn(OH)_4]^{2-}$, $[HgI_4]^{2-}$, etc. Pueden ser también especies complejas catiónicas como: $[Ag(NH_3)_2]^+$, $[Co(NH_3)_6]^{3+}$, $[Cu(NH_3)_6]^{2+}$, etc.

En este tema interesa esencialmente el estudio de equilibrios de solubilidad que implican la formación de complejos solubles. Por ello es conveniente y útil considerar los equilibrios simultáneos del producto de solubilidad de especies poco solubles y de la solubilidad del complejo formado.

Para la reacción: $AgCl\,(s) + 2\,NH_3 \longrightarrow [Ag(NH_3)_2]^+\,(ac) + Cl^-\,(ac)$

Se consideran los siguientes equilibrios:

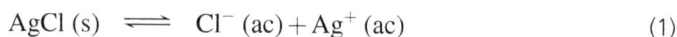

$$AgCl\,(s) \;\rightleftharpoons\; Cl^-\,(ac) + Ag^+\,(ac) \tag{1}$$
$$Ag^+\,(ac) + 2\,NH_3\,(ac) \;\rightleftharpoons\; [Ag(NH_3)_2]^+\,(ac) \tag{2}$$

El equilibrio (2) está desplazado hacia la derecha, porque el ión complejo es muy estable. Luego, la concentración de $[Ag^+]$ en (2) es muy pequeña y por ello el producto iónico $[Ag^+]\,[Cl^-]$ de (1) no alcanza la constante del producto de solubilidad K_{ps} y el $AgCl$ está en disolución.

□ **Ejemplo práctico 7**

En el caso anterior, averiguad lo que sucede cuando se adiciona HNO_3 a una disolución de $Ag(NH_3)_2Cl$ en $NH_3\,(ac)$.

El HNO_3 está totalmente disociado, pues es ácido fuerte, y neutraliza el NH_3 libre de la disolución.

$$H_3O^+\,(ac) + NH_3\,(ac) \longrightarrow NH_4^+\,(ac) + H_2O\,(l)$$

El equilibrio de la reacción (2) se desplaza hacia la izquierda para compensar la pérdida del NH_3 que se ha neutralizado y por ello la $[Ag^+]$ aumenta. Si este aumento provoca que el producto iónico $[Ag^+]\,[Cl^-]$ sea mayor que la constante K_{ps}, precipitará el $AgCl\,(s)$.

6.6.1 Constante de formación de complejos

La constante del equilibrio que implica la formación de iones complejos se llama *constante de formación*, K_f, y la constante inversa, $1/K_f$, constante de disociación del ión complejo.

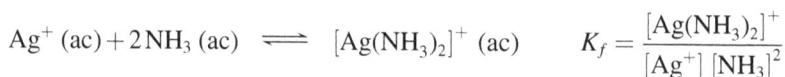

$$Ag^+\,(ac) + 2\,NH_3\,(ac) \;\rightleftharpoons\; [Ag(NH_3)_2]^+\,(ac) \qquad K_f = \frac{[Ag(NH_3)_2]^+}{[Ag^+]\,[NH_3]^2}$$

Los valores de la constante de formación (K_f) son normalmente altos. Esto implica que la reacción de formación del complejo, se produce de forma completa, y que se produce un pequeño cambio en la reacción inversa que establece el equilibrio. (En el "Apéndice 6" (ii) se exponen algunas constantes de formación de iones complejos.)

■ **Ejemplo práctico 8**

Averiguad el valor de la constante (K) del equilibrio que se obtiene cuando a una disolución de un ión complejo tal como el $[Ag(NH_3)_2]^+$ se le adiciona el ión Cl^-.

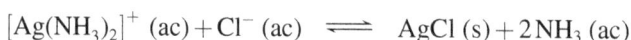

$$[Ag(NH_3)_2]^+\,(ac) + Cl^-\,(ac) \;\rightleftharpoons\; AgCl\,(s) + 2\,NH_3\,(ac)$$

La constante de equilibrio es: $\quad K = \dfrac{[NH_3]^2}{[Ag(NH_3)_2]^+ \, [Cl^-]}$

La reacción anterior es la reacción global de los equilibrios siguientes:

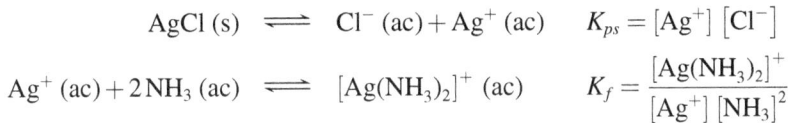

$$AgCl \, (s) \; \rightleftharpoons \; Cl^- \, (ac) + Ag^+ \, (ac) \qquad K_{ps} = [Ag^+] \, [Cl^-]$$

$$Ag^+ \, (ac) + 2\, NH_3 \, (ac) \; \rightleftharpoons \; [Ag(NH_3)_2]^+ \, (ac) \qquad K_f = \dfrac{[Ag(NH_3)_2]^+}{[Ag^+] \, [NH_3]^2}$$

Multiplicando el numerador y el denominador de la ecuación de la constante K por la concentración del ión plata, $[Ag^+]$, se obtiene:

$$K = \dfrac{[NH_3]^2}{\underbrace{[[Ag(NH_3)_2]^+] \, [Cl^-]}_{K_{ps}}} \cdot \dfrac{[Ag^+]}{[Ag^+]} = \dfrac{1/K_f}{K_{ps}} = \dfrac{1}{K_{ps} \, K_f}$$

■ **Ejemplo práctico 9**

Calculad la cantidad en moles de $AgCl \, (s)$ que puede disolverse en 100 mL de una disolución que contiene amoníaco (NH_3) y cloruro sódico $(NaCl)$ a la concentración de 0,01 M. $K_{ps} \, (AgCl) = 10^{-9,74}$; $K_f \, ([Ag(NH_3)_2]^+) = 1,6 \cdot 10^7$.

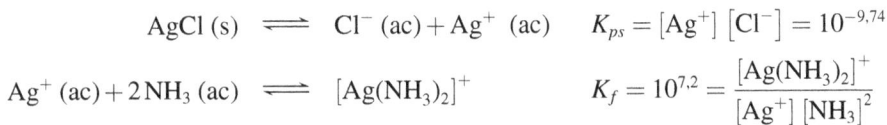

$$AgCl \, (s) \; \rightleftharpoons \; Cl^- \, (ac) + Ag^+ \, (ac) \qquad K_{ps} = [Ag^+] \, [Cl^-] = 10^{-9,74}$$

$$Ag^+ \, (ac) + 2\, NH_3 \, (ac) \; \rightleftharpoons \; [Ag(NH_3)_2]^+ \qquad K_f = 10^{7,2} = \dfrac{[Ag(NH_3)_2]^+}{[Ag^+] \, [NH_3]^2}$$

Sumando ambas reacciones se obtiene:

$$AgCl \, (s) + \cancel{Ag^+} \, (ac) + 2\, NH_3 \, (ac) \; \rightleftharpoons \; Cl^- \, (ac) + \cancel{Ag^+} \, (ac) + [Ag(NH_3)_2]^+$$

Siendo la nueva constante de equilibrio (K_R) igual al producto de las constantes de equilibrio de las reacciones de partida:

$$K_R = K_{ps} \cdot K_f = \dfrac{[Cl^-] \, [Ag(NH_3)_2]^+}{[NH_3]^2} = 10^{-9,74} \cdot 10^{7,2} = 10^{-2,5}$$

El valor de esta constante indica que el equilibrio no está desplazado hacia la derecha. Se puede considerar que la cantidad de $AgCl \, (s)$ disuelta es muy pequeña, por lo que en el equilibrio se tienen las concentraciones siguientes:

$$[NH_3] \approx 0,01 \, M \qquad [Cl^-] \approx 0,01 \, M$$

Sustituyendo estos valores en la expresión hallada para la constante K_R se obtiene:

$$[Ag(NH_3)_2]^+ = K_R \dfrac{[NH_3]^2}{[Cl^-]} = 10^{-2,54} \, \dfrac{0,01^2}{0,01} = 10^{-3,54} \, M$$

$$[Ag^+] = \dfrac{10^{-9,74}}{0,01} = 10^{-7,74} \, M$$

La cantidad total de AgCl (s) que se ha disuelto es:

$$[Ag^+]_{Total} = [Ag^+] + \left[[Ag(NH_3)_2]^+\right] = 10^{-7,74} + 10^{-3,54} \approx 10^{-3,54}\, M$$

En 100 mL de disolución, la cantidad de AgCl (s) que se ha disuelto es:

$$(10^{-3,54}\, mol\, L^{-1}) \cdot (100\, mL/1\,000)\, L = 10^{-4,54}\, mol\, de\, AgCl\, (s)$$

Ejemplo práctico 10

Se prepara una disolución de nitrato de cromo (III) de concentración $10^{-3}\, M$. A distintos valores conocidos de pH, el Cr(III) se encuentra formando las especies que se indican:

pH	1	7	13
Cr(III)	Cr^{3+}	$Cr(OH)_3$ (s)	$[Cr(OH)_4]^-$

Teniendo en cuenta además la reacción siguiente:

$$Cr(OH)_3\, (s) + OH^-\, (ac) \rightleftharpoons Cr(OH)_4^-\, (ac) \quad K_R = 10^{-0,4}$$

a) Calculad el pH para que el $Cr(OH)_3$ (s) empiece a precipitar.

b) Calculad el pH al que se produce la redisolución total del $Cr(OH)_3$ (s).

K_{ps} (Cr(OH) (s)) $= 10^{-30,4}$.

a) $Cr(OH)_3\, (s) \rightleftharpoons Cr^{3+}\, (ac) + 3\, OH^-\, (ac) \qquad K_{ps} = \left[Cr^{3+}\right]\left[OH^-\right]^3 = 10^{-30,4}$

$$K_{ps} = \left[Cr^{3+}\right]\,(K_w/[H^+])^3 \quad \Rightarrow \quad \log K_{ps} = \log\left[Cr^{3+}\right] + 3\log K_w - 3\log[H^+]$$

$$(+3\, pH)$$

$$pH = 1/3\left(\log K_{ps} - 3\log K_w - \log\left[Cr^{3+}\right]\right) = 1/3(-30,4 + 42 + 3) = 4,87$$

b) Al producirse la redisolución total del Cr(III), que está en forma sólida de $Cr(OH)_3$, pasa a disolverse en forma del ión complejo soluble, que es $[Cr(OH)_4]^-$ y cuya concentración es aproximadamente igual a $10^{-3}\, M$.

Este ión complejo soluble se forma en medio básico, OH^-, según la reacción:

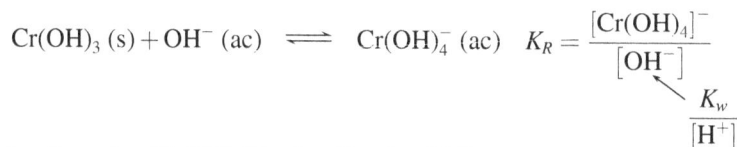

$$Cr(OH)_3\, (s) + OH^-\, (ac) \rightleftharpoons Cr(OH)_4^-\, (ac) \quad K_R = \frac{[Cr(OH)_4]^-}{[OH^-]}$$

$$\searrow\ \frac{K_w}{[H^+]}$$

$$\log K_R = \log[Cr(OH)_4]^- - \log K_w + \log[H^+]$$

$$pH = \log[Cr(OH)_4]^- + pK_w + pK_R = \log 10^{-3} + 14 + 0,4 = 11,4$$

i) PRODUCTOS DE SOLUBILIDAD (a 25°C)

Compuesto	K_{ps}	pK_{ps}	Compuesto	K_{ps}	pK_{ps}
$Al(OH)_3$ (s)	$1,3 \cdot 10^{-33}$	32,88	AgI (s)	$8,50 \cdot 10^{-17}$	16,07
$AgCN$ (s)	$1,2 \cdot 10^{-16}$	15,9	$AgBr$ (s)	$5,0 \cdot 10^{-13}$	12,30
Ag_2CrO_4 (s)	$2,5 \cdot 10^{-12}$	11,6	$Ag_2C_2O_4$ (s)	$1,0 \cdot 10^{-11}$	11,0
Ag_2MoO_4 (s)	$2,6 \cdot 10^{-11}$	10,59	$AgCl$ (s)	$1,80 \cdot 10^{-10}$	9,74
CH_3COOAg (s)	$2,30 \cdot 10^{-3}$	2,64	$BaSO_4$ (s)	$1,10 \cdot 10^{-10}$	9,96
BaF_2 (s)	$2,4 \cdot 10^{-5}$	4,62	CaC_2O_4 (s)	$2,51 \cdot 10^{-9}$	8,60
$CaCO_3$ (s)	$2,80 \cdot 10^{-9}$	8,55	CaF_2 (s)	$5,3 \cdot 10^{-9}$	8,28
$Ca(OH)_2$ (s)	$3,98 \cdot 10^{-6}$	5,40	$CaSO_4$ (s)	$9,1 \cdot 10^{-6}$	5,04
$CaCrO_4$ (s)	$7,1 \cdot 10^{-4}$	3,15	$Cr(OH)_3$ (s)	$6,3 \cdot 10^{-31}$	30,2
CuS (s)	$6 \cdot 10^{-37}$	36,22	$CuCN$ (s)	$3,2 \cdot 10^{-20}$	19,49
$Cu(OH)_2$ (s)	$1,0 \cdot 10^{-20}$	20,0	CuI (s)	$1,1 \cdot 10^{-12}$	11,95
$CuBr$ (s)	$5,01 \cdot 10^{-9}$	8,30	$CuCl$ (s)	$1,99 \cdot 10^{-7}$	6,70
$Fe(OH)_3$ (s)	$4,0 \cdot 10^{-38}$	37,40	FeS (s)	$6,0 \cdot 10^{-19}$	18,22
$Fe(OH)_2$ (s)	$1,0 \cdot 10^{-15}$	15,00	$FeCO_3$ (s)	$3,2 \cdot 10^{-11}$	10,49
PbS (s)	$3,0 \cdot 10^{-28}$	27,50	$Pb(OH)_2$ (s)	$1,2 \cdot 10^{-15}$	14,90
$PbCrO_4$ (s)	$2,8 \cdot 10^{-13}$	12,55	PbI_2 (s)	$7,10 \cdot 10^{-9}$	8,15
$PbSO_4$ (s)	$2,0 \cdot 10^{-8}$	7,70	PbF_2 (s)	$3,16 \cdot 10^{-8}$	7,50
$PbCl_2$ (s)	$1,60 \cdot 10^{-5}$	4,80	$PbBr_2$ (s)	$3,16 \cdot 10^{-5}$	4,50
$Mg(OH)_2$ (s)	$1,8 \cdot 10^{-11}$	10,74	MgF_2 (s)	$3,7 \cdot 10^{-8}$	7,43
$MgCO_3$ (s)	$3,5 \cdot 10^{-8}$	7,46	$Mn(OH)_2$ (s)	$1,9 \cdot 10^{-13}$	12,72
$MnCO_3$ (s)	$1,8 \cdot 10^{-11}$	10,74	$Hg(OH)_2$ (s)	$3,98 \cdot 10^{-26}$	25,4
Hg_2Cl_2 (s)	$1,3 \cdot 10^{-18}$	17,88	Hg_2I_2 (s)	$6,31 \cdot 10^{-9}$	8,20
$Ni(OH)_2$ (s)	$2,0 \cdot 10^{-15}$	14,70	$NiCO_3$ (s)	$6,6 \cdot 10^{-9}$	8,18
$Sn(OH)_2$ (s)	$1,4 \cdot 10^{-28}$	27,85	SnS (s)	$1,0 \cdot 10^{-26}$	26,00
$SrCO_3$ (s)	$1,1 \cdot 10^{-10}$	9,96	SrF_2 (s)	$2,51 \cdot 10^{-9}$	8,60
$SrSO_4$ (s)	$7,6 \cdot 10^{-7}$	6,12	$SrCrO_4$ (s)	$3,0 \cdot 10^{-5}$	4,52
TlI (s)	$6,31 \cdot 10^{-8}$	7,20	$TlBr$ (s)	$3,4 \cdot 10^{-6}$	5,47
$TlCl$ (s)	$1,7 \cdot 10^{-4}$	3,77	$Zn(OH)_2$ (s)	$1,0 \cdot 10^{-17}$	17,0
ZnS (s)	$1,60 \cdot 10^{-23}$	22,8	ZnC_2O_4 (s)	$2,7 \cdot 10^{-8}$	7,57

ii) CONSTANTES DE FORMACIÓN DE IONES COMPLEJOS (a 25°C)

Compuesto	K_f	Compuesto	K_f
$[Ag(CN)_2]^-$	$5{,}6 \cdot 10^{18}$	$[HgCl_4]^{2-}$	$1{,}2 \cdot 10^{15}$
$[Ag(NH_3)_2]^+$	$1{,}6 \cdot 10^7$	$[Hg(CN)_4]^{2-}$	$3{,}0 \cdot 10^{41}$
$[Ag(SCN)_4]^{3-}$	$1{,}2 \cdot 10^{10}$	$[HgI_4]^{2-}$	$6{,}6 \cdot 10^{29}$
$[Al(OH)_4]^-$	$1{,}1 \cdot 10^{33}$	$[Ni(CN_4)]^{2-}$	$2{,}0 \cdot 10^{31}$
$[CdCl_4]^{2-}$	$6{,}3 \cdot 10^2$	$[Ni(NH_3)]^{2+}$	$5{,}5 \cdot 10^8$
$[Cd(CN)_4]^{2-}$	$6{,}0 \cdot 10^{18}$	$[PbCl_3]^-$	$2{,}4 \cdot 10^1$
$[Cd(NH_3)_4]^{2+}$	$1{,}3 \cdot 10^7$	$[Pb(OH)_3]^-$	$3{,}8 \cdot 10^{14}$
$[Co(NH_3)_6]^{3+}$	$4{,}5 \cdot 10^{33}$	$[Pb(S_2O_3)_3]^{4-}$	$2{,}2 \cdot 10^6$
$[Cr(OH)_4]^-$	$8{,}0 \cdot 10^{29}$	$[PbCl_4]^{2-}$	$1{,}0 \cdot 10^{16}$
$[CuCl_3]^{2-}$	$5{,}0 \cdot 10^5$	$[Pt(NH_3)_6]^{2-}$	$2{,}0 \cdot 10^{35}$
$[Cu(NH_3)^4]^{2+}$	$1{,}1 \cdot 10^1$	$[Zn(CN)_4]^{2-}$	$1{,}0 \cdot 10^{18}$
$[Fe(CN)_6]^{4-}$	$1{,}0 \cdot 10^{37}$	$[Zn(NH_3)]^{2+}$	$4{,}1 \cdot 10^8$
$[Fe(SCN)]^{2+}$	$8{,}9 \cdot 10^2$	$[Zn(OH)_4]^{2-}$	$4{,}6 \cdot 10^{17}$

Los valores de K_f que aparecen en la tabla son constantes de formación globales.

Problemas resueltos ▬▬▬▬▬▬▬▬▬▬▬▬▬▬▬▬▬▬▬▬▬▬▬▬▬▬▬▬▬▬▬▬▬▬▬▬▬

Conceptos básicos en equilibrios de solubilidad

□ **Problema 6.1**

a) Poned algunos ejemplos de sales e hidróxidos solubles en agua a temperatura ambiente (25°C).

b) Poned algunos ejemplos de sales e hidróxidos no solubles en agua a temperatura ambiente (25°C).

Debéis tener en cuenta los productos de solubilidad que se dan en el "Apéndice 6".

[Solución]

a) Sales solubles en agua: $NaCl, NH_4Cl, K_2SO_4, AgNO_3, KMnO_4, NaHCO_3$.
    Hidróxidos solubles en agua: $NaOH, KOH, LiOH, NH_4OH$.

b) Sales no solubles en agua: $AgCl, CuCl, CaSO_4, PbS_2, CaCO_3, Fe_2S_3$.
    Hidróxidos no solubles en agua: $Mg(OH)_2, AgOH, Zn(OH)_2, Al(OH)_3$.

☐ Problema 6.2

¿Qué es una reacción de precipitación? ¿Qué es un precipitado? Poned un ejemplo de reacción de precipitación.

[Solución]

Cuando una reacción transcurre en disolución y aparece un sólido, se llama *reacción de precipitación*. El sólido que se
forma durante una reacción en disolución se denomina *precipitado*.

Ejemplo de reacción de precipitación:

$$AgNO_3 \text{ (ac)} + NaCl \text{ (ac)} \longrightarrow AgCl \text{ (s)} + NaNO_3 \text{ (ac)}.$$

El precipitado es la sal $AgCl$ (s).

Solubilidad y producto de solubilidad

☐ Problema 6.3

Escribid la expresión de la constante de equilibrio para las reacciones:

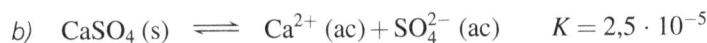

a) $Cu^{2+} \text{ (ac)} + H_2S \text{ (ac)} \rightleftharpoons CuS \text{ (s)} + 2H^+ \text{ (ac)}$ $K = 1,7 \cdot 10^{15}$

b) $CaSO_4 \text{ (s)} \rightleftharpoons Ca^{2+} \text{ (ac)} + SO_4^{2-} \text{ (ac)}$ $K = 2,5 \cdot 10^{-5}$

[Solución]

a) $K = 1,7 \cdot 10^{15} = \dfrac{[H^+]^2}{[Cu^{2+}] [H_2S]}$

b) $K = 2,5 \cdot 10^{-5} = [Ca^{2+}] [SO_4^{2-}]$

☐ Problema 6.4

¿Qué es el producto de solubilidad? ¿Qué es el producto iónico? ¿Cuándo son iguales el producto iónico
y el producto de solubilidad?

[Solución]

El producto de solubilidad (K_{ps}) es la constante de equilibrio para un electrolito sólido en equilibrio con sus iones en
disolución.

El producto iónico es el producto de la concentración de los iones en una disolución no saturada o de los que no están
en equilibrio.

El producto de solubilidad y el producto iónico *son iguales* cuando la disolución es saturada.

☐ Problema 6.5

La cantidad máxima de $AgCl$ (s) que se disuelve en 1 dm^3 de agua es de $1,88 \text{ mg}$ a 298 K de temperatura.
Calculad la solubilidad y el producto de solubilidad del $AgCl$ a dicha temperatura.

$$AgCl \text{ (s)} \; \rightleftharpoons \; Ag^+ \text{ (ac)} + Cl^- \text{ (ac)}$$

$$\frac{1,88 \cdot 10^{-3} \text{ g AgCl}}{1 \text{ dm}^3} \cdot \frac{1 \text{ mol AgCl}}{143,3 \text{ g AgCl}} = 1,31 \cdot 10^{-5} \text{mol dm}^{-3} = 1,31 \text{ M}$$

$$K_{ps} = [Ag^+] \, [Cl^-] = (1,31 \cdot 10^{-5})^2 = 1,72 \cdot 10^{-10}$$

☐ Problema 6.6

La solubilidad del yodato de plomo en agua a la temperatura de $25°$C es de $4,0 \cdot 10^{-5}$ M.

Calculad el valor del producto de solubilidad para esta sal.

[Solución]

$$Pb(IO_3)_2 \text{ (s)} \; \rightleftharpoons \; Pb^{2+} \text{ (ac)} + 2\,IO_3^- \text{ (ac)} \quad \begin{cases} [Pb^{2+}] = s \\ [IO_3^-] = 2s \end{cases}$$

$$K_{ps} = [Pb^{2+}] \, [IO_3^-]^2 = (s) \cdot (2s)^2 = 4s^3 = 4 \cdot (4,0 \cdot 10^{-5})^3 = 2,56 \cdot 10^{-13}$$

☐ Problema 6.7

El producto de solubilidad del $Fe(OH)_2$ es K_{ps} a la temperatura de $25°$C.

a) Escribid el equilibrio iónico para dicho compuesto.

b) Calculad las concentraciones de los iones Fe^{2+} y de OH^- en una disolución saturada de $Fe(OH)_2$ a la temperatura de $25°$C y en función de su producto de solubilidad, K_{ps}.

[Solución]

$$a) \; Fe(OH)_2 \text{ (s)} \; \rightleftharpoons \; Fe^{2+} \text{ (ac)} + 2\,OH \text{ (ac)} \quad \begin{cases} [Fe^{2+}] = s \\ [OH^-] = 2s \end{cases}$$

$$b) \; K_{ps} = [Fe^{2+}] \, [OH^-]^2 = (s) \cdot (2s)^2 = 4s^3 \; \Rightarrow \; s = K_{ps}/4$$

$$[Fe^{2+}] = s = (K_{ps}/4)^{1/3} \quad [OH^-] = 2s = (K_{ps}/2)^{1/3}$$

☐ Problema 6.8

El producto de solubilidad del CaF_2 es de $5,3 \cdot 10^{-9}$ a la temperatura de $25°$C.

a) Calculad la concentración de los iones Ca^{2+} y de los iones F^- en la disolución saturada.

b) ¿Cuántos gramos de fluoruro de calcio se disolverán en $0,1 \text{ dm}^3$ de agua a $25°$C de temperatura?

a) $CaF_2 \text{ (s)} \rightleftharpoons Ca^{2+} \text{ (ac)} + 2F^- \text{ (ac)} \quad \begin{cases} [Ca^{2+}] = s \\ [F^-] = 2s \end{cases}$

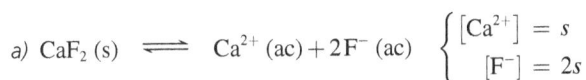

$$K_{ps} = [Ca^{2+}][F^-]^2 = (s) \cdot (2s)^2 = 4s^3 = 5,3 \cdot 10^{-9} \quad \Rightarrow \quad s = 1,1 \cdot 10^{-3}\,M$$

$$[Ca^{2+}] = s = 1,1 \cdot 10^{-3}\,M \qquad [F^-] = 2s = 2,2 \cdot 10^{-3}\,M$$

b) Solubilidad del $CaF_2 = s = 1,1 \cdot 10^{-3}\,M$.

$$\frac{1,1 \cdot 10^{-3}\,mol}{dm^3} \cdot \frac{76,19\,g\,CaF_2}{mol\,CaF_2} \cdot 0,1\,dm^3 = 8,38 \cdot 10^{-3}\,g\,de\,CaF_2$$

☐ Problema 6.9

Calculad la cantidad de $BaSO_4$ (s) que puede disolverse en 1 L de agua. Se conocen los datos siguientes: $K_{ps}(BaSO_4) = 1,1 \cdot 10^{-10}$. Peso molecular del $BaSO_4 = 233,4\,g\,mol^{-1}$.

$$BaSO_4 \text{ (s)} \rightleftharpoons Ba^{2+} \text{ (ac)} + SO_4^{2-} \text{ (ac)} \quad \begin{cases} [Ba^{2+}] = s \\ [SO_4^{2-}] = s \end{cases}$$

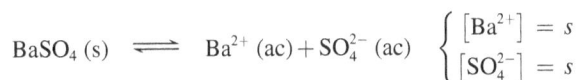

$$K_{ps} = [Ba^{2+}][SO_4^{2-}] = s \cdot s = 1,1 \cdot 10^{-10} \quad \Rightarrow \quad s = 1,05 \cdot 10^{-5}\,M$$

$$\frac{1,05 \cdot 10^{-5}\,mol}{1\,L} \cdot \frac{233,4\,g\,BaSO_4}{mol\,BaSO_4} \cdot 1\,L = 2,57 \cdot 10^{-3}\,g\,de\,BaSO_4$$

◼ Problema 6.10

Calculad la concentración final de iones Ag^+ y CrO_4^{2-} de una disolución preparada a partir de 25 cm^3 de $AgNO_3$ de concentración 0,1 M y de 45 cm^3 de Na_2CrO_4 de concentración 0,1 M. El precipitado que se forma es de Ag_2CrO_4, cuyo producto de solubilidad es de $2,5 \cdot 10^{-12}$.

$$AgNO_3 \longrightarrow Ag^+ + NO_3^- \qquad \text{disociación total}$$
$$Na_2CrO_4 \longrightarrow 2Na^+ + CrO_4^{2-} \qquad \text{disociación total}$$

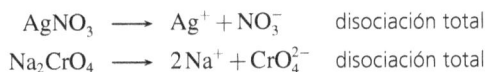

Reacción de precipitación del cromato de plata:

$$2AgNO_3 \text{ (ac)} + Na_2CrO_4 \text{ (ac)} \longrightarrow Ag_2CrO_4 \text{ (s)} + 2NaNO_3 \text{ (ac)}$$

$$[Ag^+] = (25\,cm^3 \cdot 0,1\,M)/(25+45)\,cm^3 = 0,036\,M$$
$$[CrO_4^{2-}] = (45\,cm^3 \cdot 0,1\,M)/(25+45)\,cm^3 = 0,064\,M$$

En la reacción de precipitación, se consumen 2 mol de Ag^+ por 1 mol de CrO_4^{2-}. Luego, 0,036 moles de Ag^+ reaccionan con 0,018 moles de CrO_4^{2-}.

Está en exceso el CrO_4^{2-} en una cantidad de $0,064 - 0,018 = 0,046$ moles.

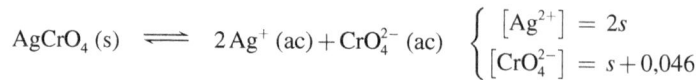

$$AgCrO_4 \text{ (s)} \rightleftharpoons 2\,Ag^+ \text{ (ac)} + CrO_4^{2-} \text{ (ac)} \qquad \begin{cases} [Ag^{2+}] = 2s \\ [CrO_4^{2-}] = s + 0,046 \end{cases}$$

$$K_{ps} = [Ag^{2+}]\,[CrO_4^{2-}] = (2s)^2 \cdot (\not{s} + 0,046) = 2,5 \cdot 10^{-12} \quad \text{(El valor } s \text{ es despreciable frente a } 0,046)$$

$$s = 3,686 \cdot 10^{-6}\,M \qquad [Ag^+] = 2s = 7,37 \cdot 10^{-6}\,M \qquad [CrO_4^{2-}] = s + 0,046 = 0,046\,M$$

Problema 6.11

El producto de solubilidad para el carbonato de plata es de $8,2 \cdot 10^{-12}$ a la temperatura de $25°C$. Averiguad a dicha temperatura:

a) Cuándo se formará precipitado de Ag_2CO_3 (s).

b) Cuándo no se formará precipitado de Ag_2CO_3 (s).

[Solución]

a) Reacción de equilibrio iónico:

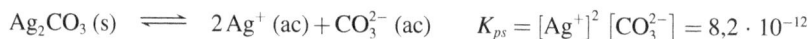

$$Ag_2CO_3 \text{ (s)} \rightleftharpoons 2\,Ag^+ \text{ (ac)} + CO_3^{2-} \text{ (ac)} \qquad K_{ps} = [Ag^+]^2\,[CO_3^{2-}] = 8,2 \cdot 10^{-12}$$

Se formará precipitado de Ag_2CO_3 (s) cuando se supere el producto de solubilidad K_{ps}.

$$[Ag^+]^2\,[CO_3^{2-}] > 8,2 \cdot 10^{-12}$$

La disolución está momentáneamente sobresaturada y habrá precipitación hasta que el producto iónico sea igual al producto de solubilidad K_{ps}.

b) No se formará precipitado de Ag_2CO_3 (s) hasta que no se supere el producto de solubilidad K_{ps}.

$$[Ag^+]^2\,[CO_3^{2-}] < 8,2 \cdot 10^{-12} \quad \text{La disolución es insaturada.}$$

Cuando se alcanza el producto de solubilidad K_{ps}, $[Ag^+]^2\,[CO_3^{2-}] = 8,2 \cdot 10^{-12}$. La disolución está saturada y aún no se formará precipitado.

Problema 6.12

Averiguad la relación que existe entre las solubilidades s_1 y s_2 de dos compuestos de fórmula BA y B_2C suponiendo que sus productos de solubilidad tienen el mismo valor K_{ps}.

[Solución]

$$BA \text{ (s)} \rightleftharpoons B^+ \text{ (ac)} + A^- \text{ (ac)} \qquad K_{ps} = [B^+]\,[A^-] = s_1 \cdot s_1 = s_1^2$$

$$B_2C \text{ (s)} \rightleftharpoons 2\,B^+ \text{ (ac)} + C^{2-} \text{ (ac)} \qquad K_{ps} = [B^+]^2\,[C^{2-}] = (2s_2)^2 \cdot s_2$$

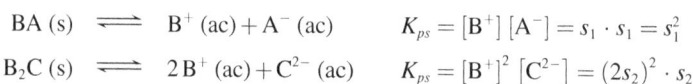

$$s_1^2 = 4\,s_2^3 \quad \Rightarrow \quad s_1 = 2(s_2)^{3/2}$$

Problema 6.13

Cuando 100 cm^3 de una disolución de $Pb(NO_3)_2$ de concentración 0,003 M se mezclan con 400 cm^3 de Na_2SO_4 de concentración 0,04 M, ¿se forma un precipitado de $PbSO_4$ (s)?. K_{ps} $(PbSO_4) = 2,0 \cdot 10^{-8}$.

[Solución]

$$PbSO_4 \text{ (s)} \rightleftharpoons Pb^{2+} \text{ (ac)} + SO_4^{2-} \text{ (ac)} \qquad K_{ps} = \left[Pb^{2+}\right]\left[SO_4^{2-}\right] = 2,0 \cdot 10^{-8}$$

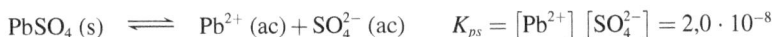

$$\left[Pb^{2+}\right] = (100 \text{ cm}^3 \cdot 0,003 \text{ M})/(100+400)\text{cm}^3 = 6,0 \cdot 10^{-4}\text{ M}$$

$$\left[SO_4^{2-}\right] = (400 \text{ cm}^3 \cdot 0,04 \text{ M})/(100+400)\text{cm}^3 = 0,043 \text{ M}$$

$$\left[Pb^{2+}\right]\left[SO_4^{2-}\right] = (6,0 \cdot 10^{-4})(3,2 \cdot 10^{-2}) = 1,9 \cdot 10^{-5} > K_{ps} \quad \Rightarrow \quad \text{Sí precipita el } PbSO_4$$

Problema 6.14

Si el pH de una disolución de $Mg(NO_3)_2$ de concentración 0,001 M se ajusta hasta alcanzar $pH = 9,0$ con una disolución tampón, ¿se forma un precipitado de $Mg(OH)_2$ (s)?. K_{ps} $(Mg(OH)_2) = 1,8 \cdot 10^{-11}$.

[Solución]

$$Mg(OH)_2 \text{ (s)} \rightleftharpoons Mg^{2+} \text{ (ac)} + 2\,OH^- \text{ (ac)} \qquad K_{ps} = \left[Mg^{2+}\right]\left[OH^-\right]^2 = 1,8 \cdot 10^{-11}$$

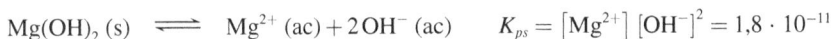

$$\left[Mg^{2+}\right] = 0,001 \text{ M} \quad \left[OH^-\right] = K_w/\left[H^+\right] = 10^{-14}/10^{-9} = 10^{-5}\text{ M}$$

$$\left[Mg^{2+}\right]\left[OH^-\right]^2 = (0,001)(1 \cdot 10^{-5})^2 = 1 \cdot 10^{-13} < K_{ps} \quad \Rightarrow \quad \text{No precipita}$$

Efecto de distintos iones en los equilibrios de solubilidad. Ión común y efecto salino

Problema 6.15

a) ¿Qué se entiende por efecto de ión común? Poned un ejemplo.

b) ¿Qué se entiende por efecto salino? Poned un ejemplo.

[Solución]

a) La solubilidad de un compuesto disminuye cuando en la disolución existe un ión común del citado compuesto. Esta disminución de la solubilidad se denomina *efecto de ión común*. Por ejemplo, el $AgCl$ es menos soluble en una disolución de $AgNO_3$ (Ag^+ común) que en agua pura.

b) La solubilidad de un compuesto aumenta cuando en la disolución existe otro compuesto que no tiene un ión común con él. Este aumento de la solubilidad recibe el nombre de *efecto salino*. Por ejemplo, la solubilidad del $CaSO_4$ aumenta al disolver en ella KCl.

Problema 6.16

Calculad la solubilidad a la temperatura de 298 K de la sal insoluble $BaSO_4$, en las disoluciones siguientes:

a) En agua.

b) En una disolución de Na_2SO_4 de $0,05 \text{ mol dm}^{-3}$ de concentración.

c) En una disolución de $NaNO_3$ $0,05 \text{ mol dm}^{-3}$ de concentración.
   K_{ps} $(BaSO_4) = 1,1 \cdot 10^{-10}$.

a) $BaSO_4$ (s) $\rightleftharpoons$ Ba^{2+} (ac) $+ SO_4^{2-}$ (ac) $\begin{cases} [Ba^{2+}] = s \\ [SO_4^{2-}] = s \end{cases}$ $K_{ps} = 1,1 \cdot 10^{-10}$

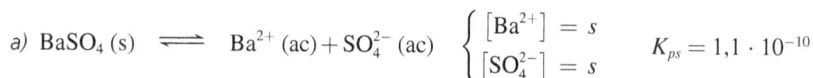

$$K_{ps} = [Ba^{2+}][SO_4^{2-}] = s^2 \quad \Rightarrow \quad s = (1,1 \cdot 10^{-10})^{1/2} = 1,05 \cdot 10^{-5} \, mol \, dm^{-3}$$

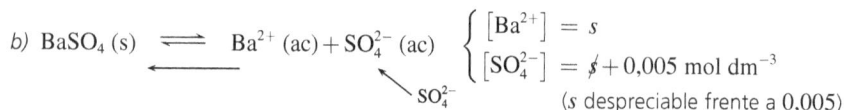

b) $BaSO_4$ (s) $\rightleftharpoons$ Ba^{2+} (ac) $+ SO_4^{2-}$ (ac) $\begin{cases} [Ba^{2+}] = s \\ [SO_4^{2-}] = \cancel{s} + 0,005 \, mol \, dm^{-3} \end{cases}$

(s despreciable frente a 0,005)

La solubilidad disminuye. Luego se forma más cantidad de precipitado de $BaSO_4$.

c) Cuando se adiciona Na_2NO_3 0,05 mol dm^{-3} a la disolución de $BaSO_4$ (s), como ninguno de los dos iones produce el efecto de ión común, la solubilidad del $BaSO_4$ es la misma que la calculada con agua.

$$solubilidad = s = 1,05 \cdot 10^{-5} \, mol \, dm^{-3}$$

Problema 6.17

Calculad la solubilidad de la base $Mg(OH)_2$ a la temperatura de $25°C$ en una disolución NaOH de concentración 0,1 M. $K_{ps}(Mg(OH)_2) = 1,8 \cdot 10^{-11}$.

$Mg(OH)_2$ (s) $\rightleftharpoons$ Mg^{2+} (ac) $+ 2\,OH^-$ (ac) $\begin{cases} [Mg^{2+}] = s \\ [OH^-] = 2\cancel{s} + 0,1 \, M \end{cases}$

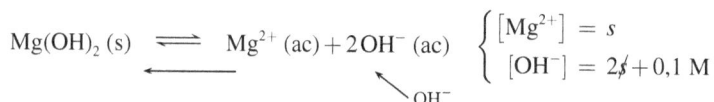

$$K_{ps} = [Mg^{2+}][OH^-]^2 = (s) \cdot (2\cancel{s} + 0,1)^2 = 1,8 \cdot 10^{-11}$$

$$s = 1,8 \cdot 10^{-11}/0,01 = 1,8 \cdot 10^{-9} \, M \quad \text{Se forma precipitado de } Mg(OH)_2$$

Problema 6.18

Calculad la cantidad en gramos de $CaCO_3$ (s) que pueden disolverse en 10.000 L de una disolución de Na_2CO_3 de concentración 0,1 M. $K_{ps}(CaCO_3) = 2,8 \cdot 10^{-9}$.

$CaCO_3$ (s) $\rightleftharpoons$ Ca^{2+} (ac) $+ CO_3^{2-}$ (ac) $\begin{cases} [Ca^{2+}] = s \\ [CO_3^{2-}] = \cancel{s} + 0,1 \, M \end{cases}$

$$K_{ps} = [Ca^{2+}][CO_3^{2-}] = (s) \cdot (\cancel{s} + 0,1)^2 = 2,8 \cdot 10^{-9}$$

$$s = 2,8 \cdot 10^{-9}/0,1 = 2,8 \cdot 10^{-8} \, M$$

$$10.000 \, L \cdot \frac{2,8 \cdot 10^{-8} \, mol \, CaCO_3}{L} \cdot \frac{100 \, g \, CaCO_3}{mol \, CaCO_3} = 0,028 \, g \, de \, CaCO_3$$

Problema 6.19

Calculad la solubilidad del CaF_2 (s) a la temperatura de $25°C$, en las disoluciones siguientes:

a) En agua pura.

b) En una disolución de $CaCl_2$ de concentración 0,1 M.

c) En una disolución de NaF de concentración 0,1 M.

d) Comparad los resultados b) y c) en tanto por ciento de CaF_2 que se disuelve respecto a la solubilidad en agua y justificadlos.

$K_{ps} (CaF_2) = 5,3 \cdot 10^{-9}$.   **[Solución]**

a) En agua pura: CaF_2 (s) $\rightleftharpoons$ Ca^{2+} (ac) $+ 2F^-$ (ac) $\begin{cases} [Ca^{2+}] = s \\ [F^-] = 2s \end{cases}$ $K_{ps} = [Ca^{2+}] [F^-]^2$

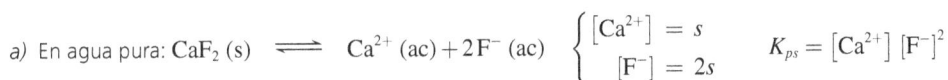

$$K_{ps} = 5,3 \cdot 10^{-9} = (s) \cdot (2s)^2 \quad \Rightarrow \quad s = \left(\frac{5,3 \cdot 10^{-9}}{4}\right)^{1/3} = 1,1 \cdot 10^{-3} M$$

b) Disolución de $CaCl_2$ 0,1 mol dm^{-3}

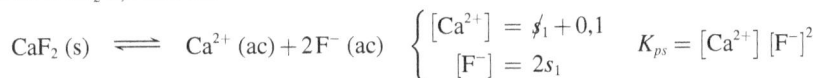

$$CaF_2 \text{ (s)} \quad \rightleftharpoons \quad Ca^{2+} \text{ (ac)} + 2F^- \text{ (ac)} \quad \begin{cases} [Ca^{2+}] = s_1 + 0,1 \\ [F^-] = 2s_1 \end{cases} \quad K_{ps} = [Ca^{2+}] [F^-]^2$$

$$K_{ps} = 5,3 \cdot 10^{-9} = (0,1) \cdot (2s_1)^2 \quad \Rightarrow \quad s_1 = \left(\frac{5,3 \cdot 10^{-9}}{4 \cdot 0,1}\right)^{1/2} = 1,15 \cdot 10^{-5} M$$

c) Disolución de NaF 0,1 mol dm^{-3}

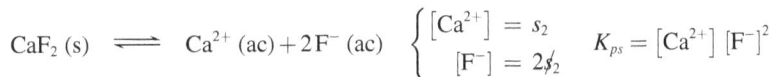

$$CaF_2 \text{ (s)} \quad \rightleftharpoons \quad Ca^{2+} \text{ (ac)} + 2F^- \text{ (ac)} \quad \begin{cases} [Ca^{2+}] = s_2 \\ [F^-] = 2s_2 \end{cases} \quad K_{ps} = [Ca^{2+}] [F^-]^2$$

$$K_{ps} = 5,3 \cdot 10^{-9} = (s_2) \cdot (0,1)^2 \quad \Rightarrow \quad s_s = \left(\frac{5,3 \cdot 10^{-9}}{4 \cdot 0,01}\right)^{1/2} = 1,32 \cdot 10^{-7} M$$

d) En $CaCl_2$ 0,1 M se disuelve:

$$(1,15 \cdot 10^{-4}/1,1 \cdot 10^{-3}) \cdot 100 = 10,45 \% \text{ del } CaF_2 \text{ se disuelve en agua.}$$

En NaF 0,1 M se disuelve:

$$(1,32 \cdot 10^{-7}/1,1 \cdot 10^{-3}) \cdot 100 = 0,012 \% \text{ del } CaF_2 \text{ se disuelve en agua.}$$

Por lo tanto, el F^- como ión común provoca que precipite más CaF_2 que cuando el ión común es el Ca^{2+}.

Precipitación y precipitación fraccionada

Problema 6.20

Al mezclar 20 mL de cloruro de estroncio de concentración 0,001 M con 30 mL de sulfato sódico de concentración 0,002 M, ¿habrá precipitación de sulfato de estroncio?. $K_{ps} (SrSO_4) = 7,6 \cdot 10^{-7}$.

Reacción de precipitación: $SrCl_2$ (ac) $+ Na_2SO_4 \longrightarrow SrSO_4$ (s) $+ 2\,NaCl$ (ac)

$$SrSO_4 \text{ (s)} \rightleftharpoons Sr^{2+} \text{ (ac)} + SO_4^{2-} \text{ (ac)} \qquad K_{ps} = \left[Sr^{2+}\right]\left[SO_4^{2-}\right] = 3,2 \cdot 10^{-7}$$

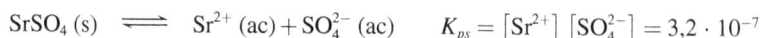

Concentraciones iniciales de Sr^{2+} y de SO_4^{2-}:

$$\left[Sr^{2+}\right] = \frac{25 \text{ mL } \cdot 0,001 \text{ M}}{(25+15) \text{ mL}} = 6,25 \cdot 10^{-4} \text{M} \left.\begin{array}{c} \\ \\ \\ \\ \end{array}\right\} \quad \left[Sr^{2+}\right]\left[SO_4^{2-}\right] = 4,7 \cdot 10^{-7}$$

$$\left[SO_4^{2-}\right] = \frac{15 \text{ mL } \cdot 0,002 \text{ M}}{(25+15) \text{ mL}} = 7,5 \cdot 10^{-4} \text{M} \qquad \begin{array}{l}\text{concentraciones}\\\text{iniciales}\end{array}$$

Como el producto iónico de las concentraciones iniciales, $4,7 \cdot 10^{-7}$, es menor que el producto de solubilidad, $7,6 \cdot 10^{-7}$, el $SrSO_4$ (s) no precipita.

$$\underbrace{\left[Sr^{2+}\right]_{\text{inicial}} \left[SO_4^{2-}\right]_{\text{inicial}}}_{4,7 \cdot 10^{-7}} < \underbrace{K_{ps} \; SrSO_4 \text{ (s)}}_{7,6 \cdot 10^{-7}} \quad \text{No precipita el } SrSO_4$$

■ Problema 6.21

Dada una disolución formada por nitrato de calcio de concentración 0,001 M y nitrato de bario de concentración 0,001 M.

a) Calculad la concentración mínima necesaria de SO_4^{2-} para que aparezca el primer precipitado.

b) Averiguad si los cationes Ca^{2+} y Ba^{2+} pueden separarse por adición de SO_4^{2-} mediante una precipitación fraccionada.

(Un ión está totalmente separado de otro cuando su concentración final en disolución es inferior a la milésima parte de la inicial.) $K_{ps}\left(CaSO_4\right) = 2,4 \cdot 10^{-5}$; $K_{ps}\left(BaSO_4\right) = 1,5 \cdot 10^{-9}$.

a) $CaSO_4$ (s) $\rightleftharpoons Ca^{2+}$ (ac) $+ SO_4^{2-}$ (ac) $\qquad K_{ps} = \left[Ca^{2+}\right]\left[SO_4^{2-}\right] = 9,1 \cdot 10^{-6}$

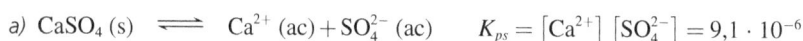

$$\left[SO_4^{-2}\right] = \frac{K_{ps}\left(CaSO_4\right)}{\left[Ca^{2+}\right]} = \frac{9,1 \cdot 10^{-6}}{0,001} = 9,1 \cdot 10^{-3} \text{M}$$

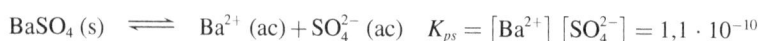

$BaSO_4$ (s) $\rightleftharpoons Ba^{2+}$ (ac) $+ SO_4^{2-}$ (ac) $\quad K_{ps} = \left[Ba^{2+}\right]\left[SO_4^{2-}\right] = 1,1 \cdot 10^{-10}$

$$\left[SO_4^{-2}\right] = \frac{K_{ps}\left(BaSO_4\right)}{\left[Ba^{2+}\right]} = \frac{1,1 \cdot 10^{-10}}{0,001} = 1,1 \cdot 10^{-7} \text{M}$$

La concentración mínima de SO_4^{2-} para que aparezca el primer precipitado es de $1,1 \cdot 10^{-7}$ M y el precipitado que se forma es de $BaSO_4$ (s).

b) Se va añadiendo SO_4^{2-} a la mezcla y cuando se llega a la concentración de $\left[SO_4^{2-}\right] = 1,1 \cdot 10^{-7}$ M, empieza a precipitar el $BaSO_4$ (s).

Cuando la concentración de $\left[SO_4^{2-}\right] = 9,1 \cdot 10^{-3}$ M empieza a precipitar el $CaSO_4$ (s). En ese momento interesa conocer la concentración de $\left[Ba^{2+}\right]$ para saber si esa concentración ha disminuido una milésima parte de la concentración inicial.

$$\left[\text{Ba}^{2+}\right] = \frac{K_{ps}(\text{BaSO}_4)}{\left[\text{SO}_4^{2-}\right]} = \frac{1{,}1 \cdot 10^{-10}}{9{,}1 \cdot 10^{-3}} = 1{,}2 \cdot 10^{-8}\,\text{M}$$

$$\left.\begin{array}{l} \left[\text{Ba}^{2+}\right]_{\text{inicial}} = 0{,}001\ \text{M} \\[4pt] \left[\text{Ba}^{2+}\right]_{\text{final}} = 1{,}2 \cdot 10^{-8}\,\text{M} \end{array}\right\}$$ Se observa que la concentración ha disminuido en más de 1/1.000 parte.

Luego, se pueden separar los iones Ca^{2+} y Ba^{2+} con SO_4^{2-} por precipitación.

Solubilidad y pH

■ **Problema 6.22**

Se prepara una disolución mezclando $100\ \text{cm}^3$ de H_2SO_4 de concentración $0{,}15\ \text{mol L}^{-1}$ con $300\ \text{cm}^3$ de Ba(OH)_2 de concentración $0{,}2\ \text{mol L}^{-1}$. Calculad las concentraciones finales de las especies en disolución. $K_{ps}\left(\text{BaSO}_4\right) = 1{,}1 \cdot 10^{-10}$.

[Solución]

Reacción de precipitación: $\text{Ba(OH)}_2 + \text{H}_2\text{SO}_4 \longrightarrow \text{BaSO}_4\ (\text{s}) + 2\,\text{H}_2\text{O}\ (\text{l})$

Disociación de ácido fuerte: $\text{H}_2\text{SO}_4 \longrightarrow \text{SO}_4^{2-} + 2\,\text{H}^+$

$$\text{BaSO}_4^{2-} \rightleftharpoons \text{SO}_4^{2-}\ (\text{ac}) + \text{Ba}^{2+}\ (\text{ac}) \qquad K_{ps} = \left[\text{Ba}^{2+}\right]\left[\text{SO}_4^{2-}\right] = 1{,}1 \cdot 10^{-10}$$

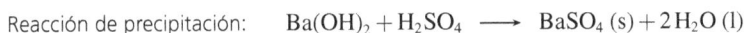

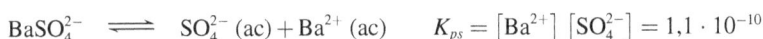

Especies en disolución en exceso, pero que no se encuentran en equilibrio:

$$\text{H}^+ \quad \Rightarrow \quad 0{,}1\ \text{dm}^3 \cdot 2 \cdot 0{,}15\ \text{mol dm}^{-3} = 0{,}030\ \text{moles de H}^+$$
$$\text{SO}_4^{2-} \quad \Rightarrow \quad 0{,}1\ \text{dm}^3 \cdot 0{,}015\ \text{mol dm}^{-3} = 0{,}015\ \text{moles de SO}_4^{2-}$$
$$\text{Ba}^{2+} \quad \Rightarrow \quad 0{,}3\ \text{dm}^3 \cdot 0{,}2\ \text{mol dm}^{-3} = 0{,}060\ \text{moles de Ba}^{2+}$$
$$\text{OH}^- \quad \Rightarrow \quad 0{,}3\ \text{dm}^3 \cdot 2 \cdot 0{,}2\ \text{mol dm}^{-3} = 0{,}120\ \text{moles de OH}^- \quad (\text{exceso})$$

Existe exceso de iones OH^-:

$$[\text{OH}^-]_{\text{exceso}} = \frac{\text{moles OH}^- - \text{moles H}^+}{(0{,}1 + 0{,}3)\,\text{dm}^3} = \frac{0{,}120 - 0{,}030}{0{,}4} = 0{,}225\ \text{M}$$

$$[\text{H}^+] = \frac{K_w}{[\text{OH}^-]} = \frac{10^{-14}}{0{,}225} = 4{,}4 \cdot 10^{-14}$$

Existe un exceso de Ba^{2+} para la formación de $\text{BaSO}_4\ (\text{s})$:

$$\left[\text{Ba}^{2+}\right]_{\text{exceso}} = \frac{\text{moles Ba}^{2+} - \text{moles SO}_4^{2-}}{(0{,}1 + 0{,}3)\,\text{dm}^3} = \frac{0{,}060 - 0{,}015}{0{,}4} = 0{,}1125\ \text{M}$$

■ **Problema 6.23**

Calculad la solubilidad del $\text{PbSO}_4\ (\text{s})$ en los disolventes siguientes:

a) Agua
b) Ácido nítrico de concentración $1{,}0\ \text{M}$
c) Ácido nítrico de concentración $1{,}5 \cdot 10^{-2}\,\text{M}$.

$K_{ps}\left(\text{PbSO}_4\ (\text{s})\right) = 2 \cdot 10^{-8};\ pK_{a2}\left(\text{HSO}_4^-/\text{O}_4^{2-}\right) = 2{,}0.$

$$PbSO_4 \text{ (s)} \ \rightleftharpoons \ SO_4^{2-} \text{ (ac)} + Pb^{2+} \text{ (ac)} \qquad K_{ps} = \left[Pb^{2+}\right]\left[SO_4^{2-}\right] = 2,0 \cdot 10^{-8}$$

$$HSO_4^- \ \rightleftharpoons \ SO_4^{2-} + H^+ \qquad K_{a2} = 10^{-2} = \frac{\left[SO_4^{2-}\right]\left[H^+\right]}{\left[HSO_4^-\right]}$$

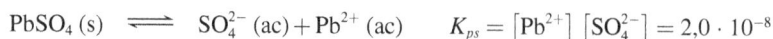

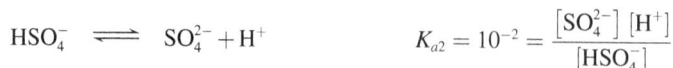

a) Solubilidad en agua:

$$\left[Pb^{2+}\right]\left[SO_4^{2-}\right] = s \cdot s = 2,0 \cdot 10^{-8} \ \Rightarrow \ s = (2,0 \cdot 10^{-8})^{1/2} = 1,41 \cdot 10^{-4} \, M$$

b) Solubilidad en HNO_3 1,0 M:

$$\text{Balance de masas:} \quad \left[Pb^{2+}\right] = \left[SO_4^{2-}\right]_{\text{Total}} = \left[SO_4^{2-}\right] + \left[HSO_4^-\right]$$

$$\left[Pb^{2+}\right] = \left[SO_4^{2-}\right] + \frac{\left[SO_4^{2-}\right]\left[H^+\right]}{K_{a2}} = \frac{K_{ps}}{\left[Pb^{2+}\right]}\left(1 + \frac{\left[H^+\right]}{K_{a2}}\right)$$

$$\left[Pb^{2+}\right]^2 = s^2 = 2,0 \cdot 10^{-8}\left(1 + \frac{1 \, M}{10^{-2} \, M}\right) = 2,0 \cdot 10^{-8}\,(1 + 10^2)$$

$$s = (2,0 \cdot 10^{-8} \cdot 101)^{1/2} = 1,42 \cdot 10^{-3} \, M$$

c) Solubilidad en HNO_3 $1,5 \cdot 10^{-2}$ M:

$$\left[Pb^{2+}\right]^2 = s^2 = 2,0 \cdot 10^{-8}\left(1 + \frac{1,5 \cdot 10^{-2} \, M}{10^{-2} \, M}\right) = 2,0 \cdot 10^{-8}(1 + 1,5)$$

$$s = (2,0 \cdot 10^{-8} \cdot 2,15)^{1/2} = 2,07 \cdot 10^{-4} \, M$$

Problema 6.24

Si a una disolución de HNO_3 de concentración 0,1 M se le adiciona Ag_2SO_4 en exceso, se observa que aumenta su pH en 0,15 unidades. Calculad:

a) La concentración de SO_4^{2-} en la disolución.
b) El producto de solubilidad del Ag_2SO_4.

$pK_{a_2} \ (HSO_4^- / SO_4^{2-}) = 2,0$.

a) $HNO_3 \longrightarrow NO_3^- + H^+ \qquad [H^+]_{\text{inicial}} = 0,1 \, M \qquad pH_{\text{inicial}} = -\log 0,1 = 1$

$$pH_{\text{final}} = 1 + 0,15 = 1,15 \qquad [H^+]_{\text{final}} = 10^{-1,15} \, M$$

$$Ag_2SO_4 \text{ (s)} \ \rightleftharpoons \ SO_4^{2-} \text{ (ac)} + 2\,Ag^+ \text{ (ac)} \qquad K_{ps} = \left[Ag^+\right]^2\left[SO_4^{2-}\right]$$

$$HSO_4^- \ \rightleftharpoons \ SO_4^{2-} + H^+ \qquad K_{a2} = 10^{-2} = \frac{\left[SO_4^{2-}\right]\left[H^+\right]}{\left[HSO_4^-\right]}$$

Solubilidad del anión sulfato: $\quad \left[SO_4^{2-}\right]_{\text{Total}} = \left[SO_4^{2-}\right] + \left[HSO_4^-\right] = s$

Solubilidad del catión plata: $\quad \left[Ag^+\right] = 2s$

$$[H^+]_{consumido} = [H^+]_{formado} = [H^+]_{inicial} - [H^+]_{final} = 10^{-1} - 10^{-1,15} = 0,029 \text{ M}$$

$$10^{-2} = \frac{[SO_4^{2-}]\,[H^+]}{[HSO_4^-]} = \frac{[SO_4^{2-}] \cdot 10^{-1,15}}{0,029} \quad \Rightarrow \quad [SO_4^{2-}] = 4,1 \cdot 10^{-3}\,\text{M}$$

b) $\quad s = [SO_4^{2-}] + [HSO_4^-] = 4,1 \cdot 10^{-3} + 0,029 = 0,033 \text{ M}$

$\qquad 2s = [Ag^+] = 2 \cdot 0,033 = 0,066 \text{ M}$

$\qquad K_{ps} = (0,066)^2 \cdot (4,1 \cdot 10^{-3}) = 1,78 \cdot 10^{-5} = 10^{-4,75}$

Problema 6.25

Calculad la solubilidad del cianuro de plata AgCN (s) en una disolución tampón de pH = 3. K_{ps} (AgCN) $= 1,2 \cdot 10^{-16}$; K_a (HCN) $= 4,8 \cdot 10^{-10}$.

[Solución]

$$AgCN\ (s) \ \rightleftharpoons \ Ag^+\ (ac) + CN^-\ (ac) \qquad K_{ps} = [Ag^+]\,[CN^-] = 1,2 \cdot 10^{-10}$$

$$HCN \ \rightleftharpoons \ H^+\ (ac) + CN^-\ (ac) \qquad K_a = \frac{[H^+]\,[CN^-]}{[HCN]} = 4,8 \cdot 10^{-10}$$

La relación entre las concentraciones [HCN] y [CN$^-$] obtenida de la expresión de la ecuación de K_a es:

$$\frac{[HCN]}{[CN^-]} = \frac{[H^+]}{K_a} = \frac{1 \cdot 10^{-3}}{4,8 \cdot 10^{-10}} = 2,1 \cdot 10^6 \quad \Rightarrow \quad [CN^-] = \frac{[HCN]}{2,1 \cdot 10^6}$$

En equilibrio: $\left\{ \begin{array}{l} [Ag^+] = s \\ [CN^-]_{Total} = [CN^-] + [HCN] = s \end{array} \right\} \quad [Ag^+] = [\cancel{CN^-}]\,[HCN] = s$

$\qquad\qquad\qquad\qquad\qquad\qquad\qquad\qquad\qquad \underset{\approx\,0}{\cancel{\;}}$

$$[CN^-] = s/(2,1 \cdot 10^6)$$

$$[Ag^+]\,[CN^-] = 1,2 \cdot 10^{-16} \quad \Rightarrow \quad s \cdot s/(2,1 \cdot 10^6) = 1,2 \cdot 10^{-16} \quad \Rightarrow \quad s = 2,5 \cdot 10^{-10}\,\text{M}$$

Problema 6.26

Se dispone de una disolución formada por iones Fe^{3+} y Cu^{2+} de 0,10 M de concentración para cada uno de ellos. Calculad los límites entre los que hay que mantener la [OH$^-$] para que precipite totalmente el Fe^{3+} en forma de $Fe(OH)_3$ (s) y no precipite el Cu^{2+} en forma de $Cu(OH)_2$ (s). (La diferencia de concentraciones para que se consideren separados el Fe^{3+} y el Cu^{2+} debe ser menor que 10^{-6} M.) K_{ps} $(Fe(OH)_3$ (s)) $= 4,0 \cdot 10^{-38}$, K_{ps} $(Cu(OH)_2$ (s)) $= 1,0 \cdot 10^{-20}$.

[Solución]

$$Fe(OH)_3\ (s) \ \rightleftharpoons \ Fe^{3+}\ (ac) + 3\,OH^-\ (ac) \qquad K_{ps} = [Fe^{3+}]\,[OH^-]^3 = 4 \cdot 10^{-38}$$

$$Cu(OH)_2\ (s) \ \rightleftharpoons \ Cu^{2+}\ (ac) + 2\,OH^-\ (ac) \qquad K_{ps} = [Cu^{2+}]\,[OH^-]^2 = 1 \cdot 10^{-20}$$

Para el Fe^{3+}: $\quad [OH^-]^3 = K_{ps}/[Fe^{3+}] = (4 \cdot 10^{-38})/(0,10) = 4 \cdot 10^{-37}$

$\qquad\qquad\qquad [OH^-] = (4 \cdot 10^{-37})^{1/3} = 10^{-12,13}\,\text{M}$

Para el Cu^{2+}: $[OH^-]^2 = K_{ps}/[Cu^{2+}] = (1 \cdot 10^{-20})/(0,10) = 1 \cdot 10^{-19}$

$$[OH^-] = (1 \cdot 10^{-19})^{1/2} = 10^{-9,5}\,M$$

El $Fe(OH)_3$ (s) empieza a precipitar cuando la concentración $[OH^-]$ llega a $10^{-12,13}\,M$ y sigue precipitando hasta llegar a la concentración $[OH^-]$ de $10^{-9,5}\,M$, cuando comienza a precipitar el $Cu(OH)_2$ (s). Éste será el límite superior.

El límite inferior se encuentra cuando se considera totalmente precipitado el $Fe(OH)_3$ (s), y ello se cumple cuando la concentración de $[Fe^{3+}]$ es igual o menor que 10^{-6}.

$$[OH^-] = \left(\frac{4 \cdot 10^{-38}}{10^{-6}}\right)^{1/3} = 4 \cdot 10^{-10,6}\,M$$

La concentración $[OH^-]$ para que precipite el Fe^{3+} se debe mantener entre los límites:

$$4 \cdot 10^{-10,6} < [OH^-] < 10^{-9,5}$$

El pH para que precipite el Fe^{3+} se debe mantener entre los límites:

$$4,002 < pH < 4,5$$

Equilibrios de iones complejos

◼ Problema 6.27

Calculad la concentración de Ni^{2+} en una disolución del ión complejo $[Ni(CN)_4]^{2-}$ de concentración $10^{-4}\,M$. La constante K_f es de 10^{31}.

[Solución]

$$Ni^{2+}\ (ac) + 4\,CN^-\ (ac) \rightleftharpoons [Ni(CN)_4]^{2-}\ (ac) \qquad K_f = \frac{[Ni(CN)_4^{2-}]}{[Ni^{2+}]\,[CN^-]^4}$$

$$[Ni^{2+}]_{Total} = [Ni^{2+}] + [Ni(CN)_4^{2-}] = [Ni^{2+}] + 10^{-4} \approx 10^{-4}\,M; \quad [CN^-] = 4\,[Ni^{2+}]$$

$$K_f = 10^{31} = \frac{[Ni(CN)_4^{2-}]}{[Ni^{2+}]\,[CN^-]^4} = \frac{10^{-4}}{[Ni^{2+}]\,(4\,[Ni^{2+}])^4} = \frac{10^{-4}}{[Ni^{2+}]^5 \cdot 4^4}$$

$$[Ni^{2+}]^5 = (10^{-4})/(10^{31} \cdot 4^4) \quad [Ni^{2+}] = 3,3 \cdot 10^{-8}\,M\ (mol\ dm^{-3})$$

◼ Problema 6.28

Calculad la concentración de cada una de las especies que existen en una disolución de concentración $10^{-1}\,M$ del compuesto de coordinación K_2HgCl_4 si se supone que la constante de formación del ión complejo es $10^{-15,1}$ y que tienen lugar las reacciones siguientes:

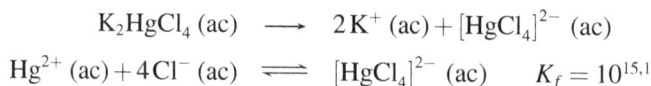

$$K_2HgCl_4\ (ac) \longrightarrow 2\,K^+\ (ac) + [HgCl_4]^{2-}\ (ac)$$
$$Hg^{2+}\ (ac) + 4\,Cl^-\ (ac) \rightleftharpoons [HgCl_4]^{2-}\ (ac) \qquad K_f = 10^{15,1}$$

$$\left[Hg^{2+}\right]_{Total} = \left[Hg^{2+}\right] + \left[HgCl_4^{2-}\right] \approx 10^{-1}\,M; \qquad \left[Cl^-\right] = 4\left[Hg^{2+}\right]$$

$$0$$

$$K_f = 10^{15,1} = \frac{\left[HgCl_4^{2-}\right]}{\left[Hg^{2+}\right]\left[Cl^-\right]^4} = \frac{10^{-1}}{\left[Hg^{2+}\right]\left(4\left[Hg^{2+}\right]\right)^4} = \frac{10^{-1}}{\left[Hg^{2+}\right]^5 \cdot 4^4}$$

$$\left[Hg^{2+}\right]^5 = (10^{-1})/(10^{15,1} \cdot 4^4) \quad \Rightarrow \quad \left[Hg^{2+}\right] = 3,15 \cdot 10^{-5}\,M$$

$$\left[Cl^-\right] = 4 \cdot 3,15 \cdot 10^{-4} = 1,26 \cdot 10^{-4}\,M$$

$$\left[HgCl_4^{2-}\right] \approx 10^{-1}\,M \qquad \left[K^+\right] = 2 \cdot 10^{-1}\,M$$

Problema 6.29

El ión Ag^+ forma con NH_3 y CN^- complejos iónicos del tipo $\left[Ag(NH_3)_2\right]^+$ y $\left[Ag(CN)_2\right]^-$. Teniendo en cuenta las reacciones siguientes:

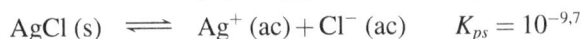

$$Ag^+ + 2\,NH_3 \rightleftharpoons \left[Ag(NH_3)\right]^+ \qquad K_f = 10^{7,24}$$

$$Ag^+ + 2\,CN_3 \rightleftharpoons \left[Ag(CN_2)\right]^+ \qquad K_f = 10^{20}$$

$$AgCl\,(s) \rightleftharpoons Ag^+\,(ac) + Cl^-\,(ac) \qquad K_{ps} = 10^{-9,7}$$

a) Escribid las reacciones de disolución del $AgCl\,(s)$.

b) Averiguad cuál de los dos complejos iónicos, el formado con NH_3 o el formado con CN^-, es más efectivo para disolver el $AgCl\,(s)$.

a) $AgCl\,(s) + 2\,NH_3 \rightleftharpoons \left[Ag(NH_3)\right]^+ + Cl^- \qquad K_R = \dfrac{\left[\left[Ag(NH_3)_2\right]^+\right]\left[Cl^-\right]}{\left[NH_3\right]^2}$

$AgCl\,(s) + 2\,CN^- \rightleftharpoons \left[Ag(CN_2)\right]^- + Cl^- \qquad K_R' = \dfrac{\left[\left[Ag(CN)_2\right]^-\right]\left[Cl^-\right]}{\left[CN^-\right]^2}$

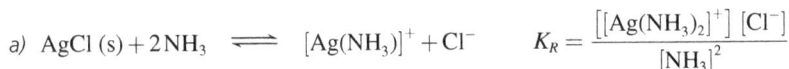

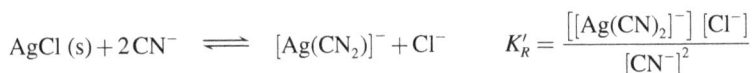

Si se multiplican el numerador y el denominador de las ecuaciones de ambas constantes, K_R y K_R' por la concentración de $\left[Ag^+\right]$, se obtiene:

Para el ión complejo de NH_3:

$$K_R = \frac{\left[\left[Ag(NH_3)_2\right]^+\right]\left[Cl^-\right]}{\left[NH_3\right]^2} \cdot \overbrace{\frac{\left[Ag^+\right]}{\left[Ag^+\right]}}^{K_{ps}} = K_f \cdot K_{ps} = 10^{7,24} \cdot 10^{-9,7} = 10^{-2,46}$$

Para el ión complejo CN^-:

$$K_R' = \frac{\left[\left[Ag(CN)_2\right]^-\right]\left[Cl^-\right]}{\left[CN^-\right]^2} \cdot \overbrace{\frac{\left[Ag^+\right]}{\left[Ag^+\right]}}^{K_{ps}} = K_f \cdot K_{ps} = 10^{20} \cdot 10^{-9,7} = 10^{10,3}$$

b) Debido a que la constante del CN^- es mucho mayor que la del NH_3, resulta más efectivo el ión CN^- para disolver el $AgCl\,(s)$ por formación del ión complejo $\left[Ag(CN)_2\right]^-$.

Problemas propuestos

Problema 6.1

Escribid la expresión de la constante del producto de solubilidad para los siguientes compuestos poco solubles en agua: $SrSO_4$ (s), $PbCl_2$ (s), CaF_2 (s), $MgCO_3$ (s), Hg_2Cl_2 (s) y $Al(OH)_3$ (s).

Problema 6.2

El hidrógenofosfato de calcio tiene un producto de solubilidad de $1 \cdot 10^{-7}$.

a) Escribid la ecuación correspondiente a su equilibrio de solubilidad.

b) Escribid la expresión de la constante del producto de solubilidad.

Problema 6.3

La solubilidad del $CaSO_4$ a la temperatura de $25°C$ es de 2,0 g de $CaSO_4$ en 1 L de agua. Calculad el valor del producto de solubilidad para esta sal.

Problema 6.4

Teniendo en cuenta las constantes de los productos de solubilidad que se indican en el "Apéndice 6" de este tema, escribid las reacciones igualadas estequiométricamente, en el caso de que se produzca alguna de ellas, cuando se mezclan volúmenes iguales de disoluciones de concentración 0,1 M de los compuestos siguientes:

a) $AgNO_3$ y Na_2CO_3.

b) Na_2SO_4 y KOH.

c) $CuSO_4$ y $Ba(OH)_2$.

Problema 6.5

La constante del producto de solubilidad para la fluorita, CaF_2 (s), es de $5,3 \cdot 10^{-9}$. Calculad la solubilidad en agua de esta sal en mol dm^{-3}.

Problema 6.6

La solubilidad de una disolución de AgOCN es de 7 mg en 100 mL de agua a la temperatura de $20°C$. Calculad la K_{ps} del AgOCN a $20°C$.

Problema 6.7

Calculad la solubilidad molar del PbI_2 (s) cuando se encuentra en presencia de KI (ac) de concentración 0,1 M. K_{ps} $(PbI_2) = 7,1 \cdot 10^{-9}$.

Problema 6.8

Calculad la solubilidad molar del PbI_2 en $Pb(NO_3)_2$ (ac) cuando su concentración es de $1 \cdot 10^{-2}$ mol dm^{-3}. K_{ps} $(PbI_2$ (s)$) = 7,1 \cdot 10^{-9}$.

Problema 6.9

Cuando se añaden 300 mL de Na_2SO_4 de concentración 0,1 M a 200 mL de $BaCl_2$ de concentración 0,2 M, se forma un precipitado blanco.

a) Escribid la reacción iónica para la reacción.

b) Calculad el número de moles del precipitado formado.

c) Calculad el número de moles de los iones que queden en disolución después de la precipitación.

K_{ps} ($BaSO_4$ (s)) $= 1,1 \cdot 10^{-10}$.

Problema 6.10

En una disolución reguladora o tampón de pH $= 8,20$, calculad la solubilidad molar del $Fe(OH)_3$ (s). K_{ps} ($Fe(OH)_3$ (s)) $= 4,0 \cdot 10^{-38}$.

Problema 6.11

¿Qué compuesto es más soluble en una disolución de CO_3^{2-} de concentración 0,1 M, el $BaCO_3$ (s) o el Ag_2CO_3 (s)?. K_{ps} ($BaCO_3$ (s)) $= 5,1 \cdot 10^{-9}$, K_{ps} (Ag_2CO_3 (s)) $= 8,5 \cdot 10^{-12}$.

Problema 6.12

Se añaden 0,15 cm^3 de KI (ac) de concentración $2,0 \cdot 10^{-2}$ M a 0,10 L de $Pb(NO_3)_2$ de concentración $1,0 \cdot 10^{-2}$ M. ¿Se formará un precipitado de PbI_2 (s)?. K_{ps} (PbI_2 (s)) $= 7,1 \cdot 10^{-9}$.

Problema 6.13

El ión Mg^{2+} precipita como $Mg(OH)_2$ (s). Calculad el valor de la concentración de $[OH^-]$ que queda después de la precipitación del $Mg(OH)_2$ (s), si la concentración de $[Mg^{2+}]$ en la disolución es de 10^{-6} g de Mg en 1 L. K_{ps} ($Mg(OH)_2$ (s)) $= 1,8 \cdot 10^{-11}$.

Problema 6.14

A 1 litro de disolución de NaCl de concentración 0,010 M se le añaden 5 gramos de $Pb(NO_3)_2$. ¿Se formará un precipitado de $PbCl_2$?. K_{ps} ($PbCl_2$ (s)) $= 1,6 \cdot 10^{-5}$.

Problema 6.15

Se añade lentamente $AgNO_3$ (ac) a una disolución formada por los iones Cl^- y Br^-, cuyas concentraciones son 0,15 M y 0,27 M. Calculad el % de Br^- que queda sin precipitar en el momento en que comienza a precipitar el AgCl (s). K_{ps} (AgCl (s)) $= 1,8 \cdot 10^{-10}$, K_{ps} (AgBr (s)) $= 5,0 \cdot 10^{-9}$.

Problema 6.16

Averiguad si el $Fe(OH)_3$ (s) precipita en las condiciones siguientes:

a) En una disolución de $[Fe^{3+}] = 0,012$ M.

b) En una disolución tampón de ácido acético, $CH_3 - COOH$, de concentración 0,015 M.

c) En una disolución de acetato de sodio, $CH_3 - COONa$, de concentración 0,025 M.

K_{ps} $(Fe(OH)_3$ $(s)) = 4,0 \cdot 10^{-38}$.

☐ Problema 6.17

En una disolución formada por NH_3 y NH_4Cl, cuyas concentraciones respectivas son 0,50 M y 0,20 M, calculad la solubilidad del $Mg(OH)_2$. K_{ps} $(Mg(OH)_2$ $(s)) = 1,8 \cdot 10^{-11}$.

■ Problema 6.18

Se mezclan 25 cm^3 de NaF (ac) de concentración 0,20 M con 10 cm^3 de $Mg(NO_3)_2$ (ac) de concentración 0,25 M. Calculad la concentración de los iones Mg^{2+} y de F^- en la disolución final. K_{ps} $(MgF_2$ $(s)) = 3,7 \cdot 10^{-8}$.

■ Problema 6.19

Calculad la solubilidad del $PbSO_4$ (s) en las disoluciones siguientes:

a) Agua.

b) Una disolución de $Pb(NO_3)_2$ de concentración 0,10 M.

c) Una disolución de Na_2SO_4 (s) de concentración 0,0010 M.

K_{ps} $(PbSO_4$ $(s)) = 1,6 \cdot 10^{-8}$.

☐ Problema 6.20

¿Precipita el BaF_2 (s) cuando se mezclan 30,5 mL de NaF (ac) de concentración 0,010 M con 20,0 mL de $BaCl_2$ (ac) de concentración 0,015 M?. K_{ps} $(BaF_2$ $(s)) = 2,4 \cdot 10^{-5}$.

■ Problema 6.21

Calculad las concentraciones finales de todas las especies existentes en una disolución que se prepara mezclando 100 mL de H_2SO_4 de concentración 0,15 M con 300 mL de $Ba(OH)_2$ de concentración 0,20 M. K_{ps} $(BaSO_4$ $(s)) = 1,1 \cdot 10^{-10}$.

■ Problema 6.22

Calculad la solubilidad del AgOH (s) en las disoluciones siguientes:

a) Agua.

b) Una disolución tampón o reguladora de pH = 11.

c) Una disolución tampón o reguladora de pH = 7.

d) Una disolución de HNO_3 0,20 M.

K_{ps} (AgOH) $(s) = 1,0 \cdot 10^{-8}$.

Problema 6.23

Un litro de disolución contiene una mezcla de los iones Ag^+, Ba^{2+} y Sr^{2+}, todos a una concentración de 0,10 M. Si se añade K_2CrO_4 (ac) lentamente a la disolución, y suponiendo nulo el aumento del volumen producido:

a) Averiguad el catión que precipita antes.

b) Cuando empiece a precipitar el ión Sr^{2+}, ¿qué concentración quedará en la disolución de los iones Ba^{2+} y Ag^+?

c) ¿Se puede lograr de esta manera una separación total de los tres cationes?

K_{ps} (Ag_2CrO_4 (s)) $= 1,1 \cdot 10^{-12}$, K_{ps} ($BaCrO_4$ (s)) $= 2,0 \cdot 10^{-10}$, K_{ps} ($SrCrO_4$ (s) $= 3,0 \cdot 10^{-5}$.

Problema 6.24

Una disolución contiene una concentración 0,0010 M de cationes Cd^{2+} y Zn^{2+}. Se quiere hacer precipitar el Cd^{2+} como CdS (s) de forma cuantitativa (disminuyendo la concentración de Cd^{2+} hasta 10^{-6} M) sin que precipite el Zn^{2+} como ZnS. Si se mantiene la disolución saturada, ¿cuál es el intervalo de pH en el que puede lograrse la separación?. K_{ps} (CdS(s)) $= 8,0 \cdot 10^{-28}$, K_{ps} (ZnS(s)) $= 2,0 \cdot 10^{-25}$, K_{a_1} (H_2S) $= 1,0 \cdot 10^{-7}$ y K_{a_2} (HS^-) $= 1,0 \cdot 10^{-13}$.

Problema 6.25

Calculad la solubilidad del AgCl (s) en las disoluciones siguientes:

a) Una disolución de NaCl (ac) de concentración 0,010 M.

b) Una disolución de NH_3 (ac) de concentración 0,010 M.

c) Una disolución de NH_3 (ac) de concentración 1,0 M.

d) Una disolución de NH_3 (ac) de concentración 2,5 M.

El catión Ag^+ forma con el NH_3 un ión complejo soluble de fórmula $[Ag(NH_3)_2]^+$, cuya constante de formación vale $K_f = 1,0 \cdot 10^8$. El producto de solubilidad vale K_{ps} (AgCl) $= 1,8 \cdot 10^{-10}$.

Problema 6.26

Calculad la cantidad en gramos de AgBr (s) que se disuelve en 5 L de NH_3 (ac) de concentración 2,0 M, si se sabe que se forma el ión complejo soluble $[Ag(NH_3)]^+$, cuya constante de formación es $K_f = 1,0 \cdot 10^8$. K_{ps} (AgCl (s)) $= 1,8 \cdot 10^{-10}$.

Problema 6.27

Hallad la expresión que permite calcular la solubilidad del AgCN (s) en función de la concentración libre de CN^- (cianuro) a partir de las reacciones siguientes:

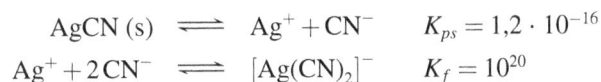

$$AgCN\ (s) \rightleftharpoons Ag^+ + CN^- \qquad K_{ps} = 1,2 \cdot 10^{-16}$$
$$Ag^+ + 2\,CN^- \rightleftharpoons [Ag(CN)_2]^- \qquad K_f = 10^{20}$$

Problema 6.28

Calculad la solubilidad de la sal $CuCl$ (s) en los disolventes siguientes:

a) Agua.

b) HCl (ac) de concentración 0,010 M.

c) $HClO_4$ (ac) de concentración 0,010 M.

Se conocen los valores correspondientes a las constantes de las reacciones siguientes:

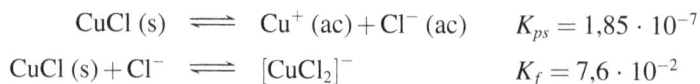

$$CuCl \ (s) \ \rightleftharpoons \ Cu^+ \ (ac) + Cl^- \ (ac) \qquad K_{ps} = 1,85 \cdot 10^{-7}$$

$$CuCl \ (s) + Cl^- \ \rightleftharpoons \ [CuCl_2]^- \qquad K_f = 7,6 \cdot 10^{-2}$$

Problema 6.29

A una disolución de ión Hg^{2+} de concentración 0,10 M se le adiciona ión I^-.

a) ¿A partir de qué concentración de I^- aparece un precipitado de HgI_2 (s)?

b) ¿A partir de qué concentración de I^- ese precipitado desaparece por completo?

K_{ps} $(HgI_2 \ (s)) = 10^{-27,9}$, $K_f \ ([HgI_4]^{2-}) = 6,8 \cdot 10^{29}$.

(Las concentraciones molares se dan indistintamente en M o mol/L o bien en mol dm^{-3}.)

Reacciones de transferencia de electrones. Electroquímica

7

7.1 Introducción y objetivos

En las reacciones ácido-base vistas anteriormente, los procesos químicos que intervienen implican *"transferencia protónica"*. En este tema, se estudiarán unas reacciones también importantes, que implican *"transferencia electrónica"* y que conducen a procesos de oxidación-reducción.

Para que una sustancia gane electrones, es preciso que otra sustancia los pierda, por lo que no existe un proceso de oxidación aislado, sino que siempre va acompañado de un proceso de reducción, y viceversa.

Por ejemplo, en la reacción:

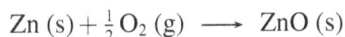

$$\text{Zn (s)} + \tfrac{1}{2}\text{O}_2\text{ (g)} \longrightarrow \text{ZnO (s)}$$

en la que el Zn se oxida y el O_2 se reduce, se observa que se han transferido dos electrones según las semirreacciones:

$$\left. \begin{array}{r} \text{Zn (s)} \longrightarrow \text{Zn}^{2+} + 2\,e^- \\ \tfrac{1}{2}\text{O}_2\text{ (g)} + 2\,e^- \longrightarrow \text{O}^{2-} \end{array} \right\} \quad \text{La suma de ambas da la reacción inicial.}$$

Una especie se oxida cuando pierde electrones (es el reductor) y una especie se reduce cuando gana electrones (es el oxidante).

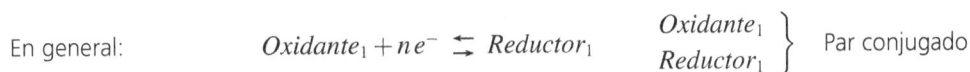

En general:

$$Oxidante_1 + n\,e^- \rightleftarrows Reductor_1 \qquad \left. \begin{array}{l} Oxidante_1 \\ Reductor_1 \end{array} \right\} \quad \text{Par conjugado}$$

Cuando un oxidante tiene gran tendencia a captar *electrones*, el reductor conjugado tiene poca tendencia a ceder *electrones* (es débil) y también ocurre a la inversa.

Muchas operaciones prácticas de la química analítica, de la bioquímica y de la industria implican reacciones de transferencia de electrones. Además, el número de oxidación es el concepto sobre el que se basa la química descriptiva de los elementos.

En este tema se insistirá sobre las ecuaciones, igualaciones y cálculos que acompañan a las reacciones de oxidación-reducción, ya estudiados en un tema anterior ("Estequiometría") y se verá cómo se pueden utilizar reacciones químicas para producir energía eléctrica y como puede utilizarse la electricidad para producir reacciones químicas. Por eso, esta parte de la química recibe el nombre de *electroquímica*.

Las aplicaciones prácticas de la electroquímica son innumerables, desde las baterías y las células de combustible como fuentes de energía eléctrica, hasta la obtención de productos químicos importantes, el refinado de metales y los métodos para controlar la corrosión.

Existen dos tipos de células o celdas electrolíticas, que son:

Célula voltaica o galvánica ⟶ *Produce energía eléctrica*

Célula electrolítica ⟶ *Consume energía eléctrica (proceso de electrolisis)*

Se estudiará además la predicción del comportamiento de las células electroquímicas conociendo el potencial de reducción estándar de las semirreacciones que tienen lugar en los electrodos y su relación con la energía libre o de Gibbs de la reacción de oxidación-reducción que tiene lugar.

Otra aplicación interesante será la determinación de la constante de equilibrio de una reacción en la que se transfieren electrones a partir del valor del potencial de reducción estándar de una pila.

7.2 Estado de oxidación o número de oxidación

El estado de oxidación o número de oxidación fue introducido para designar la carga que tendría un átomo si los electrones de valencia se asignaran arbitrariamente al elemento más electronegativo.

En la molécula de **HF** se dice que el hidrógeno tiene estado de oxidación $+1$ y el flúor estado de oxidación -1. En el agua, se asignan los electrones al átomo de oxígeno más electronegativo, esto da al oxígeno un estado de oxidación -2, y a cada hidrógeno de los dos que posee, estado de oxidación $+1$. La suma de los estados de oxidación en la unidad fórmula H_2O es cero.

Por ello el estado de oxidación está relacionado con el número de electrones que un átomo pierde, gana, o bien parece que utiliza para unirse a otros átomos en los compuestos.

Por lo tanto, el estado de oxidación o número de oxidación es la carga neta, ya sea neutra, positiva o negativa, que posee un átomo ionizado o no ionizado.

Especie	Cl^-	Cu^+	Co^{2+}	Na	S^{2-}	Fe^{3+}	B	Li^+
Estado de oxidación	-1	$+1$	$+2$	0	-2	$+3$	0	$+1$

Se puede ver que son necesarios algunas reglas o convenios para asignar los estados de oxidación.

Reglas para averiguar los estados de oxidación de distintas especies

1.º El estado de oxidación de los elementos en cualquier forma alotrópica sin combinar con otros elementos es cero.
2.º El estado de oxidación del oxígeno en las distintas moléculas es -2 (H_2O, ZnO) excepto en los peróxidos (H_2O_2), en los que es -1.
3.º El estado de oxidación del hidrógeno en las distintas moléculas es $+1$ (H_2O, HCl) excepto en los hidruros (**NaH**), en los que es -1.
4.º En una molécula poliatómica o ión, la suma algebraica de los estados de oxidación es igual a la carga neta de la molécula o ión.
5.º En las reacciones químicas, se conserva el número de oxidación o estado de oxidación.
6.º Los metales del **Grupo I** tienen en sus compuestos un estado de oxidación de $+1$ y los metales del **Grupo II** tienen un estado de oxidación de $+2$.
7.º El estado de oxidación del flúor en sus compuestos es -1.

Los elementos del grupo **I** de la tabla periódica (metales alcalinos: H, Li, Na, K, Rb, etc.) tienen un estado de oxidación de $+1$; los elementos del grupo **II** (alcalinotérreos: Mg, Ca, Sr, etc.) tienen un estado de oxidación de $+2$, y los elementos del **grupo VII** (halógenos: **F, Cl, Br, I, At**) tienen un estado de oxidación de -1.

(Consultad las propiedades periódicas de los elementos en el tema "Estructura atómica".)

☐ **Ejemplo práctico 1**

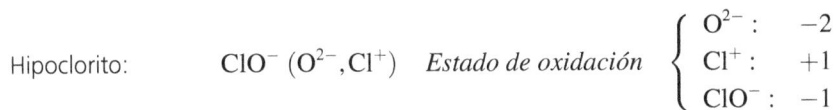

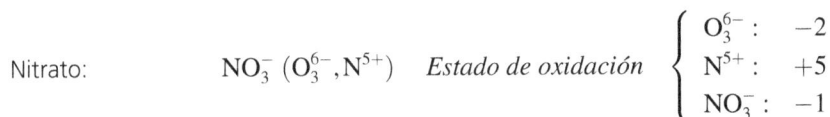

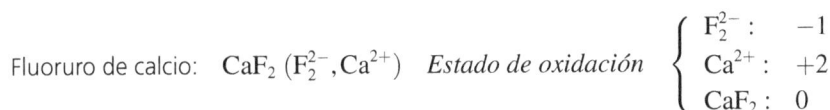

Hipoclorito: $\quad\quad\quad ClO^- \,(O^{2-}, Cl^+)\quad$ *Estado de oxidación* $\quad \begin{cases} O^{2-}: & -2 \\ Cl^+: & +1 \\ ClO^-: & -1 \end{cases}$

Nitrato: $\quad\quad\quad\quad NO_3^- \,(O_3^{6-}, N^{5+})\quad$ *Estado de oxidación* $\quad \begin{cases} O_3^{6-}: & -2 \\ N^{5+}: & +5 \\ NO_3^-: & -1 \end{cases}$

Fluoruro de calcio: $\quad CaF_2 \,(F_2^{2-}, Ca^{2+})\quad$ *Estado de oxidación* $\quad \begin{cases} F_2^{2-}: & -1 \\ Ca^{2+}: & +2 \\ CaF_2: & 0 \end{cases}$

Para saber si una reacción es de oxidación-reducción, basta con averiguar los estados de oxidación de cada uno de los elementos que participan en ella. Si cambian, será una reacción en que se transfieren electrones y, por lo tanto, de oxidación-reducción.

Para reacciones sencillas, del tipo:

$$Zn\,(s) + 2\,H^+ \;\rightleftharpoons\; Zn^{2+} + H_2\,(g)$$
$$Red_1 \quad Ox_2 Ox_1 \quad Red_2$$

es fácil saber la especie que gana y la especie que pierde electrones, por lo que es sencillo averiguar cuál es el reductor, que se oxida, y cuál es el oxidante, que se reduce. Para concretar, es conveniente saber que:

- Si el número de oxidación aumenta, el átomo o molécula se ha oxidado.

  ($Zn^\circ \longrightarrow Zn^{2+}$. Se oxida el $Zn\,(s)$: es el reductor).

- Si el número de oxidación disminuye, el átomo o molécula se ha reducido.

  ($2\,H^+ \longrightarrow H_2^\circ$. Se reduce el H^+: es el oxidante).

A veces, las reacciones de oxidación-reducción tienen lugar entre moléculas o iones más complejos, lo que dificulta identificar la transferencia de electrones.

$$MnO_4^- + 5\,Fe^{2+} + 8\,H^+ \;\rightleftharpoons\; 5\,Fe^{3+} + Mn^{2+} + 4\,H_2O$$

Los iones que participan en esta reacción derivan de las moléculas en disolución acuosa siguientes:

$$KMnO_4 + 5\,Fe(NO_3)_2 + H_2SO_4 \quad \begin{cases} \text{Oxidante:} & KMnO_4\,(MnO_4^-) \\ \text{Reductor:} & Fe\,(NO_3)_2\,(Fe^{2+}) \end{cases}$$

La ganancia o pérdida de electrones no se puede asignar a un átomo, pero gracias a la definición dada de estado de oxidación es fácil hallar la especie que gana y la que cede electrones.

En el caso anterior, el MnO_4^- es el oxidante, porque el Mn en el MnO_4^- tiene un estado de oxidación de $+7$ y pasa a Mn^{2+} reduciéndose, ya que su estado de oxidación disminuye a $+2$. El Fe^{2+} es el reductor, que tiene un estado de oxidación de $+2$ y pasa a Fe^{3+}, oxidándose, ya que su estado de oxidación aumenta a $+3$.

7.3 Igualación o ajuste de reacciones de oxidación-reducción

(Ver Tema 2, "Estequiometría", apartado 2.6.3)

Una reacción de oxidación-reducción, también llamada redox, es la suma de dos *semirreacciones*. Una representa la oxidación y la otra la reducción.

Recordemos y resumamos el método de igualación por semirreacción o de ión-electrón para las reacciones redox *en medio ácido*, que consiste en:

1.º *Escribir los iones en los que intervienen especies que se oxidan o reducen.*
2.º *Igualar el número de átomos que se oxidan o se reducen.*
3.º *Igualar el oxígeno.*
4.º *Igualar el hidrógeno.*
5.º *Igualar la carga eléctrica o número de oxidación con electrones.*

Se aplica el método del ión-electrón a la reacción en medio ácido del $K_2Cr_2O_7$ con HI para dar Cr^{3+} y I_2.

– Reacción redox:

$$K_2Cr_2O_7 + HI + HClO_4 \longrightarrow KClO_4 + Cr(ClO_4)_3 + I_2 + H_2O$$

– Reacción iónica sin igualar:

$$Cr_2O_7^{2-} + I^- + H^+ \longrightarrow Cr^{3+} + I_2\,(s) + H_2O$$

– Semirreacciones iónicas igualadas en átomos, en cargas y electrones:

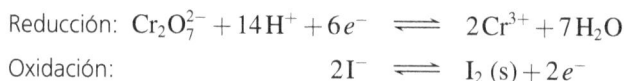

$$\text{Reducción: } Cr_2O_7^{2-} + 14\,H^+ + 6\,e^- \rightleftharpoons 2\,Cr^{3+} + 7\,H_2O$$
$$\text{Oxidación: } \qquad\qquad 2\,I^- \rightleftharpoons I_2\,(s) + 2\,e^-$$

– Como el intercambio de electrones debe ser el mismo, se multiplican las semirreacciones iónicas por los coeficientes adecuados:

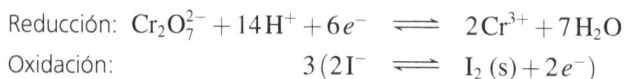

$$\text{Reducción: } Cr_2O_7^{2-} + 14\,H^+ + 6\,e^- \rightleftharpoons 2\,Cr^{3+} + 7\,H_2O$$
$$\text{Oxidación: } \qquad\qquad 3\,(2\,I^- \rightleftharpoons I_2\,(s) + 2\,e^-)$$

– Se suman las semirreacciones iónicas y se anulan los electrones que intervienen (en este caso, $6\,e^-$) y se obtiene la reacción iónica completa igualada:

$$Cr_2O_7^{2-} + 14\,H^+ + 6\,I^- \rightleftharpoons 2\,Cr^{3+} + 3\,I_2\,(s) + 7\,H_2O$$

– La reacción molecular final igualada es:

$$K_2Cr_2O_7 + (14-6)\,HClO_4 + 6\,HI \rightleftharpoons 2\,Cr(ClO_4)_3 + 3\,I_2 + 7\,H_2O + 2\,KClO_4$$

Recordemos y resumamos el método de igualación por semirreacción o de ión electrón para las reacciones redox *en medio básico*, que consiste en:

1.º *Escribir los iones en los que intervienen especies que se oxidan o se reducen.*
2.º *Igualar el número de átomos que se oxidan o se reducen.*
3.º *Igualar electrones.*
4.º *Igualar con* OH^- *las cargas eléctricas.*
5.º *Igualar los oxígenos con* H_2O.

Se aplica el método del ión-electrón a la reacción en medio básico del Cr^{3+} con ClO_3^- para dar CrO_4^{2-} y Cl^-.

– Reacción redox:

$$ClO_3^- + Cr^{3+} + OH^- \longrightarrow Cl^- + CrO_4^{2-} + H_2O$$

– Semirreacciones igualadas en átomos, cargas y electrones:

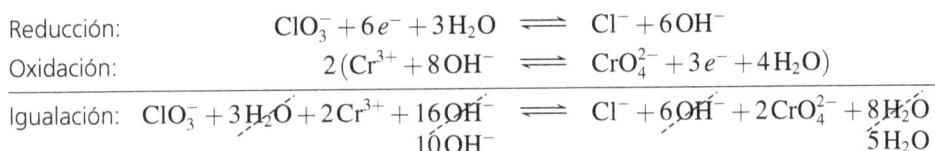

Reducción: $\qquad ClO_3^- + 6e^- + 3H_2O \rightleftharpoons Cl^- + 6OH^-$

Oxidación: $\qquad 2(Cr^{3+} + 8OH^- \rightleftharpoons CrO_4^{2-} + 3e^- + 4H_2O)$

Igualación: $\; ClO_3^- + 3\cancel{H_2O} + 2Cr^{3+} + 16\cancel{OH^-} \rightleftharpoons Cl^- + 6\cancel{OH^-} + 2CrO_4^{2-} + 8\cancel{H_2O}$
$$\qquad\qquad\qquad 10\,OH^- \qquad\qquad\qquad\qquad\qquad\qquad 5\,H_2O$$

Reacción final igualada:

$$ClO_3^- + 2Cr^{3+} + 10\,OH^- \rightleftharpoons Cl^- + 2CrO_4^{2-} + 5H_2O$$

7.4 Electroquímica

La electroquímica es la parte de la química que estudia las reacciones en que intervienen los electrones. Como la electricidad implica un flujo de carga eléctrica, el profundizar en el conocimiento de la relación entre química y electricidad nos permite una mejor comprensión de las reacciones en las que se transfieren electrones, las reacciones de oxidación-reducción.

Las reacciones químicas "espontáneas" pueden ocasionar un flujo de electrones a través de un circuito eléctrico, cuando este tiene dos electrodos sumergidos en una disolución con el electrolito adecuado.

Existen otras reacciones "no espontáneas" que necesitan electricidad para que tengan lugar.

Los dos procesos anteriores implican una transferencia electrónica diferente y contraria para cada uno de ellos, y reciben el nombre de procesos electroquímicos.

Procesos electroquímicos $\begin{cases} \text{1) Pilas galvánicas (o voltáicas): La energía producida por una reación química se} \\ \quad \text{convierte en energía eléctrica.} \\ \text{2) Electrolisis: Al aplicar una diferencia de potencial se produce una reacción} \\ \quad \text{química mediante la acción de la energía eléctrica.} \end{cases}$

7.4.1 Electrodo, semicélula, cátodo y ánodo

Los electrodos son generalmente piezas metálicas conductoras.

Un electrodo metálico (M) sumergido en una disolución de iones del mismo metal (M^{n+}) forma una semicélula. Entre el metal y el ión pueden darse dos tipos de interacciones:

1.º *El ión se reduce:* **M**$^{n+}$ toma n electrones del electrodo y forma **M** (metal).

2.º *El metal se oxida:* **M** (metal) cede n electrones al electrodo y se incorpora a la disolución como ión **M**$^{n+}$.

Se establece el equilibrio:

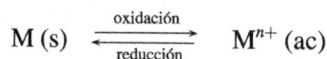

$$M\ (s) \xrightleftharpoons[\text{reducción}]{\text{oxidación}} M^{n+}\ (ac)$$

En esta semicélula el equilibrio de oxidación-reducción que se ha establecido, corresponde a una reacción en la que los cambios en el metal (electrodo) y en la disolución (iones **M**$^{n+}$) son muy pequeños y no pueden ser medidos.

Para averiguar la tendencia de los electrones a fluir del electrodo hacia la disolución, se debe unir esta semicélula a otra distinta, que permitirá la medida de ese flujo de electrones.

Los electrodos reciben nombres distintos según tenga lugar en ellos la oxidación o la reducción.

Ánodo: electrodo donde tiene lugar la oxidación

Cátodo: electrodo donde tiene lugar la reducción

Por ejemplo, una semicélula puede estar formada por un electrodo de metal **Cu** (s) en contacto con una disolución de iones **Cu**$^{2+}$ en forma de sulfato, nitrato, etc. Las reacciones de intercambio electrónico que pueden tener lugar en ella son:

Oxidación: $Cu\ (s) \longrightarrow Cu^{2+}\ (ac) + 2\,e^-$ o Reducción: $Cu^{2+}\ (ac) + 2\,e^- \longrightarrow Cu\ (s)$

Que se dé una reacción o la otra dependerá de la semicélula con la que se una para formar la célula o pila y que permitirá medir la tendencia de los electrones a fluir de un electrodo al otro.

Por ejemplo, si la semicélula de metal **Cu** (s) en contacto con la disolución de iones **Cu**$^{2+}$ se une a otra semicélula de metal **Ag** (s) en contacto con una disolución de iones **Ag**$^+$, las reacciones parciales o semirreacciones que tienen lugar son:

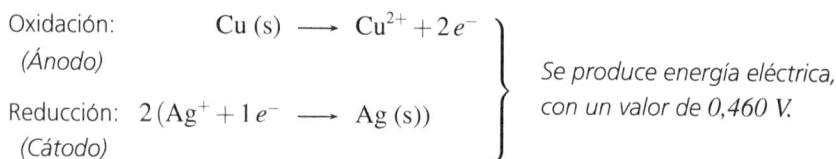

Oxidación: $Cu\ (s) \longrightarrow Cu^{2+} + 2\,e^-$

(*Ánodo*)

Reducción: $2\,(Ag^+ + 1\,e^- \longrightarrow Ag\ (s))$

(*Cátodo*)

Se produce energía eléctrica, con un valor de 0,460 V.

La reacción global es:

$$Cu\ (s) + 2\,Ag^+ \longrightarrow Cu^{2+} + 2\,Ag\ (s) \quad \text{(Se intercambian } 2\,e^-.)$$

Mientras que si el proceso de oxidación reducción es a la inversa, **no** tiene lugar la reacción redox global.

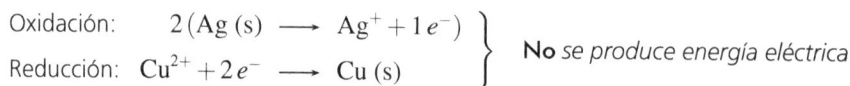

Oxidación: $2\,(Ag\ (s) \longrightarrow Ag^+ + 1\,e^-)$

Reducción: $Cu^{2+} + 2\,e^- \longrightarrow Cu\ (s)$

No *se produce energía eléctrica*

7.5 Células electroquímicas o pilas galvánicas

La combinación de dos semicélulas conectadas de modo adecuado forma la *célula electroquímica*. La suma de las reacciones, una de oxidación y la otra de reducción, que transcurren en las semicélulas, da lugar a la reacción redox global de la célula o pila galvánica, que es la que produce energía eléctrica.

Célula electroquímica o pila de Zn-Cu (pila Daniell)

Consiste en una semicélula Zn (s)/Zn^{2+} (ac) y una semicélula Cu^{2+} (ac)/Cu (s), en la que los electrones van desde el Zn (s) hasta el Cu (s).

Las semirreacciones de las semicélulas y la reacción espontánea (global) de la célula es:

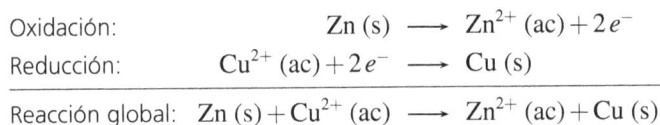

$$\text{Oxidación:} \qquad Zn \text{ (s)} \longrightarrow Zn^{2+} \text{ (ac)} + 2\,e^-$$

$$\text{Reducción:} \qquad Cu^{2+} \text{ (ac)} + 2\,e^- \longrightarrow Cu \text{ (s)}$$

$$\text{Reacción global:} \quad Zn \text{ (s)} + Cu^{2+} \text{ (ac)} \longrightarrow Zn^{2+} \text{ (ac)} + Cu \text{ (s)}$$

Esquema de la célula Zn-Cu (pila Daniell)

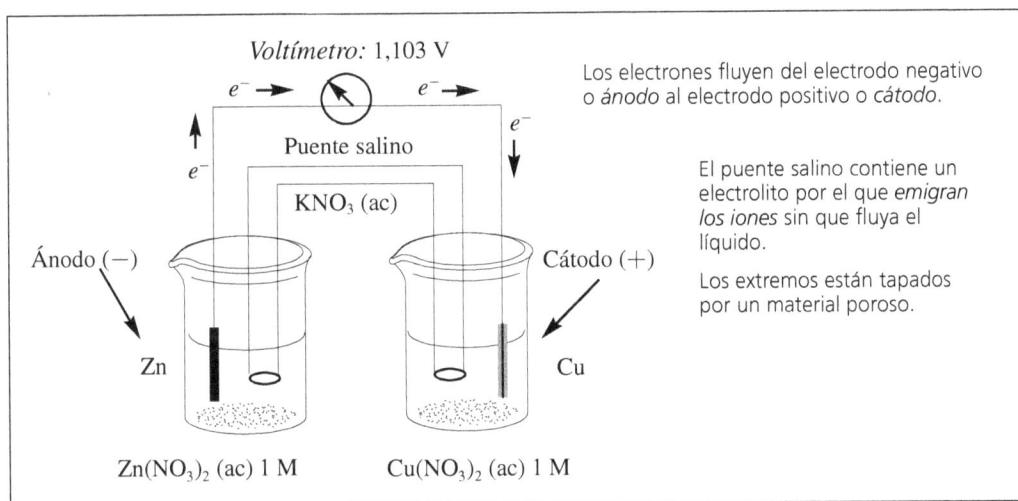

Fig. 7.1

Puede observarse que la reacción espontánea que tiene lugar en la pila produce una energía de $1,103$ V. La reacción inversa no tendrá lugar de manera espontánea y no produce energía.

También se observa, y puede generalizarse para las demás pilas, que en el cátodo $(+)$ tiene lugar la reducción (acepta e^-) y en el ánodo $(-)$ tiene lugar la oxidación (cede e^-).

El dibujo representativo de cualquier tipo de célula o pila resulta útil, pero en general se suelen representar mediante un esquema que nos indica sus componentes de forma simbólica y que conviene escribir utilizando el convenio siguiente:

- El ánodo $(-)$ (oxidación) se coloca a la izquierda.
- El cátodo $(+)$ (reducción) se coloca a la derecha.

- El electrodo (cátodo o ánodo) y su disolución se separan por una línea.
- El puente salino que une las dos semicélulas se representa por una doble línea. Las especies en disolución acuosa se sitúan a los dos lados de dicha doble línea y las especies distintas de la misma disolución se separan entre sí por una coma.

Para la pila que hemos dibujado, el esquema simbólico es:

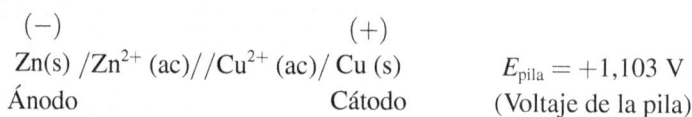

$$(-) \qquad\qquad\qquad (+)$$
$$\text{Zn(s)} \, / \text{Zn}^{2+} \, \text{(ac)} // \text{Cu}^{2+} \, \text{(ac)}/ \, \text{Cu (s)} \qquad E_{\text{pila}} = +1{,}103 \text{ V}$$
$$\text{Ánodo} \qquad\qquad\qquad \text{Cátodo} \qquad\qquad \text{(Voltaje de la pila)}$$

7.5.1 Potenciales estándar de electrodo

La diferencia de potencial entre los electrodos o medida del voltaje de las células o pilas es una determinacion fácil de llevar a cabo con precisión con un voltímetro.

Por el contrario, las medidas del potencial individual de cada uno de los electrodos (ánodo y cátodo) no pueden establecerse con seguridad. Por ello se elige una semicélula como referencia, a la que se le asigna un valor arbitrario de cero voltios, y se comparan las otras semicélulas con ella. Ese electrodo de referencia es el del hidrógeno.

Electrodo estándar de hidrógeno (EEH)

Está formado por una pieza de platino introducida en una disolución 1 M de ácido, H^+ (ac), y una corriente de H_2 (g) que pasa sobre la superficie de Pt, inerte, que no reacciona pero proporciona una superficie para la reducción del H^+ a H_2 (g) y para la oxidación inversa.

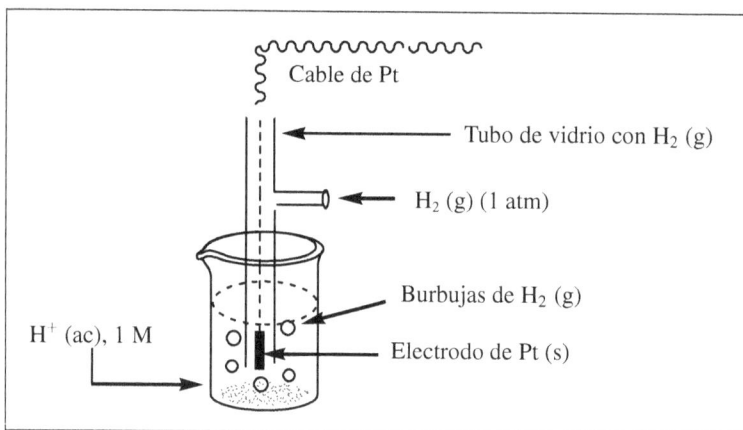

Cable de Pt

Tubo de vidrio con H_2 (g)

H_2 (g) (1 atm)

Burbujas de H_2 (g)

H^+ (ac), 1 M

Electrodo de Pt (s)

Fig. 7.2

Reacción en la semicélula de referencia

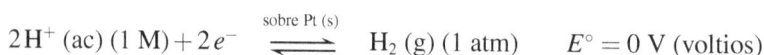

$$2\,H^+ \text{ (ac) (1 M)} + 2\,e^- \;\underset{}{\overset{\text{sobre Pt (s)}}{\rightleftharpoons}}\; H_2 \text{ (g) (1 atm)} \qquad E° = 0 \text{ V (voltios)}$$

La expresión del esquema de la célula de referencia es:

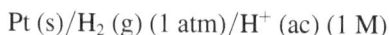

$$\text{Pt (s)}/H_2 \text{ (g) (1 atm)}/H^+ \text{ (ac) (1 M)}$$

Las líneas indican que en el electrodo de hidrógeno existen tres fases: platino sólido, hidrógeno gas e ión hidrógeno en disolución acuosa.

Para simplificar, supondremos que para la concentración de actividad la unidad, la $[H^+]$ es 1 M y la presión de 1 bar se sustituye por 1 atmósfera.

"El potencial estándar de electrodo, que se representa por $E°$, mide el proceso de **reducción** *que se genera en un electrodo."* (Norma internacional)

El par de reducción se escribe como subíndice en el potencial estándar, para subrayar que es el de la semirreacción de reducción.

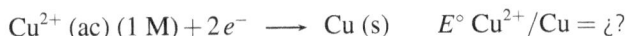

$$Cu^{2+} \text{ (ac) (1 M)} + 2\,e^- \longrightarrow Cu \text{ (s)} \qquad E°\ Cu^{2+}/Cu = ¿?$$

Para averiguar el valor de dicho potencial estándar, se compara con el del electrodo de referencia de hidrógeno, que es cero voltios y que en el esquema de la célula se coloca a la izquierda (ánodo), mientras que el electrodo de Cu a comparar se coloca a la derecha (cátodo), y es donde tiene lugar la reducción.

Representación de la pila:

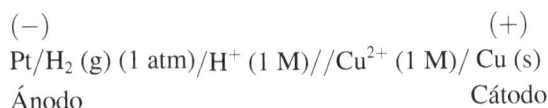

$$(-) \qquad\qquad\qquad\qquad\qquad\qquad (+)$$
$$Pt/H_2 \text{ (g) (1 atm)}/H^+ \text{ (1 M)}//Cu^{2+} \text{ (1 M)}/ Cu \text{ (s)}$$
$$\text{Ánodo} \qquad\qquad\qquad\qquad\qquad \text{Cátodo}$$

La diferencia de potencial de esta pila es: $E°_{pila} = +0{,}340$ V

En general: $\qquad E°_{pila} = E°_{derecha} - E°_{izquierda} \quad \Rightarrow \quad E°_{pila} = E°(+) - E°(-) = E°_{cátodo} - E°_{ánodo}$

Luego: $\quad E°_{pila} = E°\ Cu^{2+}/Cu - E°\ H^+/H_2 = +0{,}340$ V $\quad \Rightarrow \quad E°\ Cu^{2+}/Cu = +0{,}340$ V
$$0 \swarrow$$

El valor del potencial estándar $E°$ positivo indica que los electrones fluyen del ánodo al cátodo, del electrodo de hidrógeno al del cobre.

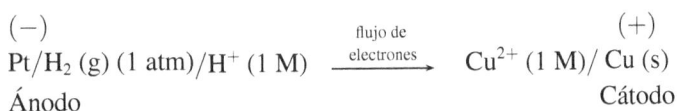

$$(-) \qquad\qquad\qquad\qquad\qquad\qquad\qquad (+)$$
$$Pt/H_2 \text{ (g) (1 atm)}/H^+ \text{ (1 M)} \xrightarrow{\substack{\text{flujo de}\\\text{electrones}}} Cu^{2+} \text{ (1 M)}/ Cu \text{ (s)}$$
$$\text{Ánodo} \qquad\qquad\qquad\qquad\qquad\qquad \text{Cátodo}$$

El valor del potencial estándar $E°$ negativo indicaría que los electrones fluyen en sentido opuesto, del cátodo al ánodo. En el caso de una pila con electrodo de Zn (s) y electrodo de hidrógeno (referencia), el valor del potencial estándar $E°$ es negativo.

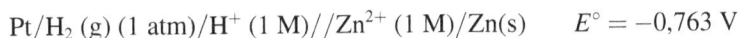

$$Pt/H_2 \text{ (g) (1 atm)}/H^+ \text{ (1 M)}//Zn^{2+} \text{ (1 M)}/Zn\text{(s)} \qquad E° = -0{,}763 \text{ V}$$

En este caso, los electrones van del electrodo de Zn (s) al del hidrógeno. Luego el Zn (s) es el ánodo y el H_2 (g) es el cátodo.

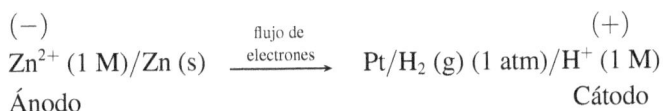

$$(-) \qquad\qquad\qquad\qquad\qquad\qquad\qquad (+)$$
$$Zn^{2+} \text{ (1 M)}/Zn \text{ (s)} \xrightarrow{\substack{\text{flujo de}\\\text{electrones}}} Pt/H_2 \text{ (g) (1 atm)}/H^+ \text{ (1 M)}$$
$$\text{Ánodo} \qquad\qquad\qquad\qquad\qquad\qquad \text{Cátodo}$$

El "Apéndice 7" muestra los pares redox, las semirreacciones de reducción y los potenciales de electrodo estándar a la temperatura de 25°C.

■ Ejemplo práctico 2

Calculad el valor del potencial estándar $E°$ de una pila voltaica formada por electrodos de Zn (s) y de Cl_2 (g). ¿Qué especie se oxida y qué especie se reduce? ¿Qué especie es el oxidante y qué especie es el reductor? (Los potenciales de reducción estándar se encuentran en el "Apéndice 7".)

Semirreacciones de reducción:

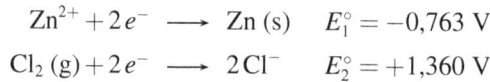

$$Zn^{2+} + 2e^- \longrightarrow Zn \text{ (s)} \quad E_1° = -0,763 \text{ V}$$

$$Cl_2 \text{ (g)} + 2e^- \longrightarrow 2Cl^- \quad E_2° = +1,360 \text{ V}$$

Para que la pila pueda formarse y genere energía eléctrica, su potencial estándar debe ser positivo.

$$E_{pila}° > 0 \quad \Rightarrow \quad E_{reducción}° - E_{oxidación}° > 0 \quad \Rightarrow \quad +1,360 - (-0,763) = +2,121 \text{ V}$$

$$\text{Cátodo } (+) \quad \text{Ánodo } (-)$$

Reacción de la pila: $Zn \text{ (s)} + Cl_2 \text{ (g)} \longrightarrow Zn^{2+} + 2Cl^- \quad E_{pila}° = +2,121 \text{ V}$

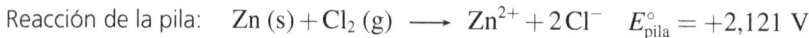

Ánodo $(-)$ oxidación: $Zn \text{ (s)} \longrightarrow Zn^{2+} + 2e^-$ El Zn (s) se oxida: es el reductor.

Cátodo $(+)$ reducción: $Cl_2 \text{ (g)} + 2e^- \longrightarrow 2Cl^-$ El Cl_2 se reduce: es el oxidante.

7.6 Diferencia de potencial de una pila y energía de Gibbs. (Trabajo eléctrico) ▬▬▬

Una pila voltaica en la que tiene lugar una reacción de oxidación-reducción da lugar a una energía química que realiza un trabajo eléctrico.

Cuando el proceso es espontáneo, $\Delta G < 0$, la variación de la energía libre del sistema a P y T constantes es igual al trabajo útil desarrollado por el mismo.

$$\Delta G = w_{eléctrico} \text{ (reversible)}$$

El trabajo eléctrico que realiza una corriente al pasar entre dos puntos del circuito es igual a la carga transportada por la diferencia de potencial, E_p, entre dos puntos.

$$w_{eléctrico} = qE_p = -nFE_p$$

E_p :   Diferencia de potencial
q :   Carga $= -nF$ (culombio)
F :   Faraday $= 96.487 \text{ C/mol } e^- \approx 96.500 \text{ C/mol } e^-$
n :   Número de e^- transferidos

Luego: $\Delta G = -nFE_p$ En estado estándar: $\Delta G° = -nFE_{pila}°$

F : Faraday $=$ Carga de 1 mol de e^-
Carga del $e^- = 1,6 \cdot 10^{-19} \text{ C}$
N_A (n° Avogadro): $6,022 \cdot 10^{23} \ e^-/mol$
$\left.\right\}$
$F = (1,6 \cdot 10^{-19} \text{ C}/e^-) \cdot (6,022 \cdot 10^{23} \ e^-/mol)$
$= 96.487 \text{ C/mol}$

Mediante esta expresión y a partir del potencial de una pila se puede hallar la variación de la energía libre de Gibbs de una reacción.

Para la pila Daniell, vista anteriormente, se calcula el valor de la energía libre estándar, $\Delta G°$:

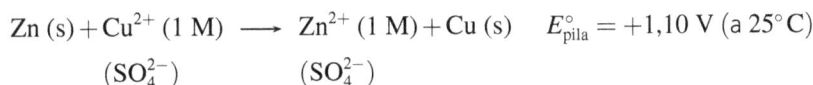

$$\text{Zn (s)} + \text{Cu}^{2+} \text{ (1 M)} \longrightarrow \text{Zn}^{2+} \text{ (1 M)} + \text{Cu (s)} \quad E°_{pila} = +1{,}10 \text{ V (a } 25°\text{C)}$$
$$(\text{SO}_4^{2-}) \qquad\qquad (\text{SO}_4^{2-})$$

$$\Delta G° = -nFE°_{pila} = -2 \cdot (96.500 \text{ C}) \cdot (1{,}10 \text{ V}) = -212.300 \text{ J}$$

En general, para distintos procesos de reacciones químicas se puede decir que:

$$\text{Reacción espontánea:} \quad \Delta G < 0 \longrightarrow E_p > 0$$
$$\text{Reacción no espontánea:} \quad \Delta G > 0 \longrightarrow E_p < 0$$
$$\text{En el equilibrio:} \quad \Delta G = 0 \longrightarrow E_p = 0$$

La diferencia de potencial de una pila cambia de signo cuando se invierte la reacción que tiene lugar en ella, pues se invierten los electrodos.

7.6.1 Cálculo del potencial de una pila a partir de la energía libre

La ecuación $\Delta G° = -nFE°_{pila}$ permite el cálculo de $E°_{pila}$ a partir de $\Delta G°$, como también permite calcular los valores de $E°$ en los electrodos.

Como ejemplo, se determina el valor de $E°$ para la semirreacción:

$$\text{Fe}^{3+} + 3\,e^- \longrightarrow \text{Fe (s)} \quad E°_R = \text{¿?} \quad \text{(Este valor no está entre los datos del "Apéndice 7".)}$$

Se pueden sumar los valores de $\Delta G°$ para las dos semirreacciones conocidas:

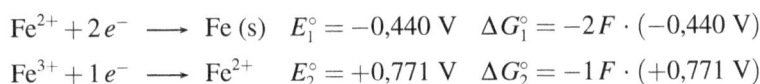

$$\text{Fe}^{2+} + 2\,e^- \longrightarrow \text{Fe (s)} \quad E°_1 = -0{,}440 \text{ V} \quad \Delta G°_1 = -2F \cdot (-0{,}440 \text{ V})$$
$$\text{Fe}^{3+} + 1\,e^- \longrightarrow \text{Fe}^{2+} \quad E°_2 = +0{,}771 \text{ V} \quad \Delta G°_2 = -1F \cdot (+0{,}771 \text{ V})$$

Sumando:

$$\text{Fe}^{3+} + 3\,e^- \longrightarrow \text{Fe (s)}$$
$$\Delta G°_R = \Delta G°_1 + \Delta G°_2$$
$$\Delta G°_R = (0{,}880\,F) - (0{,}771\,F) = (0{,}109\,F) \text{ V}$$

Luego:

$$\Delta G°_R = -nFE°_R = -3FE°_R = (0{,}109\,F) \text{ V}$$

Despejando el potencial:

$$E°_R = (-0{,}109\,F/3\,F) \text{ V} = -0{,}0363 \text{ V}$$

7.7 Relación entre el potencial estándar de una pila E_{pila} y la constante de equilibrio (K_{eq})

Se conoce la ecuación termodiámica que relaciona la energía libre estándar con la constante de equilibrio.

$$\Delta G^\circ = -RT \ln K_{eq}$$

También se conoce la ecuación que relaciona la energía libre estándar con el potencial de una pila.

$$\Delta G^\circ = -nFE^\circ_{\text{pila}}$$

Luego igualando ambas ecuaciones: $-RT \ln K_{eq} = -nFE^\circ_{\text{pila}}$ ⇨ $E^\circ_{\text{pila}} = (RT/nF) \ln K_{eq}$

$$R = 8{,}314 \text{ J mol}^{-1}\text{K}^{-1}, \quad n = \text{n}^\circ \text{ de electrones}, \quad T = 25^\circ\text{C} = 298 \text{ K}, \quad F = 96.500 \text{ C}$$

Puede observarse que el término (RT/nF) posee un valor constante.

$$E^\circ_{\text{pila}} = \frac{(8{,}314 \text{ J mol}^{-1}\text{K}^{-1}) \cdot (298 \text{ K})}{n(96.500 \text{ C mol}^{-1})} \ln K_{eq} = \frac{0{,}0257 \text{ V}}{n} \ln K_{eq}$$

El logaritmo neperiano es 2,3026 veces el logaritmo decimal. Luego se puede escribir la ecuación anterior como:

$$E^\circ_{\text{pila}} = \frac{0{,}0257 \text{ V}}{n} 2{,}3026 \log K_{eq} = \frac{0{,}059 \text{ V}}{n} \log K_{eq}$$

7.7.1 Ecuación de Nernst. Potencial no estándar de una pila en función de las concentraciones

Las medidas experimentales de los potenciales de las pilas se realizan casi siempre en condiciones no estándar, por lo que conviene establecer una relación entre dicho potencial de la pila y otras concentraciones de reactivos y productos que no tengan la concentración 1 M.

Se conoce la ecuación termodinámica: $\Delta G = \Delta G^\circ + RT \ln Q$

También se conocen: $\Delta G = -nFE_{\text{pila}}$ y $\Delta G^\circ = -nFE^\circ_{\text{pila}}$

Si se divide por nF, se obtiene: $E_{\text{pila}} = E^\circ_{\text{pila}} - \dfrac{RT}{nF} \ln Q = E^\circ_{\text{pila}} - \dfrac{RT}{nF} 2{,}3026 \log Q$

Sustituyendo R, T y F por sus valores, se obtiene el valor constante de 0,0592 cuando el logaritmo es decimal y se llega a la expresión siguiente:

$$\Delta E_{\text{pila}} = \Delta E^\circ_{\text{pila}} - \frac{0{,}0592}{n} \log Q \qquad \text{Ecuación de Nernst}$$

Si la reacción en una pila es:

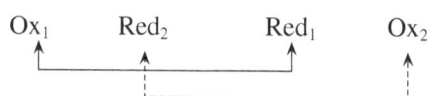

El valor de Q vale:

$$Q = \frac{[\text{C}]^c \, [\text{D}]^d}{[\text{A}]^a \, [\text{B}]^b} = \frac{[\text{Red}_1]^c \, [\text{Ox}_2]^d}{[\text{Ox}_1]^a \, [\text{Red}_2]^b}$$

$$\Delta E_{\text{pila}} = \Delta E_{\text{pila}}^\circ - \frac{0,0592}{n} \log \frac{[\text{Red}_1]^c \, [\text{Ox}_2]^d}{[\text{Ox}_1]^a \, [\text{Red}_2]^b} \quad \text{Ecuación de Nernst}$$

Se sabe que el potencial de una pila es: $\quad E_{\text{pila}} = E_{\text{cátodo}(+)} - E_{\text{ánodo}(-)}$.

Luego, la ecuación de Nernst se convierte en:

$$E_{(+)} - E_{(-)} = E_{(+)}^\circ - E_{(-)}^\circ - \frac{0,0592}{n} \log \frac{[\text{Red}_1]^c \, [\text{Ox}_2]^d}{[\text{Ox}_1]^a \, [\text{Red}_2]^b} =$$

$$= E_{(+)}^\circ - \frac{0,0592}{n} \log \frac{[\text{Red}_1]^c}{[\text{Ox}_1]^a} - E_{(-)}^\circ - \frac{0,0592}{n} \log \frac{[\text{Red}_2]^b}{[\text{Ox}_2]^d}$$

Por tanto, para las semirreacciones en el cátodo y en el ánodo, los potenciales no estándar son:

$$\text{Ox}_1 + n\,e^- \;\rightleftharpoons\; \text{Red}_1 \qquad E_{(+)} = E_{(+)}^\circ - \frac{0,0592}{n} \log \frac{[\text{Red}_1]^c}{[\text{Ox}_1]^a}$$

$$\text{Ox}_2 + n\,e^- \;\rightleftharpoons\; \text{Red}_2 \qquad E_{(-)} = E_{(-)}^\circ - \frac{0,0592}{n} \log \frac{[\text{Red}_2]^b}{[\text{Ox}_2]^d}$$

Cuando un *sistema está en equilibrio*, $\Delta G = 0$ y también el potencial de la pila, $E_{\text{pila}} = 0$. Luego:

$$E_{\text{pila}}^\circ = \frac{0,0592}{n} \log K \qquad K : \text{constante de equilibrio}$$

7.7.2 Aplicaciones de la ecuación de Nernst

En la ecuación de Nernst se observa que el potencial estándar de una célula o pila, E_p°, donde tiene lugar la reacción redox es directamente proporcional a la constante de equilibrio, K, de la reacción. Así, puede escribirse que:

$$\text{Reacción espontánea:} \quad E_p^\circ > 0 \;\longrightarrow\; K > 0$$
$$\text{Reacción no espontánea:} \quad E_p^\circ < 0 \;\longrightarrow\; K < 0$$

1.° La ecuación de Nernst permite *calcular la constante de equilibrio* para una reacción a partir de los potenciales estándar de electrodo.

Ejemplo práctico 3

Si el potencial de reducción estándar del Sn (s) es $-0,140$ V y el del Pb (s) es $-0,126$ V, calculad la constante de equilibrio de la reacción:

$$\text{Sn (s)} + \text{Pb}^{2+} \text{ (ac)} \rightleftharpoons \text{Sn}^{2+} \text{ (ac)} + \text{Pb (s)}$$

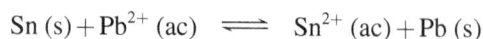

Semirreacciones de reducción:
$$\text{Sn}^{2+} + 2e^- \longrightarrow \text{Sn (s)} \quad E_1^\circ = -0,140 \text{ V}$$
$$\text{Pb}^{2+} + 2e^- \longrightarrow \text{Pb (s)} \quad E_2^\circ = -0,126 \text{ V}$$

Ecuación de Nernst cuando el sistema está en equilibrio:

$$E_R^\circ = E_{(+)}^\circ - E_{(-)}^\circ = \frac{0,059}{n} \log K = \frac{0,059}{2} \log \frac{\left[\text{Sn}^{2+}\right]}{\left[\text{Pb}^{2+}\right]}$$

$$E_{(+)}^\circ - E_{(-)}^\circ = -0,126 - (-0,140) = 0,014 = \frac{0,059}{2} \log K \quad \Rightarrow \quad K = 2,98$$

2.º La ecuación de Nernst permite *calcular el potencial de una pila* para concentraciones diferentes a las del equilibrio.

Ejemplo práctico 4

Calculad el potencial de la pila cuyo esquema es el siguiente:

$$\text{Pt}/\text{Fe}^{2+} \text{ (0,15 M)}, \text{ Fe}^{3+} \text{ (0,50 M)} // \text{Ag}^+ \text{ (1,50 M)}/\text{Ag (s)}$$

¿Es el proceso espontáneo? ¿Por qué?

Los potenciales estándar de reducción se encuentran en el "Apéndice 7".

En el esquema de la pila, el ánodo se sitúa a la izquierda y el cátodo a la derecha. Luego, el potencial estándar de la pila es:

$$E_{\text{pila}}^\circ = E_{\text{cátodo}(+)}^\circ - E_{\text{ánodo}(-)}^\circ = E^\circ \left(\text{Ag}^+/\text{Ag}\right) - E^\circ \left(\text{Fe}^{3+}/\text{Fe}^{2+}\right) = 0,80 - 0,771 = 0,029 \text{ V}$$

Reacción en la pila:

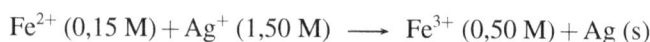

$$\text{Fe}^{2+} \text{ (0,15 M)} + \text{Ag}^+ \text{ (1,50 M)} \longrightarrow \text{Fe}^{3+} \text{ (0,50 M)} + \text{Ag (s)}$$

Ecuación de Nernst:

$$\Delta E_{\text{pila}} = 0,029 \text{ V} - \frac{0,0592}{n} \log \frac{\left[\text{Fe}^{3+}\right]}{\left[\text{Fe}^{2+}\right] \left[\text{Ag}\right]} \qquad n = 1\,e^-$$

$$\Delta E_{\text{pila}} = 0,029 \text{ V} - 0,0592 \log \frac{0,50}{0,15 \cdot 1,50} = 0,0085 \text{ V}$$

Se observa que el proceso en las condiciones anteriores es espontáneo, ya que el valor del potencial de la pila, E_{pila} obtenido es mayor que cero.

Cálculos semejantes al anterior permitirán predecir si las reacciones serán o no espontáneas en condiciones no estándar.

Cuando el valor del potencial de la pila es menor que cero, $\Delta E_{\text{pila}} < 0$, la reacción no es espontánea, aunque sí es espontánea a la inversa, esto se consigue cambiando los electrodos.

7.8 Influencia del pH en el potencial de oxidación-reducción

1.º Cuando en un proceso de oxidación-reducción existe pérdida o ganancia de oxígeno, el pH influye en el sistema, cualquiera que sea su valor.

Esto se da en procesos tales como: UO_2^{2+}/U^{4+}, MnO_4^-/Mn^{2+}, CrO_4^{2-}/Cr^{3+}, AsO_4^{3-}/AsO_2^-, etc. En todos ellos, el sistema es más oxidante en medio ácido y más reductor en medio básico.

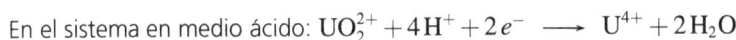

En el sistema en medio ácido: $UO_2^{2+} + 4H^+ + 2e^- \longrightarrow U^{4+} + 2H_2O$

Se aplica la ecuación de Nernst:

$$E = E° - \frac{0{,}059}{n} \log K = E° - \frac{0{,}059}{2} \log \frac{[U^{4+}]}{[UO_2^{2+}][H^+]} =$$

$$= E° - \frac{0{,}059}{2} \log \frac{[U^{4+}]}{[UO_2^{2+}]} - \frac{0{,}059}{2} \underbrace{(-4) \log [H^+]}_{+4\,pH} \quad \Rightarrow \quad E = f(pH)$$

Puede observarse, en la ecuación hallada, que a medida que aumenta el pH de la disolución (es más básica) el potencial E aumenta. Por tanto, puede decirse que para estos procesos redox el potencial E está relacionado con el pH.

2.º El pH también puede influir en el potencial de un proceso al provocar la precipitación de alguno de los iones del sistema considerado, de manera que al precipitarlo cambia su potencial. Esta situación se estudiará más adelante.

7.9 Pilas de concentración o pilas voltaicas

Una pila de concentración está formada por *dos semicélulas con electrodos iguales sumergidos en dos disoluciones de concentraciones iónicas distintas.*

El voltímetro de la pila formada señalará una diferencia de potencial entre ambos electrodos, lo que indicará que existe un flujo de electrones desde un electrodo hacia el otro. Como los dos electrodos son idénticos, sus potenciales estándar también lo son y al restarlos entre sí resulta $E°_{pila} = 0$.

Esquema de una pila de concentración de electrodos de Ag (s):

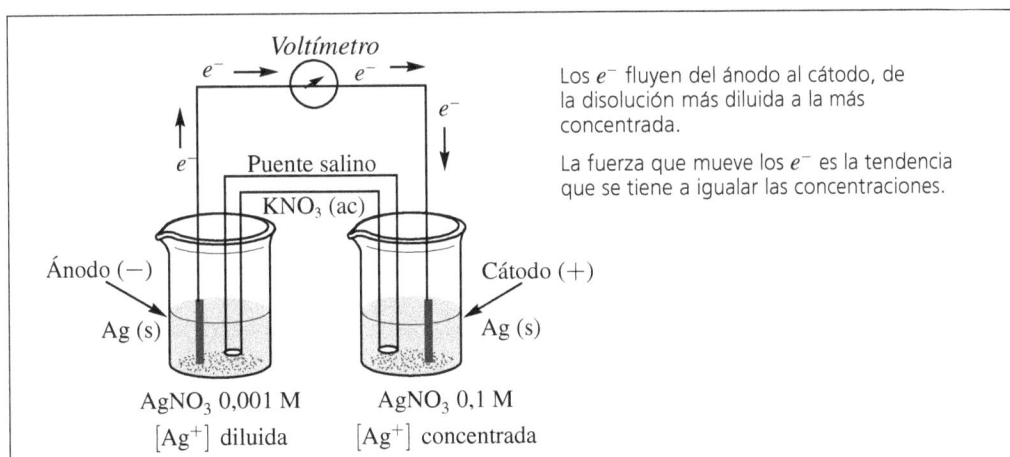

Los e^- fluyen del ánodo al cátodo, de la disolución más diluida a la más concentrada.

La fuerza que mueve los e^- es la tendencia que se tiene a igualar las concentraciones.

Fig. 7.3

Semirreacciones en los electrodos:

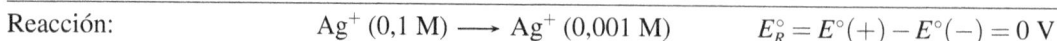

Ánodo $(-)$ oxidación:	$Ag\,(s) \longrightarrow Ag^+\,(0{,}001\,M) + 1\,e^-$	$E°(-) = +0{,}80\,V$
Cátodo $(+)$ reducción:	$Ag^+\,(0{,}1\,M) + 1\,e^- \longrightarrow Ag\,(s)$	$E°(+) = +0{,}80\,V$
Reacción:	$Ag^+\,(0{,}1\,M) \longrightarrow Ag^+\,(0{,}001\,M)$	$E_R° = E°(+) - E°(-) = 0\,V$

Aplicando la ecuación de Nernst, el potencial de reducción para cada uno de los electrodos de Ag (s) es:

$$E = E° - \frac{0{,}059}{n}\,\log\,[Ag^+]$$

Se observa que el potencial más alto es el que corresponde a la concentración más alta de la sal de Ag^+. Luego, es en el cátodo $(+)$ donde tiene lugar la reducción.

$$E(+) - E(-) = \underbrace{E°(+) - \frac{0{,}059}{1}\,\log\,[Ag^+]_{mayor}}_{\text{Cátodo}} - \underbrace{E°(-) - \frac{0{,}059}{1}\,\log\,[Ag^+]_{menor}}_{\text{Ánodo}}$$

Operando y eliminando $\Delta E° = 0$, se obtiene la expresión:

$$\Delta E_{pila} = \frac{0{,}059}{1}\,\log\,\frac{[Ag^+]_{mayor}}{[Ag^+]_{menor}}$$

Generalizando para cualquier electrodo metálico **M** sumergido en una disolución de iones $\mathbf{M^{n+}}$, se obtiene la expresión:

$$\Delta E_{pila} = \frac{0{,}059}{n}\,\log\,\frac{[M^{n+}]_{mayor}}{[M^{n+}]_{menor}}$$

Cambiando el signo cambia el cociente del logaritmo decimal:

$$\Delta E_{pila} = -\frac{0{,}059}{n}\,\log\,\frac{[M^{n+}]_{menor}}{[M^{n+}]_{mayor}}$$

■ Ejemplo práctico 5

En una disolución de $CuSO_4$ de concentración 0,01 M se dan las semirreacciones siguientes:

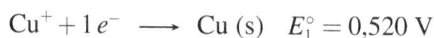

$$Cu^+ + 1\,e^- \longrightarrow Cu\,(s) \quad E_1° = 0{,}520\,V$$
$$Cu^{2+} + 2\,e^- \longrightarrow Cu\,(s) \quad E_2° = 0{,}340\,V$$

Calculad la $[Cu^+]$ y de $[Cu^{2+}]$ cuando la disolución de $CuSO_4$ se pone en contacto con Cu (s) y tiene lugar el equilibrio:

$$Cu^{2+} + Cu\,(s) \rightleftharpoons 2\,Cu^+$$

En el equilibrio, se aplica la ecuación de Nernst:

$$E_R^\circ = E_2^\circ - E_1^\circ = -0,18 \text{ V} = \frac{0,059}{2} \log K \quad \Rightarrow \quad K = 7,98 \cdot 10^{-7}$$

$$K = \frac{[Cu^+]^2}{[Cu^{2+}]} = 7,98 \cdot 10^{-7} \qquad [Cu]_{\text{Total}} = [Cu^+] + [Cu^{2+}] = 0,01 \text{ M}$$

$$7,98 \cdot 10^{-7} = \frac{[Cu^+]^2}{0,01 - [Cu^+]} \quad \Rightarrow \quad [Cu^+] = 8,93 \cdot 10^{-5} \text{M}, \qquad [Cu^{2+}] = 9,91 \cdot 10^{-3} \text{M}$$

7.9.1 Aplicación de las pilas de concentración. Cálculo de la constante del producto de solubilidad, K_{ps}

En las pilas de concentración, el potencial E depende de las concentraciones de los iones en las semicélulas, lo que permite determinar los valores del producto de solubilidad K_{ps} para los compuestos que son poco solubles.

En una pila en la que los dos electrodos están formados por Ag (s), uno de ellos sumergido en una disolución acuosa saturada de AgI y el otro sumergido en una disolución de $[Ag^+] = 0,15$ M, el voltímetro marca 0,40 V. ¿Cómo se podría calcular el producto de solubilidad del AgI (s)?

Esquema de la pila: $\quad$ Ag (s)/Ag$^+$ (saturada AgI)//Ag$^+$ (0,15 M)/Ag (s)

Ánodo $(-)$ oxidación: $\quad$ Ag (s) $\longrightarrow$ Ag$^+$ (saturada AgI) $+ 1\,e^-$

Cátodo $(+)$ reducción: $\quad$ Ag$^+$ (0,15 M) $+ 1\,e^- \longrightarrow$ Ag (s)

Reacción global: $\quad$ Ag$^+$ (0,15 M) $\longrightarrow$ Ag$^+$ (saturada AgI) $\quad \Delta E_{\text{pila}}^\circ = 0$ V

$$E_{\text{pila}} = -\frac{0,059}{n} \log \frac{[Ag^+]_{\text{menor}}}{[Ag^+]_{\text{mayor}}} = -0,059 \log \frac{x}{0,15} = 0,40 \text{ V}$$

saturada AgI

0,15 M

$$0,40 = -0,059\,(\log x - \log 0,15) \quad \Rightarrow \quad x = [Ag^+] = 2,49 \cdot 10^{-8} \text{M}$$

La reacción del producto de solubilidad es: $\quad$ AgI (s) $\rightleftharpoons$ Ag$^+$ (ac) $+$ I$^-$ (ac).

Como en una disolución saturada de AgI las concentraciones de Ag$^+$ y de I$^-$ son iguales y valen $2,49 \cdot 10^{-8}$ M, se obtiene el producto de solubilidad.

$$K_{ps} = [Ag^+]\,[I^-] = (2,49 \cdot 10^{-8}) \cdot (2,49 \cdot 10^{-8}) = 6,2 \cdot 10^{-16}$$

7.10 Células electrolíticas. Electrolisis

Además de células o pilas que producen energía, como las pilas galvánicas y voltaicas, en que las reacciones transcurren de forma espontánea $(\Delta G < 0)$, existen células o cubas electrolíticas, que necesitan energía eléctrica para que tenga lugar una reacción, por lo que estas reacciones *no son espontáneas*.

Electrolisis *es el proceso que consiste en aplicar electricidad para producir una reacción no espontánea.*

¿Qué relación existe entre una célula voltaica y una célula electrolítica?

Para una célula voltaica o pila, en la que tiene lugar la reacción:

$$Cu\,(s) + 2\,Ag^+\,(ac) \longrightarrow Cu^{2+}\,(ac) + 2\,Ag\,(s)$$

El potencial estándar es:

$$E^\circ_{pila} = E^\circ_{(+)} - E^\circ_{(-)} = E^\circ_{Ag} - E^\circ_{Cu} = +0{,}460\ V$$

Los electrones fluyen *del electrodo de cobre al electrodo de plata* y la reacción es espontánea, pues el potencial estándar es positivo.

Si se invierte el sentido del flujo de electrones *del electrodo de plata al electrodo de cobre*, la reacción es la inversa, no es espontánea y el potencial estándar es negativo.

Luego, para que tenga lugar esta reacción es necesario conectar la célula a una fuente de electricidad externa de voltaje superior a $+0{,}460\ V$, y de esta manera la célula voltaica se ha convertido en célula electrolítica.

$$2\,Ag\,(s) + Cu^{2+}\,(ac) \longrightarrow 2\,Ag^+\,(ac) + Cu\,(s)$$

$$E^\circ = E^\circ_{(+)} - E^\circ_{(-)} = E^\circ_{Cu} - E^\circ_{Ag} = -0{,}460\ V$$

(electrodos
cambiados)

Los electrodos han cambiado al cambiar el sentido del flujo de electrones. Los términos **ánodo** y **cátodo** no se deben a las cargas de los electrodos, sino a las semirreacciones que tienen lugar en ellos. Luego, como los electrones en las células electrolíticas fluyen al revés que en las pilas, los electrodos tendrán el signo cambiado, aunque no cambia su nombre.

Se comparan ambas células en la tabla siguiente:

Célula voltaica o pila	*Célula electrolítica*
Ánodo $(-)$ oxidación: $\qquad A \longrightarrow A^+ + e^-$	Ánodo $(+)$ oxidación: $\qquad B \longrightarrow B^+ + e^-$
Cátodo $(+)$ reducción: $\ B^+ + e^- \longrightarrow B$	Cátodo $(-)$ reducción: $\ A^+ + e^- \longrightarrow A$
Reacción: $\quad A + B^+ \longrightarrow A^+ + B \quad \Delta G < 0$	Reacción: $\quad A^+ + B \longrightarrow A + B^+ \quad \Delta G > 0$
Los e^- van del ánodo $(-)$ al cátodo $(+)$.	Los e^- van del ánodo $(+)$ al cátodo $(-)$.
Reacción **espontánea**, libera energía.	Reacción **no espontánea** necesita energía.
La pila produce un trabajo.	Se realiza un trabajo sobre la célula.

Esquema de una célula electrolítica

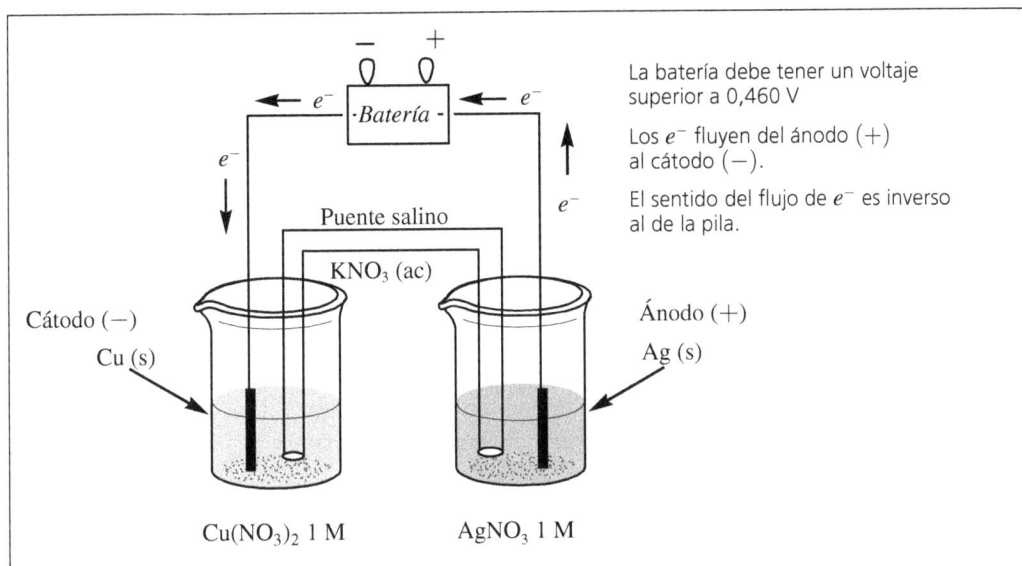

La batería debe tener un voltaje superior a 0,460 V

Los e^- fluyen del ánodo ($+$) al cátodo ($-$).

El sentido del flujo de e^- es inverso al de la pila.

Fig. 7.4

7.10.1 Leyes de Faraday

El aspecto cuantitativo de las células electrolíticas o electrolisis fue estudiado por Faraday, que relacionó la cantidad de electricidad que pasa por una disolución y la cantidad de materia transformada en los electrodos introducidos dentro de dicha disolución.

1.º **Primera ley:** La cantidad de un elemento que se libera en un electrodo es directamente proporcional a la cantidad de electricidad que pasa a través de la disolución.

Si una cantidad de electricidad deposita x gramos de M, doble cantidad de electricidad depositará $2x$ gramos de M.

2.º **Segunda ley:** Los pesos de distintos elementos liberados por la misma cantidad de electricidad son directamente proporcionales a sus pesos equivalentes químicos.

Peso equivalente: Es el peso de la sustancia que consume o que produce 1 mol de electrones.

1 Faraday (F): Cantidad de electricidad que libera un equivalente químico.

$$1 \text{ mol } e^- = 1 \text{ F} = (6{,}022 \cdot 10^{23}\, e^-/\text{mol}) \cdot (1{,}6 \cdot 10^{-19}\, \text{C}/e^-) = 96.485 \text{ C} \approx 96.500 \text{ C}$$

La carga eléctrica q (número de C o de F) se puede calcular conociendo la intensidad de la corriente eléctrica I y el tiempo t que circula la corriente, ya que: $q = I \cdot t$.

$$\text{Número de moles } e^- = I\,(C/s) \cdot t\,(s) \cdot (1 \text{ mol } e^-/96.500 \text{ C})$$

■ Ejemplo práctico 6

Predecid las semirreacciones de electrodo y la reacción global o neta de una electrolisis en la que la cuba electrolítica es la que viene representada por el esquema siguiente:

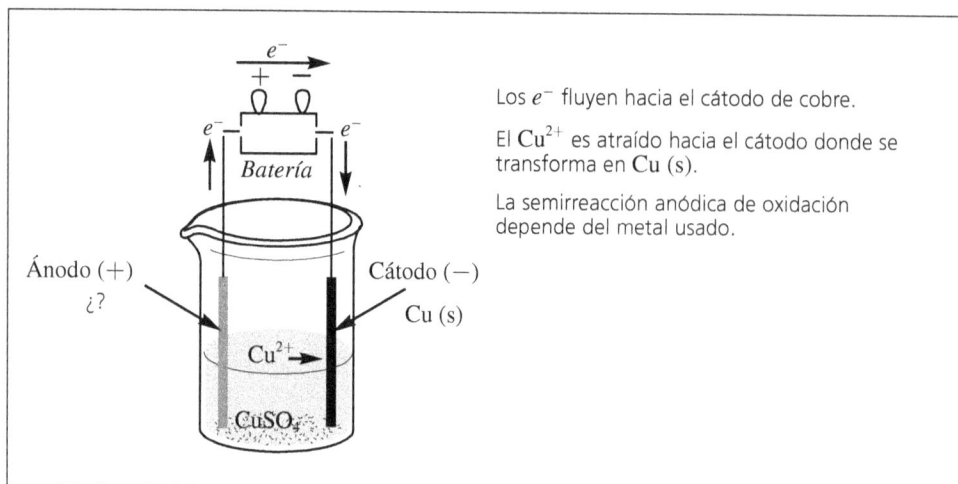

Los e^- fluyen hacia el cátodo de cobre.

El Cu^{2+} es atraído hacia el cátodo donde se transforma en Cu (s).

La semirreacción anódica de oxidación depende del metal usado.

Fig. 7.5

a) Cuando el ánodo es de Cu (s).

b) Cuando el ánodo es de Pt (s), que es inerte.

(Los potenciales estándar de reducción se encuentran en el "Apéndice 7".)

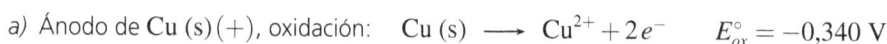

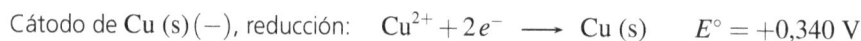

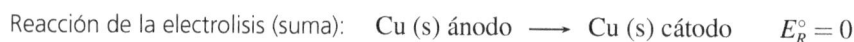

a) Ánodo de Cu (s) (+), oxidación: Cu (s) $\longrightarrow$ $Cu^{2+} + 2e^-$ $E_{ox}^{\circ} = -0,340$ V

   Cátodo de Cu (s) (−), reducción: $Cu^{2+} + 2e^- \longrightarrow Cu$ (s) $E^{\circ} = +0,340$ V

   Reacción de la electrolisis (suma): Cu (s) ánodo $\longrightarrow Cu$ (s) cátodo $E_R^{\circ} = 0$

   Como el potencial estándar de la reacción es cero, $E_R^{\circ} = 0$, en esta electrolisis se necesita muy poco voltaje para que el cobre pase del ánodo al cátodo a través de la disolución en forma de iones Cu^{2+}, de forma que la concentración de $CuSO_4$ no varíe.

b) Ánodo de Pt (s), oxidación: (La oxidación es la del H_2O, al ser el Pt un metal inerte.)

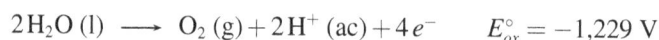

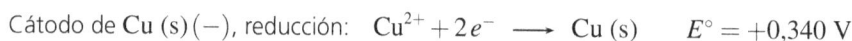

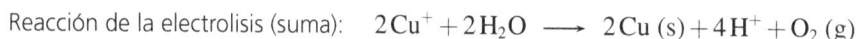

$$2H_2O \text{ (l)} \longrightarrow O_2 \text{ (g)} + 2H^+ \text{ (ac)} + 4e^- \qquad E_{ox}^{\circ} = -1,229 \text{ V}$$

   Cátodo de Cu (s) (−), reducción: $Cu^{2+} + 2e^- \longrightarrow Cu$ (s) $E^{\circ} = +0,340$ V

   Reacción de la electrolisis (suma): $2Cu^+ + 2H_2O \longrightarrow 2Cu$ (s) $+ 4H^+ + O_2$ (g)

   El potencial estándar de la electrolisis es: $E_R^{\circ} = 0,340$ V $- 1,229$ V $= -0,889$ V

☐ **Ejemplo práctico 7**

Calculad la cantidad de Cu (s) que se deposita durante un tiempo de 2 h cuando se hace pasar una corriente eléctrica de 0,81 A por una cuba electrolítica de cobre como la del ejemplo anterior.

Reacción de reducción en el cátodo: $Cu^{2+} + 2e^- \longrightarrow Cu$ (s)

$$(0,81 \text{ C/s}) \cdot (2 \cdot 3.600 \text{ s}) \cdot (1 \text{ mol } e^-/96.500 \text{ C}) = 0,0604 \text{ mol de } e^-$$

$$0,0604 \text{ mol } e^- \frac{1 \text{ mol Cu}}{2 \text{ mol } e^-} \cdot \frac{63,5 \text{ g Cu}}{1 \text{ mol Cu}} = 1,92 \text{ g Cu}$$

Apéndice 7

POTENCIALES NORMALES O ESTÁNDAR DE REDUCCIÓN DE ELECTRODO (a 25° C)

i) Medio ácido

Par redox	Semirreacción de reducción	$E°$ (V)
O_3 (g)/O_2 (g)	O_3 (g) $+ 2H^+ + 2e^- \longrightarrow O_2$ (g) $+ H_2O$ (l)	+2,075
Ag^{2+}/Ag^+	$Ag^{2+} + 1e^- \longrightarrow Ag^+$	+1,980
H_2O_2 (ac)/H_2O (l)	H_2O_2 (ac) $+ 2H^+ + 2e \longrightarrow H_2O$ (l)	+1,763
MnO_4^-/MnO_2 (s)	$MnO_4^- + 4H^+ + 3e \longrightarrow MnO_2 + 2H_2O$	+1,700
MnO_4^-/Mn^{2+}	$MnO_4^- + 8H^+ + 5e^- \longrightarrow Mn^{2+} + 4H_2O$ (l)	+1,510
Au^{3+}/Au^+	$Au^{3+} + 2e \longrightarrow Au^+$	+1,360
Cl_2 (g)/Cl^-	Cl_2 (g) $+ 2e^- \longrightarrow 2Cl^-$	+1,360
$Cr_2O_7^{2-}$/Cr^{3+}	$Cr_2O_7^{2-} + 14H^+ + 6e^- \longrightarrow 2Cr^{3+} + 7H_2O$	+1,330
MnO_2 (s)/Mn^{2+}	MnO_2 (s) $+ 4H^+ + 2e^- \longrightarrow Mn^{2+} + 2H_2O$	+1,230
O_2 (g)/H_2O (l)	O_2 (g) $+ 4H^+ + 4e^- \longrightarrow 2H_2O$ (l)	+1,229
IO_3^-/I_2 (s)	$2IO_3^- + 12H^+ + 10e^- \longrightarrow I_2$ (s) $+ 6H_2O$ (l)	+1,200
ClO_4^-/ClO_3^-	$ClO_4^- + 2H^+ + 2e^- \longrightarrow ClO_3^- + H_2O$ (l)	+1,189
ClO_3^-/ClO_2 (g)	$ClO_3^- + 2H^+ + 1e^- \longrightarrow ClO_2$ (g) $+ H_2O$ (l)	+1,175
Br_2 (l)/Br^-	Br_2 (l) $+ 2e^- \longrightarrow 2Br^-$	+1,065
NO_3^-/NO (g)	$NO_3^- + 4H^+ + 3e^- \longrightarrow NO$ (g) $+ 2H_2O$ (l)	+0,956
Hg^{2+}/Hg (l)	$Hg^{2+} + 2e^- \longrightarrow Hg$ (l)	+0,854
Ag^+/Ag (s)	$Ag^+ + 1e^- \longrightarrow Ag$ (s)	+0,800
Fe^{3+}/Fe^{2+}	$Fe^{3+} + 1e^- \longrightarrow Fe^{2+}$	+0,771
O_2 (g)/H_2O_2 (ac)	O_2 (g) $+ 2H^+ + 2e^- \longrightarrow H_2O_2$ (ac)	+0,695
I_2 (s)/I^-	I_2 (s) $+ 2e^- \longrightarrow 2I^-$	+0,535
Cu^+/Cu (s)	$Cu^+ + 1e^- \longrightarrow Cu$ (s)	+0,520
Cu^{2+}/Cu (s)	$Cu^{2+} + 2e^- \longrightarrow Cu$ (s)	+0,340
Ag (s), $AgCl$ (s)/Cl^-	$AgCl$ (s) $+ 1e^- \longrightarrow Ag$ (s) $+ Cl^-$	+0,222
Cu^{2+}/Cu^+	$Cu^{2+} + 1e^- \longrightarrow Cu^+$	+0,159
Sn^{4+}/Sn^{2+}	$Sn^{4+} + 2e^- \longrightarrow Sn^{2+}$	+0,154
Ag (s), $AgBr$ (s)/Br^-	$AgBr$ (s) $+ 1e^- \longrightarrow Ag$ (s) $+ Br^-$	+0,071
H^+/H_2 (g)	**$2H^+ + 2e^- \longrightarrow H_2$ (g) definido**	**0,000**
Pb^{2+}/Pb (s)	$Pb^{2+} + 2e^- \longrightarrow Pb$ (s)	−0,125
Sn^{2+}/Sn (s)	$Sn^{2+} + 2e^- \longrightarrow Sn$ (s)	−0,137
Ni^{2+}/Ni (s)	$Ni^{2+} + 2e^- \longrightarrow Ni$ (s)	−0,257
Co^{2+}/Co (s)	$Co^{2+} + 2e^- \longrightarrow Co$ (s)	−0,277
Cd^{2+}/Cd (s)	$Cd^{2+} + 2e^- \longrightarrow Cd$ (s)	−0,403

Par redox	Semirreacción de reducción	E° (V)
Cr^{3+}/Cr^{2+}	$Cr^{3+} + 1\,e^- \longrightarrow Cr^{2+}$	$-0,420$
$Fe^{2+}/Fe\ (s)$	$Fe^{2+} + 2\,e^- \longrightarrow Fe\ (s)$	$-0,440$
$Zn^{2+}/Zn\ (s)$	$Zn^{2+} + 2\,e^- \longrightarrow Zn\ (s)$	$-0,763$
$Cr^{2+}/Cr\ (s)$	$Cr^{2+} + 2\,e^- \longrightarrow Cr\ (s)$	$-0,900$
$Mn^{2+}/Mn\ (s)$	$Mn^{2+} + 2\,e^- \longrightarrow Mn\ (s)$	$-1,180$
$Ti^{2+}/Ti\ (s)$	$Ti^{2+} + 2\,e^- \longrightarrow Ti\ (s)$	$-1,630$
$U^{3+}/U\ (s)$	$U^{3+} + 3\,e^- \longrightarrow U\ (s)$	$-1,630$
$Al^{3+}/Al\ (s)$	$Al^{3+} + 3\,e^- \longrightarrow Al\ (s)$	$-1,676$
$Mg^{2+}/Mg\ (s)$	$Mg^{2+} + 2\,e^- \longrightarrow Mg\ (s)$	$-2,356$
$Na^{+}/Na\ (s)$	$Na^{+} + 1\,e^- \longrightarrow Na\ (s)$	$-2,713$
$Ca^{2+}/Ca\ (s)$	$Ca^{2+} + 2\,e^- \longrightarrow Ca\ (s)$	$-2,840$
$Sr^{2+}/Sr\ (s)$	$Sr^{2+} + 2\,e^- \longrightarrow Sr\ (s)$	$-2,890$
$Ba^{2+}/Ba\ (s)$	$Ba^{2+} + 2\,e^- \longrightarrow Ba\ (s)$	$-2,920$
$Cs^{+}/Cs\ (s)$	$Cs^{+} + 1\,e^- \longrightarrow Cs\ (s)$	$-2,923$
$K^{+}/K\ (s)$	$K^{+} + 1\,e^- \longrightarrow K\ (s)$	$-2,924$
$Li^{+}/Li\ (s)$	$Li^{+} + 1\,e^- \longrightarrow Li\ (s)$	$-3,040$

ii) **Medio básico**

Par redox	Semirreacción de reducción	E° (V)
$O_3\ (g)/O_2\ (g)$	$O_3\ (g) + H_2O\ (l) + 2\,e^- \longrightarrow O_2\ (g) + 2\,OH^-$	$+1,246$
ClO^-/Cl^-	$ClO^- + H_2O\ (l) + 2\,e^- \longrightarrow Cl^- + 2\,OH^-$	$+0,890$
$H_2O_2\ (ac)/OH^-$	$H_2O_2\ (ac) + 2\,e^- \longrightarrow 2\,OH^-$	$+0,880$
BrO^-/Br^-	$BrO^- + H_2O\ (l) + 2\,e^- \longrightarrow Br^- + 2\,OH^-$	$+0,766$
ClO_3^-/Cl^-	$ClO_3^- + 3\,H_2O\ (l) + 6\,e^- \longrightarrow Cl^- + 6\,OH^-$	$+0,622$
$MnO_4^-/MnO_2\ (s)$	$MnO_4^- + 2\,H_2O + 3\,e^- \longrightarrow MnO_2 + 4\,OH^-$	$+0,600$
BrO_3^-/Br^-	$BrO_3^- + 3\,H_2O\ (l) + 6\,e^- \longrightarrow Br^- + 6\,OH^-$	$+0,584$
$BrO^-/Br_2\ (l)$	$2\,BrO^- + 2\,H_2O\ (l) + 2\,e^- \longrightarrow Br_2\ (l) + 4\,OH^-$	$+0,455$
$IO^-/I_2\ (s)$	$2\,IO^- + 2\,H_2O\ (l) + 2\,e^- \longrightarrow I_2\ (s) + 4\,OH^-$	$+0,420$
$O_2\ (g)/OH^-$	$O_2\ (g) + 2\,H_2O\ (l) + 4\,e^- \longrightarrow 4\,OH^-$	$+0,401$
NO_3^-/NO_2^-	$NO_3^- + H_2O\ (l) + 2\,e^- \longrightarrow NO_2^- + 2\,OH^-$	$+0,010$
$SO_3^{2-}/S\ (s)$	$SO_3^{2-} + 3\,H_2O + 4\,e^- \longrightarrow S\ (s) + 6\,OH^-$	$-0,660$
$AsO_2^-/As\ (s)$	$AsO_2^- + 2\,H_2O\ (l) + 3\,e^- \longrightarrow As\ (s) + 4\,OH^-$	$-0,680$
$H_2O\ (l)/OH^-$	$2\,H_2O\ (l) + 2\,e^- \longrightarrow H_2\ (g) + 2\,OH^-$	$-0,828$
OCN^-/CN^-	$OCN^- + H_2O\ (l) + 2\,e^- \longrightarrow CN^- + 2\,OH^-$	$-0,970$
$As\ (s)/AsH_3\ (g)$	$As\ (s) + 3\,H_2O + 3\,e^- \longrightarrow AsH_3\ (g) + 3\,OH^-$	$-1,210$
$Sb\ (s)/SbH_3\ (g)$	$Sb\ (s) + 3\,H_2O + 3\,e^- \longrightarrow SbH_3\ (g) + 3\,OH^-$	$-1,33$

Problemas resueltos

Conceptos básicos en las reacciones de transferencia de electrones

☐ Problema 7.1

a) ¿Qué es una reacción de oxidación-reducción?

b) ¿La oxidación es un proceso donde se ganan o se pierden electrones? En la oxidación, ¿aumenta o disminuye el número de oxidación de un elemento?

c) ¿La reducción es un proceso donde se ganan o se pierden electrones? En la reducción, ¿aumenta o disminuye el número de oxidación de un elemento?

[Solución]

a) Una reacción de oxidación-reducción es una reacción en la que hay transferencia de electrones. En las reacciones redox se cumple que:

Electrones ganados = Electrones perdidos

b) Oxidación = Pérdida de electrones.

Oxidación = Aumenta algebraicamente el número del estado de oxidación de un elemento.

c) Reducción = Ganancia de electrones.

Reducción = Disminuye algebraicamente el número del estado de oxidación de un elemento.

☐ Problema 7.2

a) ¿Qué es el estado de oxidación de un elemento?

b) ¿Qué número de oxidación tiene el Cl en las especies siguientes: HCl, $NaClO_3$, Cl_2O_7 y ClO^-.

[Solución]

a) Estado de oxidación o número de oxidación de un átomo en una especie dada es la carga formal (no real) del átomo en la citada especie (molécula o ión) que resulta de aplicar unos criterios determinados.

b) Número de oxidación del Cl:

$$\begin{array}{cccc} -1 & +5 & +7 & +1 \\ HCl & NaClO_3 & Cl_2O_7 & ClO^- \end{array}$$

☐ Problema 7.3

¿Qué número de oxidación tienen el Cu en el $CuCl_2$, el Mn en el MnO_2 y en el ión MnO_4^-, el Al en el $Al(OH)_3$ y el Cr en el ión $Cr_2O_7^{2-}$?

[Solución]

Número de oxidación:

$$\begin{array}{ccccc} +2 & +4 & +7 & +3 & +6 \\ CuCl_2 & MnO_2 & MnO_4^- & Al(OH)_3 & Cr_2O_7^{2-} \end{array}$$

☐ Problema 7.4

a) ¿Qué es una semirreacción de oxidación-reducción?

b) Escribid las semirreacciones correspondientes y señalad la especie oxidante y la especie reductora para la reacción siguiente:

$$Sn^{2+} + 2\,Fe^{3+} \rightleftharpoons 2\,Fe^{2+} + Sn^{4+}$$

[Solución]

a) Una reacción de oxidación-reducción es una suma de dos semirreacciones, cada una de las cuales representa sólo la oxidación o sólo la reducción.

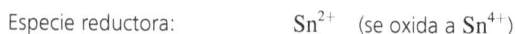

b) Semirreacción de oxidación: $Sn^{2+} \longrightarrow Sn^{4+} + 2\,e^-$

   Semirreacción de reducción: $Fe^{3+} + 1\,e^- \longrightarrow Fe^{2+}$

   Especie oxidante: Fe^{2+} (se reduce a Fe^{2+})

   Especie reductora: Sn^{2+} (se oxida a Sn^{4+})

☐ Problema 7.5

Escribid las semirreacciones correspondientes y señalad la especie oxidante y la especie reductora para la reacción:

$$2\,MnO_2 + 3\,PbO_2 + 6\,HNO_3 \rightleftharpoons 2\,HMnO_4 + 3\,Pb(NO_3)_2 + H_2O$$

[Solución]

Semirreacción de oxidación:

$$MnO_2 + 2\,H_2O \longrightarrow HMnO_4 + 3\,H^+ + 3\,e^-$$

Semirreacción de reducción:

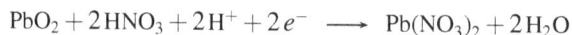

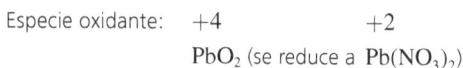

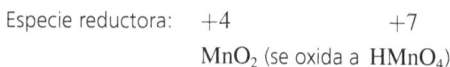

$$PbO_2 + 2\,HNO_3 + 2\,H^+ + 2\,e^- \longrightarrow Pb(NO_3)_2 + 2\,H_2O$$

Especie oxidante: +4   +2
                    PbO_2 (se reduce a $Pb(NO_3)_2$)

Especie reductora: +4   +7
                    MnO_2 (se oxida a $HMnO_4$)

◼ Problema 7.6

Las reacciones de oxidación-reducción siguientes tienen lugar en medio ácido:

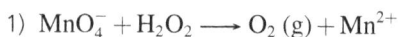

1) $MnO_4^- + H_2O_2 \longrightarrow O_2\,(g) + Mn^{2+}$

2) $Cr_2O_7^{2-} + I^- \longrightarrow Cr^{3+} + I_2$

a) Señalad qué especies se oxidan y qué especies se reducen.

b) Escribid las semirreacciones de oxidación y de reducción, y la reacción global ajustada en cada caso.

[Solución]

a) Especies que se oxidan: H_2O_2 I^- (son reductores)

Especies que se reducen: MnO_4^- $Cr_2O_7^{2-}$ (son oxidantes)

b) Reacciones 1) y 2):

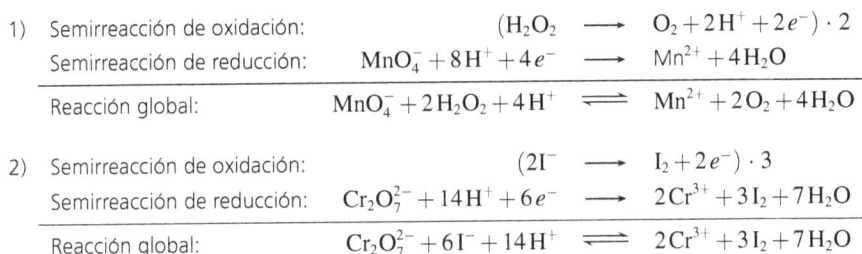

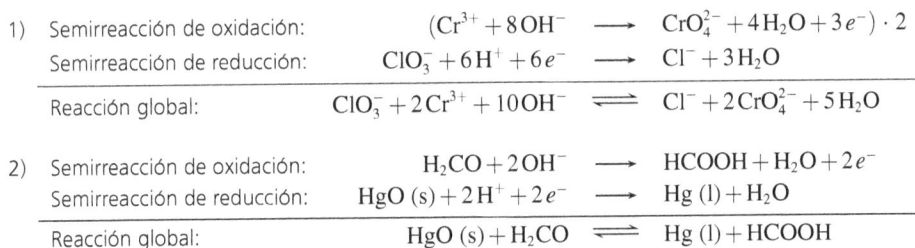

1) Semirreacción de oxidación: $(H_2O_2 \longrightarrow O_2 + 2H^+ + 2e^-) \cdot 2$

Semirreacción de reducción: $MnO_4^- + 8H^+ + 4e^- \longrightarrow Mn^{2+} + 4H_2O$

Reacción global: $MnO_4^- + 2H_2O_2 + 4H^+ \rightleftharpoons Mn^{2+} + 2O_2 + 4H_2O$

2) Semirreacción de oxidación: $(2I^- \longrightarrow I_2 + 2e^-) \cdot 3$

Semirreacción de reducción: $Cr_2O_7^{2-} + 14H^+ + 6e^- \longrightarrow 2Cr^{3+} + 3I_2 + 7H_2O$

Reacción global: $Cr_2O_7^{2-} + 6I^- + 14H^+ \rightleftharpoons 2Cr^{3+} + 3I_2 + 7H_2O$

Problema 7.7

Las reacciones de oxidación-reducción siguientes tienen lugar en medio básico:

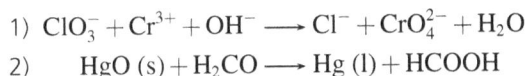

1) $ClO_3^- + Cr^{3+} + OH^- \longrightarrow Cl^- + CrO_4^{2-} + H_2O$

2) $HgO\,(s) + H_2CO \longrightarrow Hg\,(l) + HCOOH$

a) Señalad qué especies se oxidan y qué especies se reducen.

b) Escribid las semirreacciones de oxidación y de reducción, y la reacción global ajustada en cada caso.

[Solución]

a) Las especies que se oxidan son: Cr^{3+} H_2CO (son reductores)

Las especies que se reducen son: ClO_3^- $HgO\,(s)$ (son oxidantes)

b) Reacciones 1) y 2):

1) Semirreacción de oxidación: $(Cr^{3+} + 8OH^- \longrightarrow CrO_4^{2-} + 4H_2O + 3e^-) \cdot 2$

Semirreacción de reducción: $ClO_3^- + 6H^+ + 6e^- \longrightarrow Cl^- + 3H_2O$

Reacción global: $ClO_3^- + 2Cr^{3+} + 10OH^- \rightleftharpoons Cl^- + 2CrO_4^{2-} + 5H_2O$

2) Semirreacción de oxidación: $H_2CO + 2OH^- \longrightarrow HCOOH + H_2O + 2e^-$

Semirreacción de reducción: $HgO\,(s) + 2H^+ + 2e^- \longrightarrow Hg\,(l) + H_2O$

Reacción global: $HgO\,(s) + H_2CO \rightleftharpoons Hg\,(l) + HCOOH$

Problema 7.8

Cuando se mezclan dos disoluciones de hipoclorito sódico y de cloruro de cobalto(II), se obtiene un precipitado de hidróxido de cobalto(III).

a) Señalad las especies que se oxidan y las que se reducen.

b) Escribid las semirreacciones de oxidación y de reducción, y la reacción global del proceso.

[Solución]

a) Reacción sin igualar: $\qquad$ $NaClO\,(ac) + CoCl_2\,(ac) \longrightarrow Co(OH)_3\,(s) + Cl_2\,(g)$

Reacción iónica sin igualar: $\qquad$ $ClO^- + Co^{2+} \longrightarrow Co(OH)_3\,(s) + Cl_2\,(g)$

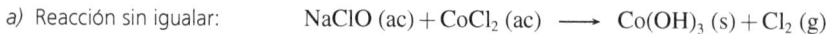

El Co^{2+} se oxida a Co^{3+} por la acción del $NaClO$, que se reduce a $Cl_2\,(g)$.

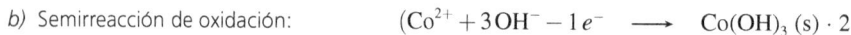

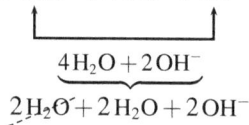

b) Semirreacción de oxidación: $\qquad$ $(Co^{2+} + 3\,OH^- - 1\,e^- \longrightarrow Co(OH)_3\,(s) \cdot 2$

Semirreacción de reducción: $\qquad$ $2\,ClO^- + 4\,H^+ + 2\,e^- \longrightarrow Cl_2\,(g) + H_2O$

$$2\,Co^{2+} + 6\,OH^- + 2\,ClO^- + 4\,H^+ \rightleftharpoons 2\,Co(OH)_3\,(s) + Cl_2\,(g) + 2\,H_2O$$

$$\underbrace{4\,H_2O + 2\,OH^-}$$

$$2\,H_2O + 2\,H_2O + 2\,OH^-$$

La reacción global resultante es:

$$2\,Co^{2+} + 2\,ClO^- + 2\,OH^- + 2\,H_2O \rightleftharpoons 2\,Co(OH)_3\,(s) + Cl_2\,(s)$$

Celdas electroquímicas. Pilas

Problema 7.9

a) Una celda voltaica o pila, ¿consume o produce energía?

b) Describid una pila sencilla con puente salino señalando las partes de que consta.

c) Para la pila anterior, escribid las reacciones que tienen lugar en cada uno de los electrodos y la reacción global de la pila.

[Solución]

a) Una celda voltaica o pila produce energía eléctrica a partir de una reacción de oxidación-reducción espontánea. Las celdas voltaicas o pilas reciben a veces el nombre de celdas galvánicas.

b) Ejemplo de pila sencilla: Celda de **Zn-Cu** (pila Daniell)

Reacción de la pila: $\quad Cu^{2+} + Zn\,(s) \rightleftharpoons Zn^{2+} + Cu\,(s)$

Consta de dos semipilas formadas cada una de ellas por un electrodo de metal **Zn** (s) sumergido en una disolución de iones Zn^{2+} y un electrodo de metal **Cu** (s) sumergido en una disolución de iones Cu^{2+}.

c) Las semirreacciones que tienen lugar en la pila son:

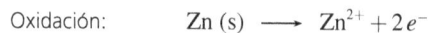

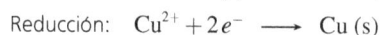

$$\text{Oxidación:} \qquad Zn\,(s) \longrightarrow Zn^{2+} + 2\,e^-$$

$$\text{Reducción:} \quad Cu^{2+} + 2\,e^- \longrightarrow Cu\,(s)$$

Un conductor exterior permite el paso de electrones que se liberan en el electrodo de **Zn** (s) (ánodo). A través del electrodo de **Cu** (s) (cátodo) los electrones vuelven a penetrar en la celda y se utilizan para reaccionar con los iones de Cu^{2+}.

La corriente fluye espontáneamente en esta celda, siendo el potencial estándar $E° = +1,10$ V a la temperatura de $25°$ C, o lo que es lo mismo, 298 K. El puente salino de la pila proporciona iones móviles que se desplazan para mantener la neutralidad.

☐ Problema 7.10

Indicad la polaridad, el nombre que reciben los electrodos de una pila y la reacción de oxidación y de reducción que tiene lugar en cada uno de los electrodos de la pila.

[Solución]

Electrodo positivo es el cátodo y en él tiene lugar la reducción.

Electrodo negativo es el ánodo y en él tiene lugar la oxidación.

☐ Problema 7.11

a) ¿Qué es el potencial de electrodo?

b) ¿Qué es el potencial normal o estándar de electrodo?

[Solución]

a) Potencial de electrodo o potencial de reducción es la fuerza electromotriz que posee una semicelda en la que tiene lugar la ecuación de ión-electrón siguiente:

$$\text{oxidante} + ne^- \longrightarrow \text{reductor} \quad (n = 1, 2, 3, \text{etc.})$$

b) Potencial normal de electrodo es el potencial normal de reducción, que se representa por $E°$, en voltios y en las condiciones siguientes:

> 1 M o 1 mol dm^{-3} de concentración para sustancias en disolución.
> 1 atm de presión para gases.

La temperatura en las condiciones estándar, es de $25°$ C $(298$ K$)$.

☐ Problema 7.12

El potencial de reducción normal o estándar de una disolución de iones Cu^{2+} es de $+0,34$ V y el de una disolución de iones Al^{3+} es de $-1,67$ V. Explicad lo que eso significa.

[Solución]

Significa que el ión Cu^{2+} posee una tendencia mayor $(+34$ V$)$ a ganar electrones que el hidrógeno y que el ión Al^{3+} posee una tendencia menor $(-1,67$ V$)$ a ganar electrones que el ión hidrógeno.

El potencial de electrodo del ión hidrógeno se toma como referencia y se le asigna el valor de $0,000$ voltios a la temperatura de $25°$ C.

☐ Problema 7.13

Escribid las reacciones que tienen lugar en cada uno de los electrodos siguientes cuando actúan como polo positivo (cátodo) de una pila:

a) Hg (l)$/Hg_2Cl_2$ (s)$/Cl^-$

b) Pt (s)$,Cl_2$ (g)$/Cl^-$

c) Au (s)$,Au_2O_3$ (s)$/H_2SO_4$

[Solución]

Cátodo = Electrodo positivo (tiene lugar la reducción o ganancia de e^-)

a) Hg_2Cl_2 (s)$+1e^- \longrightarrow 2Hg$ (l)$+2Cl^-$

b) $\frac{1}{2}Cl_2$ (g)$+1e^- \longrightarrow Cl^-$ (El Pt (s) es inerte)

c) Au_2O_3 (s)$+6H^+ +6e^- \longrightarrow 2Au$ (s)$+3H_2O$ (H_2SO_4 es el medio ácido en forma de iones H^+).

☐ Problema 7.14

Escribid las reacciones que tienen lugar en cada uno de los electrodos siguientes cuando actúan como polo negativo (ánodo) de una pila:

a) Sb (s)$,Sb_2O_3$ (s)$/H^+$

b) Pt (s)$/Cr_2O_7^{2-},Cr^{3+},H^+$

c) Ag (s)$,AgCl$ (s)$/Cl^-$

[Solución]

Ánodo = Electrodo negativo (tiene lugar la oxidación o pérdida de e^-)

a) $2Sb$ (s)$+3H_2O \longrightarrow Sb_2O_3$ (s)$+6H^+ +6e^-$

b) $2Cr^{3+}+7H_2O \longrightarrow Cr_2O_7^{2-}+14H^+ +6e^-$

c) Ag (s)$+Cl^- \longrightarrow AgCl$ (s)$+1e^-$

☐ Problema 7.15

Escribid la representación esquemática de los electrodos en los que se producen las reacciones siguientes:

a) $Ce^{4+}+1e^- \longrightarrow Ce^{3+}$

b) PbO_2 (s)$+4H^+ +2e^- \longrightarrow Pb^{2+}+2H_2O$

c) $C_6H_4O_2$ (s)$+2H^+ +2e^- \longrightarrow C_6H_4(OH)_2$ (s)

quinona: $(C_6H_4O_2)$ $O = $ 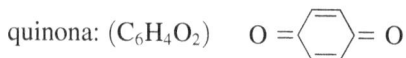 $= O$

hidroquinona: $(C_6H_4(OH)_2)$ $HO-$ 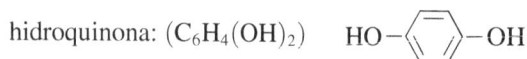 $-OH$

[Solución]

Todas las reacciones son de reducción (toman e^-) y tienen lugar en el cátodo $(+)$.

a) Pt (s)$/Ce^{4+},Ce^{3+}$

b) PbO_2 (s)$/Pb^{2+},H^+$

c) Pt (s)$/C_6H_5(OH)_2$ (s)$,C_6H_4O_2$ (s)$,H^+$

Problema 7.16

Para las pilas siguientes:

a) $Cu\ (s)/CuSO_4\ 0{,}01\ M//CdSO_4\ 0{,}01\ M/Cd(s)$

b) $Ag\ (s), AgCl\ (s)/KCl\ 0{,}01\ M//KBr\ 0{,}01\ M/AgBr\ (s), Ag\ (s)$

c) $Ag\ (s), AgCl\ (s)/HCl\ 1{,}0\ M//Cl_2\ (g), p\ (Cl_2) = 1\ atm, Pt\ (s)$

Señalad los signos de los electrodos que les corresponden indicando si son correctos o no y la reacción que tiene lugar en cada una de las pilas.

(Los potenciales de reducción estándar se encuentran en la tabla del "Apéndice 7").

[Solución]

a) Pila: $Cu\ (s)/CuSO_4\ 0{,}01\ M//CdSO_4\ 0{,}01\ M/Cd\ (s)$

Pares redox:
$$Cu^{2+} + 2e^- \longrightarrow Cu\ (s) \qquad E_1^{\circ} = +0{,}340\ V$$
$$Cd^{2+} + 2e^- \longrightarrow Cd\ (s) \qquad E_2^{\circ} = -0{,}403\ V$$

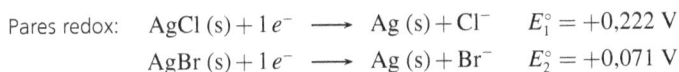

La pila debe tener un valor de $\Delta E^{\circ} > 0$ para que produzca energía. Luego debe ser:

$$E_1^{\circ} - E_2^{\circ} = +0{,}340 - (-0{,}403) = +0{,}743\ V$$

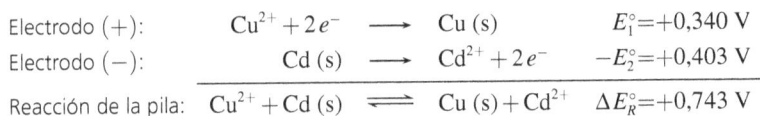

Electrodo $(+)$: $\qquad Cu^{2+} + 2e^- \longrightarrow Cu\ (s) \qquad E_1^{\circ} = +0{,}340\ V$

Electrodo $(-)$: $\qquad\qquad Cd\ (s) \longrightarrow Cd^{2+} + 2e^- \qquad -E_2^{\circ} = +0{,}403\ V$

Reacción de la pila: $Cu^{2+} + Cd\ (s) \rightleftharpoons Cu\ (s) + Cd^{2+} \qquad \Delta E_R^{\circ} = +0{,}743\ V$

En la expresión de una pila, el signo $(+)$ (cátodo, reducción) es el par escrito al comienzo, y el signo $(-)$ (ánodo, oxidación) es el par escrito al final. Luego los signos de la pila anterior **son correctos**.

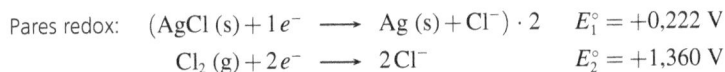

b) Pila: $Ag\ (s), AgCl\ (s)/KCl\ 0{,}01\ M//KBr\ 0{,}01\ M/AgBr\ (s), Ag\ (s)$

Pares redox:
$$AgCl\ (s) + 1e^- \longrightarrow Ag\ (s) + Cl^- \qquad E_1^{\circ} = +0{,}222\ V$$
$$AgBr\ (s) + 1e^- \longrightarrow Ag\ (s) + Br^- \qquad E_2^{\circ} = +0{,}071\ V$$

La pila debe tener un valor de $\Delta E^{\circ} > 0$ para que produzca energía. Luego debe ser:

$$E_1^{\circ} - E_2^{\circ} = +0{,}222 - (+0{,}071) = +0{,}151\ V$$

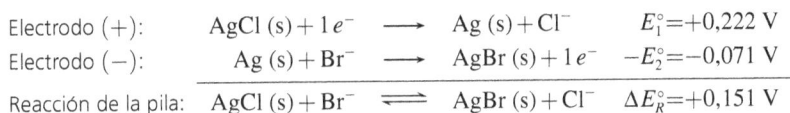

Electrodo $(+)$: $\qquad AgCl\ (s) + 1e^- \longrightarrow Ag\ (s) + Cl^- \qquad E_1^{\circ} = +0{,}222\ V$

Electrodo $(-)$: $\qquad\qquad Ag\ (s) + Br^- \longrightarrow AgBr\ (s) + 1e^- \qquad -E_2^{\circ} = -0{,}071\ V$

Reacción de la pila: $AgCl\ (s) + Br^- \rightleftharpoons AgBr\ (s) + Cl^- \qquad \Delta E_R^{\circ} = +0{,}151\ V$

c) Pila: $Ag\ (s), AgCl\ (s)/HCl\ 1{,}0\ M//Cl_2\ (g), p\ (Cl_2) = 1\ atm, Pt\ (s)$

En la expresión de una pila, el signo $(+)$ (cátodo, reducción) es el par escrito al comienzo, y el signo $(-)$ (ánodo, oxidación) es el par escrito al final. Luego los signos de la pila anterior **son correctos**.

Pares redox:
$$(AgCl\ (s) + 1e^- \longrightarrow Ag\ (s) + Cl^-) \cdot 2 \qquad E_1^{\circ} = +0{,}222\ V$$
$$Cl_2\ (g) + 2e^- \longrightarrow 2Cl^- \qquad\qquad E_2^{\circ} = +1{,}360\ V$$

La pila debe tener un valor de $\Delta E^\circ > 0$ para que produzca energía. Luego debe ser:

$$E_2^\circ - E_1^\circ = +1{,}360 - (+0{,}222) = +1{,}138 \text{ V}$$

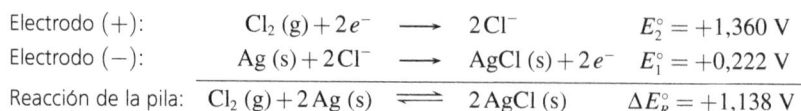

Electrodo $(+)$:	$Cl_2\,(g) + 2\,e^-$ $\longrightarrow$ $2\,Cl^-$		$E_2^\circ = +1{,}360$ V
Electrodo $(-)$:	$Ag\,(s) + 2\,Cl^-$ $\longrightarrow$ $AgCl\,(s) + 2\,e^-$		$E_1^\circ = +0{,}222$ V
Reacción de la pila:	$Cl_2\,(g) + 2\,Ag\,(s)$ $\rightleftharpoons$ $2\,AgCl\,(s)$		$\Delta E_R^\circ = +1{,}138$ V

En la expresión de una pila, el signo $(+)$ (cátodo, reducción) es el par escrito al comienzo, y el signo $(-)$ (ánodo, oxidación) es el par escrito al final. Luego los signos de la pila anterior **no son correctos**, son al revés.

Problema 7.17

Se sabe que el potencial normal del ión Ag^+ tiene un valor de $+0{,}80$ V y el del ión Ni^{2+} tiene un valor de $+0{,}23$ V.

a) ¿Se podría construir una pila con los electrodos de Ag y de Ni?
b) ¿Cuál sería el polo o electrodo positivo de la pila?
c) ¿Cuál sería la ecuación que representa el funcionamiento de la pila?
d) ¿Cuánto valdría el potencial de la pila en condiciones normales o estándar?

[Solución]

a) Sí se puede construir una pila porque: $(0{,}80 - 0{,}23) = +0{,}57$ V > 0,   ➪   valor positivo

b) Electrodo positivo $(+)$: **Cátodo**

$$\text{Cátodo de } Ag^+/Ag(s): \quad Ag^+ + 1\,e^- \longrightarrow Ag\,(s) \quad E^\circ = +0{,}80 \text{ V}$$

Electrodo negativo $(-)$: **Ánodo**

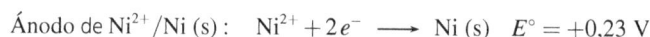

$$\text{Ánodo de } Ni^{2+}/Ni\,(s): \quad Ni^{2+} + 2\,e^- \longrightarrow Ni\,(s) \quad E^\circ = +0{,}23 \text{ V}$$

c) Ecuación de la pila: $2\,Ag^+ + Ni\,(s) \rightleftharpoons 2\,Ag\,(s) + Ni^{2+}$

Potencial pila: $\Delta E^\circ = \text{Cátodo}\,(+) - \text{Ánodo}\,(-) = 0{,}80 - 0{,}23 = +0{,}57$ V   ➪   valor positivo

Problema 7.18

Explicad qué ocurriría si se colocara una disolución de $CuSO_4$ en:

a) Un recipiente de cinc.
b) Un recipiente de plata.

Los potenciales de reducción estándar son:

$$E^\circ\,(Cu^{2+}/Cu\,(s)) = +0{,}34 \text{ V}; \quad E^\circ\,(Zn^{2+}/Zn(s)) = -0{,}76 \text{ V}; \quad E^\circ\,(Ag^+/Ag(s)) = +0{,}80 \text{ V}$$

[Solución]

a) El recipiente de $Zn\,(s)$ se disolvería por la acción del ión Cu^{2+} del $CuSO_4$, porque:

$$E^\circ\,(Cu^{2+}/Cu\,(s)) > E^\circ\,(Zn^{2+}/Zn\,(s))$$

b) Se podría almacenar el $CuSO_4$ en un recipiente de Ag (s), pues no se disolvería la Ag (s) por la acción del ión Cu^{2+} del $CuSO_4$, porque:

$$E° \, (Cu^{2+}/Cu \, (s)) < E° \, (Ag^+/Ag \, (s))$$

Relación entre el potencial de una pila (ΔE) y la energía libre (ΔG)

☐ Problema 7.19

¿Qué relación existe entre la fuerza electromotriz o potencial de una pila y la energía libre de una reacción de oxidación-reducción?

[Solución]

La relación que existe es: $\Delta G = -nF \, \Delta E$

ΔG:	Energía libre
n:	Número de electrones
F:	Constante de Faraday = 96.500 C
E:	Potencial de la pila en voltios

☐ Problema 7.20

Calculad el valor de la energía libre estándar, $\Delta G°$, para la reacción siguiente:

$$Cu^{2+} + Zn \, (s) \, \rightleftharpoons \, Zn^{2+} + Cu \, (s)$$

Se sabe que la fuerza electromotriz o potencial normal de la pila, $E°$, tiene un valor de $+1,10$ V.

[Solución]

$$\Delta G° = -nF \, \Delta E° = -2 \cdot (96.500 \, C) \cdot (1,10 \, V) = 212.300 \, C \cdot V = 212,3 \, kJ$$

Aplicación al cálculo de la constante de equilibrio de una reacción. Ecuación de Nernst

■ Problema 7.21

La relación entre el potencial de una pila y las concentraciones de los iones activos de la reacción de oxidación-reducción que tiene lugar, viene dada por la ecuación de Nernst.

a) Escribid dicha ecuación para la reacción de la pila siguiente:

$$Zn \, (s) + 2 \, Ag^+ \, \rightleftharpoons \, Zn^{2+} + 2 \, Ag \, (s)$$

b) Sabiendo que el potencial normal de la pila $E°$ tiene un valor de $+1,56$ V, calculad el potencial de la pila para las concentraciones molares siguientes: $\left[Zn^{2+}\right] = 0,50 \, M$ y $\left[Ag^+\right] = 0,10 \, M$

a) El potencial de la pila es:

$$E = E^\circ - \frac{0,059}{n} \log \frac{[Zn^{2+}]}{[Ag^+]^2}$$

E: potencial de la pila en voltios
E°: potencial normal o estándar en voltios
n: número de electrones

$0,059 = 2,3 RT/F \ (25^\circ C)$

b) El potencial de la pila es: $E = 1,56 - \dfrac{0,059}{n} \log \dfrac{0,50}{0,10^2} = 1,51 \ V$

■ Problema 7.22

a) Escribid la relación que existe entre la constante de equilibrio de una reacción y el potencial normal o estándar de la pila en la que tiene lugar dicha reacción.

b) Calculad la constante de equilibrio para la reacción de la pila del problema 6.15.

a) La variación del potencial estándar de la pila es:

$$\Delta E^\circ = \frac{0,059}{n} \log K$$

ΔE°: variación del potencial normal o estándar de la pila
n: número de electrones
K: constante de equilibrio

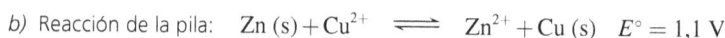

b) Reacción de la pila: $\quad Zn \ (s) + Cu^{2+} \ \rightleftharpoons \ Zn^{2+} + Cu \ (s) \quad E^\circ = 1,1 \ V$

$$\Delta E^\circ = 1,1 = \frac{0,059}{2} \log K \ \Rightarrow \ K = 1,94 \cdot 10^{37}$$

■ Problema 7.23

Calculad la constante de equilibrio para la reacción siguiente:

$$Cu \ (s) + 2 Ag^+ \ (ac) \ \longrightarrow \ Cu^{2+} \ (ac) + 2 Ag \ (s)$$

Se sabe que los potenciales de reducción estándar para el $Cu \ (s)$ y la $Ag \ (s)$ son, respectivamente, $+0,340 \ V$ y $+0,80 \ V$.

Semirreacciones de reducción: $\quad Cu^{2+} + 2 e^- \ \longrightarrow \ Cu \ (s) \qquad E_1^\circ = +0,340 \ V$

$\qquad\qquad\qquad\qquad\qquad\qquad 2 \ Ag^+ + 2 e^- \ \longrightarrow \ 2 Ag \ (s) \qquad E_2^\circ = +0,80 \ V$

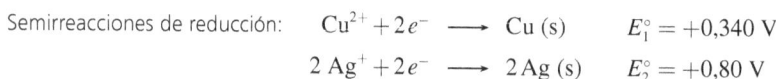

Para que tenga lugar la reacción que nos dan, el $Cu \ (s)$ debe oxidarse a iones Cu^{2+} y los iones Ag^+ deben reducirse a $Ag \ (s)$.

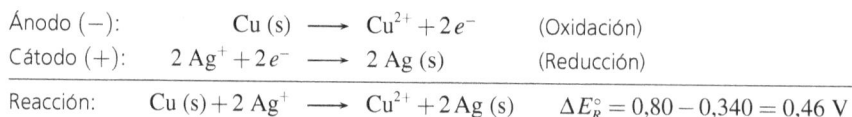

Ánodo (−):	$Cu \ (s) \ \longrightarrow \ Cu^{2+} + 2 e^-$	(Oxidación)
Cátodo (+):	$2 \ Ag^+ + 2 e^- \ \longrightarrow \ 2 \ Ag \ (s)$	(Reducción)
Reacción:	$Cu \ (s) + 2 \ Ag^+ \ \longrightarrow \ Cu^{2+} + 2 Ag \ (s)$	$\Delta E_R^\circ = 0,80 - 0,340 = 0,46 \ V$

Ecuación de Nernst en el equilibrio:

$$E_R^\circ = 0{,}46 \text{ V} = \frac{0{,}059}{n} \log K = \frac{0{,}059}{2} \log K \quad \Rightarrow \quad K = 3{,}9 \cdot 10^{15}$$

"La constante de equilibrio K es muy grande, por lo que el equilibrio está muy desplazado hacia la formación de Ag *(s) y toda la sal de* Ag^+ *se reduce. Este proceso se usa en joyería para cubrir de* Ag *(s) piezas que son de* Cu *(s)."*

■ Problema 7.24

El potencial estándar de reducción del electrodo de Pt (s) que se encuentra introducido en una disolución de iones MnO_4^-, de iones Mn^{2+} y de iones H^+ conjuntamente es de $+1{,}520$ V. Calculad el potencial de este electrodo cuando las concentraciones de los iones que forman la disolución son las siguientes:

$$\left[MnO_4^-\right] = 5{,}0 \cdot 10^{-5}\,M, \quad \left[Mn^{2+}\right] = 1{,}0 \cdot 10^{-2}\,M \quad y \quad [H^+] = 4{,}0 \cdot 10^{-2}\,M$$

[Solución]

Reacción: $\quad MnO_4^- + 8\,H^+ + 5\,e^- \longrightarrow Mn^{2+} + 4\,H_2O \qquad E^\circ = +1{,}520$ V

Ecuación de Nernst: $\qquad E_{\text{electrodo}} = E^\circ - \dfrac{0{,}059}{n} \log \dfrac{[Red]}{[Ox]}$

$$E_{\text{electrodo}} = +1{,}520 - \frac{0{,}059}{5} \log \frac{\overset{\displaystyle 1{,}0\,\cdot\,10^{-2}}{\left[Mg^{2+}\right]}}{\underset{\displaystyle 5{,}0\,\cdot\,10^5 \qquad (4{,}0\,\cdot\,10^{-2})^8}{\left[MnO_4^-\right]\left[H^+\right]^8}} = 1{,}479 \text{ V}$$

■ Problema 7.25

La reacción que tiene lugar en una pila es:

$$2\,Cu^+ \rightleftharpoons Cu^{2+} + Cu \text{ (s)}$$

a) Calculad la constante de equilibrio de la reacción redox que tiene lugar en ella.

b) Se diluye a 1 litro una disolución que contiene Cu^+ a la concentración 0,01 M. Calculad las concentraciones molares de Cu^+ y Cu^{2+} en el equilibrio.

(Los potenciales de reducción Cu^+/Cu (s) y Cu^{2+}/Cu^+ están en el "Apéndice 7".)

[Solución]

a) Semirreacciones: $\quad Cu^+ + 1\,e^- \longrightarrow Cu \text{ (s)} \qquad E_1^\circ = +0{,}520$ V

$\qquad\qquad\qquad\qquad\quad Cu^{2+} + 1\,e^- \longrightarrow Cu^+ \qquad E_2^\circ = +0{,}159$ V

Electrodo $(+)$:	$Cu^+ + 1\,e^- \longrightarrow$	$Cu \text{ (s)}$	$E_1^\circ = +0{,}520$ V
Electrodo $(-)$:	$Cu^+ \longrightarrow$	$Cu^{2+} + 1\,e^-$	$-E_2^\circ = -0{,}159$ V
Reacción de la pila:	$2\,Cu^+ \rightleftharpoons$	$Cu \text{ (s)} + Cu^{2+}$	$\Delta E_R^\circ = +0{,}361$ V

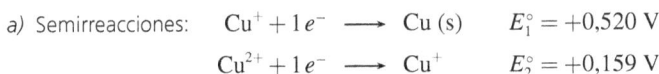

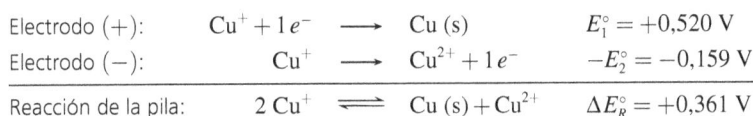

En el equilibrio: $\quad \Delta E_R^\circ = (0{,}059/1) \log K = +0{,}361 \quad \Rightarrow \quad K = 1{,}31 \cdot 10^6$

b) La constante de equilibrio K para la reacción en la pila vale:

$$[Cu^{2+}] = \frac{0,01 \text{ mol}}{2 \text{ L}} = 0,005 \text{ M}$$

$$K = \frac{[Cu^{2+}]}{[Cu^+]^2} = \frac{0,005 - [Cu^+]}{[Cu^+]^2} = 1,31 \cdot 10^6 \quad [Cu^+] \text{ despreciable frente a } 0,005$$

Despejando la concentración de $[Cu^+]$: $\quad [Cu^+] = \left(\frac{0,005}{1,31 \cdot 10^6}\right)^{1/2} = 6,18 \cdot 10^{-5} \text{ M}$

Luego el valor de la concentración de Cu^{2+} es: $\quad [Cu^{2+}] = 0,005 - 6,18 \cdot 10^{-5} = 4,9 \cdot 10^{-3} \text{ M}$

(Puede observarse que el valor de la concentración de $[Cu^+]$ es despreciable frente al valor de $[Cu^{2+}]$.)

Problema 7.26

a) El potencial normal de la pila siguiente: Ag (s)/Ag$^+$//Hg^{2+}/Hg (s) tiene un valor de +0,0546 V. Escribid la reacción de oxidación-reducción de dicha pila.

b) Buscad el potencial normal o estándar de la pila siguiente:

$$\text{Ag (s)/Ag}^+ \text{ (1 M)//Hg}^{2+} \text{ (0,01 M)/Hg (s)}$$

c) Calculad el valor de la constante de equilibrio de la reacción que tiene lugar en la pila del apartado *b)*.

Los valores de los potenciales estándar son:

$$E^\circ (Ag^+/Ag (s)) = +0,80 \text{ V}; \quad E^\circ (Hg^{2+}/Hg (l)) = +0,854 \text{ V}$$

[Solución]

a) Reacción de la pila: $\quad 2 \text{ Ag (s)} + Hg^{2+} \rightleftharpoons 2 \text{ Ag}^+ + Hg \text{ (l)}$

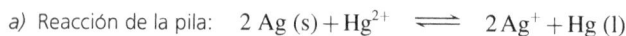

b) Aplicación de la ecuación de Nernst:

Para la reacción de la pila, la diferencia del potencial de reducción estándar ΔE° es: $\quad 0,854 - 0,80 = 0,054 \text{ V}$

$$\Delta E = \Delta E^\circ - \frac{0,059}{n} \log \frac{[Ag^+]^2}{[Hg^{2+}]} = 0,054 - \frac{0,059}{2} \log \frac{1^2}{0,01} = -0,005 \text{ V}$$

c) La constante de equilibrio vale:

$$\Delta E^\circ = \frac{0,059}{n} \log K \quad \Rightarrow \quad -0,005 \text{ V} = \frac{0,059}{2} \log K \quad \Rightarrow \quad K = 0,6769$$

Problema 7.27

Tenemos una pila con un potencial estándar de 0,028 V y cuyo esquema es:

$$\text{Pt/Fe}^{2+}, \text{ Fe}^{3+}//\text{Ag}^+/\text{Ag (s)}$$

a) Escribid la reacción redox que tiene lugar en la pila.

b) Calculad la constante de equilibrio de la reacción.

c) Calculad el potencial de la pila cuando las concentraciones de los iones son:

$$\left[\mathrm{Fe}^{2+}\right] = 0{,}5 \text{ M}, \quad \left[\mathrm{Fe}^{3+}\right] = 0{,}001 \text{ M} \quad \text{y} \quad \left[\mathrm{Ag}^{+}\right] = 0{,}1 \text{ M}$$

[Solución]

a) Según el esquema de la pila, el polo $(+)$ está a la derecha y el polo $(-)$ está a la izquierda.

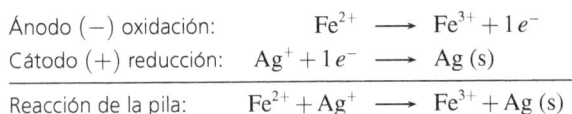

Ánodo $(-)$ oxidación:	$\mathrm{Fe}^{2+} \longrightarrow \mathrm{Fe}^{3+} + 1\,e^{-}$
Cátodo $(+)$ reducción:	$\mathrm{Ag}^{+} + 1\,e^{-} \longrightarrow \mathrm{Ag}\,(s)$

$$\text{Reacción de la pila:} \quad \mathrm{Fe}^{2+} + \mathrm{Ag}^{+} \longrightarrow \mathrm{Fe}^{3+} + \mathrm{Ag}\,(s)$$

b) Aplicando la ecuación de Nernst en el equilibrio:

$$E^{\circ} = \frac{0{,}059}{n} \log K = \frac{0{,}059}{1} \log K = 0{,}028 \text{ V} \quad \Rightarrow \quad K = 2{,}97$$

c) Ecuación de Nernst para concentraciones distintas a las del equilibrio:

$$E_{\mathrm{pila}} = E^{\circ} - \frac{0{,}059}{1} \log \frac{\left[\mathrm{Fe}^{3+}\right]}{\left[\mathrm{Fe}^{2+}\right] \left[\mathrm{Ag}^{+}\right]}$$

$$E_{\mathrm{pila}} = 0{,}028 - 0{,}059 \log \frac{0{,}001}{0{,}5 \cdot 0{,}1} = 0.13 \text{ V}$$

Pilas de concentración. Relación entre el potencial, el pH y el producto de solubilidad K_{ps}

■ **Problema 7.28**

a) Hallad la relación que existe entre el potencial y el pH de una pila cuyo esquema es:

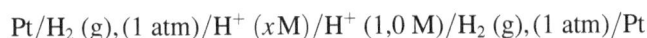

$$\mathrm{Pt}/\mathrm{H}_2\,(g),(1 \text{ atm})/\mathrm{H}^{+}\,(x\mathrm{M})/\mathrm{H}^{+}\,(1{,}0 \text{ M})/\mathrm{H}_2\,(g),(1 \text{ atm})/\mathrm{Pt}$$

siendo la concentración x un valor inferior a $1{,}0$ M.

b) Calculad el potencial, E, de la pila para una concentración de iones $\left[\mathrm{H}^{+}\right] = 0{,}01$ M.

[Solución]

a) Ánodo $(-)$ Oxidación:	$\mathrm{H}_2\,(g) \longrightarrow 2\,\mathrm{H}^{+}\,(x\mathrm{M}) + 2\,e^{-}$
Cátodo $(+)$ Reducción:	$2\,\mathrm{H}^{+}\,(1{,}0 \text{ M}) + 2\,e^{-} \longrightarrow \mathrm{H}_2\,(g)$

$$\text{Reacción pila:} \quad 2\,\mathrm{H}^{+}\,(1{,}0 \text{ M}) \longrightarrow 2\,\mathrm{H}^{+}\,(0{,}01 \text{ M}) \qquad E^{\circ}_{\mathrm{pila}} = 0 \text{ V}$$

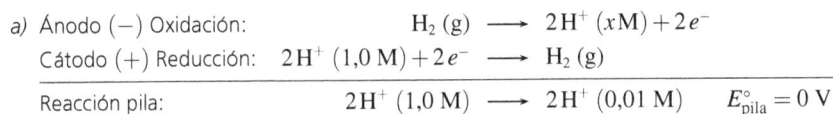

Ecuación para la pila de concentración (Nernst):

$$\Delta E_{\mathrm{pila}} = -\frac{0{,}059}{2} \log \frac{\left[\mathrm{H}^{+}\right]^{2}_{\mathrm{menor}}}{\left[\mathrm{H}^{+}\right]^{2}_{\mathrm{mayor}}} = -\frac{0{,}059}{2} \log \frac{x^{2}}{1{,}0^{2}} =$$

$$= -\frac{0{,}059}{2} \cdot 2 \log x \quad (x = \left[\mathrm{H}^{+}\right]) \quad \Rightarrow \quad \Delta E_{\mathrm{pila}} = 0{,}059 \text{ pH}$$

b) El pH se define como menos el logaritmo de la concentración de iones H^+, luego:

$$pH = -\log [H^+] = -\log 0{,}01 = 2$$

$$\Delta E_{\text{pila}} = 0{,}059 \cdot pH = 0{,}059 \cdot 2 = 0{,}118 \text{ V}$$

■ Problema 7.29

a) Escribid las reacciones que tienen lugar en el cátodo y en el ánodo, y representad el esquema de una pila cuyo potencial de reducción tiene un valor de $0{,}422$ V y en la tiene lugar la reacción:

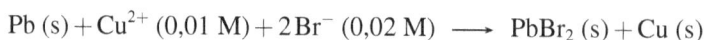

$$\text{Pb (s)} + \text{Cu}^{2+} (0{,}01 \text{ M}) + 2\,\text{Br}^- (0{,}02 \text{ M}) \longrightarrow \text{PbBr}_2 \text{ (s)} + \text{Cu (s)}$$

b) Calculad el potencial de reducción estándar de la pila.

c) Calculad la constante del producto de solubilidad del PbBr_2 (s).

(Los potenciales de reducción estándar se encuentran en la tabla del "Apéndice 7".)

[Solución]

a) Ánodo $(-)$ oxidación: $\qquad$ $\text{Pb (s)} + 2\,\text{Br}^- \longrightarrow \text{PbBr}_2 \text{ (s)} + 2\,e^- \qquad E_1^\circ = ¿?$

Cátodo $(+)$ reducción: $\qquad$ $\text{Cu}^{2+} + 2\,e^- \longrightarrow \text{Cu (s)} \qquad E_2^\circ = 0{,}34 \text{ V}$

Reacción pila: $\qquad$ $\text{Pb (s)} + 2\,\text{Br}^- + \text{Cu}^{2+} \longrightarrow \text{PbBr}_2 \text{ (s)} + \text{Cu (s)} \qquad E_R = 0{,}442 \text{ V}$

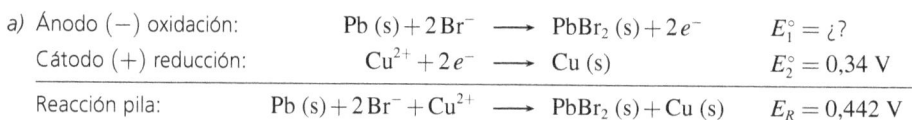

Esquema de la pila:

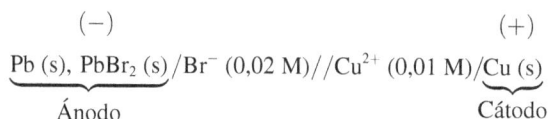

$$(-) \qquad\qquad\qquad\qquad\qquad (+)$$

$$\underbrace{\text{Pb (s), PbBr}_2 \text{ (s)}/\text{Br}^- (0{,}02 \text{ M})}_{\text{Ánodo}} // \underbrace{\text{Cu}^{2+} (0{,}01 \text{ M})/\text{Cu (s)}}_{\text{Cátodo}}$$

b) Aplicación de la ecuación de Nernst:

$$E_{\text{pila}} = E^\circ - \frac{0{,}059}{2} \log \frac{1}{[\text{Cu}^{2+}] \, [\text{Br}^-]^2}$$

$$0{,}442 \text{ V} = E_R^\circ - \frac{0{,}059}{2} \log \frac{1}{(0{,}01) \cdot (0{,}02)^2} \qquad \Rightarrow \qquad E_R^\circ = 0{,}60 \text{ V}$$

c) $E_R^\circ = E^\circ(+) - E^\circ(-) = E_2^\circ - E_1^\circ \qquad 0{,}60 \text{ V} = 0{,}34 \text{ V} - E_1^\circ \qquad E_1^\circ = -0{,}26 \text{ V}$

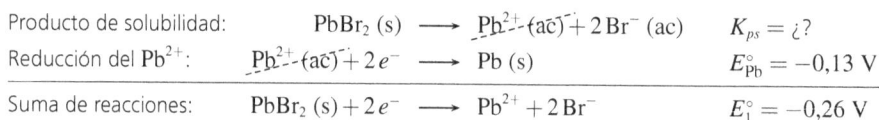

Producto de solubilidad: $\qquad$ $\text{PbBr}_2 \text{ (s)} \longrightarrow \text{Pb}^{2+} \text{(ac)} + 2\,\text{Br}^- \text{ (ac)} \qquad K_{ps} = ¿?$

Reducción del Pb^{2+}: $\qquad$ $\text{Pb}^{2+} \text{(ac)} + 2\,e^- \longrightarrow \text{Pb (s)} \qquad E_{\text{Pb}}^\circ = -0{,}13 \text{ V}$

Suma de reacciones: $\qquad$ $\text{PbBr}_2 \text{ (s)} + 2\,e^- \longrightarrow \text{Pb}^{2+} + 2\,\text{Br}^- \qquad E_1^\circ = -0{,}26 \text{ V}$

La reacción obtenida es la inicial anódica, denominada 1, que es la suma de la reacción del producto de solubilidad más la reacción de reducción del Pb^{2+}, por lo que se puede escribir:

$$\Delta G_1^\circ = \Delta G_{K_{ps}}^\circ + \Delta G_{\text{Pb}}^\circ \qquad \Rightarrow \qquad -2FE_1^\circ = -RT \cdot 2{,}3 \log K_{ps} - 2FE_{\text{Pb}}^\circ$$

$$-E_1^\circ = -\frac{RT\,2{,}3}{2F} \log K_{ps} - E_{\text{Pb}}^\circ \qquad \Rightarrow \qquad E_1^\circ = \frac{0{,}059}{2} \log K_{ps} + E_{\text{Pb}}^\circ$$

$$-0{,}26 \text{ V} = \frac{0{,}059}{2} \log K_{ps} - 0{,}13 \text{ V} \qquad \Rightarrow \qquad K_{ps} = 3{,}9 \cdot 10^{-5}$$

Procesos electrolíticos. Electrolisis

☐ Problema 7.30

Explicad la diferencia que existe entre una celda electrolítica y una celda voltaica o pila.

[Solución]

Una pila produce energía eléctrica a partir de una reacción de oxidación-reducción espontánea. Una celda electrolítica utiliza energía eléctrica procedente del exterior de la celda para producir una reacción de oxidación-reducción.

☐ Problema 7.31

a) Explicad el proceso de la electrolisis.

b) Describid un proceso electrolítico y especificad el ánodo y el cátodo en una celda electrolítica.

[Solución]

a) Electrolisis es el proceso que tiene lugar en una celda electrolítica.

b) Los electrodos de la celda electrolítica son inertes y no participan en la reacción electrolítica.

$$\text{Electrodo positivo } (+) = \text{Ánodo (En él tiene lugar la oxidación.)}$$
$$\text{Electrodo negativo } (-) = \text{Cátodo (En él tiene lugar la reducción.)}$$

☐ Problema 7.32

Calculad el volumen de H_2 (g), medido en condiciones normales, que se obtiene al electrolizar durante una hora agua acidificada a una intensidad de corriente constante de 100 mA.

[Solución]

Reacción: $2\,H^+ + 2\,e^- \rightleftharpoons H_2$ (g)

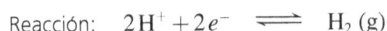

$$V_{H_2} = (1\ \text{h} \cdot 0{,}1\ \text{A}) \frac{3.600\ \text{s}}{1\ \text{h}} \cdot \frac{1\ \text{F}}{96.500\ \text{C}} \cdot \frac{1\ \text{mol H}_2}{2\ \text{F}} \cdot \frac{22{,}4\ \text{dm}^3}{1\ \text{mol H}_2} = 0{,}0418\ \text{dm}^3$$

☐ Problema 7.33

Calculad la cantidad de cobre elemental que se puede producir en la electrolisis de una disolución de sulfato de cobre(II) durante 10 horas y con una intensidad de corriente de 100 A.

[Solución]

Reacción: $Cu^{2+} + 2\,e^- \rightleftharpoons Cu$ (s)

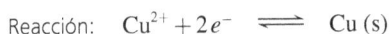

$$q = I \cdot t = (100\ \text{A}) \cdot (10 \cdot 3.600\ \text{s}) = 36 \cdot 10^5\,\text{C}$$

$$(36 \cdot 10^5\,\text{C}) \frac{1\ \text{F}}{96.500\ \text{C}} \cdot \frac{63{,}54\ \text{g Cu}}{2\ \text{F}} = 1.185{,}2\ \text{g de Cu} = 1{,}1852\ \text{kg de Cu}$$

Problemas propuestos ■■

☐ **Problema 7.1**

¿Qué número de oxidación tienen la Ag en el AgCl, el Cr en el $Cr_2O_7^{2-}$, el Bi en el BiO_3^{2-}, el Hg en el $HgCl_4^{2-}$ y el Cu en el $CuHSO_4$.

☐ **Problema 7.2**

¿Es una reacción de oxidación-reducción la reacción siguiente?:

$$2\,CCl_4 + K_2CrO_4 \rightleftharpoons 2\,COCl_2 + CrO_2Cl_2 + 2\,KCl$$

☐ **Problema 7.3**

Escribid las semirreacciones de oxidación y de reducción para las reacciones siguientes:

a) $Ag^+ + H_3PO_2 \longrightarrow Ag\,(s) + H_3PO_3$

b) $Cu^{2+} + H_2SO_3 \longrightarrow Cu^+ + HSO_4^-$

c) $Hg_2Cl_2\,(s) + Cl_2\,(g) \longrightarrow HgCl_4^{2-}$

☐ **Problema 7.4**

Para las reacciones del problema anterior, señalad:

a) Qué especies se oxidan y qué especies se reducen.

b) Escribid la reacción global redox ajustada.

☐ **Problema 7.5**

Igualad las reacciones siguientes:

a) $Cu\,(s) + HNO_3 \longrightarrow Cu(NO_3)_2 + NO + H_2O\,(l)$

b) $K_2Cr_2O_7 + H_2S + H_2SO_4 \longrightarrow K_2SO_4 + Cr_2(SO_4)_3 + S\,(s) + H_2O\,(l)$

■ **Problema 7.6**

Las reacciones de oxidación-reducción siguientes tienen lugar en medio básico:

1) $Cr(OH)_4^- + H_2O_2 \longrightarrow CrO_4^{2-} + H_2O\,(l)$

2) $Pb(OH)_3^- + H_2O_2 \longrightarrow PbO_2\,(s) + H_2O\,(l)$

a) Señalad qué especies se oxidan y qué especies se reducen.

b) Escribid las semirreacciones de oxidación y de reducción.

c) Escribid la reacción global ajustada en cada caso.

☐ Problema 7.7

El amoníaco se oxida por el oxígeno y da lugar a óxido de nitrógeno(II) y a agua. Escribid la reacción global y ajustadla.

■ Problema 7.8

A través de una columna rellena de Fe (s) en polvo se hace pasar una disolución de $Cd(ClO_4)_2$:

a) ¿Se ha producido reacción entre las dos especies?

b) Escribid las semirreacciones de oxidación y de reducción.

c) Escribid la reacción global ajustada.

■ Problema 7.9

El peróxido de hidrógeno (agua oxigenada), H_2O_2, se disocia dando O_2 (g) y H_2O (l).

a) Escribid las semirreacciones de oxidación y de reducción.

b) Escribid la reacción global que representa el proceso.

■ Problema 7.10

Averiguad cuál de las siguientes proposiciones sobre las pilas voltaicas o electroquímicas es correcta y señalad en las demás cuál es el error:

a) Los electrones se mueven desde el cátodo hacia el ánodo.

b) Los electrones se mueven a través del puente salino.

c) La reducción tiene lugar en el cátodo.

d) Los electrones salen de la pila por el cátodo o el ánodo según los electrodos que se utilicen.

■ Problema 7.11

Escribid las semirreacciones de oxidación, de reducción y la reacción global de cada proceso y describir:

a) La reducción del Fe^{3+} (ac) a Fe^{2+} (ac) por el Al (s).

b) El desplazamiento del Cu^{2+} (ac) por el Fe (s).

c) La oxidación del Br^- a Br_2 (ac) por el Cl_2 (ac).

d) La oxidación del Cl^- (ac) a ClO_3^- por el MnO_4^- en disolución en medio H^+, sabiendo que el MnO_4^- se reduce a Mn^{2+}.

e) La oxidación del S^{2-} (ac) a SO_4^{2-} por el O_2 (g) en medio OH^-.

■ Problema 7.12

Calculad el potencial de reducción estándar del Fe^{3+}/Fe (s) a partir de los potenciales de reducción estándar siguientes: $E°$ $(Fe^{3+}/Fe^{2+}) = +0,771$ V; $E°$ $(Fe^{2+}/Fe$ (s)$) = -0,440$ V

Problema 7.13

Para una pila electroquímica en la que tiene lugar la reacción siguiente:

$$Sn^{2+} + Al\ (s) \longrightarrow Sn\ (s) + Al^{3+}$$

a) Escribid la reacción que tiene lugar en el ánodo y en el cátodo
b) Averiguad el número de electrones que se transfieren.
c) Calculad el potencial de reducción estándar de la pila.
d) Escribid el esquema que representa la pila.

(Los potenciales de reducción estándar se encuentran en la tabla del "Apéndice 7".)

Problema 7.14

Escribid la reacción y calculad el potencial de reducción estándar para la pila cuyo esquema es:

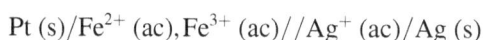

$$Pt\ (s)/Fe^{2+}\ (ac), Fe^{3+}\ (ac)//Ag^+\ (ac)/Ag\ (s)$$

(Los potenciales de reducción estándar se encuentran en la tabla del "Apéndice 7".)

Problema 7.15

Calculad los potenciales de reducción de las pilas siguientes:

a) $Mn\ (s)/Mn^{2+}\ (0,4\ M)//Cr^{3+}\ (0,35\ M), Cr^{2+}\ (0,25\ M)/Pt\ (s)$
b) $Al\ (s)/Al^{3+}\ (0,2\ M)//Fe^{2+}\ (0,9\ M)/Fe\ (s)$
c) $Mg\ (s)/Mg^{2+}\ (0,03\ M)//Al(OH)_4^-\ (0,5\ M), OH^-\ (0,08\ M)/Al\ (s)$

(Los potenciales de reducción estándar se encuentran en la tabla del "Apéndice 7".)

Problema 7.16

A partir de los datos que se dan a continuación y usando la tabla del "Apéndice 7", determinad las magnitudes que se piden en cada caso.

a) Potencial de reducción estándar, E_{pila}° para la pila: $\quad Pt\ (s)/Cl_2\ (g)/Cl^-\ (ac)//Pb^{2+}\ (ac), H^+\ (ac)/PbO_2\ (s)$
b) Potencial de reducción estándar, E° para el par Cu^{2+}/Cu^+ si se sabe que:

$$Pt\ (s)/Cu^+\ (ac), Cu^{2+}\ (ac)//Ag^+\ (ac)/Ag\ (s) \quad E_{pila}^{\circ} = +0,641\ V$$

c) Potencial de reducción estándar, E° para el par $Sc^{3+}/Sc\ (s)$ si se sabe que:

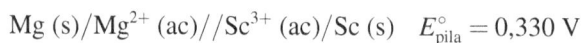

$$Mg\ (s)/Mg^{2+}\ (ac)//Sc^{3+}\ (ac)/Sc\ (s) \quad E_{pila}^{\circ} = 0,330\ V$$

Problema 7.17

Si los reactivos y los productos están en sus estados estándar, predecid si las reacciones siguientes transcurren espontáneamente.

a) $Sn\ (s) + Pb^{2+}\ (ac) \longrightarrow Sn^{2+}\ (ac) + Pb\ (s)$

b) $O_3\ (g) + Cl^-\ (ac) \longrightarrow OCl^-\ (ac) + O_2\ (g)$ (medio básico)

c) $Cu^{2+}\ (ac) + 2I^-\ (ac) \longrightarrow Cu\ (s) + I_2\ (s)$

d) $4NO_3^-\ (ac) + 4H^+\ (ac) \longrightarrow 3O_2\ (g) + 4NO\ (g) + 2H_2O\ (l)$

e) $Zn^{2+}\ (ac) + Cu\ (s) \longrightarrow Zn\ (s) + Cu^{2+}\ (ac)$

(Los potenciales de reducción estándar se encuentran en la tabla del "Apéndice 7".)

■ Problema 7.18

En una pila tiene lugar la reacción siguiente:

$$5H_2O_2\ (ac) + 2Mn^{2+}\ (ac) \longrightarrow 2MnO_4^{2-}\ (ac) + 6H^+\ (ac) + 2H_2O\ (l)$$

a) Calculad el potencial de reducción estándar de la pila.

b) Calculad el valor de la variación de la energía libre estándar de la pila, ΔG_{pila}°.

c) Hallad la constante de equilibrio de la reacción.

d) ¿La reacción transcurre por completo cuando los reactivos y los productos están en sus estados estándar?

(Los potenciales de reducción estándar se encuentran en la tabla del "Apéndice 7".)

■ Problema 7.19

Para una pila electroquímica que tiene un potencial de reducción cuyo valor es de $1,25\ V$ y que está representada por el esquema siguiente:

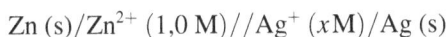

$$Zn\ (s)/Zn^{2+}\ (1,0\ M)//Ag^+\ (xM)/Ag\ (s)$$

Calculad la concentración molar de los iones Ag^+ en la pila?

(Los potenciales de reducción estándar se encuentran en la tabla del "Apéndice 7".)

■ Problema 7.20

Calculad la constante de equilibrio a la temperatura de $25°\ C$ para las reacciones siguientes:

a) $MnO_2\ (s) + 4H^+\ (ac) + 2Cl^-\ (ac) \longrightarrow Mn^{2+}\ (ac) + Cl_2\ (g) + 2H_2O\ (l)$

b) $2OCl^-\ (ac) \longrightarrow 2Cl^-\ (ac) + O_2\ (g)$

c) $Sn^{4+}\ (ac) + 2Ag\ (s) \longrightarrow Sn^{2+}\ (ac) + 2Ag^+\ (ac)$

(Los potenciales de reducción estándar se encuentran en la tabla del "Apéndice 7".)

☐ Problema 7.21

El potencial de reducción estándar del par MnO_4^-/Mn^{2+} tiene un valor de $1,52\ V$.

Hallad el potencial de reducción de este electrodo cuando las concentraciones de las especies son:

$$[MnO_4^-] = 4,9 \cdot 10^{-5}\,M, \quad [Mn^{2+}] = 0,01\ M \quad y \quad [H^+] = 0,035\ M$$

Problema 7.22

Calculad el pH de una disolución D para la pila cuyo esquema es:

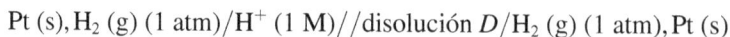

$$Pt \text{ (s)}, H_2 \text{ (g) (1 atm)}/H^+ \text{ (1 M)}//\text{disolución } D/H_2 \text{ (g) (1 atm)}, Pt \text{ (s)}$$

sabiendo que su potencial de reducción estándar vale 0,201 V.

Problema 7.23

Se construye una pila basándose en la reacción: $Fe^{2+} \text{ (ac)} + Ag^+ \text{ (ac)} \longrightarrow Fe^{3+} \text{ (ac)} + Ag \text{ (s)}$

Las concentraciones iniciales de las especies en disolución son:

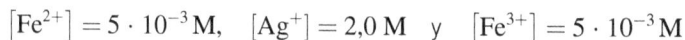

$$\left[Fe^{2+}\right] = 5 \cdot 10^{-3} \, M, \quad [Ag^+] = 2,0 \, M \quad y \quad \left[Fe^{3+}\right] = 5 \cdot 10^{-3} \, M$$

Calculad la concentración molar de los iones $\left[Fe^{2+}\right]$ cuando la reacción de la pila alcance el equilibrio.

Problema 7.24

A una disolución de $Hg(NO_3)_2$ de concentración 0,01 M se le añade Hg (l) a la temperatura de 25°C. Calculad las concentraciones molares de los iones Hg^{2+} y Hg_2^{2+} cuando se alcanza el equilibrio.

Problema 7.25

Se mezclan 90 mL de $KMnO_4$ de concentración 0,02 M con 10 mL de $FeSO_4$ de concentración 0,001 M cuando el pH de la disolución tiene el valor unidad.

a) Escribid la reacción que tiene lugar.
b) Calculad la constante de equilibrio de la reacción.
c) Calculad las concentraciones de las especies: MnO_4^-, Mn^{2+}, Fe^{3+} y Fe^{2+} cuando la mezcla alcanza el equilibrio.

Problema 7.26

El potencial de reducción estándar para la siguiente semirreacción tiene un valor de $-0,424$ V

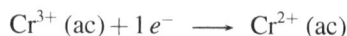

$$Cr^{3+} \text{ (ac)} + 1 \, e^- \longrightarrow Cr^{2+} \text{ (ac)}$$

Si se añade un exceso de Fe (s) a una disolución de Cr^{3+} de concentración 1 M, calculad la $\left[Fe^{2+}\right]$ cuando se alcance el equilibrio a la temperatura de 25°C. Se sabe que tiene lugar la reacción siguiente:

$$Fe \text{ (s)} + 2 \, Cr^{3+} \rightleftharpoons Fe^{2+} + 2 \, Cr^{2+}$$

Problema 7.27

a) Calculad la constante de equilibrio de la reacción:

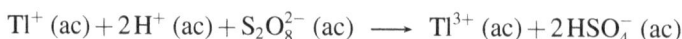

$$Tl^+ \text{ (ac)} + 2 \, H^+ \text{ (ac)} + S_2O_8^{2-} \text{ (ac)} \longrightarrow Tl^{3+} \text{ (ac)} + 2 \, HSO_4^- \text{ (ac)}$$

Sabemos que los potenciales de reducción estándar y la constante de acidez de las tres semirreacciones que intervienen en la obtención de la reacción global son:

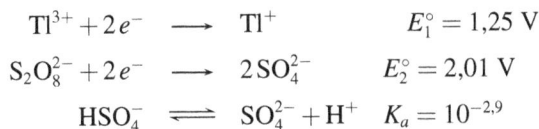

$$Tl^{3+} + 2e^- \longrightarrow Tl^+ \qquad E_1^\circ = 1,25 \text{ V}$$
$$S_2O_8^{2-} + 2e^- \longrightarrow 2SO_4^{2-} \qquad E_2^\circ = 2,01 \text{ V}$$
$$HSO_4^- \rightleftharpoons SO_4^{2-} + H^+ \quad K_a = 10^{-2,9}$$

b) Si el pH de la disolución es de 0,5 y las concentraciones iniciales de las especies son: $[Tl^+] = 0,001$ M y $[S_2O_8^{2-}] = 1$ M, calculad las concentraciones de Tl^{3+} y HSO_4^- en el equilibrio.

Problema 7.28

Se electroliza una disolución acuosa de K_2SO_4 usando electrodos de Pt.

a) ¿Cuáles de los siguientes gases se espera que se desprendan en el ánodo: O_2, H_2, SO_2, SO_3?

b) ¿Qué productos se espera que se formen en el cátodo?

c) ¿Cuál es el potencial mínimo externo necesario para que tenga lugar el proceso electrolítico?

Problema 7.29

Para las reacciones siguientes, averiguad las que se dan espontáneamente y las que se dan sólo por electrolisis (suponiendo que todas las especies están en sus estados estándar).

a) $Zn (s) + Fe^{2+} (ac) \longrightarrow Zn^{2+} (ac) + Fe (s)$

b) $2Fe^{2+} (ac) + I_2 (s) \longrightarrow 2Fe^{3+} + 2I^- (ac)$

c) $2H_2O (l) \longrightarrow 2H_2 (g) + O_2 (g)$ (disolución ácida de $[H^+] = 1$ M)

d) $Cu (s) + Sn^{4+} (ac) \longrightarrow Cu^{2+} (ac) + Sn^{2+} (ac)$

Problema 7.30

Calculad para cada una de las electrolisis siguientes:

a) La cantidad de Zn (s) depositada en el cátodo al pasar por una disolución acuosa de Zn^{2+} una corriente eléctrica de 1,87 A durante 50 minutos.

b) El tiempo que se necesita para obtener 2,8 g de I_2 (s) en el ánodo cuando se hace pasar una corriente eléctrica de 1,70 A por una disolución acuosa de KI.

Problema 7.31

En un culombímetro de plata, la Ag^+ se reduce a Ag (s) en un cátodo de Pt. Al pasar una cierta cantidad de electricidad se depositan 1,206 g de Ag (s) en 25 minutos.

a) Calculad la carga eléctrica en C que debe haber pasado.

b) Calculad la intensidad de la corriente eléctrica en A.

Cinética química

8

8.1 Introducción y objetivos

La cinética química se ocupa del estudio y determinación de la velocidad de las reacciones y de la interpretación de estos resultados relacionándolos con los mecanismos de la reacción.

Las reacciones químicas son importantes desde el punto de vista industrial. Por ello, los químicos e ingenieros químicos estudian las reacciones con la finalidad de averiguar las condiciones que afectan a su velocidad y por tanto a su rendimiento.

Hasta este momento se han usado las ecuaciones químicas como medio para describir el principio y el final de una reacción a escala macroscópica.

Por ejemplo, para la reacción: $2\,CO\ (g) + 2\,NO\ (g)\ \rightleftharpoons\ 2\,CO_2\ (g) + N_2\ (g)$

Observamos que desde un punto estequiométrico la reacción nos indica que: 2 mol de CO (g) reaccionan con 2 mol de NO (g) para dar 2 mol de CO_2 (g) y 1 mol de N_2 (g).

Desde un punto de vista termodinámico, se sabe también que en condiciones estándar la reacción anterior es espontánea, pues el valor de la energía libre, $\Delta G°$, es de $-342,5$ kJ, y que su constante de equilibrio, K_c, es de aproximadamente 10^{60}.

Pero a pesar de todo ello, la reacción descrita arriba transcurre lentamente en condiciones ordinarias, de manera que no representa un método práctico para la eliminación de los gases tóxicos, CO (g) y NO (g), que se encuentran en el aire contaminado.

Como consecuencia directa, es necesario conocer las *distintas etapas* a través de las cuales los reactivos se transforman en productos finales de la reacción, lo que se denomina *mecanismo de la reacción*.

A partir de los mecanismos o etapas de la reacción, se pueden establecer las velocidades de reacción (lentas o rápidas) y las condiciones óptimas que den un rendimiento máximo en el mínimo tiempo.

Los factores que influyen en la velocidad de una reacción determinada son, entre otros:

- La naturaleza de los reactivos.
- La superficie de contacto entre los reactivos.
- La concentración de los reactivos.

- La temperatura y la presión (si son gases).
- Los catalizadores.

8.2 La velocidad de reacción

La velocidad de reacción es una cantidad positiva que describe la rapidez con que cambia la concentración de un reactivo que se gasta o de un producto que se forma en relación con el tiempo.

La velocidad de una determinada reacción se puede calcular de dos formas:

- A partir de la velocidad con que aparece o se forma un producto.
- A partir de la velocidad con que desaparece un reactivo.

1.º *Para una reacción sencilla del tipo:*

$$\underset{\text{Reactivo}}{A} \longrightarrow \underset{\text{Producto}}{B}$$

Se define la velocidad de reacción (v_R) como:

$$v_R = \frac{\text{cambio de concentración de B}}{\text{intervalo de tiempo}} = \frac{\Delta[B]}{\Delta t}$$

En el tiempo t_1 se forma el producto B_1 con una concentración molar $[B]_1$ y en el tiempo t_2 se tiene una concentración molar $[B]_2$ mayor; la velocidad de reacción es:

$$v_R = \frac{[B]_2 - [B]_1}{t_2 - t_1} = \frac{\Delta[B]}{\Delta t} \quad \text{Velocidad de formación del producto B}$$

También se define la velocidad de reacción (v_R) como:

$$v_R = \frac{\text{cambio de concentración de A}}{\text{intervalo de tiempo}} = \frac{\Delta[A]}{\Delta t}$$

En el tiempo t_1 se gasta el reactivo A_1, del que hay una concentración molar $[A]_1$ *mayor* y en el tiempo t_2 se tiene una concentración molar $[A]_2$ *menor*; la velocidad de reacción es:

$$v_R = \frac{[A]_2 - [A]_1}{t_2 - t_1} = -\frac{\Delta[A]}{\Delta t} \quad \text{pues} \quad [A]_2 < [A]_1 \quad \text{Velocidad de desaparición del reactivo A}$$

Las velocidades de formación del producto y de desaparición del reactivo se igualan cuando la reacción tiene lugar en una sola etapa.

Las unidades de la velocidad de reacción son $\text{mol L}^{-1}\text{s}^{-1}$ o bien $\text{mol L}^{-1}\text{min}^{-1}$.

2.º *Para una reacción del tipo:*

$$\underset{\text{Reactivo}}{2\,A} \longrightarrow \underset{\text{Productos}}{2\,B + C}$$

La velocidad con que desaparece el reactivo A es igual a la velocidad con que se obtiene el producto B. La velocidad con que se obtiene el producto C es igual a la mitad de la velocidad con que desaparece el reactivo A, porque la estequiometría de la reacción señala que 2 mol de A dan lugar a 1 mol de C.

Luego:

$$v_R = \frac{\Delta[B]}{\Delta t} = -\frac{\Delta[A]}{\Delta t} \quad \text{y también:} \quad v_R = \frac{\Delta[C]}{\Delta t} = -\frac{1}{2}\frac{\Delta[A]}{\Delta t}$$

Estas ecuaciones son correctas y válidas siempre que no se formen especies intermedias en la reacción, es decir, cuando la reacción transcurre en una sola etapa.

3.º *Para una reacción general del tipo:*
$$aA + bB \longrightarrow gG + hH$$
$$\text{Reactivos} \qquad \text{Productos}$$

$$v_R = \frac{1}{g}\frac{\Delta[G]}{\Delta t} = \frac{1}{h}\frac{\Delta[H]}{\Delta t} = -\frac{1}{a}\frac{\Delta[A]}{\Delta t} = -\frac{1}{b}\frac{\Delta[B]}{\Delta t}$$

Estas ecuaciones son válidas cuando la reacción transcurre en una sola etapa sin que se formen especies intermedias.

☐ **Ejemplo práctico 1**

Para la reacción siguiente: $2\,Fe^{3+}\,(ac) + Sn^{2+}\,(ac) \longrightarrow 2\,Fe^{2+}\,(ac) + Sn^{4+}\,(ac)$

Calculad la velocidad de reacción si se sabe que pasado un tiempo de 77 s la concentración de $\left[Fe^{2+}\right]$ es 0,002 M.

$$v_R = \frac{1}{2}\frac{\Delta\left[Fe^{2+}\right]}{\Delta t} = \frac{\Delta\left[Sn^{4+}\right]}{\Delta t} = -\frac{1}{2}\frac{\Delta\left[Fe^{3+}\right]}{\Delta t} = -\frac{\Delta\left[Sn^{2+}\right]}{\Delta t}$$

$$v_R = \frac{1}{2}\frac{\Delta\left[Fe^{2+}\right]}{\Delta t} = \frac{1}{2}\frac{0{,}002\,\text{mol L}^{-1}}{77\,\text{s}} = 1{,}3 \cdot 10^{-5}\,\text{mol L}^{-1}\text{s}^{-1}$$

☐ **Ejemplo práctico 2**

En un instante determinado del transcurso de la reacción $2\,A \longrightarrow B + C$, la concentración $[A]$ es de 0,363 M, y pasados 8,3 min, la nueva concentración de $[A]$ es 0,319 M. Calculad la velocidad de reacción media para este periodo de tiempo.

$$v_R = -\frac{1}{2}\frac{\Delta[A]}{\Delta t} = -\frac{1}{2}\frac{0{,}319\,\text{M} - 0{,}363\,\text{M}}{8{,}3\,\text{min}} = 2{,}65 \cdot 10^{-3}\,\text{mol L}^{-1}\text{min}^{-1}$$

8.3 Medida de velocidades de reacción

Para averiguar la velocidad de una reacción química es preciso hacer un seguimiento de la reacción, de manera que en un intervalo de tiempo puedan medirse las variaciones de concentración de los productos o de los reactivos de la reacción según convenga.

Si para una reacción del tipo $A \longrightarrow B$, se representa la concentración del reactivo A y del producto B frente al tiempo, se obtiene la gráfica siguiente:

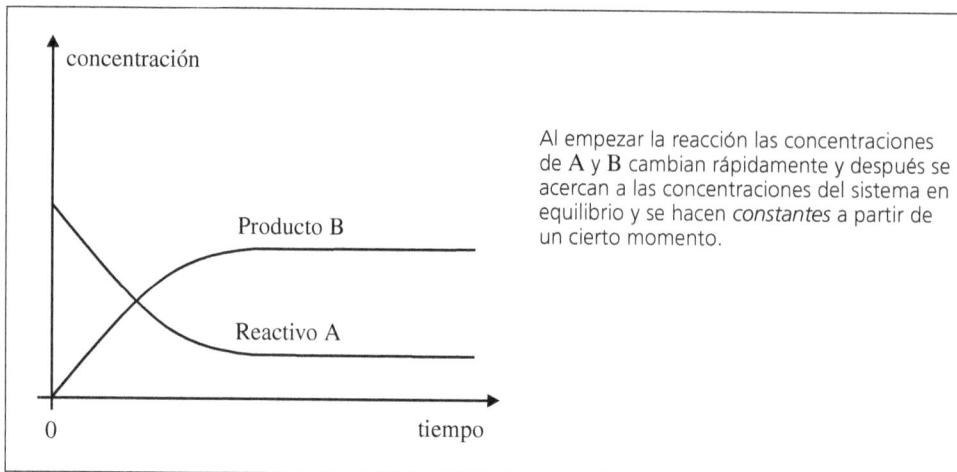

Al empezar la reacción las concentraciones de A y B cambian rápidamente y después se acercan a las concentraciones del sistema en equilibrio y se hacen *constantes* a partir de un cierto momento.

Fig. 8.1

La velocidad disminuye de forma proporcional a medida que disminuye $[A]$ o que aumenta $[B]$. Esta velocidad se puede determinar a partir de la pendiente de la tangente de la curva de la gráfica y es la *velocidad de reacción instantánea* en el punto de la reacción donde se dibuja la tangente.

Por ello se observa que la velocidad con que desaparece A en la reacción es directamente proporcional a su concentración $[A]$.

$$\text{velocidad de reacción:} \quad v_R = -\frac{\Delta[A]}{\Delta t} = k\,[A]$$

8.3.1 Efecto de la concentración sobre la velocidad de reacción

Para hallar una ley de velocidad de una reacción, un método es aquel en el que interviene la ley de acción de masas, según el cual la velocidad de una reacción es proporcional a la concentración de los reactivos.

Para una reacción general que transcurre por completo, como la siguiente:

$$a\,A + b\,B + c\,C \longrightarrow g\,G + h\,H + i\,I$$

a, b, c, g, h, i, son los coeficientes de la reacción igualada.

La velocidad de reacción se expresa así:

$$\text{velocidad de reacción} = k\,[A]^x\,[B]^y\,[C]^z \cdots$$

k: constante de velocidad

x, y, z, ... tienen valores distintos a los coeficientes a, b, c, de la reacción

La constante de velocidad depende de la reacción propiamente dicha, del catalizador y de la temperatura de la reacción. A mayor valor de la constante k, más rápida es la reacción.

Los exponentes x, y, z, ... de las concentraciones molares pueden ser números enteros positivos o negativos, números fraccionarios y también pueden tener el valor cero. Sólo pueden determinarse de forma experimental.

8.4 Orden de reacción

De la expresión de la velocidad encontrada para la reacción general anterior se puede saber el orden de reacción.

- Orden de reacción total es la suma de los exponentes de las concentraciones $x + y + z + \cdots$
- Orden de reacción respecto a un reactivo o un producto. Se puede decir que x es el orden de reacción de A e y es el orden de reacción de B.

Cuando se dispone de una ecuación de velocidad, se pueden calcular las velocidades de la reacción si se conocen las concentraciones de los reactivos y también se puede obtener una ecuación que relacione la concentración de un reactivo con el tiempo.

Por ejemplo, experimentalmente, para la reacción siguiente:

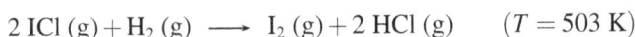

$$2 \text{ ICl (g)} + \text{H}_2 \text{ (g)} \longrightarrow \text{I}_2 \text{ (g)} + 2 \text{ HCl (g)} \qquad (T = 503 \text{ K})$$

Se ha encontrado la ley de velocidad siguiente: velocidad $= 0{,}163 \text{ L mol}^{-1} \text{ s}^{-1} [\text{ICl}] [\text{H}_2]$

Por ello puede decirse que esta reacción es de *primer* orden (orden uno) con respecto al ICl como con respecto al H_2 y que es de orden total dos o de segundo orden en conjunto, y que tiene una constante de velocidad $k = 0{,}163 \text{ L mol}^{-1} \text{ s}^{-1}$.

Ejemplo práctico 3

En el estudio experimental de esta reacción: $2 \text{ NO (g)} + \text{Cl}_2 \text{ (g)} \longrightarrow 2 \text{ NOCl (g)}$

Se observa que si sólo la concentración de Cl_2 (g) se dobla, la velocidad de reacción se duplica. Por otra parte, si se dobla la concentración de los dos reactivos, el NO (g) y el Cl_2 (g), la velocidad de reacción se multiplica por un factor 8. Calculad el orden de reacción respecto al NO (g) y respecto al Cl_2 (g).

$$\text{Velocidad de reacción: } v_R = k \, [\text{NO}]^x \, [\text{Cl}_2]^y$$

1.º Al multiplicar por 2 la concentración de Cl_2:

$$2 \, v_R = k \, [\text{NO}]^x \, (2 \, [\text{Cl}_2])^y$$

Al multiplicar por 2 la concentración $[\text{Cl}_2]$, se duplica la velocidad. Luego la reacción es de primer orden respecto al Cl_2 (g), tal como se deduce:

$$2 = 2^y \quad \Rightarrow \quad y = 1 \text{ (orden 1)}$$

2.º Al multiplicar por 2 la concentración de los reactivos:

$$8 \, v_R = k \, (2 \, [\text{NO}])^x \, (2 \, [\text{Cl}_2]^y)$$
$$8 = 2^x \cdot 2^y = 2^x \cdot 2^1 \quad \Rightarrow \quad 4 = 2^x \quad \Rightarrow \quad x = 2 \quad \text{(orden 2)}$$

Conclusión: Primer orden respecto al Cl_2 (g).

Segundo orden respecto al NO (g).

Orden total $= 1 + 2 = 3$ (tercer orden total)

Las unidades de las constantes de velocidad k dependen de la ecuación de la ley de velocidad.

Las unidades de v_R son $mol\ L^{-1}s^{-1}$ o bien $mol\ L^{-1}min^{-1}$. Luego el segundo miembro de la ecuación de velocidad debe tener las mismas unidades, por lo que se podrán deducir las unidades de k.

8.5 Reacciones de orden cero. Catálisis ▬▬▬▬▬▬▬▬▬▬▬▬▬▬▬▬▬▬▬▬▬▬▬▬▬▬▬

Una reacción de orden cero tiene una ecuación de velocidad cuya suma de exponentes $x + y + z + \cdots$ es igual a cero.

Para una reacción general: $a A + b B + c C + \cdots \longrightarrow$ Productos

Si es de orden cero, la ecuación de velocidad para dicha reacción es:

$$\text{velocidad de reacción:}\quad v_R = -\frac{\Delta[A]}{\Delta t} = k\,[A]^\circ\,[B]^\circ\,[C]^\circ \cdots = k_\circ \quad \text{(constante)}$$

Los exponentes cero en todos los términos de las concentraciones indican que la velocidad de reacción es independiente de la concentración. Luego, la reacción avanza a velocidad constante.

Si para esta ecuación de orden cero se representa gráficamente la concentración de $[A]$ frente al tiempo se obtiene la gráfica siguiente:

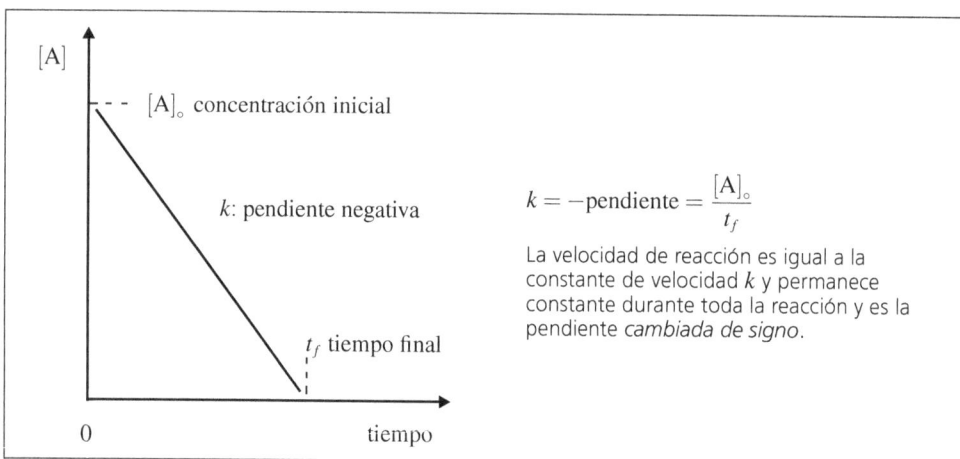

$k = -\text{pendiente} = \dfrac{[A]_\circ}{t_f}$

La velocidad de reacción es igual a la constante de velocidad k y permanece constante durante toda la reacción y es la pendiente *cambiada de signo*.

Fig. 8.2

En casi todas las reacciones de orden cero participa un catalizador, que es un agente químico que aumenta la velocidad de la reacción, pero que no experimenta ningún cambio químico, es decir, no figura en la reacción estequiométrica. Cuando se usa un catalizador, las reacciones son catalíticas.

La ecuación de velocidad integrada para la reacción de orden cero da lugar a la expresión siguiente:

$$-\frac{\Delta[A]}{\Delta t} = k \quad \Rightarrow \quad \Delta[A] = -k_\circ\,\Delta t \quad \Rightarrow \quad [A] - [A]_\circ = -k_\circ\,(t - \overset{\diagup 0}{t_\circ}) = -k_\circ t \quad (t_\circ = 0)$$

Despejando la concentración de A en el tiempo t se obtiene la expresión:

$$[A]_t = -k_\circ t + [A]_\circ$$

o bien, la expresión siguiente:

$$[A]_\circ - [A]_t = k_\circ t \quad \left\{ \begin{array}{ll} [A]_t : & \text{concentración en el tiempo } t \\ [A]_\circ : & \text{concentración inicial} \end{array} \right.$$

Según la ecuación de velocidad anterior las unidades de la constante de velocidad $k_\circ$ son: mol $L^{-1} s^{-1}$ o bien mol $L^{-1} min^{-1}$, según el tiempo se exprese en segundos o minutos.

Si se compara esta ecuación de velocidad con la gráfica representada más arriba, sabiendo además que la ecuación matemática de la línea recta es:

$$y = mx + b$$

Se observa que la ordenada en el origen b es la concentración $[A]_\circ$ inicial y que la pendiente m que como sabemos es la $\text{tg}\,\alpha$ es la constante de velocidad con valor negativo, $-k_\circ$.

Vida media de las reacciones de orden cero

La vida media de una reacción es el tiempo medio $(t_{1/2})$ que se necesita para que la concentración final del reactivo sea igual a la mitad de la concentración inicial del reactivo.

En el tiempo $t_{1/2}$, la concentración final es: $\quad [A]_t = \dfrac{1}{2}[A]_\circ$

$$[A]_\circ - \frac{1}{2}[A]_\circ = k_\circ t_{1/2} \qquad \frac{1}{2}[A]_\circ = k_\circ t_{1/2} \qquad t_{1/2} = \frac{1}{2}([A]_\circ / k_\circ)$$

8.6 Reacciones de primer orden

Una reacción de primer orden tiene una ecuación de velocidad cuya suma de exponentes $x + y + z + \cdots$ es igual a la unidad.

Son, en general, las reacciones en que un reactivo se descompone para dar productos: $A \longrightarrow$ Productos

Si es de primer orden, la ecuación de velocidad para dicha reacción es:

$$v_R = -\frac{\Delta[A]}{\Delta t} = k[A] \quad \Rightarrow \quad \frac{\Delta[A]}{[A]} = -k\,\Delta t$$

Integrando la expresión anterior se obtiene:

$$\ln \frac{[A]_t}{[A]_\circ} = -k_1(t - \overset{\;0}{t_\circ}) \qquad (t_\circ = 0)$$

La ecuación también se puede expresar como: $\quad \ln[A]_t = -k_1 t + \ln[A]_o$

Según la ecuación de velocidad anterior la magnitud de la constante de velocidad k_1 es el tiempo t y sus unidades son s^{-1} o bien $\min^{-1}$.

Si para esta ecuación de primer orden se representa gráficamente el logaritmo neperiano de la concentración A, $\ln[A]$, frente al tiempo se obtiene la gráfica siguiente:

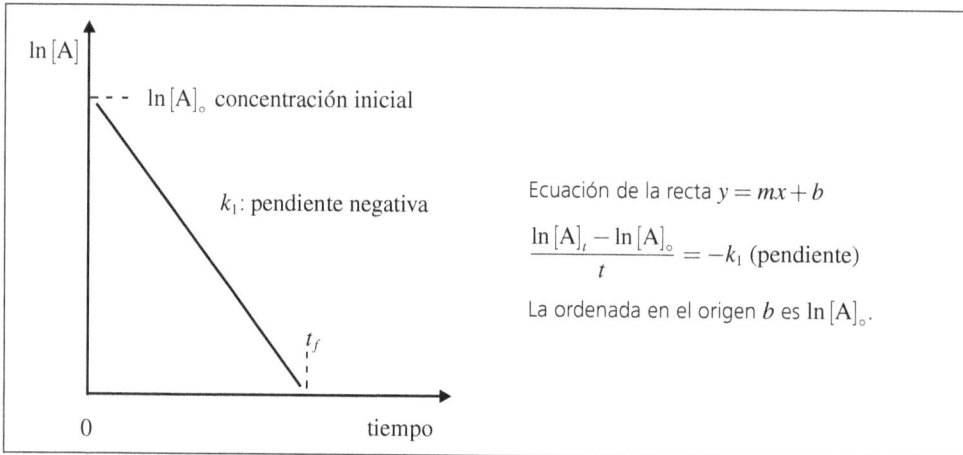

$\ln[A]$

$\ln[A]_o$ concentración inicial

k_1: pendiente negativa

t_f

0 $\qquad$ tiempo

Ecuación de la recta $y = mx + b$

$$\frac{\ln[A]_t - \ln[A]_o}{t} = -k_1 \text{ (pendiente)}$$

La ordenada en el origen b es $\ln[A]_o$.

Fig. 8.3

Vida media de las reacciones de primer orden

En el tiempo $t_{1/2}$ la concentración final de A es: $\quad [A]_t = \dfrac{1}{2}[A]_o$

Sustituyendo en la ecuación integrada de velocidad de primer orden:

$$\ln\frac{[A]_t}{[A]_o} = -k_1 t \quad \Rightarrow \quad \ln\frac{\frac{1}{2}[A]_o}{[A]_o} = -k_1 t_{1/2} \quad \Rightarrow \quad t_{1/2} = \frac{\ln 2}{k_1} = \frac{0{,}693}{k_1}$$

Se observa que el tiempo de vida media $t_{1/2}$ para estas reacciones es un valor **constante**.

8.6.1 Reacciones en las que intervienen gases

Para las reacciones en que intervienen gases, las velocidades se miden en función de las presiones gaseosas.

Para una reacción de primer orden con gases: $\quad A(g) \longrightarrow$ Productos

Se relaciona, mediante la ley de los gases ideales, la concentración de A (g) con la presión parcial de A (g).

Gas ideal: $p_A V = n_A RT$

$\qquad p_A = (n_A/V)RT = c_A RT \quad c_A = [A] = n_A/V \quad (\text{mol L}^{-1})$

Para una concentración inicial $[A]_o$ y para una concentración final $[A]_t$ en el tiempo t se tiene:

$$\left.\begin{array}{l} [A]_o = \dfrac{(p_A)_o}{RT} \\[2mm] [A]_t = \dfrac{(p_A)_t}{RT} \end{array}\right\} \quad \frac{[A]_t}{[A]_o} = \frac{(p_A)_t}{(p_A)_o}$$

Sustituyendo en la ecuación de velocidad de primer orden se obtiene la expresión:

$$\ln \frac{(p_A)_t}{(p_A)_\circ} = -k_1 t$$

8.7 Reacciones de segundo orden

Una reacción (global) de segundo orden tiene una ecuación de velocidad cuya suma de exponentes $x + y + z + \cdots$ es igual a 2.

Estudiaremos dos tipos de reacciones de segundo orden
$$\left\{ \begin{array}{l} A \longrightarrow \text{Productos} \\ A + B \longrightarrow \text{Productos} \end{array} \right.$$

a) Reacción del tipo: $\quad A \longrightarrow \text{Productos}$

Los reactivos, si hay más de uno, poseen igual concentración.

La ecuación de velocidad es: $\quad v_R = -\dfrac{\Delta[A]}{\Delta t} = k[A]^2 \quad \Rrightarrow \quad \dfrac{\Delta[A]}{[A]^2} = -k\,\Delta t$

Integrando la expresión anterior se obtiene:

$$\frac{1}{[A]_\circ} - \frac{1}{[A]_t} = -k_2 (t - \overset{0}{t_\circ}) \qquad (t_\circ = 0)$$

La ecuación también se puede expresar como: $\quad \dfrac{1}{[A]_t} = k_2 t + \dfrac{1}{[A]_\circ}$

Según la ecuación de velocidad anterior las unidades de la constante de velocidad de *segundo orden* k_2 son: $\text{L mol}^{-1}\text{s}^{-1}$ o bien $\text{L mol}^{-1}\text{min}^{-1}$.

Si para esta reacción de segundo orden se representa gráficamente la inversa de la concentración A $1/[A]$ frente al tiempo se obtiene la gráfica siguiente:

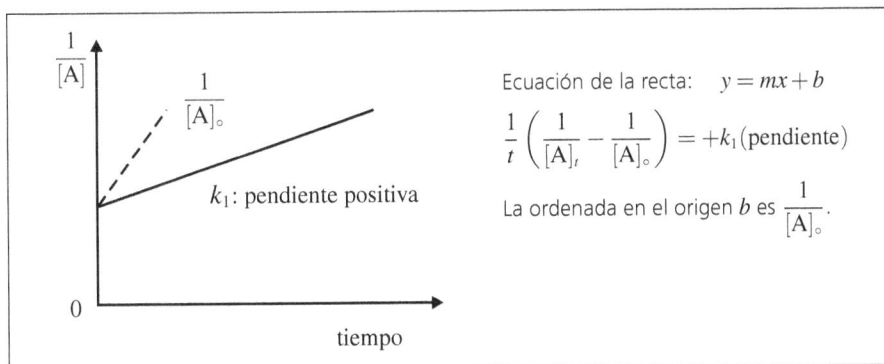

Ecuación de la recta: $\quad y = mx + b$

$$\frac{1}{t}\left(\frac{1}{[A]_t} - \frac{1}{[A]_\circ}\right) = +k_1 (\text{pendiente})$$

La ordenada en el origen b es $\dfrac{1}{[A]_\circ}$.

k_1: pendiente positiva

Fig. 8.4

Vida media de las reacciones de segundo orden tipo A $\longrightarrow$ Productos

En el tiempo $t_{1/2}$ la concentración final de A es: $\quad [A]_t = \dfrac{1}{2}\,[A]_o$

$$\frac{1}{[A]_t} - \frac{1}{[A]_o} = k_2 t \quad \Rightarrow \quad \frac{1}{\frac{1}{2}\,[A]_o} - \frac{1}{[A]_o} = k_2 t_{1/2} \quad \Rightarrow \quad t_{1/2} = \frac{1}{k_2\,[A]_o}$$

b) Reacción del tipo: $\quad A + B \longrightarrow$ Productos

Los reactivos A y B poseen concentraciones distintas.

La ecuación de velocidad integrada es:

$$\ln \frac{[A]_o\,[B]_t}{[B]_o\,[A]_t} = -k_2\,(t - \overset{0}{t_o})\,([A]_o - [B]_o) \qquad (t_o = 0)$$

8.8 Resumen de la cinética de reacción. Reacciones de orden cero, de primer orden y de segundo orden

Para determinar el orden de reacción, se pueden utilizar distintos métodos en función de los datos experimentales de que se disponga.

Aunque con frecuencia puede resolverse un problema de distintas maneras, los enfoques que se dan a continuación son en general los más directos.

1.º Si se conoce la ecuación de velocidad, utilice la expresión:

$$\text{Velocidad de reacción } (v_R) = k\,[A]^x\,[B]^y \cdots$$

2.º Si no se conoce la ecuación de velocidad, para determinar la velocidad de una reacción, utilice:

- La pendiente de una tangente en la representación gráfica de concentración $[A]$ frente al tiempo (t).
- La expresión $-\Delta[A]/\Delta t$, cuando Δt es pequeño.

3.º Para determinar el orden de la reacción, utilice uno de los métodos siguientes:

- Si los datos experimentales permiten averiguar que el tiempo de vida media es constante, la reacción es de primer orden (método válido solamente para la reacción de primer orden).
- Si los datos experimentales que se tienen, corresponden a las velocidades de reacción para distintas concentraciones iniciales, utilice el método de las concentraciones iniciales.
- Represente los datos experimentales de forma que proporcione una línea recta.
- Sustituya los datos experimentales en las ecuaciones integradas de velocidad, hasta encontrar la que le corresponde un valor constante de k.

4.º Para hallar la constante k de una reacción utilice uno de los métodos siguientes:

- Averigue el valor de k a partir de la pendiente de una recta.

– Averigue el valor de k a partir del tiempo de vida media (método válido solamente para la reacción de primer orden)
– Sustituya los datos de concentraciones y tiempos en la ecuación integrada de velocidad correcta.

5.º Utilice la ecuación integrada de velocidad correcta, para establecer la relación entre concentraciones y tiempos, después de determinarse la constante k.

Para una reacción hipotética sencilla, del tipo $A \longrightarrow$ Productos

El cuadro resumen para los tres órdenes de reacción estudiados es:

Orden	Ley de velocidad	Ecuación integrada de velocidad	Línea recta	k (pendiente)	Unidades k	$t_{1/2}$ vida media
0	$v_R = k$	$[A]_t = -kt + [A]_\circ$	$[A] = f(t)$	negativa $(-)$	$mol\,L^{-1}\,s^{-1}$	$[A]_\circ / 2k$
1	$v_R = k\,[A]$	$\ln[A]_t = -kt + \ln[A]_\circ$	$\ln[A] = f(t)$	negativa $(-)$	s^{-1}	$0{,}693/k$
2	$v_R = k\,[A]^2$	$1/[A]_t = kt + 1/[A]_\circ$	$1/[A] = f(t)$	positiva $(+)$	$L\,mol^{-1}\,s^{-1}$	$1/(k\,[A]_\circ)$

■ **Ejemplo práctico 4**

La reacción de descomposición del yoduro de hidrógeno gas es: $2\,HI\,(g) \longrightarrow I_2\,(g) + H_2\,(g)$

El estudio de la cinética de esta reacción dio los datos siguientes:

$[HI]$ $(mol\,L^{-1})$	1,00	0,50	0,33	0,25
Tiempo (min)	0	120	240	360

Calculad el orden de la reacción con respecto al reactivo $HI\,(g)$.

La reacción de descomposición del $HI\,(g)$ es del tipo $A \longrightarrow$ Productos

La función gráfica que dé lugar a una línea recta indicará el orden de la reacción.

Es necesario construir una tabla teniendo en cuenta las ecuaciones integradas de velocidad para los distintos órdenes de reacción.

$$
\text{Ecuaciones de velocidad} \begin{cases} \text{Orden cero:} & [A]_t = -kt + [A]_\circ \\[2mm] \text{Primer orden:} & \ln[A]_t = -kt + \ln[A]_\circ \\[2mm] \text{Segundo orden:} & 1/[A]_t = kt + 1/[A]_\circ \end{cases}
$$

Tabla experimental ampliada teniendo en cuenta las ecuaciones de velocidad

t (min)	$[A]$	$\ln[A]$	$1/[A]$
0	1,00	0,00	1,00
120	0,50	−0,30	2,00
240	0,33	−0,48	3,00
360	0,25	−0,60	4,00

Las concentraciones se dan en molaridad M, $(mol\,L^{-1})$.

Se representan las tres ecuaciones gráficamente:

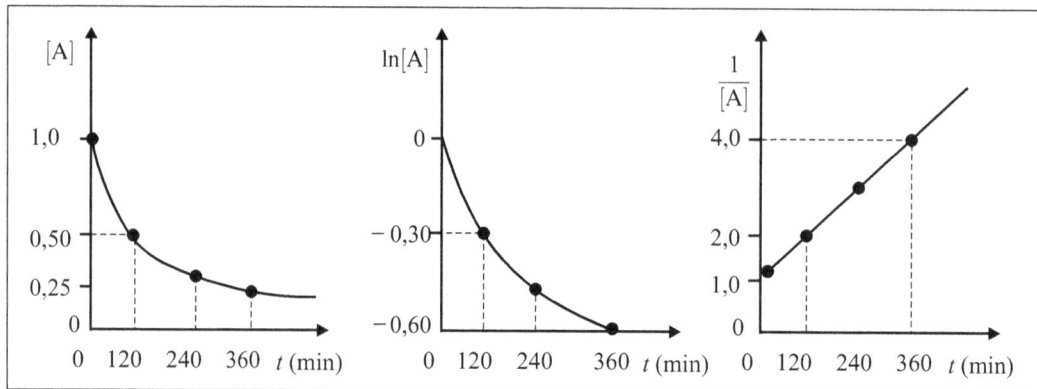

Fig. 8.5

La reacción es de **segundo orden** porque al representar la ecuación de la velocidad $1/[A]_t = kt + 1/[A]_o$ da una línea recta cuya pendiente k_2 es positiva.

8.9 Teoría de las colisiones de la cinética química. Energía de activación

Para que una reacción tenga lugar, es necesario que las moléculas de los reactivos choquen entre sí o se pongan en contacto unas con otras. La teoría cinético-molecular permite calcular la frecuencia de las colisiones, que se define como el número de colisiones ocurridas por unidad de tiempo.

Pero no todas las colisiones producen reacción química, sino que sólo una fracción del número total de colisiones entre moléculas produce cambios químicos. Luego la reacción tiene lugar cuando el encuentro entre dos moléculas se produce a alta velocidad en la orientación adecuada, y entonces los enlaces clave se rompen.

Como la velocidad molecular está relacionada con la energía cinética por la ecuación siguiente, $E_c = \frac{1}{2}(mv^2)$, esto significa que las moléculas tienen que alcanzar un mínimo de energía cinética promedio para que al chocar unas contra otras puedan dar una reacción.

La energía de activación (E_a) de una reacción es la energía mínima (superior a la energía cinética media) que deben tener las moléculas cuando colisionan entre sí para que una reacción química tenga lugar.

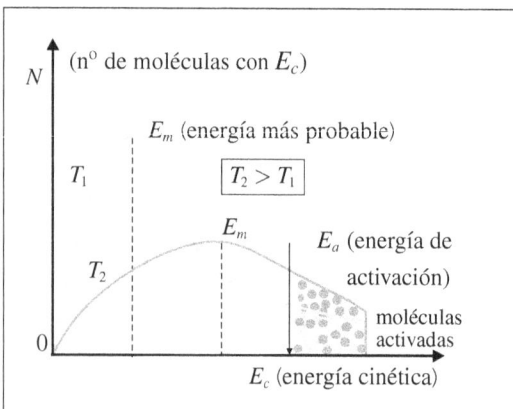

Fig. 8.6

Las moléculas con energía superior o igual a la energía de activación (E_a) son moléculas activadas.

Si para dos temperaturas se representa la distribución de energías cinéticas moleculares, se obtiene la siguiente figura (Fig. 8.6).

A mayor T la curva es más amplia y el máximo se desplaza hacia mayor E_c y el número de moléculas activadas aumenta.

$$\text{Fracción de moléculas activadas} = \frac{\text{Área de la zona punteada}}{\text{Área total}}$$

La velocidad de una reacción química depende del producto de la frecuencia de la colisión y la fracción de moléculas activadas o bien de la probabilidad de colisiones entre moléculas con la energía cinética, E_c necesaria para dar una reacción.

Luego la fracción de moléculas activadas se puede calcular estadísticamente.

$$\text{Fracción de moléculas activadas} = e^{-\frac{E_a}{RT}} \quad \text{(por teoría estadística)}$$

E_a:	Energía de activación	R:	Constante de los gases ideales
e:	Base de los logaritmos neperianos	T:	Temperatura en K

8.10 Teoría del estado de transición

Esta teoría supone la existencia de una especie hipotética que se cree que existe en un estado intermedio entre el estado de los reactivos y el de los productos.

El estado intermedio de la reacción es transitorio y recibe el nombre de estado de transición y la especie hipotética recibe el nombre de complejo activado.

Cuando dos moléculas se aproximan, sus respectrivos electrones externos de valencia, interaccionan más y se repelen, lo que provoca una disminución de la velocidad y, por tanto, de la energía cinética (E_c), mientras que la energía potencial (E_p) aumenta.

Los enlaces moleculares de los reactivos deben romperse en la colisión para que exista reacción química. Luego la energía cinética (E_c) debe ser alta y en el choque molecular se producirá un gran aumento de la energía potencial (E_p).

Cuando los productos de la reacción se obtienen, la E_p disminuye a medida que las moléculas de los productos ganan velocidad y, por tanto, ganan E_c.

En el estado de transición de una reacción, el complejo activado puede transformarse en los productos o bien vuelve a generar los reactivos.

1° Para una reacción exotérmica: $\underset{\text{(Reactivos)}}{A+B} \underset{\text{inversa}}{\overset{\text{directa}}{\rightleftharpoons}} \underset{\text{(Productos)}}{C+D} \quad \Delta H < 0$

El perfil de reacción de la energía potencial frente al avance de la reacción se representa según la gráfica siguiente:

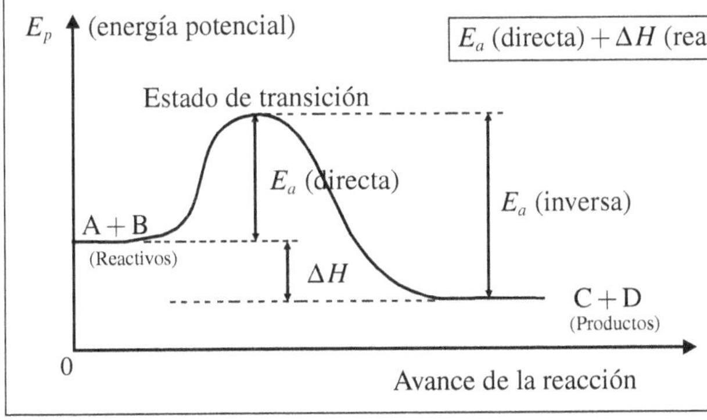

La E_p de los reactivos es mayor que la E_p de los productos.

Fig. 8.7

En la gráfica se observa que existe un máximo de energía potencial, E_p, durante la colisión efectiva de los reactivos que no corresponde ni a ellos ni a los productos de la reacción, sino a alguna combinación muy inestable, que recibe el nombre de complejo activado, que existe en el momento del estado de transición.

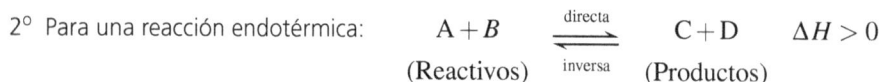

2° Para una reacción endotérmica:

$$A + B \underset{\text{inversa}}{\overset{\text{directa}}{\rightleftarrows}} C + D \qquad \Delta H > 0$$

(Reactivos)   (Productos)

El perfil de reacción se representa según la gráfica siguiente:

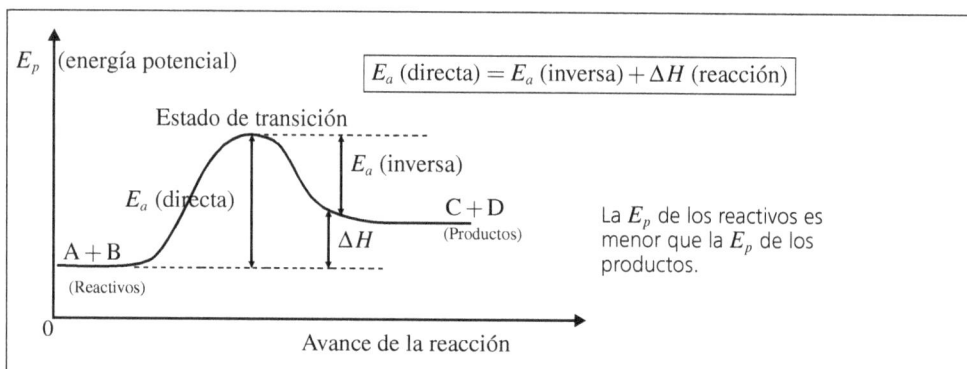

E_p (energía potencial)

$\boxed{E_a \text{ (directa)} = E_a \text{ (inversa)} + \Delta H \text{ (reacción)}}$

Estado de transición

E_a (inversa)

E_a (directa)

C + D
(Productos)

A + B

ΔH

(Reactivos)

La E_p de los reactivos es menor que la E_p de los productos.

0

Avance de la reacción

Fig. 8.8

8.11 Efecto de la temperatura sobre la velocidad de reacción. Ecuación de Arrhenius

La temperatura afecta a la reacción química de manera que la velocidad de reacción aumenta al aumentar la temperatura.

En un apartado anterior se ha visto que:

$$\text{Fracción de moléculas activadas} = e^{-\frac{E_a}{RT}} \quad \text{(por teoría estadística)}$$

La constante de velocidad k es directamente proporcional a la fracción de moléculas activadas. Luego se puede escribir que:

$$k = A e^{-\frac{E_a}{RT}} \quad \Rightarrow \quad \ln k = -\frac{E_a}{RT} + \ln A \qquad A : \text{constante de proporcionalidad}$$

La ecuación anterior representa una recta (Fig. 8.9).

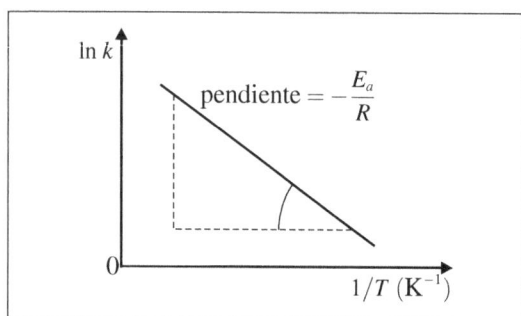

$\ln k$

$\text{pendiente} = -\dfrac{E_a}{R}$

0

$1/T \ (\text{K}^{-1})$

Gráficamente se calcula la pendiente, luego se puede hallar la energía de activación, E_a.

Fig. 8.9

A una misma reacción con igual energía de activación, le corresponden dos constantes de velocidad k_1 y k_2 cuando las temperaturas son T_1 y T_2.

$$\left. \begin{array}{l} \ln k_1 = -\dfrac{E_a}{RT_1} + \ln A \\[3mm] \ln k_2 = -\dfrac{E_a}{RT_2} + \ln A \end{array} \right\} \quad \ln k_1 - \ln k_2 = \left(-\dfrac{E_a}{RT_1} + \ln A \right) - \left(-\dfrac{E_a}{RT_2} + \ln A \right)$$

Operando matemáticamente se elimina la constante $\ln A$ y se obtiene la *ecuación de Arrhenius* que es la siguiente:

$$\ln \frac{k_2}{k_1} = \frac{E_a}{R} \left(\frac{1}{T_1} - \frac{1}{T_2} \right) \qquad \text{o bien:} \qquad \ln \frac{k_2}{k_1} = \frac{E_a}{R} \left(\frac{T_2 - T_1}{T_2 T_1} \right)$$

Ejemplo práctico 5

La velocidad de una reacción química se duplica al aumentar en $10°\,C$ la temperatura. Calculad la energía de activación de la reacción para que esto se cumpla en el entorno de 300 K de temperatura.

Las temperaturas son las siguientes: $T_1 = 295\ \text{K}$ y $T_2 = 305\ \text{K}$.

El cociente entre las constantes es $k_2/k_1 = 2$.

La constante de los gases ideales vale $R = 8{,}314\ \text{J K}^{-1}\,\text{mol}^{-1}$

Se aplica la ecuación de Arrhenius: $\ln \dfrac{k_2}{k_1} = \dfrac{E_a}{R} \left(\dfrac{T_2 - T_1}{T_2 T_1} \right)$ ⇨ $\ln 2 = \dfrac{E_a}{8{,}314} \left(\dfrac{305 - 295}{305 \cdot 295} \right)$

Despejando la energía de activación: $E_a = 51{,}851\ \text{kJ mol}^{-1}$

8.12 Mecanismos de reacción y procesos elementales. Ejemplos de etapas lentas, rápidas y reversibles

Una reacción química se representa siempre con una ecuación igualada, pero eso no significa que todos los reactivos reaccionen a la vez para que den un cambio químico y se transformen simultáneamente en productos, *sino que ese cambio global* puede representar en realidad una serie de reacciones sencillas que reciben el nombre de *procesos elementales*.

Luego el *mecanismo de una reacción* es una descripción detallada de la reacción química global mediante una sucesión de procesos elementales de una sola etapa que conducen a la formación de productos.

Para la reacción global: $2\,\text{NO (g)} + 2\,\text{H}_2\,\text{(g)} \longrightarrow 2\,\text{H}_2\text{O (g)} + \text{N}_2\,\text{(g)}$

El mecanismo de reacción que se ha obtenido experimentalmente para la reacción anterior consta de tres etapas, que son:

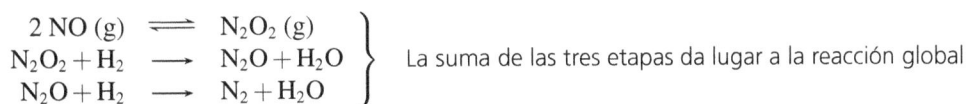

$$\left. \begin{array}{l} 2\,\text{NO (g)} \rightleftharpoons \text{N}_2\text{O}_2\,\text{(g)} \\ \text{N}_2\text{O}_2 + \text{H}_2 \longrightarrow \text{N}_2\text{O} + \text{H}_2\text{O} \\ \text{N}_2\text{O} + \text{H}_2 \longrightarrow \text{N}_2 + \text{H}_2\text{O} \end{array} \right\} \quad \text{La suma de las tres etapas da lugar a la reacción global}$$

Un mecanismo de reacción es correcto cuando:

- La suma de los procesos elementales o etapas de reacción da la reacción estequiométrica global.
- Se ajusta a la ecuación de velocidad obtenida experimentalmente.

Entre los procesos elementales o etapas que forman el mecanismo de la reacción, siempre hay alguno que transcurre más **lentamente** que los demás y se denomina **etapa determinante de la velocidad**, porque determina en algunos casos la velocidad de la reacción global.

Los procesos elementales o etapas de reacción pueden ser unimoleculares. Entonces sólo una molécula se disocia. También pueden ser bimoleculares. En este caso, dos moléculas colisionan entre sí. Es poco probable que tres moléculas colisionen.

Ciertas especies químicas o intermedias se producen en un proceso elemental y se consumen en otro. Estas especies intermedias no deben aparecer en la reacción global.

Ejemplo práctico 6

A la reacción siguiente: $\quad 2\,NO\,(g) + O_2\,(g) \longrightarrow 2\,NO_2\,(g)$

Le corresponde la ecuación de velocidad experimental siguiente: $\quad v_R = k\,[NO]^2\,[O_2]$

Sabiendo que el mecanismo trimolecular de una sola etapa que indica la reacción global es muy improbable, decidid entre los mecanismos siguientes el que es compatible con la ecuación de velocidad dada.

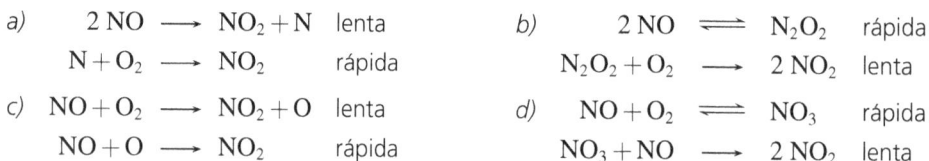

a) $\quad 2\,NO \longrightarrow NO_2 + N$	lenta	
$\quad N + O_2 \longrightarrow NO_2$	rápida	

b) $\quad 2\,NO \rightleftharpoons N_2O_2$	rápida	
$\quad N_2O_2 + O_2 \longrightarrow 2\,NO_2$	lenta	

c) $\quad NO + O_2 \longrightarrow NO_2 + O$	lenta	
$\quad NO + O \longrightarrow NO_2$	rápida	

d) $\quad NO + O_2 \rightleftharpoons NO_3$	rápida	
$\quad NO_3 + NO \longrightarrow 2\,NO_2$	lenta	

Para los cuatro mecanismos propuestos, la suma de los dos procesos elementales de cada mecanismo suma la reacción global inicial.

De los cuatro mecanismos propuestos, el proceso elemental lento de cada uno de ellos es el que determina la velocidad de reacción.

Los mecanismos *b* y *d* se ajustan a la ecuación de velocidad, porque:

Los reactivos o especies de la etapa lenta del mecanismo *b* ($N_2O_2 + O_2$) tienen dos átomos de N y cuatro átomos de O. Luego es compatible con $v_R = k\,[NO]^2\,[O_2]$.

Los reactivos o especies de la etapa lenta del mecanismo *d* ($NO_3 + NO$) tienen dos átomos de N y cuatro átomos de O. Luego es compatible con $v_R = k\,[NO]^2\,[O_2]$.

Los otros mecanismos, *a* y *c*, no son compatibles con la ecuación de velocidad, pues las especies reactivas de sus etapas lentas no poseen el número de átomos de N y O que deberían tener.

8.12.1 El estado estacionario

Para reacciones complejas, los mecanismos de reacción pueden tener no solo una etapa determinante de la velocidad, que es la etapa más lenta, sino que puede haber más de una etapa que limite la velocidad de la reacción.

Realizaremos un estudio más completo respecto al mecanismo *b* propuesto en el apartado anterior.

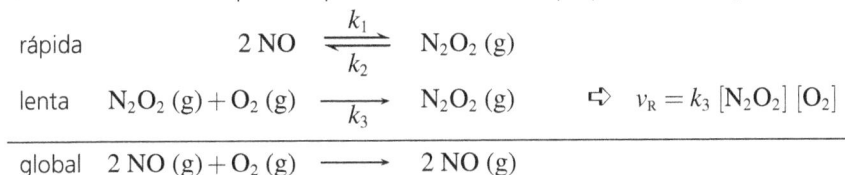

$$\text{rápida} \qquad 2\,\text{NO} \; \underset{k_2}{\overset{k_1}{\rightleftarrows}} \; \text{N}_2\text{O}_2\,(g)$$

$$\text{lenta} \quad \text{N}_2\text{O}_2\,(g) + \text{O}_2\,(g) \; \xrightarrow{k_3} \; \text{N}_2\text{O}_2\,(g) \qquad \Rightarrow \quad v_R = k_3\,[\text{N}_2\text{O}_2]\,[\text{O}_2]$$

$$\text{global} \quad 2\,\text{NO}\,(g) + \text{O}_2\,(g) \; \longrightarrow \; 2\,\text{NO}\,(g)$$

También se puede escribir la reacción de equilibrio (rápida) en forma de dos expresiones:

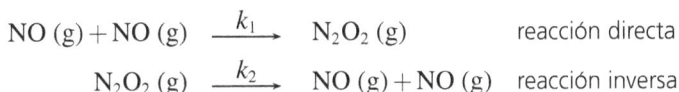

$$\text{NO}\,(g) + \text{NO}\,(g) \; \xrightarrow{k_1} \; \text{N}_2\text{O}_2\,(g) \qquad \text{reacción directa}$$

$$\text{N}_2\text{O}_2\,(g) \; \xrightarrow{k_2} \; \text{NO}\,(g) + \text{NO}\,(g) \quad \text{reacción inversa}$$

La especie N_2O_2, que es el intermedio de la reacción global estudiada, alcanza la *condición del estado estacionario*, en que la concentración de $[\text{N}_2\text{O}_2]$ se obtiene y se consume a igual velocidad, por lo que al ser una reacción en equilibrio, se puede igualar la velocidad directa de dicha reacción con la velocidad inversa.

$$v_R\text{ directa} = v_R\text{ inversa} \qquad k_1\,[\text{NO}]^2 = k_2\,[\text{N}_2\text{O}_2] \qquad k_1/k_2 = K_1 \text{ (constante)}$$

Luego operando matemáticamente se obtiene: $\quad [\text{N}_2\text{O}_2] = K_1\,[\text{NO}]^2$

Sustituyendo la concentración $[\text{N}_2\text{O}_2]$ en la ecuación hallada para la etapa lenta, que tiene la siguiente expresión: $v_R = k_3\,[\text{N}_2\text{O}_2]\,[\text{O}_2]$, se obtiene la ecuación de velocidad.

$$v_R = \underbrace{k_3\,K_1}_{\substack{k\text{ (constante} \\ \text{de velocidad)}}} [\text{NO}]^2\,[\text{O}_2] = k\,[\text{NO}]^2\,[\text{O}_2]$$

Cinéticamente, se puede decir que el mecanismo de la reacción anterior es consistente con la estequiometría de la reacción y con la ecuación de velocidad experimental. Aunque no se puede asegurar que sea el mecanismo real, sí es un mecanismo posible.

8.13 Catálisis homogénea y heterogénea

Un catalizador es una sustancia que aumenta la velocidad de una reacción en la que participa, pero que se recupera al final de la reacción sin que experimente un cambio permanente.

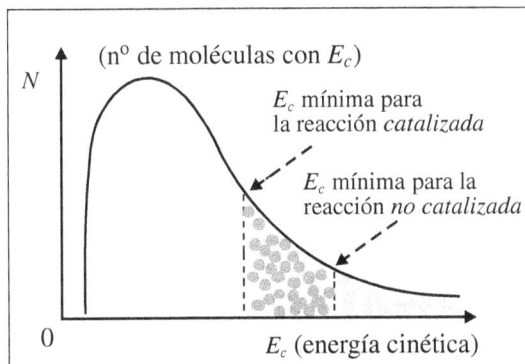

Fig. 8.10

Existen dos tipos básicos de catalizadores:

- **Catalizadores homogéneos,** que son los que están en la misma fase que los reactivos y pueden servir para aumentar la velocidad de la reacción formando un intermedio que reaccione con uno de los reactivos.

- **Catalizadores heterogéneos,** que son los que no están en la misma fase que los reactivos, pero que ofrecen una superficie sobre la que pueden tener lugar las reacciones. Los intermedios de la reacción se sitúan sobre una superficie sólida adecuada.

Una catálisis homogénea es aquella que frecuentemente se da en disolución y que se acelera por la presencia de un ácido o de una base. Es un ejemplo característico la descomposición del ácido fórmico en medio ácido (H^+).

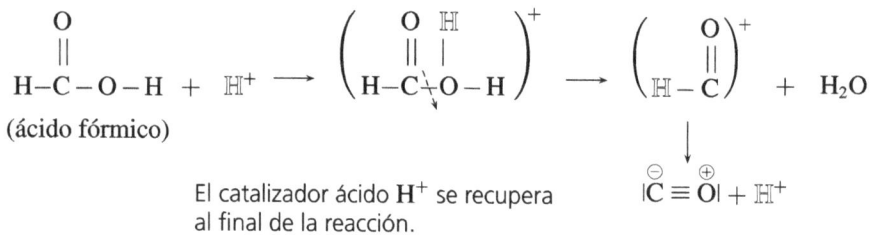

$$H-C-O-H \ + \ H^+ \ \longrightarrow \ \left(H-C+O-H \right)^+ \ \longrightarrow \ \left(H-C \right)^+ \ + \ H_2O$$

(ácido fórmico)

El catalizador ácido H^+ se recupera al final de la reacción.

$$|C \equiv O| + H^+$$

Los catalizadores heterogéneos sólidos funcionan según un proceso que consiste en que sobre ellos se adsorben (sólo en la superficie) las moléculas reactivas que dan lugar a la reacción.

Por ejemplo, el hidrógeno gaseoso es muy reactivo en presencia de algunos metales que actúan de catalizadores heterogéneos (como el Pt), porque sobre la superficie del metal se produce adsorción de moléculas de hidrógeno, de manera que los enlaces $H-H$ se rompen al chocar contra la superficie metálica, ello da lugar a átomos de hidrógeno.

8.13.1 Catálisis enzimática

Las enzimas son catalizadores muy específicos de las reacciones que ocurren en las células vivas. Poseen grandes masas molares, de hasta 20.000 o más, y estructuralmente son polipéptidos.

El tipo de reacción básica bioquímica y enzimática es:

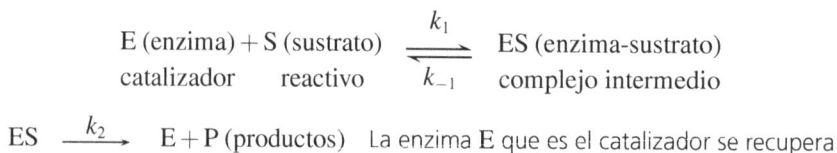

$$E \text{ (enzima)} + S \text{ (sustrato)} \underset{k_{-1}}{\overset{k_1}{\rightleftarrows}} ES \text{ (enzima-sustrato)}$$

catalizador   reactivo   complejo intermedio

$$ES \xrightarrow{k_2} E + P \text{ (productos)}$$ La enzima E que es el catalizador se recupera

El sustrato debe estar en posición activa para que pueda reaccionar y su estructura debe ser complementaria con la de la enzima.

La velocidad de formación del complejo intermedio **ES** y su velocidad de consumo deben ser iguales.

$$\left. \begin{array}{l} v_R \text{ (formación ES)} = k_1 \, [E] \, [S] \\ v_R \text{ (consumo ES)} = (k_{-1} + k_2) \, [ES] \end{array} \right\} \quad k_1 \, [E] \, [S] = (k_{-1} + k_2) \, [ES]$$

La cantidad de concentración de enzima inicial $[E_o]$ es la suma de las concentraciones de enzima $[E]$ que queda y la concentración de enzima-sustrato $[SE]$.

$$[E_o] = [E] + [ES]; \quad [E] = [E_o] - [ES]; \quad k_1\,[S]\,([E_o] - [ES]) = (k_{-1} + k_2)\,[ES]$$

$$k_1\,[S]\,[E_o] = (k_{-1} + k_2)\,[ES] + k_1\,[S]\,[ES] = [ES]\,(k_{-1} + k_2 + k_1\,[S])$$

$$[ES] = (k_1\,[S]\,[E_o])/(k_{-1} + k_2 + k_1\,[S])$$

Sustituyendo esta expresión en la ecuación de velocidad de formación del producto P, que es $v_R = k_2\,[ES]$, se obtiene la expresión siguiente:

$$v_R \text{ (formación de P)} = (k_2\,k_1\,[S]\,[E_o])/(k_{-1} + k_2 + k_1\,[S])$$

Si en la expresión anterior se divide el numerador y el denominador por la constante k_1 y se sustituyen las constantes de velocidad por una sola constante k_M, se obtiene:

$$k_M = \frac{k_{-1} + k_2}{k_1} \quad \text{Se obtiene finalmente:} \quad v_R = \frac{k_2\,[E_o]\,[S]}{k_M + [S]}$$

Problemas resueltos

Conceptos básicos en cinética química. Velocidades de reacción

□ **Problema 8.1**

a) Definid *velocidad* de una reacción química. ¿Cuáles son sus unidades?

b) ¿Qué factores regulan la rapidez con que transcurre un cambio químico?

c) Escribid la velocidad de desaparición del agua oxigenada H_2O_2 (l) y la velocidad de formación de H_2O (l) y de O_2 (g) en la reacción:

$$2\,H_2O_2\,(l) \longrightarrow 2\,H_2O\,(l) + O_2\,(g)$$

[Solución]

a) La velocidad de la reacción v_R es la variación de la concentración del reactivo que se gasta o del producto que se obtiene en relación con el tiempo.

$$(v_R) = \frac{\text{cambio de concentración}}{\text{tiempo}} \qquad \text{unidades de la } v_R: \quad \text{mol L}^{-1}\,\text{tiempo}^{-1}$$

b) Factores que afectan al cambio químico: la naturaleza de los reactivos, la superficie de contacto entre ellos, la concentración de los reactivos, la temperatura y la presión si los reactivos son gases y el catalizador de la reacción si lo hubiere.

c) Reacción: $2\,H_2O_2\,(l) \longrightarrow 2\,H_2O\,(l) + O_2\,(g)$

$$\left. \begin{array}{l} v_R \text{ desaparición } H_2O_2 = -\dfrac{\Delta\,[H_2O_2]}{\Delta t} \\[2ex] v_R \text{ formación } H_2O = \dfrac{\Delta\,[H_2O]}{\Delta t} \end{array} \right\} \quad -\dfrac{\Delta\,[H_2O_2]}{\Delta t} = \dfrac{\Delta\,[H_2O]}{\Delta t} \qquad v_R \text{ formación } O_2 = \dfrac{\Delta\,[O_2]}{\Delta t}$$

Reaccionan 2 mol de agua oxigenada, H_2O_2, que dan lugar a 1 mol de O_2. Luego la velocidad de formación de O_2 es igual a $1/2$ de la velocidad de desaparición del agua oxigenada, H_2O_2.

$$\frac{\Delta\,[O_2]}{\Delta t} = -\frac{1}{2}\,\frac{\Delta\,[H_2O_2]}{\Delta t}$$

■ Problema 8.2

Calculad la velocidad de la reacción siguiente: $CO\,(g) + NO_2\,(g) \longrightarrow CO_2\,(g) + NO\,(g)$. Sabiendo que las concentraciones iniciales de $CO\,(g)$ y de $NO_2\,(g)$ son iguales y valen $0,10$ mol L^{-1}. Se conocen los datos siguientes a la temperatura de $400°\,C$:

$[CO]$ (mol L^{-1})	0,10	0,067	0,05	0,04	0,033	0,017	0,002
Tiempo (s)	0	10	20	30	40	100	1000

[Solución]

Numéricamente: En los datos experimentales se observa que la concentración $[CO]$ al inicio disminuye rápidamente y que después va disminuyendo cada vez más lentamente.

Para los dos primeros valores, la velocidad de reacción es:

$$-\frac{\Delta\,[CO]}{\Delta t} = -\frac{-(0,067 - 0,10)\,\text{mol}\,L^{-1}}{(10 - 0)\,\text{s}} = 0,0033\,\text{mol}\,L^{-1}\,s^{-1}$$

Para los siguientes dos valores, la velocidad de reacción es:

$$-\frac{\Delta\,[CO]}{\Delta t} = -\frac{-(0,05 - 0,067)\,\text{mol}\,L^{-1}}{(20 - 10)\,\text{s}} = 0,0017\,\text{mol}\,L^{-1}\,s^{-1}\ \text{(velocidad menor)}$$

La velocidad promedio en el tiempo de 10 s es:

$$v_R = \frac{(0,0033 + 0,0017)\,\text{mol}\,L^{-1}\,s^{-1}}{2} = 0,0025\,\text{mol}\,L^{-1}\,s^{-1}$$

Gráficamente: Se representa la concentración $[CO]$ frente al tiempo y se obtiene una curva que permite calcular la velocidad en cualquier punto trazando la tangente a la curva (Fig. 8.11).

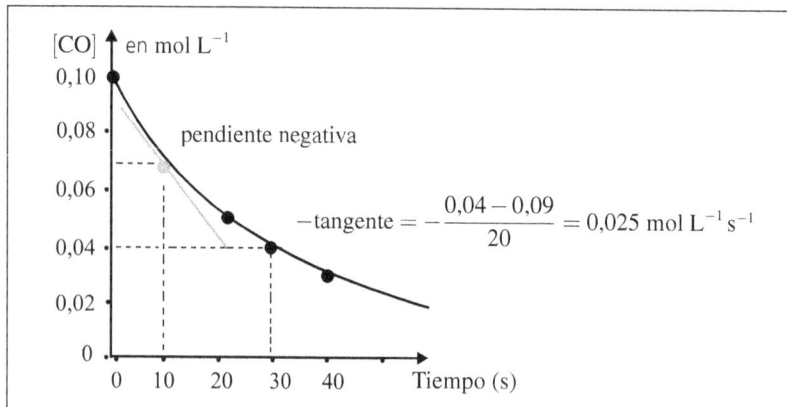

Fig. 8.11

Problema 8.3

Para la reacción siguiente: $2\,Fe^{3+}\,(ac) + Sn^{2+}\,(ac) \longrightarrow 2\,Fe^{2+}\,(ac) + Sn^{4+}\,(ac)$.

Se conoce el siguiente dato experimental: transcurridos 38,5 segundos de reacción, la concentración obtenida de Fe^{2+} es de 0,001 M.

a) Calculad la velocidad de formación del Fe^{2+} y del Sn^{4+}.

b) Calculad la velocidad de desaparición del Fe^{3+} y del Sn^{2+}.

c) Escribid la expresión de la velocidad de reacción y calculad su valor.

[Solución]

a) velocidad de formación de $Fe^{2+} = \dfrac{\Delta\left[Fe^{2+}\right]}{\Delta t} = \dfrac{(0,001 - 0)\,M}{38,5\,s} = 2,6 \cdot 10^{-5}\,mol\,L^{-1}\,s^{-1}$

Según la estequiometría de la reacción, se observa que se obtiene un ión de Sn^{4+} por cada dos iones de Fe^{2+} que se obtienen. Luego el aumento de la concentración de $\left[Sn^{4+}\right]$ será la mitad del aumento de la concentración de $\left[Fe^{2+}\right]$.

Por lo tanto: $\left[Sn^{2+}\right] = 0,001/2 = 0,0005\,M$ (pasados 38,5 s)

velocidad de formación de $Sn^{4+} = \dfrac{\Delta\left[Sn^{4+}\right]}{\Delta t} = \dfrac{(0,0005 - 0)\,M}{38,5\,s} = 1,3 \cdot 10^{-5}\,mol\,L^{-1}\,s^{-1}$

b) velocidad de desaparición de $Fe^{3+} = \dfrac{-\Delta\left[Fe^{3+}\right]}{\Delta t} = \dfrac{-0,001\,M}{38,5\,s} = -2,6 \cdot 10^{-5}\,mol\,L^{-1}\,s^{-1}$

velocidad de desaparición de $Sn^{2+} = \dfrac{-\Delta\left[Sn^{2+}\right]}{\Delta t} = \dfrac{-0,0005\,M}{38,5\,s} = -1,3 \cdot 10^{-5}\,mol\,L^{-1}\,s^{-1}$

Según la estequiometría de la reacción, se observa que desaparece un ión de Sn^{2+} por cada dos iones de Fe^{3+} que desaparecen. Luego la velocidad de desaparición de Sn^{2+} es la mitad que la de Fe^{3+}.

c) $v_R = -\dfrac{1}{2}\dfrac{\Delta\left[Fe^{3+}\right]}{\Delta t} = -\dfrac{\Delta\left[Sn^{2+}\right]}{\Delta t} = \dfrac{1}{2}\dfrac{\Delta\left[Fe^{2+}\right]}{\Delta t} = \dfrac{\Delta\left[Sn^{4+}\right]}{\Delta t}$

Luego calculando se obtiene el valor de la velocidad de reacción: $v_R = 1,3 \cdot 10^{-5}\,mol\,L^{-1}\,s^{-1}$

Problema 8.4

Para una reacción del tipo: $A + 3\,B \longrightarrow 2\,G + 2\,H$

Se tienen los datos siguientes: $[B]_{inicial} = 0,999\,M$ y $[B]_{final} = 0,975\,M$.

La concentración final de B se ha obtenido al cabo de 13,20 minutos de comenzar la reacción. Calculad la velocidad media de la reacción durante ese intervalo de tiempo.

[Solución]

$$v_R = -\dfrac{1}{3}\dfrac{\Delta[B]}{\Delta t} = -\dfrac{1}{3}\dfrac{(0,975 - 0,999)\,M}{13,20\,min} = 6,06 \cdot 10^{-4}\,mol\,L^{-1}\,min^{-1}$$

También se puede obtener la velocidad de reacción en $mol\,L^{-1}\,min^{-1}$:

$$v_R = (6,06 \cdot 10^{-4}\,mol\,L^{-1}\,min^{-1}) \cdot (1\,min/60\,s) = 1,01 \cdot 10^{-5}\,mol\,L^{-1}\,s^{-1}$$

Problema 8.5

Para una reacción del tipo:

$$2\,A + B \longrightarrow G + H$$

Se tienen los datos siguientes: $[A]_{inicial} = 0{,}363\,M$ y $[A]_{final} = 0{,}319\,M$.

La concentración final de A se ha obtenido al cabo de 8,25 minutos de comenzar la reacción. Calculad la velocidad media de la reacción durante ese intervalo de tiempo.

[Solución]

$$v_R = -\frac{1}{2}\frac{\Delta\,[A]}{\Delta t} = -\frac{1}{2}\frac{(0{,}319 - 0{,}363)\,M}{8{,}25\,min} = 5{,}33 \cdot 10^{-3}\,mol\,L^{-1}\,min^{-1}$$

$$v_R = (5{,}33 \cdot 10^{-3}\,mol\,L^{-1}\,min^{-1})\,(1\,min/60\,s) = 8{,}89 \cdot 10^{-5}\,mol\,L^{-1}\,s^{-1}$$

Efecto de la concentración sobre la velocidad de reacción. Ecuación de la velocidad de reacción y cálculo de la constante de velocidad

Problema 8.6

Para la reacción siguiente:

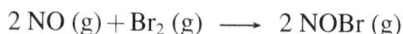

$$2\,NO\,(g) + Br_2\,(g) \longrightarrow 2\,NOBr\,(g)$$

a $273°C$ se tienen los datos experimentales siguientes:

$[NO]\ mol\ L^{-1}$	0,1	0,1	0,1	0,2	0,3
$[Br_2]\ mol\ L^{-1}$	0,1	0,2	0,3	0,1	0,1
Velocidad inicial $(mol\ L^{-1}\,s^{-1})$	12	24	36	48	108

Determinad la ecuación de velocidad para la reacción y calculad el valor de la constante de velocidad k.

[Solución]

La concentración $[NO]$ es constante (0,1 M) en los tres primeros datos, mientras que la concentración $[Br_2]$ va cambiando. Cuando la concentración $[Br_2]$ se duplica (datos 1 y 2), la velocidad también se duplica, y cuando la concentración $[Br_2]$ se triplica (datos 1 y 3), la velocidad también se triplica.

Luego la concentración $[Br_2]$ en la ecuación de velocidad está elevada a la unidad.

La concentración de $[Br_2]$ es constante (0,1 M) en los datos 1 y 4 y la velocidad aumenta en un factor 4, mientras que la $[NO]$ se duplica. También se puede ver que la $[NO]$ se triplica (datos 1 y 5) y que la velocidad aumenta en un factor 9.

En consecuencia, la ecuación de velocidad es: $v_R = k\,[NO]^2\,[Br_2]$

La constante de velocidad k se puede calcular de la ecuación anterior hallada y a partir de cualquiera de los datos experimentales de la tabla.

$$12\,mol\,L^{-1}\,s^{-1} = k\,(0{,}1\,mol\,L^{-1})^2\,(0{,}1\,mol\,L^{-1}) \quad \Rightarrow \quad k = 1{,}2 \cdot 10^4\,L^2\,mol^{-2}\,s^{-1}$$

Problema 8.7

Para una reacción del tipo $A + B \longrightarrow$ Producto, se obtuvieron los datos experimentales siguientes:

[A] mol L^{-1}	0,1	0,2	0,3	0,1	0,1
[B] mol L^{-1}	0,1	0,1	0,1	0,2	0,3
Velocidad inicial (mol L^{-1} s^{-1})	0,001	0,002	0,003	0,001	0,001

Determinad la ecuación de velocidad para la reacción y calculad el valor de la constante de velocidad k.

[Solución]

La concentración [B] es constante (0,1 M) en los tres primeros datos, mientras que la concentración [A] va cambiando. Cuando la concentración [A] se duplica (datos 1 y 2), la velocidad también se duplica, y cuando la concentración [A] se triplica (datos 1 y 3), la velocidad también se triplica. Luego la concentración [A] en la ecuación de velocidad está elevada a la unidad.

En los datos 1, 4 y 5 de la tabla, el valor de la concentración [A] es constante (0,1 M) y el valor de la concentración [B] cambia (0,1 M, 0,2 M y 0,3 M), mientras que la velocidad de reacción es constante. Es decir, la concentración [B] no afecta a la velocidad. Luego la concentración [B] en la ecuación de velocidad está elevada a cero.

En consecuencia, la ecuación de velocidad es: $v_{R} = k [A]^{1} [B]^{\circ}$.

La constante de velocidad k se puede calcular de la ecuación anterior a partir de cualquiera de los datos experimentales de la tabla, según la expresión siguiente:

$$0,001 \text{ mol L}^{-1} \text{s}^{-1} = k (0,1 \text{ mol L}^{-1}) \quad \Rightarrow \quad k = 0,01 \text{ s}^{-1}$$

Problema 8.8

Para una reacción del tipo $A + B \longrightarrow$ Producto, se obtuvieron los datos experimentales siguientes:

[A] mol L^{-1}	1,0	1,0	1,0	2,0	3,0
[B] mol L^{-1}	1,0	2,0	3,0	1,0	1,0
Velocidad inicial (mol L^{-1} min^{-1})	0,15	0,30	0,45	0,15	0,15

Determinad la ecuación de velocidad para la reacción y calculad el valor de la constante de velocidad k.

[Solución]

La concentración [A] es constante (1,0 M) en los tres primeros datos, mientras que la concentración [B] va cambiando. Cuando la concentración [B] se duplica (datos 1 y 2), la velocidad también se duplica, y cuando la concentración [B] se triplica (datos 1 y 3), la velocidad también se triplica. Luego la concentración [B] en la ecuación de velocidad está elevada a la unidad.

En los datos 1, 4 y 5 de la tabla el valor de la concentración [B] es constante (1,0 M) y el valor de la concentración [A] cambia (1,0 M, 2,0 M y 3,0 M) mientras que la velocidad de reacción es constante. Es decir, la concentración [A] no afecta a la velocidad. Luego la concentración [A] en la ecuación de velocidad está elevada a cero.

En consecuencia, la ecuación de velocidad es: $v_{R} = k [A]^{\circ} [B]^{1}$.

La constante de velocidad k se puede calcular de la ecuación anterior a partir de cualquiera de los datos experimentales de la tabla, según la expresión siguiente:

$$0,15 \text{ mol L}^{-1} \text{ min}^{-1} = k\,(1,0 \text{ mol L}^{-1}) \quad \Rightarrow \quad k = 0,15 \text{ min}^{-1}$$

Determinación del orden de reacción

☐ Problema 8.9

Para la reacción siguiente: $2 \text{ HCrO}_4^- + 14 \text{ H}_3\text{O}^+ + 6 \text{ I}^- \longrightarrow 2 \text{ Cr}^{3+} + 3 \text{ I}_2 + 22 \text{ H}_2\text{O}.$

La ecuación de velocidad es: $v_R = k\,\left[\text{HCrO}_4^-\right]\left[\text{H}_3\text{O}^+\right]^2 \left[\text{I}^-\right]^2$, determinad el orden de reacción respecto a cada reactivo y el orden total de la reacción.

[Solución]

Respecto a HCrO_4^- es de primer orden. ⎫
Respecto a H_3O^+ es de segundo orden. ⎬ Orden total $= 1 + 2 + 2 = 5$
Respecto a I^- es de segundo orden. ⎭

☐ Problema 8.10

Para la reacción siguiente: $\text{H}_2\text{O}_2 + 2 \text{ I}^- + 2 \text{ H}_3\text{O}^+ \longrightarrow \text{I}_2 + 4 \text{ H}_2\text{O}.$

La ecuación de velocidad es $v_R = k\,[\text{H}_2\text{O}_2]\,[\text{I}^-]$, determinad el orden de reacción respecto a cada reactivo y el orden total de la reacción.

[Solución]

Respecto a H_2O_2 es de primer orden. ⎫
Respecto a I^- es de primer orden. ⎬ Orden total $= 1 + 1 + 0 = 2$
Respecto a H_3O^+ es de orden cero. ⎭

El H_3O^+ no está en la ecuación de velocidad. Luego no participa, su orden es cero.

◼ Problema 8.11

Si en un experimento las concentraciones se miden en mol L^{-1} y el tiempo en segundos, determinad las unidades de la constante de velocidad de una reacción si, respecto al orden total, es de primer orden, de segundo orden, de tercer orden y de orden cero.

[Solución]

Ecuación de velocidad de primer orden: $v_R = k_1\,[\text{A}]^1$

$$k_1 = \frac{v_R\,(\text{mol L}^{-1}\text{s}^{-1})}{[\text{A}]\,(\text{mol L}^{-1})} \quad \Rightarrow \quad \text{unidades de } k_1 = \text{s}^{-1}$$

Ecuación de velocidad de segundo orden: $v_R = k_2\,[\text{A}]^2$

$$k_2 = \frac{v_R\,(\text{mol L}^{-1}\text{s}^{-1})}{[\text{A}]^2\,(\text{mol L}^{-1})^2} \quad \Rightarrow \quad \text{unidades de } k_2 = \text{L mol}^{-1}\text{s}^{-1}$$

Ecuación de velocidad de tercer orden: $v_R = k_3 [A]^3$

$$k_3 = \frac{v_R \, (\text{mol L}^{-1} \text{s}^{-1})}{[A]^3 \, (\text{mol L}^{-1})^3} \quad \Rightarrow \quad \text{unidades de } k_3 = \text{L}^2 \text{mol}^{-2} \text{s}^{-2}$$

Ecuación de velocidad de orden cero: $v_R = k_\circ [A]^\circ$

$$k_\circ = v_R \, (\text{mol L}^{-1} \text{s}^{-1}) \quad \Rightarrow \quad \text{unidades de } k_\circ = \text{mol L}^{-1} \text{s}^{-1}$$

■ Problema 8.12

Escribid la expresión de la velocidad de desaparición del reactivo A en la reacción $A + B + C \longrightarrow$ Productos, en el caso de que la reacción sea de:

a) Orden cero total.

b) Primer orden total.

c) Primer orden con respecto a A, a B y orden cero respecto a C.

d) Segundo orden total pero independiente de B.

[Solución]

a) Orden cero: $\quad v_R = -\dfrac{\Delta [A]}{\Delta t} = k_\circ \quad$ o bien $\quad v_R = k_\circ [A]^\circ$

b) Primer orden total: $\quad v_R = -\dfrac{\Delta [A]}{\Delta t} = k_1 [A]^1 [B]^\circ [C]^\circ$

c) Primer orden respecto a A, a B y orden cero respecto a C:

$$v_R = -\frac{\Delta [A]}{\Delta t} = k_2 [A]^1 [B]^1 [C]^\circ \quad \text{Orden total} = 2$$

d) Segundo orden total e independiente de B: $\quad v_R = -\dfrac{\Delta [A]}{\Delta t} = k_2 [A]^1 [C]^1$

■ Problema 8.13

Para la reacción $A \longrightarrow B$, se obtuvieron los datos experimentales siguientes:

[B] mol L^{-1}	0	0,0160	0,0224	0,0352
Tiempo (min)	0	5,0	7,0	11,0

Averiguad el orden de la reacción y calculad la constante de velocidad.

[Solución]

$$\text{Entre 0-5 min}: \; v_R = \frac{\Delta [B]}{\Delta t} = \frac{(0,0160 - 0) \, \text{mol L}^{-1}}{(5 - 0) \, \text{min}} = 0,0032 \, \text{mol L}^{-1} \text{min}^{-1}$$

$$\text{Entre 5-7 min}: \; v_R = \frac{\Delta [B]}{\Delta t} = \frac{(0,0224 - 0,016) \, \text{mol L}^{-1}}{(7 - 5) \, \text{min}} = 0,0032 \, \text{mol L}^{-1} \text{min}^{-1}$$

$$\text{Entre 7-11 min}: \; v_R = \frac{\Delta [B]}{\Delta t} = \frac{(0,0352 - 0,0224) \, \text{mol L}^{-1}}{(11 - 7) \, \text{min}} = 0,0032 \, \text{mol L}^{-1} \text{min}^{-1}$$

Como la v_R de formación de B es un valor constante $(0,0032 \text{ mol L}^{-1} \text{min}^{-1})$, la reacción es de orden cero.

Ecuación de velocidad: $v_R = k_o [\text{B}]^o$.

Luego despejando el valor de la constante k_o, sabiendo que $[\text{B}]^o$ es la unidad resulta: $k_o = 0,0032 \text{ mol L}^{-1} \text{min}^{-1}$.

◼ Problema 8.14

Para la reacción $\text{A} + 2\,\text{B} \longrightarrow \text{G}$, se obtuvieron los datos experimentales siguientes:

$[\text{A}]$ mol L^{-1}	0,002	0,002	0,004
$[\text{B}]$ mol L^{-1}	0,004	0,008	0,004
Velocidad inicial $(\text{mol L}^{-1}\text{min}^{-1})$	$3,42 \cdot 10^{-5}$	$6,84 \cdot 10^{-5}$	$13,68 \cdot 10^{-5}$

Determinad la ecuación de velocidad para el proceso.

[Solución]

Supongamos que la ecuación de velocidad es: $v_R = k[\text{A}]^x [\text{B}]^y$.

Las dos primeras experiencias se hacen a la concentración $[\text{A}]$ constante

$$\left.\begin{array}{l} 6,84 \cdot 10^{-5} = k(0,002)^x (0,008)^y \\ 3,42 \cdot 10^{-5} = k(0,002)^x (0,004)^y \end{array}\right\} \quad \text{Dividiendo:} \quad 2 = (0,008/0,004)^y \ \Rightarrow \ y = 1$$

La primera y la tercera experiencia se hacen a la concentración $[\text{B}]$ constante

$$\left.\begin{array}{l} 13,68 \cdot 10^{-5} = k(0,004)^x (0,004)^1 \\ 3,42 \cdot 10^{-5} = k(0,002)^x (0,004)^1 \end{array}\right\} \quad \text{Dividiendo:} \quad 4 = 2^x \ \Rightarrow \ x = 2$$

La ecuación de velocidad es: $v_R = k_3 [\text{A}]^2 [\text{B}]$.

◼ Problema 8.15

Se sabe que a 333 K el **ROOR**, que es un peróxido dialquílico, se descompone por radicales libres. Esta reacción es de primer orden, de manera que en 10 minutos se descompone un 74,5 % del peróxido. Calculad la constante de velocidad de la reacción.

[Solución]

La ecuación integrada para una reacción de primer orden es la siguiente:

$$\ln \frac{[\text{ROOR}]_t}{[\text{ROOR}]_o} = -k_1 (t - t_o) \qquad \begin{array}{l} [\text{ROOR}]_o = 100 \quad t_o = 0 \quad (t_o \text{ tiempo inicial}) \\ [\text{ROOR}]_t = 100 - 74,5 = 25,5 \quad t = 10 \text{ min} \quad (t \text{ tiempo final}) \end{array}$$

Despejando la constante de velocidad k_1 de la ecuación de primer orden anterior, se obtiene:

$$k_1 = -\frac{1}{t} \ln \frac{[\text{ROOR}]_t}{[\text{ROOR}]_o} = -\frac{1}{10 \text{ min}} \ln \frac{25,5}{100} = 0,137 \text{ min}^{-1}$$

Problema 8.16

En la fermentación de una concentración de $0,24$ mol L^{-1} de sacarosa, se observa, que después de transcurrir 10 horas del inicio de la reacción la concentración baja hasta una concentración de $0,12$ mol L^{-1}, y cuando transcurren 20 horas, la concentración baja hasta una concentración de $0,06$ mol L^{-1}. Calculad:

a) El orden de la reacción de fermentación de la sacarosa.

b) La constante de velocidad expresada en segundos.

c) El tiempo de vida medio de la reacción.

[Solución]

a) La reacción es de primer orden, porque el valor de k es constante para los valores que se dan en el enunciado, lo que se demuestra en los cálculos siguientes:

$$\ln \frac{[\text{sacarosa}]_t}{[\text{sacarosa}]_o} = -k_1 (t - \overset{0}{t_o}) \qquad k_1 = -\frac{1}{t} \ln \frac{[\text{sacarosa}]_t}{[\text{sacarosa}]_o}$$

$$k_1 = -\frac{1}{10 \text{ h}} \ln \frac{0,12}{0,24} = 0,069 \text{ h}^{-1} \qquad k_1 = -\frac{1}{20 \text{ h}} \ln \frac{0,06}{0,24} = 0,069 \text{ h}^{-1}$$

b) La constante de velocidad k_1 vale: $\quad k_1 = (0,069 \text{ h}^{-1}) \cdot (1 \text{ h}/3.600 \text{ s}) = 1,925 \text{ s}^{-1}$.

c) El tiempo de vida media $t_{1/2}$ es el tiempo que se necesita para que la concentración final de la sacarosa sea la mitad de la concentración inicial.

$$\ln \frac{\frac{1}{2} [\text{sacarosa}]_o}{[\text{sacarosa}]_o} = -k_1 t_{1/2} \qquad t_{1/2} = \frac{\ln 2}{k_1} = \frac{0,693}{1,925 \text{ s}^{-1}} = 0,36 \text{ s}$$

Problema 8.17

La descomposición del agua oxigenada, H_2O_2 (ac) $\longrightarrow$ H_2O (l) $+ \frac{1}{2} O_2$ (g), es una reacción de primer orden. Si la constante de velocidad k_1 para la reacción es de $7,30 \cdot 10^{-4} \text{ s}^{-1}$, calculad el porcentaje de H_2O_2 que se descompone en los primeros 800 s.

[Solución]

$$\ln \frac{[H_2O_2]_t}{[H_2O_2]_o} = -k_1 (t - \overset{0}{t_o}) = -(7,30 \cdot 10^{-4} \text{ s}^{-1})(800 \text{ s}) = -0,584$$

$$\frac{[H_2O_2]_t}{[H_2O_2]_o} = e^{-0,584} = 0,5576 \qquad [H_2O_2]_t = 0,5576 \, [H_2O_2]_o$$

La cantidad de agua oxigenada, H_2O_2, que queda sin descomponer es de $55,76\,\%$ respecto a la inicial. Luego:

$$100 - 55,76 = 44,24\,\% \text{ de } H_2O_2 \quad \text{que se ha descompuesto en 800 s.}$$

Problema 8.18

Para la reacción de hidrólisis siguiente: $\quad \text{sacarosa} + H_2O\,(H^+) \longrightarrow \text{glucosa} + \text{fructosa}.$

La concentración inicial de la sacarosa es de $0,550$ mol L^{-1} y la constante de velocidad para el proceso de hidrólisis es de $0,0039 \text{ min}^{-1}$, calculad:

a) Las concentraciones que quedan de sacarosa y de glucosa cuando ha transcurrido una hora de reacción.

b) La vida media de la reacción.

c) El tiempo que tarda en hidrolizarse el 60 % de la sacarosa que se encuentra presente en una disolución de concentración 2,0 mol L^{-1}.

[Solución]

a) La reacción es de primer orden, pues la unidad de la constante de velocidad k está en min^{-1}. (Consultad el cuadro del apartado 8.8 de esta lección.)

$$\ln \frac{[\text{sacarosa}]_t}{[\text{sacarosa}]_o} = -k_1(t - \overset{0}{\cancel{t_o}}); \qquad \ln \frac{[\text{sacarosa}]_t}{0,550 \text{ mol } L^{-1}} = -0,0039 \text{ min}^{-1} \cdot 60 \text{ min}$$

Como el logaritmo de un cociente es resta de logaritmos, se tiene la expresión:

$$\ln [\text{sacarosa}]_t = -(0,0039 \cdot 60) + \ln 0,550 \quad \Rightarrow \quad [\text{sacarosa}]_t = 0,435 \text{ mol } L^{-1}$$

$$[\text{glucosa}] = [\text{sacarosa}]_o - [\text{sacarosa}]_t = 0,550 - 0,435 = 0,115 \text{ mol } L^{-1}$$

b) $\ln \dfrac{\frac{1}{2}[\text{sacarosa}]_o}{[\text{sacarosa}]_o} = -k_1 t_{1/2}$ $\qquad t_{1/2} = \dfrac{\ln 2}{k_1} = \dfrac{0,693}{0,0039 \text{ min}^{-1}} = 177 \text{ min.}$

c) $[\text{sacarosa}]_o = 2,0 \text{ mol } L^{-1}$ $\qquad [\text{sacarosa}]_t = 2,0 - (0,60 \cdot 2) = 0,8 \text{ mol } L^{-1}$

$$t = -\ln \frac{[\text{sacarosa}]_t}{[\text{sacarosa}]_o} \left(\frac{1}{k_1}\right) = -\ln \frac{0,8}{2,0} \left(\frac{1}{0,0039 \text{ min}^{-1}}\right) = 234,9 \text{ min}$$

Problema 8.19

A 298 K tiene lugar la reacción de *segundo orden* siguiente:

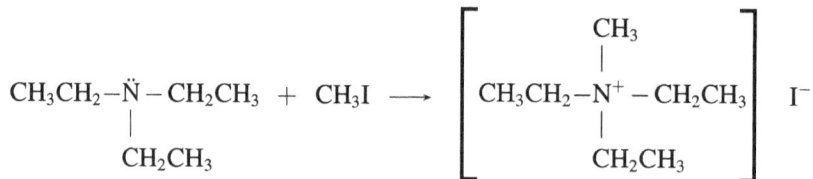

$$CH_3CH_2-\ddot{N}-CH_2CH_3 \;+\; CH_3I \;\longrightarrow\; \left[\begin{array}{c} CH_3 \\ | \\ CH_3CH_2-N^+-CH_2CH_3 \\ | \\ CH_2CH_3 \end{array} \right] \; I^-$$

$$|$$
$$CH_2CH_3$$

Se conocen las concentraciones iniciales ($t = 0$) de los dos reactivos $(CH_3CH_2)_3N$ y CH_3I, que son iguales y que valen $1,98 \cdot 10^{-2} M$. Además, se obtuvieron los datos experimentales siguientes:

$x \cdot 10^{-2} M$	0,876	1,066	1,208	1,392	1,538
t (s)	1.200	1.800	2.400	3.600	4.500

Calculad la constante de velocidad si se sabe que x es la concentración de $[CH_3 - I]$, que es la misma que la de $[(CH_3CH_2)_3N]$, que han reaccionado en el tiempo t.

[Solución]

La ecuación integrada de velocidad para una reacción de *segundo orden* en la que los dos reactivos tienen concentraciones iguales es:

$$\frac{1}{[A]_o} - \frac{1}{[A]_t} = -k_2(t - \overset{0}{\cancel{t_o}}) \qquad \text{siendo el valor de la concentración inicial A:} \quad [A]_o = 1,98 \cdot 10^{-2} M$$

Despejando la constante de velocidad k_2:

$$k_2 = \frac{1}{t}\left(\frac{[A]_\circ - [A]_t}{[A]_\circ [A]_t}\right)$$ siendo el valor de la concentración A en el tiempo t $[A]_t = [A]_\circ - x$

Sustituyendo se obtiene: $k_2 = \frac{1}{t}\left(\frac{[A]_\circ - ([A]_\circ - x)}{[A]_\circ ([A]_\circ - x)}\right) = \frac{x}{t\,[A]_\circ ([A]_\circ - x)}$

Los valores de la constante k_2 calculados de la ecuación de velocidad a partir de cada uno de los datos de la tabla han de ser constantes.

$$k_2 = \frac{0{,}876 \cdot 10^{-2}\,\mathrm{M}}{(1.200\ \mathrm{s}) \cdot (1{,}98 \cdot 10^{-2}) \cdot (1{,}98 \cdot 10^{-2} - 0{,}876 \cdot 10^{-2})} = 3{,}34 \cdot 10^{-2}\,\mathrm{M^{-1}\,s^{-1}}$$

Para los otros valores que se encuentran entre los datos de la tabla y aplicando la misma ecuación, se obtienen los distintos valores de la constante k_2 en las unidades $\mathrm{M^{-1}\,s^{-1}}$ o bien en $\mathrm{mol^{-1}\,L\,s^{-1}}$, que son: $3{,}27 \cdot 10^{-2}$; $3{,}20 \cdot 10^{-2}$; $3{,}32 \cdot 10^{-2}$ y $3{,}28 \cdot 10^{-2}$.

El valor promedio de la constante de velocidad de segundo orden es: $\bar{k}_2 = 3{,}29 \cdot 10^{-2}\,\mathrm{L\,mol^{-1}\,s^{-1}}$

■ Problema 8.20

Para la reacción $\mathrm{ClO^-} + \mathrm{Br^-} \longrightarrow \mathrm{BrO^-} + \mathrm{Cl^-}$ y a la temperatura de 298 K, se conocen las concentraciones iniciales $(t = 0)$ de los dos reactivos, $\mathrm{ClO^-}$ y $\mathrm{Br^-}$, que son, respectivamente, 0,323 M y 0,251 M. Además, se obtuvieron los datos experimentales siguientes:

$\left[\mathrm{BrO^-}\right]$ M	0	0,056	0,095	0,142	0,180
t (min)	0	3,65	7,65	15,05	26,0

a) Determinad el orden de reacción.
b) Calculad la constante de velocidad e indicad sus unidades.

[Solución]

Ensayaremos si la reacción total es de segundo orden del tipo $A + B \longrightarrow$ Productos:

$$\ln\frac{[A]_\circ [B]_t}{[B]_\circ [A]_t} = -k_2\,t\,([A]_\circ - [B]_\circ) \qquad \begin{cases} [A]_\circ = [Br]_\circ = 0{,}251\ \mathrm{M} \\ [B]_\circ = [ClO^-]_\circ = 0{,}323\ \mathrm{M} \end{cases}$$

$$[B]_t = [ClO^-]_t = [ClO^-]_\circ - [BrO^-]_{3,65\ \text{min}} = 0{,}323 - 0{,}056\ \mathrm{M} = 0{,}267\ \mathrm{M}$$
$$[A]_t = [Br^-]_t = [Br]_\circ - [BrO^-]_{3,65\ \text{min}} = 0{,}251 - 0{,}056\ \mathrm{M} = 0{,}195\ \mathrm{M}$$

Sustituyendo estos valores en la ecuación de velocidad para un valor del tiempo de 3,65 min se obtiene la expresión:

$$\ln\frac{(0{,}251\ \mathrm{M}) \cdot (0{,}267\ \mathrm{M})}{(0{,}323\ \mathrm{M}) \cdot (0{,}195\ \mathrm{M})} = -k_2\,(3{,}65\ \text{min}) \cdot (0{,}251\ \mathrm{M} - 0{,}323\ \mathrm{M})$$

Despejando la incógnita que es la constante de velocidad, se obtiene: $k_2 = 23{,}42\ \mathrm{L\,mol^{-1}\,min^{-1}}$.

Se repite el cálculo anterior para cada uno de los otros valores de la tabla y se obtienen los demás valores de la constante k_2 en $\mathrm{L\,mol^{-1}\,min^{-1}}$, que son: 23,30; 23,52; 23,90 y 23,80.

El valor promedio de la constante de velocidad de segundo orden es: $\bar{k}_2 = 23{,}62\ \mathrm{L\,mol^{-1}\,min^{-1}}$.

Efecto de la temperatura sobre la velocidad de reacción. Ecuación de Arrhenius

☐ Problema 8.21

Cuando una reacción es endotérmica, la variación de energía que experimenta es positiva ($\Delta E > 0$). Para este caso, ¿cuál es el valor mínimo que puede tener la energía de activación de la reacción?

[Solución]

El valor mínimo que puede tener la energía de activación, E_a es la misma que la variación de la energía interna, ΔE, de la reacción.

■ Problema 8.22

Para la etapa de reacción: $N\,(g) + O_2\,(g) \longrightarrow NO\,(g) + O\,(g)$, se obtuvieron los datos experimentales siguientes:

Temperatura (K)	586	910
k (L mol^{-1} s^{-1})	$1{,}63 \cdot 10^7$	$1{,}77 \cdot 10^8$

Calculad la energía de activación del proceso.

[Solución]

Ecuación de Arrhenius: $\ln \dfrac{k_2}{k_1} = \dfrac{E_a}{R} \left(\dfrac{T_2 - T_1}{T_2\,T_1} \right)$ $R = 8{,}314 \text{ J K}^{-1} \text{mol}^{-1}$ (constante de los gases ideales)

$E_a = $ Energía de activación

$$\ln \frac{1{,}77 \cdot 10^8}{1{,}63 \cdot 10^7} = \frac{E_a}{8{,}314} \left(\frac{910 - 586}{910 \cdot 586} \right)$$

despejando la energía de activación, E_a, se obtiene: $E_a = 32{,}635 \text{ kJ mol}^{-1}$

■ Problema 8.23

Para la reacción de primer orden $N_2O_5\,(g) \longrightarrow N_2O_4\,(g) + \frac{1}{2} O_2\,(g)$, se obtuvieron los datos experimentales siguientes:

Temperatura (K)	298	338
k (s^{-1})	$1{,}72 \cdot 10^{-5}$	$2{,}40 \cdot 10^{-3}$

Calculad la constante de velocidad de la reacción a $45°$ C.

a) Numéricamente.   b) Gráficamente

[Solución]

a) Se calcula la energía de activación de la reacción.

Ecuación de Arrhenius: $\ln \dfrac{k_2}{k_1} = \dfrac{E_a}{R} \left(\dfrac{T_2 - T_1}{T_2\,T_1} \right)$ $R = 8{,}314 \text{ J K}^{-1} \text{mol}^{-1}$ (constante de los gases ideales)

$E_a = $ Energía de activación

$$\ln \frac{2{,}40 \cdot 10^{-3}}{1{,}72 \cdot 10^{-5}} = \frac{E_a}{8{,}314} \left(\frac{338 - 298}{338 \cdot 298} \right)$$

despejando la energía de activación, E_a, se obtiene: $E_a = 103{,}39 \text{ kJ mol}^{-1}$

Se calcula la constante de velocidad a la temperatura de $45°\,C$ que es lo mismo que $318\ K$.

$$\ln \frac{k_{318}}{1,72 \cdot 10^{-5}} = \frac{103,39 \cdot 10^3\,J\ mol^{-1}}{8,314} \left(\frac{318 - 298}{318 \cdot 298} \right)$$

$$\ln k_{318} - \ln(1,72 \cdot 10^{-5}) = 5,249 \quad \Rightarrow \quad \ln k_{318} = 5,249 + \ln(1,72 \cdot 10^{-5}) \quad \Rightarrow \quad k_{318} = 3,27 \cdot 10^{-3}\,s^{-1}$$

b) Gráficamente:

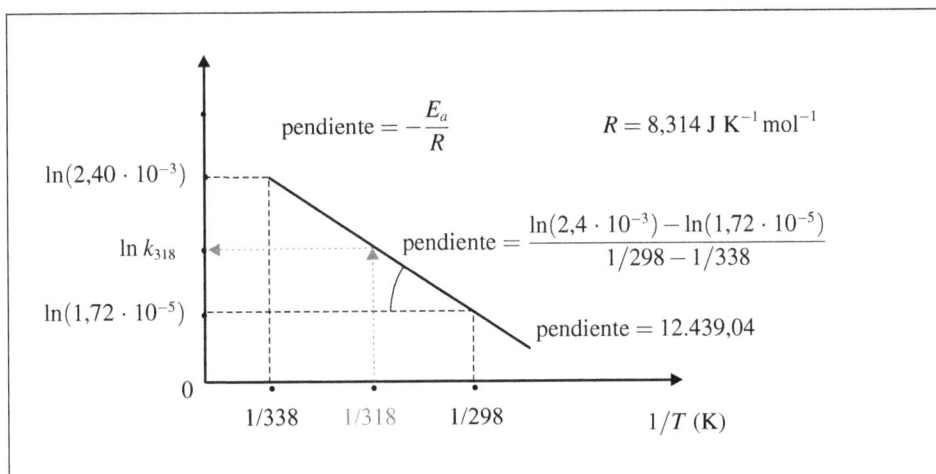

$$pendiente = -\frac{E_a}{R} \qquad\qquad R = 8,314\ J\ K^{-1}mol^{-1}$$

$$pendiente = \frac{\ln(2,4 \cdot 10^{-3}) - \ln(1,72 \cdot 10^{-5})}{1/298 - 1/338}$$

$$pendiente = 12.439,04$$

Fig. 8.12

$$Pendiente = E_a/R = 12.439,04 \quad \Rightarrow \quad E_a = 12.439,04 \cdot R = 103,41\ kJ\ K^{-1}mol^{-1}$$

El valor hallado gráficamente mediante la pendiente o $tg\,\alpha$ coincide con el hallado numéricamente.

Para averiguar el valor de la constante k a la temperatura de $45°\,C$ o $318\ K$ se sigue en la gráfica la línea punteada gris leyéndose en ordenadas el $\ln k_{318}$, que permite después encontrar k_{318}, que resulta ser de $3,27 \cdot 10^{-3}\,s^{-1}$, valor idéntico al encontrado numéricamente.

Problema 8.24

Una reacción tiene una energía de activación de $83,68 \cdot 10^3\,J\ mol^{-1}$. Calculad la relación entre las velocidades de la reacción a las temperaturas siguientes:

a) A $20°\,C$ y a $30°\,C$.

b) A $40°\,C$ y a $50°\,C$.

[Solución]

a) Ecuación de Arrhenius: $\quad \ln \dfrac{k_2}{k_1} = \dfrac{E_a}{R} \left(\dfrac{T_2 - T_1}{T_2\,T_1} \right) \qquad \dfrac{k_2}{k_1} = \dfrac{v_{R_2}}{v_{R_1}}$

$$\ln \frac{k_{303}}{k_{293}} = \frac{83,68 \cdot 10^3}{8,314} \left(\frac{303 - 293}{303 \cdot 293} \right) = 1,1337 \qquad \frac{k_{303}}{k_{293}} = 3,11$$

Se pide la relación inversa: $\quad \dfrac{k_{293}}{k_{303}} = \dfrac{v_{293}}{v_{303}} = \dfrac{1}{3,11} = 0,322$

b) Aplicando de nuevo la ecuación de Arrhenius:

$$\ln \frac{k_{323}}{k_{313}} = \frac{83,68 \cdot 10^3}{8,314}\left(\frac{323-313}{323 \cdot 313}\right) = 0,9956 \qquad \frac{k_{323}}{k_{313}} = 2,71$$

Se pide la relación inversa: $\quad \dfrac{k_{313}}{k_{323}} = \dfrac{v_{313}}{v_{323}} = \dfrac{1}{2,71} = 0,37$

◾ Problema 8.25

La reacción $A \longrightarrow B$ es de primer orden respecto a A. Pasados 20 minutos desde que se ha iniciado la reacción, la concentración de A a la temperatura de 298 K es el 80 % de su valor inicial.

a) Calculad la constante de velocidad.

b) Calculad el tiempo que debe transcurrir para que la concentración de B se duplique respecto a la concentración de A.

c) Si la temperatura de la reacción aumenta 50 K en 20 segundos, se habrá formado un 50 % de B. Calculad la energía de activación del proceso en estas circunstancias.

[Solución]

a) Ecuación de primer orden: $\quad \ln \dfrac{[A]_t}{[A]_o} = -k_1 (t - \overset{0}{\overbrace{t_o}}) \qquad [A]_t = 0,80\,[A]_o$

$$\ln \frac{0,80\,[A]_o}{[A]_o} = -k_1 t \quad \Rightarrow \quad k_1 = \frac{-\ln 0,80}{t} = \frac{-\ln 0,80}{20 \text{ min}} = 0,0112 \text{ min}^{-1}$$

b) La concentración de B debe ser el doble que la concentración de A desaparecida:

$$[B]_{\text{formada}} = 2\,[A]_{\text{desaparecida}}$$

$$[B]_{\text{formada}} + [A]_{\text{desaparecida}} = [A]_o \text{ (concentración total inicial)}$$

$$2\,[A] + [A] = [A]_o \quad \Rightarrow \quad 3\,[A] = [A]_o \quad \Rightarrow \quad [A]_t = 1/3\,[A]_o$$

$$\ln \frac{1/3\,[A]_o}{[A]_o} = -k_1 t \quad \Rightarrow \quad t = \frac{-\ln 1/3}{k_1} = \frac{\ln 3}{0,0112} = 98,09 \text{ min}$$

c) Si la temperatura aumenta 50 K respecto a la inicial, durante un tiempo de 20 s: $\quad T = 298 \text{ K} + 50 \text{ K} = 348 \text{ K}$.

Calcularemos la constante de velocidad, k a la temperatura de 348 K cuando $[A]_t = \frac{1}{2}\,[A]_o$:

$$\ln \frac{1/2\,[A]_o}{[A]_o} = -k_{348} t \quad \Rightarrow \quad k_{348} = \frac{-\ln 1/2}{t} = \frac{\ln 2}{20/60 \text{ min}} = 2,079 \text{ min}^{-1}$$

$$\ln \frac{k_{348}}{k_{298}} = \frac{E_a}{R}\left(\frac{348-298}{348 \cdot 298}\right) \quad \Rightarrow \quad \ln \frac{2,079}{0,0112} = \frac{E_a}{8,314}\cdot\frac{50}{(348 \cdot 298)} \quad \Rightarrow \quad E_a = 90,08 \text{ kJ mol}^{-1}$$

Mecanismos de reacción y procesos elementales

◾ Problema 8.26

Para la reacción $Cl_2\,(g) + CHCl_3\,(l) \longrightarrow CCl_4\,(l) + HCl\,(g)$, los dos primeros pasos del mecanismo de la reacción están representados por los procesos elementales siguientes:

$$Cl_2 \ (g) \ \rightleftharpoons \ 2 \ Cl \ (g) \qquad \text{etapa rápida (constante de equilibrio)}$$
$$Cl \ (g) + CHCl_3 \ (l) \ \longrightarrow \ CCl_4 \ (l) + H \quad \text{etapa lenta}$$

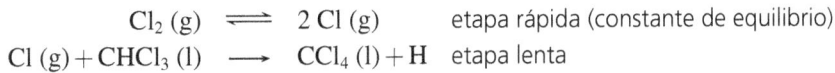

Demostrad que este mecanismo es consistente con la expresión de la velocidad de reacción:

$$v_R = k \ [Cl_2 \ (g)]^{1/2} \ [CHCl_3 \ (l)]$$

[Solución]

El proceso o etapa lenta es el que determina la velocidad de reacción. Para esa etapa, la v_R es:

$$v_R = k \ [Cl] \ [CHCl_3]$$

Proceso rápido: $\quad K_{\text{equilibrio}} = [Cl]^2 / [Cl_2] \quad \Rightarrow \quad [Cl] = K_{eq}^{1/2} \cdot [Cl_2]^{1/2}$

Sustituyendo el valor de la concentración [Cl] obtenido en la expresión de la velocidad de reacción, resulta:

$$v_R = \underbrace{k \, K_{eq}^{1/2}}_{\substack{k \ \text{(constante} \\ \text{de velocidad)}}} \ [Cl_2]^{1/2} \ [CHCl_3] = k \ [Cl_2]^{1/2} \ [CHCl_3]$$

Expresión que coincide con la velocidad de reacción, v_R que se da.

Problema 8.27

En la reacción $CO \ (g) + Cl_2 \ (g) \ \longrightarrow \ COCl_2 \ (g)$ la velocidad se expresa según la ecuación siguiente:

$$v_R = k \ [CO \ (g)] \ [Cl_2 \ (g)]^{3/2}$$

Demostrad que esta ley es compatible con el mecanismo siguiente:

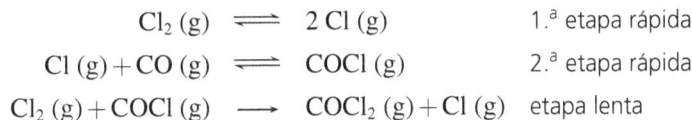

$$Cl_2 \ (g) \ \rightleftharpoons \ 2 \ Cl \ (g) \qquad \text{1.ª etapa rápida}$$
$$Cl \ (g) + CO \ (g) \ \rightleftharpoons \ COCl \ (g) \qquad \text{2.ª etapa rápida}$$
$$Cl_2 \ (g) + COCl \ (g) \ \longrightarrow \ COCl_2 \ (g) + Cl \ (g) \quad \text{etapa lenta}$$

[Solución]

El proceso lento o etapa lenta es el que determina la velocidad de reacción. Para esa etapa, la v_R es:

$$v_R = k \ [Cl_2] \ [COCl]$$

1.ª etapa rápida: $\quad K_{eq_1} = [Cl]^2 / [Cl_2] \quad \Rightarrow \quad [Cl] = K_{eq_1}^{1/2} \cdot [Cl_2]^{1/2}$

2.ª etapa rápida: $\quad K_{eq_2} = \dfrac{[COCl]}{[Cl][CO]} \quad \Rightarrow \quad [COCl] = K_{eq_2} \ [Cl] \ [CO]$

Sustituyendo estos valores en la expresión de v_R se obtiene:

$$v_R = k \ [Cl_2] \ [COCl] = k \ [Cl_2] \ K_{eq_2} \ [Cl] \ [CO] =$$
$$= k \ [Cl_2] \ K_{eq_2} \ K_{eq_1}^{1/2} \ [Cl_2]^{1/2} \ [CO] = \underbrace{k \, K_{eq_2} \, K_{eq_1}^{1/2}}_{k} \ \underbrace{[Cl_2] \ [Cl_2]^{1/2}}_{[Cl_2]^{3/2}} \ [CO]$$

Luego resulta que la expresión de la velocidad de reacción es:

$$v_R = k \, [Cl_2]^{3/2} \, [CO]$$

Expresión que coincide con la velocidad de reacción, v_R que se da.

Problema 8.28

En la reacción $CO \, (g) + NO_2 \, (g) \longrightarrow CO_2 \, (g) + NO \, (g)$, la velocidad se expresa según la ecuación siguiente:

$$v_R = k \, [NO_2 \, (g)]^2$$

Averiguad el mecanismo compatible con la reacción entre los que se dan a continuación.

a) $CO \, (g) + NO_2 \, (g) \longrightarrow CO_2 \, (g) + NO \, (g)$

b)
$$2 \, NO_2 \, (g) \rightleftharpoons N_2O_4 \, (g) \qquad \text{etapa rápida}$$
$$N_2O_4 \, (g) + CO \, (g) \longrightarrow 2 \, CO_2 \, (g) + 2 \, NO \, (g) \quad \text{etapa lenta}$$

c)
$$2 \, NO_2 \, (g) \longrightarrow NO_3 \, (g) + NO \, (g) \quad \text{etapa lenta}$$
$$NO_3 \, (g) + CO \, (g) \rightleftharpoons CO_2 \, (g) + NO_2 \, (g) \quad \text{etapa rápida}$$

d)
$$2 \, NO_2 \, (g) \longrightarrow N_2 \, (g) + 2 \, O_2 \, (g) \quad \text{etapa lenta}$$
$$2 \, CO \, (g) + O_2 \, (g) \longrightarrow 2 \, CO_2 \, (g) \qquad \text{etapa rápida}$$
$$N_2 \, (g) + O_2 \, (g) \longrightarrow 2 \, NO \, (g) \qquad \text{etapa rápida}$$

[Solución]

a) $v_R = k \, [CO] \, [NO_2]$ **No** se ajusta a la ecuación de velocidad.

b) Etapa rápida: $K_{eq} = \dfrac{[N_2O_4]}{[NO_2]^2}$ Etapa lenta: $v_R = k \, [N_2O_4] \, [CO]$

$$v_R = k \, K_{eq} \, [NO_2]^2 \, [CO] \quad \textbf{No} \text{ se ajusta a la ecuación de velocidad}$$

c) Etapa lenta es la determinante de la velocidad y en este caso es:

$$2 \, NO_2 \, (g) \longrightarrow NO_3 \, (g) + NO \, (g) \quad \rightsquigarrow \quad v_R = k \, [NO_2 \, (g)]^2 \quad \textbf{Sí} \text{ coincide.}$$

d) La etapa lenta en este caso es: $2 \, NO_2 \, (g) \longrightarrow N_2 \, (g) + 2 \, O_2 \, (g)$

$$v_R = k \, [NO_2 \, (g)]^2 \quad \textbf{Sí} \text{ coincide con la ecuación de velocidad.}$$

Los mecanismos propuestos en el apartado c) y en el apartado d) son compatibles con la ecuación de velocidad.

Problemas propuestos

Problema 8.1

Para la reacción $2A + B \longrightarrow C + D$, que transcurre en un instante determinado, se sabe que la concentración $[A]$ inicialmente vale $0,40 \ mol \ L^{-1}$ y que cuando pasan 8 minutos la concentración $[A]$ pasa a ser $0,32 \ mol \ L^{-1}$. Calculad la velocidad media de reacción durante ese intervalo de tiempo expresada en $mol \ L^{-1} \ s^{-1}$.

Problema 8.2

Para la reacción $H_2O_2 \ (ac) \longrightarrow H_2O \ (l) + \frac{1}{2}O_2 \ (g)$, de la que se conocen los datos experimentales siguientes:

$[H_2O_2] \ M$	2,32	2,01	1,49	0,62	0,25
Tiempo (s)	0	200	600	1.800	3.000

a) Calculad la velocidad de la reacción en el tiempo de 2.400 s.

b) Calculad la concentración de $[H_2O_2]$ cuando transcurren 2.450 s.

Problema 8.3

En un experimento de laboratorio se miden las concentraciones en $mol \ L^{-1}$ y el tiempo en segundos. Determinad las unidades de la constante de velocidad para una reacción de primer orden, de segundo orden, de tercer orden y de orden cero.

Problema 8.4

Para una reacción del tipo $A + B \longrightarrow$ Productos, de la que se conocen los datos que se dan el la tabla siguiente:

$[A] \ mol \ L^{-1}$	0,10	0,10	0,20
$[B] \ mol \ L^{-1}$	0,050	0,10	0,10
$v_R \ (mol \ L^{-1} \ s^{-1})$	$1,34 \cdot 10^{-3}$	$2,68 \cdot 10^{-3}$	$2,68 \cdot 10^{-3}$

a) Determinad el orden de la reacción, respecto a A y respecto a B.

b) Escribid la expresión de la velocidad de la reacción e indicad el orden total de la reacción.

Problema 8.5

La reacción iónica: $OCl^- + I^- \longrightarrow Cl^- + OI^-$, se ajusta a la ecuación de velocidad siguiente:

$$\Delta[OI^-]/\Delta t = k'[I^-][OCl^-]$$

Se sabe que la constante k' es función del ión OCl^- y que sus valores cambian para las distintas concentraciones de dicho ión según la tabla:

$[OCl^-] \ mol \ L^{-1}$	1,0	0,50	0,25
$k' \ (mol \ L^{-1} \ s^{-1})$	61,0	120,0	230

Calculad el orden de reacción con respecto al ión OCl^-.

Problema 8.6

Para el óxido de etileno (C_2H_4O) la reacción de hidrólisis es la siguiente:

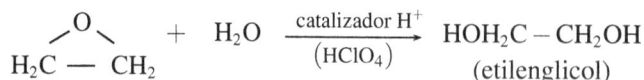

$$\underset{H_2C \,-\, CH_2}{\overset{O}{\diagup\diagdown}} + \; H_2O \; \xrightarrow[\,(HClO_4)\,]{\text{catalizador } H^+} \; HOH_2C - CH_2OH$$
$$\text{(etilenglicol)}$$

Se prepara una disolución de óxido de etileno de concentración inicial $6,19$ mol L^{-1} y se obtienen los valores de concentración del **etilenglicol** en un determinado tiempo que se recogen en la tabla siguiente:

[etilenglicol] mol L^{-1}	0,43	0,86	1,77	3,26
Tiempo (min)	30	60	135	300

a) Determinad el orden de la reacción.
b) Calculad la constante de velocidad para el proceso de hidrólisis.

Problema 8.7

Una reacción de primer orden del tipo $A \longrightarrow B + C$ tiene una constante de velocidad k igual a $0,041$ min^{-1}.

a) Si al comienzo de la reacción la concentración $[A]$ es de $0,20$ mol L^{-1}, calculad su concentración transcurridos 10 minutos.
b) Calculad el tiempo que tarda la concentración $[A]$ en disminuir de $0,50$ mol L^{-1} a $0,10$ mol L^{-1}.
c) Calculad el tiempo que tarda la concentración $[A]$ en reducirse a la mitad.

Problema 8.8

Para la reacción de descomposición $2\,HI\,(g) \longrightarrow H_2\,(g) + I_2\,(g)$, se conocen los datos experimentales siguientes:

$[HI]$ mol L^{-1}	1,00	0,50	0,33	0,25
Tiempo (h)	0	2	4	6

a) Determinad el orden de la reacción.
b) Calculad la constante de velocidad numéricamente y gráficamente.

Problema 8.9

El acetato de metilo se hidroliza dando ácido acético y metanol según la reacción siguiente:

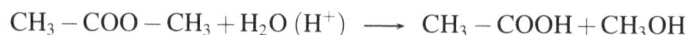

$$CH_3 - COO - CH_3 + H_2O\,(H^+) \longrightarrow CH_3 - COOH + CH_3OH$$

La constante de velocidad para la reacción a la temperatura de $25°C$ es de $1,260 \cdot 10^{-4}\,s^{-1}$.

a) Calculad el tiempo de vida medio de la reacción.
b) La concentración inicial del acetato de metilo es de $0,50$ M. Calculad el tiempo que se tarda en disminuir dicha concentración hasta un valor de $0,0630$ M.

Problema 8.10

De la reacción gaseosa $CH_3 - CHO\,(g) \longrightarrow CH_4\,(g) + CO\,(g)$, se conocen los datos experimentales siguientes:

$[CH_3CHO]$ M	0,10	0,20	0,30	0,40
v_R (M s^{-1})	0,020	0,081	0,182	0,318

a) Calculad el orden de la reacción respecto al CH_3CHO (g).

b) Hallad la constante de velocidad de la reacción.

c) Determinad la velocidad de la reacción para una concentración $[CH_3CHO$ (g)$] = 0,150$ M.

Problema 8.11

La reacción A $\longrightarrow$ Productos es de orden cero o de primer orden. A partir de los datos de la tabla adjunta, determinad gráficamente el orden de reacción y la constante de velocidad.

$[A]$ mol L^{-1}	0,10	0,085	0,076	0,067	0,055
Tiempo (min)	0	5	8	11	15

Problema 8.12

En la descomposición del amoníaco:

$$2 NH_3 \text{ (g)} \longrightarrow N_2 \text{ (g)} + 3 H_2 \text{ (g)},$$

se comprobó que el tiempo de vida medio $(t_{1/2})$ necesario para que se descomponga la mitad del NH_3 (g), sin que el N_2 y el H_2 estén presentes inicialmente, depende de las presiones iniciales del NH_3 (g), según se puede observar en la tabla siguiente:

P_{NH_3} (atm)	0,350	0,171	0,0763
$t_{1/2}$ (min)	7,6	3,7	1,7

Calculad el orden de la reacción y la constante de velocidad.

Problema 8.13

Explicad por qué el aumento de la temperatura produce un aumento en la velocidad de una reacción.

Problema 8.14

Para la reacción N (g) + O_2 (g) $\longrightarrow$ NO (g) + O (g), calculad la energía de activación si se conocen los datos siguientes:

k (L mol^{-1} s^{-1})	$1,63 \cdot 10^{10}$	$1,77 \cdot 10^{11}$
Temperatura (K)	586	910

Problema 8.15

Para la reacción 2 NO_2 (g) $\longrightarrow$ 2 NO (g) + O_2 (g), la energía de activación tiene un valor de 113,34 kJ y la constante de velocidad k es de 0,75 L mol^{-1} s^{-1} a la temperatura de 873 K.

a) Calculad la constante k a la temperatura de 973 K.

b) Calculad la energía de activación (E_a) si la constante de velocidad se duplica cuando aumenta la temperatura de 27° C a 37° C.

Problema 8.16

Para la reacción A $\longrightarrow$ B, la constante de velocidad tiene un valor de $1,06 \cdot 10^{-5}\,s^{-1}$ a la temperatura de 273 K, y de $2,92 \cdot 10^{-3}$ a la temperatura de 318 K.

a) Calculad la energía de activación para esta reacción.

b) Calculad la constante de velocidad a la temperatura de 25° C.

Problema 8.17

Para la reacción $C_2H_5I + Pt$ (catalizador) $\longrightarrow$ $C_2H_4 + HI$ (g), se conocen los datos experimentales que se dan en la tabla siguiente:

p_{HI} (atm)	0	0,015	0,025	0,043
Tiempo (min)	0	3,0	5,0	8,60

a) Averiguad si la reacción es de orden cero o de primer orden y calculad la constante de velocidad a 25° C.

b) Se sabe que la energía de activación (E_a) es de 96.250 J. Calculad la constante de velocidad a 50° C.

Problema 8.18

Para una reacción hipotética de *orden* -1 representada por la ecuación siguiente: A $\longrightarrow$ B

a) Obtened la expresión de la concentración de A en función de la concentración inicial de A, del tiempo y de la constante de velocidad.

b) Calculad el tiempo necesario para que la concentración de A disminuya un 10 % respecto a su valor inicial.

c) Hallad la relación que existe entre las velocidades de la reacción a las temperaturas T_1 y T_2 si se conoce la energía de activación (E_a) de la reacción.

Problema 8.19

Para la reacción A + B $\longrightarrow$ C, la velocidad de desaparición de A es igual a la velocidad de desaparición de B, aunque al comienzo de la reacción dicha velocidad es mayor que la de formación de C. Averiguad el mecanismo de la reacción.

Problema 8.20

Para la reacción de tercer orden siguiente:

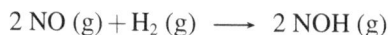

$$2\,NO\,(g) + H_2\,(g) \longrightarrow 2\,NOH\,(g)$$

demostrad que su mecanismo de reacción puede ser justificado por cualquiera de los mecanismos que se dan a continuación, en los que ninguna etapa o proceso elemental es trimolecular.

a) $NO + H_2 \rightleftharpoons NOH_2$

$NOH_2 + NO \rightleftharpoons 2\,NOH$

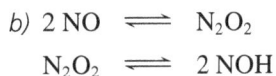

b) $2\,NO \;\rightleftharpoons\; N_2O_2$

   $N_2O_2 \;\rightleftharpoons\; 2\,NOH$

Problema 8.21

Para la reacción siguiente:

$$(CH_3)_3C - Br + OH^- \longrightarrow (CH_3)_3C - OH + Br^-$$

se tiene la ecuación de velocidad siguiente: $v_R = k\,[(CH_3)_3C - Br]$. Averiguad cuáles de los mecanismos que se dan a continuación son compatibles con la ecuación de velocidad.

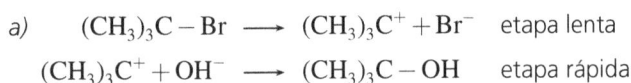

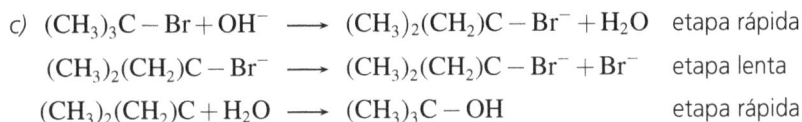

a) $(CH_3)_3C - Br \longrightarrow (CH_3)_3C^+ + Br^-$ etapa lenta

   $(CH_3)_3C^+ + OH^- \longrightarrow (CH_3)_3C - OH$ etapa rápida

b) $(CH_3)_3C - Br + OH^- \longrightarrow (CH_3)_3C - OH + Br^-$

c) $(CH_3)_3C - Br + OH^- \longrightarrow (CH_3)_2(CH_2)C - Br^- + H_2O$ etapa rápida

   $(CH_3)_2(CH_2)C - Br^- \longrightarrow (CH_3)_2(CH_2)C - Br^- + Br^-$ etapa lenta

   $(CH_3)_2(CH_2)C + H_2O \longrightarrow (CH_3)_3C - OH$ etapa rápida

Problema 8.22

Para el mecanismo de hidrólisis del acetato de metilo que se describe a continuación:

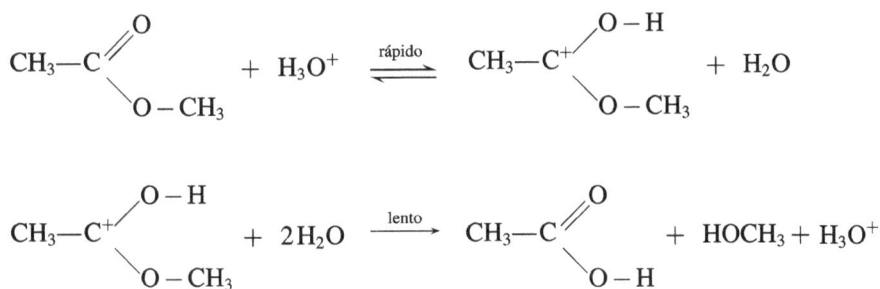

$$CH_3 - C{\overset{O}{\underset{O-CH_3}{}}} + H_3O^+ \; \underset{}{\overset{\text{rápido}}{\rightleftharpoons}} \; CH_3 - C^+{\overset{O-H}{\underset{O-CH_3}{}}} + H_2O$$

$$CH_3 - C^+{\overset{O-H}{\underset{O-CH_3}{}}} + 2\,H_2O \; \overset{\text{lento}}{\longrightarrow} \; CH_3 - C{\overset{O}{\underset{O-H}{}}} + HOCH_3 + H_3O^+$$

a) Escribid la reacción total o neta de la reacción.

b) Escribid la ecuación de velocidad de la reacción.

Problema 8.23

De acuerdo con el estudio de la teoría del estado de transición, ¿por qué aumenta la velocidad de una reacción cuando se aumenta la temperatura? Justificad la explicación con algunos esquemas.

www.ingramcontent.com/pod-product-compliance
Lightning Source LLC
Chambersburg PA
CBHW082128210326
41599CB00031B/5909